建设生态水利
推进绿色发展论文集

董力　主编

·北京·

图书在版编目（CIP）数据

建设生态水利　推进绿色发展论文集 / 董力主编. -- 北京 : 中国水利水电出版社, 2020.10
ISBN 978-7-5170-8917-9

Ⅰ. ①建… Ⅱ. ①董… Ⅲ. ①生态工程－水利工程－中国－文集 Ⅳ. ①TV-53

中国版本图书馆CIP数据核字(2020)第184219号

书　　名	**建设生态水利　推进绿色发展论文集** JIANSHE SHENGTAI SHUILI　TUIJIN LÜSE FAZHAN LUNWENJI
作　　者	董力　主编
出版发行	中国水利水电出版社 （北京市海淀区玉渊潭南路1号D座　100038） 网址：www.waterpub.com.cn E-mail：sales@waterpub.com.cn 电话：（010）68367658（营销中心）
经　　售	北京科水图书销售中心（零售） 电话：（010）88383994、63202643、68545874 全国各地新华书店和相关出版物销售网点
排　　版	中国水利水电出版社微机排版中心
印　　刷	北京瑞斯通印务发展有限公司
规　　格	184mm×260mm　16开本　35印张　704千字
版　　次	2020年10月第1版　2020年10月第1次印刷
定　　价	**180.00**元

凡购买我社图书，如有缺页、倒页、脱页的，本社营销中心负责调换

编 委 会 名 单

前　　言

为深入贯彻党的十九大会议精神，深刻领会习近平总书记治水重要讲话精神的丰富内涵，再学习、再认识“节水优先、空间均衡、系统治理、两手发力”中央新时代治水思路，深入研究和积极探讨生态水利建设的理论与实践，2018年8月至10月，中国水利经济研究会、水利部发展研究中心会同南京水利科学研究院、河海大学联合组织开展了“建设生态水利　推进绿色发展”主题征文活动。

在主题征文的基础上，征文主办单位于12月中旬在江苏省南京市举办了“建设生态水利　推进绿色发展”学术研讨会。会议旨在进一步学习体会中央新时代治水思路及11月1日鄂竟平部长在水利部党组中心组学习（扩大）会议上的专题党课讲话精神，深入交流生态水利理论与实践经验。中纪委驻水利部原纪检组组长、中国水利经济研究会理事长董力主持会议并作总结讲话。水利部张忠义总经济师莅临会议指导并作主旨报告，同时邀请相关领域有影响力的专家学者作专题报告，优秀论文代表作交流发言。

征文在会员、理事、高校及科研机构中共征集了120余篇论文。经论文初审、系统查重、专家评审等环节，遴选出91篇论文，其中20篇被评为优秀论文。全书共收录76篇论文。论文内容主要涉及生态水利的概念、内涵；河湖生态水量（流量）确定与管理；生态水利工程建设与管理；河湖生态功能评价指标与水域岸线空间管控；水资源资产管理与水生态价值核算；河湖生态补偿与损害赔偿；河湖生态保护与修复等。

经过四家单位的通力协作，在水利部有关司局、论文作者和审稿专家的关心支持及帮助下，本论文集得以顺利出版。在此，我们谨向为论文集出版给予指导、支持和帮助的单位、专家以及论文作者一并表示感谢！

编者

2018年12月

前言

CONTENTS 目录

关于灌溉用水权确权到户有关问题的思考

柳长顺　　杜丽娟　　张春玲

中国水利水电科学研究院

农业是用水大户，灌溉涉及数亿农户的权益，把灌溉用水权确权到户是建立健全国家水权制度、加强水资源资产管理的重大课题与重点任务。《国务院办公厅关于推进农业水价综合改革的意见》（国办发〔2016〕2 号）要求，逐步把用水总量控制指标细化分解到农村集体经济组织、农民用水合作组织、农户等用水主体，落实到具体水源，明确水权，实行总量控制。但是，有关各方对灌溉用水权该不该、能不能确权到户，管理能不能到位等问题的认识还不统一，相关政策对灌溉到户规定的要求属原则性定位，而实践中只是选择有条件的地区确权到户。全国水权试点湖北省宜都市在全市 122 个村中选择鸡头山、黄莲头村开展灌溉用水权确权到户工作，全国 80 个农业水价综合改革试点县中 40 个县将试点区用水权分配到户，截至 2017 年年底，全国已开展农业水价综合改革的 797 个县中 43 个县把用水权确权到户。本文在总结提炼各地探索实践的基础上，对灌溉用水权确权到户有关问题进行探讨，以期对水权制度建设与农业水价综合改革等工作有所借鉴。

一、关于该不该确权到户的问题

该不该确权到户是灌溉用水权确权到户需要研究解决的首要问题。灌溉用水权涉及水行政主管部门、灌区管理单位、用水户、村组集体的权利和权力，相关各方从各自角度探讨该不该确权到户问题，可能会有不同甚至相反的答案。但是从资源节约基本国策与农村振兴国家战略考量，灌溉用水权应该尽快确权到户，不具备条件的应当创造条件确权到户。

（一）确权到户是国家节水行动的新领域

目前，农业用水仍占全国用水总量的 60% 以上，灌溉水有效利用系数 0.548，55% 的灌溉面积仍是大水漫灌，用“大锅水”现象严重，用水户节水神经处于麻醉麻痹状态。灌溉用水权明确到户，可以把节水责任、压力、动力传导给终端用水户，使用水户享受节水红利，激活节水潜能，由过去“要我节水”变成“我要节水”，这必将进一步促进国家节水行动落地见效。

（二）确权到户是农业用水精细化的新动力

灌溉用水权确权到户，必然释放巨大的节水空间与交易流转需求，推动水权体系进行细分、组合与创新，以实现城乡要素流动背景下的水资源配置效率提高和社会秩序平稳，进一步促进农业用水管理向精细化方向发展。这一变迁路径在农村土地管理中得到验证。农村土地承包到户后，大量农民外出务工，推动了土地“两权”（所有权与承包经营权）向“三权”（所有权、承包权、经营权）发展的伟大变革，使土地管理与新形势更加协调。

（三）确权到户是农村基本经营制度的新发展

农村基本经营制度是国家农村政策的重要基石。目前，农村耕地、林地、草地等资源基本确权到户，并得到农户的拥护，特别是在快速城镇化过程中，有效维护了农民的合法权益。灌溉用水权确权到户就是赋予农民“水资产”，让用水户吃到“定心丸”，这是农村家庭承包经营制度的拓展延伸，是对农村基本经营制度的丰富完善，将进一步解放和发展农村生产力。

二、关于如何确权到户的问题

总结提炼各地做法经验，提出在县级用水总量控制指标的基础上，按照“五步法”分配确认农户灌溉用水权。具体流程见图1，步骤如下：

第一步，自上而下分解用水总量控制指标。县级人民政府根据全县多年实际供用水情况，按照优先保证生活用水，合理增加生态用水，严格控制灌溉用水的原则，将县级用水总量控制指标自上而下逐步分解到各乡镇、各村组，细化到各行业（生活、生态、工业、农业、服务业）。

第二步，自下而上计算农业用水需求。深入调查当地供水水源工程建设情况、供水结构等基本情况，依托发展规划，确定各乡镇、各村组不同水平年的可供水量，并细化到各水源工程。同时，通过科学测算农作物灌溉定额，结合耕地面积和农业种植结构调整等，计算确定农业灌溉亩均用水定额以及农业灌溉需水量。在此基础上，对比分析当地农业灌溉可供水量和需水量，按照就低不就高的原则，初步确定农业灌溉用水总量控制指标和灌溉定额。

第三步，上下结合核定灌溉用水指标。自上而下分解的农业用水总量控制指标应

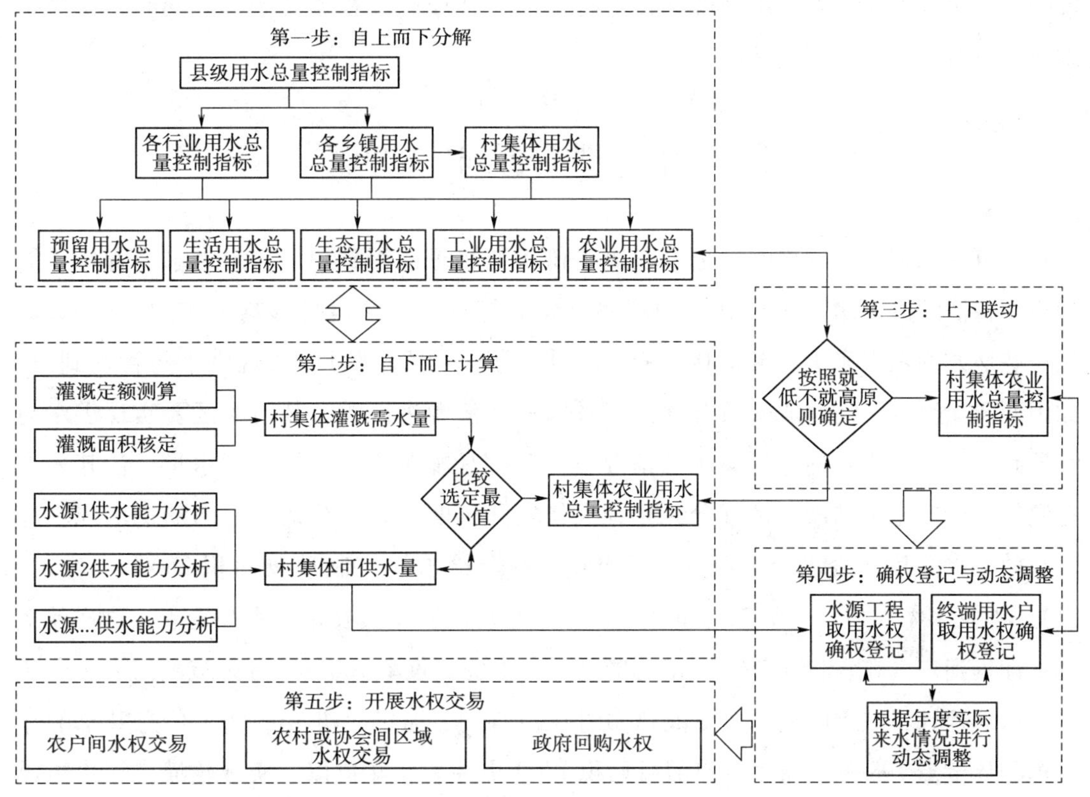

图1　灌溉用水权确权到户流程图

综合考虑全县各领域、各区域、各行业的用水需求，自下而上计算的农业用水总量控制指标应综合考虑各乡镇、各村组供用水需求情况。为满足各方用水合理需求，不突破当地水资源承载能力，需要综合比较上述两步分解结果，取两者之间最低值确定最终的农业用水总量控制指标及亩均或人均水权份额。

核定灌溉用水指标要综合考虑人－水－地的关系。在水资源紧缺地区，在灌溉面积不压缩的情况下，单位面积分配的水权可能小于灌溉用水定额，如河北某地亩均水权44m^3，远小于灌溉定额；在灌溉面积压缩的情况下，单位面积分配的水权可以等于灌溉用水定额，如石羊河流域，按人均保留2～2.5亩耕地与当地灌溉定额分配水权。

第四步，农户灌溉用水权确权登记。根据核定的亩均或人均水权份额，综合考虑土地承包面积、人均配水面积、人口等因素，由县级水行政主管部门核发农户灌溉用水权证。用水权证载明户主姓名、人口数量、配水面积、分配水量及灌溉保证率、水源、灌溉定额等信息。

第五步，推进用水权交易。按照便民、高效、可控的原则，建立线上线下水权交易平台，推进农业用水权交易。村组或协会管理范围内农户间可自行开展水权交易；超出村组或协会管理范围的水权交易，以及村组或协会管理范围内新增用水户的水权交易，需经利益相关方同意，报有管辖权的政府或授权部门审核批准。凡土地发生流转的，流转双方应就灌溉用水权流转进行协商，办理用水权流转手续。同时，积极探索建立政府水权回购制度。

三、关于管理能否到位的问题

灌溉用水权分配到户的含金量取决于供水与管理能否到户。如果供水与管理不能到户，将使灌溉用水权确权到户的现实意见大打折扣，这也是影响工作的主要原因。从一些地方的探索来看，井灌区实行“一井一户一卡”就可以实现供水与管理到户，如山西清徐灌区、河北成安县井灌区、甘肃武威清源灌区等。其他灌区要实现供水与管理到户，在有必要的计量设施的情况下，关键是配备责任心强的管水员，让其采取轮灌等可行措施把灌溉水量细分到户，大量实践证明这是可行的。云南陆良恨虎坝灌区高效节水灌片，给水栓间距 50m × 50m，一个给水栓控制灌溉面积 $2500m^2$（3.75 亩），涉及多个农户，少则 2 ~ 3 户，多则 7 ~ 8 户。管水员安排用水户轮灌，这样就实现了计量到户，在水价 0.79 元/m^3的情况下，水费实收率 100%。甘肃疏勒河灌区，建设斗口远程计量点 500 处，建成能够实时在线监测、通过手机 App 实现信息共享的斗口远程计量点 198 处。每个斗口灌溉面积 1700 亩左右，斗口以下实现轮灌，管水员设计了灌水记录簿，用水户灌溉时只要在记录簿记录其灌溉起止时间，然后与斗口自动监测数据对照确定其灌溉用水量，实现计量收费到户。宁夏盐池扬黄灌区印发白色、蓝色、绿色三类购水卡，分别由户、组、村持有，用水户购买水量时由户、组、村到水管所逐级申请办理，由水管单位适时安排供水，实现供水与管理精准到户。就全国而言，随着节水灌溉面积的扩大，计量设施逐步配备到位，对管水员进行必要的培训与有效的考核，就可以实现供水与管理到户。

四、结 论 与 建 议

从国家发展战略、制度导向、技术流程、供水管理等多个视角考虑，灌溉用水权应当确权到户，技术上完全可行，服务管理可以基本保障。为推进灌溉用水权确权到户工作，提出如下建议：

一是把灌溉用水权确权到户作为深化水利改革的重要内容。进一步统一认识，把灌溉用水权确权到户落实到水利改革相关工作中。农业水价综合改革，要在确权到农村集体经济组织、农民用水合作组织的基础上，继续把灌溉用水权细化确认到户。小型水利工程产权改革，要协调推进灌溉用水权确权到户工作，在工程实行共有产权的地区，进一步按产权份额明确用水户水权份额；其他地区，进一步细化分解灌溉用水权，确认到户。规范农业取水许可、水流产权确权，要在核发取水许可证后，督促取水单位把取水权细化分解落实到户。

二是探索多种有效的农业用水计量方式。一方面，要按照农业水价综合改革的要求，配套完善计量设施。另一方面，考虑当前计量率低的实际，井灌区可以探索实行以电折水等可行措施，其他灌区实行群众认可的简单易行的计量措施。同时，要加强管水员培训交流，建立水费提成等激励机制，强化考核约束，使管水员有关键作为，确保灌溉用水权确权到户落到实处。

三是研究制定灌溉用水权确权到户技术标准。灌溉用水权确权到户技术性强，应当在总结各地探索实践的基础上，制定统一的技术标准给予指导。技术标准重点明确灌溉定额、限额、水权、灌溉用水权等有关概念，规范分配对象、原则、确权程序，以及预留水量比例等。

参考文献

[1] 杨得瑞，李晶，王晓娟，等．水权确权的实践需求及主要类型分析［J］．中国水利，2015（5）：5－8.
[2] 李晶．水权改革怎么看？怎么办？［J］．水利发展研究，2014（7）：1－3.
[3] 柳长顺．关于实行集体水利工程及其相关水土资源“三位一体”综合改革的思考［J］．中国水利，2013（2）：21－23.
[4] 李兴拼，汪贻飞，董延军，等．水权制度建设实践中的取水权与用水权［J］．水利发展研究，2018（4）：14－17.
[5] 杨得瑞，李晶，王晓娟，等．我国水权之路如何走［J］．水利发展研究，2014（1）：10－17.
[6] 李晶，王晓娟，陈金木．完善水权水市场建设法制保障探讨［J］．中国水利，2015（5）：13－19.
[7] 黄利．宁夏盐池扬黄灌区水权到户试点主要做法及成效［J］．中国农村水利水电，2015（3）：88－90.

生态水利工程概念、定义研究与典型工程案例分析

段红东

水利部发展研究中心

生态文明建设是中国特色社会主义事业的重要内容，关系人民福祉，关乎民族未来，事关“两个一百年”奋斗目标和中华民族伟大复兴中国梦的实现。水是万物之母、生存之本、文明之源，水资源是基础性自然资源和战略性经济资源，是生态环境的控制性要素。党的十九大报告提出要“加强水利、铁路、公路、水运、航空、管道、电网、信息、物流等基础设施建设”。随着经济社会的快速发展，水资源短缺、水生态损害、水环境污染等问题愈加突出。习近平总书记在2018年全国生态环境保护大会上指出，“距今2000年历史的都江堰工程是因势利导建设的大型生态水利工程”。生态水利工程建设是生态文明建设的重要组成部分，深入研究生态水利工程的概念、内涵和要求，加强生态水利工程建设，形成人与自然和谐发展现代化建设新格局，让中华大地天更蓝、山更绿、水更清、环境更优美。

一、关于生态工程概念综述

生态工程（Ecological Engineering）是指应用生态系统中物质循环原理，结合系统工程的最优化方法设计的分层多级利用物质的生产工艺系统，其目的是将生物群落内不同物种共生、物质与能量多级利用、环境自净和物质循环再生等原理与系统工程的优化方法相结合，达到资源多层次和循环利用。如利用多层结构的森林生态系统增大吸收光能的面积、利用植物吸附和富集某些微量重金属以及利用余热繁殖水生生物等。生态工程起源于生态学的发展与应用，至今不过50多年历史。20世纪60年代以来，全球面临的主要危机表现为人口激增、资源破坏、能源短缺、环境污染和食物供应不足，表现出不同程度的生态与环境危机。1962年，美国的H. T. Odum首先使用了生态工程概念，提出了生态学应用的新领域——生态工程学，并把它定义为“为了控制生态系统，人类应用来自自然的能源作为辅助能对环境的控制”。20世纪80年代后，生态工程在欧洲及美国逐渐发展起来，并相应提出了生态工程技术，即“在环境管理方

面，根据对生态学的深入了解花最小代价的措施，对环境的损害又是最小的一些技术”。在我国，生态工程的概念是由已故的生态学家、生态工程建设先驱马世骏先生在1979年首先倡导的。他于1984年给生态工程下的定义为：“生态工程是应用生态系统中物种共生与物质循环再生原理，结构与功能协调原则，结合系统分析的最优化方法，设计的促进分层多级利用物质的生产工艺系统”。我国生态工程所研究与处理的对象，不仅是自然或人为构造的生态系统，而更多的是社会-经济-自然复合生态系统，生态工程建设的目标是使人工控制的生态系统具有强大的自然再生产和社会再生产的能力。

二、关于生态水利工程学原理及其内涵

传统意义上的水利工程学在满足社会经济发展需求的同时，不同程度地忽视了河湖生态系统本身的需求。而河湖生态功能的退化，给人类的长远利益带来不可估量的生态损害。进入新时代，水利工程在权衡水资源开发利用与生态与环境保护二者关系时，必须科学理性地寻求水资源开发利用与生态环境保护之间的合理平衡点，从而从传统水利工程建设转向全新的生态水利工程建设。由此，产生了生态水利工程学，其关注的对象不仅是具有水文特性和水力学特性的河湖，而是还具备生命特性的河湖生态系统，研究范围从河湖及其岸边的物理边界扩大到河流走廊（river corridor）生态系统的生态尺度边界。

董哲仁提出，生态水利工程学（Eco - Hydraulic Engineering）作为水利工程学的一个新的分支，是研究水利工程在满足人类社会需求的同时，兼顾淡水生态系统健康与可持续性需求的原理和技术方法的工程学。具有以下内涵：一是水利工程学是具有坚实数学力学学科基础和相对完整工程技术方法的传统工程学。生态水利工程学作为水利工程学的一个学科分支，补充和完善水利工程学的理论和技术方法。二是生态水利工程学是一门交叉学科，吸收生态学的理论知识与技术方法，力图构建与生态友好的水利工程规划设计管理的技术体系。三是在工程目标方面，力图体现不同经济社会发展水平下水资源合理开发与生态保护间的平衡关系，基本原则是坚持社会经济的可持续发展和水资源的可持续利用。四是淡水生态系统保护和恢复的目标是其当前的健康和未来的可持续性，促进人与自然的和谐。

三、关于生态水利工程概念

生态水利工程是一个全新的概念，是对传统水利工程的改造和提升，使它更加符合生态文明的理念，更加尊重自然和顺应自然，更加强调人与自然的和谐共生，更加

注重工程的生态效益和生态功能，更加侧重于减轻工程对生态环境的负面影响，更加关注环境保护和生态安全，引领水利工程建设的发展方向。

于修建认为，生态水利工程是把人和水体置于整个生态系统中，研究人和自然对水利的共同需求，从生态的角度出发进行水利工程建设，建立良性循环和可持续利用的水利体系，从而达到可持续发展以及人与自然和谐的目的。

李雅萍、徐瑞兰定义，生态水利工程是按照生态学原理，遵循生态平衡的法则和要求，从生态的角度出发进行水利工程建设，建立满足良性循环和可持续利用的水利体系，从而达到可持续发展和人与自然相处所采取的工程或非工程措施。

有学者和单位研究提出，生态水利工程是在维护生态系统自我恢复和良性循环的前提下，充分考虑水资源承载能力的约束，为国家生态文明建设、经济社会可持续发展提供防洪、供水、发电、生态等方面服务功能，并注重水文化传承的水利工程。

通过对生态水利工程相关研究成果的系统梳理，结合水利工程功能特点和生态文明的建设要求，研究认为生态水利工程的概念定义为，“生态水利工程是指遵循人与自然和谐共生的理念而规划设计建设的，以保护、修复或改善流域或区域自然生态与环境为主要目标，在保障人类对水资源开发利用必要需求的前提下，体现水资源合理开发与生态保护间的平衡关系，使河湖的生态系统具有强大的自然和社会再生产能力，注重生态健康和可持续发展，实现经济、社会、生态效益相统一的防洪、发电、灌溉、供水等为人类服务功能的水利工程”。

四、生态水利工程规划设计原则

生态水利工程是水利工程的概念创新。生态水利工程建设必须贯彻落实新时代“节水优先、空间均衡、系统治理、两手发力”的十六字治水思路，从最大限度保护流域与区域生态环境的角度出发，对水利工程的功能定位、建设规模、工程布局、设计方案、建材选用、保护因子与保护措施等方面系统考虑。严格遵循以下规划设计原则：

一是始终坚持生态优先、绿色发展的理念。要从人与自然和谐共生、山水林田湖草是生命共同体的高度，遵循生态平衡法则和要求，符合河湖良性循环和可持续利用要求，在规划设计阶段突出体现生命优先、保护优先，重点协调好保护、恢复与发展、建设的关系。

二是注重明确生态保护与修复目标。要在规划设计、建设管理的全过程中，加强对河湖生态因子、敏感期生态环境状况的调查与监测，注重重要生态因子识别与判别，最大限度减轻水利工程对河湖生态系统的负面影响，防止生态安全风险发生，在满足人类生产生活需要的同时，最大可能性地维护河湖生物多样性的需求。

三是加强生态水量（流量）泄放设施布设。几十年来的水利工程建设中，一些水利工程，尤其是水电工程建设过多地考虑水资源开发利用、较少地注意生态保护修复，一些河流出现了严重的脱流、断流现象。由于忽视了河流的连通性、生态系统健康与可持续性，致使河流的生态系统遭受到不同程度的损害，除与工程布局、调度管理有关外，与一些水利工程缺乏生态水量（流量）泄放设施的关系更大。因此，必须把生态水量（流量）泄放设施布设作为规划设计的一项基本原则明确规定下来。

四是严格遵守其他基本原则。主要有工程安全性和经济性、保持和恢复河流形态的空间异质性、生态系统自设计与自我恢复、流域尺度及整体性、反馈调整式设计等基本原则。

五、典型生态水利工程案例分析

都江堰水利工程历经2274年，是当今世界年代久远、唯一留存、以无坝引水为特征的宏大水利工程，它是中国古代历史上最成功的水利杰作，孕育了繁荣富饶的“天府之国”，具体分析如下。

一是在规划设计理念上，“乘势利导、因时制宜”，充分利用地形、地貌等自然条件，符合人与自然和谐共生理念。

都江堰渠首设计遵循了“乘势利导、因时制宜”的理念，对河流的地形、水流充分加以利用，各组成部分相互协调配合，原料就地取材，实现了防洪、引水和排沙等功能，与当地自然环境和谐统一，充分体现了“天人合一”、人与自然和谐共生的理念。

从工程布局上看，遵循自然生态法则，充分利用了地形、地貌等自然条件。岷江挟带的大量砂砾石在都江堰迅速沉积，且水量愈大，淤积愈重。据现代测量，都江堰渠首段沉积的卵石平均粒径为176mm，最大粒径达510～1000mm。在河道水流的作用下，大量推移质在水流的作用下形成了河道中的江心洲、冲漕和深潭。都江堰渠首利用岷江河道和江心洲的地形设置了分水导流工程——鱼嘴、金刚堤，溢洪工程——平水漕（今已不存）、飞沙堰、人字堤和进水口——宝瓶口三大工程设施，从顺应自然、保护生态的角度出发，建立起符合工程与自然和谐、良性循环和可持续利用的水利工程体系。

从工程结构上看，遵循生态学原理平衡法则，符合河流水文学和水力学基本原理。都江堰渠首通过鱼嘴、飞沙堰（人字堤、平水漕）和宝瓶口以各自的位置、高程和形制，与河道组合成珠联璧合的枢纽工程体系，使都江堰获得了较好的引水、防洪和排沙功能。当内江水位低于飞沙堰时，飞沙堰壅水增加宝瓶口的进水量；当宝瓶口水位达到一定高度时，水位高于飞沙堰堰顶，飞沙堰开始泄洪；当宝瓶口水位超过一定高度时，人字堤也开始溢流；进入汛期，飞沙堰在洪水冲击下开始局部溃决，泄洪量可以迅速增加，使宝瓶口前水位迅速下降，这样就不会使进入宝瓶口的流量太大，从而保障下游灌区及成都平原的安全。

从建造材料上，遵循生态平衡法则，“因地制宜”选材，与当地环境融为一体。古代都江堰工程的建设与养护采用竹笼填石法，大量利用当地常见的卵石、竹子和木材资源，就地取材，自然生态。就地取材的工程材料赋予了都江堰水工和河工构件鲜明的地域特点。充填卵石的竹笼、杩槎、木桩以及用卵石砌筑的干砌卵石等水工和河工构件建造的各类工程设施，具有良好的消能防冲性能和生态功能，并与自然景色浑然一体，实现了工程系统与外部环境的和谐一致，最大程度减轻了工程对当地生态环境的影响。

二是在工程运行管理上，“分水排沙”，既满足了人类对水资源需求，又维护了河流健康生命，实现了人与自然和谐相处。

都江堰四六分水、弯道环流、泄流飞沙的水沙自动调控功能，在保障内江各类用水的同时，防止了旱涝灾害的发生，而且为河流生态用水留足了空间。

从水资源调控上，既满足了人的社会需求，也满足了河流生态环境对水的自然需求。“四六分水”是清代人对内外江分水比例的期望值，它反映出都江鱼嘴分水的控制标准。通过鱼嘴位置的选择，实现了岷江水量一定程度内的调配：枯水期，外江和内江分水分别占总水量的40%和60%；丰水期，外江和内江分水分别占总水量的60%和40%。内外江的分水比例对解决枯水时成都平原供水不足和汛期分减洪水十分有利。

从排沙效果上，有效地解决了泥沙淤积问题，维护了河流健康。都江堰渠首排沙主要通过两级分水分沙来实现。第一级分水分沙，岷江水流从都江堰上游挟沙而来，沙粒在洪水期以卵石推移质为主，枯水期以悬移质和较小沙砾为主。鱼嘴将岷江水流分成内江和外江两部分，经过都江堰河段上游自然弯道的淘刷和淤积，将大部分卵石沙砾分到外江宣泄，同时鱼嘴位置的选取决定了内外江分流比，此为第一级分水排沙。第二级分水排沙，经过鱼嘴一级分水排沙作用，流入内江水流以悬移质和较小沙砾为主，由于内江处于弯道凹岸，根据螺旋流原理，宝瓶口“正面取水”，飞沙堰“侧面排沙”，共同组成第二级分水排沙。一方面，宝瓶口是人工开凿而成的引水口，其进口底部高程高出内江河底高程，保证了引水质量，进口宽度控制了流量，因此可以第二次调节进入灌区的水沙；另一方面，飞沙堰利用螺旋流原理底部淘沙，合理设计堰高，可以起到第二次排沙和分流的作用。

三是效益持久发挥上，尊重自然，实现了经济效益、社会效益和生态效益的持久统一。

都江堰创建之初的主要功能是防洪和航运，灌溉属于次要功能。防洪功能两千多年来一直发挥着极为重要的作用，保障了“天府之国”的繁荣富庶；自汉代文翁首次拓展都江堰灌区后，历朝历代都致力于都江堰灌区的发展，都江堰的灌溉功能一直在拓展和加强，并上升成为和防洪并驾齐驱的主要功能。

社会效益显著。都江堰建成前，成都平原饱受水旱灾害肆虐之苦，唐岑参形容为“江水初荡潏，蜀人几为鱼”。修建都江堰后，妥善解决了引水与泄洪、排沙的问题，特别是宝瓶口以其千年不变的固定宽度，成为了扼制岷江洪水的千钧关钥，此后成都平原极少发生全域性的大洪水。都江堰对成都平原起到的防洪屏障作用，确保了成都平原的社会繁荣稳定。直至今日，都江堰渠首枢纽对都江堰灌区仍然起着“守住一个点，保住一大片”的重大作用。自 1936 年有记载以来，只要岷江洪水不超过 30 年一遇的大灾，都江堰渠首工程均可以防御，保障成都平原的防洪安全。

经济效益巨大。都江堰建成后，稳定的水源、优越的自流灌溉模式与成都平原的优质土壤相结合，使成都平原的农业生产迅速发展，在极短时间内就成为了海内闻名的巨大粮仓，“水旱从人，不知饥馑，时无荒年，天下谓之天府也”。得天独厚的地理优势，使得都江堰灌区不断开辟新灌面，至民国已达 280 余万亩。目前，都江堰灌区已发展到灌溉四川省 7 市 38 市（县、区）的 1065 万亩农田，规模居全国之冠。都江堰灌区以占全省约 5% 的土地面积，集中了全省 1/5 的有效灌面和 1/4 的人口，提供了近 1/3 的粮食总产量和农业总产值，同时贡献了全省近一半的国民生产总值，成为四川省最富饶、工农业生产最发达的地区。

生态效益突出。都江堰的修建从根本上改善了成都平原城乡生态环境。成都平原原来没有水量丰沛、流量稳定的河道，自李冰“开二江成都之中”后，贯穿成都平原的河道极大地改善了成都市水生态环境。自唐以后，历代先后修建的摩诃池、金水河、御河、府河、磨底河、清水河等构成了成都市发达的城市水系。西蜀大地在都江堰的润泽下，林竹修茂、河流纵横、湖泊星罗、堰塘棋布，呈现出“水绿天青不起尘，风光和暖胜三秦”的美丽景象。

六、关于加强生态水利工程建设有关建议

为更好地推进和规范生态水利工程建设，满足人民群众对美好生活和优美环境的需要，提出以下建议：

一是制定出台《关于加强生态水利工程建设指导意见》。生态水利工程建设是贯彻落实生态文明建设的客观要求，践行“十六字”治水思路的具体体现，维护河湖健康生命的重要保障，完善绿色水利发展方式的关键手段。要提出加强生态水利建设的重

大意义、总体部署、目标任务、技术要求、调度管理、保障措施等，全面推进我国生态水利工程建设步伐等的工作意见。

二是研究提出完整性的生态水利工程技术要求。要在现行有效的水利技术标准体系下，对水利工程的勘测、规划、设计、建材、施工、调度、管理等各方面，研究提出生态水利工程建设应遵循的最大限度不损害生态环境的各项指标，使各类水利工程建设全面符合保护、恢复生态环境的总体要求。

三是组织开展重大专题研究。生态水利工程是一个新生事物，要按照我国生态文明建设的总体要求，以问题为导向，针对当前生态水利工程建设的众多短板或薄弱环节，组织科研单位、高等院校，加紧开展生态水利工程概念及其内涵研究，提出具有广泛共识、统一规范的定义；组织开展已建水利工程转为生态水利工程的评判方法和标准研究、水生态空间划分技术研究等专题研究。

总之，坚持以人民为中心，是生态水利工程建设的根本出发点；促进人与自然和谐共生，是生态水利工程建设的基本要求；严守生态红线和水资源利用上线，是规范生态水利工程规划设计的基本遵循准则；实现生态效益持久发挥，是生态水利工程的重要特征；强化科技创新引领，是推动生态水利工程建设的重要驱动；充分运用系统思维，是加强生态水利工程建设的根本方法。

参考文献

[1] 董哲仁，孙东亚，等. 生态水利原理与技术 [M]. 北京：中国水利水电出版社，2007.

[2] 于修建. 关于生态水利工程的研究. 工程技术水电工程，2016，8 (7)：103.

[3] 李雅萍，徐瑞兰. 谈生态水利工程设计的几点体会 [J]. 山东水利，2015 (5). 28-29.

社会资本参与流域综合治理现状、问题和建议

吴　强　李　淼　高　龙　马毅鹏

水利部发展研究中心

流域综合治理是生态文明建设的重要领域之一，是落实习近平总书记“节水优先、空间均衡、系统治理、两手发力”新时期治水思路的重要抓手，也是全面推行河长制工作的重要载体。过去很长一段时间，流域综合治理的资金主要依赖于政府投入，面临需求缺口大、管理效率亟待提高等多重压力，尤其是在国内经济、地方政府财政收入增速放缓的背景下，单纯依赖政府投资难以满足我国生态文明建设的需求。近年来，国有企业、民营企业等社会资本积极参与流域综合治理，市场在资源配置中的作用持续增强，在相当程度上解决了流域综合治理中资金不足和管理低效问题。然而，社会资本在参与流域综合治理的过程中，也存在不少亟待解决的问题，本文在梳理总结社会资本参与流域综合治理现状和特征的基础上，针对目前存在的突出问题进行研究并提出相关建议。

一、流域综合治理的概念和特征

（一）流域综合治理的概念

流域综合治理是根据流域内地区社会经济发展阶段，顺应当地居民的现实需求，基于流域自身要素、禀赋特征基础上的区域开发，是一项以水土资源的开发、利用、保护与合理配置为主要内容的包括工程与非工程措施在内的综合治理工作，其目的是促使流域生态环境良性循环、经济社会可持续发展、居民生活水平提高和人居环境改善，最终达到人水和谐。2012 年，生态文明建设写入了党的十八大报告，我国生态治理理念发生重大变化，由传统的以防洪疏浚、水土保持、河道治理等河段工程建设转变为更加强调山水林田湖草整体性和协调性的流域区域统筹、水岸共治的新模式。

（二）流域综合治理项目的特征

流域综合治理普遍具有整体性、公益性、专业综合性等特点。一是流域综合治理

的整体性要求。流域综合治理项目类型丰富，功能种类多样，但最终目标服务于整个流域内防洪安全、供水安全、粮食安全、生态安全等重要功能，因此，在进行流域综合治理的前期工作时，需要基本掌握流域特征的基础上，整体开展规划和论证，多项目配合实施，满足流域的整体需求；二是流域综合治理的公益性（准公益性）要求。流域综合治理水安全保障、生态保护与修复等目标决定了流域治理的绝大多数项目属于公益性或准公益性项目，项目投资规模较大，运行周期较长，但项目的盈利能力普遍偏弱，堤防建设、河道清淤等项目本身不具备盈利能力；三是流域综合治理的专业综合性要求。与过去狭义的以防洪疏浚、水土保持为目标的河道或流域治理相比，如今的流域综合治理有了更加丰富的内涵，以多目标协调治理为根本，项目涵盖了多种类型工程，需要水利、环境、规划、国土、金融、法律等专业共同配合参与，项目标准各异，专业化要求高，技术集成难度大。

二、社会资本参与流域综合治理项目的现状

社会资本参与流域综合治理项目的方式包括传统投资模式以及政府与社会资本合作模式（以下简称 PPP 模式）。当前，PPP 模式经政府大力推广实践，已经逐渐成为主流方式。

（一）PPP 模式

2014 年，国务院印发《国务院关于创新重点领域投融资机制鼓励社会投资的指导意见》（国发〔2014〕60 号），强调建立健全政府和社会资本合作（PPP）机制，鼓励社会资本积极参与生态建设和保护。参考“中国 PPP 服务平台”发布的 PPP 项目数据库以及相关文献数据，截至 2017 年 12 月底，PPP 项目库中流域综合治理 PPP 项目已达 475 个，项目投资总金额 6106 亿元。项目涵盖了河道综合治理、水环境综合治理、生态修复与保护、生态综合治理、生态廊道建设、河湖生态景观建设等。约 70% 的流域综合治理项目采用 BOT 合作方式，其他的合作模式还有 TOT、BOO 等；流域综合治理项目周期较长，项目平均合作年限为 15. 8 年，有 68% 的项目合作期限在 10 ~ 30 年之间。采取 PPP 模式开展流域综合治理，一是能够缓解地方财政资金不足，有利于项目加速落地。在财政资金不足的情况下，PPP 项目使政府部门能够进行一些重大的基础设施建设，解决政府部门不能满足基础设施建设庞大资金需求的问题。二是能够充分发挥企业高效成熟的管理优势。引入高度参与市场化项目的社会资本作为投资者和管理经营者，充分发挥其在技术和管理上经验优势，以及在决策、生产经营时的高效模式，提高项目建设的质量、速度，以及后期的运营效率。

（二）传统模式

社会资本参与流域综合治理较为传统的方式主要是在财政资金主导下，按照流域综合治理整体或其中的单独项目利用参股方式组建项目法人，或参股水利企业并由其直接组建项目法人参加建设，一般参与的规模较小，形式也较为单一，参与周期往往也仅限于项目的建设阶段，话语权较少，处于从属地位。社会资本参与项目的初衷一方面是与政府合作，打好基础，寻求下一步长期合作的可能；另一方面通过公益性项目产生良好的社会效益来提高企业知名度。目前，这种方式已不多见。

另外，在浙江省委省政府推行的“五水共治”，建设“美丽大花园”的整体布局下，地方政府坚持系统治理、绿色发展的原则，积极推行以水岸同治为理念的县域范围全流域治理，由政府财政出资，开展流域综合治理项目中筑堤保滩、清淤拓浚、岸坡整治、生态修复、配水引调、截污治污等公益性工程建设，打造滨河绿廊，实行全流域“景区化”提升改造，搭建生态流域的大平台。在此基础上，吸引社会资本参与流域内水土资源开发、绿色农产品、旅游、港口、渔业等经营性项目。如湖州市德清县武康项目区通过整片水系治理，打通断头河、沟通小微水系，恢复河流自然功能，让项目周边乡村面貌焕然一新，直接吸引浙商为主的社会资本 5 亿元以上的投资，开展旅游观光、娱乐休闲、绿色农业等经营性产业，带动周边村镇致富。这种模式堪称社会资本参与流域综合治理传统模式的“升级版”。

（三）社会资本参与流域综合治理特征

从区域分布来看，积极参与流域综合治理的社会资本（注册地）大部分来自经济发展较为活跃的地区，如北京、上海、江苏、浙江、山东等地。一方面是当地政府对于生态建设更加重视，出台相关政策鼓励社会资本参与进来。另一方面是这些地区有资金、有实力的公司较多，信息渠道多样通畅，建设和运营理念先进，抗风险能力强，整体参与意愿较高。

从参与主体来看，社会资本中的央企和省属大型国有企业参与较多，意愿较为强烈，在现行主流的 PPP 模式中，通常采取强强联合，以联合体的方式参与流域综合治理项目。央企和国企拥有与政府关系良好、资金融资成本较低、技术及运营理念先进等优势，同时还承担着作为国有企业的社会责任。民营企业则以独资的形式参与流域内小型的经营性项目为主，即使是参与到流域综合治理项目主体建设中，参与主体也是以建筑类、材料类、设备类的民营企业为主。

从参与方式来看，社会资本中央企或国有企业参与方式较为固定，主要是以国家政策鼓励、制度相对完善、法律合同规范的 PPP 项目为主；民营企业参与方式则灵活多样，可以是项目建设施工，也可以是独立参与流域内配套的经营性项目，实力较强的民营企业也可以与政府合作，参与流域治理的全过程。

三、存在的问题

近年来，社会资本参与流域综合治理为主的生态建设逐渐增多，部分项目也取得了很好的社会效益，但仍然存在一些问题亟待解决。

（一）以公益性、准公益性为主的流域综合治理项目本身对社会资本吸引力不足

流域综合治理项目一般以河道为主要治理对象，集中开展堤防加固、清淤疏浚、河道整治、固坡护岸、生态修复等工程，在有条件的地区兼顾水土资源开发、旅游开发、渔业林业资源开发等项目。整体上还是以公益性和准公益性项目为主，且项目投资规模较大，周期较长。而社会资本的逐利性要求在参与流域综合治理项目时需要获得一定收益回报，过多的公益性、准公益性项目建设，以及大规模长周期的投入，无疑增加了社会资本风险。现有的以 PPP 模式为主的流域综合治理项目，除了依靠政府付费、可行性缺口补助等方式之外，很难找到合适的经营性项目作为能够支撑整个项目运行的“造血点”为企业带来足够的收益。工程本身过低的整体项目投资回报率难以吸引到社会资本的积极参与，这也是当下流域综合治理项目中政府和社会资本双方亟待解决的核心问题。

（二）企业融资成本较高

流域综合治理项目建设需要大量的资金，社会资本通常会通过银行贷款等方式筹措建设资金，受到政策调整、内外部环境变化等因素的影响，可能造成利率短期内出现较大波动，从而影响社会资本融资成本。2018 年以来，财政部印发了《关于规范金融企业对地方政府和国有企业投融资行为有关问题的通知》（财金〔2018〕23 号）等文件，要求银行不得提供债务性资金作为地方建设项目、政府投资基金或政府和社会资本合作（PPP）项目资本金，使国有企业原本较为宽松的融资环境逐步趋紧。如江西水投集团参与抚河流域综合治理 PPP 项目过程中，国家开发银行临时改变前期已经约定的贷款条件，在提高贷款利率的同时要求企业追加 1000 多万元的保证金，增加社会资本项目建设的融资成本，对后续项目建设实施以及项目整体收益造成一定影响。另外，民营企业还存在融资渠道不畅和融资能力不足的问题。与国有企业规模大，融资渠道多样，更易得到国家开发银行、中国农业发展银行等政策性银行的低利率贷款的现状相比，民营企业因自身规模较小，信用评级较低，多数情况下难

以获取银行低利率的大额贷款，这在客观上抬升了民营企业参与流域综合治理项目的融资成本。

（三）项目的风险和不确定性阻碍了社会资本参与项目建设的意愿

从政策风险来讲，国家政策调整频繁，如近期已逐步收紧PPP项目规模，调整PPP项目库项目等；项目中一些原本符合规定的水土资源开发、港口建设等打包在内的经营性项目，随时可能因为政策的突然调整而无法实施。另外，社会资本建设运营流域综合治理项目的收益大多来源于政府直接付费或可行性缺口补助，这就存在着政府的信用风险，由于财力不足、领导变更等原因导致的政府失信行为已经发生过多起，虽然有合同约定以及中央文件的明确规定，但是政府信用的有效制约机制仍未完全建立，令社会资本对参与PPP项目尚存在疑虑和观望心态。

（四）新型治理模式对民营企业存在挤出效应

当前，PPP模式是流域综合治理项目利用社会资本的主要方式，由于其合作与采购模式较为复杂，一定程度上也限制了民营企业参与的机会。在合作模式上，由于流域综合治理项目的整体性和综合性特征，要求社会资本必须具备投资、建设、运营的综合能力，而民营资本在企业规模、融资能力、人员力量、项目经验等方面均具备较强能力的数量并不多，通过多家企业组建联合体形成具备综合实力的社会资本来参与PPP项目可能是一个更好的选择；然而在采购模式上，为了规范实施PPP项目，地方政府一般会采取公开招标的方式选择社会资本，但是在是否允许联合体投标以及联合体数量、资质要求、出资方式和比例等方面却经常做出种种约束，这种做法或者直接把联合体拒之门外，或者极大地限制了联合体内部权利义务优化分配的空间，使得大量具备专业服务能力但出资能力不强的民营社会资本无法直接参与流域综合治理PPP项目。

另外，个别地区一些政府官员无论对于新形势下流域综合治理项目建设也好，政府与社会资本合作方式也好，都存在知识储备不足、认识不到位的情况，一方面担心社会资本参与项目后，特别是取得经营权之后，政府会失去对项目的主导权和控制权，担心社会资本拿走地方过多的资源和利益；另一方面，项目涉及的专业领域多样且专业性强，在实际操作中需要具备法律、金融、财务等专业知识和实践经验，目前一些地区的水利部门还缺乏相关专业人才，对项目执行中政府所面临的风险把控不住。在这种情况下，很多地方采取限制社会资本参与，提高参与门槛等措施确保政府处于有利的位置，但也导致一些具备条件的社会资本无法参与流域综合治理项目建设和运营。

四、相 关 建 议

2018 年 9 月，国家发展改革委就促进民间投资有关工作情况举行了新闻发布会，将采取放宽准入条件、大力清理针对民间资本准入的不合理限制、鼓励金融机构利用大数据为民企提供贷款和信息服务、抓好产权保护等五大措施促进民间投资，吸引社会资本参与基础设施建设。具体到流域综合治理等生态建设项目，针对目前存在的问题，应重点抓好以下几个方面。

（一）合理控制流域综合治理区域和规模

目前，流域综合治理项目建设存在的普遍问题是流域河道治理过长、范围过大，打包项目过多，资金规模庞大，政府竭力将所有需要做的项目全部纳入流域综合治理项目。这样往往导致项目审批流程复杂，周期拉长；用地计划庞大，审批难度进一步加大；项目资本金规模要求过大，社会资本需要足够的资金参与；项目的风险和不确定性进一步加大；项目区域间协调配合问题突出。这种情况下，前期有意向的社会资本从资金的安全性、项目的周期性和获益能力，以及项目风险控制的角度考虑，可能选择退出流域综合治理项目建设运营，除非政府允诺提供非常优惠的政策。因此，建议在实施流域综合治理时，在流域整体规划的基础上，分区域、分时期、分阶段推进，可以考虑条件允许的情况下，在县域范围内开展流域综合治理工作，尽量减少跨区域横向协调。同时，加强项目前期工作，依据现阶段浙江、重庆等流域综合治理项目的成功案例，单个项目（分阶段的单期项目）投资规模以 10 亿元以下为宜，减少社会资本前期资本投入与贷款规模，降低风险。

（二）稳定并提高社会资本收益预期

流域综合治理项目中的各类项目以公益性和准公益性项目居多，后期运行几乎不产生经济效益，想更好地吸引社会资本参与项目建设，需要想办法通过优惠渠道和扶持政策，进一步提高社会资本的收益预期。可以考虑采取项目“打捆”的形式，增加项目造血点，提高项目本身的盈利能力。如可以考虑在条件允许的情况下，将流域内需要新建的供水水厂一并纳入综合治理项目投资建设，并在项目运行阶段配置水厂特许经营权，提高项目整体收益；也可以依托流域区域规划，结合实施乡村振兴战略，将产业园区发展，如绿色农产品加工、乡村文化旅游、交通等项目打包加入流域综合治理项目，提供一段时期的特许经营，或采取将经营性项目收益部分返还社会资本的方式来提高社会资本的收益预期。

（三）加强金融支持力度

金融支持社会资本参与流域综合治理项目主要表现为以下几个方面。一是提高信贷规模。流域综合治理是生态文明建设的重要内容，事关国计民生，但其交付周期长、盈利能力弱的问题导致金融机构在目前趋紧的金融环境下采取谨慎信贷的原则，从而影响项目融资。在更好地甄别项目盈利能力的基础上，对于关乎国计民生的生态建设项目，应进一步增加信贷规模，扶持社会资本积极参与项目建设。二是提供信贷优惠政策并充分落实。在流域综合治理等生态建设 PPP 项目中，需要政府严格落实相关政策文件，对于符合条件的社会资本提供政策性贷款，在一定的条件范围内适当放宽贷款期限并降低贷款利率。三是鼓励参与流域综合治理建设项目的社会资本或 PPP 项目公司发行专项债券。按照相关文件精神，符合条件的社会资本可以充分考虑在参与流域综合治理 PPP 项目时，发行专项债券，作为补充资金用于项目建设、运营或偿还已直接用于项目建设的银行贷款。

（四）健全政企双方遵守契约的长效机制

一方面，应该在当地社会发展总体规划框架下，对流域综合治理等项目开展综合论证，除项目可行性研究，还要针对政策连续性、资金保障等因素开展论证，在条件具备的基础上谋划和实施，杜绝地方政府盲目招商引资上项目，继而避免因前期论证不充分、考虑不周密可能产生的政府违约现象。另一方面，社会资本必须履行自身职责，杜绝一切流域综合治理项目实施过程中可能存在的短期化行为，如跑马圈地、率先建设项目中经营性项目、公益性项目迟迟不开工、在参与施工建设获得可观的利润之后忽视项目后期运营管护等。

参考文献

[1] 房引宁．流域综合治理 PPP 项目核心利益相关者利益诉求与协调研究［D］．咸阳：西北农林科技大学，2018.

[2] 章贵栋，肖光睿．民企参与 PPP 项目“双降”原因探析及政策建议（上）［J］．施工企业管理，2018（2）：59－62.

[3] 王俊豪．民营企业参与 PPP 的非正式制度壁垒分析［D］．杭州：浙江财经大学，2017.

玉溪市抚仙湖管理保护的问题及建议

尤庆国[1,2]　郭利君[1,2]

1 水利部发展研究中心　2 中国水利经济研究会

一、基本情况

抚仙湖位于云南省玉溪市境内，居滇中湖群五大湖泊（抚仙湖、星云湖、杞麓湖、阳宗海、滇池）的中心，与滇池、杞麓湖、阳宗海、星云湖的水平距离分别为17km、18km、27km、2.5km。位于昆明市东南60km处，跨玉溪市澄江、江川和华宁三县，属珠江流域西江水系，是珠江源头第一大湖。流域面积674.69km^2，涉及8镇，238个自然村，流域内总人口17.8万人。水域面积216.6km^2，平均水深95.2m，最大水深158.9m，蓄水量达206.2亿m^3，占云南省九大高原湖泊总蓄水量的68.2%，占全国淡水湖泊蓄水总量的9.16%和优于Ⅱ类水质以上湖泊淡水资源的50%以上。平均透明度5~6m，最大可达12.5m，是我国屈指可数的贫营养优质淡水湖泊，总体水质保持Ⅰ类。

二、主要做法与成效

（一）依法治湖，加强法律法规与制度建设

一是加强立法，推进依法管湖治湖。为了加强抚仙湖管理和保护，防治污染，改善环境，促进经济和社会可持续发展，2007年9月颁布实施了《云南省抚仙湖保护条例》，明确了按照国家《地表水环境质量标准》规定的Ⅰ类水标准保护，突出全面保护目标，明确各级人民政府及有关行政主管部门的保护职责，加强对环境与资源的保护，强化对点源和面源污染的防治，确立了抚仙湖保护治理的基本法律依据。二是重规划编制，护湖治污基础不断夯实。《抚仙湖流域水环境保护与水污染防治规划》《抚仙湖流域水环境保护治理“十三五”规划》经省政府批准实施，编制了《抚仙湖-星云湖流域产业结构调整规划》，中国工程院将抚仙湖列入“我国重点湖泊富营养化控制及其流域经济协调发展战略研究”项目；完成了抚仙湖生态安全调查及评估、抚仙湖流域主

要污染物总量分配研究、抚仙湖水环境承载力研究等一批科研项目。三是划定保护范围，分类分区域加强涉湖活动管理。2013 年 10 月，修订了《抚仙湖流域禁止开发控制区规划》，划定抚仙湖开发建设生态红线，将禁止开发区范围从 $84.6km^2$ 扩展到 $226.96km^2$，禁止开发区、控制开发区、生态修复区面积占陆域面积的 90%，对开发项目实行严厉的“四条红线”管控措施，即最高蓄水位沿地表向外水平延伸 110m 范围内不得建永久性设施，严格控制从抚仙湖取水，严禁从抚仙湖取水做水景观。新上项目必须做到污水零排放、垃圾无害化、设施景观化，单个项目地产用地不得超过规划用地面积的 25%，全流域保护抚仙湖。

（二）齐抓共管，完善区域协调与部门联动机制

一是建立统一管理机构。出台了《关于全面加强抚仙湖-星云湖生态建设与旅游改革发展综合试验区生态文明建设的决定》，统筹协调和研究审定试验区生态建设、环境保护和旅游产业发展重大事项，实行沿湖三县政府、试验区管委会办公室、试验区管委会三级审查制度，严把试验区内建设项目的规划关、选址关、环评关、落地关，建立“统一规划、统一管理、统一保护、统一开发”的管理模式。二是落实入湖河道管理责任制。出台了由玉溪市委、人大、政府、政协四套班子领导担任河长的入湖河道河长责任制和考核办法，按截污、贯通、绿化、加宽、保洁为入湖河道治理的要求，建立常态化的河道管护机制，达到绿色视廊、生态湿地、达标水体、休闲通道、城乡景观的最终目标。三是建立联席会议制度。建立了玉溪市沿湖 3 县书记县长联席会议制度，定期分析抚仙湖保护治理面临的形势，解决跨区域违反《云南省抚仙湖保护条例》的违法违规行为。四是成立督导组。成立了“三湖”水污染综合防治督导组，定期或不定期地开展督促指导。五是建立考核问责机制。制定目标责任书考核办法，大幅度降低沿湖三县 GDP 考核权重，相应增加生态环境保护考核比重。同时，制定行政问责办法，加大问责力度。

（三）动态监管，强化监测监察机制

一是加强水质监测。玉溪市及沿湖三县加强了水质监测能力建设，定期对抚仙湖水体及主要入湖河流进行监测，掌握抚仙湖水质状况。二是开展联合执法。玉溪市及沿湖三县成立了抚仙湖综合执法支队和大队，玉溪市公安局组建了水务治安分局，玉溪市中级人民法院和检察院分别成立了环保法庭、环境检察处，澄江、江川、华宁县法院和检察院也分别设立了环保法庭、环境保护科，充实了抚仙湖综合行政执法人员，严肃查处各类违法违规行为。三是实行综合执法。成立了玉溪市抚仙湖综合行政执法工作领导小组，对抚仙湖保护区内的排污、在建项目、环境卫生、取水许可、渔政管

理、资源保护费征收工作进行统筹，定期（每季度）或不定期召开抚仙湖执法工作协调会，解决当前存在的问题，提高执法效率和水平，形成了市、县、镇（街道）、村组、农户的横向到边、纵向到底的执法、监管、管护机制，为依法治湖、规范管湖提供了强有力的保障。

（四）创新管理，建立投融资机制

一是搭建抚仙湖保护融资平台。2012 年 7 月，玉溪市人民政府批准成立了玉溪市抚仙湖保护开发投资有限责任公司（玉政复〔2012〕97 号），搭建了抚仙湖保护投融资平台，构建“政府主导、市场运作、企业实施、社会参与”的投融资机制，采取 BT、BOT 等方式吸收社会资金，参与抚仙湖保护，为抚仙湖保护治理提供资金保障。二是设立试验区项目保证金制度。2013 年 7 月，市政府下发了《关于设立试验区项目保证金和抚仙湖保护治理专项资金的决定》（玉政发〔2013〕157 号），对进入试验区的项目收取项目保证金，杜绝项目在试验区内圈地、圈而不建、环保措施不落实的行为，保护治理专项资金收取后专项用于抚仙湖的保护治理。三是依法收取抚仙湖资源保护费。坚持“取之于湖，用之于湖”的原则，探索建立抚仙湖流域生态补偿机制，出台《玉溪市抚仙湖资源保护费征收管理办法》，对直接利用抚仙湖资源的宾馆、酒店、景区等企业收取资源保护费，实现环境效益、经济效益和社会效益的共赢。四是设施维护实行物业化管理。成立了玉溪市抚仙湖置业有限公司，对抚仙湖保护治理的完工项目实施物业化管理，确保基础设施正常运转，做到建成一批、管好一批、发挥效益一批。五是日常管理实行市场管理。对沿湖环境卫生与主要入湖河道的清扫保洁引入市场竞争机制，通过招投标的方式选择保洁公司，实行市场化管理。

（五）注重合作，构建技术保障体系

一是高起点加强技术支撑。专门聘请了 3 位院士、7 位多学科高层次专家组成了抚仙湖保护专家工作组，负责从宏观方面对抚仙湖保护治理的思路、理念给予指导，从微观方面对抚仙湖保护治理工程技术提供支撑；二是多方面加强技术交流合作。加强抚仙湖保护治理对外交流合作，将各方面的研究成果及相关技术研发和示范工程技术运用到抚仙湖保护治理的具体项目中来，切实提高抚仙湖保护治理的质量和水平；三是成立专门机构加强技术服务。成立了玉溪市抚仙湖生态环境保护工程管理中心，配备多学科专业技术干部 15 名，具体负责生态环境保护工程的监督、实施和管理。

（六）加强宣传，强化公众湖泊保护意识

围绕生态城市建设目标，全面开展“七彩云南玉溪保护行动”，推进生态村、生态

乡镇、生态县、生态市的创建工作，广泛开展全方位、多层次、丰富多彩、人人参与的系列环境宣传教育活动。创建抚仙湖环湖文明走廊，开展绿色创建活动，坚持定期公告湖泊水质状况及治理情况，实施有奖举报制度，建立健全湖泊综合治理公众监督、举报、受理、公示制度与平台，使人民群众更多地自觉参与“母亲湖”的保护治理中来，营造政府主导、部门共管、全民参与的良好氛围。

三、面临的问题与困难

（一）生态环境脆弱

由于多年连旱，加之湖泊面山森林覆盖率低、石漠化和水土流失严重，径流区陆地面积仅为水域面积的 2 倍，汇水面积小又无外流域补水，抚仙湖水位大幅下降、蓄水量持续减少，运行水位为历史最低，湖容量减少 5 亿多立方米。抚仙湖理论换水周期长达 250 年，这意味着抚仙湖一旦污染将难以逆转。

（二）流域内人口稠密

流域平均人口密度为云南省的两倍，一级保护区内还居住着近 3 万人，流域内游客人数较快增长，入湖污染负荷增长较快，湖泊水体总氮的平均值已经接近Ⅰ类水质的上限，水质下降趋势明显，近岸部分水体已呈Ⅱ类。

（三）农业农村面源污染突出

径流区内近 18 万人口在 14 万亩耕地上耕作，以蔬菜种植为主，复种指数近 400%，农业、农村面源产生的总氮、总磷占流域污染源的 88% 和 81%，成为抚仙湖最大的污染源。

（四）保护治理投入压力巨大

“十三五”期间，抚仙湖保护治理计划实施五大类 45 个保护项目，估算投资 145 亿元；一级保护区 2.8 万人搬迁安置资金 97 亿元，投资渠道单一，融资压力巨大，亟须进一步创新投融资机制和模式。

（五）现行管理体制不顺

按照属地管理和归口管理的原则，抚仙湖保护管理工作分属沿湖三县及相关部门。实际工作中，抚仙湖管理局常以统筹、包干的形式进行履职，且抚仙湖管理局的职能职责与三县和农业、林业、水利、环保、交通等部门存在职能交叉、界线不清、范围不明、权责不对等的问题，统筹协调三县及众多部门十分困难。

四、加强抚仙湖管理保护的对策建议

（一）坚持规划引领，全面完善保护发展规划

全面总结抚仙湖保护治理工作成效，科学分析抚仙湖水质现状及趋势，深入研究面临的新情况、新问题，编制科学全面的“十三五”抚仙湖保护治理规划。同时，针对当前抚仙湖基础研究不够和规划缺乏系统性的问题，高度重视基础研究工作，抓好高原深水贫营养湖泊及其污染特征研究、抚仙湖健康评估、流域综合管理体系与能力建设、建立高原深水湖泊研究中心和监测物联网等项目实施，并充分利用现有规划成果，调整完善保护发展规划，严格规划控制，切实维护规划的权威性和严肃性。

（二）围绕总体目标，加快重点规划项目建设

全力加快“十三五”规划和生态环境保护试点项目实施，积极推进“四退三还”、环湖生态建设、环湖截污治污、环湖面源污染控制、入湖河道及村落环境综合治理、环湖环境监管能力建设等重点工程，确保到2020年全湖平均水质稳定保持地表水Ⅰ类水质，7条主要入湖河流入湖口断面水质达到Ⅳ类，结构性污染物产生量明显下降，湖泊生态环境保护与管理体系建立，流域生态环境明显改善。

（三）加强“五个体系”建设，保障保护管理工作顺利开展

一是加强抚仙湖污染控制体系建设。加快面源污染治理，狠抓主要入湖河道整治，全力截污治污，有效削减入湖污染物。二是加强抚仙湖生态保护体系建设。全力实施“四退三还”，进行湖滨生态修复，构建湖泊生态屏障；大力实施径流区25°以上坡耕地退耕还林；继续做好湿地生态系统恢复、土著鱼增殖放流等工作。三是加强抚仙湖融资体系建设。建立多元化投融资机制，做大做强抚仙湖融资平台；探索建立抚仙湖流域生态补偿机制，做好资源保护费和“两金”征收工作；全力争取国家和省对抚仙湖保护治理的工作支持。四是加强抚仙湖环境监管体系建设。继续推行沿湖环境卫生市场化运作，加强执法监管，建立环境卫生管理长效机制。五是加强抚仙湖湖长责任体系建设。落实属地管理原则，坚持湖长亲自抓、负总责，建立完善抚仙湖湖长责任体系、齐抓共管体系、部门负责体系。

（四）做好基础性研究，加强技术支撑

开展抚仙湖流域绿色经济与生态文明建设战略研究、深水贫营养湖泊及其污染特征研究、抚仙湖水质良好湖泊基线调查等研究工作；进一步完善水质监测站基础设施建设，提高水质采样分析质量。

（五）积极争取支持，完善流域生态补偿机制

完善相关规划，把资源环境保护与生态体系建设放在第一位，统筹好保护与开发的关系，严守生态保护红线。建立和完善生态文明综合评价体系与干部考核制度，强化三县生态考核指标，形成生态考核机制。抓住国家、省市加强生态文明建设的契机，积极争取支持，尽快将三县纳入省级重点生态功能区转移支付范围，将玉溪市纳入全国生态文明先行示范区建设，逐步完善流域生态补偿机制，确保抚仙湖流域生态文明建设有序推进。

（六）着眼协同发展，理顺抚仙湖管理保护体制机制

立足抚仙湖流域经济社会与抚仙湖保护治理协同发展的实际，破除保护与发展的体制机制障碍，积极探索“统一规划、统一管理、统一保护、统一开发”的集中管理模式，构建一个高位统筹、权责对等、精简高效的管理体制和运行机制，促使抚仙湖流域经济社会与抚仙湖保护治理协同发展。

水资源资产化管理制度框架及实现路径研究

王亚杰[1]　　张瑞美[2]

1 中国水利经济研究会　2 水利部发展研究中心

党的十九大报告明确提出，要加快生态文明体制改革，推动绿色发展，提供更多优质生态产品以满足人民日益增长的优美生态环境需要，并作出加强对生态文明建设的总体设计和组织领导、设立国有自然资源资产管理和自然生态监管机构、完善生态环境管理制度、统一行使全民所有自然资源资产所有者职责等重要部署。2014 年 3 月 14 日，习近平总书记就保障国家水安全问题发表了重要讲话，提出“节水优先、空间均衡、系统治理、两手发力”的新时期治水思路，强调要充分发挥市场在资源配置中的决定性作用和更好发挥政府作用。《生态文明体制改革总体方案》明确提出进一步健全自然资源资产产权制度和用途管制制度，探索编制自然资源资产负债表，对领导干部实行自然资源离任审计。党中央、国务院的一系列重大政策文件对新时期加强水资源资产管理提出了明确要求。

水资源资产管理是指把水资源作为一种资产，从开发利用到生产、再生产的全过程，遵循自然规律和经济规律，进行投入产出管理，促进水资源的有效配置和合理利用。水资源资产化管理，简单地说就是将水资源作为生产资料构成的资产来管理。开展水资源资产化管理，建立水资源的核算制度、交易制度、用途管制制度等，对充分利用市场机制，实现水资源的优化配置，最大限度地发挥水资源的利用效率和效益具有重要意义。

一、水资源资产化管理制度框架

以水资源资产的核算、水资产产权交易及用途管制等为研究重点，探索建立水资源资产化管理的主要制度，搭建水资源资产核算制度、资产产权交易制度、领导干部自然资源资产离任审计制度、用途管制制度框架。

（一）建立资产核算制度

自然资源资产核算制度建设是编制自然资源资产负债表、建立自然资源领导干部离任审计制度、推进生态环境损害责任终身追究制等一系列制度建设的基础。

一是立足水资源资产管理现状，明确核算主体；二是分析确定核算对象，包括对地表水与地下水的水量与水质等进行核算；三是研究水资源资产核算的内容，主要从实物量和价值量核算方面建立核算制度。实物量层面，主要构建水资源量实物核算、水质核算、水资源供给与使用核算制度；四是对核算方法及应用进行探讨，主要分析收益现值法、边际机会成本法、影子价格法及其在水资源资产核算中的应用，主要制度建设框架如图1所示。

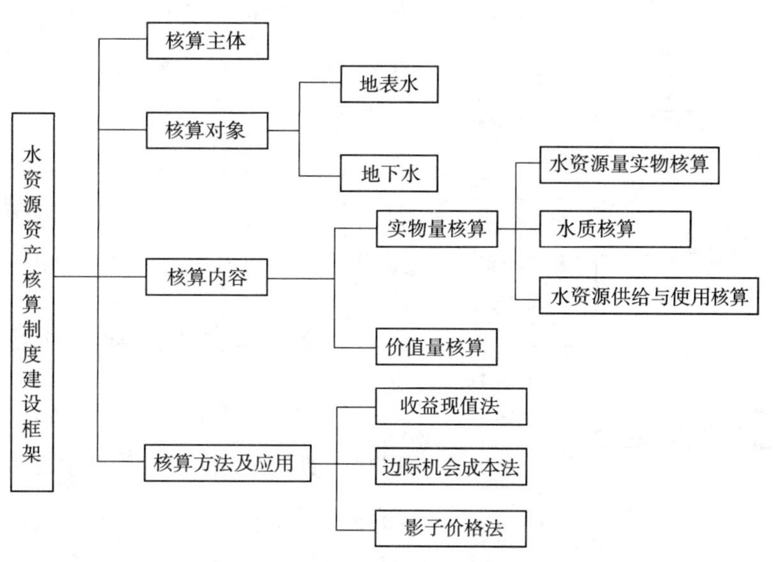

图1　水资源资产核算制度建设框架

（二）建立资产产权交易制度

建立水资源资产产权交易制度体系，就是要把产权交易纳入制度框架，借助制度的威慑力和强制力来维持市场秩序。具体而言，进行水资源资产产权交易制度建设，要从四个方面着手：一是制定交易规则，包括交易前提、可交易水权、交易主体、交易原则、交易方式等内容，保证市场交易有序进行；二是从准备阶段、审批阶段、实施阶段和后续阶段进行交易流程的规范；三是建立交易价格机制；四是建立完善的市场监督监管制度，防范交易风险，确保交易主体与第三方的合法权益，确保资质审查、交易规范、信息披露等各项制度落实到位，保证交易的合法合规，主要制度框架如图2所示。

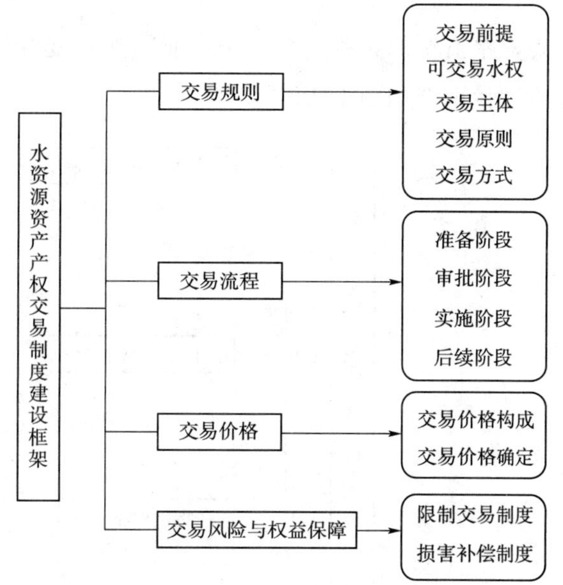

图2　水资源资产产权交易制度建设框架图

（三）建立领导干部自然资源资产离任审计制度

党的十八届三中全会通过的《中共中央关于全面深化改革若干重大问题的决定》提出，要“探索编制自然资源资产负债表，对领导干部实行自然资源资产离任审计”。如何编制自然资源资产负债表和如何开展领导干部自然资源资产离任审计尚没有成熟的方法和制度，需要通过不断实践来探索经验，要从自然资源资产离任审计的审计主体、审计目标、审计对象和审计内容等方面进行制度设计，主要制度建设框架如图3所示。

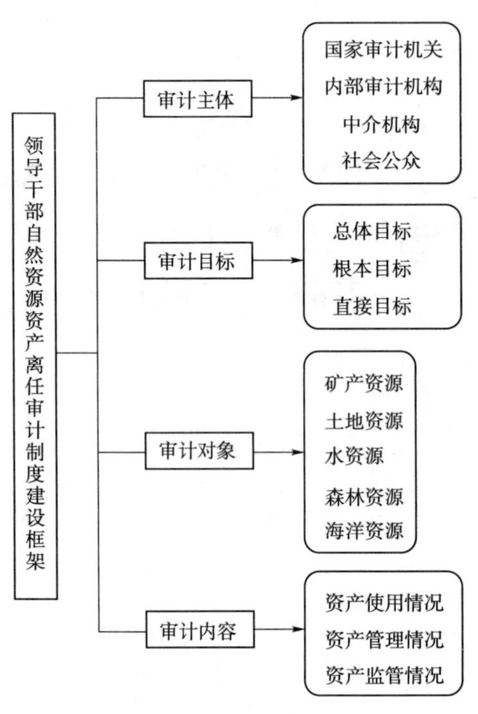

图3 领导干部自然资源资产离任审计制度建设框架图

（四）建立用途管制制度

针对水资源的特殊性，结合水资源管理现状，具体通过三项制度建设来构建水资源用途管制制度框架：一是水资源用途确定制度，这是用途管制的前提和基础。包括建立健全水资源规划体系、严格用水总量控制、确定水资源的具体用途等方面的内容；二是从生活、生态、农业、工业四个方面严格水资源分类管制，明确水资源用途管制的各自侧重点；三是建立水资源用途变更管制制度，重点对水资源的农业用途向非农业用途转变和生态环境用水用途变更进行管制，主要制度建设框架如图4所示。

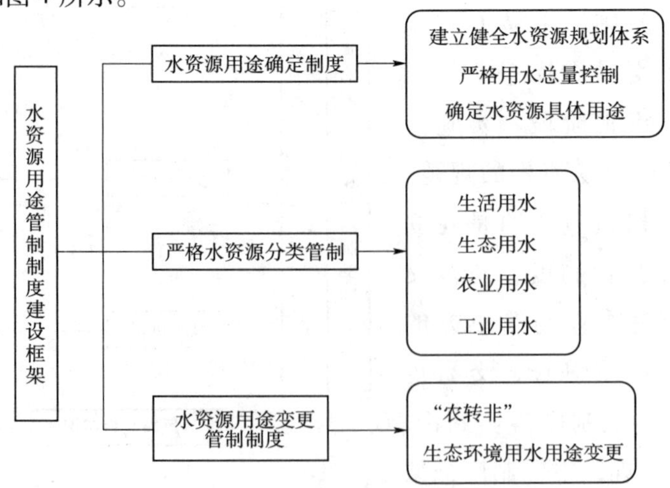

图4 水资源用途管制制度建设框架图

二、水资源资产化管理实现路径

实现水资源资产化管理，需要按照一定的先后顺序进行具体制度的设计并采取相应措施，建议采用“分步走”的方案，分步实施，逐步推进。具体分为以下四步：

（一）第一步：完善自然资源资产管理法律体系，明晰产权

1. 完善自然资源管理相关法律体系

首先，要制定出一套综合性的自然资源管理法律；其次，修改过于原则性的条文，使其适当具体化，避免制定过多的司法解释；再次，在制定相关法律时要注重单项法律之间的补充配合；最后，新的法律法规要完善资源有偿使用、生态环境补偿、环境承载力监测预警、排污许可证、污染物排放总量控制、排污权交易、领导生态责任追究、改革资源收益分配、环境损害赔偿等具体制度。

2. 建立明晰的产权体系

建立明晰的产权体系，形成多样化的自然资源所有权体系。对自然资源在实物量上实施产权登记，明确自然资源的所有者及管理者，并根据自然资源多样化特征，分门别类地建立起多样的所有权体系。对于产权界定清晰的自然资源，比如森林、矿山等，在平衡多方利益前提下，依据其使用、经营的公共性和外部性大小，可以将自然资源的所有权分配或拍卖给国家、地方政府、企业和个人等不同的产权主体；对于产权边界模糊而难以界定、外部性很大的自然资源，如海洋水产资源、地下水等，应继续以公共产权主体为所有者，但需要改变目前政出多头的所有权结构，由统一的自然资源资产管理部门作为单一的所有者来管理。

（二）第二步：规范并推动自然资源资产产权交易市场建设

1. 完善水权交易相关立法

目前，我国水权交易市场的法律体系还很不健全，对于水权的界定、用水权转让审批管理、水权交易价格的评估以及水权交易纠纷等相关问题都还没有明确的配套规定。水权交易市场的建立和健康发展，需要有完备的政策法规加以正确引导和维护。因此，要加快推进水权交易相关立法工作，明确确权登记的条件、程序、证件名称、性质，登记内容、权利期限、水权交易的规则等；明确可交易水权的范围、类型、交易主体和期限、交易价格定价方法等，为水权交易与水市场的建设提供充分的法律依据。同时，在立法中，应建立完善水权交易环境影响评价制度、完善第三方影响评价

与补偿制度、生态补偿制度等内容，为水权交易市场建设提供制度保障。

2. 充分发挥市场机制的作用

水权交易的目的是通过发挥经济手段的作用，优化配置水资源，提供水资源利用效率与效益，这就要求充分发挥市场机制的作用。

一是水权交易定价机制要充分考虑市场特点，交易费用不仅应包括工程建设费用、运行管理费用与更新改造费用、风险补偿、生态补偿、经济补偿，还应允许考虑合理的利润。二是要创造双方平等议价的良好环境。我国虽然还没有建立全国统一的水权交易平台，但最终交易价格应在成本分析的基础上，经转让双方协商来确定。三是考虑采用动态价格法。目前，大多数水权交易案例中，均采用静态价格的方法计算转让费用，但由于交易期限较长，随着时间的推移，交易费用构成呈现出不合理的现象。为此，可以采用动态价格法，适当考虑长期价格变化趋势或者在转让协议中规定某些变化大的转让费用分项定期需要重新复核和协商。

3. 加强政府宏观指导与监管

水权交易市场是一个“准市场”，政府在水权交易市场建设和运行中发挥着重要作用。由于水权交易涉及工业、农业及农民利益等问题，情况较为复杂，不能完全由市场调节，需要政府和水行政主管部门加强宏观调控，逐步利用市场机制，引导水权交易和水市场建立，引导水资源的优化配置和高效利用，充分发挥水资源利用的综合效益。同时，要坚持政府监管和市场调控相结合的原则。政府作为水权交易市场的管理者和调控者，应该对水资源实行统一管理，行使水行政管理和水行政执法职能，防止通过水权交易造成水权相对集中而形成垄断以及相应的社会不公。在水权主体权益保护、法律保障等方面实施监督管理职能，并通过制定具体的交易规则，规范市场秩序，消除水权交易对第三方造成的不利影响以及防止市场失灵的不良影响。

（三）第三步：建立自然资源的核算体系，推动领导干部自然资源离任审计

1. 探索编制水资源资产核算账户

由于水资源资产相对于其他自然资源资产具有独特性，目前尚缺乏对其价值进行核算的条件，因此先以实物形式计量其价值更具操作性。水资源资产核算制度可以实物计量为基础和起点，借助现有市场价格机制，结合水资源资产具体情况建立实物账户，以一种系统的统计核算方式，通过水资源实物核算，将经济活动信息和水文信息联系起来，站在经济的角度，形成一套水资源的提取、使用、排放、质量变化等与经济活动有关的指标，为水资源管理部门和宏观决策部门提供系统的数据信息。同时，有机整合实物账户与价值账户，反映从期初到期末各类主体（包括政府、公

司、非盈利性组织、居民等全部利益攸关方）对水资源的占有、使用、消耗、恢复和增殖活动，全面描述包括具有隐性经济价值在内的水资源资产的实物账户或价值账户变动情况。

建立水资源资产核算制度，需要进一步深入探索编制水资源资产核算账户的相关内容，在具体核算中，要同时关注水资源总数量和其水质状况；在水资源供应使用核算中，不仅要关注进入经济体系的资源水，还要关注排出经济体系的废污水以及其中包含的污染物质。同时，应进一步研究编制水资源价值量核算账户的相关内容，为建立完善水资源资产核算制度，将水资源资产核算纳入国民经济核算体系奠定基础。

2. 探索水资源资产价值核算方法

地球上自然资源种类多样，不同类型资源的实物量和价值量的核算方法差别明显，但也存在相似之处。自然资源实物量的核算即真实描述地球上相关资源在某一时点的存量情况。对于大部分自然资源而言，其存量情况已为人类所掌握。自然资源实物量传统统计方法主要是人工踏勘或清查等，这些方法受限于人类的活动空间。随着科技的进步，地球自然资源的存量也在发生改变。人类已经从太空和地球内部多维、多尺度来审视地球上的自然资源。

水资源既是一种循环性资源，又是一种随机变化的流动性资源。本研究中探索了收益现值法、边际机会成本法和影子价格法在水资源资产价值核算中的应用。但水资源与其他自然资源相比，对其进行核算相对复杂，难度很大。因此在核算方面，要进一步探索适合水资源资产的具体核算方法。

3. 编制自然资源资产负债表

编制自然资源资产负债表，是推进生态文明建设的重大制度创新，目的是破除和扭转地方发展唯 GDP 论。自然资源资产负债表是正是负，能表明当期地方政府的生态政绩如何。编制水资源资产负债表实质上就是通过建立水资源资产核算账户，将水资源以资产负债表的形式表达其使用和再生情况。主要包括两部分：水资源资产实物量表与综合价值量表。联合国统计署在 2007 年正式公布的水资源环境经济综合核算（SEEAW）中，已经对水的供给及使用表、水资产账户做了详细且规范的解释，这种核算方式也已经获得国际上的一致认可。一些国家在资产账户的编制方面也进行了一些有益的探索。我国可以借鉴 SEEAW 提供的水资产账户的表格形式以及其他国家相关经验，探索开展水资源资产负债表的编制工作，为搞好领导干部的自然资源资产离任审计及建立生态环境损害责任终身追究制等相关工作奠定基础。

建立水资源资产负债表，就是要核算水资源资产的存量及其变动情况，以全面记录当期（期末—期初）自然和各经济主体对水资源资产的占有、使用、消耗、恢复和增殖活动，评估当期水资源资产实物量和价值量的变化。无论是自然资源资产负债表编制还是领导干部自然资源资产离任审计，目前都没有现成的、直接可以操作的模式，都需要大胆地探索，针对一些自然资源开展资产负债表编制的试点工作。在现今这个摸着石头过河的阶段，可以先采用“试点探索”的方法编制水资源资产负债表，为今后全面实行“绿色GDP”考核提供经验。

（四）第四步：探索建立水资源资产用途管制制度

1. 加强用途管制相关立法

要加快出台相关法律法规，为水资源资产用途管制提供法律依据。在法律中明确所有者与使用者的权利和义务，确保产权主体的相关权利不受侵犯，规定经营权和交易权的合法性以顺应市场需求。要从水资源的开发阶段就实现规范化和法制化，严格规范水资源的用途，严惩在开发中私自侵占和破坏自然资源；还要注意水资源资产交易过程中及交易完成后的用途管制，尤其是从农业用水向工业、农业用水向城市生活用水转换后的用途管制。

2. 完善水资源用途监管制度

完善水资源用途管制制度，需要从城市总体规划、取用水行为、监测预警、考核指标体系建设等方面加强水资源用途的监管。

一是城市总体规划的编制、重大建设项目的布局，应当根据地区水资源承载能力和水环境承载能力合理确定，并进行科学论证，确保水资源用途管制目标的实现。

二是加强对现用水户，特别是用水大户、排污大户以及超采区地下水用户的监督管理力度，定期对用水户进行检查，重点检查用水户的年度取用水计划执行情况、用水定额执行情况、计量设施的安装和运行情况、退水水质达标情况、水资源费征收情况、取水台账以及节水、水资源保护措施等；对严重超计划取水的、不安装计量设施或计量设施运行不正常的、不按规定缴纳水资源费的和退水水质严重超标的，要依法查处，并提出限期整改意见；经审批允许变更水资源用途的，要定期检查水资源用途变更的实施情况，保障水资源按照规定的用途使用。

三是建立水资源用途管制监测预警机制，掌握水生态系统情况，维护水生态系统稳定。

四是实行最严格水资源管理制度的考核，将保障生态用水需求、水生态系统的稳定和完整性纳入考核指标。

五是监督管理要与水法规宣传、执法检查、用水考核、规费征收等工作有机结合起来，逐步建立从取水、用水到退水全过程实施日常监督管理与年度督查相结合的监督管理制度。

参考文献

[1] 杨美丽，胡继连，等．论水资源的资产属性与资产化管理［J］．山东社会科学，2002（3）．
[2] 王浩，甘泓，等．水资源资产与现代水利［J］．中国水利，2002（10）．
[3] 李雪松．水资源资产化与产权化及初始水权确定问题研究［J］．江西社会科学，2006（2）．
[4] 姜文来，杨瑞珍．资源资产论［M］．北京：科学出版社，2003.
[5] 李慧娟，张元教，等．水资源资产化管理理论及应用研究［J］．开发研究，2005（4）．
[6] 李晶．中国水权［M］．北京：知识产权出版社，2008（5）．
[7] 王晓东，刘文，等．中国水权制度研究［M］．郑州：黄河水利出版社，2007.
[8] 蔡春，毕铭悦．关于自然资源资产离任审计的理论思考［J］．审计研究，2014（5）．
[9] 马忠，龙爱华，等．水资源环境经济综合核算与社会化管理研究［M］．北京：科学出版社，2013.
[10] 耿建新，吴潇影．领导干部离任审计视角的水资源核算考评探析［J］．中国审计评论，2013（2）．
[11] 甘泓，高敏雪．创建我国水资源环境经济核算体系的基础和思路［J］．中国水利，2008（17）．

遥感技术在塔里木河流域生态治理中的应用

陈　亮[1]　马晓兵[1]　张　勇[2]　段远斌[2]

1 黄河水利委员会信息中心　2 塔里木河流域管理局信息中心

塔里木河（以下简称"塔河"）是我国最大的内陆河，地处西北，干旱少雨，蒸发强烈，水资源匮乏，是中国生态环境最脆弱的地区之一。近几十年来，由于人类活动长期影响，土地过度开发，水资源不合理利用，生态环境急剧恶化，下游河道断流、植被退化和沙漠化，分布于塔里木盆地中央的塔克拉玛干沙漠和库鲁克沙漠每年以 3 ~ 5m 的速度蚕食绿色走廊，走廊就地起沙，大量固定沙丘向流动沙丘演化，绿色走廊的范围日趋缩小，沙漠在阿尔干以南一些地段已连接了起来，沙漠化强度不断提高，土地沙化日趋严重，严重制约着流域社会经济的可持续发展。塔河流域水资源开发利用和生态环境保护，引起了党和国家、社会各界的高度重视。自 2001 年起开始对塔河干流区域实施流域综合规划治理，强化水资源统一管理、调度和优化配置为核心，实施了灌区节水改造、河道整治、生态移民等一系列治理工程，塔河生态环境得到一定恢复。由于塔河很多河段地处沙漠，环境恶劣、交通不便，流域生态治理过程中，存在河道沿途调水信息难以实时获取、调水生态效果不能及时评估等问题，时常导致宝贵的水资源难以发挥最大作用，影响了更大程度的扩大生态恢复成效。

近年来，国内外卫星遥感技术取得了长足发展，数据空间分辨率已从千米级发展到亚米级，重复观测周期从数月缩短到几天，甚至几小时，光谱范围涵盖了可见光、近红外、热红外和微波，光谱分辨率也由多波段发展到几十上百个波段的高光谱。遥感技术具有不受地理环境限制、覆盖范围广、获取速度快、数据客观准确等优点，已经在国土、林业、气象、海洋、水利等众多领域得到广泛应用。一些学者利用遥感技术进行塔里木河流域生态环境监测与分析。张沛等、宋洋等借助遥感和 GIS 手段进行塔河综合治理前后干流生态环境状况评价。郭辉等利用地面观测数据、Landsat TM 数据和 MODIS 数据等多尺度遥感数据进行塔河干流植被覆盖度时空分布及其动态变化特征研究。谭克龙等采用多种类、多时相遥感数据对塔河流域综合治理后的耕地、干流绿色走廊带的植被、沙质荒漠化和盐碱质荒漠化等主要生态要素进行了动态变化监测。段远斌进行了塔河生态调度输水遥感监测系统研究，对系统框架、软件结构和系统功能等进行了设计，为流域水调业务应用提供支撑。上述研究表明塔河综合治理后生态环境得到改善，但是上述研究大多是利用遥感技术进行生态治理后评估，如何将遥感技术在生态治理过程中为水量调度与配置、调水效果实时评价、生态效果阶段评估等提供全面支撑仍需进一步探讨。本文探讨遥感技术在塔河生态治理中的应用，提高流域水量调度日常业务管理水平，为水资源合理配置、生态治理效果科学评估提供依据。

一、塔河流域概况

塔河流域位于新疆维吾尔自治区南部的塔里木盆地内，是我国第一大内陆河流域，流域由塔里木盆地周围向心聚流的阿克苏河、喀什噶尔河、叶尔羌河、和田河、开都－孔雀河、迪那河、渭干－库车河、克里雅河和车尔臣河等九大水系的144条河流组成，总面积102万km^2。从源流叶尔羌河的源头算起，至塔河干流尾闾台特玛湖，全长2437km。目前，与塔河干流有地表水联系的只有叶尔羌河、和田河、阿克苏河和孔雀河（通过博湖扬水站经库-塔干渠向塔里木河下游输水），形成“四源一干”的格局。

塔河干流自源流汇合口肖夹克至尾闾台特玛湖全长1321km，其中肖夹克到英巴扎为上游段，河道长495km；从英巴扎至尉犁县的恰拉为中游段，河道长398km；恰拉以下到台特玛湖为下游段，河长428km。

二、塔河流域生态治理遥感监测应用

塔里木河生态输水范围大、环境条件恶劣，采用常规观测手段进行塔河调水遥感监测、生态遥感监测费时费力，效率低下，十分不便，利用遥感技术建立常态化日常监测机制，开展调水和生态遥感监测，快速、准确获取调水和生态信息，为流域综合管理提供信息支持。

（一）技术路线

塔河流域生态治理遥感监测根据各监测业务需求，综合利用HJ－1A/B、GF－1、GF－2、ZY－1 02C等多源国产卫星遥感影像，在对采集的遥感影像进行正射校正、图像融合、图像增强、镶嵌、裁剪等数据预处理的基础上，结合野外查勘建立遥感影像标志，进行调水信息和生态信息解译，将解译成果分类别分河段进行统计，动态跟踪变化情况，制作专题图并编写分析报告，为塔河流域防汛决策、水量调度配置、水量调度评估、生态评价等管理和治理工作提供支撑。塔河流域生态治理遥感监测技术路线见图1。

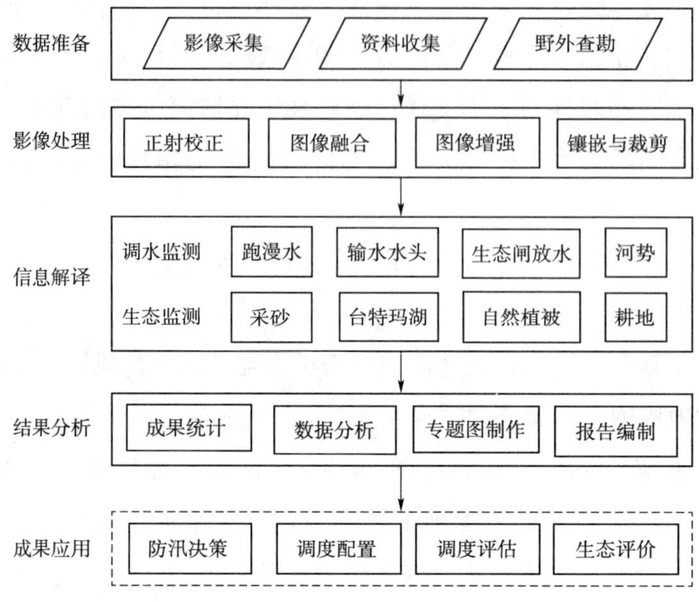

图1 塔河流域生态治理遥感监测技术路线

（二）调水信息监测

塔河调水信息监测主要包括河道输水水头监测、跑漫水监测、生态闸放水监测和河势监测。

塔河下游生态输水从大西海子水库沿河道向尾闾台特玛湖输水，是恢复塔河下游生态环境的一项重要举措。传统输水水头依靠驾驶车辆到附近公路，再徒步到河道现场人工寻找，作业十分困难。输水水头遥感监测在塔河下游生态输水期间，根据卫星数据过境情况采集 HJ－1A/B、GF－1 等高时间分辨率卫星遥感影像，动态跟踪塔河下游水头演进位置与长度，大大降低人工野外现场寻找输水水头次数。

由于种种原因（扒口引水和水流冲决），塔河调水过程中时常出现河道跑水、漫溢严重，造成宝贵水资源的浪费。跑漫水监测在汛期和输水期间，采集 HJ－1A/B、GF－1 等高时间分辨率卫星遥感影像，跟踪监测和田河、叶尔羌河、塔里木河干流跑水漫溢位置与范围，动态掌握河道水资源漫溢变化情况，为采取工程措施应对跑水、优化输水调度、预防和减少水资源浪费提供依据。

为保护河道两侧胡杨林、草地等自然植被，调水过程中打开生态闸向自然植被灌水，根据植被分布情况及时准确掌握灌水的范围和面积是有效输水的关键。生态闸放水监测在生态闸开闸放水后，采集 HJ－1A/B、GF－1 等高时间分辨率卫星遥感影像，跟踪监测自然植被灌水范围和面积变化，为动态调整灌水计划提供依据。

塔河河道在汛期受洪水影响河势发生变化，在汛前和汛后采集重点河段 HJ－1A/B、GF－1 等中高分辨率卫星遥感影像，解译水边线、心滩等河势信息，分析河势变化情况，预判河势发展，为河道整治提供依据。

（三）生态信息监测

塔河生态信息监测主要包括河道采砂监测、台特玛湖水面面积监测、自然植被监测和耕地监测。

河道采砂监测利用 GF－1、GF－2、ZY－1 02C 等米级高分辨率卫星遥感影像，每月对阿克苏河、开孔河等重点河段进行一次监测，获取采砂位置、堆砂场位置与面积等信息，为河道水政执法、防止乱采乱挖，保护河道生态环境提供技术支撑。

塔河尾闾台特玛湖水面面积是塔河下游生态输水的重要衡量指标。利用 HJ－1A/B、GF－1 等卫星遥感影像进行台特玛湖水面面积旬变化监测，分析台特玛湖水面面积变化，探索生态输水对其面积变化的影响规律，为塔河下游及尾闾周边生态环境恢复提供重要资料。

采用 HJ－1A/B、GF－1 等中高分辨率卫星遥感影像对流域内自然植被监测和耕地监测进行监测，重点区域采用米级高分辨率卫星遥感影像。每年开展一次监测，获取林地、草地、耕地等植被覆盖面积与分布信息，通过多年数据动态对比植被变化情况，分析生态环境恢复情况，评估调水效果，为进一步优化调水方案、改善生态环境提供依据。

三、生态遥感监测技术发展趋势

流域生态环境治理工作是一项长期而艰巨的任务，也是功在当代、利在千秋的大计。在管理过程中如何充分利用遥感技术手段，促使管理更有效、决策更科学、监管更到位，是管理人员和技术工作者需要持续思考和重视的问题。生态治理遥感监测发展趋势主要包括以下几点：

一是遥感数据源趋向“三多”“三高”。流域生态遥感监测点多、线长、面广的，需要丰富的遥感数据源。遥感数据源正向“三多”“三高”方向发展，即多平台、多传感器以及多角度和高空间分辨率、高光谱分辨率以及高时相分辨率的遥感数据，流域生态遥感监测将综合各种数据源加密监测频次，丰富监测种类，逐渐从陆地监测延伸到水质水环境监测，对流域生态进行全方位监管。

二是图像处理技术趋于智能化。图像处理技术智能化是遥感技术在更广范围内推广、平民化应用的关键，高精度的智能化图像处理是准确获取监测目标信息的前提。随着计算机图像处理技术发展，遥感数据几何校正、辐射校正、图像增强、影像融合等图像处理智能化、流程化处理水平将不断提高，进一步提升遥感技术在生态环境监测中的应用水平。

三是遥感解译技术趋向自动化、定量化。随着遥感技术和计算机技术的不断发展，遥感解译人工参与程度将不断降低，自动化水平将逐步提高。遥感成像机理研究的不断深入，定量遥感将逐步从理论研究转向实体化应用，真正实现遥感成像反演技术的升级，由定性应用发展到定量应用，将进一步促进遥感技术在流域生态遥感监测中的深化应用，为流域生态精细化管理提供强力支撑。

四、结　　语

遥感技术已经在塔河流域生态治理日常业务中得到了广泛运用，为流域优化管理、科学决策提供了有力技术手段，产生了良好的社会经济效益。将来在塔河流域生态治理工作中将进一步提升遥感技术在水资源管理与调度、防汛、水政执法等业务领域应用水平。

参考文献

[1] 张天曾．中国干旱区水资源利用与生态环境［J］．自然资源，1981（1）：62－67.
[2] 孙永强，尹林克，张小芬．塔里木河中下游生态环境现状与治理对策［J］．干旱区资源与环境，2003，17（5）：70－75.
[3] 王建勋，庞新安，郑德明，等．塔里木河流域生态环境现状、存在问题及治理对策［J］．农业系统科学与综合研究，2006，22（3）：193－196.
[4] 叶茂，徐海量，宋郁东．塔里木河流域水资源利用面临的主要问题［J］．干旱区研究，2006，23（3）：388－392.
[5] 张沛，徐海量，杜清，等．基于RS和GIS的塔里木河干流生态环境状况评价［J］．干旱区研究，2017，34（2）：416－422.
[6] 宋洋，包安明，黄粤，等．塔里木河综合治理前后干流环境变化［J］．干旱区研究，2016，33（2）：230－238.
[7] 郭辉，黄粤，李向义，等．基于多尺度遥感数据的塔里木河干流地区植被覆盖动态［J］．中国沙漠，2016，36（5）：1472－1480.
[8] 谭克龙，王晓峰，高会军，等．塔里木河流域综合治理生态要素变化的遥感分析［J］．地理信息科学学报，2013，15（4）：605－610.
[9] 段远斌．基于遥感技术的塔里木河流域业务应用及展望［J］．水利信息化，2015（3）：10－14.
[10] 赖百炼．“数字塔河”生态遥感监测的关键技术［J］．测绘通报，2011（8）：36－38.

美国萨凡纳河生态流量管理实践案例研究

陆海明　丰华丽　邹　鹰

南京水利科学研究院

水库等水利工程是解决水资源时空分布不均，优化水资源配置，提高水安全保障能力的关键举措，极大地促进了我国经济社会的快速发展。然而，由于在水利工程建设初期对其建设和运行过程中可能产生的水生态系统负面影响认识不足，使得水利工程在满足社会经济发展需要的同时，也对水生态系统造成了不利影响。随着人口的快速增长，工业化、城镇化进程的加快，经济社会快速发展，人类社会用水大量挤占了河流天然径流，众多的江河拦水、蓄水建筑物改变了河流的天然径流过程，导致我国河流生态流量保障形势比较严峻。例如，黄河下游在 1972 年至 1998 年的 27 年间，有 21 年断流，导致河道生态严重破坏；塔里木河下游曾因常年断流造成大片胡杨林死亡；黑河下游因断流而使东、西居延海干涸。党中央国务院对维系江河湖泊生态系统高度重视，2015 年出台的《关于加快推进生态文明建设的意见》，对研究建立江河湖泊生态水量保障机制提出明确要求。

河湖生态水量（流量）是维系江河湖泊水生态系统健康可持续的基本要素。广义上讲，河流生态流量包括维持河流生物种群稳定的流量、维持河流生物多样性和稳定结构的流量、保障河流生态系统健康可持续的流量、保持河道形态稳定的输沙流量、维持河口咸淡平衡的流量等，生态流量在国际上还被称为环境流量。

2017 年，在澳大利亚布里斯班举办了“第二十届国际河流研讨会和国际环境流量会议”，会议回顾了 2007 年《布里斯班宣言》，公布了自 2007 年以来的环境流量的研究和创新等成果，并更新了 2007 年《布里斯班宣言》和《全球行动议程》。2018 年正式发布了《布里斯班宣言》，呼吁采取行动将环境流量作为水资源综合管理的核心要素之一，并作为实现与水有关的新可持续发展目标的基础。

美国是较早开展生态流量研究和管理实践的国家之一。美国陆军工程兵团尽管仅管理着全美 6% 的水库，但是库容总量占全国水库库容的 37%，主要承担防洪、航运，兼顾发电和供水功能。人们发现随着水库大坝建成运行，坝下河流的河道形态、鱼类种群、生物栖息地等受到显著的不利影响，过度取水后的河流生态系统发生退化，同时认识到维持一定的河流流量对于保持河流形态和生态系统服务功能正常发挥具有重要意义。

本文以陆军工程兵团管理的萨凡纳河为例，介绍位于美国东南部地区主要受水库大坝调节的河流生态流量管理实践过程，期望对我国当前开展的生态流量研究与管理实践提供参考。

一、陆军工程兵团生态流量管理实践过程简要回顾

早在20世纪初，美国陆军工程兵团建设的水库主要承担航运、防洪等相对单一的功能。大坝建设时并未考虑对生态环境的不利影响，但是大坝运行时，水库通常向下游泄放一个最小流量，用以满足下游水生生物栖息地的需求，并受到环境部门的监管。

随着社会需求的变化，美国陆军工程兵团管理的水库不断增加了诸如发电、娱乐、供水、灌溉、水产养殖和野生动物保护等功能。例如，1955年爱达荷州建设的Albeni Falls水库通过1950年《防洪、河流与港口法》授权承担了多个兴利功能，包括航运和发电；1944年通过的《防洪法修正案》将娱乐休闲功能包括在内。美国陆军工程兵团管理的水库共获得81个法规的授权，通常一个水库由多个法规授权。1972年《清洁水法案》授权增加水库水质保护职责，1973年《濒危动物法案》增加最小环境流量泄放要求。

2002年，美国陆军工程兵团与美国大自然协会合作开展河流生态系统修复和保护研究，制定可持续河流项目（Sustainable Rivers Project，SRP）。通过8处的36个工程兵团管理36个大坝为示范点获取经验，然后推广到工程兵团管理的600多个大坝，惠及了8万余公里的河流和数以万计公顷的河漫滩和河口栖息地。

美国政府授权联邦能源监管委员会（Federal Energy Regulatory Commission，FERC）对水电开发实施许可证管理制度，许可证期限为30~50年，到期后必须申请换领。根据1968年生效的《自然与风景河流法案》和1969年的《国家环境政策法》等相关法律，大坝运行到期后需要对大坝的生态环境影响进行重新评估，不能满足生态环境要求的大坝将不能继续运行。目前，由美国陆军工程兵团管理的66%大坝建成时间已经超过50年，因此均需要申请换发新的许可证。已建的大坝是按照当年规范建设的，后来水库增加了多个不同功能，因此在新的形势下，如何能满足包括生态环境改善在内的多个功能面临诸多挑战。

二、萨凡纳河流域概况

萨凡纳河项目是美国可持续河流项目8处主要示范点之一。萨凡纳河发源于美国东南部蓝岭山脉的Ellicott Rock，河流下游是佐治亚州与南卡罗莱纳州的界河，河流全长超过500km，多年平均径流量为332m^3/s，最终流入大西洋。萨凡纳河流域面积为2.55万km^2，多年平均降雨量为1270mm。于20世纪在佐治亚州奥古斯塔市上游修建

了 Hartwell 大坝、Richard B. Russell 大坝和 J. Storm Thurmond 大坝等 3 个大坝，Thurmond 大坝和 Hartwell 大坝分别建成于 20 世纪 50—60 年代，Russell 大坝建成于 20 世纪 80 年代。3 个大坝形成的水库调蓄能力约占萨凡纳河流域多年平均水资源量的 1/2，水力发电站装机总量达 1400MW。奥古斯塔市下游的水利枢纽（New Savannah Bluff Lock and Dam）也属于陆军工程兵团管理。该枢纽主要起到调节 Thurmond 大坝水力发电流量峰值，保持河道水量，保证市内休闲娱乐用水需求等作用。

萨凡纳河不仅是奥古斯塔和萨凡纳两个大城市 140 万人口以及沿海小城镇居民城市饮用水源，而且接纳尾水排放和水力发电，承担航运功能。在南卡罗莱纳州萨凡纳河畔，美国能源部设有核燃料储存和加工厂，佐治亚州电力公司的两台核电机组每天取用 10 多万立方米冷却水。萨凡纳河中游设有污水排放的化工厂，污染物排放位列全美 48 个类似城市第三。萨凡纳港是美国第四大集装箱海运港口。萨凡纳河涉水旅游观光业非常发达，有国家公园、大瀑布、激流等著名景点，游泳、垂钓、露营、漂流等水上运动项目非常受欢迎。

三、推荐方案制定过程及保护目标

（一）制定过程

2002 年 5 月，萨凡纳河生态流量管理项目启动，90 多位来自各个方面的与会者从科学的角度回顾和分析了以往有关萨凡纳河生态流量的研究成果，梳理关键科学问题以及解决这些科学问题的来源和实现途径。2004 年 4 月，召开了有 47 名科学家和技术人员参加的制定萨凡纳河生态流量推荐方案的专题研讨会。研讨会期间，与会人员通过文献调研和专业判断，围绕河流、河漫滩及河口生态系统可持续发展，提出枯水年、平水年、丰水年三种情况下不同的生态流量推荐方案 1.0 版。

在推荐方案 1.0 版实施的同时，同步实施了相应的监测计划，评估生态流量推荐方案实施期间河流物理和生物变化情况。该项计划监测了 2004—2014 年实验性生态流量泄放的生态效应，增加了人们对生态流量管理的认知，完善了萨凡纳河生态流量推荐方案。

2014 年，来自于大学学者、政府机构和相关利益方的代表修订了生态流量推荐方案，并于 2015 年最终确定了生态流量推荐方案 2.0 版。该版本增加了干旱季节生态流量泄放方案，改进了判断生态流量泄放条件等。

萨凡纳河生态流量推荐方案先应用于管理实践，随着在实践中通过适应性管理不断地修改完善。通过这种方式，节约了生态流量方案实施时间，避免了因数据缺乏导致初始推荐生态流量无法确定、阻碍生态流量管理活动实施的问题。萨凡纳河制定生态流量推荐方案的工作过程被陆军工程兵团定义为“萨凡纳过程”，实际是应用的适应性管理方法。

适应性管理方法基于坚实的科学基础，通过开展管理实践与持续改进、从实践中学习改进和公众参与。确定生态流量由以下五个步骤组成：一是召开项目启动会，确定生态流量确定工作范围和工作方向；二是收集整理现有的流量与生态系统之间相关关系文献；三是组织不同专业人员召开工作会议，确定生态保护目标，提出最初推荐流量方案和需要后期解决的问题；四是组织实施生态流量推荐值，开展监测验证和完善先前的认识；五是监测生态系统对于流量变化的响应，继续开展研究。

目前，适应性管理方法已经广泛应用于陆军工程兵团，认定其为生态流量与洪水管理、供水之间没有冲突的水库大坝管理实践。

（二）保护目标

萨凡纳河流域拥有河流浅滩、滩涂阔叶林、潮汐湿地、长叶松林、卡罗莱纳湾、花岗岩露头和悬崖林等多种类型的生态系统。萨凡纳河是近100种鱼类的栖息地，包括根据《濒危物种法》被联邦政府列为濒危物种的短吻鲟和大西洋鲟鱼，近乎濒危物种的红马鱼。2003年4月，制定生态流量推荐方案时确定的主要保护目标是奥古斯塔浅滩河段、河漫滩以及河口等三种类型生态系统。2015年修订完成的生态流量推荐方案，主要保护对象基本保持不变。

生态流量的保护目标会随着对保护目标的生物学习性和生态学特征认识的深入而逐渐优化调整。萨凡纳河生态流量泄放最初的目标是营造季节性洪水，利用春季洪水帮助洄游性鱼类产卵（特别是濒危鱼类短吻鲟）。鱼类标记实验结果显示，在开始人工洪峰脉冲期间，短吻鲟是向下游迁移到大西洋中，而不是期望的向上游迁移，主要原因是水库冷水下泄，鲟鱼产卵是温度驱动而不是流量驱动。因此，尽管后来春季人造洪峰脉冲正常进行，生态流量推荐方案中主要保护目标已经调整为提高水库周边浅滩、河漫滩，以及河口生态系统服务功能和帮助鱼类通过枢纽和大坝等。

四、生态流量推荐方案简介

（一）推荐方案1.0版

2003年4月，萨凡纳河生态流量工作组确定生态流量推荐方案1.0版，分别给出了奥古斯塔浅滩（Shoal）河段、河漫滩（Flood plain）以及河口（Estuary）生态流量推荐值，其中浅滩河段生态流量（以美国地调局02192700 at Augusta，GA水文站流量为判断依据）推荐值见表1。每年的水文情势（枯水年、平水年、丰水年）主要是通过多年平均流量的百分比判断。

表1 萨凡纳河浅滩河段水文站生态流量推荐方案1.0版 单位：m^3/s

月份	低流量			高流量脉冲			洪水
	枯水年	平水年	丰水年	枯水年	平水年	丰水年	
1	114	170	241		469～1037	753	
2	114	213	284		469～1037	753	
3	114	241		355～412	469～1037	753	
4	114	185		355～412	469～1037	753	
5	77	128					
6	77	128	142				
7	77	114					
8	57	114					
9	57	114					
10	57	114	156			469	
11	77	114					
12	77	114					

（二）推荐方案2.0版

2015年最终确定的生态流量推荐方案将生态流量保障分为干旱、枯水、平水和丰水等四种水文状况，判断依据为上游未受水利工程影响的参考水文站流量变化情况，参考水文站为USGS 02192000 BROAD RIVER NEAR BELL，GA。根据参考水文站的28天滑动平均入流占多年平均流量百分比判断水文情势，百分比大于75%时为丰水年，介于25%～75%时为平水年，介于10%～25%时为枯水年，小于10%时为干旱年。

针对每种水文情势不同的保护目标、需水过程，分别为浅滩、河漫滩以及河口生态系统提出了生态流量推荐方案。不同生态系统类型推荐方案分为基流、高流量、最大流量、流量变化率、洪水脉冲等情况，分别给出每月的推荐流量值或者范围。在鱼类产卵季节，水温也是生态流量泄放的重要考虑因子。生态流量推荐方案2.0版具体内容可参考相关文献资料。

五、生态流量实施监测评价

（一）监测与评价

河流流量与濒危物种种群及其栖息地、目标生态系统之间的关系主要是通过持续不断的生物学和生态学监测获取。在2000年之前，许多学者已经开展了大量的萨凡纳河濒危物种生物学特性研究，初步建立起流量对物种种群及其栖息地的影响关系。随着适应性管理实践的不断深入，通过长时间的持续监测和数据累积，特别是在2000年左右经历了相当长时间的干旱，获取了极端低流量条件下流量与生物群落之间的关系，开始时的许多未知因素，逐渐得以明确。

近年来，由于经费短缺，野外监测活动被迫削减，流量和濒危物种种群、生物栖息地之间的进一步关系观测受到影响。有利的是，萨凡纳河生物栖息地和流量之间的关系已经建立，可以通过监测每年的水文变化间接推断目标鱼类出现的频率等。可靠稳定的经费支持是持续开展生态流量监测的重要保障。

（二）生态流量泄放实践过程

大坝建设期间和实施生态流量管理前后（1940—2017年），在萨凡纳河Thurmond大坝下，奥古斯塔市区附近的浅滩水文站（USGS 02197000）日流量统计值见表2。

根据Thurmond大坝修建与流量管理历程，可以将浅滩水文站流量记录分为大坝建设前、大坝建设过程中、大坝建设后、生态流量方案1.0版实施后和生态流量方案2.0版实施后等5个时期。修建Thurmond大坝前，日流量最大值和平均值均为5个时期最高值，日流量平均值为295m^3/s，最小值为5个时期最低值。大坝修建后，日均流量最大值明显降低，日流量平均值为264m^3/s，最小值明显升高。生态流量方案1.0版实施后，日流量最大值、中值和平均值降低最明显，日流量平均值为193m^3/s，最小值升高，流量过程坦化趋势比较明显。近年来，随着生态流量方案2.0版的实施，日流量最大值、最小值、平均值和中值均有所提高，日流量平均值为200m^3/s。

表2 萨凡纳河浅滩水文站1940—2017年不同时期日均流量

时　期	日均流量/（m^3/s）			
	最大值	中值	平均值	最小值
大坝建设前（1940—1944年）	8920	191	295	29
大坝建设过程中（1945—1954年）	4219	188	266	48
大坝建设后（1955—2003年）	2393	195	264	80
生态流量方案1.0版实施后（2004—2014年）	1138	135	193	84
生态流量方案2.0版实施后（2015—2017年）	1407	137	200	91

萨凡纳河从1940年至2017年是以日均流量为基础的每月最大、最小和平均流量变化过程，如图1所示。20世纪50年代中期，大坝建成后月流量最大值明显变小，月流量最小值明显变大。进入21世纪后，月流量最小值较水库大坝建成运行后有所降低，流量变幅较窄，但是总体高于大坝建设前。萨凡纳河浅滩水文站流量变化不仅和上游大坝拦蓄、水库存储等人为活动有关，而且在很大程度上受降雨径流等自然条件的影响。该流域在2000年左右经历了较长时期的干旱，导致上游来水量减少，正是通过水库调度才使得下游水文站能够保持比建坝高的生态流量，从而保证水生态系统免遭不

可逆转的破坏。

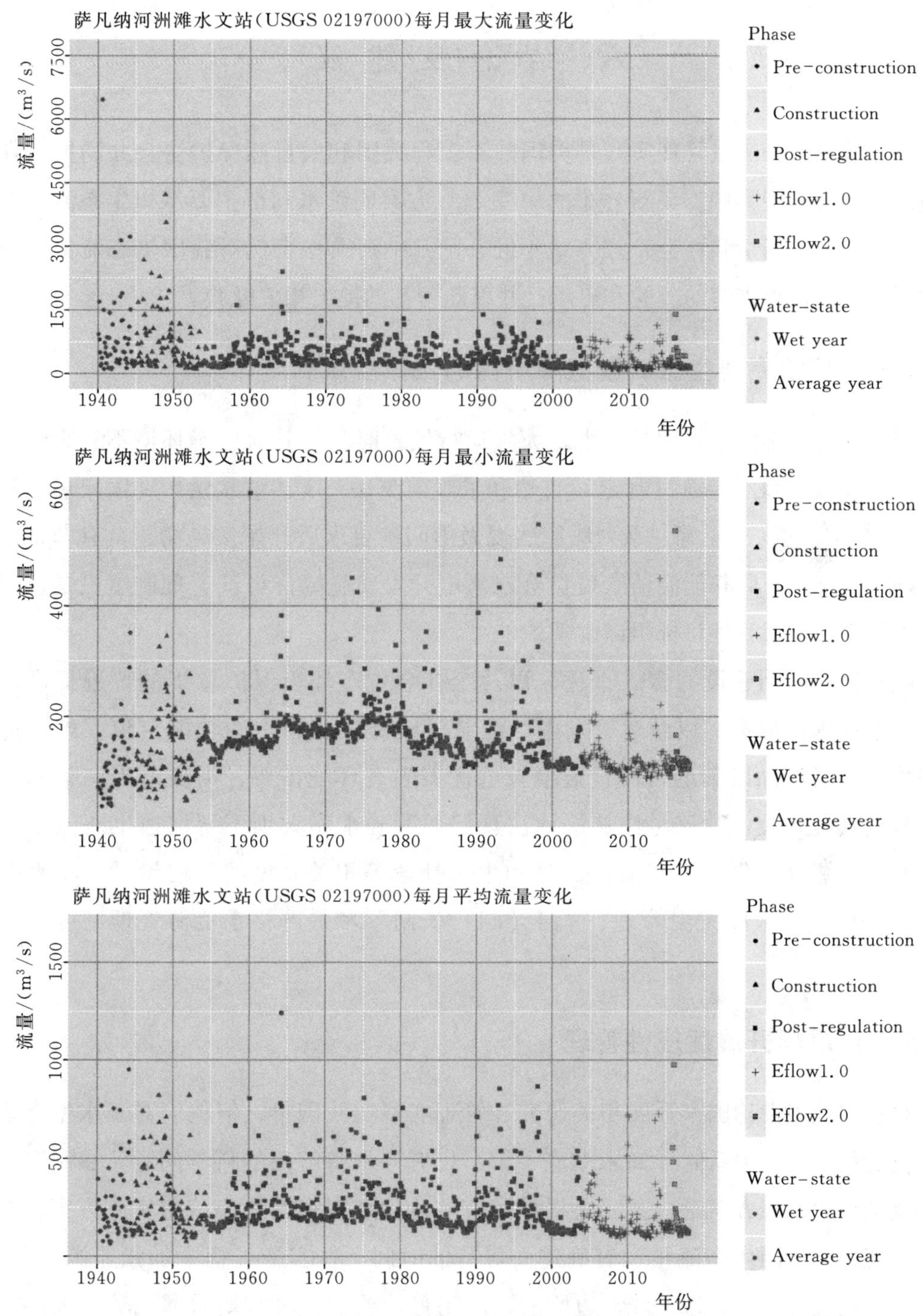

图 1　为萨凡纳河浅滩水文站 1940—2017 年不同时期每月流量变化

图 1 中 Pre - construction 指 Thurmond 大坝建设前，Construction 指 Thurmond 大坝建设过程中，Post - regulation 指 Thurmond 大坝建设后，Eflow1.0 指 2003 年制定的生态流量推荐方案 1.0 版，Eflow2.0 指 2015 年制定的生态流量推荐方案 2.0 版；水文情势

(Water_state)：Wet year 指丰水年，Average year 指平水年。

六、结论及建议

萨凡纳河生态流量管理实践是美国陆军工程兵团和大自然保护协会共同推动在湿润地区实施的典型案例。最新公布的“三定”方案明确水利部主要承担生态流量保障工作，尽管基本国情和社会管理方式不同，萨凡纳河典型案例对我国生态流量研究与管理仍有许多值得借鉴的经验和启示，并以此为基础提出相关经验。

（一）尽快完善生态流量保障所需的法律规章制度

美国河流生态流量管理是在水库大坝运行较长时间后其对生态环境不利影响逐渐显现，联邦政府和国会通过制定《自然和景观河流法》《清洁水法》《国家环境政策法》和《濒危动物法》等一系列法律法规做出明确要求后开始实施的，具有非常坚实的法律法规基础。联邦能源监管委员会对水电开发实施的许可证管理制度更是从制度层面保障生态流量管理目标得以实现。

随着生态文明建设的深入推进，以及全社会生态环境保护意识的普遍提高，我国部分水库大坝原有的以航运、发电、灌溉等经济效益为主的功能定位，难以提供更多优质生态产品以满足人民日益增长的优美生态环境需要，需要适当调整原有水利工程的功能定位。建议尽快从法律法规层面明确水库大坝下游河道生态流量管理目标和责任主体，做好生态流量保障和生态补偿等相关制度的顶层设计，将生态流量保障管理纳入水库大坝管理、“河（湖）长制”和最严格水资源管理制度等考核内容。

（二）尽早开展适应性管理

尽管在欧美发达国家开展相关研究和管理实践比我国早，但他们对于水生态系统与流量变化的响应关系同样尚未彻底了解，仍有许多待解决的科学问题。在制定河流生态流量泄放实践方案时，主要是根据现有的认识确定初始生态流量实施方案，立即付诸实施，减少因生态流量没有确定而等待的时间，在实施过程中加强监测和评估，同步制定适应性方案，边实践，边监测，边完善，经过一段时期后形成较为成熟的生态流量保障方案。目前，随着生态文明建设的深入，社会各界对于我国河流生态流量保障具有迫切期望。因此，建议水行政主管部门根据淮河、黄河生态流量保障工作经验的基础上，暂不在生态流量计算等概念、方法上做过多的纠缠，由流域和地方水行政主管部门制定出当前阶段具有实际可操作的保障方案，征求生态环境保护等其他部门意见后立即着手付诸实施。

（三）科学合理制定生态流量保障方案

由于我国不同区域自然地理和社会经济状况差别较大，建议分类、分区域和分时段制定生态流量保障方案，生态流量因保护目标不同会有所差异，建议针对有需要的河流制定生态流量“一河一策”保障方案。萨凡纳河经验表明，在生态流量方案制定过程中，水库大坝运行管理人员的参与非常重要。一方面要让他们认识到自己在生态流量方案制定过程中可发挥的重要作用，另一方面他们的参与可以弥补科研人员在水库运行管理方面的经验不足，提高实施方案的可操作性。

（四）持续开展监测、累积数据资料

持续开展保护目标生物习性、水生态系统多样性和稳定性研究及其与河流流量泄放的关系，不断补充和提高相关认知是开展河流生态流量适应性管理的重要内容。萨凡纳河研究经验表明，河流保护目标、水生态系统对于流量改变的响应关系需要通过在较长时期观测不同流量条件下得到，特别是像持续干旱等极端水文气象条件下的观测结果尤为重要。因此，建议在开展适应性管理时，针对具体的生态流量保障方案开展短期和中长期监测方案，累积具体河流相关数据资料。

参考文献

[1] 程进豪，王维美．黄河断流问题分析［J］．水利学报，1998，29（5）：75-79.

[2] 郝兴明，陈亚宁，李卫红．塔里木河流域近50年来生态环境变化的驱动力分析［J］．地理学报，2006，61（3）：262-272.

[3] 肖生春，肖洪浪．近百年来人类活动对黑河流域水环境的影响［J］．干旱区资源与环境，2004，18（3）：57-62.

[4] Arthington，A H，et al. The Brisbane Declaration and Global Action Agenda on Environmental Flows（2018）[J]. Frontiers in Environmental Science，2018，6（45）：1-15.

[5] Patterson，L A and M. W. Doyle. A Nationwide Analysis of US Army Corps of Engineers Reservoir Performance in Meeting Operational Targets [J]. Journal of the American Water Resources Association，2018，54（2）：543-564.

[6] Warner，A T，L B Bach，and J. T. Hickey. Restoring environmental flows through adaptive reservoir management：planning，science，and implementation through the Sustainable Rivers Project. Hydrological Sciences Journal，2014，59（3-4）：770-785.

[7] Brian，R D，et al. A collaborative and adaptive process for developing environmental flow recommendations. River Research and Applications，2006，22（3）：297-318.

我国河湖生态流量保障对策总体框架研究

张海滨　李　伟　尹　鑫

南京水利科学研究院

河流生态流量是表达江河湖泊生态需水的一个重要指标，是维系江河湖泊生态系统的基本要素。生态需水是伴随着人口快速增长和工业化、城镇化进程而产生的一个关于江河湖泊健康可持续的生态概念。经济社会用水大量挤占河流天然径流量，而众多的江河拦蓄工程则改变了河流的天然径流过程。因此，在满足经济社会发展需水的同时，保障维系江河湖泊健康可持续所需的生态流量，已成为人类社会可持续发展的重要举措。

一、我国河湖生态流量保障现状

我国江河湖泊众多，水生态保护需求多样，河湖生态流量保障具有显著的地域特征。受水资源禀赋条件与经济社会发展双重压力影响，河湖生态流量保障不足问题日益凸显。

一是生态流量基本概念和内涵的不统一，已成为我国系统开展科学规范的生态流量管理工作的重要制约因素。目前在法律法规、政策制度、规划标准等方面，生态流量的概念内涵和表征指标仍然没有统一的认识，这不仅给政策制定和管理带来混乱，也对公众理解和执行产生较大影响。

二是我国水资源禀赋条件对维持河流生态流量的客观条件相对不利，生态流量保障程度区域间差异大，河流生态流量保障程度令人堪忧。我国水资源时空分布严重不均，并且水资源时空分布与生产力布局不相匹配，导致河流生态流量的保障程度具有明显的区域差异性。大部分河川径流靠降水补给，季节变化较大，南方地区 60% 以上的降水集中在汛期，北方地区更是超过 70%。同时，气候变化引起的降水减少、下垫面变化引起的产汇流减少等，均导致北方地区河川径流总量衰减明显，进一步加剧了经济社会用水和河道内生态用水的矛盾，继而增大了河湖生态流量不足的风险。

三是高强度人类活动导致经济社会发展规模超出水资源承载能力，部分地区特别是北方地区经济社会用水挤占河道内生态用水严重。长期以来，我国经济和人口布局与水资源承载能力不相匹配。全国 45% 的人口、83% 的煤炭、87% 的石油、75% 天然气、47% 的耕地资源分布在资源性缺水地区；657 个建制城市中有 320 个分布在资源性缺水地区。

四是年调节和多年调节的水库以及中小河流上的水电站对河流生态流量影响巨大，致使河流生物敏感期的生态需水未能得到有效保障，工程建设和调度运行方式的不合理是部分河湖生态流量不足的直接原因。我国江河上建有水库 97895 座、水电站 46696 座（与水库有重复）、河道节制闸 55133 座，若不坚持生态优先的原则实施科学调度，势必对河流生态流量产生较大的不利影响。

五是对维持河湖生态流量重要性的认识存在逐级递减的倾向，生态流量监测和管理能力薄弱。目前，河湖生态水量管理及监控尚缺乏具体的法律法规，对生态流量的认识和管理仍然处于逐步深入的过程。实际工作中存在着监管主体不明确、管理体制机制不健全及监测监管薄弱等问题。部分地区监管责任制不到位，尚未将河流生态流量管理与“河长制”工作密切衔接，导致流域内河流生态流量不满足问题得不到有效的根治。

六是生态流量法规政策和体制机制建设严重滞后，与当前生态文明建设和国家治理能力现代化的需求不相匹配。目前，我国相关法律法规明确了生态环境用水或者生态用水的法律地位，但大多数都属于原则性规定，对生态流量确定、保障、监督等相关责任主体以及程序等均未做出安排，操作性不强，不利于指导各地贯彻执行，有关河湖生态流量管理的制度和措施相对分散，缺少专门性的法规或者政策性文件，未在制度层面形成完善的生态流量法规政策体系。

二、我国河湖生态流量保障总体思路

生态流量保障是系统性工程，要坚持以应对水生态问题和满足水资源管理的问题和目标两种导向。总体来看，河湖生态水量保障对策措施必须坚持河流水系整体性，水资源、生态环境和经济社会协调性等要求，综合考虑水资源禀赋条件、开发利用状况与需求、生态环境保护要求等，按照需要与可能相结合，合理确定切实可行的生态流量保障对策。

一是要处理好人与自然的关系。生态量保障对策应按照人与自然和谐相处的原则，既要保障人及其经济社会发展的合理用水需求，又要维持河流水系的健康。对于人及经济社会不合理的行为和用水需求，应以流域和区域水资源水环境承载能力为控制上限来调整和控制需求；对于河流水系维持基本廊道、基本形态、基本环境容量、基本栖息地等生态流量应全力保障。

二是尊重河流自然规律和水生生物生长特性。生态流量保障对策要从河流自然规律出发，尊重河流流量年际年内的变化节律，综合考虑水生生物越冬场、产卵场和索饵场等不同要求，制定适宜的保障措施及实施过程。

三是基于历史和现状探寻生态流量保障的可靠途径。生态流量保障对策要充分考虑河流水资源开发、人类居住点、经济社会格局等历史原因，要合理确定河流生态保护的目标和水平。对于开发利用程度较高、人类活动影响剧烈的河流，应考虑现实基础，分步分期地去制定生态流量的保障对策，逐步实现水资源-经济社会-生态环境的协同发展。

四是注重生态流量保障措施的系统性和长效性。生态流量保障涉及面广，保障措施应从水生态系统出发，上下游、干支流、左右岸及岸上岸下系统施策。生态流量保障工作也是一个长期的工作，充分考虑各项对策措施的长效性。

五是突出生态流量保障措施的适应性。人为确定的生态流量是随着人们对水生态系统及其水生生物习性认识的加深而改变的，生态流量各项保障对策措施要根据不同阶段、不同时期生态保护目标的情况进行适应性的调整。

三、我国河湖生态流量保障对策总体框架

河湖生态水量保障事关河湖生态系统健康，事关国家水安全保障，事关生态文明建设战略的实施和美丽中国战略目标的实现。同时，河湖生态水量保障是一项涉及多部门、多领域、多环节的复杂综合性工作。统筹考虑我国水资源禀赋差异大、供需矛盾突出的严峻形势和河湖健康保障的新要求，突出问题导向，制定我国河湖生态水量保障的对策措施。

（一）研究提出具有共识的河湖生态流量概念和内涵

对于我国来说，河湖生态流量的管理工作是一项较新的工作，各级各部门对生态流量的概念内涵认识不统一，界定生态流量的要求不统一，现有的行业技术标准也不一致。各部门在生态流量研究工作中，多以自身工作需求为出发点，技术方法自成一体，部门间交流沟通不够，与生态流量工作跨学科、跨行业的特点不相符。即便是水利行业标准，推荐的生态流量计算方法繁多，针对性不强，各种方法计算结果不一，给实际应用带来困难。建议加强河湖生态流量的基础性研究，在系统梳理分析国内外现有生态流量基本概念的基础上，进一步深化研究并提出能够达成共识的河湖生态流量概念和内涵。针对不同地区的气候地理地貌特点、不同的河流特点、不同的河流生态系统特点和保护对象、不同的生物生长敏感时期等，加强基础理论和计算方法研究，

结合应用实际，使行业技术标准更加简洁、准确、实用，能够指导全国河湖生态流量确定，为河湖生态流量的管理工作提供坚实的科学基础。

（二）构建完善的河湖生态流量保障的法规政策体系

通过对国内外特别是国外的案例调查梳理，生态流量实施成功的关键是要对生态价值观进行转变，把河湖水系作为合法的水量使用者，在法律层面予以明确和保护，聚焦重点，在水资源管理、濒危物种、工程运行等方面加强政策法规的支持性。由于河湖生态流量管理工作是一项长期的工作，必须以推进其法制化建设为基础，从法律的角度明确河湖生态流量中各参与方的职责和权利，依法确定生态流量管理的责任主体、管理内容、各级各部门的沟通协调机制、监督考核机制、奖惩机制等；依法确定生态流量保障规划的法律地位，确保生态流量保障规划与流域、区域规划之间的协调衔接关系。对水量统一调度、用水总量控制、监督管理、生态流量保障、生态流量泄放和监测设施设置、监督考核、法律责任等做出相关规定。考虑到当前生态流量保障形势的严峻性，应加快出台国家层面相关指导性意见，明确各级河流生态流量保障的责任主体，确定工作目标，落实工作任务，规范技术方法，健全工作机制，指导全国开展河流生态流量保障工作。

（三）加快建立河湖生态流量保障的分级管理事权制度

河湖生态流量管理工作不仅仅涉及长江、黄河等大江大河，也涵盖了大量的中小河流。根据河湖流域跨行政区特征以及生态流量对区域乃至全国生态环境的影响程度，结合政府机构改革和事权划分改革，建立分级负责的河湖生态流量保障的事权责任体制，明确中央、流域机构、省、地、县各级政府部门对河湖生态流量的责任，形成上下齐心、全民共抓河湖生态流量的局面。

（四）完善以河湖生态流量为首要条件的流域水资源统一配置

对于不同的河流在流域水资源配置时，需针对性地考虑生态流量的要求，因地制宜地进行流域水资源统一配置，如瑞典的小水电，水电开发程度很低的河流，对生态流量不做要求，但对水电开发程度高，明确规定了生态流量要求。将河湖生态流量纳入流域、区域水资源统一配置，科学制定流域、区域水资源配置方案。合理规划建设跨流域、跨区域引调水工程。以水资源承载能力为基础，充分考虑重要河流控制断面生态流量目标，继续推进江河流域水量分配工作；对水资源在经济社会系统和生态环境系统之间、不同流域和区域之间进行合理调配，逐步退减被挤占的河道内生态环境用水和超采的地下水。针对海河流域等水资源天然禀赋严重不足引起的河道生态缺水问题突出的，以优先保障河道内生态用水，重点保障湿地生态水面为目标，统筹考虑当地水、外调水、非常规水等多种配置水源，合理配置生态水量；在常规水量配置手段无法满足生态的情况下，对重点恢复和保障目标，开展应急补（调）水，努力恢复有水的河、绿色的河、清洁的河。

（五）通过智慧调度提高水资源综合统一调度水平

提高经济社会用水与河湖生态流量之间的适应性管理水平和能力，充分发挥新技术在生态流量适应性管理和调度中的应用深度。大力推进创新发展，大数据、云计算、“互联网+”行动、人工智能在流域水资源统一调度的应用，根据流域综合治理保护目标和江河水量分配方案，在满足防洪安全的前提下，科学制订流域水资源调度方案、应急调度预案和水工程调度管理办法，不断完善流域水量调度方案体系。将河湖生态流量作为水量调度方案的重要约束指标纳入水量调度管理要求。健全流域统一调度和分级调度责任体系，进一步强化区域水资源调度服从流域水资源统一调度，水力发电、供水、航运等调度服从水资源统一调度，解决长江流域等由于上游水电站调峰运行导致下游生态流量不足的问题。建议选取建有年调节和多年调节的水库且生态系统功能近期能够改善或恢复的河流，开展智慧水库管理调度试点，运用信息化新技术，建立或升级完善水库智能化调度功能，综合分析防洪抗旱、生产生活供水、灌溉、发电和生态等方面的要求，提高水库来水预报、水库安全状况评价、经济社会供水需求分析、下游河流生态需水分析等方面的能力和水平，更加科学精准地调度水库，安排好生活、生产、生态用水，提高水库下游河流生态流量保障程度。

（六）强化涉水工程河湖生态流量配套设施的建设与运行管理

对新建水库、水电站、引水闸坝等拦河建筑物，要深化前期论证，充分考虑河湖生态环境保护要求，尽可能减少对水文情势、河流形态和生物生境的影响。统筹考虑生活、河道生态环境用水和生产需求，加强水文情势和生态状况调查评价，科学确定涉水工程生态流量保障目标和过程要求。对水资源开发规模不合理、取水布局和方式不合理、无生态流量保障措施的项目，不予核准或批准立项。新建涉水工程按照审查审批要求，将生态流量泄放设施、监控设施及投资纳入工程建设，与主体工程同时设计、同时施工、同时投产使用；已建涉水工程，尚未按要求建设生态流量泄放和监控设施的，严格取水许可管理，停止取用水并限期整改；建设年代较早且无生态流量泄放要求的，分期分批合理核定生态流量下泄要求，逐步推进生态化改造；对生态影响较大且无法实施改造的，逐步关停或退出。将生态流量保障增列为涉水工程调度目标，与防洪、供水、发电并重，调整调度规程，针对不同保障目标，分级分类提出河流生态流量调度和管理规程。有条件的地方开展智慧水库管理调度试点，提高水资源调度精细化水平，尽力保障下游生态流量刚性约束指标要求。

（七）建立河湖生态流量生态补偿机制

由于历史局限，大量建于上个世纪的小水电未建设生态流量泄放设施，导致部分水电站发电用水和环境用水存在冲突。随着社会对河流生态系统的服务功能要求不断提高，浙江、福建等省着手对现有小水电实施“改造、限制、退出”的政策，明确生态流量标准，建立生态流量放流制度，同时在补偿政策方面进行了积极探索。这是一个社会生态效益和企业发电效益双赢的政策，建议推广这一做法。但考虑到全国需要“改造、限制、退出”的小水电站数量众多，如不能调动企业积极性，单靠政府补贴势必大幅度增加财政负担，因此建议研究综合补偿政策。比如，通过政府帮助解决小水电电价不落实、发电上网难等问题，实行“改造、限制”前后的差别电价，使企业泄放生态流量得到补偿，对主动退出的电站给予适当补偿等政策，调动小水电企业走绿色发展道路的积极性。

（八）构建系统的河湖生态流量监测预警体系

实施长期监测和评估是生态流量管理必须开展的工作，从国外相关生态流量成果的案例来看，生态流量管理成功的流域均是经过了20～40年不等的长时间监测评估和不断修正生态流量的过程，才取得成功的，如美国的持续性河流计划花了15年时间、南非花了31年才达成目标，英国的肯尼特河花了27年才达成目标。因此，我国需加快构建系统的河湖生态流量监测预警体系，加快河流重要控制断面及跨行政区断面监测站点建设，完善河湖生态流量监测站网，实现重要断面、跨省界断面生态流量监测全覆盖，重点加强平、枯水期流量监测能力，提高小流量测验精度。水库、水电站、闸坝等各类涉水工程管理单位，限期完善水文监测和实时监控设施，对口门引提水、闸门启闭等实现在线监控。加强流域、区域流生态流量信息的及时报送，提高生态流量监测的针对性和实效性，逐步实现监测图像、数据的实时报送。将河流生态流量监测数据纳入全国水资源信息管理系统，建立监测预警平台，实现数据共享和动态更新，逐步建立河湖生态流量监测预警信息发布机制。

（九）完善河湖生态流量保障监督考核体系

将河湖生态流量监管作为各级政府最严格水资源管理和河长制、湖长制执法监管工作的重要内容，将河湖生态流量满足程度作为考核的核心指标，进一步强化河湖生态流量，保障在最严格水资源管理制度和河长制、湖长制工作中的地位，强化地方各级政府责任，严格考核评价和监督，逐级传递压力，形成齐抓共管的良好局面。明确生态流量监管要求，明确主管部门和其他相关单位职责，加强跨区域跨部门联动机制建设，建立基于多目标管理的生态流量保障的沟通协商、议事决策和争端解决长效机制。加强监督管理和责任追究制度建设，研究出台行政区域和涉水工程生态流量保障考评制度。积极探索建立生态流量保障公众参与机制，提高生态流量工作的公众参与及监督管理水平。

（十）构建河湖生态流量保障的科技支撑体系

由于人类需求和气候变化的不断变化，水资源可利用性的不确定性增加，社会观点发生了改变，因此生态流量保障实践正面临着挑战。加快推进河流生态流量机理研究、湿地生态水量研究、季节性河流生态流量目标研究、生态流量调度和汛限水位的关系研究、闸坝生态流量调度关键技术研究、黄河水沙情势变化基础研究、黄河干流和重要支流功能性不断流调度指标研究、黄河水量多目标调控的水资源综合调度关键技术研究、黄河干流骨干工程调度措施研究、太湖水生高等植被生长与太湖水位的关系研究、水利水电工程精细化调度管理关键技术研究等重大理论技术研究，为生态流量工作提供理论支撑。

四、结　　论

目前，我国生态流量的保障工作仍处于起步探索的阶段，应加强顶层设计和制度建设，把生态流量保障作为一项系统工程来抓，工程措施和非工程措施并重，近期和远期统筹，利益相关者与公众参与兼顾，合理科学协调生活、生产、生态用水，因地制宜地建设生态流量保障对策措施。

参考文献

[1] 赵钟楠，魏开湄，李原园，等. 新时代河湖生态水量评价若干思考［J］. 中国水利，2018（13）.

[2] 袁勇，赵钟楠，张海滨，等. 系统治理视角下河湖生态修复的总体框架与措施初探［J］. 中国水利，2018（8）.

[3] 赵钟楠，袁勇. 基于流域尺度的综合型水流生态保护补偿框架探讨［J］. 中国水利，2018（4）.

[4] 左其亭，罗增良，等. 水生态文明建设的发展思路研究框架［J］. 人民黄河，2014（9）.

江宁区牛首山河水生态监测与安全评估研究

黄昌硕[1]　盖永伟[2]　吴　京[1]

1 南京水利科学研究院　2 江苏省水资源服务中心

近年来，随着江宁城区的快速发展和人口急剧增长，境内主要河流水质生态状况受到一定程度的破坏，随着生态文明城市的建设和河长制的推行，河流水质在这几年出现了一定程度的好转，但个别时段河流水质状况依旧不容乐观。目前，随着生态文明建设受到越来越多的重视和关注，河流水生态监测和安全评估也逐渐成为研究的热点之一。但目前在国内现有的相关标准、规范和导则中，涉及的水生态监测与安全评估的内容远不能满足生态文明城市建设的需求，相关指标应用并未广泛普及，尚未建立常规性的动态监测体系。因此，开展河流水生态监测与安全评估研究有助于摸清江宁区的河流水生态系统安全现状，为生态系统保护与科学恢复提供基础支撑。本研究以江宁区牛首山河为例，对河流水生态状况进行监测和评估，以期促进河流生态系统的整体恢复。

一、研究区概况

江宁区位于南京市南部，长江下游南岸，区域总面积1558km^2，水域面积186km^2（不含长江），处秦淮河流域中游、邻近长江，过境水资源量丰富，降水充沛。牛首山河系外秦淮河支流，西起洋山、东至外秦淮河干河，属太湖流域。河道由人工纳污渠（沿隐龙路及沿康平街）、硬化岸堤河道段、自然岸堤河道段等组成，全长约8.0km，流域面积约46.4km^2，沿河设有何魏泵站、长山泵站、江南青年城处理站、水阁路桥等污水提升或处理设施。牛首山河作为贯穿江宁城区的主要河流之一，是城市生态系统的重要组成部分，近年来受到人类活动的剧烈干扰，其水质逐步出现恶化状态，河流生态系统受到严重破坏。近几年，通过实施截污治污、生态修复等一系列工程措施，其生态环境状况已有明显好转，但依旧不能满足周边群众对生态环境日益增长的需求。

二、研 究 方 法

本研究通过在牛首山河上布设监测站点和现场采样调查等手段，构建牛首山河水生态安全评估指标体系，选择基于熵值法-物元可拓模型综合评估其水生态安全状况，为牛首山河生态治理与修复提供科学依据。

（一）水生态监测点布设方案

根据牛首山河的河流长度、形态特征、水文条件和评估需要，设置3个湖岸带现场调查点与水质监测点，牛首山河1监测点处于河流下游，牛首山河3监测点处于河流上游。调查时间为2016年8月和2016年11月，分两次对牛首山河开展了浮游植物和底栖动物现场监测与调查。水质监测选择的两个季节为夏季和秋季，是浮游植物生长的盛期，也是水质的敏感时期，因此能够较好地反映出河流生态系统的健康状况。现场湖岸带调查于2016年8月进行，表1给出了牛首山河的3个监测点位坐标，采用GPS对监测点进行定位。牛首山河现场采样调查主要监测指标包括水质、浮游植物、底栖动物、重金属等指标。

表1 牛首山河和九龙湖水生态监测点经纬度

点　　位	经度/（°）	纬度/（°）
牛首山河1	118.826813	31.926850
牛首山河2	118.797980	31.917858
牛首山河3	118.778354	31.898752

（二）水生态安全评估指标与评估指标

1. 评估指标的选取

根据牛首山河的监测数据，河流水体内氨氮和总氮严重超标，高锰酸盐指数和总磷部分超标；附近很多小区并未建立完善的污水处理设施，生活污水直接排入九龙湖，经过泵站进入牛首山河。因此，在充分考虑到牛首山河自身资料条件和监测采样难度成本较大的限制，同时结合实际情况，牛首山河水生态安全评估指标选取了水质（RC1）、藻类密度（RC2）、大型底栖动物生物多样性指数（RC3）、重金属污染状况（RC4）、天然湿地保留率（RC5）、河流形态结构（RC6）、水资源开发利用指数（RC7）、最低生态水位满足程度（RC8）、河流连通阻隔状况（RC9）、水功能区水质达标率（RC10）、防洪达标率（RC11）等11个指标，见表2。表2中除监测指标和调查数据外，其余指标主要根据《江苏省水资源公报》《江苏省统计年鉴》和江宁区水务局提供的水位流量数据等计算得到。

表 2 牛首山河安全评估指标-监测指标

安全评估指标	监 测 指 标	备 注
水质 RC1	《地表水环境质量标准》（GB 3838—2002）常规指标，共包括：水温、pH、DO、COD_{Mn}、COD、BOD_5、NH_3-N、TP、TN	8月、10月各1次
藻类密度 RC2	藻类种数和密度	8月、10月各1次
大型底栖动物生物多样性指数 RC3	底栖动物生物量和种类组成	8月、10月各1次
重金属污染状况 RC4	砷、汞、镉、铬、铅密度	8月、10月各1次
天然湿地保留率 RC5	现状保持水力学联系没有改变生境类型的天然湿地面积比例	初夏调查1次
河流形态结构 RC6	蜿蜒度、渠化度、河岸带状况	初夏调查1次
水资源开发利用指数 RC7	河道取用水量、流域水资源总量	逐月的数据
最低生态水位满足程度 RC8	长系列/整年的水位数据	逐月的数据
河流连通阻隔状况 RC9	河段闸坝阻隔特征	—
水功能区水质达标率 RC10	水功能区个数、水质状况	每月1次
防洪达标率 RC11	满足预期防洪标准的比例	调查指标

2. 评估标准的确定

本研究的河流水生态安全状况评估等级划分为非常安全（Ⅰ级）、较安全（Ⅱ级）、基本安全（Ⅲ级）、不安全（Ⅳ级）、极不安全（Ⅴ级）五个等级，其中各等级的临界值都采用目前已有的规范、标准和研究成果中的指标临界值，如水质监测指标临界值选用《地表水环境质量标准》（GB 3838—2002）中的基本指标标准限值，其余指标部分参考《全国河流健康评估（试点）工作大纲》（办资源〔2010〕484号）与江苏省水利厅发布的《江苏省主要河流健康状况报告》中指标的临界值，同时综合参考国内外水生态安全评估指标相关研究成果以及专家建议等确定评定等级临界点。表3给出了单项指标的评估标准分级，表4给出了河流水生态安全状况总体评估标准分级。

（三）水生态安全评估方法

目前，国内外学者在水生态安全评估工作中大量应用了灰色聚类法、模糊综合评估法、人工神经网络法、模糊物元分析法等。在众多评估方法中，由于物元可拓模型是直接面向问题而不是面向数据或空间形式的处理方法，因此本文选取物元可拓模型方法对水生态安全状况进行评估，同时针对元可拓模型中指标权重确定不太理想这一问题，采用熵值法对其进行改进。

表 3 河流水生态安全评估单项指标评估标准

单位：mg/L

分级		Ⅰ类	Ⅱ类	Ⅲ类	Ⅳ类	Ⅴ类	指标释义
赋分		5	4	3	2	1	
水质	溶解氧≥	7.5	6	5	3	2	水质根据河流水质监测点的监测数据，参照《地表水环境质量标准》(GB 3838—2002) 基本指标标准限值，选取 DO、COD_{Mn}、COD、BOD_5、NH_3-N、TP、TN 进行多指标综合评价。最后根据水质类别等级进行评价
	高锰酸盐指数≤	2	4	6	10	15	
	化学需氧量≤	15	15	20	30	40	
	五日生化需氧量≤	3	3	4	6	10	
	氨氮≤	0.15	0.5	1.0	1.5	2.0	
	总磷（以P计）≤	0.02（湖库0.01）	0.1（湖库0.025）	0.2（湖库0.05）	0.3（湖库0.1）	0.4（湖库0.2）	
	总氮（湖库以N计）≤	0.2	0.5	1.0	1.5	2.0	
藻类密度≤/（万个/L）		40	150	350	1000	2500	指单位体积河流、湖泊等水体中的藻类个数
大型底栖动物生物多样性≥		2.5	2	1	0.5	0	采用 Shannon - wiener 多样性指数（H）来表征，根据大型底栖动物生物多样性指数计算结果
重金属污染状况	重金属元素	砷（As）	汞（Hg）	铬（Cr）	镉（Cd）	铅（Pb）	沉积物是水环境中重金属污染程度的指标，能很好地反映河湖的污染状况。选取 As、Cd、Cr（六价）、Pb 等五项评价重金属污染状况
	临界效应值	5.9	0.17	37	0.6	35	
	必然效应值	17	0.49	90	3.5	91	
天然湿地保留率/%		93	86	72	44	16	指现状保持水力学联系没有改变生境类型天然湿地面积占参照状态天然湿地面积的百分比，反映经济社会开发对敏感生境影响程度
河流形态结构≥		90	70	50	30	10	河流形态结构评价包含河道蜿蜒度、河道渠化度、河流廊道连通性、河岸带状况等

续表

分　级	Ⅰ类	Ⅱ类	Ⅲ类	Ⅳ类	Ⅴ类	指　标　释　义
赋　分	5	4	3	2	1	
水资源开发利用率≤/%	8	22	28	32	40	指评价河湖流域内供水量占流域水资源量的百分比。该指标反映了社会经济发展与生态环境保护之间的协调性
最低生态水位保障程度	年内365日日均水位高于生态水位	日均水位低于生态水位，但3日平均水位不低于生态水位	3日平均水位低于生态水位，但7日平均水位不低于生态水位	7日平均水位低于生态水位	14日平均水位不低于生态水位	河湖最低生态水位是生态水位的下限值．是维护河流和湖泊生态系统正常运行的最低水位，若长时间低于此水位运行，河湖生态系统将发生严重退化
河流连通阻隔状况	有鱼道、下泄流量满足生态基流要求	无鱼道、下泄流量满足生态基流要求	有鱼道、下泄流量不满足生态基流要求	无鱼道、下泄流量不满足生态基流要求	断流	重点调查监测断面以下至河口（干流、湖泊等）河段的闸坝阻隔特征，分为完全阻隔、严重阻隔、阻隔、轻度阻隔、基本不阻隔五类情况
水功能区水质达标率≥/%	90	70	50	40	30	指对评价河湖流域内包括的水功能区达标个数比例，评价方法参照《地表水资源质量评价技术规程》（SL 395—2007）执行，即当评价年内水功能区水质达标次数比例大于或等于80%时，即认为水功能区水质达标
防洪指标（FLD）≥/%	95	90	85	70	50	指评价河（湖）满足预期防洪标准的地区面积占评价河（湖）流域面积所占比例

表4 江宁区河流水生态安全评估等级划分

综合指数	安全等级	安全状态	水生态系统表征
10	Ⅴ	极不安全	水生态服务功能几近崩溃。生态环境破坏程度较高，水生态修复过程很难进行，生态系统结构残缺不全，功能丧失，生态环境问题严重，生态灾害发生较为频繁
30	Ⅳ	不安全	水生态服务功能严重退化。水生态环境和生态系统结构破坏较为严重，不能维持正常生态功能，生态环境被干扰后恢复困难，生态问题较大，生态灾害较多
50	Ⅲ	基本安全	水生态服务功能稍有退化。水生态环境受到一定程度的破坏，事生态系统结构发生变化，但尚可维持基本功能，受干扰后易恶化，生态问题显现，生态灾害时有发生
70	Ⅱ	较安全	水生态服务功能基本完整。水生态环境较少受到破坏，生态系统结构尚完整，功能尚好，一般干扰下可恢复，生态问题不显著，生态灾害不大
90	Ⅰ	非常安全	水生态服务功能较为完善。生态环境基本未受干扰破坏，生态系统结构完整，功能性强，水生态系统恢复再生能力强，生态问题不显著，生态灾害少

熵值法是一种客观赋权法，在信息论中，熵值反映了信息无序化的程度，熵越大，有序程度就越低，不确定性越大；反之，熵越小，其有序程度越高，不确定性越小。熵值法计算步骤如下：

（1）数据标准化。构建的河湖水生态安全评估指标体系中，各项评估指标之间存在不同的量纲、数量级等差异，且按照指标性质及表现形式不同，本次评级体系中包含有正向指标和逆向指标，即正向指标值越大评估等级越高，逆向指标值越小相应的评估等级越高，因此需要对原始数据进行标准化处理。

$$x'_{ij} = \frac{x_{ij} - \min\{x_{ij},\cdots,x_{nj}\}}{\max\{x_{1j},\cdots,x_{nj}\} - \min\{x_{1j},\cdots,x_{nj}\}} \tag{1}$$

$$x_{ij} = \frac{\max\{x_{1j},\cdots,x_{nj}\} - x_{ij}}{\max\{x_{1j},\cdots,x_{nj}\} - \min\{x_{1j},\cdots,x_{nj}\}} \tag{2}$$

式中：x'_{ij}为标准化后的值。根据指标的性质，若所选指标为正向指标，则选用式（1），若所选指标为负向指标，则选用式（2）。

（2）计算参评对象指标值的比重。

$$P_{ij} = \frac{x_{ij}}{\sum_{i=1}^{m} x_{ij}}, i = 1,\cdots,m;\ j = 1,\cdots,n \tag{3}$$

根据上式，可计算第 n 项指标下第 m 个参评对象指标值的比重，最终建立参评指标数据的比重矩阵 $\{P_{ij}\}mn$ 。

（3）计算指标信息熵值和信息效用值。

1）信息熵值。

$$e_j = -K\sum_{i=1}^{m} p_{ij}\ln p_{ij} \tag{4}$$

式中：K 为常数。假定当 $p_{ij}=0$ 时，$p_{ij}\ln p_{ij}=0$ 。

2）信息效用值。

$$d_j = 1 - e_j \tag{5}$$

由上式可知，信息效用值取决于指标的信息熵，而它的值又直接影响权重的大小，信息效用值越大，对评估的重要性就越大，权重亦越大。

（4）指标权重计算。

$$\omega_j = \frac{d_j}{\sum_{j=1}^{m} d_j} \tag{6}$$

$$s_i = \sum_{j=1}^{m} \omega_j P_{ij} \tag{7}$$

式中：ω_j为第 j 项指标的权重。

熵值法确定指标权重的本质主要是利用了指标信息的价值系数来计算，其价值系数越高，权重就越大，对评估结果的贡献程度就越大。在指标权重确定的过程中不需要加入任何人为主观信息，极大程度上削弱了极端值对综合评估的影响。

（四）物元可拓模型

物元可拓模型通过评估级别和实测数据，得到模型的经典域、节域及关联度，从而建立定量综合评估模型。物元可拓评估的具体计算步骤如下：

（1）确定经典域。以有序三元 $R=(M, C, X)$ 组作为物元，其中，M 为要评估的事物；C 为事物的特征值；X 为相应的 C 的量值。若事物 M 由 n 个指标组成，则用矩阵表示为

$$R_{0j} = \begin{bmatrix} N_{0j} & C_1 & V_{0j1} \\ & C_2 & V_{0j2} \\ & \vdots & \vdots \\ & C_n & V_{0jn} \end{bmatrix} = \begin{bmatrix} N_{0j} & C_1 & (a_{0j1}, b_{0j1}) \\ & C_2 & (a_{0j1}, b_{0j1}) \\ & \vdots & \vdots \\ & C_n & (a_{0jn}, b_{0jn}) \end{bmatrix} \tag{8}$$

式中：N_{0j}为河湖水生态安全状况的 j 个等级；C_n为评估指标体系中第 n 个指标；V_{0jn}为第 n 项指标在 j 评估等级下的取值范围，即经典域；a_{0jn}、b_{0jn}分别为值域的上、下限。

（2）确定节域。

$$R_p = \begin{bmatrix} N_p & C_1 & V_{p1} \\ & C_2 & V_{p2} \\ & \vdots & \vdots \\ & C_n & V_{pn} \end{bmatrix} = \begin{bmatrix} N_p & C_1 & (a_{p1}, b_{p1}) \\ & C_2 & (a_{p2}, b_{p2}) \\ & \vdots & \vdots \\ & C_n & (a_{pn}, b_{pn}) \end{bmatrix} \tag{9}$$

式中：N_p为河湖水生态安全评估等级的全体；V_{pn}为第 p 等级下 C_n所对应的量值域；a_{pn}、b_{pn}分别为节域的上、下限。

（3）确定关联函数，计算公式为

$$K_j(V_i) = \begin{cases} -\dfrac{\rho(V_i, V_{0ji})}{|V_{0ji}|}, & V_i \in V_{0ji} \\ -\dfrac{\rho(V_i, V_{0ji})}{\rho(V_i, V_{pi}) - \rho(V_i, V_{0ji})}, & V_i \notin V_{0ji} \end{cases} \tag{10}$$

式中：$K_j(V_i)$ 为各指标关于各等级 j 的隶属程度；$\rho(V_i, V_{0ji})$ 和 $\rho(v_i, V_{pi})$ 分别为指标值 V_i与相应的经典域 V_{0ji}、节域 V_{pi}之间的距。

（4）计算待评估物元同评估等级间的综合关联度。设每个特征 C_i对应的权重系数为 ω_j，则评估事物属于 j 等级的关联度为

$$K_j(P) = \sum_{i=1}^{n} \omega_j K_j(V_j) \tag{11}$$

（5）评定等级，计算物元隶属程度。依据再大值原则，确定评估指标的等级，再将关联函数标准化处理，可计算得到待评物元所属等级的隶属程度 j^*。

$$\bar{K}_j(P) = \frac{K_j(P) - \min K_j(P)}{\max K_j(P) - \min K_j(P)} \tag{12}$$

$$j^* = \frac{\sum_{j=1}^{m} j \bar{K}_j(P)}{\sum_{j=1}^{m} \bar{K}_j(P)} \tag{13}$$

式中：j^* 为待评物元的等级变量特征值，即等级程度值。

三、河流水生态安全综合评估

（一）构建经典域和节域

首先，根据前文所述内容建立牛首山河水生态安全评估指标的分级标准，具体指

标标准和指标值见表5，所选择的指标中既有正向指标（越大越好），又有逆向指标（越小越好），且量纲和尺度不同。因此，需要对指标数据进行标准化，处理后每个指标的取值范围为［0，1］，将正、逆向指标均化为正向指标，最优值为1，最劣值为0，得到牛首山河水生态安全评估指标规范值。

表5　牛首山河水生态安全评估指标值及分级标准

指标	单位	类型	牛首山河水生态安全评估指标分级标准					指标值	标准化值
			Ⅰ	Ⅱ	Ⅲ	Ⅳ	Ⅴ		
RC1		递增	5~4	4~3	3~2	2~1	1~0	2.758	0.552
RC2	万个/L	递减	≤40	40~150	150~350	350~1000	1000~2500	9592	0
RC3		递增	≥2.5	2~2.5	1~2	0.5~1	0~0.5	1.065	0.355
RC4		递增	5~4	4~3	3~2	2~1	1~0	3.468	0.694
RC5		递增	5~4	4~3	3~2	2~1	1~0	4.25	0.85
RC6	%	递增	≥93	86~93	72~86	44~72	16~44	80	0.762
RC7	%	递减	0~8	8~22	22~28	28~32	32~40	20.6	0.485
RC8		递增	5~4	4~3	3~2	2~1	1~0	4.9	0.98
RC9		递增	5~4	4~3	3~2	2~1	1~0	2.1	0.42
RC10	%	递增	≥90	70~90	50~70	40~50	30~40	55	0.357
RC11	%	递增	≥95	90~95	85~90	70~85	50~70	95	0.9

构建物元可拓评估模型的经典域矩阵 R_{0j}：

$$
R_{0j}=\begin{bmatrix}
 & N1 & N2 & N3 & N4 & N5 \\
RC1 & (4\sim5) & (3\sim4) & (2\sim3) & (1\sim2) & (0\sim1) \\
RC2 & (0\sim40) & (40\sim150) & (150\sim350) & (350\sim1000) & (1000\sim2500) \\
RC3 & (2.5\sim3) & (2\sim2.5) & (1\sim2) & (0.5\sim1) & (0\sim0.5) \\
RC4 & (4\sim5) & (3\sim4) & (2\sim3) & (1\sim2) & (0\sim1) \\
RC5 & (93\sim100) & (86\sim93) & (72\sim86) & (44\sim72) & (16\sim44) \\
RC6 & (4\sim5) & (3\sim4) & (2\sim3) & (1\sim2) & (0\sim1) \\
RC7 & (0\sim8) & (8\sim22) & (22\sim28) & (28\sim32) & (32\sim40) \\
RC8 & (4\sim5) & (3\sim4) & (2\sim3) & (1\sim2) & (0\sim1) \\
RC9 & (4\sim5) & (3\sim4) & (2\sim3) & (1\sim2) & (0\sim1) \\
RC10 & (90\sim100) & (70\sim90) & (50\sim70) & (40\sim50) & (30\sim40) \\
RC11 & (95\sim100) & (90\sim95) & (85\sim90) & (70\sim85) & (50\sim70)
\end{bmatrix}
$$

构造值域 R_p：

$$R_p = \begin{bmatrix} P & RC1 & (0 \sim 5) \\ & RC2 & (0 \sim 2500) \\ & RC3 & (0 \sim 3) \\ & RC4 & (0 \sim 5) \\ & RC5 & (16 \sim 100) \\ & RC6 & (0 \sim 5) \\ & RC7 & (0 \sim 40) \\ & RC8 & (0 \sim 5) \\ & RC9 & (0 \sim 5) \\ & RC10 & (30 \sim 100) \\ & RC11 & (50 \sim 100) \end{bmatrix}$$

（二）确定权重系数

依据上文介绍的熵值法计算各个指标权重系数，ω_j =（0.0341，0.3208，0.2766，0.0039，0.0051，0.0712，0.0277，0.1584，0.0225，0.0733，0.0063）。

（三）确定关联函数

结合熵值法计算得到的各指标权重，利用可拓距和位置的定义，在将各个评估指标值和各分级标准全部规范化的基础上，计算牛首山河水生态安全评估指标关于评估等级的关联函数，按照最大值原则确定牛首山河水生态安全状况的评估结果，评估结果见表6。

表6 牛首山河水生态安全评估指标关于不同等级的关联度

评估指标	并联度等级					等级
	Ⅰ	Ⅱ	Ⅲ	Ⅳ	Ⅴ	
RC1	-0.3565	-0.0974	0.0877	-0.2527	-0.4395	Ⅲ级
RC2	-1	-1	-1	-1	1	Ⅴ级
RC3	-0.574	-0.4675	0.061	-0.0575	-0.3466	Ⅲ级
RC4	-0.2578	0.1349	-0.1848	-0.4893	-0.617	Ⅱ级
RC5	-0.3939	-0.2222	0.0938	-0.2857	-0.6429	Ⅲ级
RC6	0.0588	-0.1429	-0.625	-0.75	-0.8125	Ⅰ级
RC7	-0.4599	0.0722	-0.0673	-0.2761	-0.3701	Ⅱ级
RC8	0.0204	-0.18	-0.95	-0.9667	-0.975	Ⅰ级
RC9	-0.6129	-0.3	0.0476	-0.0455	-0.3438	Ⅲ级
RC10	-1	-0.375	0.2	-0.1667	-0.375	Ⅲ级
RC11	-0.0227	0.0227	-0.4	-0.6	-0.8	Ⅱ级

（四）评定等级

归一化结果为：$\overline{K_j}(p)^* = (0, 0.1182, 0.1939, 0.014, 1)$，可得级别特征值 $j^* = 4.430$，说明牛首山河水生态安全状况评估等级在Ⅳ～Ⅴ级之间。牛首山河水生态安全评估11个指标中，仅有RC5、RC8属于水生态安全状况最好的Ⅰ类，属于非常安全状态；RC4、RC7、RC11为Ⅱ类，属于较安全状态；仅RC2指标属于最差的Ⅴ类，属于极不安全状态；剩余的RC1、RC3、RC6、RC9、RC10指标都属于Ⅲ类，属于基本安全状态。

四、结　　论

（1）本文通过布设监测站点对江宁区牛首山河进行水生态状况监测。监测数据显示：该河水质状况中等，富营养化程度高，藻类密度远超标准限值，存在藻类水华爆发的风险，存在一定的安全隐患，但表层沉积物重金属生态毒性风险较低。同时，采用基于熵值法-物元可拓评估模型来评估江宁区牛首山河水生态安全状况，评估结果显示牛首山河水生态安全状况评估等级在Ⅳ～Ⅴ级之间，水生态安全状况较差。

（2）本文在水生态监测的基础上，选取了11项指标，对河流水生态安全状况进行评估，评估结果能够较好地反映出一条河流的生态安全状况。未来，不同区域可根据自身河流水系特点及经济发展状况，选择不同的评估指标，对河流水生态安全状况进行进一步的评估研究，更好地为河流生态系统保护和治理提供基础支撑。

参考文献

[1] 赵玉红，从纯纯，赵敏．我国城市河湖水生态环境评估体系构建与实证分析［J］．南水北调与水利科技，2013，11（6）：58－61.

[2] 张晓岚，刘昌明，门宝辉，等．漳卫南运河流域水生态安全指标体系构建及评估［J］．北京师范大学学报（自然科学版），2013，49（6）：626－630.

[3] 董哲仁．生态水工学的理论框架［J］．水利学报，2003（1）：1－6.

[4] 中华人民共和国水利部．SL 219—2013　水环境监测规范［S］．北京：中国水利水电出版社，2013.

[5] 中华人民共和国水利部．SL/Z 738—2016　水生态文明城市建设评估导则［S］．北京：中国水利水电出版社，2016.

[6] 陈水松，唐剑锋．水生态监测方法介绍及研究进展评述［J］．人民长江，2013，44（2）：92－96.

[7] 赵彦伟，杨志峰．城市河流生态系统健康评估初探［J］．水科学进展，2005，16（3）：349－355.

[8] 黄昌硕，耿雷华，王立群，等．中国水资源及水生态安全评估［J］．人民黄河，2010，32（3）：14－16.

[9] Grathwohl P, Rugner H, Wohling T, et al. Catchments as reactors: a comprehensive approach forwater fluxes and solute turnover. Environ Earth Sci, 2013, 69 (2): 1-17.

[10] Parr T, Sier A, Battarbee R, et al. Burgess J Detecting environmental change: science and societyperspectives onlong-term research and monitoring in the 21st century [J]. Sci Total Environ, 2003, 310: 1 - 8.

[11] Gong W, Shen J. The response of salt intrusion to changes in river discharge and tidal mixing during the dry season in the Modaomen Estuary, China [J]. Continental Shelf Research, 2011, 31 (7/8): 769-788.

[12] 余振荣.河流生态系统及其监测指标体系[J].环境生态,2015,39(4):30-31.

[13] 耿雷华,丰华丽,赵志轩,等.河湖健康评估理论与实践[M].北京:中国环境出版社,2016.

[14] 罗文泊,盛连喜.生态监测与评估[M].北京:化学工业出版社,2011.

小浪底水利枢纽发挥的生态作用

张利新　樊思林

水利部小浪底水利枢纽管理中心

水库是人类主动调控水资源时空分布的重要措施，担负着防洪、发电、航运、供水、生态保护等多方面的任务。目前世界上已修建的坝高15m以上的大坝已超过5万座。中国是修建水库大坝最多的国家，拥有2.5万多座坝高15m以上的大坝，已建、在建水库近10万座，总库容9323亿m^3，在河流开发、利用与保护中发挥着重要作用。以往水库调度集中于供水、防洪、发电、灌溉等方面，近年来，在绿水青山的发展理念的引导下，水库在生态文明建设中的作用日渐凸显。小浪底水利枢纽是黄河中下游控制性骨干工程，在近20年的运行中产生了巨大的生态环境效益。科学地认识小浪底水利枢纽在流域和区域生态环境系统良性维持中发挥的作用，是优化小浪底水利枢纽运用方式、为生态水利工程建设运行提供借鉴的基础。

一、水库的生态影响机制

（一）水库对生态环境的影响机理

河流是一条由水体流动形成的物质、能量和生物的空间连续体（图1）。水流纵向流动使河流成为从河源到河口的连续体，形成了物质运输、能量流动和生物迁徙的纵向通道；高流量事件的发生将河道与河漫滩连通起来，保证了横向的物质交换与生物洄游；河道与地下含水层间的垂向连通将地表水与地下水联系起来，提高了河川流量的稳定性。河流在三个空间维度上的连续性塑造了适宜的栖息环境，保障了生物的生存繁衍。

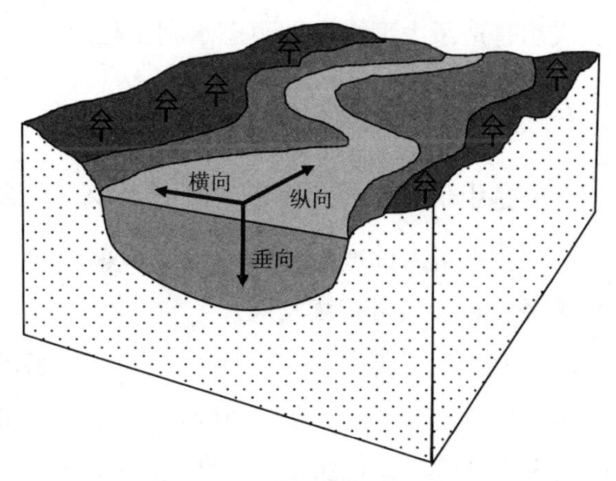

图1　河流三维空间结构示意图

水库主要从纵向和横向影响河流的空间连续特征，改变了生物的栖息条件。在纵向上，大坝一方面阻碍了物质、能量和生物的输移过程；另一方面，通过下泄水流、修建过鱼设施等方式维系了河流的纵向连通。在横向上，水库调节改变了沟通下游河道与河漫滩的高流量事件的流量、发生频率和持续时间；水库蓄水后库区水位上升、水域面积变大，改变了局地气候与生境。

在人类活动影响剧烈的区域，大量取水使河川径流锐减甚至干涸，河流空间连续体遭到破坏。水库调度运行可以维持生态基流并塑造高流量事件，从而维护河流在纵向和横向的空间连续性。

（二）良好生态环境对水库作用的需求

良好的生态环境是经济社会持续发展的基础。随着人口的增加，经济社会的发展，水土大规模地被开发，水资源的不合理利用，20 世纪我国大量河流出现河道断流、水生态环境恶化等问题。随着我国河流生态问题的日益严峻，恢复河流的生态完整性、改善河流生态环境成为国家战略，我国先后提出了人水和谐理念和建设生态文明要求，努力打造绿水青山，不断满足人民日益增长的对优美生态环境的需求。水库具有调节径流的作用，是人类开发水资源的重要工具，科学的水库控制运行方式益处颇多：改善生物栖息环境、维持河流的生物多样性，改善河道的水质，防治河道泥沙淤积，调控下泄水量的温度、满足下游湖泊湿地生态耗水、湿地改良，恢复河流的生态活力等。

二、小浪底水利枢纽设计运行中的生态理念

小浪底水利枢纽全生命周期始终贯彻生态保护理念，在设计与施工中充分考虑当地自然环境特征“就地取材”，在运行中统筹下游经济社会发展与生态环境保护的需求，成功打造了大型综合性生态水利工程。

（一）小浪底水利枢纽概况

黄河是中华文明的发祥地，但“水少、沙多，水沙关系不协调”等特征决定了黄河是治理难度最大的河流之一。下游河道的泥沙淤积、洪水威胁严重制约着流域及相关地区经济社会的可持续发展。

小浪底水利枢纽位于黄河干流最后一个峡谷的出口处，控制着黄河 92.3% 的流域面积、86.9% 的天然径流量和近 100% 的泥沙。小浪底水利枢纽主体工程于 1994 年开工，2001 年竣工，是一座以防洪（防凌）、减淤为主，兼顾供水、灌溉和发电，蓄清排浑，除害兴利，综合利用的多功能大型水利枢纽，总库容 126.5 亿 m^3，装机容量 180 万 kW。

（二）小浪底水利枢纽修建的必要性

黄河下游水旱灾害频发。黄河下游河道淤积严重，排洪能力上大下小，易发生洪水灾害；降水年际分布不均，易发生连续枯水，造成严重干旱；下游山东段封河早、开河晚，易形成冰凌灾害。

黄河下游河道断流形势严峻。中华人民共和国成立初期至20世纪80年代初，沿黄各省区用水量剧增，年引黄水量增加约200亿 m^3，导致下游引黄灌溉高峰期河流断流频发。1972—1999年间利津断面有22年发生断流，累积断流天数1092天，累积断流长度7028km，造成了严重的生态灾难。

黄河下游泥沙淤积问题严重。黄河泥沙淤积使下游河床以10cm/a的速度抬升，形成了高出地面3～5m的"地上悬河"，显著加剧了黄河漫溢与决口的风险，而且破坏了水生生物栖息环境的稳定性。

面对黄河下游水旱灾害、河道断流与泥沙淤积问题，需要修建大型水利枢纽调节水沙、兴利除害。

（三）小浪底水利枢纽规划建设中的生态理念

顺应地利，大坝设计充分考虑了当地的生态环境特征。基于当地土石资源，将大坝设计为壤土斜心墙堆石坝；将坝前天然泥沙铺盖作为大坝辅助防渗措施。

浑然一体，工程布置尽量维持了天然地貌。小浪底水利枢纽所有泄洪、发电及引水建筑物均布置在左岸山体中，减少了对地貌和植被的破坏。

就地取材，尽量减少建筑材料开挖、运输和堆弃量。坝体5185万 m^3 填筑料主要来自坝址附近；坝体填筑尽可能多地利用了建筑物开挖料和弃料。

清洁生产，通过多种手段有效控制了污染。采用生物处理、沉淀池、隔油池等措施，保证了施工区污水达标排放；通过湿钻、通风等方法降低了粉尘污染。

因地制宜，采用不同措施有效防治了水土流失。基于区域地貌和植被破坏程度，有针对性地选择工程和生物措施进行水土保持。

（四）小浪底水利枢纽运行中的生态理念

小浪底水利枢纽调度运行中主动考虑了流域内外生态环境需求，在服务于社会经济的同时坚持实施生态调度。从减灾、调水调沙和流域内外生态补水三方面分析小浪底水利枢纽运行中的生态调度策略。

1. 减灾调度

防洪调度提高下游防洪能力，构筑黄淮海25万 km^2 地区生态安全屏障。黄河洪水发生时，水沙俱下，给人民生命财产造成巨大损失，且水退沙留、良田沙化，洪水满溢范围内生态系统长期难以恢复。小浪底水利枢纽建成后，增加防洪库容40.5亿m^3，形成以小浪底水利枢纽为核心的黄河中游五库联合防洪工程体系，可有效控制中游干支流洪水。

防凌调度基本解决下游河道凌灾威胁，并保障枯水期生态流量需求。黄河下游防凌调度期通常是下游河道内水量枯水时期。小浪底水利枢纽设置防凌库容20亿m^3，在凌期与三门峡水库联合调度，利用防凌库容进行蓄泄调节，维持凌期下游河道流量过程平稳，保障下游河道封河、开河的平顺过度，并维持基本生态流量。

抗旱调度有效应对旱情，避免重大水环境灾难。小浪底水利枢纽建成后蓄丰补枯，实现洪水资源化利用，可提高干旱年份的供水量，有效应对流域旱情，避免干旱引起的土地盐碱化、湿地萎缩，植被退化等生态问题。同时，通过调节关键期的下泄生态流量，可在干旱时期维护河道水生态环境。

2. 调水调沙调度

通过调水调沙调度逐步恢复下游河槽过洪能力，改善下游及河口生态环境。充分利用小浪底水利枢纽拦沙初期巨大的可调节库容，基于小浪底水利枢纽单库调节为主、空间尺度水沙对接、干流水库群水沙联合调度等多种模式，塑造和谐的大流量水沙过程，冲刷下游河道，恢复河槽过洪能力，塑造稳定的河床形态。同时，调水调沙调度可向下游及河口三角洲补充生态水量，维持和改善水生态环境。

3. 流域内外生态补水调度

通过生态补水改善流域内外水生态环境。小浪底水利枢纽通过径流调节，一方面长期提供下游河道内生态环境用水，另一方面以调水调沙和应急补水等形式满足流域内外关键期生态需水。小浪底水利枢纽生态补水可以维持下游河道不断流、重塑下游引黄灌区地表水地下水良性循环、修复河口三角洲湿地生态系统、恢复白洋淀水面面积。

三、小浪底水利枢纽发挥的生态作用

小浪底水利枢纽至今已运行近20年，创造了巨大的生态效益，惠及库区、下游及流域外供水区，在减灾、提供生态流量、稳定河道形态、改善栖息环境等方面具有不可替代的地位。

（一）水库减灾效果

小浪底水利枢纽改变了黄河下游的防洪形势，使下游及黄淮海地区25万km^2免受洪水灾难。小浪底水利枢纽运行后，将下游河道防洪标准由不足60年一遇提高到近千年一遇。2010年7月下旬，发生了小浪底水利枢纽运行以来最大的洪水，入库及支流伊洛河来水的洪峰流量达到7800m³/s。水库群联合调度后，小浪底水利枢纽滞洪3.3亿m³，花园口、孙口、利津断面洪峰流量分别消减为3100m³/s、2890m³/s和2880m³/s，有效保护了黄河下游安全。

小浪底水利枢纽基本解除了下游凌汛灾害，保障了凌期河流生态需水。受小浪底水利枢纽防凌调度及出库水温增加的影响，下游河道未封冻年份由水库运用前的14%增加至33%，年均封河长度由水库运用前的254km减少至114km；下游河道封河、开河过度平稳，未发生较严重的凌汛灾害。1987—1999年枯水期（12月至次年2月）利津断面流量小于50m³/s的年均天数为16.8天；小浪底水利枢纽运行后减少为7.9天，提高了凌期河流生态需水保障程度。

小浪底水利枢纽有效应对了流域旱情，具有重大的减灾效益。小浪底水利枢纽建成后应对了3场流域大旱（2002—2003年、2008—2009年、2014—2015年），累计减灾效益近百亿元。如2014—2015年流域旱情，下游河南山东等小麦主产省受干旱影响面积超过5000万亩，仅2015年春季抗旱补水就高达40亿m³，直接减灾效益约20亿元。同时提高了下游城镇供水保证率（图2）和引黄灌区粮食生产的稳定性（图3）；解决了河南、山东合计1866万的饮水不安全人口。

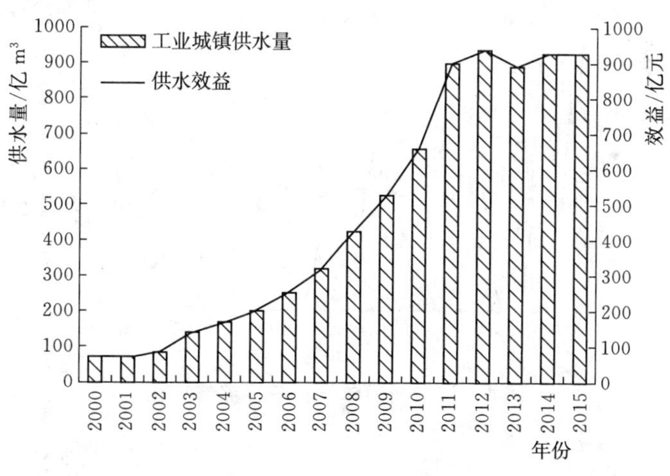

图2 下游工业城镇供水量及效益

（二）水库下游水文情势变化

小浪底水利枢纽的运行彻底消除了黄河下游水断流，提高了生态环境需水满足程度。自小浪底水利枢纽运行后，黄河下游已连续18年未发生断流。20世纪70—90年代，利津断面频繁断流；90年代中后期，小浪底和花园口断面年最枯日、月径流量显著下降；小浪底水利枢纽运行后，3个断面年最枯日、月径流量均显著回升（图4、图5）。根据实际天然径流量对《黄河流域综合规划》制定的多年平均生态环境需水量进

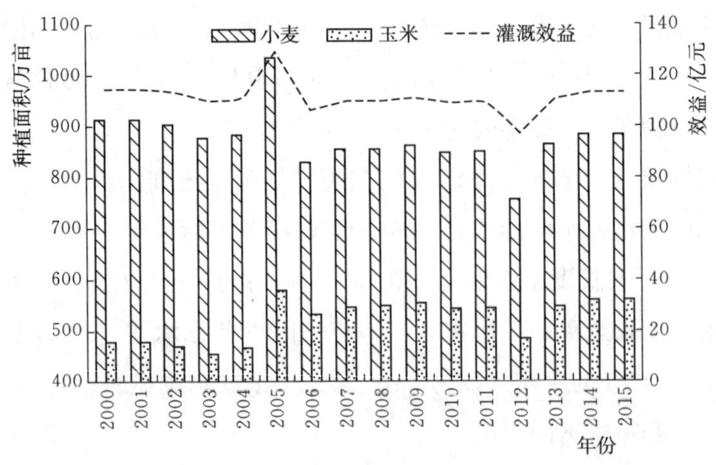

图3 下游代表性粮食作物种植面积及灌溉效益

行缩放，发现20世纪80年代以前利津断面无功能性断流；1987—1999年，功能性断流频发，全年和非汛期满足生态环境需水量的年份分别仅占31%和46%；小浪底水利枢纽运行后功能性断流问题得到了有效缓解，全年和非汛期满足生态环境需水量的年份分别上升至47%和82%（图6、图7）。

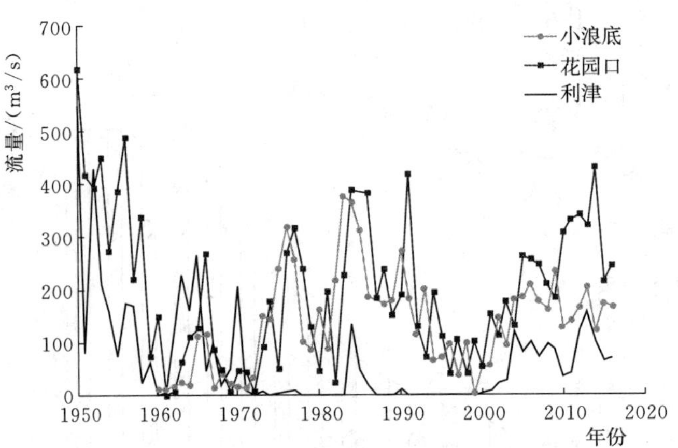

图4 下游断面年最枯日径流量变化

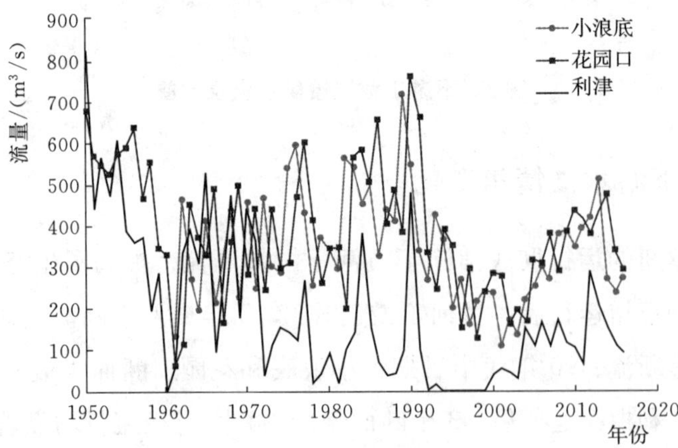

图5 下游断面年最枯月径流量变化

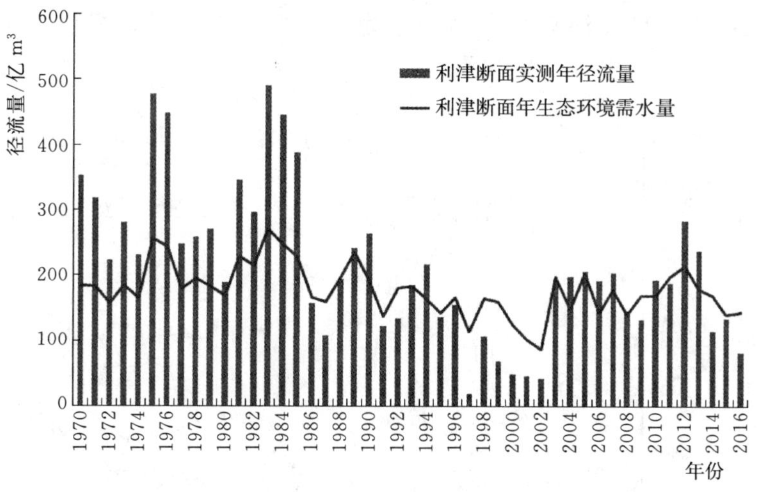

图 6　利津年生态环境需水量满足程度

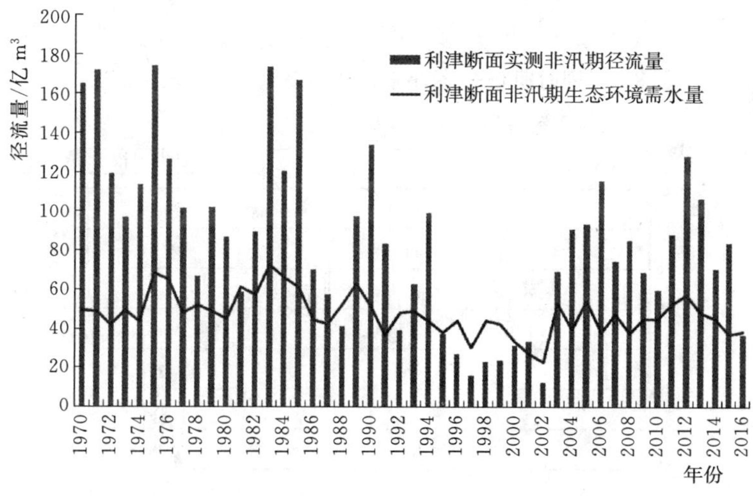

图 7　利津非汛期生态环境需水量满足程度

小浪底水利枢纽调水调沙塑造了生物所需的高流量事件。6—9 月发生的高流量具有塑造多样的栖息地、增加营养物质来源、触发生物洄游和繁殖等作用。20 世纪 60 年代，人类活动对黄河下游干扰相对较小，6—9 月频繁发生持续数周的高流量事件；随着人类干扰的加强，高流量事件急剧减少，2001 年 6—9 月的最大日流量不足 1000m^3/s；小浪底水利枢纽调水调沙在 6—9 月塑造出高流量事件，对于改善水生态状态具有重要作用（图 8）。

（三）水库下游河道形态变化

小浪底水利枢纽的运行恢复了下游河道主槽过洪能力，稳定了断面形态。2000—2017 年，通过小浪底水利枢纽拦沙和调水调沙运用，黄河下游各个河段均发生明显冲刷，河道累计冲刷泥沙 29 亿 t，最小平滩流量由 1800m^3/s 恢复至 4200m^3/s，并逐渐趋于稳定，主要控制断面形态趋于窄深，遏制了河床逐年抬高的态势（图 9）。下游主河槽摆动减少，整体河势趋于稳定，为黄河下游水生生物提供了更稳定的栖息环境。

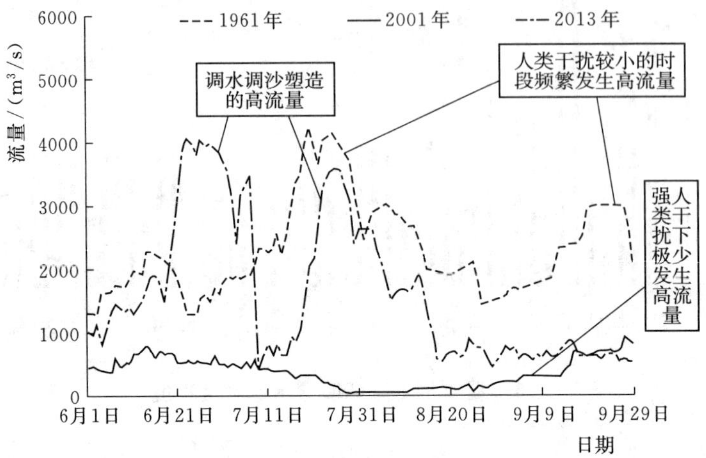

图8 不同时期6—9月小浪底断面高流量事件发生情况

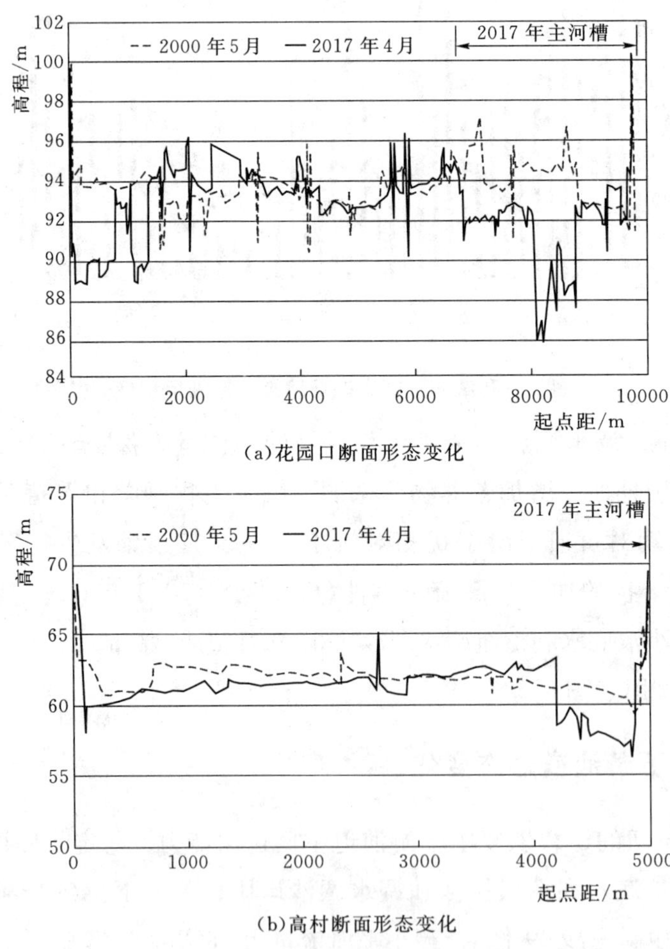

(a)花园口断面形态变化

(b)高村断面形态变化

图9（一） 黄河下游典型断面形态变化

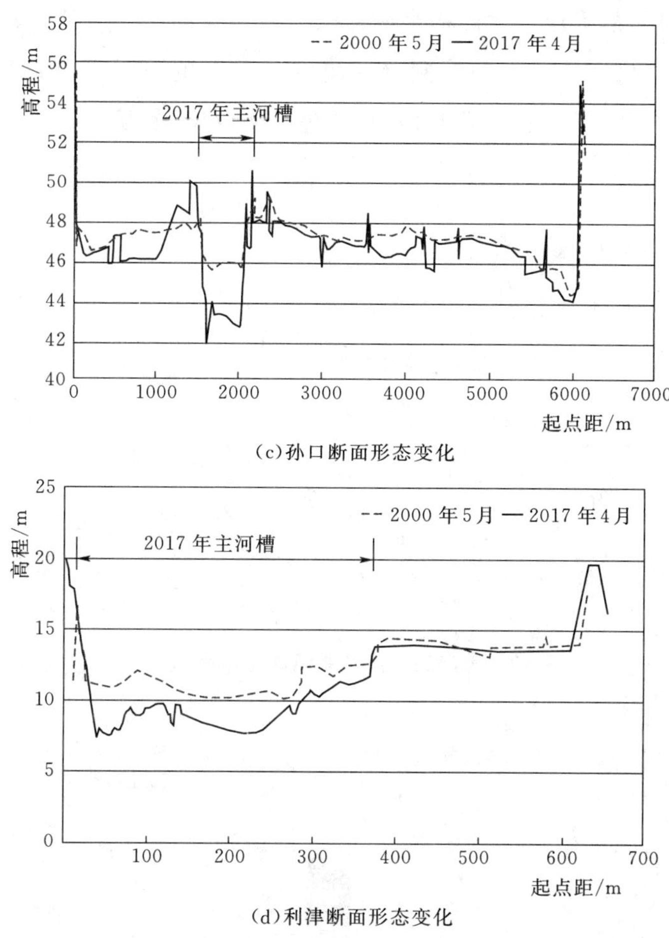

(c)孙口断面形态变化

(d)利津断面形态变化

图 9（二） 黄河下游典型断面形态变化

（四）水库下游生物状态变化

小浪底水利枢纽运行后下游水沙条件趋于稳定，使底栖动物的栖息地更加稳定化和多样化。对比分析 20 世纪 80 年代和 2008 年花园口断面和利津断面底栖动物种类调查数据，发现两个断面底栖动物种类数均有所增加（表 1）。

表 1 1980 年和 2008 年黄河下游断面底栖动物实测种类数

调 查 断 面	1980 年	2008 年
花园口	4	11
利津	4	5

小浪底水利枢纽向黄河三角洲的生态补水有效保护了生物栖息地。生态补水有利于三角洲湿地维系，为生物提供了适宜的栖息环境。1976—1999 年间，黄河三角洲芦苇沼泽湿地逐渐草甸化，面积减少了 59%；2000 年后在生态补水的作用下，芦苇草甸逐渐恢复为芦苇沼泽，2004 年后芦苇沼泽湿地面积呈现出上升趋势（图 10）。2010 年，

刁口河尾闾湿地补水后形成了大面积水域，植物种类从13种增至17种，植物种群生物量增加16% ~80%（图11）。随着栖息环境的改善，黄河三角洲自然保护区鸟类从2000年的283种、400万只上升至2014年的367种、600多万只。

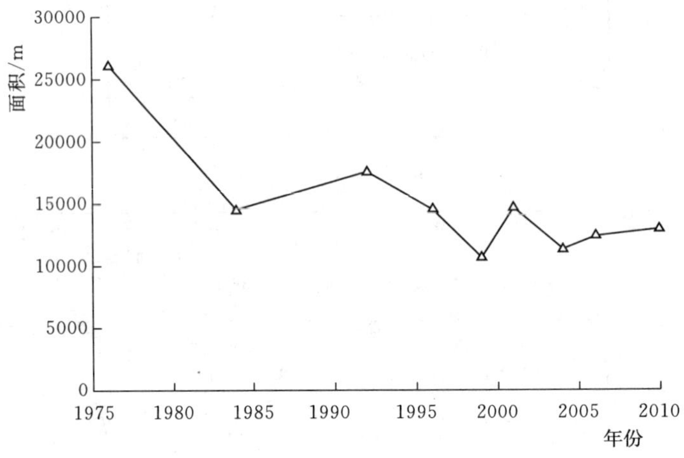

图10 黄河三角洲芦苇沼泽湿地面积变化

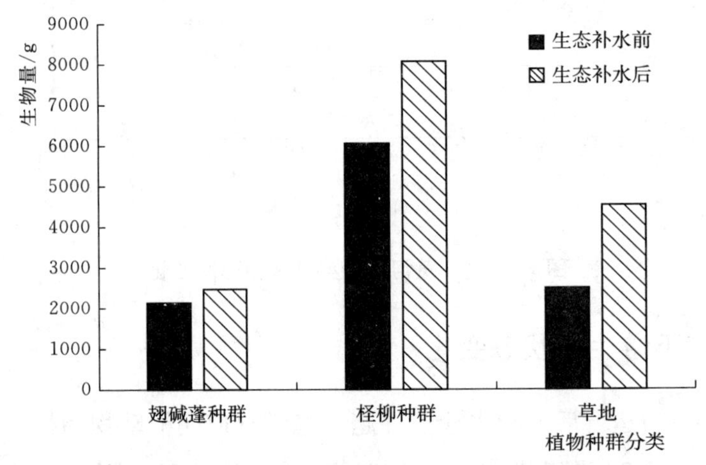

图11 2010年刁口河尾闾生态补水前后生物量变化

（五）流域外供水区生态环境变化

小浪底水利枢纽的运行为引黄补源提供了便利，有效遏制了灌区地下水位下降趋势。下游引黄灌区2010年有效灌溉面积约4000万亩，地下水超采问题严重。河南省濮清南、温孟、商丘、许昌等4个沉陷漏斗区面积已超过1万km^2，漏斗中心水位埋深超过80m。在小浪底水利枢纽的调度下，超采区通过引黄补源灌溉补充地下水，已取得显著的生态效果。以河南商丘引黄补源灌区为例，补源灌区梁园1号观测井地下水位以1.42m/a的速度快速上升，而非补源区睢阳44号观测井地下水位有微弱的下降趋势（图12）。

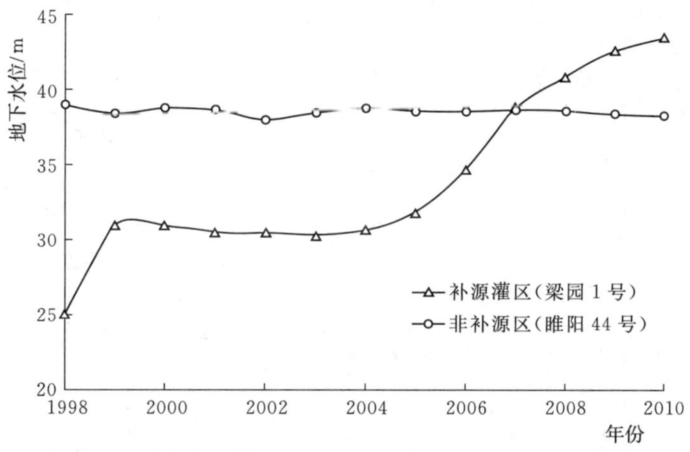

图 12　商丘引黄补源灌区和非补源区地下水位变化

小浪底水利枢纽的运行为下游向流域外调水塑造了水文条件，有效修复了供水区生态环境。以白洋淀为例，在气候干旱和人类干扰的共同影响下，20 世纪 90 年代白洋淀水面面积急剧下降，白洋淀内鱼类和淀区鸟类种类分别仅为 1958 年的 45% 和 27%；2004 年，引岳济淀工程使鱼类和鸟类种类分别恢复至 1958 年的 63% 和 94%；2006—2009 年，引黄济淀工程实施，累计补水量 13.86 亿 m^3，白洋淀水面面积回升，2008 年鱼类种类恢复至 1958 年水平、鸟类种类超过了 1958 年水平（图 13、图 14）。引黄济淀工程补给了沿线地下水，如 2006—2007 年引黄济淀补水 4.79 亿 m^3，在河北省境内平均每公里补给地下水约 22 万 m^3。

图 13　白洋淀内鱼类种类数量变化

（六）水库库区生态环境变化

小浪底水利枢纽蓄水使库区及周边气候变得温暖湿润，改善了生态环境。小浪底水利枢纽蓄水后形成了广阔的水面，改变了局地气候（图 15、图 16）：库区年均降水

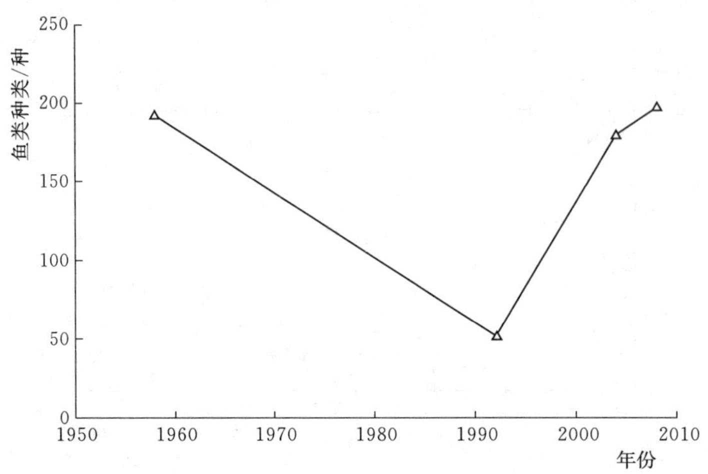

图 14 白洋淀区鸟类种类数量变化

量增加 91mm，周边年均降水量增加 26mm；库区夏秋两季降水量分别增加 22% 和 32%；夏季、秋季和冬季蒸发量减少 4% ~17%、相对湿度增加 2% ~5%；水库蓄水后库区和周边春季、秋季和冬季平均气温分别升高 1.5℃、0.5℃和 0.6℃，无霜期年均延长 9 天；冬季气温上升与无霜期延长有利于太行猕猴的繁衍生息，1998—2007 年太行猕猴数量增加约 2000 只，形成了世界上最大的猕猴种群。

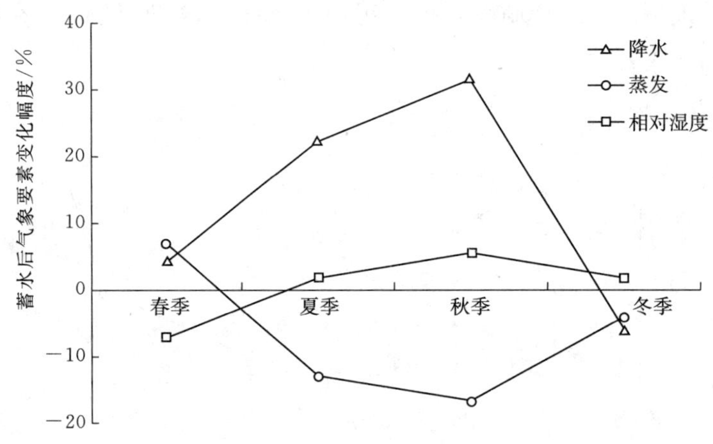

图 15 小浪底水利枢纽蓄水后库区气象要素变化

小浪底水利枢纽库区及周边植被覆盖率显著提高，形成沿黄生态带。小浪底水利枢纽周边原始地貌条件差，植被覆盖率不足 30%。小浪底水利枢纽建成后，暖湿的气候和上升的地下水位有利于植被生长，同时枢纽管理区大力推进生态建设，截至 2017 年累计种植草木总面积超过 500hm^2，植被覆盖率已达到 47%，形成从小浪底大坝到西霞院坝下约 16km 的生态景观带，建成国家 4A 级风景区。

小浪底水利枢纽蓄水为周边塑造了良好的引水条件。目前小浪底库区内已建、在建与规划取水口 7 个，全部完工后年取水量达 12 亿 m^3，为周边的生活、生产和生态用水提供了便利。

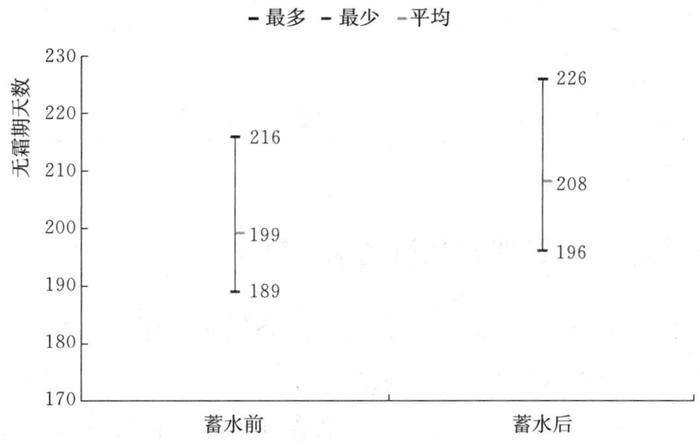

图 16　小浪底水利枢纽蓄水后济源无霜期变化

（七）水库节能减排效果

小浪底水利枢纽的发电运用产生了巨大的节能减排效果。小浪底水电站首台机组自 2000 年开始发电，截至 2017 年年底，累计发电量约 905kW · h，其中调峰电量 305 亿 kW · h，按照当前价格水平，小浪底水电站累计直接发电效益 408 亿元（图 17）。水电作为清洁可再生能源，为国家节能减排目标实现做出了重大贡献。参照有关标准分析计算后得出：截至 2017 年年底小浪底水电站由于水电产能相当于减少标准煤耗 2986 万 t，减排二氧化碳量约 8182 万 t、减少二氧化硫排放量 73 万 t，减少烟尘排放量 30 万 t，减少氮氧化合物排放量 62 万 t，见表 2；累计节能减排效益达 163 亿元，加之小浪底电站的调峰运行，其环境效益将更加显著。

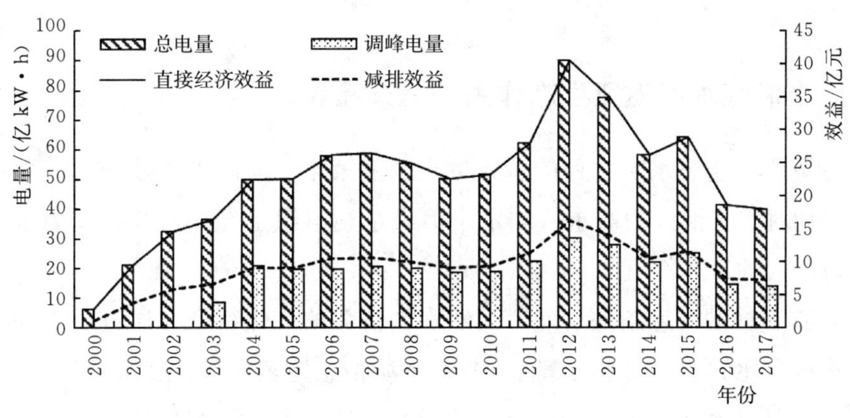

图 17　小浪底水利枢纽历年发电效益及减排效益

表 2 小浪底水电节能减排指标计算表

项目	发电量/(亿 kW·h)	减少标准煤耗/万 t	减少 CO_2/万 t	减少 SO_2/万 t	减少烟尘/万 t	减少 NO_x/万 t
小浪底水电	905	2986	8182	73	30	62

四、新时代生态水利工程建设运行的借鉴

(一) 小浪底水利枢纽建设运行的借鉴意义

(1) 水利水电工程建设是千年大计，必须生态优先、环境友好、可持续、人水和谐，要尊重自然规律、进化法则和生态准则。

(2) 将生态理念贯穿于水利工程的全生命周期，在工程规划设计建设运行的各阶段制定相应的生态功能制度、规范、规程、导则，明确具体的生态指标要求。

(3) 从流域生态角度定位单个水利工程的生态功能。流域综合规划要按照生态文明建设要求，科学规划生态空间、生产空间和生活空间，合理布局水利工程。要制订《江河湖泊生态准则》，明确河流的生态目标、水量和水质目标，确定流域内第一个水利工程的生态功能，相应制订各工程的生态调度规则。

(4) 实行流域水资源统一调度，统筹上下游、左右岸生态环境总体平衡。兼顾流域内外生态调度，为下游河道、河口三角洲、城市和农村提供常态生态用水和应急生态补水。

(5) 构筑生态安全屏障。发挥水利水电工程的防洪减灾功能，防范洪水带来的生态灾难。

(6) 推动生态经济发展。积极挖掘社会效益、经济效益与生态效益的结合点，着力发挥工程防洪、发电、旅游、环保等生态服务功能，促进下游和库区绿色发展及生态经济体系的构建。

(二) 小浪底水利枢纽生态作用的提升建议

(1) 建立面向生态水文过程的水库生态调度策略。面向下游及河口三角洲代表性物种在关键期对水文情势的需求，制定小浪底水利枢纽生态调度规则，力求用有限的水资源创造最大的生态价值。

(2) 塑造多样的栖息条件。参考天然水文情势的变化特征，通过小浪底水利枢纽创造具有丰枯变化的丰富的水文条件，提高下游栖息地多样性，进而提升生物多样性。

(3) 提高社会经济供水与生态流量间的适应性。进一步挖掘社会经济需水与生态需水间的共性，在时间与空间上将发电、防洪、灌溉等社会经济用水与流域内外生态

用水结合起来，提高水资源的利用效率。

参考文献

[1] 黄强，赵梦龙，李瑛．水库生态调度研究新进展［J］．水力发电学报，2017，36（3）：1－11.

[2] 中华人民共和国水利部，中华人民共和国国家统计局．第一次全国水利普查公报［J］．中国水利，2013，7：1－3.

[3] 陈庆伟，刘兰芬，刘昌明．筑坝对河流生态系统的影响及水库生态调度研究［J］．北京师范大学学报（自然科学版），2007，43（5）：578－582.

[4] Ward J V. The Four－Dimensional Nature of Lotic Ecosystems［J］．Journal of the North American Benthological Society，1989，8（1）：2－8.

[5] 董哲仁，孙东亚，赵进勇，等．河流生态系统结构功能整体性概念模型［J］．水科学进展，2010（4）：550－559.

[6] 徐礼华，刘素梅．水库及其环境影响［J］．工程力学，2007，24（S2）：33－44.

[7] 毛战坡，王雨春，彭文启，等．筑坝对河流生态系统影响研究进展［J］．水科学进展，2005，16（1）：134－140.

[8] 蒋晓辉，何宏谋，曲少军，等．黄河干流水库对河道生态系统的影响及生态调度［M］．郑州：黄河水利出版社，2012，284.

[9] 白芳芳．商丘引黄灌区水盐动态与地下水观测网络优化［D］．北京：中国农业科学研究院，2014.

[10] 王文林，吴新玲，王占峰．引黄济淀对白洋淀的生态效益分析［J］．水利建设与管理，2011（7）：37－39.

[11] 王立明，戴乙．引黄济淀生态调水环境影响评价［J］．海河水利，2007（5）：12－14.

[12] 胡玉梅，介玉娥，陈兴周，等．小浪底水利枢纽蓄水对库区及周边降水的影响［J］．气象与环境科学，2009，32（增刊）：185－188.

[13] 介玉娥，胡玉梅，张姣姣，等．小浪底水利枢纽蓄水后气候变化对生态、农业的影响［J］．气象与环境科学，2009，32（增刊）：252－255.

[14] 张艳玲，张姣姣，胡玉梅，等．小浪底水利枢纽蓄水前后库区雾日变化特征［J］．气象与环境科学，2009，32（增刊）：268－271.

[15] 刘喆，刘凯，王玮．黄河小浪底旅游风景区的发展现状、不足之处及应对策略［J］．度假旅游，2018（2）：115－121.

水利工程规划设计中贯彻生态文明理念的思考与探索

刘元勋

中水珠江规划勘测设计有限公司

党的十八大把生态文明建设纳入中国特色社会主义事业“五位一体”格局，开启了我国社会主义生态文明的新时代。十八大在党章中明确指出：“中国共产党领导人民建设社会主义生态文明。树立尊重自然、顺应自然、保护自然的生态文明理念，坚持节约资源和保护环境的基本国策，坚持节约优先、保护优先、自然恢复为主的方针，坚持生产发展、生活富裕、生态良好的文明发展道路。着力建设资源节约型、环境友好型社会，形成节约资源和保护环境的空间格局、产业结构、生产方式、生活方式，为人民创造良好生产生活环境，实现中华民族永续发展。”党和国家已将生态文明建设提到一个前所未有的战略高度。

水利工程因其需要筑坝蓄水、拦断河流，会破坏河流的连续性；或使得河流渠道化，破坏生态环境；或大量调水，破坏或改变生物赖以生存的水体，而对生态环境尤其是水生态环境造成非常大的影响。该问题已经受到国家、各行政主管部门和各级政府的高度重视，也引起了社会各界的高度关注。那么水利工程规划设计该如何贯彻生态文明理念，打造资源节约、环境友好、生态和谐的生态文明工程呢？现就此问题进行探讨。

一、水利工程规划设计中贯彻生态文明理念的马克思主义哲学思考

（一）生态文明的涵义

生态文明，是指人类遵循人、自然、社会和谐发展这一客观规律而取得的物质与精神成果的总和；是以人与自然、人与人、人与社会和谐共生、良性循环、全面发展、持续繁荣为基本宗旨的文化伦理形态。

生态文明是人类文明的一种形态，它以尊重和维护自然为前提，以建立可持续的生产方式和消费方式为内涵，以引导人们走上持续、和谐的发展道路为着眼点。生态

文明强调人的自觉与自律，强调人与自然环境的相互依存、相互促进、共处共融，强调尊重和保护环境，强调人类在改造自然的同时必须尊重和爱护自然，既追求人与生态的和谐，也追求人与人的和谐。可以说，生态文明是人类对传统文明形态特别是工业文明进行深刻反思的成果，是人类文明形态和文明发展理念、道路和模式的重大进步。

（二）水利工程规划设计中贯彻生态文明理念的马克思主义哲学思考

马克思主义唯物辩证法认为自然界是普遍联系和永恒发展的，永恒发展和普遍联系是辩证法的两大原则，发展是一切事物内部矛盾运动的必然结果。只有发展才能创造高度发达的物质生产力，进而为生态文明建设提供物质基础。但社会的快速发展要消耗大量的资源，造成环境污染，对生态系统构成威胁，形成生态不和谐、不友好的现象；这种生态不和谐、不友好现象积累到一定程度又必然会影响、制约着发展。恩格斯在《自然辩证法》中指出："我们不要过分陶醉于我们人类对自然的胜利。对于每一次这样的胜利自然界都对我们进行了报复。"可见社会发展和生态文明是既对立又统一的，是矛盾的两个方面。毛泽东在《矛盾论》中指出："事物的矛盾法则，即对立统一的法则，是唯物辩证法的最根本的法则。"这个法则在革命战争年代发挥了特别重要的作用，在当前的经济发展中我们更要运用好这个法则，辩证地认识经济发展和生态文明这两个对立统一体，在加快经济发展的同时，搞好生态文明建设。

水是生命之源、生产之要、生态之基。水利是我国经济社会发展最重要的基础支撑。水利工程开发建设对经济社会发展起着极其重要的作用，但也因其大量调出水量，破坏了河流的连续性，造成河流渠道化而对水生态体系造成胁迫效应。水利工程开发建设与生态文明是既对立又统一的，也是矛盾的两个方面，需要采用对立统一的法则加以解决。对待水资源既不能因对生态有影响而不开发，也不能只顾开发而不注重生态保护，而是要统筹兼顾，在开发中加强生态保护。这就要求在水利工程规划设计中必须贯彻推行生态文明理念。

二、水利工程规划设计中贯彻生态文明理念存在的问题及原因分析

传统水利工程规划设计中贯彻生态文明理念所存在的问题主要集中在思想观念、规划设计理念和生态保护能力三个方面。

（一）思想观念上不够重视

传统水利工程建设普遍存在重视工程任务功能的实现，而对生态环境保护不够重

视的现象。虽然在规划设计各阶段做了大量环境影响评价和环境保护设计工作，但过去因为资金、工期、政绩观等多方面的原因，真正到了实施阶段时，大多只注重工程任务功能能否满足要求，而生态环境方面的工作往往实施不到位。进而使得设计人员在规划设计中也放松了对生态环境的要求，思想观念上不够重视。

（二）规划设计理念比较落后

传统水利主要以工程水利为主，如大坝、水库、堤防等，通过水利工程控制径流、拦蓄洪水，以支撑国民经济的发展。不可否认的是，长久以来，人们特别关注的是水对人类的伤害，并采取各种工程措施和手段防治水旱灾害，但对人类给水的伤害重视不够，缺少节约水、爱惜水、保护水的理念。在水利工程规划设计中一直以来保持着防水治水的理念，而缺少节水、惜水、爱水、护水的理念。

（三）生态保护能力不够强

生态文明建设是系统工程，涉及多个领域，跨越多个专业，对规划设计人员知识结构和专业广度要求特别高，能满足这个要求的规划设计人员较为匮乏。且由于过去工程建设各方对生态保护缺乏足够的重视，生态环境保护设计在工程实施阶段落实不到位，工程设计人员缺少在实践中提高的机会和学习提高的动力。这些原因导致了很多设计单位贯彻生态文明理念的能力，即生态保护的能力不够强。

造成以上问题的原因，主要在于水利规划设计人员在水利规划设计中贯彻生态文明理念的实践和认识上不够深入。毛泽东在《实践论》中指出："实践、认识、再实践、再认识，这种形式，循环往复以至无穷，而实践和认识之每一循环的内容，都比较地进到了高一级的程度。这就是辩证唯物论的全部认识论，这就是辩证唯物论的知行统一观。""人的认识从实践中产生，而又服务于实践。"改革开放后，我国最大的国情就是发展经济，在经济快速发展的实践活动中，造成了资源约束趋紧、环境污染严重、生态系统退化的严峻形势，党和国家已在实践活动中认识到这一问题，因而在党的十八大及时地把生态文明建设纳入中国特色社会主义事业"五位一体"格局，将生态文明建设提到了前所未有的战略高度加以重视，生态文明建设就是我国社会发展的"再实践"。这就要求水利设计人员必须在思想上充分重视，并在实践中不断丰富提高生态保护的能力，练好内功，进而创新规划设计理念。

三、水利工程规划设计中贯彻生态文明理念的探索

近年来，在党的十八大精神的引领下，水利设计人逐渐认识到生态文明建设的重

要性，在水利工程规划设计中努力推行和贯彻落实生态文明理念，开展了大量卓有成效的实践探索。

（一）水利规划中推行生态文明理念

水利规划是水利工程建设最为重要的前期工作，是为防治水旱灾害、合理开发利用和保护水土资源而制定的总体安排。工程设计，规划先行。规划阶段推行生态文明理念尤为重要，只有在水利规划中贯彻推行生态文明理念，才能更好地发挥理念引领作用。水利工程中的生态文明理念主要包括环境保护、节水高效利用、人水和谐及多规合一等四个理念。

1. 环境保护理念

水利规划中必须把环境保护放在重要的位置，这是水利可持续发展的基本要求。过去在水利规划建设中也关注环境保护的问题，进行了相关的专题论证等工作，但水利发展与环境保护面临着新的矛盾。如水电梯级的陆续开发提供了经济社会发展所必需的电力保障，同时对流域防洪、航运、供水、灌溉等方面具有显著效益，对促进河流上下游相关地区经济社会发展具有重要意义，带来了极大的社会经济效益。但水电梯级的开发对河流的水生环境产生了不利影响，如水电梯级开发形成的库区淹没了部分产卵场、大型水库下泄低温水改变了河流原有水温规律、水电站调度改变了水文节律、大坝阻隔了鱼类洄游通道等。针对水利发展与环境保护所面临的新问题，一要在规划阶段将环境保护融入到规划方案中，既要考虑流域经济社会发展需要，又要适应水资源、水生生物资源和水环境的承载能力；二要针对问题提出相应的解决或缓解方案。

2. 节水高效利用理念

节水高效利用与环境保护是相辅相成的，由于水资源的高效利用，相对地减少了水资源的开发利用规模，能有效地缓解水与生态之间关系的恶化，促进人与自然的和谐。

在城市水利规划中，传统规划主要依靠管渠、泵站等“灰色”设施来排水，以“快速排除”和“末端集中”控制为主要规划设计理念，往往造成逢雨必涝，旱涝急转。从节水高效利用水资源角度，水利规划应强调优先利用植草沟、雨水花园、下沉式绿地等“绿色”措施来组织排水，以“慢排缓释”和“源头分散”控制为主要规划设计理念，下雨时吸水、蓄水、渗水、净水，需要时将蓄存的水“释放”并加以利用。

跨流域调水工程要充分尊重河流水系的自然格局，决不可超量调水，缺水地区要以节水、高效利用水资源作为主要解决途径。

3. 人水和谐理念

人水和谐是指人文系统与水系统相互协调的良性循环状态，即在不断改善水系统自我维持和更新能力的前提下，使水资源能够为人类生存和经济社会的可持续发展提供长远的支撑和保障。水利规划中应树立防灾与减灾并举、抗洪与避洪并重、建设与管理兼筹的思想，推行洪水风险管理，顺应自然和社会发展规律，保护为主、合理开发、优化配置、全面节约、有效保护水资源，促进人水和谐，维护河流健康。

4. 多规合一理念

自然界是普遍联系的，生态文明建设是系统工程，水利规划中需融入“多规合一”的理念。“多规合一”是指以国民经济和社会发展规划为依据，强化城乡建设、土地利用、环境保护、文物保护、林地保护、综合交通、水资源、文化旅游、社会事业等各类规划的衔接，确保“多规”确定的保护性空间、开发边界、城市规模等重要空间参数一致，并在统一的空间信息平台上建立控制线体系，以实现优化空间布局、有效配置土地资源、提高政府空间管控水平和治理能力的目标。水利规划不仅仅从水利的角度去考虑，还应该从环保、市政、绿化等多专业多角度进行规划。

（二）水利工程设计中贯彻落实生态文明理念

1. 水工设计方案满足生态文明的要求

水利工程方案设计要运用好生态水工学的原理，将水工学与生态学相结合，通过工程措施、生物措施和管理措施，对筑坝河流进行生态补偿，使得水利工程在满足人类社会需求的同时，能够兼顾水生态系统健康与可持续性需求。

首先在重点方案选择（坝址、坝型、引水线路、堤线）时要充分考虑生态环保的要求。水利工程如遇到制约性环境因素（如国家级自然保护区），要坚持一票否决制；坝址选址中要严格考虑生态环保因素，将对生态环境的影响降到最低限度；坝型选择时充分考虑当地材料情况和开挖料的利用，创新工程技术，尽可能减轻对环境和水保的影响；河道治理工程或堤防工程要注重堤线布置和断面设计方法，避免裁弯取直和规则光滑断面，保持河道的蜿蜒性和河道断面的多样性，力求河流蜿蜒曲折、浅滩深潭交错、急流缓流相间、水流消长自如的生境空间异质性，保留自然界的固有特征，给水生生物留下高质量的栖息空间。

在具体方案设计中，要注重与生态文明理念的契合。如河道治理工程要重疏导轻堤防，更不可动辄打防渗墙隔断堤后土体与河道的地下水通道，河岸岸坡尽可能避免硬性护坡，多采用生态型透水护坡，坡比尽可能放缓；工程设计除要满足任务功能的要求外，更要注重景观设计，每项工程都要努力构造独具特色的水文化、水景观，发挥工程的综合效益，打造功能完备、环境友好、生态和谐、文化独特、景观美丽的精品工程。

2. 工程移民安置方案中贯彻生态文明理念

库区移民安置须满足人与自然、人与人、人与社会和谐共生、良性循环、全面发展、持续繁荣的基本宗旨。围绕迁得出、安得下、稳得住、逐步能致富的目标，帮助移民走上可持续生产发展、生活富裕、生态良好之路，实现移民脱贫与环境保护的双赢。一是可依托库区独特景观资源，结合水利风景区建设，做好库区观光、度假等以移民农家乐为主的生态旅游项目；二是可结合当地产业发展规划，加快形成库区产业发展新格局，拓宽移民增收渠道；三是可加强对移民的实用技能培训，特别是年轻人的培训，有条件时可加强互联网＋和电子商务在移民村的作用。

水利工程移民安置规划，要充分考虑当地水、土地等环境容量，要加强库周交通、水利、生活用水、电力、通信、互联网、生活垃圾处理、污水治理等规划设计工作，保护库区历史文化和自然景观，保留乡村特色，建设宜居的美丽移民村，把水利工程建设对当地的影响减少到最小。

3. 切实做好水土保持和环境保护设计

高度重视水土保持和环境保护设计工作，并真正在工程实施阶段落实到位，坚决杜绝流于形式、敷衍了事的工作态度。尤其对于生态有重要影响的环境设施，如鸟类栖息地、鱼类产卵场、鱼道、鱼类增殖站等与生物繁衍息息相关的设施，必须经过反复的研究，开拓创新，使之符合生态学原理。工程实践中更加注重生态鱼道技术和人工浮岛技术的应用。

4. 合理编制水库调度运行方案和库区生态建设方案

水库调度在满足水库任务功能的同时，应兼顾生态系统的健康性及稳定性的需求，既要克服静水、深水对于生物群落的不利影响，也要保证下游河道必要的生态流量。同时，通过水库库区生态建设及水生生物的合理结构设计，提高水库水体自净能力和自我修复能力。

四、结　　语

水利工程建设必须遵循工程建设和生态保护并重的原则，这是我国在社会经济发展实践中形成的认识，是贯彻党的十八大精神的要求。水利工程建设中做好生态保护工作，首先需要在水利前期规划中融入生态文明理念，其次需要在设计阶段运用生态学原理和技术加以贯彻落实。这是一项系统性工程，需要多学科的合作和融合，需要工程技术、生态技术和管理调度技术相结合，需要借鉴国内外成功经验，需要自主创新，更需要在实践中不断地探索、总结和提升。

参考文献

[1] 马列著作选编（修订本）编写组. 马列著作选编（修订本）[M]. 北京：中共中央党校出版社，2011.
[2] 恩格斯. 自然辩证法 [M]. 武汉：武汉大学出版社，2006.
[3] 中共中央党校教务部. 毛泽东著作选编 [M]. 北京：中共中央党校出版社，2002.
[4] 习近平. 习近平总书记系列重要讲话读本 [M]. 北京：学习出版社/人民出版社，2014.
[5] 刘惊铎. 生态体验论 [M]. 北京：人民教育出版社，2003.
[6] 左其亭. 和谐论——理论、方法、应用 [M]. 北京：科学出版社，2012.
[7] 董哲仁，孙东亚. 生态水利工程原理与技术 [M]. 北京：中国水利水电出版社，2007.
[8] 董哲仁. 生态水工学探索 [M]. 北京：中国水利水电出版社，2007.

河长制背景下北京市水生态环境保护管理路径研究

马东春[1]　唐摇影[1]　王凤春[2]　高晓龙[3]

1 北京市水科学技术研究院　2 河北水利电力学院　3 中国科学院大学

水是城市发展的基础资源，充足的水源供给、优美宜人的水生态环境是城市健康的重要因子。2016 年 10 月 11 日，中共中央办公厅、国务院办公厅印发了《关于全面推行河长制的意见》，开创了我国河湖水环境治理保护新模式，对我国河湖水生态环境保护提出了新的要求。“河长制”明确了保护水资源、防治水污染、改善水环境、修复水生态等水环境治理保护的主要任务，要求构建责任明确、协调有序、监管严格、保护有力的河湖管理保护机制，并要求加强对河长的绩效考核和责任追究。“河长制”的实施，明确了地方党政领导对环境质量负总责的要求，最大程度整合了各级党委政府的执行力，同时对环境保护的职能问题做出了新的、深入的科学审视。

北京是水资源严重短缺的特大型城市，作为我国北方地区典型的资源性重度缺水地区，北京市水资源供给与社会经济发展需求的矛盾更为突出。特别是在经历了多年干旱后，北京水系缺水严重，永定河、潮白河平原段常年断流，难以发挥供水、养殖和生态生境等基本功能。除严重缺水态势外，北京市水体污染情况也较为严重，河湖的水力联系受到阻断，呈现破碎化状态，河湖流通性差，自净能力下降。水体的污染导致以水为基本构成要素的水生态系统不断退化，其服务功能不断衰减，水生态系统对北京社会经济可持续发展的支撑作用不断削弱，严重影响到北京的经济发展及居民生活水平。

一、北京河长制及其对北京水生态环境提出新要求

（一）北京推行河长制现状

2015 年，根据水利部开展的河湖体制机制创新工作要求，北京市在海淀区、门头沟区率先开展了“河长制”试点工作。2017 年 7 月 19 日，北京市委办公厅、市政府办

公厅印发《北京市进一步全面推进河长制工作方案》。这期间，北京推行河长制从经历了试点阶段、全市推广阶段和全面推行阶段。

北京全面推行的河长制工作方案具有以下几方面的特点：一是落实党政同责要求，在组织形式方面，明确市区两级党委、政府主要领导任总河长，乡镇（街道）党委、政府主要领导都要任河长；二是建立四级河长体系，河长设置由原来的市、区、乡镇（街道）三级河长向下延伸至村级，形成市、区、乡镇（街道）、村四级河长体系；三是五大河流和市管河湖增设市级河长，永定河、潮白河、北运河、拒马河、泃河五大河流和密云水库、官厅水库、十三陵水库、京密引水、凉水河、清河、城市河湖等市管河湖共十二条河湖增设市级河长；四是增加了工作任务和内容，在工作任务上，保留了严查污水直排入河、严查垃圾乱堆乱倒、严查涉河违法建设和清河岸、清河面、清河底的“三查、三清”工作，充实了加强水污染治理、加强水环境治理、加强水生态治理“三治”工作，增加了严格水资源管理、严格河湖岸线管理、严格执法监督管理“三管”工作，形成“三查、三清、三治、三管”的工作格局；五是以问题为导向，全面推进一河一策工作，全市按永定河、潮白河划分 12 流域，按照“细化、量化、具体化、项目化”的原则，编制完成 12 个流域的《河长手册》，包括河长职责、河长工作制度、各级河长名单、流域突出问题示意图、流域河长制工作方案、各区责任书及任务分解表等内容，明确 141 条段黑臭水体治理、469 规模排污口整治和 80 个考核断面水体改善任务，确定流域内各行政区域“一图一书一表”，作为各级河长开展工作的字典；六是加强河湖巡查工作，完善河湖巡查制度，乡镇级、村级河长要定期巡查，完善河湖巡查员队伍，加强日常巡查，实现巡查全覆盖；七是加强防汛安全工作，稳步推进湿地、蓄滞洪区建设，恢复河湖水域岸线的生态和防洪功能，同时要推进防汛流域化管理，采取跨行政区域信息共享、联合调度、协同抢险等措施，保障河道防洪安全。

在方案的指导下，北京市各级政府和有关部门对河长制工作作出了积极响应，各区各部门将河长制任务与疏解整治促提升等工作相结合，通过“见河长”，公示河长信息，层层压实河长责任，通过“见行动”，采取加强水污染防治、强化黑臭水体治理、严格水资源管理等措施，利用生态的办法解决生态的问题，全面实现“见成效”，全市河湖水质明显好转，河长制取得了阶段性成效。

（二）河长制对北京治水管水提出的新要求

1. 河长制要求建立高效协同的治水管水体系

河长制以地方党政领导作为河长，能最大程度整合各种资源，实现职能综合和手段综合，具有协调性好、执行力强的优势。为充分发挥这一优势，需建立高效协同的治水管水体系，并对各管理单元提出了更高的要求。对河长而言，应准确认识河长制赋予的重任，对河湖生态环保工作和环境质量负总责，整合行政资源，协调部门治水利益冲突和矛盾，形成治水合力。对水务、环保、规划国土，甚至工商、公安、城管等部门而言，应进一步理清部门职责、权限，明晰各部门在水资源保护、水污染治理、水域岸线管理等方面的责任与任务，依法履职，接受河长协调，受河长监督。此外，还应打破部门阻隔，加强协同工作能力，真正落实“河长吹哨，部门报到”的工作模式（即河湖发现问题后，由河长协调相关部门开展治理工作）。

2. 河长制要求河湖管理精准施策、系统推进

北京各地区人口规模、经济发展水平、水资源条件、土地利用状况、植被覆盖程度等因素的不同，决定了不同区域水污染特征和水环境问题的空间差异性，传统的粗放式管理已明显不适应北京市的水生态建设，因地制宜、一河一策地开展河湖管理和规划工作是河长制对当前水生态环境管理提出的重要要求。河湖水生态保护与发展应统筹山水林田湖的系统治理，突出水资源、水环境、水生态三位一体推进，统筹上下游、左右岸、地上地下、城市乡村、工程措施非工程措施，实现流域的综合治理。以支促干，以点带线，通过对各河段的达标治理进而实现流域水环境质量的整体改善。精准施策是河长制的关键，必须坚持问题导向、因地制宜，综合治理，系统施策才能取得实效。

3. 河长制要求加快治理法律法规体系建设步伐

一是河长职责、部门联动要求等河长制的核心内容仅停留在制度层面，法律保障不足，缺乏规范性、稳定性和程序性，要使河长制成为一项稳定的长效的管理机制，必须通过法律来加以规制；二是河湖具体的执法管理中，仍存在法律空白，虽然一些涉水法律条文规定了“法律原则”，但却缺少相对应的罚则，导致执法时没有应适依据，对违法行为处置无力；三是水域岸线管理方面的法规尚不健全，存在定义不明确、管理体制不顺、协调机制缺乏、规划法律权威性不够、管理依据不足等问题，而水域岸线管理作为河长制“六大任务”之一，完备的法律保障是任务充分落实的必要保证。要加快建设涉水法律法规体系，注重立法、修法，建立总体性思考，并推动以地方法规形式将河长制从政策层面上升到法律层面，使河长制的推行、河湖的具体执法管理有法可依，形成持续可行的长效机制。

4. 河长制要求健全公众参与和社会监督机制

北京河长制工作方案均明确提出了“建立河湖管理保护信息发布平台”“设立河长公示牌”“招募志愿者、聘请社会监督员、委托第三方机构等方式对河湖管理保护效果

进行监督和评价”等社会参与机制的建立要求。由此可见，要实现河长制的全覆盖，仅依靠政府部门的传统管理模式很难实现。必须充分吸引社会参与，健全公众参与和社会监督机制，依靠现代管理理念和手段去重构管理秩序，将首长负责制与人民民主有机结合起来，提高管理效率，实现社会共治。

二、北京市水生态环境现状

（一）北京水生态环境演变过程

自20世纪50年代至今，北京市水生态环境演变历程大致可分为三个阶段：河网密布、水患频发阶段（1950—1969年）；水体污染、河湖干涸断流、地下水全面超采阶段（1970—1998年）；水资源“紧平衡”、河湖恶化和地下水全面超采趋势缓解阶段（1999年至今）。

从20世纪70年代到21世纪初的30年时间，北京一步步地成为严重缺水城市，北京水资源短缺，具有复合型缺水的典型特征。严重污染造成水质型缺水，上游地区用水急剧扩大和连年干旱少雨造成资源型缺水，一定时期设施和能力的不足造成工程型缺水。2008年以后，北京市通过调水协调机制，从河北、山西外调水源，以应对本地水资源紧缺困难，并通过全市水资源统一调度，实现了密云水库水质水量的回升。同时，大力推进污水处理厂和再生水厂建设，再生水成为北京市的“第二水源”。2014年南水北调中线一期工程正式通水后，北京的水资源短缺状况得到了有效的缓解。在河湖水环境方面，北京市开展了城市主干河道、郊区中小河道治理和平原水网建设工作，并大力推进北运河、永定河、潮白河等三大流域综合治理，河湖水环境稳步改善。

北京的缺水态势在南水北调中线工程通水后得到一定缓解，但并未根本改变北京的水资源紧缺形势，水资源供需矛盾依然突出，北京市仍处于严峻的缺水阶段。

（二）北京市水资源、水环境现状

1. 地表水

2015年，北京市地表水资源量为9.32亿m^3，比2014年的6.45亿m^3多44.5%，比多年平均值17.72亿m^3少47.4%。近15年来，北京市地表水资源量总体偏少，仅2012年高于多年平均，为17.95亿m^3（图1）。

北京市水资源公报用天然河川径流量表示地表水资源量。按流域分区来看，北运河、潮白河径流量多年平均相对较大，2015 年分别为 2.9 亿 m^3、2.85 亿 m^3；蓟运河径流量相对较小，2015 年为 0.69 亿 m^3；永定河、大清河地表水径流量年际存在一定波动，大清河多年平均径流量总体偏小（图 2）。

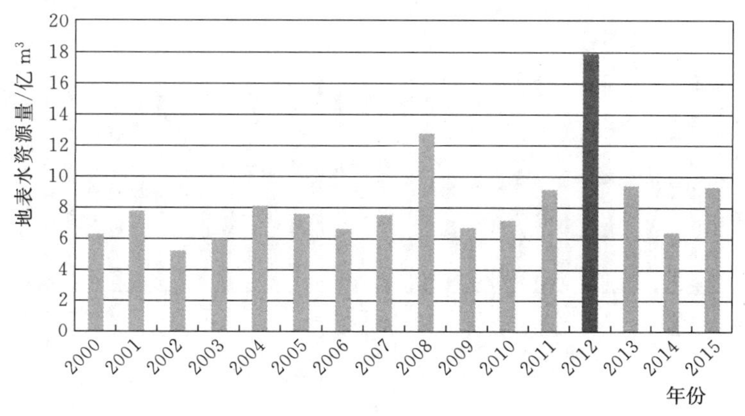

图 1 北京市历年地表水资源量

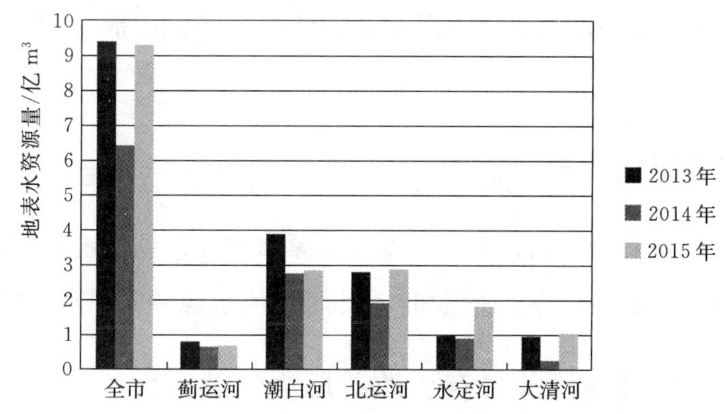

图 2 五大流域年际地表水资源量对比

2. 地下水

20 世纪 80—90 年代，北京市地下水水位随降雨量、开采量的变化有所波动，总体缓慢下降，其中在 1984 年、1993 年出现低水位。1997—2011 年，由于多年的干旱少雨，北京地下水水位呈快速下降趋势，地下水位年均下降 0.97m。2012—2015 年，由于降水量有所增长，且南水北调工程正式向北京通水，地下水下降趋势有所减缓，水位年均下降 0.2m。2015 年末，北京市地下水埋深为 25.75m，与 1980 年末相比下降 18.51m，储量减少 94.8 亿 m^3。2015 年，北京地下水降落漏斗（最高闭合等水位线）面积 1056km^2，漏斗主要分布在朝阳区的黄港、长店—顺义区的米各庄、赵全营一带（图 3）。

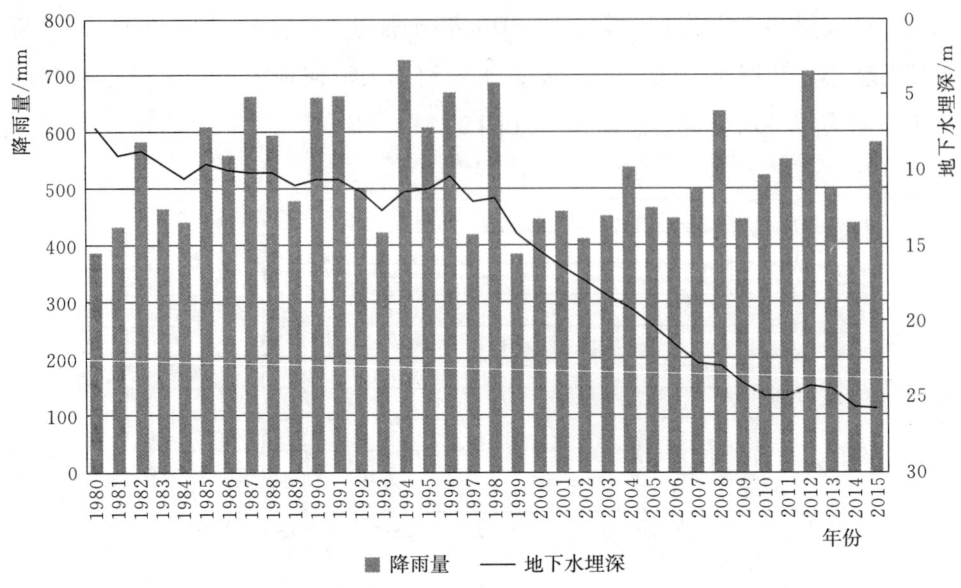

图 3 北京市地下水埋深与降雨量变化情况

三、北京市水生态环境保护存在问题分析

（一）水资源仍处于短缺状态

在南水北调中线工程通水后，北京的水资源紧张状况得到一定缓解，生活刚性需水基本得到满足，地下水超采趋势有所缓和，但北京市水资源“紧平衡”状态未根本改变。

（二）水环境治理与污染并存，改善压力依然巨大

聚焦攻坚，标本兼治。自 2013 年开始，北京连续实施了两个“三年治污方案”，全市污水处理率由 83% 提高到 92%，基本解决了城镇地区污水处理能力不足的问题，河湖水环境质量在巩固中逐步提升。但水环境治理和污染并存，困扰河湖水环境的痼疾顽症仍需努力解决。

（三）节水型社会建设需进一步加强

北京市通过持之以恒抓“节水”，节水工作虽取得了显著成效，但节水管理的约束力和引导力仍显不足。农田高效节水灌溉设施还未全覆盖，用水定额管理亟待落实。对机关单位、部队、学校等用水大户的计量管理尚未全覆盖，对特殊行业缺乏明确有效的监管措施。城镇居民家庭、公共服务场所的节水器具水效等级需进一步提高。公众节水意识与自觉行为仍有待增强。

（四）水生态环境保护运行管理有待精细化、专业化

与其他行业或其他地区对比，北京市水生态环境保护运行管理方式较为粗放，管理水平较低，主要表现在：①水环境监测系统不健全，水质监测点代表性较弱，缺乏河湖水体自动化监测设施，水体监测数据不全、底数不清，缺乏对水污染情况的动态分析和预报预警，治理决策的针对性和有效性不足；②基层管理单位专业性不足，缺乏专业化的河湖物业管理团队，部分城乡结合部地区环境监管长期缺失；③目前治理手段多为应急管理、短期决策、单点实施，注重实现短期目标，缺乏全流域、系统、综合的管理和前瞻性、长期性的决策，难以保障水生态环境的长期稳定性；④水环境保护考核机制约束力度不足，流于形式、追责不力的问题仍然存在。

（五）水生态保护与修复的公众参与机制有待进一步加强

围绕水生态的保护与修复，近年来北京市通过 PPP、特许经营等模式探索，在污水治理、生态治河等领域初步实现了水务建设项目政府和社会资本合作的良好开端；在水环境治理、河湖环境管理中公众的监督力量逐步增强。但是水务“共建、共治、共管、共享”的长效机制和公众参与机制仍有待完善和固化，水务领域市场化配置资源能力有待进一步加强，“两手发力”的方式方法不多，政府监管市场的手段路径不完善，尚未充分发挥市场资本对水务行业的支撑作用。

四、北京市水生态环境保护管理路径探讨

河长制管理实施作为以河长制为主线的生态环境管理体制创新，对北京水生态环境的管理提出更高要求。水生态环境的保护与治理是整体性、全局性和长期性的问题。一方面不能采取各区域各自为政、各自治理的形式，另一方面也不能形成各部门、各行业“单打独斗”的局面。根据水生态环境自身的特点，需要流域上下游、不同区域、不同部门、不同行业的共同参与、共同协调，除了政府部门外，还需企业全面参与，采取市场机制推动，依靠社会公众监督和配合，从而形成政府主导、企业（市场）全面参与、公众监督配合的多元联动管理体制。

（一）管理路径

河长制背景下的水生态环境保护的管理是在原有管理基础上的体制、机制和制度优化和升级。其体制设计的基本原则应秉承：顶层设计，政策集成。在现有制度体系基础上，以系统思维科学优化制度顶层设计，有效配置资源和功能布局，强化已有政

策集成，推进管理升级。体制创新，技术引领。管理体制中着力破除阻碍发展的症结，制度创新、体制创新、机制创新，并以高新技术应用带动创新发展，促进健全高新技术的市场导向和激励机制。部门协同，社会参与。从全局出发，从整体最优着眼，统筹兼顾，相互协调，采取综合措施，多目标最优管理，全盘考虑，社会参与，公众监督。

河长制背景下的水生态环境保护的管理体制为“多元化水生态环境保护合作共同体”的管理思路，管理体制设计思路是以政府（包括河长）、企业（市场）、公众为水生态环境保护的共同体，政府主导，公众参与，相互监督、支持和促进，共同推进水生态环境的保护和发展。管理体制框架图如图4所示。

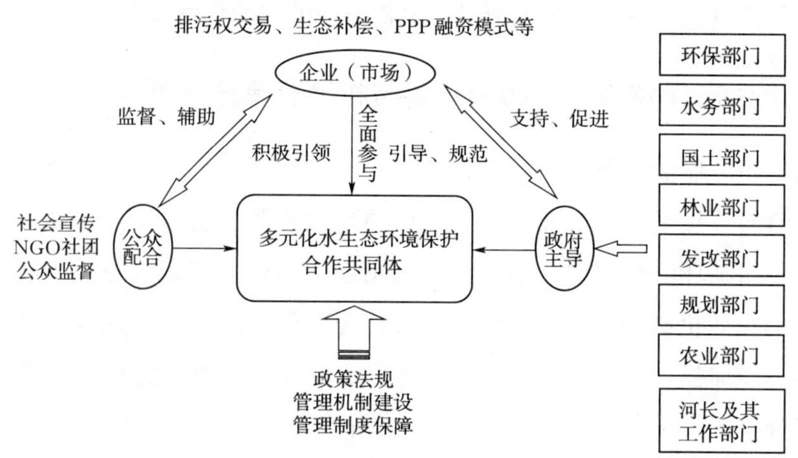

图4 “多元化水生态环境保护合作共同体”管理体制框架图

政府主导：水生态环境的治理与保护应以政府为主导开展，“政府”不单是指水务部门或环保政府部门，而应是包括河长及其工作部门在内的环保、水务、国土、农业、林业、发改和国土、规划等政府部门的总体；对于跨区县和跨省市的河流，其生态环境保护的主体还应包括跨行政相关利益部门，尤其是在京津冀协同发展过程中，水生态环境保护更应系统化、一体化。各区域、各部门根据各自的职责进行分工，落实所辖区域内的排污量，入境、出境水量和水质，水生态环境建设指标等，实现生态治理的规划和政策目标。

企业（市场）全面参与：在政府部门的引导和规范下，引进市场化机制，鼓励企业全面参与北京市水生态环境保护。在污水处理、再生水利用、雨水利用等领域，探索建立水务行业政府和社会资本合作的融资机制（PPP模式），吸引社会资本参与水务工程建设运营，全面提升工程建设、管理维护水平，减轻政府财政负担；推动排污权交易平台建设，利用市场手段进行水污染控制和水生态环境保护。

社会公众监督与配合：政府与企业积极引导，加强水生态环境保护教育、加大水生态环境保护宣传等形式，提高社会公众环保意识。建议建立河湖志愿者模式，实现全民参与水生态环境保护，如参考美国 Long Tom 和 Lucklamute 等流域的水协会治理经验，建立河湖治理自愿者协会模式，增加河湖管理公众参与渠道与参与度，培育河湖治理维护志愿者风尚。建议建立水环境监督管理举报平台，提高公众的监督权，通过开发手机 APP 或微信公众号等方式，建立水环境监督举报平台，定期公布河湖水环境信息、考核信息，及时回应公众对水环境治理的建议和意见，促使公众积极参与水环境保护的决策和实践过程。

（二）管理政策保障

以全面推进实施“河长制”为基础，针对不同条件的水生态环境，实行“一河一策”，制定和完善有针对性的制度规范体系，充分发挥河长在水生态环境保护管理机制中的作用，突出体现水务的事务、政务和服务的品质和能力。根据不同流域和区域特点及需求，应用高新技术突破、创新，深入开展河湖水环境综合治理，保证生态水量，优化河湖水质，保护、改善和修复水生态，确定近期、中期、远期目标，在此基础上，结合水文化建设，加强区域经济、社会、文化、生态的统筹发展，最终形成生态文明建设格局，达到生态文明建设目标。

结合国家对全面推进“河长制”的要求，结合北京市情、水情、民情的实际情况推动落实“河长制”，实现“一河一策”，明确每条河湖水资源保护、水域岸线管理、水污染防治、水环境治理等任务的主体责任，将河湖保护纳入政府目标责任，实行河长制绩效考核和责任追究制度，实现党政主导、部门联动，构建责任明确、协调有序、监管严格、保护有力的河湖管理保护机制。从行政管理、经济管理、社会管理、技术管理等方面提出政策保障措施。

行政管理政策包括：从水生态环境保护的顶层设计、规划、工程建设、检测、运行管护等各环节进行必要的决策、监督、协调与执法。

经济管理政策包括：利用包括价格、税收、信贷、投资、微观激励和宏观经济调控等经济杠杆在内的经济管理手段，考虑通过核算水生态环境保护的综合效益，考虑社会终极效益，制定促进水生态环境保护的政策。

社会管理政策包括：吸引社会资金投入水生态保护领域、在水生态保护领域实行政府购买服务、合同生态环境保护管理等，充分利用市场机制，同时建立公众参与、社会监督平台的相关政策。

技术管理政策包括：在水生态环境保护领域鼓励高新科技的研发与应用，促进生态-科技-产业的发展。以科技创新引领生态环境治理和保护，形成资源节约、环境保护的发展布局、产业结构和生产生活方式。北京水生态环境保护的管理政策体系框架见图 5。

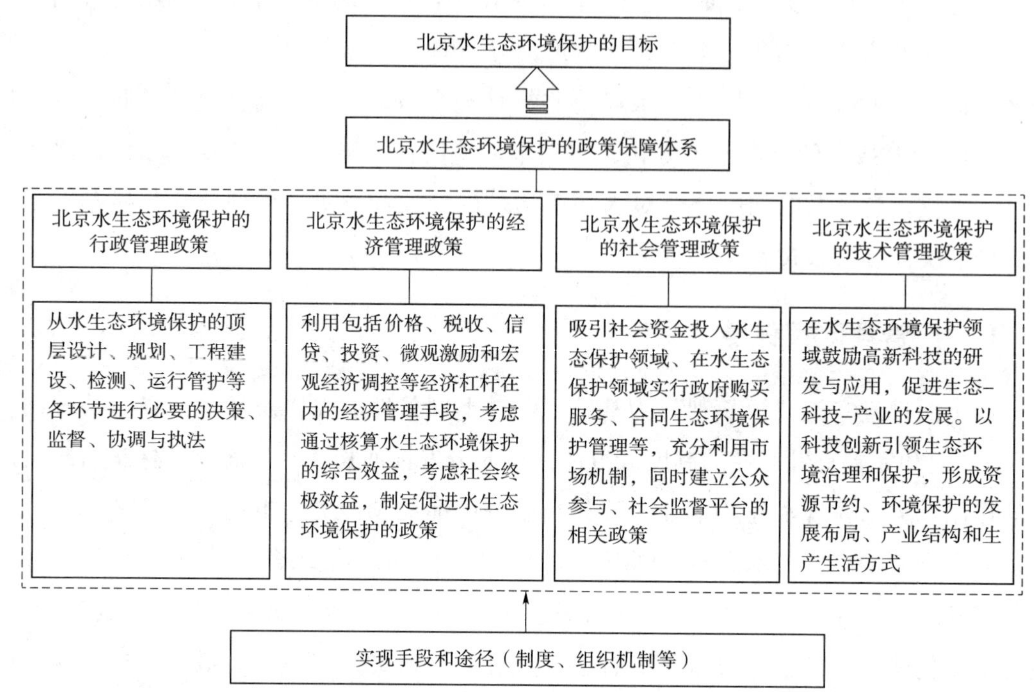

图5 北京水生态环境保护的管理政策体系框架图

（三）政策建议

1. 加强顶层设计，统筹生态文明建设，以河长制促管理优化升级

加强顶层设计，建立跨部门、跨地区的协调工作机制，充分发挥各级政府、流域机构和水务部门的作用；以实行最严格水资源管理制度为核心内容，着力加强水生态文明制度建设和行为约束；以江河湖库水系连通为途径，着力优化水资源配置；以水资源保护、水生态修复为重点领域，着力改善水资源、水环境、水生态状况；以提高水意识、传承水文化为重要措施，着力营造有利于水生态文明建设的社会氛围；完善水生态文明建设相关标准和技术要求，在更大范围、更深层次推动水生态文明创建工作。

2. 推动绿色金融建设，设立环保基金，促进水生态环境保护

通过政府、环保企业、金融机构的战略合作、设立“PPP 示范与绿色金融工作组”和环境融资服务中心等方式，大力发展绿色金融，为水环境治理提供资金保障。建议政府成立专门的基金，为技术可行、环境良好的环保项目建立稳定的融资渠道，并建立绿色金融的推进机制。

北京金融市场活跃，政府治理能力较强，以 PPP 模式吸引民间资本参与基础设施建设，可提高基础设施投资与运营的效率，推进环境治理的市场化，提升总体效率。

通过机制创新，边试边行，加快 PPP 在水环境治理领域的发展，实现良性循环、高效推进。

3. 推动政府购买服务在水环境治理领域的发展，加大社会参与，公众监督

根据河湖管护工作难度和资金投入大小，选用不同的河湖管护机制。针对重要河湖，通过政府购买服务的方式，引入专业化河湖物业管理团队，对河湖水质、水生态进行综合维护管理，包括水环境治理工程（建设）维护管理、水环境监测系统维护管理、水环境应急处理、水环境动态分析与预报预警及日常绿化保洁等工作。针对中小河湖，建立河湖管护工作团队，对团队成员进行定期的专业培训，增强专业化管理水平。

以评选“优美河湖”等活动为契机，挖掘、整理北京水文化资源，对永定河、北运河、护城河、昆明湖、什刹海、玉河等重要水系和文化载体进行保护或恢复，加强对传统水文化传承和发扬。在改善水环境的基础上，依托水文化景观，通过科普、教育、旅游等方式加强社会对水及水文化的认知程度，更好地保护水生态环境。

4. 高新技术与工程手段相结合，提高水生态环境设施建设水平和服务品质及能力

针对当前社会经济发展的重大水污染科技瓶颈问题，突破水污染控制与治理等关键技术和共性技术，加强水生态环境保护高新技术的应用，有效提高水污染防治和生态环境管理水平。通过嵌入式科研，与工程手段相结合，提升水生态环境设施建设水平和服务整体品质及能力。

五、结　　语

回顾北京治水历史，不难发现北京水务管理已经从解决单一问题向系统解决水资源、水环境、水生态、水文化问题方向转变，开展水生态环境保护的制度创新，更好地体现制度的优越性，对于北京市水与经济社会的可持续发展具有重要意义。

推行河长制是落实绿色发展理念、推进生态文明建设的内在要求，是解决中国复杂水问题、维护河湖健康生命的有效举措，是完善水治理体系、保障国家水安全的制度创新。北京水生态环境保护与发展的方向在总结分析以往经验的基础上，吸收借鉴国内外成功经验，实现制度创新，研究从管理体制改革方面入手，提出发挥政府、企业、公众等多主体力量，共同治理与首都水务发展。从管理措施、经济措施、工程措施方面，就具体问题提出可行性建议。多措并举，推动北京市水生态保护管理与治理能力不断发展，以实现全面护水爱水、实现城市的可持续发展，建设北京水生态文明。

参考文献

[1] 王东，赵越，姚瑞华．论河长制与流域水污染防治规划的互动关系［J］．环境保护，2017，45(9)：17-19.
[2] 焦志忠．循环水务的理论与实践［M］．北京：中国水利水电出版社，2008.
[3] 孟庆义，欧阳志云，马东春，等．北京水生态服务功能与价值［M］．北京：科学出版社，2012.
[4] 朱党生，王晓红，张建永．水生态系统保护与修复的方向和措施［J］．中国水利，2015(22)：9-13.

内蒙古自治区黄河干流沈乌灌域水权试点项目

赵　清[1,2]　　刘晓旭[1,2]

1 内蒙古水务投资集团有限公司　2 内蒙古自治区水权收储转让中心有限公司

水是生命之源、生产之要、生态之基，水生态文明是生态文明的重要组成和基础保障。水生态文明建设涵盖水资源节约、保护、配置、管理、支撑保障能力等内容，其指导思想是践行“绿水青山就是金山银山”理念，把生态文明理念融入到水资源开发、利用、治理、配置、节约、保护的各方面和水利规划、建设、管理的各环节，坚持节约优先、保护优先和自然恢复为主的方针，以落实最严格水资源管理制度为核心，通过优化水资源配置、加强水资源节约保护、实施水生态综合治理、加强制度建设等措施，大力推进水生态文明建设，完善水生态保护格局，实现水资源可持续利用，提高生态文明水平。为加快水利部关于推进水生态文明建设工作，多年来，内蒙古自治区大胆探索开展节水转让项目试点，在黄河干流河套灌区迈出推进绿色水利工程建设的坚实步伐，积累了重要的水生态文明建设经验。

一、节水工程建设背景

内蒙古自治区既是祖国北疆安全稳定的屏障，又是我国北方重要生态安全屏障。同时，内蒙古自治区黄河流域资源富集，经济企业密集，发展潜力大，是国家重要的能源基地、新型化工基地、有色金属基地和绿色农畜产品生产加工基地，经济总量占全区的70%以上。全区近70%的电力装机、80%的钢铁、50%的有色金属和绝大部分的煤化工、装备制造、农畜产品加工、建材加固制造等集中于此，在全国经济社会发展和边疆繁荣稳定大局中具有重要地位。然而，水资源的极度紧缺严重制约了该区域的经济社会发展。国务院“87”分水方案确定内蒙古自治区黄河耗用水量指标为58.6亿m^3。随着国家改革开放和经济社会发展，内蒙古自治区近年来一直存在超用黄河水的现象，黄河水指标短缺已成为内蒙古自治区沿黄地区经济社会发展的瓶颈。为破解水资源短缺难题，推动黄河水资源总量控制，量水而行，以水定发展，2003年内蒙古自治区率先探索在盟市内部开展水权转换工作，鄂尔多斯市、包头市、乌海市、巴彦淖尔市相继开展了灌区节水改造工程建设，将农业用水指标转换给工业项目，带来了巨大的经济、社会和环境效益。随着国家自治区改革开放步伐，以呼包鄂为龙头的沿黄经济带的快速发展，区域缺水问题仍然十分严重，内蒙古自治区盟市内部的黄河灌区节水潜力、水权转换能力已基本挖掘殆尽，目前有河套灌区——内蒙古最大的农业灌区用水大户，尚具有较大的节水潜力。

2000年，水利部批准了《黄河内蒙古河套灌区续建配套与节水改造规划报告》（以下简称《节水规划》），规划实施后可节水约12亿m^3。十年多来投入了30多亿元的资金用于灌区节水改造工程建设，实现节水3亿多立方米，与《节水规划》工程建设目标相比，骨干工程尚有90%左右未完成，田间工程尚有67%未完成，与《节水规划》的节水量相比，有近10亿m^3的节水空间有待释放，实施工程措施节水潜力大。然而，节水工程建设资金投入不足。为此，在河套灌区投资开展节水改造工程建设，实施跨盟市水权转让就显得十分必要。

2014年12月，内蒙古自治区被水利部列为全国七个水权试点省区之一。按照"边节水、边减超、边转让"的原则，在河套灌区沈乌灌域开展节水工程建设和相关水权试点改革。

二、节水工程建设主要任务

内蒙古自治区黄河干流沈乌灌域水权试点项目，是践行党的十八大提出建设美丽中国的要求建设生态水利的重要举措；是加快内蒙古自治区经济社会可持续发展的重要支撑和有力保障；是采用市场化手段筹集灌区节水改造建设资金加快灌区节水改造进程、解决内蒙古自治区黄河水超用、实现黄河水量总量控制、提高用水效率、优化配置黄河流域水资源、落实最严格的水资源管理制度的重要实践。按照"先试点、后推进"的工作步骤，水权试点项目优先进行节水工程建设，特别是将生态文明理念融入到节水工程建设中，通过实施节水工程建设，探索跨盟市市场化水权交易，为全面推进生态水利建设提供可借鉴、可推广的经验。

黄河灌区沈乌灌域灌溉面积87.0万亩，分配黄河水量指标45000万m^3，实际年均引用黄河水53993万m^3（2000—2011年），超分配指标用水8993万m^3。沈乌灌域水权试点工程主要建设任务目标：为治理原有渠道渗漏、河化、行水缓慢等问题，对总长1300km，600多条土渠进行防渗衬砌，对面积60多万亩的农田实施畦田改造，畦灌改滴灌面积5万亩，对灌区运行管理设施、设备进行配套建设改造。项目实施后，灌区灌溉水利用系数由工程实施前的0.4提高到0.5以上，设计实现节水23489万m^3，指标内节水14400m^3，退还超用黄河水量9089万m^3；按照《黄河水权转让管理实施办法》中"节水量应按不小于转让量的1.2倍考虑"的要求，转让给沿黄盟市工业企业水指标12000万m^3。内蒙古自治区在开展沈乌灌域水权试点工程建设的同时，加强黄河水量调度和引黄用水总量控制，保障引黄耗水量逐年下降，逐步实现指标内引黄用水。

沈乌灌域水权试点工程设计本着维持区域合理地下水水位、逐步改善土地盐碱化、保证区域植被用水的原则，充分考虑区域生态环境各方面影响因素。设计要求沈乌灌域水权试点工程实施后，改善并提高灌区渠系状况，一方面减少输水过程中的渗漏损失，相应地减少对地下水的补给量，使地下水位降低，灌区积水面积减少，从而使引黄灌区一部分地区的水面蒸发转变为浅层地下水蒸发，减少水面蒸发和潜水蒸发等无效蒸发量，改善土壤盐碱化状况；另一方面，通过监测系统监测地下水水位，以控制地下水抽取量，当地下水位较高时适量抽取地下水，当地下水位较低时减少地下水的抽取量，从而使地下水保持合理水位，以保证水权转换地区生态环境保持在一个良好的状态。

要求沈乌灌域水权试点工程实施后，灌域范围内维系多年形成的湖泊、海子、天然植被等不受破坏，保持生态环境明显好转且地下水位降低，渠道两侧大片的积水水面消失，灌区土壤盐碱化情况明显好转，一些原来由于土壤盐碱化而弃耕的土地恢复耕作，当地的地表生态系统得到恢复，灌域生态环境明显改善。

三、建设专门生态补水工程

水利工程建设和生态环境密不可分，为了维持试点灌域湖泊、地下水的合理水位，保障生态用水需求，使灌域与周边海子形成引排得当、循环通畅、蓄泄兼筹、丰枯调剂的合理布局，提高黄河防洪安全和供水保障能力、水资源与水环境承载能力，本着“系统治理”的思路，建设沈乌灌域水权试点工程与区域统筹规划建设的“河湖连通工程”相结合，专门建设了乌兰布和分洪区至沈乌灌域生态补水连通工程，将分洪区的分洪水量引入沈乌灌域，在给沈乌灌域湖泊补水的同时，利用沈乌灌域及河套灌区现有的渠沟、湖泊系统，再将分洪水量经乌梁素海回归到黄河，形成退水循环通道，保障区域自然生态达到均衡互补。

生态补水连通工程的建设为“沈乌灌域水权试点工程”和“乌兰布和分洪区工程”两个项目的正常运行和效益发挥提供了重要联通和基础保障。“沈乌灌域水权试点工程”对于支持沿黄地区经济社会发展、黄河水资源优化配置、河套灌区现代化建设均具有积极的作用，社会生产效益显著；“乌兰布和分洪区工程”可保护下游9389km^2范围280万人口、沿河城市城镇、两岸灌区1041万亩耕地等重要设施的安全，生态效益显著。生态补水连通工程的建设对两个项目正常发挥效益具有极大的支撑和互补作用。

生态补水工程实施后，通过乌兰布和分洪区至一干渠连通工程可向沈乌灌域内的湖泊补充黄河水量3109万m^3，使沈乌灌域内的湖泊水面积基本维持现状水平，可消除渠道防渗衬砌后对湖泊生态的不利影响。同时，工程的实施打通乌兰布和分洪区至沈乌一干渠的连接通道，形成由黄河分洪到乌兰布和分洪区，再由乌兰布和分洪区泄洪到一干渠，经沈乌灌域的渠沟系统、总排干沟、乌梁素海及其退水渠，最后进入黄河的水循环通道，实现乌兰布和分洪区分洪水量退水入黄河的目的。生态补水工程的实施，可消除沈乌灌域试点工程建设中由于渠道渗漏水量减少对灌域内与渠道渗漏水有水力联系的湖泊生态产生的负面影响，同时可解决乌兰布和分洪区的退水出路，在保护当地生态环境、应急防凌分洪、防洪安全保护等方面均有重要作用。

四、水权节水工程实施效果

在沈乌灌域水权试点节水工程实施的同时，委托第三方持续进行跟踪评估工作。自2015年起，连续开展了灌区引水量、排水量及水质、地下水埋深及水质、土壤含盐量、天然植被生长状况、典型水域水位、农业用水户灌溉用水情况等试点工程实施对区域生态环境影响的跟踪监测工作，积累了大量翔实的监测评估资料。

（一）节水工程实施效果

2018年初，已实现试点工程建设及试点任务目标初步验收，沈乌灌域水权试点节水工程建设及其他任务目标全部完成。通过节水改造工程的实施，彻底改善了渠道跑冒渗漏、河化等问题，灌溉用水保证程度明显提高，农民灌溉用时明显减少，灌溉成本逐渐降低，灌溉水利用系数由工程实施前的0.4提高到0.62（2017年数据），灌溉效率提高58.7%。按照“边节水、边转让、边减超”的原则，通过试点工程建设，灌域灌溉用水量大幅下降，根据初步统计，灌域渠道衬砌和田间节水改造工程预期可节余引黄水量24467万m^3/年（达到可研规划23489万m^3/年的节水目标）。

（二）生态环境改善效果

试点区域生态环境得到良好的改善，达到了预期的效果。沈乌灌域水权试点工程项目的实施，减少了输水过程中的渗漏损失，区域地下水位明显降低，90%区域的地下水埋深尚处于适宜的生态地下水埋深范围2~5m之内（图1）；土壤盐渍化状况明显改善，区域非盐渍化、轻度盐渍化和中度盐渍化土壤占比增加，重度盐渍化土壤占比减少，土壤盐渍化率从67.25%降至62.34%（图2）；区域天然植被覆盖度明显改善，天然植被平均覆盖度变化不大，其中低覆盖度天然植被面积占比明显减少，中、高覆盖度面积均明显增加（图3），灌区渠水林田湖草路明显得到好转，农村水利灌溉运行和生产条件极大改善，灌区生态环境有了很大提高。可见，沈乌灌域水权试点工程的实施，使区域生态环境呈现总体改善向好态势。

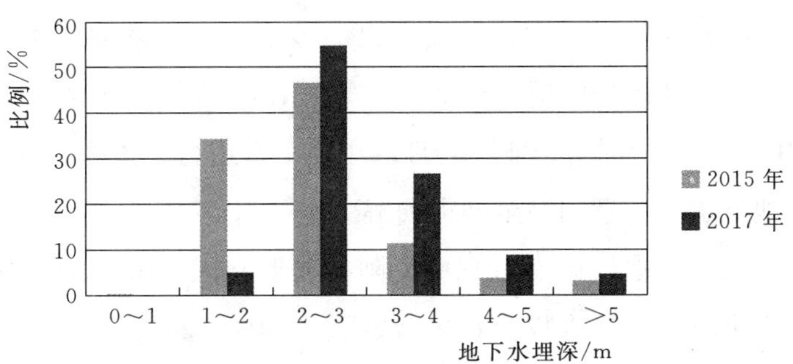

图1 沈乌灌域范围内2015—2017年地下水位变化情况

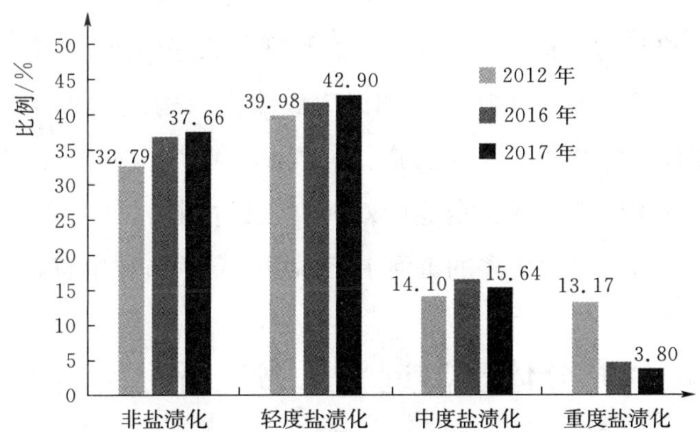

图2 灌域范围内不同盐渍化程度土壤占比变化情况

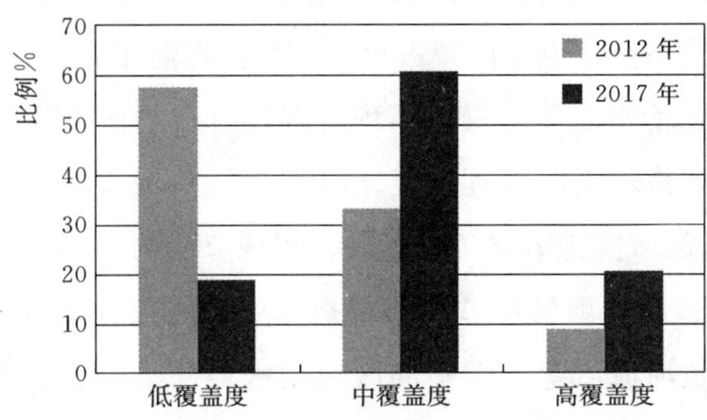

图3 灌域范围内天然植被面积所占比例变化情况

五、转让水量解决部分生态用水

加强水资源用途管制和地下水超采治理是推进生态文明建设的重要举措。近年来，内蒙古自治区各级水行政主管部门以落实最严格水资源管理制度为抓手，统筹生活、生产和生态用水，坚持以人为本、服务民生，节水优先、注重保护，统筹兼顾、综合利用，落实责任、严格监管的原则，针对历史上形成的沿黄部分盟市工业项目企业取用地下水不合理问题，在沈乌灌域水权试点工程转让的1.2亿m^3水量中，自治区水利厅将其中的3800万m^3水指标对企业不合理取用地下水进行了置换，使沿黄流域三个盟市企业现状取用地下水不合理问题全部得到解决。

内蒙古自治区在本次水权试点过程中，阿拉善盟乌兰布和基础设施建设投资管理运营有限公司采用市场方式从水权交易平台购买了50万m^3水权指标，专门用于乌兰布和沙漠生态修复项目用水，此项目通过“绿色锁边”，实施生态治理工程阻止泥沙输入黄河，保护和治理黄河西岸1000km^2的生态环境，建设祖国北疆生态安全屏障，全力打造乌兰布和沙区亮丽风景线。近年来，乌兰布和生态沙产业示范区守好生态底线，以构筑“大生态”格局为目标，大力实施生态治理，抓好科技防沙治沙，发展沙产业，筑起沿黄生态安全绿色屏障；守好发展和民生底线，以构筑“大旅游”格局为统领，推动旅游与生态建设、沙产业、基础设施、农牧业产业结构调整深度融合，推动沙漠治理良性循环，实现了沙漠增绿、企业增效、农牧民增收。乌兰布和生态沙产业示范区有关领导表示，今后将争取更多的黄河水指标用于乌兰布和生态修复项目建设。

六、项目充分体现习近平总书记新时代治水方针

内蒙古自治区黄河干流沈乌灌域水权试点项目，强化节约用水管理，大力推进灌区农业节水，实施灌区节水改造工程，推广喷灌、微灌等高效节水灌溉技术，这些都是生态文明建设的重要举措，也是内蒙古自治区践行习总书记“节水优先、空间均衡、系统治理、两手发力”治水思路的具体体现。内蒙古自治区水权试点立足内蒙古自治区区情水情，落实最严格水资源管理制度，以在灌区开展节约和高效利用水资源为导向，在87万亩的沈乌灌域实施节水工程建设，实现节水约2.4亿m^3，充分体现了项目的“节水优先”原则；试点项目将节约的水指标用于阿拉善盟、乌海市、鄂尔多斯市新增工业项目，实现黄河流域上下游不同区域用水均衡，改变工业与农业用水不平衡问题，充分体现了项目的“空间均衡”原则；在整个试点项目运作过程中，始终以不损害农民利益和确保粮食安全为前提，紧密结合农业农村现代化建设和全面实施国家

乡村振兴战略，特别是在沈乌灌域水权试点工程建设实施中，统筹全灌域渠水林田湖草路进行系统规划，综合治理，在节水管理、调度运行、防洪安全、灌域生态环境等方面综合考量，建设专门生态补水联通工程，充分体现了项目的“系统治理”原则；在整个试点项目建设中，加强水权交易制度建设，创新水权交易运作机制，政府和市场“两手发力”，自治区水利厅和地方有关部门采取政府引导、市场运作，水行政主管部门动态管理的方式，充分利用水权交易平台，发挥市场在水资源配置中所起的积极作用，更好地发挥政府作用，促进水资源的优化配置和高效利用，缓解了内蒙古自治区水资源短缺的瓶颈制约，取得了一举多赢的效果，带来了巨大的经济、社会和生态效益。

内蒙古自治区黄河干流水权试点项目的开展是非常成功的，有力推动形成了呼包鄂经济带工业现代化建设、灌区农业现代化建设、实现乡村振兴、生态环境改善和谐发展的崭新格局。国家分配给内蒙古自治区黄河年用水指标有限，但是必须解决水资源支撑保障与经济社会发展不平衡、不充分的矛盾问题。因此，强化推动水资源总量控制，量水而行，以水定发展，利用水资源的节约保护“倒逼机制”加强生态水利工程建设是唯一出路。这是内蒙古自治区黄河干流水权试点取得的重要经验和积极成果，也是践行党的十九大报告提出的新时代生态文明观的具体体现。

参考文献

[1] 代锋刚，李铎，王飞. 生态水利的理论内涵及影响因素探讨［J］. 人民黄河，2008（8）：12-13，20.

[2] Shouping Zhang. Impact of water conservancy projects on estuarine ecological environment［J］. Bio-Technology，2014，10（19）：11407-11412.

城区河道岸线管控研究

王德维　李　巍　张巧丽　殷怀进

江苏省水文水资源勘测局连云港分局

随着经济社会的不断发展和城市化进程的加快，对河流的岸线资源的要求越来越高，沿河的利用活动也日益增多。长期以来，由于河流岸线范围不明，功能界定不清，管理缺乏依据，部分河湖岸线开发无序和过度开发，对河道行（蓄）洪带来了不利影响，甚至严重地破坏了河流生态环境，也给行政许可和审批带来一定的难度。

一、岸线控制线

（一）岸线控制线的含义

岸线是指河流水陆边界线两侧具有综合利用开发功能，并有一定范围的带状区域。该区域的位置和范围可通过岸线控制线来确定。岸线控制线是指沿河流水流方向沿岸周边为加强岸线资源的保护和合理开发而划定的管理控制线。岸线控制线分为临水控制线和外缘控制线。

临水控制线是指为稳定河势、保障河道行洪安全和维护河流健康生命的基本要求，在河岸的临水一侧顺水流方向沿岸周边临水一侧划定的管理控制线。

外缘控制线是指岸线资源保护和管理的外缘边界线，一般以河堤防工程背水侧管理范围的外边线作为外缘控制线，对无堤段河道以河口外10m或设计洪水位与岸边的交界线作为外缘控制线。

在外缘控制线和临水控制线之间的带状区域即为岸线。岸线既具有行洪、调节水流和维护河流健康的自然生态功能属性，同时在一定情况下，也具有利用价值的资源功能属性。任何进入外缘控制线以内岸线区域的利用行为都必须符合岸线功能区划的规定及管理要求，且原则上不得逾越临水控制线。

（二）岸线控制线划定方法

1. 临水控制线

（1）本次规划范围内的河道一般属复式断面，对河道滩槽关系明显、河势较稳定的河段，滩面高程与平滩水位比较接近时，可采用滩地外缘线为临水控制线。对河道滩槽关系不明显的河段，采用平槽水位与岸边的交界线或主槽外边缘线作为临水控制线。

（2）临水控制线与河道水流流向应保持基本平顺，遇到河流交汇处自然断开。

（3）湖泊临水控制线采用正常蓄水位与岸边的交界线作为临水控制线。

2. 外缘控制线

（1）对已建有堤防工程的河段，一般在工程建设时已划定堤防工程的管理范围，外缘控制线采用已划定的堤防工程管理范围的外缘线；对部分未划定堤防工程管理范围的河段，可参照《堤防工程设计规范》（GB 50286—2013）及省（自治区、直辖市）的有关规定，并结合工程具体情况，根据堤防的不同级别合理划定。

（2）对无堤防的河道可采用河口外10m或河道设计洪水位与岸边的交界线作为外缘控制线。

（3）对已规划建设防洪工程、水资源利用与保护工程、生态环境保护工程的河段，应根据工程建设规划要求，预留工程建设用地，并在此基础上划定岸线控制线。

二、岸线功能区的划定方法

（一）岸线功能区分类及定义

岸线功能区是根据岸线资源的自然和经济社会功能属性以及不同的要求，将岸线资源划分为不同类型的区段。岸线功能区界线与岸线控制线垂向或斜向相交。岸线功能区分为岸线保护区、岸线保留区、岸线控制利用区和岸线开发利用区四类。

岸线保护区是指对流域防洪安全、水资源保护、水生态保护、珍稀濒危物种保护及独特的自然人文景观保护等至关重要而禁止利用的岸线区。一般情况下将国家和省级保护区（自然保护区、风景名胜区、森林公园、地质公园自然文化遗产等）、重要水源地等所在的河段，或因岸线利用对防洪和生态保护有重要影响的岸线区划为保护区。

岸线保留区是指规划期内暂时不利用或者尚不具备利用条件的岸线区。对河道尚处于演变过程中，河势不稳、河槽冲淤变化明显、主流摆动频繁的河段，或有一定的生态保护或特定功能要求，如防洪保留区、供水水源地等应划为保留区。

岸线控制利用区是指因利用岸线资源对防洪安全、河流生态保护存在一定风险，或利用程度已较高，进一步利用对防洪、供水和河流生态安全等造成一定影响，而需要控制利用的岸线区段。岸线控制利用区要加强对利用活动的指导和管理，有控制、有条件地合理适度开发。

岸线开发利用区是指河势基本稳定，无特殊生态保护要求或特定功能要求，岸线利用活动对河势稳定、防洪安全、供水安全及河流健康影响较小的岸线区，应按保障防洪安全、维护河流健康和促进经济社会发展的要求，有计划、合理地利用。

（二）岸线功能区的划定方法

1. 岸线保护区

（1）国家和省、市级人民政府批准划定的各类自然保护区、风景名胜区的河段，一般划为岸线保护区。

（2）重要的城镇水源地取水口保护范围内的河段划为岸线保护区。

（3）重要防洪工程上下游一定范围划为岸线保护区。

（4）支河口上下游一定范围内划为岸线保护区。

（5）滞洪区。

2. 岸线保留区

（1）规划期内暂时不利用或者尚不具备利用条件的河湖段，如湖泊保护规划中确定的缓冲区。

（2）河段处于剧烈演变过程中，河势不稳的河段。

（3）堤防的险工段划为岸线保留区。

3. 岸线控制利用区

城区河段利用程度较高，取水口、码头、跨河建筑物较多。根据防洪要求、河势稳定情况，在分析岸线资源利用潜力及对防洪、生态保护影响程度的基础上，划定控制利用区。

4. 岸线开发利用区

一些靠近地市、县城、乡镇的河段或其他利用条件较好的河段，根据岸线情况，结合地区经济发展对岸线资源的需求情况确定。

三、河 道 调 查

玉带河位于连云港市海州区范围内，为城市防洪排涝河道，同时部分河道具有通航功能。玉带河闸至魏跳桥段，全长2.96km，河口平均宽60m，河底高程-1.0m（废黄河口基面，下同），排涝能力20年一遇。玉带河桥至电厂闸段肩负通航功能，河道两侧护岸为重力式浆砌石挡土墙，护岸顶高程3.4~3.5m，玉带河桥至魏跳桥段为土堤。堤防管理范围为左右堤各30~40m，河道管理范围面积33.6hm^2。

（一）河道现状及规划

玉带河作为连云港市城区一条重要河流，历史悠久，地理位置重要，东通东盐河，西接蔷薇河，是贯穿连云港市新老城区的主要水系动脉，为连云港市的经济文化发展做出了重大贡献。2010—2013 年玉带河环境整治，玉带河南岸的环境景观建设就是要为市民打造一条开放、城市河滨生态走廊，提供一个环境优美、空气清新、水质洁净、游憩休闲需要的空间和人民安居乐业的小康环境。

玉带河（玉带河闸—魏跳桥段）规划底宽 25 ~ 30m，河底高程 - 1m，边坡 1∶3，排涝标准 20 年一遇。图 1 为玉带河水系图。

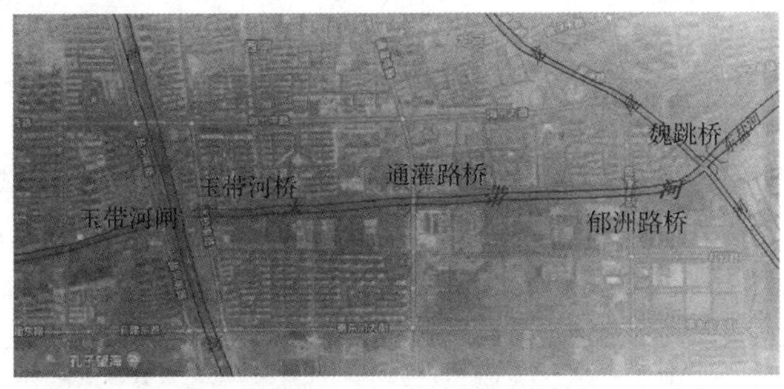

图 1　玉带河水系图

（二）跨河建筑物

玉带河跨河建筑物主要是公共设施，主要有玉带河闸、南极南路桥、通灌路桥、郁洲路桥、魏跳桥，共占用岸线长度 159m，详情见表 1。

表 1　跨 河 建 筑 物

建筑物名称	所处河段	建筑物类型	规模和等级	结构特点	占用岸线长度/m
玉带河闸	玉带河	公共	5	钢筋混凝土	23
南极南路桥	玉带河	公共	5	钢筋混凝土	37
通灌路桥	玉带河	公共	5	钢筋混凝土	37
郁洲路桥	玉带河	公共	5	钢筋混凝土	30
魏跳桥	玉带河	公共	5	钢筋混凝土	32
合计					159

（三）河流环境与生态

河流水质评价标准按《地表水环境质量标准》（GB 3838—2002）的规定执行，评价项目包括水温、pH 值、溶解氧、高锰酸盐指数、化学需氧量、五日生化需氧量、氨氮、总磷、总氮、铜、锌、氟化物、硒、砷、汞、镉、六价铬、铅、氰化物、挥发酚、石油类、阴离子表面活性剂、硫化物和粪大肠菌群等基本项目。

评价方法：水质类别应按评价项目中最差水质项目的类别确定，流域或区域的主要污染项目应根据各单项水质项目超标频率的高低排序确定，排序列前三位的为流域或区域的主要污染项目。

玉带河上的监测断面为玉带河桥，近几年工农桥的监测结果显示，水质类别为劣Ⅴ类，未达到Ⅲ类水质目标，主要超标项目为氨氮、总磷、五日生化需氧量，详情见表2。

表2 水质监测成果

年 份	水质目标	水质类别	超标项目
2008	Ⅲ	劣Ⅴ	氨氮、总磷、挥发性酚
2009	Ⅲ	劣Ⅴ	石油类、挥发性酚、氨氮
2010	Ⅲ	劣Ⅴ	石油类、氨氮、总磷
2011	Ⅲ	劣Ⅴ	氨氮、总磷、石油类
2012	Ⅲ	劣Ⅴ	氨氮、总磷、五日生化需氧量
2013	Ⅲ	劣Ⅴ	氨氮、总磷、五日生化需氧量
2014	Ⅲ	劣Ⅴ	氨氮、总磷、五日生化需氧量
2015	Ⅲ	劣Ⅴ	氨氮、氟化物、五日生化需氧量
2016	Ⅲ	劣Ⅴ	氨氮、高锰酸盐指数、氟化物
2017	Ⅲ	劣Ⅴ	氨氮、高锰酸盐指数、氟化物

河势稳定性与河道演变特性是判别河道岸线是否稳定的控制性因素，也是合理确定岸线控制线、划分岸线功能区，以及制定岸线利用控制条件的重要基础工作。

（四）河势稳定性分析

1. 河势现状稳定性分析

（1）西盐河口—南极南路桥。玉带河闸至南极南路桥两岸为自然土质岸坡，无任何形式的护岸。左岸树木茂盛，固土作用明显；右岸为农田，水土保持作用较差。经综合评价，该段河道为不稳定岸线。

（2）南极南路桥—通灌南路桥。该段河道长度约1.2km，两岸皆为自然土质边坡。两岸绿化程度高，水土保持较好，且河道顺直。经综合评价，该段河道为相对稳定岸线。

（3）通灌南路桥—郁州南路桥。通灌南路桥至其下游670m两岸为自然土质边坡，但树木茂盛，固土作用显著。通灌南路桥下游670m处至郁州南路桥河道，为自然土质边坡，左岸绿化较好，水土保持较好；右岸多为空地，有稀疏天然植被，固土作用较差。经综合评价，该段河道为相对稳定岸线。

（4）郁州南路桥—魏跳桥。该河段两岸为自然土质边坡，绿化较好，水土保持作用显著。魏跳桥上游50m处河道变窄，由40m突变为20m，此处岸坡易受冲刷，且河面易积攒垃圾。经综合评价，该段河道为相对稳定岸线。

2. 河势演变趋势分析

（1）西盐河—南极南路桥河岸以自然状态为主，但随着人为活动的加剧，河岸很不稳定，没有任何形式的护岸很容易造成水土流失，淤积河道。

（2）南极南路桥—通灌南路桥两岸皆为自然土质边坡。两岸绿化情况比较好，一定程度上保护了河岸，注重两岸植物保护可以起到保护河岸的稳定。

（3）通灌南路桥—郁州南路桥两岸为自然土质边坡，左岸绿化较好，右岸绿化条件较差，如果不提高绿化河道很容易造成水土流失，淤积河道。

（4）郁州南路桥—魏跳桥两岸为自然土质边坡，绿化较好，但河道形状变化导致河流冲刷河岸严重，如果不加强护岸建设就很容易造成水土流失，淤积河道。

四、划 定 成 果

（一）岸线控制线划定成果

根据岸线控制线划定的原则和方法，本次规划范围内划定河流临水控制线195.78km、外缘控制线195.78km。

1. 玉带河闸—南极南路桥段

临水控制线：以河口线作为临水控制线。

外缘控制线：该段河道建有玉带河闸，以玉带河闸管辖范围作为外缘控制线。左侧0（西盐河）~0+62（玉带河闸门）外缘控制线为河口线外67m。左侧0+62（玉带河闸门）~0+111（南极南路桥）外缘控制线为河口线外47m。右侧0（西盐河）~0+60（玉带河闸门）外缘控制线为河口线外40m。右侧0+60（玉带河闸门）~0+119（南极南路桥）外缘控制线为河口线外30m，见图2（a）。

2. 南极南路桥—通灌南路桥段

临水控制线：以河口线作为临水控制线。临桥处河口线因河道地形变化，呈曲折外凸型，以临近平稳河口线为准。

外缘控制线：左侧0+111（南极南路桥）~1+264（通灌南路桥）外缘控制线为河口线外55m。右侧0+119（南极南路桥）~1+263（通灌南路桥）外缘控制线为河口线外40m，见图2（b）。

3. 通灌南路桥—郁州南路桥段

临水控制线：以河口线作为临水控制线。临桥处河口线因河道地形变化，呈曲折外凸型，以临近平稳河口线为准。

外缘控制线：左侧1+264（通灌南路桥）~1+933（玉龙花园东侧）外缘控制线为河口线外43m，左侧1+933（玉龙花园东侧）~2+425（郁州南路桥）外缘控制线为河口线外58m。右侧1+263（通灌南路桥）~2+428（郁州南路桥）外缘控制线为河口线外32m，见图2（c）。

4. 郁州南路桥—魏跳桥段

临水控制线：以河口线作为临水控制线。临桥处河口线因河道地形变化，呈曲折外凸型，以临近平稳河口线为准。

外缘控制线：由于河道地形变化，左侧2+425（郁州南路桥）~2+960（魏跳桥）外缘控制线从河口线外61m（郁州南路桥处）逐渐递增至河口线外76m（魏跳桥处），以郁州南路小区外围墙为界限。右侧2+428（郁州南路桥）~2+968（魏跳桥）外缘控制线从河口线外14m（郁州南路桥处）逐渐递增至河口线外40m（魏跳桥处），见图2（d）。

(a) 玉带河闸—南极南路桥段

(b) 南极南路桥—通灌南路桥段

(c) 通灌南路桥—郁州南路桥段

(d) 郁州南路桥—魏跳桥段

图2 岸线控制线划定成果图

（二）岸线功能区划定成果

根据功能区划定方法，玉带河左岸岸线总长2960m，其中岸线保留区2个，长646m，岸线控制利用区2个，长2314m；该段右岸岸线总长2968m，其中岸线保留区2个，长659m，岸线控制利用区2个，长2309m。玉带河岸线功能区划定成果见表3。

表 3 玉带河岸线功能区划定成果表

序号	河段	功能区类型	划定依据
1	玉带河闸—南极南路桥段	岸线保留区	该段现状利用程度较低，利用条件较好
2	南极南路桥—通灌南路桥段	岸线控制利用区	该段现状利用程度较高，河道两侧均已绿化，左岸南极南路桥下游东侧有60m长、26m宽的空白地段，左岸通灌南路桥上游有245m长、20m宽的旧房遗留区可供利用
3	通灌南路桥—郁州南路桥	岸线控制利用区	该段现状利用程度较高，河道两侧均已绿化，左岸通灌南路桥下游东侧有100m长、40m宽的旧房遗留区可供利用
4	郁州南路桥—魏跳桥	岸线保留区	该段现状利用程度较高，河道两侧均已绿化，左岸魏跳桥上游70m处为玉龙泵站

五、结　语

玉带河长度为2.96km，河宽40m，河道较顺直，具有防洪、航运、景观及供水的作用。玉带河岸线总长度为5.93km，玉带河闸—南极南路桥段和锦山秀水桥—魏跳桥划为岸线保留区，主要作用为恢复生态系统，保留区暂时不具备利用条件。南极南路桥—浦南桥段和浦南桥—锦山秀水桥划为岸线控制利用区。该段可根据岸线条件进行管道、电缆、景观等建设项目利用，但岸线利用率要控制，项目选址需进行可行性论证。玉带河岸线实现合理利用与保护，还需要建立健全岸线利用与治理保护相结合的机制，强化执法监督，加强基础工作和能力建设；研究制定水域岸线占用及补偿管理办法；加强宣传，提高岸线资源保护意识。

参考文献

[1] 王德维，周云，冉四清，程建敏．城区河道岸线利用存在的问题及保护对策［J］．江苏水利，2016（9）：50－52.

[2] 水利部水利水电规划设计总院．全国河道（湖泊）岸线利用管理规划技术细则［R］，2008.

[3] 林芳芳．河道岸线及河岸生态保护蓝线划定问题探讨［J］．水利科技，2018（2）：19－21.

[4] 夏继红，周子晔，汪颖俊，等．河长制中的河流岸线规划与管理［J］．水资源保护，2017，33（5）：38－41，85.

[5] 洪曙光．安徽实行河湖岸线分区管控［N］．中国国土资源报，2017－03－25（002）.

[6] 陈伟．松辽流域河道岸线开发现状与保护对策［J］．水利发展研究，2015，15（2）：50－52，93.

[7] 陈娟，曲洋，于冰．科学规划、合理利用和保护松辽流域重点河道岸线［J］．中国水利，2013（13）：78－80.

信息化技术在河长制管理工作中的应用初探

朱晓萍[1]　陈必平[2]

1 连云港市石梁河水库管理处　2 连云港市通榆河北延送水工程管理处

引　言

江河湖泊是地球的血脉、生命的源泉、文明的摇篮，也是经济社会发展的基础支撑。它孕育了中华文明，哺育了中华民族，是祖先留给我们的宝贵财富，也是子孙后代赖以生存发展的珍贵资源。保护江河湖泊，事关人民群众福祉，事关中华民族的长远发展。全面推进河长制是落实绿化发展理念、推进生态文明建设的必然要求；是解决复杂水问题、维护河湖健康生命的有效举措；是完善水治理体系、保障水安全的制度创新。

一、背　景

当前，我国水安全呈现出新老问题相互交织的严峻形势，特别是水资源短缺、水生态损害、水环境污染、水功能堪忧等新问题愈加突出。江河湖泊具有重要的资源功能、生态功能和经济功能，是生态系统和国土空间的重要组成部分。绿色发展理念必须要把江河湖库管理保护纳入生态文明建设的重要内容，作为加快转变发展方式的重要抓手，全面推进河长制，促进经济社会的可持续发展。

二、智慧河长系统概要

信息化技术是基于国家的河湖指导意见开始的，主要是通过 GPS 定位技术、传感器，数据采集终端、无线网络技术等在线监测设备实时感知河道、湖泊、水库等的运行状态及存在的问题，并采用可视化的方式，有机整合河长制工作管理部门与各类工程设施以及在线监测设备等，形成“河长制物联网”，将河长制工作数据信息进行及时的分析与处理，并做出相应的处理结果辅助决策建议，以更加精细和动态的方式管理河长制信息系统的整个生产、管理和服务流程，从而达到“智慧”的状态。

（一）存在问题

目前，水生态环境监测数据信息不透明、不公开、公众参与率低；统一的、高效的监督管理制度还不够健全；数据信息来源于不同的部门，数据信息标准、格式不统一，很难实现有效共享；江河湖库工程点、线、面数量众多，工作人员少，效率偏低，无法满足工作要求；河长制管理工作尚缺乏完备的数据处理信息系统。

（二）解决思路

“智慧河长”管理信息平台有效解决了河长制管理工作中普遍存在专业业务信息系统“孤岛”现象；记录省、市、县、镇、村五级体系的河道、湖泊、水库资料，包括河道、湖泊、水库工程的基本信息、水质信息、流域树状图；实时监测河道、湖泊、水库的水质数据，水情数据，水域变化数据，视频监控数据，污水实时排放数据；记录问题处理数据，河/湖长巡河数据，任务督导数据，统计分析数据，目标考核数据等；管理人员分级分权管理，为治水、护水工作管理决策分析提供科学依据。

（三）系统主要架构

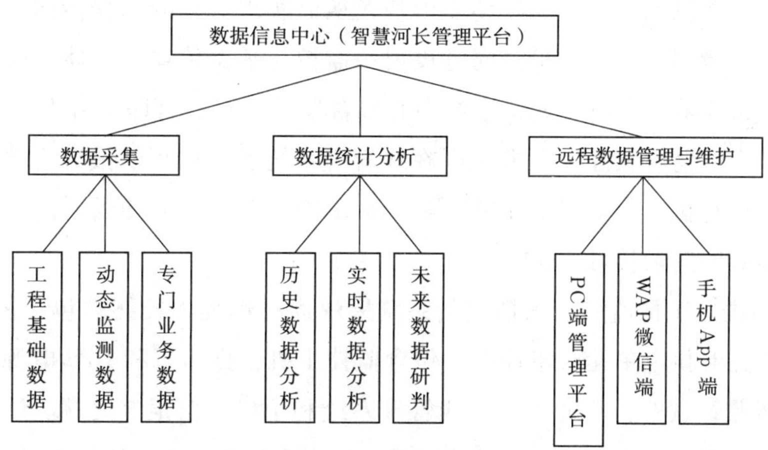

（四）设备选址

“智慧河长”管理系统监测设备主要应用于江河湖库、饮用水水源地、河道水质监测断面、自来水厂进出水口、河湖库排污口、污水处理厂出水口、节点水利工程等重点部位。

（五）设备安装要求

河流在入城市口和出城市口选择一个监测点；湖泊和水库在各入水口和出水口根

据现场采样选择监测点；在河流中选择流水较缓的断面做监测点；河流、湖泊、水库根据现场找到平时排污较多的入口做监测点；在基站可以覆盖的地方选择监测点；监测点避免在航道上或者养殖区域；监测点避免在寒区结冰水体。选择平缓，空旷地段安装监测站；取水方便的地方安装监测站；取市电方便的地方安装监测站。

（六）功能模块

1. 数据采集模块

（1）河道岸线监测。河道岸线监测系统模块通过直观、真实、有效的方式实时监控河道现场情况，及时发现河道运行情况、交通状况、非法采沙、非法占用河道岸线等现象；系统能真实记录河道突发事件发生前、处理过程中以及事件处理后现场的真实情况，从而对河长制管理工作提供有效的、真实的资料；可视化远距离监控作为数字河道的重要组成部分，具有与其他河道数据监测、采集、河道管理系统集成联动的功能，真正形成集多种高科技手段于一体的河道动态数据信息管理系统。视频监控主要是对水域岸线倾倒垃圾和有害物质、非法占用河道岸线、破坏堤坝设施、非法捕捞等行为，提供水行政的执法依据。

（2）水质监测。水质监测系统模块通过现场终端配置有水质分析仪表、GPS 定位器、浮标、太阳能供电系统、无线传输模块，从而实现数据的远程传输，在管理中心或移动终端进行数据管理与维护；同时集视频监控与数据传输于一体，远程测控终端包含传感器、采集器和供电单元；集控中心包含监控主机、打印机和 UPS 电源；在线监管系统包括在线监管软件、手机 App 在线管理系统和手机短信报警终端；系统使用太阳能板接锂电池供电，不需要外接电源，按每 30 分钟或设定更长时间发送一次数据信息，供电持续时间最长可达 30 天。

（3）水、雨、工情监测。水情监测系统模块通过远程测控终端包含传感器、GPS 定位器、采集器和供电单元；集控中心包含监控主机、打印机和 UPS 电源；在线监理系统包括在线监管软件、手机 App 在线管理系统和手机短信报警终端。该系统模块可以与水利部门大数据中心对接，通过传感器、数据采集器、无线网络等在线监测设备，对河道，湖泊，水库等的工程运行状态进行实时监测，并采用可视化的方式有机整合水利部门水、雨、工情等数据信息，形成“智慧河长物联网”；可对海量河长信息进行及时分析与处理，做出相应的处理结果辅助决策建议，以更加精细和动态的方式管理河长系统的整个生产、管理和服务流程，从而达到“智慧”的状态。“智慧河长”包括水、雨、工情监测，水质监测，视频监控，河长制管理工作，信息发布平台等。

2. 数据统计分析

“智慧河长”管理信息平台实时监测采集到的水质状况信息、水情监测、远程可视监测河道岸线等数据信息，可通过对历史数据和实时数据进行统计与分析，为河长管理工作预判提供参考依据。同时，实时监测采集到的水、雨、工情等信息，如降雨量、水位、流速等基础数据信息，也给洪涝灾害做出预警，提前做出应急措施。“智慧河长”系统平台通过分析整理，将数据信息形成报告统一上报，便于各级河长全面了解河道、湖泊、水库等实时情况，为以后河长的工作开展提供信息支撑。

3. 远程数据管理与维护

因河道、湖泊、水库工程多位于偏远地，交通不便，给后期运行管理维护工作带来较大困难。该模块主要通过远程网络系统对现场监测设备进行数据更新及备份，设备运行情况进行远程检测、预警等功能，可通过远程数据管理模块，初步解决现场监测设备运行问题。此外，可实现对系统用户权限分级管理及后台数据进行实时更新、备份、发布与维护，有效保证系统的安全运行。

三、建议与体会

（一）设备选址与维护是基础

河道、湖泊、水库监测点多、面广、量大，设备选址非常关键，既要选取有代表性的监测断面，又要选取交通方便，便于取样和巡查维护的地方，还要考虑设备使用的安全性等多种因素。同时，对河道、湖泊以及水库水体流速、水体结冰、航道交通、养殖区域都要全面了解，确保设备测量指标满足实际要求。另外，对设备安装标准和环境要求相对较高，有效减少后期维护频次，提高数据采集的连续性和准确性，为系统数据统计分析奠定基础。

（二）信息化技术是重要支撑

“智慧河长”系统采用2G/3G/4G技术，通过超级WiFi、LoRa、NB传输方式，无需布线，低功耗模式。采用太阳能持续供电方式工作；每个远程监测点设置都考虑到环境因素，不污染环境，不占用公共资源，自动监测设备安装完成后自动工作，河长工作平台可进行远程维护，但需定期开展对各自动监测站进行巡查维护；数据统一管理，信息公开，接收百姓线上、线下监督，河长管理工作在线上协同完成，全面地提高河长的工作效率；在“智慧河长”系统中，历史和现在的数据清晰可见，并提供数据的分析、统计，可靠的决策依据和对未来的预判；“智慧河长”系统提供与各应用平台接口的开放和再开发业务，共享数据资源。

（三）“智慧河长”人是关键

要打造一套先进、完善、智慧的河长制工作平台，人是关键因素。河长制管理工作平台主要是对省、市、县、镇、村五级体系的河道、湖泊、水库进行系统管理的大数据系统，要建立一个科学、先进、规范、可靠的应用平台，需要更多的一线工作人员，做好基础数据采集录入工作。同时，要求后台管理人员必须具备较高的管理水平，才能更好地把“智慧河长”强大的功能发挥出来，更好地应用到河湖库的管理工作中去。

四、结　　语

河长制工作是落实绿色发展理念，推进生态文明建设的必然要求，也是当前和今后一段时期有效解决复杂水问题，维护河湖健康发展的重要举措，同时也是治水、护水工作中的一项制度创新。“智慧河长”是在河长制工作管理基础上，通过信息技术手段，将河长制管理数据信息有机整合，形成一套完整的应用管理平台，为各级河长工作的开展提供全面准确的数据支持，也为公众参与河长管理提供高效、便捷的服务。

从长江中下游湖泊形成看鄱阳湖控制工程

赵建民[1]　　魏红义[2]

1 南昌工程学院水利与生态工程学院

2 南水北调中线干线工程建设管理局河南分局

鄱阳湖是我国水面面积最大的淡水湖，也是长江下游最重要的湿地生态系统，对区域水资源及生态安全具有重要作用。作为吞吐型湖泊，鄱阳湖冬夏水位悬殊，调洪能力巨大，“丰水一片，枯水一线”。以永修县吴城镇与都昌县城之间吉山、松门山等沙岛为界，湖区可分为上、下（南、北）两部分。松门山一线以北是鄱阳湖的入江水道，基本是河流形态。以南是鄱阳湖的主体部分，包括赣、抚、信、饶、修“五水”的主河道和主河道之间的洲滩。洲滩如簸箕状深入湖滨陆地，丰水时期被水淹没，连成茫茫一片；枯水期次第出露，最枯时，只保留有“五水”主河道和洲滩低洼处积水的碟形湖。

三峡水库蓄水后，鄱阳湖区出现新的水利矛盾，突出表现为枯水期提前，同流量水位下降，影响非汛期湖区生态、航运用水和湖区周边用水。因此，鄱阳湖控制工程被提上议事日程。但该工程的环境影响备受关注，部分生态学者基于河流连续性、水生生物洄游和渔业资源等因素，持质疑或反对态度。

本文从鄱阳湖的形成历史和地质过程角度，论证了湖控工程的合理性与可能性，并提出了松门山控制工程方案，以作为鄱阳湖治理和生态保护的一家之言。

一、长江中下游湖泊的主要成因是河流淤积壅水

鄱阳湖区的历史水位比现在要低得多，且水面位置（古彭泽）靠北。西汉时期豫章郡曾设立枭阳县，县治在今日鄱阳湖中。鄱阳湖水面扩大，一方面与地质沉降有关；另一方面也是因为长江和赣江泥沙在九江附近形成三角洲淤积，造成古彭泽解体，并抬高了水位。末次盛冰期结束以来，长江中下游河道不断淤积、水位不断上升，是鄱阳湖、洞庭湖等湖泊形成的根本原因。

（一）古峡湾和彭蠡泽

在距今一万多年前的末次盛冰期，东海大陆架大部分成陆，长江从而由唐古拉山

延伸到琉球海沟入海。长江中下游均衡比降形成中发生溯源侵蚀，出现过一次长达数千年的下切过程，形成了在今天海平面以下的谷地。如在南京附近已经发现多级埋藏阶地，当时江河槽在今天海平面以下 65 ~ 90m。

末次盛冰期结束以后，全球海平面回升，长江下游河谷被海水淹没，从而形成了比今天杭州湾还有大得多的古海湾，曾经一直淹没到大别山脚下。长江下游平原是近 13000 年来长江干流和两岸支流沉积物填平古湾的结果。在古峡湾成陆的过程中，在长江中游与下游的交汇处，曾经有一个大的湖泊——彭蠡泽，并存在了几千年，大体位于今天江西省九江市东北方向。

（二）从彭蠡泽到鄱阳湖

在九江以西，江北有大别山，江南有九宫山、幕府山，两山相峙，形成类似山峡的地形，是长江下游古海湾的顶点。江水滚滚东去，所携带的泥沙在这里形成三角洲淤积。长江也在三角洲上分叉漫流。九江之“九”也是形容漫流条数之多。九江以东又有赣江由南向北注入长江。赣江最末端也处于山峡之中，西侧有庐山，东侧有今九华山、黄山等江南群山。在九江西北的三角洲发展过程中，其沙嘴不断向东延伸，逐渐将长江主河道与彭蠡泽分离出来，使彭蠡泽由一个过水湖泊逐渐江湖分离，被分割成了南北两部分，北部收缩到三角洲左翼，即今天皖西的龙感湖、大官湖、黄湖、泊湖诸湖。而三角洲轴部，则成为今天长江北岸与皖西湖泊之间的长近 200km，最宽 30km 的地峡地带。

同时，在三角洲淤积过程中，沙嘴阻碍了赣江水流的下泄，使三角洲右翼鄱阳盆地北部水面面积扩大，水位上升；在隋唐之际，烟波浩渺的彭蠡泽已经不复存在，取而代之的是在三角洲右翼的鄱阳湖。饶河、信江、修水等也由注入赣江干流，变为独流入湖，抚河则在入赣与入湖之间徘徊。鄱阳湖洪、枯水位变化剧烈。唐宋以后，人们开始在鄱阳湖周围垦土地，加之泥沙淤积，鄱阳湖水面面积由扩大转变为收缩，湖水水位进一步抬高。以目前湖口最高洪水位为例，如果没有圩堤挡水，鄱阳湖汛期将淹没南昌，水面面积接近 1 万 km^2。

二、江湖分离乃大势所趋

在自然淤积和人类筑堤围垦活动的共同作用下，长江中下游通江湖泊与长江分离的历史很早。宋代以来，荆江北岸大提逐渐连成一线，江汉平原湖泊已开始与长江分离。晚清重臣张之洞督鄂时，曾主持修筑武金堤、武清堤，使武昌东湖、南湖等湖泊与长江分离。1949 年以后，随着长江大堤体系的完善，长江沿岸的湖泊逐渐建闸控制，实现江湖分离。目前，长江中下游没有闸坝控制的通江湖泊只有湖南洞庭湖、江西鄱阳湖、安徽石臼湖等三座。江湖分离主要是为湖区围垦蓄洪服务，防止汛期长江洪水倒灌，增加圩堤的防洪压力。洞庭湖、鄱阳湖由于上游流域面积大，汛期来水量太多，难以抽排，所以一直未建闸坝控制，保留为通江湖泊。

鄱阳湖本身是吞吐型的湖泊，可分为上、下（南、北）两部分，北鄱阳湖基本上类似为河道，每年水面积剧变主要在南鄱阳湖，动库容超过 200 亿 m^3，对于吸纳长江汛期洪水，长江下游防洪、供水都有重要意义。

赣江流经鄱阳湖区西部，并在南昌市区扬子洲以下分为三支，形成鸟嘴状三角洲，其中北支是赣江主流，与修水汇合后，经北鄱阳湖注入长江。赣江三角洲沙嘴持续向东北发展，所形成的沙坝迟早会和对岸的都昌县相连，从而将鄱阳湖分为上、下（南、北）两部分。下（北）鄱阳湖成为赣江入江水道的一部分。上鄱阳湖由过水湖泊，转变为与长江、赣江分离，实际上，上、下鄱阳湖之间已经存在松门山、吉山等沙山（沙岛），即使没有人类活动影响，上、下鄱阳湖未来也可能会发生分离，如同长江对岸的龙感湖、大官湖、黄湖、泊湖等江北湖群都曾经是古彭泽的一部分，现在已经与长江分离。

三、松门山湖控工程的可能性与意义

三峡水库形成后由于汛末蓄水，长江中下游枯水期提前；同时清水冲刷，1 万余年来长江中下游干流河床由淤积再次转为冲刷，同流量水位下降，规划中的鄱阳湖湖控工程被提上议事日程，但与一般的江湖分离工程不同，目的是调枯不调洪，维持鄱阳湖枯水期的水位与水面，满足湖区供水和候鸟越冬的需要。

湖控工程的环境影响一直受到一些生态学者的质疑或批评，如：湖控工程非汛期下闸拦水会进一步加剧长江下游非汛期的低水位、低流量，加重长江口咸潮入侵；越冬候鸟主要栖息地是消落带而不是水面，如 1997—1998 年、2007—2008 年的冬汛期间鄱阳湖水位过高，反而不利于候鸟觅食。当然，通过合理的调度，水位流量变化可以满足生态环境需要。

（一）推荐的屏峰山湖控方案

湖控工程的推荐坝址（屏风山方案）位于九江市鄱阳湖入江水道两侧的长岭（庐山市海会镇）与屏峰山（湖口县屏风镇）之间，鄱阳湖流域与长江干流之间的连续性和水生动物洄游将受干扰甚至破坏，这是生态学者关注的焦点问题。但是，尽管部分生态学者认为湖控工程会影响长江水生生物的产卵与越冬洄游；鄱阳湖极枯水期，湖面几乎消失，入江水道和洲滩碟形湖中的鱼类也缺乏生存空间，甚至面临涸泽而渔的危险。

（二）松门山湖控方案

从地质过程角度，长江清水下泄，干流河床下切，连带湖口和鄱阳湖水位下降，以及赣江三角洲淤积使鄱阳湖南部与赣江、长江干流分离都是自然的。顺应自然趋势，在永修吴城与都昌县城之间利用松门山、吉山湖中沙岛修建湖控工程（松门山方案），与推荐方案相比，对生态环境的干扰更少。同时，鄱阳湖洪枯水面变化主要集中在松门山以南，松门山湖控方案基本可以满足枯水期水位生态调度的需要。

（三）松门山湖控方案的优势

推荐的屏风山坝址，坝轴线最短，地质条件好，基岩出露，可以修建混凝土重力闸坝。与之相比，松门山一带为松软湖相沉积物，只适宜修建土石堤坝。但松软基础上建立大流量泄水闸在技术上是可行的。利用湖中吉山、松门山沙岛自然分段，有利于减少工程量和方便施工。松门山位于永修县吴城镇与都昌县城之间，处于昌九经济带的中间位置，是南昌市通向赣东北地区的交通孔道。修建水利工程可以“以坝代桥”，在堤坝顶部布置公路、铁路。目前，低成本水中冲沙造陆技术已经成熟，通过冲沙造陆增加港口与物流用地，结合公路铁路交通走廊，可以形成水陆联运的物流中心（图1）。

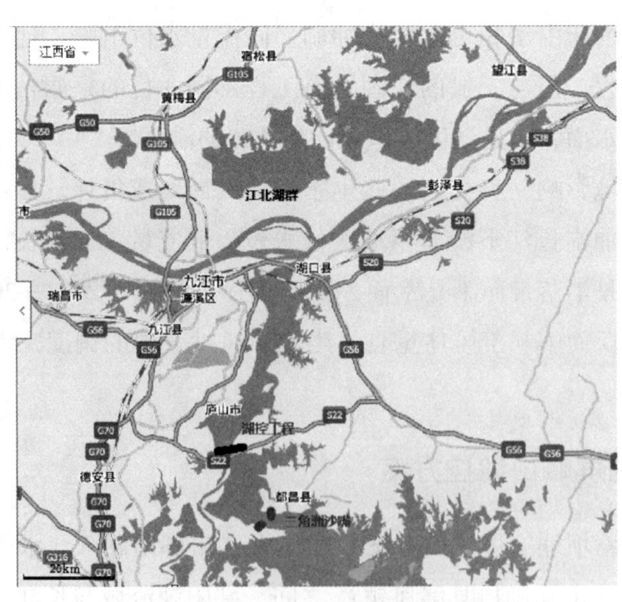

图1 鄱阳湖形成与湖控工程示意图

松门山靠近鄱阳湖湿地等自然保护区，在工程建设中一定要重视自然保护的要求，同时湿地自然保护区、鄱阳湖沙山、吴城古镇等都是独具特色的旅游资源。综上所述，松门山湖控方案有助于从南昌到赣东北的交通走廊建设，形成水陆空一体化的交通、物流、旅游中心，对昌九经济带和赣江新区以及鄱阳湖生态经济区的发展具有积极作用。

四、结　论

（1）末期盛冰期结束后，长江中下游一直处于河道淤积、水位上升过程，泥沙淤积壅水是长江中下游湖泊的主要原因。

（2）汉唐之间，长江在九江附近的三角洲淤积，使古彭蠡泽消失，在三角洲左翼彭蠡泽残余为今皖西诸湖，并与长江分离。同时，三角洲沙嘴阻碍赣江水下泄，三角洲右翼鄱阳盆地北部水面面积扩大，彭蠡泽为鄱阳湖取代。目前，鄱阳湖西岸赣江鸟嘴状三角洲在持续发展，不断向东北发展，未来某一时间会到达鄱阳湖东岸，所形成的自然沙堤会使鄱阳湖南部如皖西诸湖一样，与赣江、长江干流分离。

（3）三峡蓄水后，长江中下游重新开始冲刷过程，同流量水位下降，同时汛末蓄水，枯水期提前，产生新的水利矛盾。为调节枯水期水位、水面，鄱阳湖控制工程被提上议事日程。根据鄱阳湖演变过程，利用吉山、松门山等湖中沙岛修建控制工程，符合湖泊发展趋势，对生态环境影响较小。

（4）松门山湖控工程位于昌九经济带中心区域，有利于打造海陆空一体化的交通、物流、旅游中心，对鄱阳湖生态经济区和赣江新区的发展具有积极作用。

参考文献

［1］ 谢平．三峡工程对两湖的生态影响［J］．长江流域资源与环境，2017，26（10）：1607－1618.

［2］ 熊万英．末次盛冰期以来南京以下长江河道的特征及演变［D］．南京：南京师范大学，2006.

［3］ 谭其骧．中国历史地图集［M］．北京：中国地图出版社，1982.

关于黄河水利风景区发展的探索与思考

巴彦斌　王　霞　刘长军

利津黄河河务局

黄河作为我们的母亲河，其景观环境建设日益受到重视，国务院先后批准了《关于加快黄河治理开发若干重大问题的意见》和《黄河极其重点治理开发规划》，为加快黄河下游治理步伐，确保黄河安澜提供了有力保障。2000 年，国务院以国发〔2000〕31 号下发了《国务院关于进一步推进全国绿色通道建设的通知》。《国务院关于进一步推进全国绿色通道建设的通知》指出，绿色通道建设是国土绿化的重要组成部分，主要任务是对公路、河渠、堤坝沿线进行绿化美化，这又为黄河防洪工程景观建设提供了重要依据。

近年来，黄河水利委员会严格按照水利部《关于加强水利风景区建设与管理工作的通知》的要求，坚持安全、资源、环境协调发展的原则，结合治黄新理念，围绕三条黄河建设，充分利用黄河资源，发挥区位优势，以堤防、大坝等工程设施为依托，积极开发兴建具有黄河特色的水利风景区，先后经水利部挂牌批准设立一批的国家级水利风景区。水利风景区建设成为今后水利工程管理中其中一个发展方向，如何改善其工程面貌和生态环境，实现防洪功能、生态功能和景观旅游功能三方面的协调与完善，成为黄河治理开发中的新课题。

一、发展黄河水利风景区的必要性

黄河水利风景区是以黄河和黄河防洪工程为依托，具有一定规模和质量的风景资源与环境条件，可以开展观光、娱乐、休闲、度假或科学、文化、教育活动的景点和风光带。

黄河作为世界上最复杂、最难治理的河流之一，防洪水利治理工程一直是建设的重点，而环境建设明显滞后，黄河沿岸整体景观环境有待优化。随着社会经济的不断发展，人民群众对生活质量的要求越来越高，黄河水利风景区建设日益受到重视，沿黄各地市相继以黄河作为对外形象宣传的标志，同时将沿黄段的景观建设与开发纳入到城市建设规划之中，把建设绿色黄河生态景观线与建设现代化新型城市相结合。基于这一新的形势和要求，呈现出发展黄河水利风景区的必要性。

二、黄河水利风景区在社会发展中的作用

（一）提升了黄河部门的地位和黄河水利人的形象

黄河水利风景区提供了休闲、旅游、娱乐的空间，给人以直接的感观、美的享受。特别在城区和乡镇，它与人民群众的生活息息相关。黄河水利风景区的建设，加深了全社会对黄河的直观认识，提高了黄河部门的地位，而且由于水利风景区的美丽，有的还充满现代化、高新科技气息，使黄河人的形象得到了提升。

（二）改善了基层单位的经济条件

黄河水利风景区的建设，加上一些其他多种经营项目的开展，为一些水管单位增加了收入，改善了职工的经济待遇。如济南黄河百里黄河风景区在节假日期间，日平均接待游客达 3 万人次，日均收入达 7 万元，成为山东省第三大重点旅游项目，旅游发展了经济，为基层职工增加了收入，改善了职工待遇。

（三）丰富了水文化内涵

水利风景区越来越成为传承水文化的重要阵地、发展水文化的重要载体。水利风景区蕴含的或通过挖掘打造出来的丰富水文化，使人们在休闲娱乐中学到了历史知识、科学文化知识，增加了美的感受，陶冶了情操。

（四）提高了城乡人民群众的生活质量和幸福指数

黄河水利风景区的建设和发展，与人民群众的愿望要求一拍即合。不仅提升了人民群众的生活质量，提高了他们的幸福指数，也为建立和谐社会作出了贡献。

（五）拉动了地方经济

一个成功的水利风景区，相当于为这个城市印制了一张新名片，提升了城市的形象，提高了城市的影响力，也增强了对外辐射力，黄河水利风景区的建设和发展有力地促进了地方经济的发展。

三、黄河水利风景区建设规划中的六个结合点

（一）黄河水利风景区建设与所属地区因素相结合

水利风景区的建设与所在地区的经济、文化相互作用，一方面地区经济影响景观

建设力度，地域文化渗透于景观建设，地区人群需求影响旅游效益；另一方面，黄河水利风景区的建设带动地区经济的发展，延续城市文脉精神，为人们提供精神需求的场所。因此要综合考虑两者的相互作用关系，在规划建设中要防止将其孤立地规划成一个独立体，要在总体规划定位上、交通上、文化特色上加强两者的联系。

（二）生态景观建设与防护工程建设相结合

防洪抢险是黄河防洪工程的永恒主题，景观建设是在此前提下进行的，防洪第一，景观第二，两者相互促进。目前对黄河治理的一系列成功经验，基本做到了治黄无重大险情的目标，载体的稳定性为景观建设提供了保障。但是，工程建设方面还涉及工程加固、管理等方面，在景观规划建设中必须因地制宜，确保防护保障线的畅通，并努力做到景观建设在一定程度上对防护工程的稳定性起促进作用。

（三）整体与局部、重点与一般相结合

“所谓作为地区的河流风貌，指河流流经地区对应的河流风貌，在进行各地区的河流设计时，对地区的河流风貌，虽然有更密切的关联，但是在编制河流整体基本规划时，并非指各个河段叠加而成的整体，要考虑其所特有的河流风貌”。针对黄河下游上千公里的堤防，在景观建设过程中，首先要坚持系统性原则，作统筹考虑，进行整体定位，然后结合不同地段的具体情况，因地制宜，采用不同的处理措施。根据利用率问题、后期管理问题将点的建设重点放在办公区、居住区及靠近城市的地段，对现有景观资源适当保留改造，塑造点、线、面相结合，重点与一般相结合的景观风貌。

（四）沿黄生物防护建设与旅游观光建设相结合

沿黄生物防护建设是自然景观线和生态防护线建设的重要内容，它的建设也意味着沿黄旅游观光线的建成；反过来说，旅游观光建设的可持续性强调其要与环境保护、社会发展紧密结合，将环境的改善、社会生活质量的提高作为规划的总体目标，实现均衡发展。因此，确立以生物防护为基础，注重创造具有旅游吸引力景观的建设原则，正确处理旅游开发与环境保护的关系，充分考虑生态环境承载能力。在植物的选择上，要根据不同地段选择植物，以发挥其功能特点，兼顾生态价值与美学观赏价值。

（五）自然景观与历史、人文景观有机结合

“在河流的景观建设过程中，在各种意义上收集沿河景物，探求其间的相关性，以开展整体风格的规划，这就是河流规划中景观设计意义上的一个着眼点”。充分挖掘整理黄河沿岸人文资源，采用多样化的表达手段，使其与沿岸壮观优美的自然景观相得

益彰，有机结合，在突出其形象特色的同时促进地区和滨河景观的进一步发展。

（六）人与自然和谐统一

“天人合一”，认识自然，尊重自然，利用改造自然，最终实现人与自然的和谐共处，人与环境协调的设计。当代美国环境设计大师哈普林曾说过“我们所作所为，意在寻求两个问题：一是为何者是人类与环境共栖共生的根本；二是人类如何才能达到这种共栖共生的关系？我们希望能和居住者共同设计出一个以生物学和人类感性为基础的生态体系”。一言以蔽之，环境设计的中心是为了“人”，使人与环境达到高度和谐，这是环境设计的出发点。

四、推进黄河水利风景区建设和发展的几点建议

一是解放思想，转变观念。黄河部门在解放思想和转变观念上，应做到“三克服、三转变”。“三克服”是：一要克服“重工轻美”的思想。长期以来，水利人不仅重建轻管，也重工轻美。二要克服“怕苦畏难”思想。一些水利风景区特别是黄河行业建成的水利风景区都是在克服种种困难中建成的。三要克服“等靠要”思想。目前水利风景区尚未列入国家投资的大盘子。而且水利风景区建设往往都是大投入，只能向地方政府争取，靠利用市场机制去融资。“三转变”是：一要转变“水利规划难以融入水利风景区”的观念。要发展水利风景区，而且是在国家行政审批已经从制度上确立的条件下，各级水行政主管部门以及水利规划设计部门都应该解放思想，把水利风景区融入其中，至少要增加水利风景区的元素。二要转变“水利风景区管理太复杂”的观念。目前，水利风景区呈多头管理、多元经营、多事协调的局面，为促进水利风景区的发展，实行多元化管理是可行的。三要转变“小富即安”的观念。这是水管单位普遍需要改革和转变的意识，如果能够利用自己的优势按照市场机制去融资，通过资源变资产，就增加了一个“金饭碗”。

二是增加投入，建立机制，市场融资。一要利用政策，结合目前的项目从中挤出部分资金：二要争取地方政府的支持；三要通过市场经济的方式引进企业，以双赢促发展。

三是完善法规政策，建立健全体制机制。争取水利部出台一项部门规章，或是一个以部长令为形式的法规。关于管理体制，目前各种类型的水利风景区是多元管理。不管管理主体是谁，水利行业都要参与，也要尽责任和做奉献，而运行机制必须尊重市场机制资源配置的规律。水利行业能自管的，就让职工去管理运作，也可实行承包、租赁、拍卖等方式。

四是积极推动，多方参与。对水利风景区的打造，要千方百计调动地方政府的积极性。要以水利资源为诱导，推动地方政府以经济发展为目标，以增加人流、物流、信息流为平台，当好参谋，当好助手，多宣传，多传递信息，在水利风景区发展上作出重大决策。

目前，随着国民经济和社会的快速发展，黄河的治理与开发迎来了前所未有的大好发展时期，三条黄河建设的日新月异，标准化堤防建设的突飞猛进，黄河正以它崭新的面貌实现着新的跨越式发展。作为黄河部门，要抓住这一历史性机遇，大力发展黄河景区建设，突出黄河特色，展现黄河风貌，以科学的发展观营造人与自然的和谐共处，以创新的思维推进黄河景区的建设步伐，维持黄河的健康生命。

参考文献

[1] 司毅兵，田硕，王文慧．水利风景区跨越式发展的对策思考［J］．中国水利，2011（16）．
[2] 李国英．黄河问答录［M］．郑州：黄河水利出版社，2009.
[3] 李国英．维持黄河健康生命［M］．郑州：黄河水利出版社，2005.
[4] 丁枢．水利旅游资源分类开发模式研究［J］．中国水利，2011（14）．
[5] 张西林．城市河流水利风景资源开发研究［J］．中国水利，2011（16）．
[6] 郭红雨．城市滨水景观设计研究［J］．华中建筑，1998，16（3）：75－77.
[7] 郭力君．以海河水系为轴线塑造天津城市形象［J］．北京规划建设，2003，（6）：116－119.
[8] 乔世珊．统筹人水和谐发展生态水利——论水利风景区建设与管理［J］．水利发展研究，2004，4（12）．
[9] 詹卫华．加强水利风景区建设与管理为构建生态文明服务［J］．中国水利，2010，15.
[10] 黄启堂，刘国强．陈世品福建省公路绿化树种选择研究［J］．福建林业科技，2004，31（2）．

浅谈黄河生态水利建设的现状与发展

姚文娟[1]　杨忠刚[2]

1 淄博市黄河工程局　2 高青黄河河务局

党的十八大以来，习近平总书记反复强调和论述“绿水青山就是金山银山”的理念，在加快生态文明体制改革、建设美丽中国的新时代，特别强调了“山水林田湖草是一个生命共同体”，必须按照生态系统的整体性、系统性及其内在规律，统筹考虑自然生态的各要素、山上山下、地上地下、陆地海洋及流域上下游，进行整体保护、系统修复、综合治理，不断增强生态系统循环能力，维护生态平衡。

黄河作为中国的第二大河流，其治理和保护更是任重而道远。黄河下游河道为“地上悬河”，具有善淤、善决、善徙的特点。现在，人民治理黄河取得了辉煌成就，夏汛伏秋岁岁安澜，黄河基本实现长治久安。当今各级黄河部门着重研究与探索的重要任务是做好黄河生态文化建设，以黄河水资源的可持续利用保障沿黄地区经济社会的可持续发展，实现治河与惠民的有机统一。在推进黄河水生态文明的建设过程中，黄河部门应以“尊重自然、顺应自然、保护自然”的生态文明理念为指导，在黄河水资源、水工程、水生态、水文化、水行政等5个方面逐步加以推进，着力提升自身履职执行力，在建设水生态文明中维持黄河的健康生命，助推沿黄地区经济社会新发展。

建设黄河的生态经济型水利模式，就是要“坚持全面规划、统筹兼顾、标本兼治、综合治理”的原则，全面系统研究和正确处理水资源开发、利用、保护、管理、经营和生态环境之间的相互关系，做到地表水、雨水、污水资源化统筹，水量水质并重，开源节流并重，点污染源和非点污染源齐抓，上下游、左右岸兼顾，当前与长远结合，工程措施和非工程措施并举，除水害、兴水利、化害为利，依法治水，以维护水土资源可持续利用，保护生态过程和生命支持系统，能动地使人类社会经济系统和自然生态系统时空协调发展。该模式是体现水资源的“综合开发、合理利用、积极保护、科学管理、高效经营”的水利模式，指引的将是一条绿色水利道路。

一、黄河生态水利建设的背景

（一）黄河生态水利建设的意义

黄河流域资源丰富。这里是全国粮食主产区之一，下游两岸是小麦生产的核心区。这里是矿产资源的富集地，煤、稀土、铝土等资源具有全国性优势。这里还是“能源走廊”，黄河上中游地区的煤炭资源、水力资源，中下游地区的石油和天然气资源，在全国占有极其重要的地位。黄河两岸人口密集，城市众多，铁路线发达，下游河道高悬于黄淮海大平原之上，给两岸农业灌溉及工业用水提供了便利的自流引水条件。黄河流域及沿岸城市拥有丰富的能源资源和深厚文化底蕴，饮水同源、文化相通，可是黄河流域又是我国自然灾害频繁的地区，洪水和旱灾频发，往往造成巨大的粮食减产和经济损失。因此，构建生态经济型的黄河生态水利模式，尊重和维护黄河生态环境为主旨，开发水利、发展经济，把流域的生态资源、农作物资源、水利资源融合起来，实现经济建设和生态文化的和谐发展。

（二）黄河流域存在的问题

黄河流域生态环境脆弱，存在的突出问题包括：水土流失日趋严重；草场退化、土地沙化加剧；植被大面积破坏，水土流失日益严重，源区水源涵养调节功能明显下降；草地植被退化、湿地萎缩、土地荒漠化使得野生动植物栖息环境恶化。

各省（自治区、直辖市）之间生态、经济、社会、资源等禀赋差异也较大。上游生态好、水源足，但经济社会发展相对较慢；中游生态脆弱但能源丰富；下游土地富饶、农业发达，经济社会发展快，但资源缺乏特别是水资源严重缺乏。

二、黄河生态水利建设的发展

2013 年，国务院批复的《黄河流域综合规划（2012—2030 年）》确立了黄河治理开发保护与管理的长远目标，规划明确了构建“六大体系”的总体布局，为新时期治河写明了方向。在历次流域综合规划的指导下，黄河生态水利建设和保护力度不断加大，黄河也在不断蜕变，对流域及相关地区的经济社会发展起到了支持作用，水资源和水生态保护工作逐步得到重视和加强。流域内大中城市污水处理设施建设力度加大，污水处理率有所提高，水质有所改善，水功能区监督管理能力增强，水生态保护力度加大，黄河源区水源涵养功能和生物多样性、河流生态系统功能在一定程度上得到了改善。

（一）黄河生态水利建设发展理念

黄河中上游河南段，以郑州大都市区为核心，融合串联，提出四位一体振兴体系，扩大生态空间，成为绿色生态发展示范区。下游山东段，以济南为中心，在黄河三角洲高效生态经济区一体化的带动下，打造黄河三角洲高效生态经济区升级版，融合黄河三角洲和省会城市群经济圈，建设黄河生态经济带。

第一，重塑黄河生态，将其整体保护，进行系统修复和综合治理，构建黄河的生态安全带。首先，稳定主槽，留足缓冲空间，实现一级滩地河道生态一体化。在完善河道整治工程体系，应对不确定的上游来水来沙情势，治理畸形河势，完善现行河道整治平面布局的同时，为洪水留足缓冲空间，保障河道的行洪安全，使一级滩地生态得到恢复。在重点河段强化边界控制的同时，使防洪工程建设与水生态保护协调发展。恢复河道泛洪区湿地植被，保持水土，因地制宜，宜草则草、宜灌则灌、宜乔则乔，在植被恢复的同时，考虑湿地生态景观，构建环境好、生态优、景观美的河滩生态景观。

第二，开展生态建设，发展田园产业，实现二级滩地农林生态一体化。建设导流林带、堤防防护林和农田防护林。利用防护林系统，绿化滩区、防风固沙、保证二滩农业生产安全，恢复黄河滩区生态环境，形成城市与黄河之间的第一道绿色廊道和城市森林版块，提高沿黄城市品位。开展二滩土地整理，建设高标准农田，提升滩区农业生产质量、效率，生产高质、绿色、无公害农产品，降低农业生产的生态环境风险。大面积农作物种植，兼顾考虑农作物的景观性，打造滩区百里沃野现代农业田园风光。优化滩区农业生产结构，种植特色经济果林，生产绿色生态瓜果，打造四季变化的生态田园景观，增加滩区田园景观丰富度，提升景观品质。

第三，打造城乡融合、生态开发新格局，实现高滩宽堤生态一体化。开展滩区环境综合治理，美化滩区环境，建设高滩生态环境系统，打造生态宜居环境。结合城市景观生态建设，形成城市绿带，打造最美黄河滩区。注重顶层设计，加强防洪抗旱体系建设、多功能堤顶道路体系建设和林带景观及田园景观体系建设，使滩区和堤外城市有机融合发展，为滩区向外发展的需求提供路径，为城市融合发展和旅游发展提供保障。

（二）黄河生态水利建设的社会经济价值

以下游山东淄博段为例，淄博是个缺水的城市，黄河水为淄博的工业农业生产及城乡居民用水做出了突出的贡献。

1. 景观旅游区建设

红莲湖位于淄博桓台县，2008—2012 年共从黄河引水补源 11 次，共引取 2121.8 万 m^3 黄河水，现以由以前的废弃窑湾改造成具有人文内涵的魅力滨河景观。本县还有马踏湖，通过刘春家引黄闸和引黄过清干渠引黄河水补源，引取黄河水 1958.9 万 m^3。2011 年改造时无引水补源，2013 年向马踏湖供生态用水 1000 余立方米，改建后的马踏湖风景区已向社会开放。这两处景观是山东淄博生态文明建设的成功范例。

山东黄河沿线有淄博、滨州、德州、菏泽等 7 处景观被评为“国家级水利风景区”。风景区以水生态体系为主，展现黄河文化的特有魅力，实现了人类与母亲河和谐共处的哲学意义，同时与现代黄河工程相结合，赋予其文化、教育、生态、旅游功能，实现工程功能的多元化和产业化发展。

2. 农业经济

完善农业水利基础设施，建设现代农业高效节水灌溉工程、生态沟渠、防洪抗旱排涝水利系统、控导工程、生态防护林。发展农业产业集群，加快“三品一标”发展，促进滩区农业市场化、区域化经营，农产品个性化、多样化和优质化，打造沿黄生态林业、沿黄经济果林、沿黄生态农业、沿黄生态牧业、沿黄生态渔业等沿黄品牌。建立国家农业公园，以农村自然环境为基础，融入现代农业园林景观和乡村文化，发展高端农业旅游，促进土地增值、产业增效、农民增收。

黄河水浇灌的淄博高青大米荣获国家地理标志，黄河刀鱼、黄河西瓜等农产品为当地农民带来丰厚的经济效益。淄博的黄河淤背区开发以种植农作物为主，进行了林木开发项目试点，大力发展用材林，适度发展经济林，重点发展苗木花卉，淤背区确定了“三点、二片、一景区”的经济发展规划。淄博黄河与丝绸公司，县政府联合开发“淄博沿黄淤背区 5000 亩高效生态桑林示范园建设”项目，打造包括采叶园、育苗园、百里黄河观光采摘长廊等项目在内的千亩桑园，逐步打造黄河果品品牌。

3. 工业经济

每年 1.5 亿 m^3 黄河水不仅输送到齐鲁石化等国家重点企业，还通过管道供水方式输送到距离黄河较远的淄博市周村区、桓台县。引入黄河水后，博汇、辰龙、东岳等大型企业先后实现水源置换，每天减少地下水开采量约 10 万 t，大大减轻了当地的地下水负担。

桓台县这个全国闻名的吨粮县已成为工业强县，年销售收入 200 亿元的企业就有 4 家，全是依赖黄河水，否则工业强县也是空中楼阁。

4. 堤防惠民工程

2002 年开始，对黄河下游堤防实施大堤加高帮宽、防淤固堤、险工加高改建、修筑堤顶道路、建设堤防防浪林和生态防护林等工程建设，构造黄河下游集“防洪保障线、抢险交通线和生态景观线”于一体的标准化堤防体系，确保堤防不决口，形成完善的黄河防洪体系和绿色生态长廊。

建设宽带网络、便民信息服务平台、远程教育与医疗服务平台、农产品销售与农业旅游服务、“互联网+”电商平台，赋予滩区居民新时代生活体验。建设滩区集中式饮用水系统，乡村污水管网、垃圾收集与集中处理系统，进行乡村厕所革命，改善人居环境。

三、黄河生态水利建设的有效措施

构建黄河生态经济带战略。参照长江经济带战略，建议构建国家级的黄河生态经济带战略，以流域（区域，包括新疆等西北地区）生态保护为目标，以良好的生态促进流域（区域）经济绿色、协调、可持续、健康发展。制定颁布《黄河生态经济带发展指导意见》和《黄河生态经济带发展规划纲要》，对流域生态经济带发展进行顶层设计和规划布局，指导流域（区域）各省（自治区、直辖市）统一编制生态经济发展规划，并出台相关政策，统筹协调原已批复的环渤海经济区、中原经济区、西安—天水经济区等区域性发展战略，修改调整已批复的区域战略规划指导思想，使之符合“共抓大保护，不搞大开发”和以生态保护、生态文明建设为目标的发展思路，引导和促进各省（自治区、直辖市）转变经济发展方式，优化经济发展结构，强化生态环境保护的整体协调联动机制，走出一条生态优先、绿色发展之路。

（一）转变观念、理清思路

要改变水利建设方向，首先要理清治水思路，转变人们的治水观念，树立现代水利新观念。第一要放弃“根治水患”的“雄心壮志”，树立科学防治的观念。水患是不能根治的，单靠水利工程不能解决所有的洪涝旱灾等问题，治水要根据地球大气候的变化、人类生活和经济发展的情况，因势利导，按自然规律办事。第二要抛弃“头痛医头，脚痛医脚”的防治方法，树立定高标准，分步实施的战略思想观念。要达到生态水利这个长远目标可以分步实施，逐步推进。第三要转变水资源短缺就是水少的传统观念，树立新的生态水资源观。第四要转变重目标效益和行政区域利益的观念，树立以市场为导向，以全流域综合利益为目标，重长期生态经济效益的观念。第五要转变水利管理是行政管理的观念，树立水利管理法制化、市场化的新观念。

（二）建立现代水利管理机制实施

生态水利需要新的管理机制，首先是完善水利管理体制，健全水利管理机构；其次是在法制基础上建立适应社会主义市场机制的水利管理机制，包括水资源统一管理和市场分配机制，水利项目专家评估、社区群众参与机制，水利工程建设的项目法人制、建设招投标制、施工监理制、合同管理制，水利项目管理良性运行机制，水环境和水土流失监控机制等；再次是法制建设，搞好水利管理，就必须完善水利法规体系。

（三）实施黄河流域综合规划

流域规划是治水的基础，其首要任务是根据人口和资源确定经济结构，并要处理好上下游、左右岸、经济与生态、城市与农村、发展与保护、近期效益与长远效益的关系。一是流域内不能建设大型污染企业，对小污染企业更应严加控制；二是缺水地区原则上不建用水大户，控制需大量灌溉的农作物面积；三是发展第三产业要从保护生态的角度加强管理；四是根据生态学原理循环利用资源，不生产或少生产废料；五是农业生产结构要与国际接轨，提高总体经济素质，使产品结构多样化、高品质化；六是按流域特性设重点保护区和缓冲区。流域规划必须合理确定水源林的面积比重及森林结构，同时制定水土保持目标，逐步治理流失区，控制工矿、交通、建筑等经济活动中所产生的新的水土流失。

（四）合理配置黄河水资源

实施水资源优化配置，首先要将水资源管理纳入法制化、科学化、一体化的轨道，对水资源统一规划、统一调度、统一管理，因地制宜地逐步建立水务管理服务体系，对防洪、排涝、供水、排水、水资源保护、污水处理实行一体化管理；其次是建立适应社会主义市场机制的资源分配机制，根据供求关系理顺供水价格体系，实行城镇生活用水和工业用水的市场价及农业水政府适当补贴的成本价，要让用户感到合理的节约用水对国家和自己都有利，以促进节水措施的自觉推广；最后是协调配置流域的水资源，目前水资源的利用机制不顺造成了一系列问题，上下游之间、左右岸之间、城市与农村之间、工农业用水与生态用水之间的矛盾日益突出，这些都要在流域立法的基础上加以解决，由流域机构统一协调分配。

（五）完善黄河防汛体系建设

防汛体系建设要坚持防治并重，软硬件同建，工程和非工程措施并举的原则，区分轻重缓急，逐步实施。按流域特性设置保护屏障，在流域中上游丘陵山区建第一道防护屏障——水源林和水土保持林。水源林的林地在枯水期可补充大量的河川径流，缓解水污染，保护水域和湿地的生态环境。生态防护林建设要与保护生物多样性、景观多样性，以及生态旅游和经济建设结合起来。在中上游地区布设第二道防线——调蓄水库。目前，水库群落体系大部分已建成，应继续完善。关键是要完善配套设施，除险加固，治理库区水土流失，美化环境，健全管理体制，确保水库持续运行。在生态环境恶劣、水土流失严重的地区，不宜兴建水库，以免工程报废带来更大的危害。

黄河的治理开发和生态环境保护是生态文明建设的一部分。发展好黄河生态水利建设是诠释“绿水青山就是金山银山”理念最好的方式，它承载了引领美丽中国建设的重大历史使命，将在中华民族伟大复兴的进程中焕发出无限的生机和活力。我们要像对待生命一样对待生态环境，建立美丽中国，为人民创造良好生产生活环境，为全球生态安全做出贡献。

参考文献

[1] 杨志峰，刘静玲，等．环境科学概论［M］．2 版．北京：高等教育出版社，2010.

[2] 涂同明，涂俊一．生态文明建设知识简明读本　实践篇（普及版）［M］．武汉：湖北科学技术出版社，2013.

[3] 李振玉，李斌．水映淄博［M］．郑州：黄河水利出版社，2013.

甘肃平凉市主要河流生态流量的确定与保障对策

周子俊　葛　雷　王化儒　朱彦锋　单　凯

黄河水资源保护科学研究院

随着人类活动对河湖生态系统造成的水生态系统功能损害不断增加，水生态健康不断恶化，由此提出了河湖生态流量的概念。目前国际上最为广泛接纳的是2007年《布里斯班宣言》中所作出的解释：能够维持河道及河口的自然生态系统和维持人类生存发展所依赖的生态系统所需要的流量、过程和质量。在2015年联合国可持续发展峰会上通过的“2030年可持续发展议程”中，生态流量被确定为可持续发展目标的重要指标之一，进一步推动了国际上关于生态流量研究和实践。我国河湖生态问题严峻，受长期累积的人类活动影响，水生态损害问题较为严重，生态流量保障不足是导致这一问题的重要原因，确定和保障河湖生态流量、维护河湖健康已迫在眉睫。然而，不同地区的河湖地理地貌特点、不同类型的河湖不同时期生态系统问题和保护需求等差异显著，河湖生态流量的确定应因地制宜，因时制宜。

平凉市位于甘肃东部、黄河流域黄土高原西部，地跨六盘山及其余脉陇山两侧，是甘肃、宁夏、陕西三省区交汇处，地处黄土高原腹地，受自然地理条件和季风气候的影响，水资源呈现时空分布不均，区域差异明显，水资源匮乏，人均占有量少的特点。该区域生态系统脆弱，水资源供需矛盾尖锐，随着经济社会快速发展对水需求的不断增加，“与河争水”等挤占生态用水现象情形愈加凸显，河湖健康严重受损，生态功能持续失衡。因此，其主要生态流量的确定与保障具有极为重要和积极的意义。然而平凉地区水资源贫乏，水资源开发利用程度高，河湖生态流量难以保障，使得河湖生态系统功能性损害严重。区域又属于我国相对不发达地区，经济社会急需快速发展，对水资源需求将持续增长。生态流量的确定应立足于“社会-生态耦合系统”，坚持河流水系整体性，水资源、生态环境和经济社会协调性等要求，综合考虑水资源禀赋条件、开发利用状况、生态环境保护要求等，科学合理地确定河湖生态流量目标。

一、平凉市水资源与生态环境现状

（一）水资源状况

平凉市深居内陆，地处黄土高原腹地，受自然地理条件和季风气候的影响，水资源呈现时空分布不均，区域差异明显，水资源匮乏，人均占有量少的特点。其时空分布不均主要体现出年际变化大、年内分配不均、季节性突出的特点；区域分布主要体现出中部多东西少、南多北少的特点；人均水资源量为302m^3，约为甘肃省人均水资源量1100m^{3}的28%，为全国人均水资源量2200m^{3}的14%。整体上，平凉市水资源严重匮乏，属于严重缺水地区，水资源供需矛盾突出。

根据平凉市水资源公报，平凉市多年平均水资源总量为7.04亿m^3，其中地表水资源量为6.47亿m^3，占比91.9%；不重复计算地下水资源量为0.57亿m^3，占比8.1%。

按照泾河流域、葫芦河流域划分，其中泾河流域（含泾河干流、汭河、黑河、达溪河）水资源总量为5.16亿m^3，占全市水资源总量的73.3%；汭葫芦河流域（葫芦河干流、水洛河、庄浪河、南河、千河）水资源总量为1.88亿m^3，占全市水资源总量的26.7%。泾河流域水资源占主体，也是平凉市经济社会发展的主要布局区域（表1）。

总体来说，平凉市水资源总量有减小趋势。20世纪50—60年代以来，水量较大，70年代减小幅度较大（22.2%），80年代减小幅度较小（6.1%），90年代减少幅度较大（37.8%），2001年以后减少幅度较小（13.8%）。

表1　平凉市各分区水资源量分布

项目			面积/km^2	地表水资源量/亿m^3	地下水资源量/亿m^3	不重复量/亿m^3	水资源总量/亿m^3
流域分区	泾河流域	泾河干流	2859	1.70	1.17	0.17	1.87
		汭河	1568	1.79	0.86	0.18	1.97
		达溪河	1407	0.72	0.31	0.02	0.75
		黑河	1386	0.56	0.37	0.02	0.58
		小计	7220	4.77	2.71	0.39	5.156
	葫芦河流域	葫芦河干流	2047	0.49	0.47	0.10	0.60
		南河、庄浪河、水洛河	1661	0.88	0.28	0.07	0.95
		千河	213	0.33	0.10	0	0.33
		小计	3921	1.70	0.86	0.18	1.88
平凉市			11141	6.47	3.57	0.57	7.04

（二）水生态环境现状

平凉市水生态环境主要存在以下问题：

（1）区域水资源量逐年减少，部分河段生态水量保障不足。平凉市的水资源本身较为匮乏，而近年来来水逐年减少。《平凉地区水资源调查评价与水利区划》中采用的1956—1980年序列，评价平凉市自产水资源量为7.23亿m^3；《平凉地区水资源开发利用现状分析报告》中采用1956—1990年序列，评价平凉市自产水资源量为6.54亿m^3；《甘肃省水资源综合规划》中采用1956—2000年序列，评价平凉市自产水资源量为6.74亿m^3；《平凉市水资源综合规划》中采用1956—2011年序列，评价平凉市自产水资源量为6.47亿m^3，平凉市的多年均水资源量逐年减少。

从径流量来看，20世纪50—60年代是丰水期，70—80年代略大于多年平均值，但90年代以来进入枯水期，河道来水量逐年减少，其中尤以葫芦河静宁站最为显著。

静宁站径流量的剧烈变化反映出除天然来水资源减少外，主要因为为上游地区用水量较大，下泄水量不足。近十年的平均流量仅为系列前十年的14.4%，河道来水锐减（图1）。2016年，静宁站年均流量更是低至0.037m^3/s，全年月均水量无高于0.1m^3/s，且5月和12月整月断流，葫芦河生态水量严重不足，对下游水功能区、水生态造成严重影响。

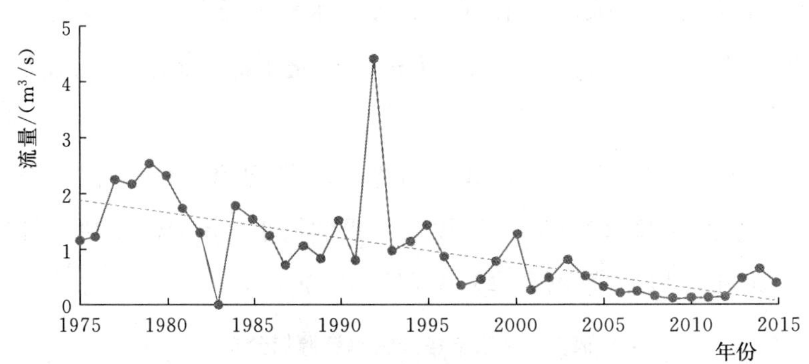

图1 葫芦河静宁站1975—2016年年均流量过程变化

（2）水功能区达标率有待提高，部分城市河段超载严重。平凉市主要河流11个水功能区不达标个数为5个，以双指标评价，不达标个数为3个，主要为泾河崆峒、泾川工业、农业用水区，葫芦河宁甘缓冲区和水洛河庄浪、静宁农业用水区，均为城市河段，且超载严重，在按照主要排污口排放浓度一级A标准控制后，仍然超过其所在河段的纳污能力。

二、平凉市主要河流生态流量综合确定

（一）初值计算

选择泾河八里桥、平镇桥、泾川，汭河小庄子、九功、黑河盘口大桥、达溪河灵

台、葫芦河郭罗、静宁，水洛河庄浪等断面，利用所能收集到的最长系列的实测流量作为计算序列。采用选择采用 Q_p法、Tennant 法、历史流量法、近十年最枯月流量法进行生态流量计算，其中 Tennant 法以实测径流量的 10% ~20% 作为非汛期基本生态需水量初值，将 30% ~40% 作为汛期基本生态需水量初值。

1. 河道内基本生态需水量

各种方法计算结果见表 2，其中 Q_p 法和近十年最枯月流量法计算的基本生态环境需水量显著偏小，不能满足水环境用水基本需求，河流基本生态功能无法持续维持。

表 2　平凉市河流河道内基本生态环境需水量初值计算汇总表　　单位：m^3/s

河流	断面	Q_p 法		Tennant 法		频率曲线法		近十年最枯月流量法	功能区纳污能力设计流量
		$p=90\%$	$p=95\%$	非汛期	汛期	非汛期	汛期		
泾河	八里桥	0.09	0.09	0.37 ~0.73	1.10 ~1.46	0.13	0.24	0.13	0.98
	平镇桥	0.17	0.10	0.52 ~1.04	1.56 ~2.08	0.30	0.68	0.09	0.98
	泾川	0.28	0.10	0.75 ~1.49	2.24 ~2.98	0.57	1.34	0.04	2.04
汭河	安口	0.41	0.36	0.40 ~0.80	1.19 ~1.59	0.51	1.18	0.34	0.38
	九功	0.35	0.28	0.46 ~0.91	1.37 ~1.82	0.53	1.02	0.21	0.38
黑河	盘口大桥	0.04	0.02	0.13 ~0.28	0.41 ~0.54	0.09	0.10	0.08	0.41
达溪河	灵台	0.10	0.07	0.50 ~0.99	1.49 ~1.98	0.14	0.12	0.10	—
葫芦河	郭罗	0.04	0.02	0.10 ~0.20	0.31 ~0.41	0.04	0.07	0.01	0.16
	静宁	0.04	0.02	0.10 ~0.20	0.31 ~0.41	0.04	0.07	0.01	0.16
水洛河	庄浪	—	—	0.04 ~0.07	0.11 ~0.14	0.11	0.11	0.15	—

平凉市主要河流的非汛期基本生态环境需水量确定主要依据 Tennant 法、频率曲线法等计算结果（表 3），汛期基本生态环境需水量确定参考 Tennant 法确定，在此基础上，考虑上下游断面流量连续性以及水功能区设计流量等综合确定。

表 3　平凉市主要河流河道内基本生态环境需水量　　单位：m^3/s

河　流	断　面	河道内基本生态环境需水量初值（占多年平均流量的百分比）	
		非　汛　期	汛　　期
泾河	八里桥	0.37 ~0.98	1.10 ~1.46
	平镇桥	0.52 ~1.04	1.56 ~2.08
	泾川	0.75 ~2.04	2.24 ~2.98
汭河	安口	0.40 ~0.80	1.19 ~1.59
	九功	0.46 ~0.91	1.37 ~1.82
黑河	盘口大桥	0.13 ~0.41	0.41 ~0.54
达溪河	灵台	0.50 ~0.99	1.49 ~1.98
葫芦河	郭罗	0.16 ~0.20	0.31 ~0.41
	静宁	0.16 ~0.20	0.31 ~0.41
水洛河	庄浪	0.11 ~0.15	0.11 ~0.15

2. 河道内目标生态需水量

根据主要涉水保护对象及需水需求，平凉市主要河流目标生态需水量包括河流湿地及河漫滩湿地生态需水、重要水生生物生态需水（表4）。

表4 平凉市河流保护目标需水规律分析

河流	敏感保护对象		需 水 规 律
泾河	八里桥	景观需水	5—10月：保持一定的水面宽度，维持河流一定流量，水质良好
	平镇桥	河流及河漫滩湿地	7—10月：维持河流一定量级洪水下泄，满足河漫滩湿地的生态需求。
	泾川	土著鱼类栖息地、河流及和河漫滩湿地	4—6月：流速0.3～0.8m/s，有淹没岸边的流量过程，在鱼类栖息地河段需维持一定水面，水深在1m左右，满足鱼类产卵生态水量需求（以鲤鱼为需水对象）。 7—10月：维持河流一定量级洪水下泄，满足河漫滩湿地的生态需求
汭河	安口	河流及漫滩湿地	5—10月：保持一定的水面宽度，维持河流一定流量，水质良好
	九功	土著鱼类栖息地、河流及和河漫滩湿地	4—6月：流速0.3～0.8m/s，有淹没岸边的流量过程，在鱼类栖息地河段需维持一定水面，水深在1m左右，满足鱼类产卵生态水量需求（以鲤鱼为需水对象）。 7—10月：维持河流一定量级洪水下泄，满足河漫滩湿地的生态需求
黑河	盘口大桥	河流及漫滩湿地	5—10月：保持一定的水面宽度，维持河流一定流量，水质良好
达溪河	灵台	河流及漫滩湿地、重要水生生物栖息地、土著鱼类栖息地	4—6月：流速0.3～0.8m/s，有淹没岸边的流量过程，在鱼类产卵场维持一定的水面面积，满足鱼类产卵需求。 7—9月：维持河流一定流量，满足河流及漫滩湿地的需水
葫芦河	静宁	景观需水	5—10月：保持一定的水面宽度，维持河流一定流量，水质良好
水洛河	庄浪	景观需水	5—10月：保持一定的水面宽度，维持河流一定流量，水质良好

《河湖生态环境需水计算规范》（SL/Z 712—2014）提出对一般河流而言，河流流量占多年平均流量的60%～100%时，河宽、水深及流速将为水生生物提供优良的生长环境，河流流量占多年平均流量的30%～60%时，河宽、水深及流速均佳，大部分边槽有水流，河岸能为鱼类提供活动区。对于水资源短缺、用水紧张地区的河流，河流目标生态环境需水量取值可在“非常好”“极好”的分级范围。

根据平凉市主要河流节点径流特征、水资源供需状况及生态环境状况，平凉市主要河流汛期和非汛期河流目标生态环境需水量取值在“非常好”和“极好”之间。本次目标生态环境需水量计算以Tennant法为基础，根据各河流保护目标分布，选择多年平均实测流量的30%～40%作为4—6月目标生态环境需水量初值；选择多年平均实测流量的50%～60%作为7—9月目标生态环境需水量初值（表5）。

表 5 平凉市主要断面目标生态环境需水量计算及确定 单位：m³/s

河 流	代表断面	4—6 月	7—9 月
泾河	八里桥	1.10～1.46	1.83～2.19
	平镇桥	1.55～2.06	2.58～3.10
	泾川	2.24～2.98	3.73～4.48
汭河	安口	1.19～1.59	1.99～2.39
	九功	1.38～1.84	2.30～2.76
黑河	盘口大桥	0.41～0.55	0.68～0.82
达溪河	灵台	0.43～0.57	0.72～0.86
葫芦河	郭罗	0.31～0.41	0.51～0.61
	静宁	0.31～0.41	0.51～0.61
水洛河	庄浪	0.11～0.14	0.18～0.22

（二）生态流量核算

根据水资源配置实现的可能性，对各断面生态流量范围内指标做满足程度分析，在不低于一定保证率情况下得到生态流量的核算结果。平凉市主要河流生态流量满足程度调整后指标见表 6。

表 6 平凉市主要河流生态流量满足程度调整后指标 单位：m³/s

河 流	代表断面	生 态 基 流		敏感生态需水	
		非汛期	汛期	4—6 月	7—10 月
泾河	八里桥	0.4	1.4	1.1～1.5	1.8～2.2
	平镇桥	0.8	1.9	1.6～2.1	2.6～3.1
	泾川	1.5	2.7	2.2～3.0	3.7～4.5
汭河	安口	0.8	1.6	1.2～1.6	2.0～2.4
	九功	0.84	1.9	1.4～1.8	2.3～2.8
黑河	盘口大桥	0.19	0.48	0.4～0.6	0.7～0.8
达溪河	灵台	0.25	0.45	0.4～0.6	0.7～0.9
葫芦河	郭罗	0.04	0.13	0.3～0.4	0.5～0.6
	静宁	0.04	0.13	0.3～0.4	0.5～0.6
水洛河	庄浪	0.11	0.15	0.15～0.24	0.2～0.6

（三）生态流量综合确定

1. 水量调度要求

平凉市境内河流位于渭河葫芦河和泾河水系的上游区域，《渭河流域重点治理规划》《黄河流域水资源保护规划》均未对上述断面有生态流量要求。

《黄河水量调度条例实施细则（试行）》提出了黄河重要支流控制断面最小流量指标

及保证率，其中泾河杨家坪断面最小流量指标为2m³/s，保证率为90%。根据杨家坪断面日均流量过程中小于2m³/s发生时间对应八里桥断面、泾川断面、安口断面日均流量提出上述各断面的预警流量，分别为0.13m³/s、0.3m³/s、0.48m³/s，保证率为90%上。

2. 相关规范要求

《河湖生态环境需水计算规范》（SL/Z 712—2014）规定在河流生态环境需水量计算的基础上，按河流水系的完整性，统筹协调上下游、干支流，确定河流生态环境需水量。平凉市内泾河和葫芦河流域面积分别为0.72万km²和0.39万km²，属于北方较大江河，但是由于均处上游，流量仍然较小，等同于中小河流；其他河流均为北方中小河流；水资源开发利用程度为中等，人类活动有一定影响，但尚未过度。因此，根据规范意见，河流基本生态环境需水量与地表水资源量比例应为10%～20%、目标生态环境需水量与地表水资源量比例应为40%～50%。

（四）生态流量核算

平凉市泾河、汭河、黑河、达溪河、葫芦河、水洛河等主要河流的生态流量是以生态需水计算为基础，兼顾了自净需水、景观需水、不同水平年的保证程度而综合确定的，生态流量可能作为今后平凉市水资源配置和水量调度等水资源管理的主要目标之一。综合上述分析和计算过程，本次提出的生态流量目标值见表7。

表7 平凉市主要河流生态流量目标值列表 单位：m³/s

年份	生态流量目标			泾河			汭河		黑河	达溪河	葫芦河		水洛河
				八里桥	平镇桥	泾川	安口	九功	盘口大桥	灵台	郭罗	静宁	庄浪
特枯年	预警流量	流量值		0.13	—	0.3	0.48	—	—	—	—	—	—
		保证率		95%	—	95%	95%	—	—	—	—	—	—
		性质		日均	—	日均	日均	—	—	—	—	—	—
枯水年	生态基流	流量值	非汛期	0.4	0.8	1.5	0.8	0.84	0.19	0.25	0.04	0.04	0.11
			汛期	1.4	1.9	2.7	1.6	1.9	0.48	0.45	0.13	0.13	0.15
		保证率		60%～70%									
		性质		日均									
平水年	生态基流	流量值	非汛期	0.4	0.8	1.5	0.8	0.84	0.19	0.25	0.04	0.04	0.11
			汛期	1.4	1.9	2.7	1.6	1.9	0.48	0.45	0.13	0.13	0.15
		保证率		80%									
		性质		日均									
	兼顾生态流量	流量值	4—6月	1.1～1.5	1.6～2.1	2.2～3.0	1.2～1.6	1.4～1.8	0.4～0.6	0.4～0.6	0.3～0.4	0.3～0.4	0.15～0.24
			7—10月	1.8～2.2	2.6～3.1	3.7～4.5	2.0～2.4	2.3～2.8	0.7～0.8	0.7～0.9	0.5～0.6	0.5～0.6	0.2～0.6
		保证率		兼顾满足，不做要求									
		性质		月均									

续表

年份	生态流量目标			泾河			汭河		黑河	达溪河	葫芦河		水洛河
				八里桥	平镇桥	泾川	安口	九功	盘口大桥	灵台	郭罗	静宁	庄浪
丰水年	生态基流	流量值	非汛期	0.4	0.8	1.5	0.8	0.84	0.19	0.25	0.04	0.04	0.11
			汛期	1.4	1.9	2.7	1.6	1.9	0.48	0.45	0.13	0.13	0.15
		保证率		80%以上									
		性质		日均									
	敏感生态流量	流量值	4—6月	1.1～1.5	1.6～2.1	2.2～3.0	1.2～1.6	1.4～1.8	0.4～0.6	0.4～0.6	0.3～0.4	0.3～0.4	0.15～0.24
			7—10月	1.8～2.2	2.6～3.1	3.7～4.5	2.0～2.4	2.3～2.8	0.7～0.8	0.7～0.9	0.5～0.6	0.5～0.6	0.2～0.6
		保证率		50%以上									
		性质		月均									

同时，由于葫芦河静宁断面水量受上游来水影响极大，其断面生态流量除应满足上述流量指标外，还应根据上游来水来决定，当上游来水（即郭罗断面）流量小于0.04m^3/s时，静宁断面生态流量不与计算。

三、平凉市主要河流生态流量的保障对策

平凉市面临着发展不足和生态脆弱的双重压力，经济社会发展对水资源依赖程度高，生态脆弱环境的有效保护也需要水资源的有效支撑。在经济社会用水需求剧增情况下，河道生态流量保障面临巨大压力。生态流量保障应立足于区域河湖实际，维持保护目标的生态环境功能和结构，促进流域生态保护和经济社会发展的关系协调，可通过采用增强节水能力、规划水资源调节工程等自身挖潜手段，并辅以流量监测管理措施等多管齐下，保障生态流量的维持。

（一）合理规划、建设水利工程，调节水资源供需矛盾

平凉市年均水资源量仅为7.04亿m^3，境内中型水库仅有东峡水库和崆峒山水库两座，且分别为静宁县和崆峒区提供生活用水任务，以及王峡口水库、石堡子水库、竹林寺水库、铜城水库等小型水库工程，水库调蓄能力较弱，调节手段不足，调节能力有限。

建议根据平凉市各县水资源禀赋条件，规划各地区，即主要是关山以东县区的新建、改扩建水利工程，利用串联多座中小型水库的综合调蓄能力，增加下游河道的来水保证率，提高生态流量满足程度。

（二）挖掘节水潜力，提高产业耗水系数，增加入河退水量

目前，平凉市的用水效率不高，仍有一定的节水潜力可挖。据统计，平凉市农田灌溉水利用系数近0.45左右，低于甘肃省的0.47和黄河流域的0.49，万元GDP用水量高达114m³，工业用水重复率仅为69.0%，供水管网漏失率为13.3%，高于甘肃省的10%、黄河流域的9.5%和全国平均水平10%，未达到我国住房城乡建设部颁布的“不高于12%”的标准，用水效率总体不高。

建议根据《平凉市水资源综合规划》目标，至2020年农田灌溉系数提高至0.62，万元GDP用水量降至56m³，工业用水重复率增至90%，城镇供水管网漏失率降至8%，可节约用水9052万m³，减少社会经济生产生活用水，增加生态环境用水，提高生态水量满足程度。

（三）实施流域外调水，补充境内水资源量

平凉市水资源短缺，“三生”用水紧张的局面难以从自身挖潜方面得到解决，实施外流域引水是解决平凉市水资源短缺的有效手段。

目前，平凉市正在开展的调水工程有引洮供水二期工程和白龙江调水工程。工程的建设以城市供水、能源开发利用、工业用水为主，兼顾农业和生态用水。规划至2030年，引洮供水二期工程合计向静宁县引水4878万m³，白龙江调水工程调入水量2.31亿m³，可极大地改善平凉市用水紧张的局面，实现水资源的供需平衡，为保障生态环境用水创造条件。

（四）增设自动水文观测站所，开展断面巡查，完善断面生态流量监控措施

完善的生态流量监测措施是保障断面生态流量实现的工程手段之一。平凉市主要河流中10个生态流量控制断面中有5个属水文监测断面，有完善的水文监控设施，其余除郭罗断面有水位自动监测设备外，平镇桥、安口、盘口大桥及庄浪断面均属水质监测断面，无基本的水文观测设备布设，缺乏必要的监测手段，建议在上述河段或断面新增相应的水文监测断面或布设自动化监测设备，增强生态流量监控手段，为生态流量调度提供基础条件。

（五）制定地方法规，建立生态流量管理制度

鉴于《关于印发〈水污染防治行动计划实施情况考核规定（试行）〉的通知》（2016年12月）中对生态流量实施体系的考核要求，按照《国务院关于关于实行最严格水资源管理制度的意见》（国发〔2012〕3号）要求，建议将平凉市主要河流的生态

流量纳入平凉市水资源调度方案。由平凉市政府制定地方法规，成立生态调度管理机构，将生态流量纳入区域水资源统一管理，制定应急调度方案，在满足生活用水的前提下，优先满足生态流量，将水力发电、生产供水等调度服从于水资源管理，切实保障生态流量。

（六）研究生态流量补偿机制，建立跨省（自治区、直辖市）协商对话机制

生态补偿作为一种重要的有效管理资源与环境的措施，近年来引起中央和省的高度重视，并开展了大量的探索，其主要以实现社会公正为目的，主要目标是为上下游各地区间提出跨区域（流域、行政区）的生态补偿机制，提出以直接支付生态补偿金为内容的补偿方式。

葫芦河是从宁夏流至甘肃的跨省区河流，其水量配置、水功能区达标实现和生态调度必须考虑上下游的协调关系。鉴于葫芦河来水锐减的实际，建议平凉市开展生态流量补偿机制研究，研究足额水量的经济效益和生态效益，从水质达标、生态流量等角度提出受损的补偿或赔偿额度，研究建立财政转移支付的手段和途径，如直接转移支付或建立生态补偿基金平台等，形成利益主体广泛参与的上下游两省（自治区、直辖市）协商对话机制。

参考文献

[1] Poff N L, Matthews J H. Environmental flows in the anthropocence: Past progress and future prospects [J]. Environmental Sustainability, 2013, 5 (6): 667-675.

[2] 赵钟楠，魏开湄，李原园，等. 新时代河湖生态水量评价若干思考 [J]. 中国水利，2018 (13).

[3] 李海林. 平凉市水资源承载能力评价分析 [J]. 甘肃水利水电技术，2010，46 (6): 9-10.

伊洛河试点河段水生态监测与健康评价体系

秦祥朝　刘　哲　张　宁

黄河流域水环境监测中心

水是生命之源、生产之要、生态之基。我国河流水生态环境复杂而脆弱，尤其是在资源性缺水严重的黄河流域，水资源短缺、水体富营养化、湿地萎缩、生物多样性锐减等水生态问题成为制约当地经济社会可持续发展和水生态文明建设的主要瓶颈之一。针对黄河流域突出的水生态问题，开展相关的水生态现状调查，确定黄河水生态系统重点保护目标，制定水生态保护措施体系，对指导流域内水生态保护，促进黄河流域水生态文明建设具有重要意义。

伊洛河作为黄河下游主要支流之一，也是水资源相对丰富、含沙量较少的支流。在水生态系统方面，伊洛河干流为鱼类生存提供了良好栖息生境，洛河鲤、伊河鲂是我国历史上著名的经济鱼类，伊洛河入黄口段也一直是黄河中下游鱼类传统的集中产卵场之一。近年来，随着流域社会经济的快速发展，水环境污染、水生态恶化等环境问题逐渐显现，水生生物多样性也面临着日益退化和丧失的威胁。

为贯彻落实中共中央国务院《关于加快推进生态文明建设的意见》和水利部《关于加快推进水生态文明建设工作的意见》的要求，加快黄河流域水生态文明建设，加强流域水生态环境保护，维护流域生态系统的健康，我们选择伊洛河作为试点，开展了水生态监测与健康评价体系研究。该研究旨在通过对伊洛河试点河段展开水生态调查，掌握伊洛河试点河段水生态现状，识别能够代表区域水生态状况的生物指标，客观评价伊洛河试点河段水生态健康状况，初步建立适用于试点河流的水生态监测与健康评价体系，为黄河水生态环境保护和可持续发展提供技术支撑。

一、监测要求和质量保证与控制

（一）总体要求

1. 监测要素

生物类群（浮游植物、鱼类）。

水体理化参数。

2. 监测频次与时间

（1）浮游植物监测频率及采样时间应根据项目实际要求，结合水体类型、特点及实际情况确定。其监测宜与水质监测保持一致，常规监测频率可按季度、月份、水期（丰水期、平水期、枯水期）进行。在水华高发期，可根据实际情况增加监测频次。本研究按双月份采样，一年采样 6 次，采样工作主要在 8：00—12：00 进行。

（2）鱼类样品的采集频率全年不得少于两次，采样时间应分布在枯水期和丰水期。本研究的鱼类监测与浮游植物监测工作开展时间保持一致。

3. 点位布设

监测点位的布设，取决于水体和周围环境的自然生态类型、人类干扰强度以及所用生物监测技术的特殊要求，以满足监测及评价目的为宗旨，需遵从以下原则：

（1）尽可能沿用历史观测点位。

（2）在监测点位采集的样品，需对研究水域的单项或多项指标具有较好的代表性。

（3）生物监测点位应与水文测量、水质理化指标监测站位相同，尽可能获取足够信息，用于解释观测到的生态效应。

（4）生物监测点位尽量覆盖不同的生境类型。

（5）在保证达到必要的精度和样本量的前提下，监测点位应尽量少，要兼顾技术指标和费用投入。

（6）生境监测位点与生物监测位点保持一致。

（7）如果监测的目的是建立大范围、全面的流域生物数据网络，点位需覆盖整个流域范围；如果监测目的是客观评估点源污染的影响，则需在一定范围内进行加密监测。

在上述点位布设的要求下，本研究选择七里铺、黑石关、白马寺、凌波大桥、西草店 5 个点位作为监测断面。

（二）野外质量保证与控制

1. 样品采集

（1）保证所有野外设备处于良好的运行状态，须制定一项常规检查、维护及/或校准的计划，以确保野外数据的异质性和质量。野外数据必须完整、规范、清晰。

（2）合理安排各类生物样品采集顺序，尽量避免生物类群在采集前受到较大扰动。

（3）定量采样应在定性采样前进行。

（4）正确填写样品标签，包括样品编号、日期、水体名称、采样位置以及采集人姓名。样品记录表包含的信息必须与样品瓶标签相同。

（5）及时清洗所有接触过样品的采样设备，并仔细检查，防止采样污染。

（6）及时在现场处理样品。受生物活动影响，随时间变化明显的项目应在规定时间内测定。

2. 样品的保存

按照要求分别保存各类样品，保存时，每隔几周检查固定液，必要时进行添加。

3. 样品的运输

（1）必须根据采样记录或登记表核对清点样品，以免有误或丢失。

（2）样品运输中贮存温度不超过采样时的温度，必要时使用冷藏设备。

（3）运输中应仔细保管样品，以确保样品无破损、无污染。应避免强光照射及强烈震动。

4. 采样记录

除了样品相关信息，采样时间、地点、水温、气温、水文、植被等也应有详细记录，确保采样现场数据的完整性。

5. 准确度和精确度

（1）采集现场要设负责人，对采样点位、采集数量、采集的效果进行评估。

（2）藻类等采集的样品，要由指定人员检查样品采集过程是否符合采集要求，保存方法是否符合规范。

（3）生境调查至少应有 2 人同时完成记录和评价；不同时期下同一河流或河段的生境调查建议由同批人员完成。

（三）实验室质量保证与控制

1. 样品的交接与记录

（1）样品交接时，应办理正式交接手续，由接收样品的工作人员记录其状态，检查是否异常或是否与相应检验方法中描述的标准状态有所偏离。

（2）实验室应建立送检样品的唯一识别系统，以保证任何时候的样品识别都不会发生混淆。

2. 种类鉴定、计数

（1）新种、新记录种必须留出标本完整，鉴别特征典型的样品制作标本，永久保存，并请分类学专家进行确认。

（2）有疑问不确定的物种，需要请分类学专家对物种进行确认。样品鉴定完毕后，需请1位相关专业人员对样品进行抽检，抽检比例为10%，以确保分类鉴定的准确性。并记录鉴定的偏差情况。

（3）实验室应当保存并更新相关的分类学文献。

（4）样品需由2名工作人员重复计数。

3. 数据记录

记录实验室分析过程中所取得的相应数据，分析测试项目还应记录下测试条件、测试方法、QC报告，并描述如何从原始数据到最终结果报告的过程、数据转换步骤。数据记录表须有记录人、校对人签字。

4. 样品的保存

保存所有样品的模式标本及其记录，必须准确、标记完整、防腐，并保存于实验室，以便将来作为参考。现场分析剩余样品不保存；实验室分析剩余的生物样品至少保留4个月以上，有条件的实验室可长期保存。

5. 准确度和精确度

（1）建议重复抽样样品应当由另一位专业人员计数，以便评估分类精确性及偏差。

（2）建议定期邀请专业分类学者，进行抽查，对错鉴的物种，在记录表上进行更正。并记录鉴定的偏差情况。

（3）监测期间，建议开展专业技术培训和人员交流，不断提高人员鉴定水平。

6. 资料保存

基础分类学参考文献文库是藻类、鱼类鉴定中必不可少的辅助工具，应按实验室需求购买、收集和保存。

二、伊洛河试点河段水生态监测方法

（一）浮游植物

1. 采集方法

（1）定性样品。用25号浮游生物网采集。采集前打开活塞，清洗浮游生物网。采样时将网口上端入水面下0～0.3m处做“∞”形循回拖动，3～5min后将网慢慢提起，然后打开浮游生物网下端的旋塞，将网底浓缩的水样放入标本瓶中，取样30～50mL。取混合样时，用浮游生物网过滤所取水层的水样20～50L，将浓缩后的水样与表层浓缩水样混合得到混合水样。样品采集完成后及时将浮游生物网清洗干净。样品放入标本瓶后应贴好标签，注明采样日期、地点、样品类别及采样人。

（2）定量样品。浮游植物定量样品用采水器在所测水层采水1000～2000mL。若透明度较高，浮游植物生物量较低时，应酌情增加采水量到3000～5000mL。定量样品应采集平行样品。平行样品数量应为采集样品总数的10%～20%，每批水样不得少于1个。在水深不超过2m时，可在表层下0.5m左右采样；若透明度较大，水体超过2m，可按表层透明度的0.5倍、1倍、2.5倍和3倍处各取一个样，然后将各层样品均匀混合后再从混合样品中取一个样作为定量样品。操作采水器时，可在采水器的提绳上打结标注欲采集的水深，以绳结与水面齐平为准。

（3）固定和浓缩。浮游植物标本采集后，除留待活体观察的样品以外，其余样品立刻以鲁哥氏液固定（每升水加15mL鲁哥氏液）。当发生水华时，酌情增加鲁哥氏液使用量3～5mL，以确保浮游植物细胞被全部固定。

定量样品固定后还需浓缩至30～50mL贮存。浓缩采用沉淀法：将固定后的样品摇匀后全部倒入沉淀器中静置24～48h，以虹吸管吸去上清液；操作中不能搅动液体，以免沉淀在下部的固体物质随虹吸管中的液体逸出；必要时可反复进行操作，直至样品浓缩至30～50mL时装入样瓶中保存。

2. *测定方法*

用滴管摄取适量定性样品（2～3滴）制成标本片，在显微镜下观察浮游植物的形态结构特征，优势种类应鉴定到种，其他种类至少鉴定到属。

种类鉴定除用定性样品观察外，微型浮游植物应视取定量样品进行观察。每个定性样品观察不少于2～3个标本片。

（1）密度分析包括计数框行格法和目镜视野法。

（2）生物量分析。浮游植物生物量测量采用体积测量，然后换算成生物量。测量时应根据浮游植物体型，按最近似的几何图形测量它的长度、高度、直径等，然后求出平均值，按求积公式计算出体积。对于形状不规则的浮游植物，可将其分解成几个规则的部分，分别测量计算体积，然后进行求和得到浮游植物体积。

浮游植物优势种必须做实际测量，每个种类至少随机测定30～50个，然后求平均值计算体积，根据“$10^9\mu m^3 \approx 1mg$鲜藻重的换算关系”把浮游植物细胞体积换算为生物量（mg/L，湿重）。

在要求快速报送生物数据的情况下，可对优势种群进行测量，其他非优势种可根据已有资料查得相应浮游植物的体积，求得生物量。对于数量较少的微型种类可按大、中、小三级的平均质量计算：极小的（$<5\mu m$）为0.0001mg/万个；中等的（5～

10μm）为0.002mg/万个；较大的（10~20μm）为0.005mg/万个。

（二）鱼类

1. 采集方法

（1）作业方式。调查河段鱼类采集通过雇用专业渔民捕捞和自主捕捞相结合的方法进行，自主捕捞使用的工具包括定置刺网、地笼等。

（2）渔获物统计。在野外调查中直接鉴定鱼类种类，测量鱼类的体长、全长、体重，统计渔具数量、渔具规格、捕捞时间、捕捞流域、捕捞地点。如果渔获物数量大，可以对每种鱼抽样称量10~20尾，余下的鱼称取总重和总尾数，每批渔获物要详细记录渔具、捕捞船数、捕捞天数。尽量做到将当天的记录输入计算机，以便检查称量和记录的正确性。

渔获物调查中同时记录渔业方式，统计使用各类渔具的船只数，每只船的渔具数，对于网渔具，测量网目、网长、网高等结构资料，在每天的渔获物调查时，了解并记录当天的作业时间，投放渔具的次数、每次持续的时间、投放网具的河段及其在河中的投放位置是在河中间还是近岸等内容。

（3）生物学调查。对收集到的鱼类标本，有必要时根据有关规范进行生物学解剖，填写生物学解剖记录表。长度（全长、体长）用量鱼板测量，精确到1mm，默认单位mm。重量（体重、空壳重、性腺重、脂肪重、食物重）用电子天平称量，精确到0.1g，默认单位g。当重量小于感量时，记为“<感量”，如<0.1。性腺发育期按Ⅰ~Ⅵ期标准，当性别不能辨别时记为“不辨”。肠充塞度按前、中、后肠分别以0~5级标准记录。生物学解剖表中有备注栏，用以记录表格中未列出的非经常性观测数据或其他需要说明的情况。

2. 数据分析

（1）多样性指数包括香农-维纳（Shannon - Wiener）指数、辛普森（Simpson）指数和皮洛（Pielou）均匀度指数。

（2）优势度。利用渔获物统计软件分析鱼类的重量百分比、尾数百分比和日出现率。利用以下公式计算优势鱼类的相对百分比（Index of Relative Importance，IRI）：

$$\text{IRI} = \frac{(W_i + N_i)F_i}{\sum_{i=1}^{n}(W_i + N_i)F_i} \times 100\%$$

式中：W_i为第i种在渔获物中的重量百分比；N_i为第i种在渔获物中的尾数百分比；F_i为采样中第i种的日出现率。

三、伊洛河水生态健康评价体系

（一）水质评价

1. 评价方法

本次评价指标包括水温、pH 值、溶解氧、高锰酸盐指数、化学需氧量、五日生化需氧量、氨氮、总磷、总氮、铜、锌、氟化物、硒、砷、汞、镉、铬、铅、挥发酚等 19 项（表 1）。

表 1 伊洛河监测河段水质监测指标及评价标准

序号	项目		Ⅰ类	Ⅱ类	Ⅲ类	Ⅳ类	Ⅴ类
1	水温/℃		人为造成的环境水温变化应限制在：周平均最大温升≤1，周平均最大温降≤2				
2	pH 值（无量纲）		6～9				
3	溶解氧	≥	饱和率 90%（或 7.5）	6	5	3	2
4	高锰酸盐指数	≤	2	4	6	10	15
5	化学需氧量（COD）	≤	15	15	20	30	40
6	五日生化需氧量（BOD_5）	≤	3	3	4	6	10
7	氨氮（NH_3-N）	≤	0.15	0.5	1.0	1.5	2.0
8	总磷（以 P 计）	≤	0.02	0.1	0.2	0.3	0.4
9	总氮（湖、库，以 N 计）	≤	0.2	0.5	1.0	1.5	2.0
10	铜	≤	0.01	1.0	1.0	1.0	1.0
11	锌	≤	0.05	1.0	1.0	2.0	2.0
12	氟化物（以 F^- 计）	≤	1.0	1.0	1.0	1.5	1.5
13	硒	≤	0.01	0.01	0.01	0.02	0.02
14	砷	≤	0.05	0.05	0.05	0.1	0.1
15	汞	≤	0.00005	0.00005	0.0001	0.001	0.001
16	镉	≤	0.001	0.005	0.005	0.005	0.01
17	铬（六价）	≤	0.01	0.05	0.05	0.05	0.1
18	铅	≤	0.01	0.01	0.05	0.05	0.1
19	挥发酚	≤	0.002	0.002	0.005	0.01	0.1

评价标准为《地表水环境质量标准》（GB 3838—2002）中除水温以外的 17 个基本项目，评价方法为单因子评价法。

2. 评价结果

评价结果显示，2016 年七里铺河段在 2 月、4 月、6 月和 8 月调查期间水质为

Ⅳ类，10 月和 12 月调查期间水质为Ⅲ类；黑石关河段在 2 月调查期间水质为Ⅳ类，其余调查时间均为Ⅲ类；白马寺河段除在 4 月调查期间水质为Ⅳ类外，其余调查时间均为Ⅲ类；凌波大桥河段和西草甸河段调查期间水质均为Ⅱ类（表 2 和表 3）。

表 2 伊洛河监测河段水质评价结果

断面名称	2 月	4 月	6 月	8 月	10 月	12 月
七里铺	Ⅳ	Ⅳ	Ⅳ	Ⅳ	Ⅲ	Ⅲ
黑石关	Ⅳ	Ⅲ	Ⅲ	Ⅲ	Ⅲ	Ⅲ
白马寺	Ⅲ	Ⅳ	Ⅲ	Ⅲ	Ⅲ	Ⅲ
凌波大桥	Ⅱ	Ⅱ	Ⅱ	Ⅱ	Ⅱ	Ⅱ
西草甸	Ⅱ	Ⅱ	Ⅱ	Ⅱ	Ⅱ	Ⅱ

（二）基于浮游植物生物完整性指数（P－IBI）的水生态健康评价

1. 评价指标

分析显示，浮游植物的物种数、裸藻门物种数、隐藻门物种数、多样性指数及小环藻密度等指标均对伊洛河监测河段的水体质量有较好的指示作用。Ⅱ类水体中浮游植物物种数相对较少，裸藻门、隐藻门物种数少，小环藻的密度较低；水质越差，其密度和生物量数值越高。

基于此，提出浮游植物物种数、裸藻门物种数、隐藻门物种数、多样性指数及小环藻密度 5 个指标构建伊洛河浮游植物生物完整性（Phytoplankton－Index of Biotic Integrity，P－IBI）评价体系。

2. 指标计算

采用比值法对核心指标进行标准化处理。对干扰越强、值越低者，以其最高值为期望值，该类型指标得分值的计算方法见式（1）；对于干扰越强、值越高的指标，则以其最小值为期望值，计算方法见式（2）。

$$V_{\text{metrics}} = \frac{O}{E} \times 100\% \tag{1}$$

（2）

式中：V_{metrics}为评价指标的得分值；O 为评价指标的观测值；E 为评价指标的期望值，各指标以观测值的 95% 分位数作为期望值。

采用累计加和的方法计算各河段 P－IBI 期望值。使用四分法确定伊洛河监测河段河流健康的分级标准，据此将伊洛河监测河段的健康状况分为极好（90～100 分）、好（90～75 分）、一般（60～75 分）、差（50～60 分）、极差（＜50 分）5 个等级。

表3 伊洛河监测河段 P－IBI 评价指标及期望值

序号	评 价 指 标	代码	期望值	计算公式
1	浮游植物物种数	M1	35.75	(1－O/E) ×100%
2	裸藻门物种数	M3	2.51	(1－O/E) ×100%
3	隐藻门物种数	M4	2	(1－O/E) ×100%
4	多样性指数	M2	4	O/E×100%
5	小环藻密度	M5	33607442	(1－O/E) ×100%

3. 评价结果

评价结果显示，2016年伊洛河七里铺、黑石关、洛河白马寺、凌波大桥和伊河西草甸河段的P－IBI得分值分别为51.2、53.7、52.2、70.0和72.0，对应的河流健康状况为差、差、差、一般和一般。

伊洛河监测河段P－IBI得分的时空分布见图1。

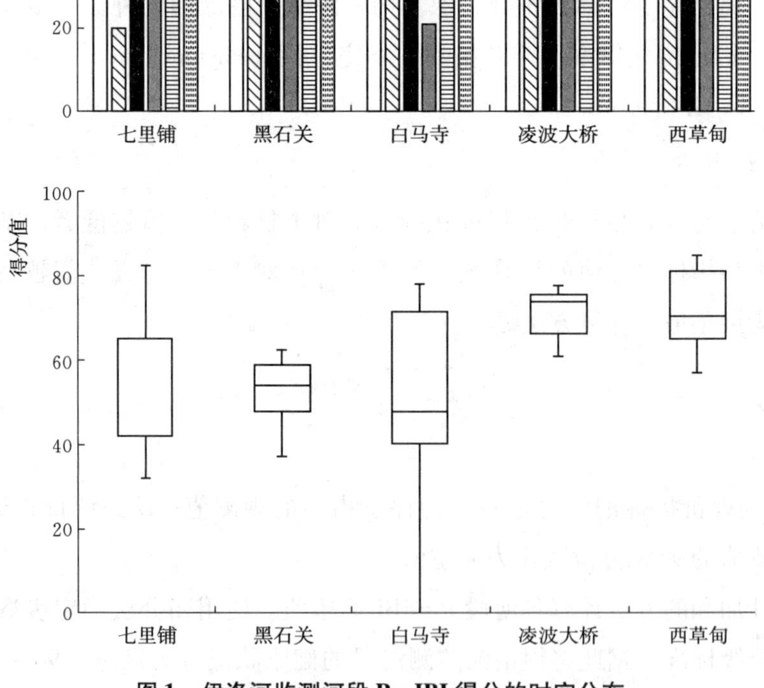

图1 伊洛河监测河段 P－IBI 得分的时空分布

（三）基于鱼类生物完整性指数（F-IBI）的水生态健康评价

1. 评价指标

在参考国内外河流 F-IBI 评价指标的基础上，提出伊洛河监测河段鱼类生物完整性（Fish-Based Index of Biotic Integrity，F-IBI）评价体系，涵盖种类组成与丰度、栖息偏好、营养结构、繁殖功能群等 4 个类型共 24 个候选指标（表 4）。

表 4　伊洛河监测河段 F-IBI 评价指标体系

序号	类　型	指　标	代码	对干扰的反映
1	物种组成与多样性	总物种数	M1	下降
2		鲤科鱼类物种数	M2	下降
3		鳅科鱼类物种数	M3	下降
4		鲤科鱼类尾数百分比	M4	上升
5		鳅科鱼类尾数百分比	M5	下降
6		鲤形目亚科数目	M6	下降
7		（鱼丹）亚科鱼类尾数百分比	M7	下降
8		鲌亚科鱼类尾数百分比	M8	上升
9		鳑鲏亚科尾数百分比	M9	下降
10		鱼类科级数目	M10	下降
11	栖息地偏好	流水性鱼类尾数百分比	M11	下降
12		广适性鱼类尾数百分比	M12	上升
13		静水性鱼类尾数百分比	M13	上升
14		中上层鱼类尾数百分比	M14	上升
15		中下层鱼类尾数百分比	M15	下降
16		底层鱼类尾数百分比	M16	下降
17	营养结构	肉食性鱼类尾数百分比	M17	下降
18		昆虫食性鱼类尾数百分比	M18	下降
19		杂食性鱼类尾数百分比	M19	上升
20		草食性鱼类尾数百分比	M20	下降
21	繁殖功能群	产沉性卵鱼类尾数百分比	M21	下降
22		产漂流性鱼类尾数百分比	M22	下降
23		产浮性卵鱼类尾数百分比	M23	下降
24		产粘性卵鱼类尾数百分比	M24	上升

通过候选指标分布范围检验、候选指标判别能力分析和候选指标的冗余性 3 个步骤，筛选出 4 个 F-IBI 核心指标：鲌亚科鱼类尾数百分比、中下层鱼类尾数百分比、产沉性卵鱼类尾数百分比和产粘性卵鱼类尾数百分比。

2. 指标计算

指标计算方法同浮游植物指标计算方法（表 5）。伊洛河监测河段 F-IBI 核心指标的计算及期望值见表5。

表5 伊洛河监测河段F－IBI核心指标的计算及期望值

序号	评 价 指 标	代码	期望值	计算公式
1	鲌亚科鱼类尾数百分比	M8	69.27	$(1-O/E)\times100\%$
2	中下层鱼类尾数百分比	M15	97.02	$O/E\times100\%$
3	产沉性卵鱼类尾数百分比	M21	100.0	$O/E\times100\%$
4	产粘性卵鱼类尾数百分比	M24	85.6	$(1-O/E)\times100\%$

3. 评价结果

评价结果显示，2016年伊洛河七里铺、黑石关、洛河白马寺、凌波大桥和伊河西草甸河段的得分值分别为46.7、44.5、57.9、90.3和88.1。对应的河流健康状况为极差、极差、差、极好和好。伊洛河监测河段F－IBI得分的时空分布见图2。

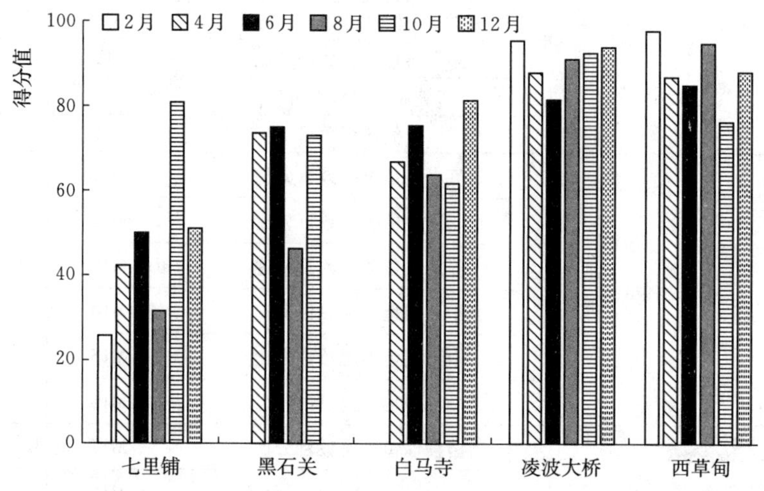

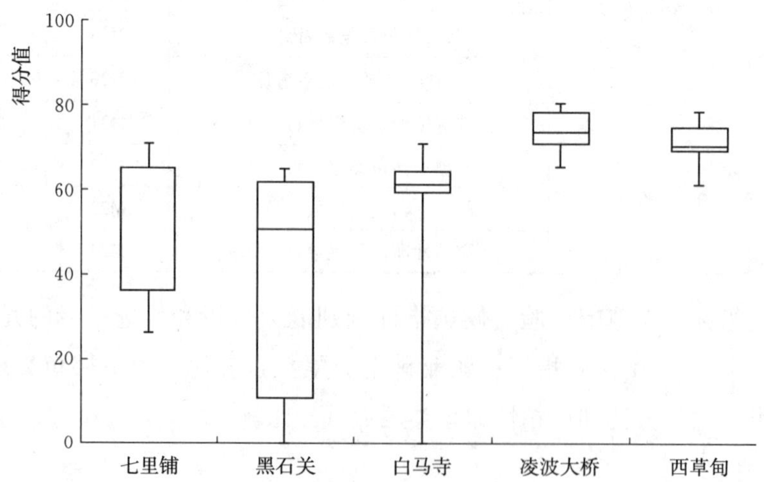

图2 伊洛河监测河段F－IBI得分的时空分布

（四）小结

本项目通过对伊洛河监测河段的水生态现状展开持续监测，从生物指示的角度分别提出了基于浮游植物和鱼类的伊洛河健康评价体系。应用三种评价方法，分别对七里铺、黑石关、白马寺、凌波大桥、西草店5个点位的2016年2月、4月、6月、8月、10月的监测数据进行分析，并对比结果。结果如表6所示，结合水质监测结果，在全年时间序列的范围，生物评价方法与水质评价结果表现出较好的一致性。浮游植物完整性指数（P－IBI）和鱼类生物完整性指数（F－IBI）均能较好的识别伊洛河监测河段的水生态健康程度，建议在流域水生态监测与评价工作中参考并推广利用。

表6　不同监测方法对伊洛河水生态健康的评价结果

点位	评价体系	2月	4月	6月	8月	10月	12月
七里铺	水质评价	Ⅳ	Ⅳ	Ⅳ	Ⅳ	Ⅲ	Ⅲ
	P－IBI评价	极差	极差	极差	一般	一般	一般
	F－IBI评价	极差	极差	差	极差	好	差
黑石关	水质评价	Ⅳ	Ⅲ	Ⅲ	Ⅲ	Ⅲ	Ⅲ
	P－IBI评价	极差	差	极差	差	一般	一般
	F－IBI评价	极差	一般	一般	极差	一般	极差
白马寺	水质评价	Ⅲ	Ⅳ	Ⅲ	Ⅲ	Ⅲ	Ⅲ
	P－IBI评价	差	极差	极差	极差	好	好
	F－IBI评价	极差	一般	一般	一般	一般	一般
凌波大桥	水质评价	Ⅱ	Ⅱ	Ⅱ	Ⅱ	Ⅱ	Ⅱ
	P－IBI评价	一般	一般	一般	好	好	好
	F－IBI评价	极好	好	好	极好	极好	极好
西草甸	水质评价	Ⅱ	Ⅱ	Ⅱ	Ⅱ	Ⅱ	Ⅱ
	P－IBI评价	一般	一般	一般	一般	好	好
	F－IBI评价	极好	好	好	好	好	好

参考文献

［1］ Dauwalter D C，Pert E J，Keith W E. An index of biotic integrity for fish assemblages in Ozark Highland streams of Arkansas［J］. Southwest Nat. 2003，2（3）：447－468.

［2］ Karr J R. Defining and assessing ecological integrity：beyond water quality［J］. Environ Toxicol Chem，1993，12：1521－1531.

［3］ Kesminas V，Virbickas T. Application of an adapted index of biotic integrity to rivers of Lithuania［J］. Hydrobiologia，2000，422－423：257－270.

［4］ Krammer K，Lange－Bertalot H. Bacillariophyceae（欧洲硅藻鉴定系统）［M］. 刘威，朱远生，黄迎艳，译．广州：中山大学出版社，2012.

[5] 陈宜瑜，褚新洛，罗云林，等．中国动物志：硬骨鱼纲·鲤形目（中卷）[M]．北京：科学出版社，1998.
[6] 弗洛特莫斯科，等．深水型（不可涉水）河流生物评价的概念及方法 [M]．刘录三，等，译．北京：中国环境科学出版社，2012.
[7] 国家环保局水生生物监测手册编委会．水生生物监测手册 [M]．南京：东南大学出版社，1993.
[8] 国家环境保护总局．水和废水监测分析方法 [M]．4 版．北京：中国环境科学出版社，2002.
[9] 胡鸿钧，魏印心．中国淡水藻类—系统、分类及生态 [M]．北京：科学出版社，2006.
[10] 黄宝荣，欧阳志云，郑华等．生态系统完整性内涵及评价方法研究综述 [J]．应用生态学报，2006，17（11）：2196-2202.
[11] 刘月英，张文珍，等．中国经济动物志 [M]．北京：科学出版社，1979.
[12] 马放，李伟光，任南琪．生物监测与评价 [M]．哈尔滨：东北林业大学出版社，1999.
[13] 齐雨藻，李家英，魏印心，等．中国淡水藻志 [M]．北京：科学出版社，2003.
[14] 齐钟彦，等．中国动物图谱 [M]．北京：科学出版社，1985.
[15] 中国科学院青藏高原科学综合考察队．西藏藻类 [M]．北京：科学出版社，1992.
[16] 周凤霞，陈剑虹．淡水微型生物与底栖动物图谱 [M]．北京：化学工业出版社，2011.

体制创新，生态优先，致力于将绿水青山转化为金山银山

——四川仙海水利风景区发展经验与启示

董　青[1]　张　蕾[1]　韩凌杰[1]　卢　婧[2]　赵　敏[3]

1 水利部综合事业局　2 国家水利风景区研究中心　3 河海大学水利经济研究所

一、景区的建设与发展历程

四川仙海水利风景区属于水库型水利风景区，其依托的仙海湖又称为沉抗水库。沉抗水库是一个以防洪、灌溉为主，兼有城市供水、旅游观光、林果开发、水产养殖等功能为主的综合利用水利工程，也是武都引水工程（川西北地区重要的水源工程，曾被邓小平同志誉为“第二个都江堰”）中的大型囤蓄水库。目前，仙海水利风景区总面积 75km^2，辖 15 个村、2 个社区，总人口 2.3 万人；仙海湖作为整个景区的核心区，面积为 13.8km^2，其中水面面积为 7km^2，库容为 1.04 亿 m^3。

位于绵阳市游仙区沉抗镇境内的沉抗水库于 2000 年建成，建成后成为绵阳市的著名旅游景点“仙海风景区”。2002 年，水利部批准“仙海风景区”为国家水利风景区，也是四川省首个国家水利风景区。在此基础上，绵阳市委、市政府从充分利用“仙海风景区”的资源优势来培植新的经济增长区域的角度出发，同时为了更加发挥绵阳科技城的辐射带动功能，于 2003 年 6 月批准成立了水利经济开发区，开发区党工委、管委会是绵阳市委、市政府的派出机构；同年 10 月，将水利经济开发区更名为绵阳市仙海水利风景区；到了 2008 年 2 月，又将绵阳市仙海水利风景区对外统称为绵阳市仙海旅游度假区（以下简称“仙海区”）。

经过十多年的建设与营运，仙海区已逐步形成了“两小时旅游圈”，圈内完善的路网四通八达，将绵阳与重庆、成都、西安等区域中心大城市相连，交通条件极为便捷，显现出巨大的区位优势。“两小时旅游圈”为仙海区带来了三大客源市场：第一，绵阳城市的百万人口是“稳定客源市场”；第二，圈内覆盖了重庆、成都、遂宁、南充、广元等城市，近 2000 万人口是“辅助客源市场”；第三，发挥中国科技城、“两弹之乡”对国内外游客的独特吸引力，“截流”川西北大旅游圈国内外游客是“目标客源市场”。以上三大客源市场综合潜力之巨大，是仙海区开展旅游产业最突出的区位优势。

目前，仙海区内基础设施完备，旅游设施新建项目与升级改造工程已全部竣工并投入使用，形成了一定的接待能力。2015 年，仙海区一次性成功获得了多项荣誉称号，如由国家旅游局批准的“国家 AAAA 级旅游景区”、由四川省人民政府批准的“四川省旅游度假区”、由四川省旅游发展委员会、四川省环境保护厅和四川省林业厅批准的“四川省生态旅游示范区”，以及由四川省人民政府安全生产委员会办公室批准的“四川省安全社区”。至此，仙海区已成为成都、德阳、绵阳等城市市民近郊休闲度假所选择的重要目的地之一。

“十三五”期间，仙海区加快推进多个旅游设施项目建设，全力支持农业龙头企业发展乡村旅游，按照“互联网 + 旅游”的发展思路，加快推进智慧景区建设，积极做好旅游从业人员培训，不断提高景区服务质量和服务水平，把仙海区建设成为特色鲜明的国家级旅游度假区和绵阳市城乡统筹建设模范区。

二、景区建设的显著成效

仙海区在以水利风景区建设为核心的基础上，致力于打造集多种功能于一体且具有西部特色的水利风景区，秉持开发与保护并重的原则，发挥绿色经济的乘数效应，使绿水青山变成金山银山，带动全区的经济腾飞和社会进步，长久造福百姓。经过不懈的努力，在生态环境、经济增长、社会进步、文化弘扬等方面取得了显著的成效。

（一）生态效益持续领先

优美的生态环境和优良的天然水质是仙海区的核心资源，也是仙海区生存与发展之根本。为了生态文明建设和可持续发展的需要，仙海区实施了环境保护工程，全面开展环境整治工作，核心区主要以保护为主。通过调整发展思路，实施了“退二进三、优化一产”的政策，将辖区内原有的对环境产生不利影响的化工厂、丝厂、砖厂、玻璃厂等企业全部迁出。仙海区通过编制环境保护、生态保护、水环境治理等规划，消除环境污染构成的威胁，在对环境保护不利的工业项目“退”出的同时，确保“进”入的高品质企业项目不再破坏生态环境，每一个进区企业或项目都必须通过严格的环评，并要求进区企业或项目的建设用地绿化率必须不低于 40%。与此同时，最大限度地保护了景区内面积最大、景观最好的天龙岛，在岛内划出 1000 亩作为禁止开发区域，确保不产生新的污染源，目前天龙岛已建成为湿地公园。

按照相关规划的要求，仙海区分别建设了 3 座污水处理厂在仙海湖南、北、西的三侧，并配套铺设了 22.5km 的污水收集主干管，使得污水处理能力达 1.85 万 t，能够全部收集和处理规划区域内的生活与生产污水；对辖区内的垃圾也实行了定时收集和清运，做到了日产日清。为了不让一滴污水流入仙海湖，通过与国内有关公司进行战略合作，建立了水质自动化监测和综合预警信息化管理平台，目前平台运行正常、效果良好，实现了对景区水体生态环境全覆盖、全天候的实时监控和预警；与此同时，还禁止任何单位与个人在湖内肥水养鱼，而是通过政府成立相关投资公司进行水面清水养殖。根据对景区实测的情况来看，在衡量水质的主要指标中，只有总磷为Ⅱ类标准，其他均常年保持在Ⅰ类标准；空气质量优良天数也达到了300天以上。

现在进入核心区，山坡是茂密的各种树木挺拔林立，层次分明、错综呈现，各具形态、奇异优美，墨绿、深绿、翠绿、嫩绿映入眼帘，令人心旷神怡、神清气爽；水中是诸多形状各异的岛屿星罗棋布，相映成趣。整个景区是蓝天、白云、青山、绿水相得益彰，环湖路与岛屿相呼应，静中有动、动中有静，养眼、养心、养神，形成一幅美轮美奂的绿色生态画面。两万多仙海儿女正用智慧和汗水建设着这一方秀美家园，这颗镶嵌在绵州大地的璀璨明珠必将成为国内鲜有的城市后花园型、纯原生态休闲旅游胜地。

（二）经济效益不断增长

根据绵阳市委、市政府审批通过的《仙海区总体规划和控制性详细规划》，仙海区成功地在环湖路以外的辐射区引进了一批适合水利风景区发展的精品项目，使景区发展绿色、低碳经济的定位得到确立。这些项目的建设完成，将为水利风景区功能配套提供有力保障。与此同时，仙海区还利用自身投融资平台，筹措资金建设了诸多旅游基础设施，并对景区实施了绿化、亮化和美化工程，使水利风景区的“颜值”有了实质性的提升，一个集休闲、度假、娱乐、旅游于一体的综合体正在日趋完善。

2016年，仙海区完成全社会固定资产投资23.1亿元，实现地区生产总值7.3亿元，其中服务业增加值4.62亿元；实现公共财政收入8495万元，社会消费品零售总额4.58亿元；城镇居民人均可支配收入为29370元，农村人均纯收入为16058元；接待游客达到214.6万人次，实现旅游收入2.67亿元。全区人均财力位列绵阳全市第一，经济效益显著。

（三）社会效益逐步显现

仙海区充分利用景区内的优质资源大力发展乡村旅游，通过对景区内农民进行多种技能培训，让他们在家门口从事旅游服务，千方百计地提高农民收入；通过进一步调整农业产业结构和大力发展第三产业，尤其是努力发展全域旅游，不断优化产业结构，2016年全区三次产业比重为33∶4∶63，为域内的绿色发展、生态发展、低碳发展奠定了坚实的基础。同时，在全区范围内实施系列特色民生项目，以此让域内民众得到实惠，使经济发展成果得到全民共享。

（四）文化效益日渐丰富

仙海区地处九寨沟、黄龙、剑门蜀道、三国等旅游热线的中心地带，域内文化积淀深厚、氛围浓郁，民间传承有典型四川风味的文化，已形成游客可参与的云盖寺、观音寺佛教文化、神仙树道教文化及放生活动之地。“环仙海湖”自行车赛、端午龙舟赛、铁人三项挑战赛、半程马拉松等系列赛事赛会已成为仙海区的一大特色旅游活动名片，彰显出“运动仙海”的特色。景区优美的环境、深厚的文化，相继吸引了一批文化科普项目落户，包括中国书协创作基地、全国桥牌基地、学生科普实验基地、影视拍摄基地等；另外，景区内的少年宫建设也颇具特色，得到中央文明委的高度肯定，走在了全国前列。

三、景区发展的经验启示

自 2002 年创建国家水利风景区以来，仙海区始终坚持开发与保护并重，在生态环境和水资源保护方面取得了罕见的成效，具有资源类型和体制改革、构建生态文明特区、绿水青山转化金山银山的代表性，所取得的经验与启示值得总结、推广、借鉴。

（一）发展经验

1. 立足体制创新，顺应景区发展

仙海区实行市区镇合一的管理体制，所设党工委、管委会是市委、市政府的派出机构，且与景区所属地沉抗镇是两块牌子、一套班子，合署办公。景区管理部门主要负责区内的生态环境保护、经济建设和管理，履行的是市级经济管理权和县级行政管理权。这种新颖的管理体制，在现有国家水里风景区中尚不多见。管理体制的创新让仙海区在水利风景区管理方面有了充分的自主权，确保了景区的开发与保护并重；而且能够充分发挥相应的区位优势，大力招商引资，培育景区景观，优化发展环境，加快基础设施建设，形成以旅游促招商、以招商带发展的良性循环格局，凝聚人气、商气、财气，做大做强生态旅游和绿色产业。

2. 立足景区定位，做好品质规划

2008 年 2 月，绵阳市委、市政府提出要将仙海水利风景区打造为国家级旅游度假区和绵阳市城乡统筹模范区。为此，在既定功能定位和发展目标的前提下，围绕水利资源的开发利用，仙海区借助国内外著名企业的力量，与德国鲁格公司、中国城市规划设计研究院合作构建了以总体规划为龙头，其他规划为支撑的全域规划体系，所编制的总体规划以及土地利用、产业发展和项目建设等规划，确保了景区的开发利用与建设发展能够在规划科学合理的指导下进行。

3. 立足资源禀赋，迈向生态之路

仙海区良好的生态环境为依托绿水青山打造精品景区奠定了坚实的基础，创造了优越的条件，同时吸引了众多渴望投入自然、享受亲水休闲、追求身心健康的人们。长期以来，仙海区始终坚持"保护与开发并重"的理念，因地制宜地运用"加、减、乘、除"法，循绿色发展之径、走生态发展之路。通过做"减"法，"退二进三、优化一产"，为景区绿色发展、生态发展奠定基础；通过做"加"法，充分挖掘"内力"加大旅游基础设施建设，同时借助"外力"大力发展旅游产业；通过做"除"法，禁止对环境保护不利的企业或项目进入景区，从源头上消除对环境污染构成的威胁；通过做"乘"法，充分发挥绿色经济发展的乘数效应，让绿水青山变成金山银山，带动景区经济的腾飞，长久地造福百姓。

4. 立足发展目标，绘制和谐蓝图

仙海区基于"休闲度假、运动养生、会议会展、生态居住"的发展定位与目标，坚持开发、利用与传承、保护并重的理念，立足景区的资源禀赋，打造水利的特色品牌，走上了生态发展道路；兑现了"不让一滴污水入湖"的庄严承诺，使景区成为绵阳市的一张靓丽名片。目前，"一湖晶莹水、一道风景线，一条产业链、一片经济带"已成为景区的生动写照，成为景区发展的基本前提与核心条件。景区由水而生存、依水而成立、因水而兴旺，景区人民正在努力构建人—水—社会和谐的蓝图。

（二）主要启示

1. 注重体制与机制的改革创新是景区发展的保证

仙海水利风景区率先在国内构建了唯一的行政特区模式，景区的管理机构不再是单纯履行管理职能的事业单位，而是作为绵阳市委、市政府的派出机构，代行地方政府职能、具有行政职能的管理委员会。景区管理部门主要负责区内的生态环境保护、经济建设和管理，履行的是市级经济管理权和县级行政管理权。在基础制度改革方面，仙海水利风景区的模式包括了以管理单位体制改革为基础的自然资源资产产权制度、生态补偿机制、资源有偿使用、干部政绩考核评价制度等，其中干部政绩考核机制按生态文明特区的指标来考核，这一创新在全国实属罕见。这种管理体制和运行机制的创新，让仙海区在水利风景区管理方面有了充分的自主权，并据此带动了区域的生态文明发展方式。

仙海水利风景区体制与机制创新的价值可归纳为两个方面：一是全面系统，体制与机制创新多样且能衔接全局，基础制度方面还初步系统构建了生态文明体制；二是水利风景区特色明显，景区资源的典型性不具有资源的稀缺性，其改革模式可复制、可拓展。而仙海水利风景区的改革案例能够得到推广普及，对体现水利风景区的独特价值和水利风景区事业在国家生态文明建设中的重要作用具有重大意义。

2. 坚持开发与保护并重的原则是景区发展的关键

仙海水利风景区坚持开发、利用与传承、保护并重的理念，结合优异的自然生态资源禀赋和区域发展的实际，在保护中开发、在利用中保护。

在经营机制方面，不再依赖水面出租、网箱养殖，而是以保护为主，依托库区天然繁殖的鱼类生物，初步构建了惠及整个行政辖区居民的仙海湖绿色产品品牌增值体系。这使资源环境的优势转化为产品品质的优势，并通过品牌平台固化推广后转化为价格优势和居民收入的提高，形成了因地制宜的绿水青山转化为金山银山的可持续模式，在全国的水利风景区中独树一帜。

在日常管理机制中的资源保护方面，坚持源头预防和末端处理相结合的原则，通过建立水质自动化监测和综合预警信息化管理平台，实现了对景区水体生态环境全覆盖、全天候的实时监控和预警；通过政府成立相关投资公司进行水面清水养殖，达到了禁止任何单位与个人在湖内肥水养鱼的目的；严格按照规划，建设污水处理设施，实现规划区域内污水的全收集、全处理。

在公益科普方面，相继吸引了一批文化科普项目落户，包括中国书协创作基地、全国桥牌基地、学生科普实验基地、影视拍摄基地等；景区少年宫建设特色显著，得到中央文明委的高度肯定，走到了全国前列。

在社区发展方面，发展全域旅游，对社区居民进行培训，转化为旅游从业人员，增加收入；经济发展成果全民共享，开展多项特色民生项目。

仙海水利风景区的行政特区模式，不但保证了生态环境的保护效果，而且实现了绵阳市下属县级行政单位人均 GDP 第一，是很难得的绿水青山转化为金山银山的体制典型。

四、结　　语

自 2002 年创建国家水利风景区以来，仙海区始终坚持开发与保护并重，在生态环境和水资源保护方面取得了国内罕见的成效，具有资源类型和体制改革、构建生态文明特区、绿水青山转化金山银山的代表性，所取得的经验与启示值得总结并推广、借鉴，突出的亮点在于以下两个方面：

一是实行区镇合一体制，两块牌子、一套班子，景区党工委、管委会与所属地沉抗镇党委、人民政府合署办公，主要负责区内的生态环境保护、经济建设和管理，履行市级经济管理权和县级行政管理权。管理体制的创新让景区在管理方面有了充分的自主权，确保了景区的开发与保护并重，丰富的生态和优良的环境带动了旅游业和房地产业的发展。这种新颖的管理体制，在我国公多水利风景区里尚不多见。

二是在编制完成了环境保护、生态保护、水环境治理等规划的基础上，景区还与国内有关公司签订了战略合作协议，自主建立了水质自动化监测和综合预警信息化管理平台，实现了对景区水体生态环境全覆盖、全天候的实时监控和预警，对提高景区的水体质量、保证水质常年保持总体Ⅱ类以上起了很大作用，这一水质管理水平在我国众多水利风景区里实属罕见。

参考文献

[1] 吴成光，李佳．仙海加快推进国家级旅游度假区建设［N］．绵阳日报，2018-07-23.
[2] 张宇，吴成光，李佳．绵阳仙海旅游度假区“蓝图”变实景［N］．四川经济日报，2018-08-10.
[3] 余连斌，李建明．武都引水润蜀中［N］．农村金融时报，2016-12-26.
[4] 代宏．“加减乘除”护环境，人水和谐绘蓝图［N］．黄河报，2017-04-15.
[5] 吴成光．仙海：以“项目建设年”带动全域发展［N］．绵阳日报，2018-02-26.
[6] 王庆．仙海：让碧水青山变成金山银山［N］．绵阳日报，2016-08-22.
[7] 吴成光．仙海：“加减乘除”呵护生态环境［N］．绵阳日报，2017-08-23.
[8] 曾晓伟．仙海区：生态宜居，建设美丽绵阳后花园［N］．绵阳日报，2014-01-07.

生态水利工程概念内涵及技术体系构建

董哲仁　赵进勇　张　晶

中国水利水电科学研究院

一、生态水利工程国内外发展历程

（一）理念发展沿革

自20世纪70年代以来，随着生态学的发展和应用，人们对于河流治理有了新的认识。水利工程除了要满足人类社会的需求以外，还需满足维护生态系统可持续性及生物多样性的需求，相应发展了生态工程技术和理论。德国 Seifert 于 1938 年首先提出了“亲河川整治”概念，指出工程设施首先要具备河流传统治理的各种功能，比如防洪、供水、水土保持等，同时还应该达到接近自然状况的目标。20 世纪 50 年代，德国正式创立了“近自然河道治理工程学”，提出河道的整治要符合植物化和生命化的原理。1962 年，著名生态学家 Odum 提出将生态系统自组织行为（Self - Organizing Activities）运用到工程之中。他首次提出“生态工程”（Ecological Engineering）一词，旨在促进生态学与工程学相结合。1971 年，Schlueter 认为近自然治理（Near Nature Control）的目标，首先要满足人类对河流利用的要求，同时要维护或创造河溪的生态多样性。1983 年，Bidner 提出河道整治首先要考虑河道的水力学特性、地貌学特点与河流的自然状况，以权衡河道整治与对生态系统胁迫之间的尺度。1985 年，Hohmann 把河岸植被视为具有多种小生态环境的多层结构，强调生态多样性在生态治理中的重要性，注重工程治理与自然景观的和谐性。1989 年，Pabst 强调溪流的自然特性要依靠自然力去恢复。1992 年，Hohmann 从维护河溪生态系平衡的观点出发，认为近自然河流治理要减轻人为活动对河流的压力，维持河流环境多样性、物种多样性及其河流生态系统平衡，并逐渐恢复自然状况。

1993 年，美国科学院主办的生态工程研讨会根据著名生态学家 Mitsch 的建议，提出了“生态工程学”（Ecological Engineering）概念并且定义为：“将人类社会与其自然环境相结合，以达到双方受益的可持续生态系统的设计方法。”

2003 年，董哲仁提出生态水利工程学（简称“生态水工学”）概念，并给出定义如下：生态水工学作为水利工程学的一个新的分支，是研究水利工程在满足人类社会需求的同时，兼顾淡水生态系统健康与可持续性需求的原理与技术方法的工程学。这个定义具有以下几层含义：其一，水利工程不但要满足社会经济需求，也要符合生态保护的要求，生态水工学是对传统水利工程学的补充和完善；其二，生态水工学的目标是构建与生态友好的水利工程技术体系；其三，生态水利工程学是融合水利工程学与生态学的交叉学科；其四，淡水生态系统保护的目标是保护和恢复淡水生态系统健康与可持续性。

（二）理论研究进展

近十几年来，在世界范围内的生态水利工程相关研究取得了长足进展，并且出现了一些新的特点，主要表现在以下几个方面：

（1）建立在全球水文圈－生物圈、流域、河流廊道和河段等多尺度的大量观测资料基础上的河流生态系统过程研究，不断丰富了河流生态学理论。

（2）考虑了水利工程在水生态系统中的作用机制，改变了长期以来河流生态学以原始的自然河流为其研究对象的局面，把研究重点转向在自然力和人类活动双重作用下的河流生态系统的演替规律，适应了近百年来河流被大规模开发和改造的现实。

（3）社会需求的增长为河流生态学的发展提供了动力，河流生态学的应用领域不断扩大，特别是为生态水利工程建设、流域一体化管理等提供了一种科学工具，为管理决策提供了多种选择。

（4）信息技术的发展，特别是遥感技术和地理信息系统技术，为河流生态学大尺度的景观格局分析提供了有利工具，为生态水利工程流域规划提供了有效手段。

（5）河流生态学与水利工程学科的交叉融合，形成了生态水利工程相关的新学科生长点，生态水文学、生态水力学、景观生态学、生态水工学等一批边缘交叉学科的兴起成为生态水利工程相关研究发展的最重要特征。

生态水利工程建设需考虑水生态系统的健康需求，河流生态学理论为生态水利工程建设方法提供了生态系统原理方面的基本依据；生态水文学理论主要考虑水文循环过程和生态过程的耦合关系，其理论基础为流域或区域尺度的生态水利工程规划提供了理论依据；生态水力学考虑了河流地貌多样性与生物栖息地适宜性之间的关系，为河段尺度的生态水利工程关键参数提供了技术依据；景观生态学主要研究景观格局变化与生态过程之间的动态相关性，其为流域尺度上生态水利工程规划布局提供了生态学意义上的实施方法；生态水工学主要研究生态水利工程在规划、设计、建设、运行管理全过程中相关技术方法，是水利工程学与生态学的交叉科学，可为生态水利工程提供全面的科学依据与技术支撑。

（三）工程实践和标准

在工程实践方面，20 世纪 80 年代阿尔卑斯山区的相关国家——德国、瑞士、奥地利等，在山区溪流生态治理方面积累了丰富的经验。莱茵河“鲑鱼-2000”计划实施成功，提供了以单一物种目标的大型河流生态修复的经验。90 年代，美国的基西米河及密苏里河的生态修复规划实施，标志着大型河流的全流域综合生态修复工程进入实践阶段。多瑙河“鲟鱼-2020”计划内容包括改善河流连通性、栖息地置换、改善水质、生物遗传库、改善关键栖息地、民众教育、执法、打击鱼子酱黑市等综合措施，其中洄游鱼类的连通性恢复是最重要的目标。在保护生态改善水库调度方案方面，美国科罗拉多河格伦峡大坝的适应性管理规划、澳大利亚墨累-达令河的环境流管理都是一些典型案例，美国萨瓦纳河的环境水流方案针对丰、平、枯三种水文年分别提出了三种环境水流组分（低流量、高流量和洪水脉冲）的流量大小、频率、发生时间、持续时间和变化率，并进行了生态调度实践。在洄游鱼类保护方面，建成于 2002 年的巴西依泰普水电站鱼道是全世界最长、爬高最高的鱼道，每年可以帮助 40 余种鱼洄游产卵。在水系连通方面，法国罗恩河 10 年恢复计划主要目的是增加坝下河段的最小流量，恢复河道旁支与主河道的连通性，提高洄游性鱼类的通过率；美国艾瓦河纵向连通性修复工程主要对大坝拆除前、中、后的物理和生态系统过程进行了分析比较。通过理论研究与工程实践，一些国家和国际组织已经颁布了一系列生态水利工程相关的法规和技术标准，最具代表性的是欧盟议会和欧盟理事会 2000 年颁布的法律《水框架指令》（*EU Water Framework Directive*）。

二、生态水利工程概念内涵

生态水利工程是既能满足人类经济社会发展需求，也能满足水生态系统健康需求的水利工程，通过综合运用工程与非工程措施，进行适度正向扰动，或在生态系统自修复能力范围内的负向扰动，使水生态系统结构完整性和整体平衡性得以维持，从而保障水生态系统服务功能的正常发挥，使生态系统的健康和可持续性得到恢复或改善。其内涵包含以下四个方面：

（1）强调在生态文明战略下，基于人与自然的和谐共生关系，遵循尊重自然、顺应自然、保护自然的基本理念，使水利工程不但满足人类社会防洪、供水、灌溉、航运等需求，同时满足水生态系统的健康需求。

（2）强调人工治理和自然修复的综合性，充分发挥生态系统自修复功能，把人为活动与环境自愈有机结合起来，促进生态平衡。

（3）强调运用工程与非工程综合措施，把生态工程理念贯穿到水利工程规划、设计、建设和管理的全过程中。

（4）强调统筹规划，山水林田湖草系统治理，充分论证、合理确定流域水资源与水能资源开发利用强度，科学确定生态水利工程规划和建设单元，保障生活、生态、生产用水需求，使生态系统可持续利用功能正常发挥。

三、生态水利工程建设基本原则

（一）系统治理原则

传统水利一直关注社会经济水安全，这是不能动摇的基础，是社会经济持续发展的基石和命脉。但是，今后一定要转变观念，将河湖的保护放在优先位置，因为社会经济的水安全目标已经不是第一限制因素，河湖保护已成为优先战略。水利要释放生态红利，需要借鉴浙江、福建等省开展的生态河湖治理模式，水陆统筹，山水林田湖草系统治理，防洪、供水、景观、生态、水质、产业等结合在一起，水域、水量、水环境、水景观统筹规划。

（二）工程建设自然化原则

生态水利工程建设的目标既不可能“完全复原”到原始状态，也不是“打造生态河流”去创造一个新的生态系统，而是恢复人类大规模开发改造河流之前的较为自然的状态。这就是道法自然的内涵：效法原来自然生态本身状况，遵循自身规律，达到预期修复的目的。对于如何确定生态水利工程的定量指标，不能靠主观愿望确定，而要按照自然化原则建立参照系统，根据受到干扰的生态系统与参照系统的偏离程度，制定生态水利工程建设定量目标。

（三）发挥生态系统自修复功能原则

生态系统自组织功能表现为生态系统的自修复能力和系统的可持续性。生态工程设计是一种“指导性”设计，生态工程与传统水利工程具有本质区别。像设计大坝这样的人工建筑物是一种确定性的设计，建筑物的几何特征、材料强度和应力应变都是在人的控制之中，建筑物最终可以具备人们所期望的功能。生态水利工程设计是一种指导性的辅助设计，只有依靠生态系统自设计、自组织功能，由自然界选择合适的物种，形成合理的结构，从而最终完成设计和实现目标。

（四）生态效益与社会经济效益相统一原则

生态水利工程是一种综合性工程，既满足河流生态保护要求，也满足社会经济需求，兼有生态效益和社会经济效益。比如结合河道整治和防洪工程的河流生态修复工程，就兼有防洪和生态保护两种功能。在另一些情况下，生态水利工程不仅使河流生态状况得到改善，而且使现有工程的社会经济效益得到增强，比如水源地的生态修复工程建成后，提高了当地的供水水质；在自然风景区的河流修复工程提高了河流的美学价值，进一步促进了旅游事业的发展。

（五）方案反馈调整原则

生态水利工程设计不同于传统工程的确定性设计方法，而是一种反馈调整式的设计方法，按照“设计-执行（包括管理）-监测-评估-调整”流程以反复循环的方式进行。在这个流程中，监测工作是基础。监测工作包括生物监测和水文观测，这就需要在项目初期建立完善的监测系统，进行长期观测，依靠完整的历史资料和监测数据，进行阶段性的评估。在反馈调整式设计过程中，提倡科学家、管理者和当地居民及社会各界的广泛参与，通过对话、协商，以寻求共同利益，提倡多学科的交流和融合，提高设计的科学性。

四、生态水利工程建设技术体系构建

基于传统水利工程，考虑生态系统特点，综合利用工程与非工程措施，生态水利工程技术体系包括以下几个方面：水生态红线划定是进行水域空间管护的重要技术手段，河湖生态修复工程是河道整治工程、防洪工程等传统水利工程在考虑生态系统健康需求后的新形式，河湖水系生态连通是传统水资源调度工程在区域尺度内以生态修复为主要目标时的一种工程形式，水库和闸坝群生态调度是在满足防洪、供水等传统功能基础上，综合考虑生态修复目标的一种方式，绿色水电、过鱼设施、生态灌区、生态清洁小流域也是对传统水利水电工程、灌区工程和水土保持工程的一种提升。

（一）水生态红线划定

水生态保护红线是指水生态空间范围内具有特殊重要生态功能、必须强制性严格保护的区域，是保障和维护国家水生态安全的底线和生命线。涉水部分通常包括具有重要生态功能的水域岸线保护、洪水蓄滞、饮用水水源保护、水土保持和水源涵养等功能的重要区域以及水土流失等生态环境敏感脆弱区域等。水生态红线划定技术流程包括开展现状调查评价、明确水生态空间保护范围，明晰划定条件指标、识别生态保护红线类型，针对管控功能类型开展重要性和脆弱性评估，统筹功能协调、确定红线边界，形成红线成果、完成审核登记等主要环节。

（二）河湖生态修复

河湖生态修复工程的任务有四大项：一是水质改善；二是水文条件改善；三是河流地貌景观修复；四是生物群落多样性的维持与恢复。总的目的是改善河流生态系统的结构、功能和过程，使之趋于自然化。

水质条件改善是河流生态修复的前提。改善水文情势不仅要保证生态基流，还要考虑自然水流的流量过程恢复，以满足生物目标生活史的需求。河流地貌修复包括平面形态的蜿蜒性、断面几何形态的多样性、护坡材料的透水性和多孔性能的修复等。恢复生物群落多样性和物种多样性，其对象包括水生生物和陆生生物的恢复。在制定河湖生态修复规划时，既要考虑生态系统的完整性，采取综合而非单一的修复措施，又要通过对关键胁迫因子的识别，有针对性地对上述四类任务进行优先排序，确定修复工程的重点。

（三）河湖水系生态连通

通过河湖水系生态连通工程建设，对水生态系统结构进行总体布局，从纵向、横向、垂向和时间维四个维度，修复水生态系统物质流、物种流和信息流三个关键生态过程，从而增强水体自净能力和修复水生态功能。统筹规划闸坝、堤防建设布局，减缓工程建设引发的生态阻隔效应。其目的是恢复河湖水系在纵向（上下游、干支流）、横向（主槽与河漫滩及湿地）和竖向（地表水与地下水）的连通性特征。合理连通相关的河流、水库、湖泊、淀洼、蓄滞洪区等功能水体，以自然水道、河道为依托，加强水系建设，通过湿地、湖泊、水库、池塘实施蓄洪滞洪；以水利工程为主体，结合湖泊、水库、池塘再造和联通，建设人工水道，在洪水季节减轻自然河道的排洪压力，加强地下水补充，枯水季节回流自然河道，增加河流的生态基流。通过这些举措，构建河湖库塘连接、人工水道和自然水道贯通的河湖水系。

（四）水库和闸坝群生态调度

水库生态调度是兼顾生态保护的水库调度方式，是指在不显著影响水库防洪、发电、供水、灌溉等社会经济效益的前提下，改善水库调度模式，部分恢复自然水文情势，保护与修复包括库区、水库下游河流以及河口的生态系统，实现社会、经济和生态保护的多赢目标。进行水库生态调度主要有六个步骤：评价现行水库调度对河流生态的影响；明确改善水库调度的生态目标；量化水文改变与生态响应的关系；计算生态保护目标的环境水流需求；制定改善水库调度的技术方案；基于适应性管理方法开展改善水库调度试验。

闸坝群生态调度是在考虑满足防汛抗旱等闸坝原有功能需要的前提下，兼顾河流生态用水和对下游水质影响，尽量避免水闸长时间关闭，维持小流量下泄，维护水体净化能力。在水污染比较严重的情况下，水质防污调度主要从两个方面考虑：一是在非汛期不影响用水的情况下降低水闸蓄水位，保持小流量下泄，以减少河道污染水体存蓄量，减轻对下游污染威胁；二是在汛期第一场洪水下泄时，在不影响防汛安全的情况下，尽可能拉长污染水体下泄时间，以避免污染水体集中大流量下泄，减轻对下游污染冲击。在闸坝群生态调度中，一些新型水工构件可以探索使用，比如低水头动态挡水坝、连续跌水堰等。

（五）绿色水电建设

大型绿色水电工程主要考虑生态流量泄放措施、下泄低温水减缓措施、过饱和气体控制技术等方面。农村绿色小水电工程是在生态环境友好、社会和谐、管理规范和经济合理方面具有示范性的小型水电站。生态环境方面指标包括水文情势、河流形态、水质、水生及陆生生态、景观、减排等；社会和谐方面指标包括移民、利益共享、综合利用等；管理规范方面指标包括生产及运行管理、小水电建设管理、技术进步等；经济合理方面指标包括财务稳定性、区域经济贡献等。

（六）过鱼设施建设

生态水利工程应结合保护鱼类的重要性、受影响程度和过鱼效果等，综合分析论证采取过鱼措施的必要性和过鱼方式的合理性。生态水利工程采取过鱼措施应深入研究有关鱼类生态习性和种群分布，综合考虑地形地质、水文、泥沙、气候以及水工建筑物型式等因素，与栖息地、增殖放流站等鱼类保护措施进行统筹协调，按过鱼设计技术规范要求，经过技术经济、过鱼效果等综合比较后确定过鱼设施型式。现阶段对水头较低的水利工程，原则上应重点研究采取仿自然通道措施；对水头中等的水利工程，原则上应重点研究采取鱼道或鱼道与仿自然通道组合方式；对水头较高的水利工程，应结合场地条件和枢纽布置特性，研究采取鱼道、升鱼机、集运鱼系统或不同组合方式的过鱼措施。

（七）生态灌区建设

生态灌区是以维持灌区生态系统的稳定及修复脆弱的生态系统使其形成良性循环为目的，通过灌区水资源高效利用、水环境保护与治理、生态系统恢复与重构、水景观与水文化建设、灌区生态环境建设基准及监测管理方法等多方面的生态调控关键技术措施，可形成生产力高、灌区功能健全、水资源配置合理、生物多样性高而单位水量提供的生态服务功能最大的节水型灌区，是现代化灌区发展的高级阶段。生态灌区主要包括农业生态系统、沟渠与河湖生态系统、林草生态系统等部分。

（八）生态清洁小流域建设

生态清洁小流域建设是在传统水土保持、小流域综合治理基础上，将水资源保护、面源污染防治、农村垃圾及污水处理等结合到一起的一种新型综合治理模式。其目标是沟道侵蚀得到控制、坡面侵蚀强度在轻度（含轻度）以下、水体清洁且非富营养化、行洪安全，生态系统良性循环的小流域。生态清洁小流域建设需以小流域为单元，以水源保护为中心，以控制水土流失和面源污染为重点，坚持山、水、田、林、路、村、固体废弃物和污水排放统一规划，预防保护、生态自然修复与综合治理并重。其内容主要包括综合治理、生态自然修复、面源污染防治、垃圾处置、村庄人居环境改善及沟（河）道和湖库周边整治等。

五、结　　语

从国内外水利工程建设发展情况来看，随着经济水平的提高和认知水平的提升，水利工程建设有几个明显转变，从单纯强调人类使用功能需求到生态系统健康需求统筹考虑，从硬性工程体系到管理措施协同考虑的综合措施体系，从水利工程到与生态学融合形成生态水利工程，生态水利工程建设是顺应时代发展的必然趋势。

生态水利工程建设的目标不能定位在某种单一要素上，比如仅仅修复水文条件以保障生态需水，或者仅仅改善水质等，而应满足水生态系统水文、地貌、水质、生物和连通性五大生态要素的需求，从而保障生态系统完整性，并满足人类经济社会的需求。

生态水利工程建设需要在流域、河流廊道、河段、节点等不同层面上，综合运用工程与非工程等不同类型措施，把生态工程理念贯穿到水利工程规划、设计、建设和管理的全过程中，形成多层次多类型的生态水利工程建设措施体系。在流域层面上，应充分论证、合理确定流域水资源与水能资源开发利用强度，划定水生态红线，开展河湖水系生态连通、生态灌区和生态清洁小流域建设；在河流廊道层面上，开展河湖生态修复规划、水库和闸坝群生态调度等；在河段层面上，进行河流生态修复设计实施；在节点层面上，进行绿色水电建设、过鱼设施建设等工作。

参考文献

[1] 董哲仁．河流生态修复［M］．北京：中国水利水电出版社，2013.
[2] 董哲仁．生态水工学探索［M］．北京：中国水利水电出版社，2007.
[3] 董哲仁．生态水利工程原理与技术［M］．北京：中国水利水电出版社，2007.
[4] 朱党生，张建永，李扬，等．水生态保护与修复规划关键技术［J］．水资源保护，2011，27(5)：59－64.
[5] 夏军，等．淮河流域闸坝调度改善水质理论与实践［M］．南京：河海大学出版社，2014.
[6] 毕小刚．生态清洁小流域理论与实践［M］．北京：中国水利水电出版社，2011.

基于文献计量学的生态水利研究进展与热点分析

刘　汗　高　龙

水利部发展研究中心

党的十八大以来，以习近平同志为核心的党中央把生态文明建设摆上了中国特色社会主义“五位一体”总体布局的战略位置，推动生态环境保护发生历史性、转折性、全局性变化。2018 年 5 月召开的全国生态环境保护大会上，习近平总书记发表重要讲话，完整、深刻地阐述了他的生态文明思想。2018 年 6 月，水利部党组书记、部长鄂竟平在学习习近平总书记在全国生态环境保护大会上的重要讲话时，明确提出“要深入研究以都江堰为代表的生态水利工程，使水利工程不仅充分发挥水资源开发、利用、配置功能，也能充分发挥生态保护作用”。生态水利是一门新兴学科，它是以尊重和维护生态环境健康和良性发展为前提，又可以兼顾开发水利、发展经济，满足人类正常活动的一种水利建设的途径和方式。传统的水利工程通过建设水工建筑物来对水流进行控制，以满足人类对供水、供电和航运等的需求，然而在这个过程中就会出现水体脱离之前所在的生态系统，打破原有生态系统的平衡，直至形成新的生态平衡。1999 年，刘昌明院士提出在水资源供需平衡的研究中，应该把生态水利同环境水利结合在一起，这是我国学者第一次提出生态水利的重要性。2003 年，关于“怒江水电开发规划是否对生态环境产生破坏”的争论受到社会各界的广泛关注，水利水电开发从满足社会和经济需求为主转变成必须兼顾生态需求。在当前水资源短缺和加强生态环境保护的大背景下，人们越来越重视生态水利的重要性，生态水利得到迅速发展，相关文献数量明显提高。

文献计量学是利用数学和统计学原理，对文献体系和计量特征进行研究，定量地分析文献的分布结构、变化规律和数量关系，从而快速了解掌握该领域研究进展和热点的一门学科。采用文献计量学方法对生态水利领域相关研究成果进行分析，对宏观把握生态水利领域主要研究方向、了解生态水利研究进展和热点具有重要作用，对下一步指导开展生态水利相关研究具有一定的参考意义。

一、数 据 与 方 法

（一）数据来源

本文数据分别来自中国学术期刊网络出版总库（中国知网 CNKI）和 Web of Science 核心合集™数据库。其中中文检索在中国知网 CNKI 中进行，将检索方式设置为“关键词 or 主题词 = 生态水利”，时间为 1990—2017 年，检索结果共 936 条，对检索到的结果进行去重、整理、删除会议记录、报刊首卷、无作者、书评等不符合要求的词条，最终余 825 条。外文期刊检索来自 Web of Science 数据库中 Web of Science 核心合集™数据库，检索方式设置为“主题 = （‘ecological hydraulic engineering’ OR‘ecological water conservancy’）”，检索文献类性为 Article，语言为 English，时间为 1990—2017，检索结果为 329 条。

（二）研究方法

CiteSpace V 软件是一款基于 JAVA 程序，用于统计和分析文献信息的可视化软件，在国内外信息科学领域广泛应用。知识图谱中节点越大，代表其出现的次数越多，说明其在研究领域的贡献越多，联系密切的节点通过线连接，组成节点群。通过知识图谱的分析研究，梳理国内外生态水利领域整体研究情况和最新动态，本文将结合大量被高引及的经典文献对生态水利领域的主要研究进展与热点进行梳理和总结。

二、“生态水利”领域研究总体概况

对 Web of Science 核心合集™数据库中收集到的 329 篇文献进行分析，发现国际关于生态水利问题的研究总体呈现出上升的趋势（图 1）。论文主要发表在 *Ecological Engineering*、*Advanced Materials Research*、*Applied Mechanics and Materials*、*Journal of Hydro Environment Research*、*AER Advances in Engineering Research* 等期刊（图 2）。从论文发表数量上看，我国在生态水利领域发表的论文数量最多，其次为美国、德国、法国、英国、加拿大、澳大利亚等（图 3）。

相较于其他国家或地区，我国在生态水利领域的研究起步较晚（图 4），成果发表集中在 2000 年以后，其中 2003 年以后论文数量呈线性增长趋势，2011 年以后出现阶段性大幅增长趋势，产生了许多在国内外具有一定影响力的研究成果。可以预见，随着我国生态环境保护意识的不断加强，水利工程在生态保护方面的作用和功能将进一步得到重视和发掘。从国内发表期刊和研究团队分布上看（图5），生态水利相关文献主要发表在《黑龙江科技信息》《河南水利与南水北调》《山东水利》《黑龙江水利科技》等10余种期刊，其中《中国水利》《水利发展研究》《中国水运》《中国水利报》等重要核心期刊及报刊均有收录。发表文献数量较多的研究团队包括水利勘测设计单位、研究院所、高等院校、施工单位等，如：黑龙江农垦勘测设计研究院、河海大学、黑龙江省水利水电勘测设计研究院、黄河建工集团有限公司等。

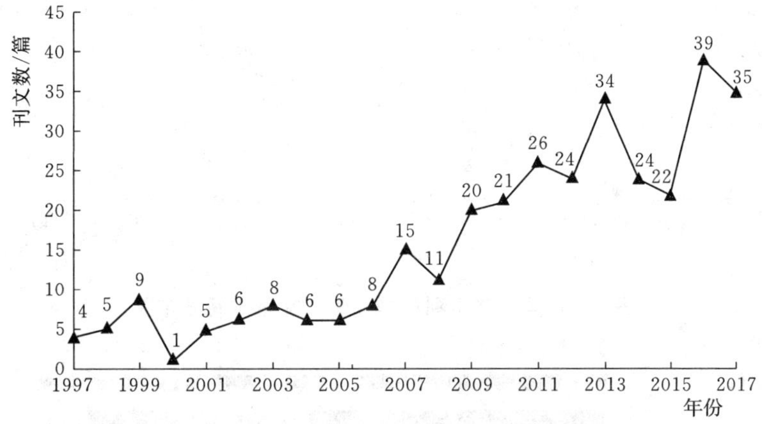

图1　国际生态水利领域文献刊文量时间分布图

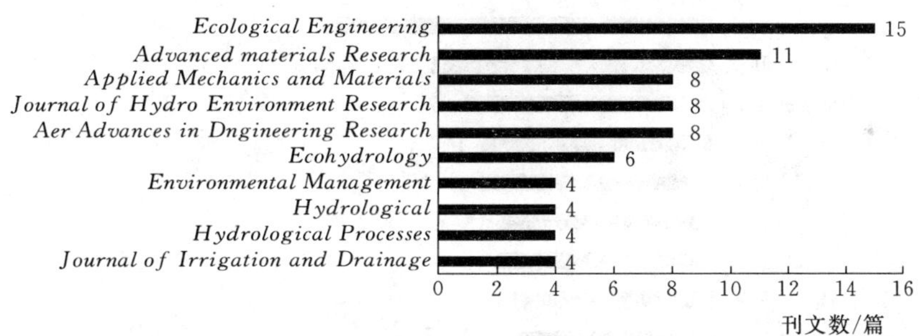

图2　国际生态水利领域主要期刊分布

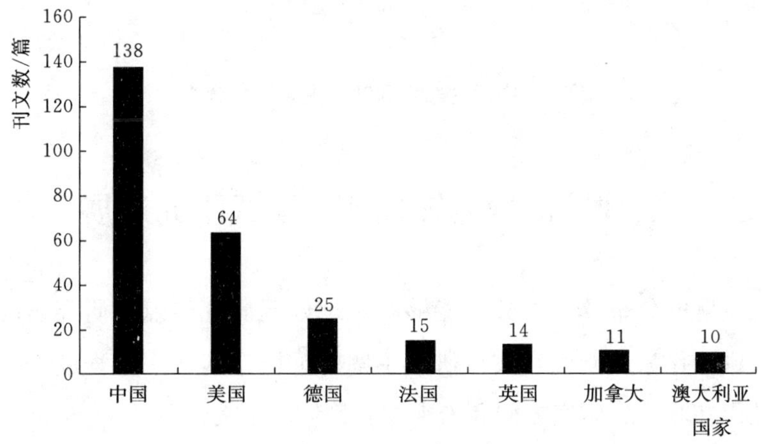

图3　国际生态工程领域文献主要来源国

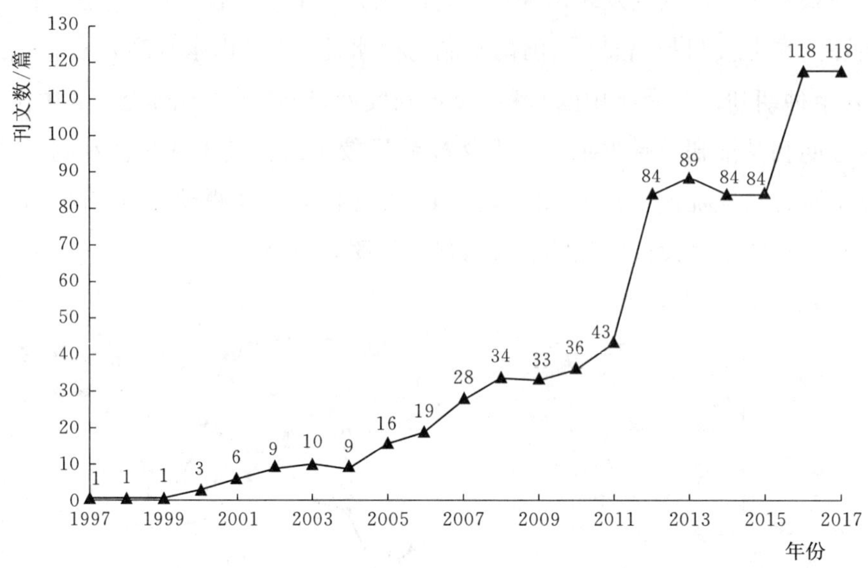

图 4 我国生态水利领域文献刊文量时间分布图

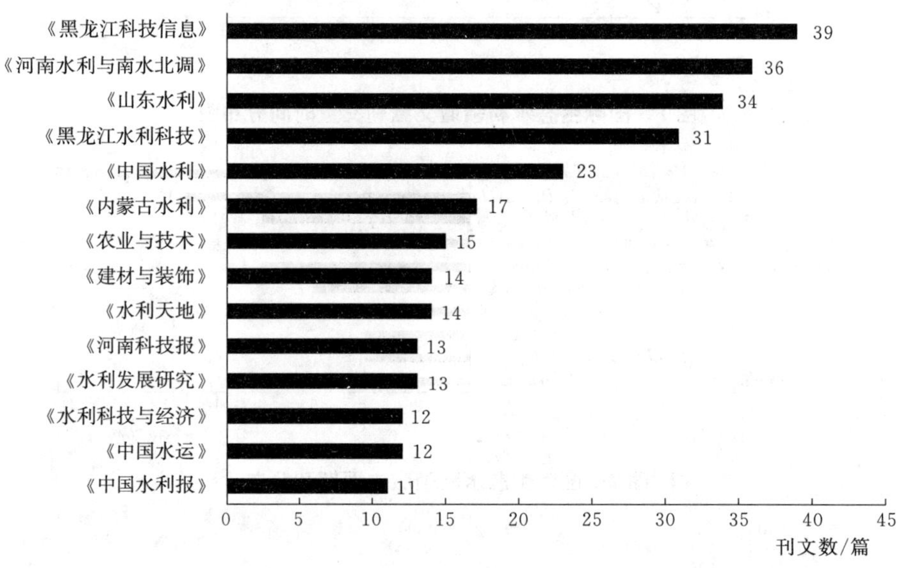

图 5 中国生态水利领域主要期刊分布

三、国际“生态水利”领域研究进展

论文研究主题的分布及聚类分析能够直观地体现研究热点、研究角度分布和研究手段变化，关键词作为最能代表文章研究主题的词语，其在一定程度上可以揭示研究领域中知识的内在联系、研究方向和未来发展趋势。本文将 Web of Science 数据库检索的外文文献数据导入 CiteSpaceV 软件中，节点类型选择关键词，时间区间为 1997—

2017 年，时间间隔为 1 年，选择每个时间切片出现次数前 50 的文献进行分析，再对关键词进行聚类，分析刻画出关键词知识图谱，得出国际生态水利领域主要研究方向，如图 6 所示。

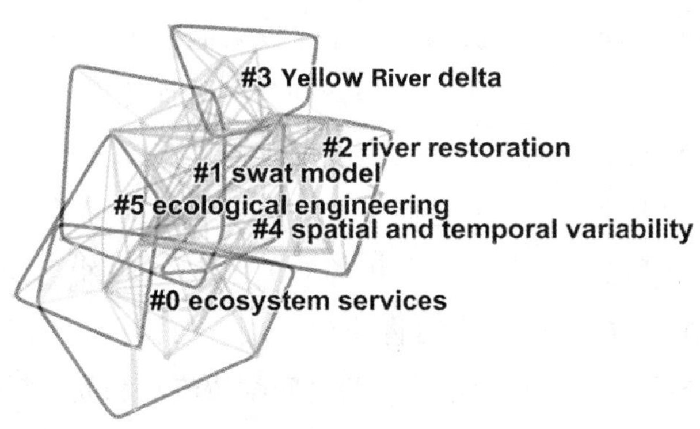

图 6　国际生态水利领域文献共被引网络聚类图

从整体来看，最终得到 6 个聚类，81 个节点，202 条连线，节点密度为 0.0623，聚类指数 Q 为 0.473，S 为 0.565，这表明网络聚类较好。各个关键词节点都在同一个网络中，没有出现分离点群的产生，说明近十年国际生态水利研究的主题比较集中，具有明确的知识基础，学科分支尚未产生。由于得到的聚类数量较多，本文将各个聚类群的同质性指数从大到小顺序排列，其大小反应聚类内部节点间联系的紧密程度，最终选取前 3 位的聚类结合相关文献进行更加深入的研究。

1. 聚类 2：河流修复（river restoration）

关于河流修复的研究最早出现在 20 世纪 30 年代的德国，河流修复又称河流恢复或多自然型河流建设，是指通过人工手段对河流受损状况进行修复、监测和评价效果，以达到河流恢复接近自然状态的目的，从而满足人类生活和河流生态正常状态的手段。国际上经过多年的研究产生了许多种河流修复技术。Ludwing 等对 Hamburg 河中鲑鱼习性进行研究，通过非政府组织和公众参与等方式改善鲑鱼的生态条件，来达到修复河流生态的作用。Thame 认为可以通过水文学法（hydrological methods）、水力学法（hydraulic methods）、栖息地模拟法（habitat methods）和整体分析法（holistic methods）计算假设修复后河流流量来提出适当的修复方案，改善下游河流生态环境。Rosgen 提出 Rosgen 河流分流法，认为研究者使用该方法可以从河流的外部特征预测其未来可能的趋势。河流修复后评价监测研究同样开展了很多工作。如 Kondolf 较早提出河流修复成功的 5 个条件：明确的目标、完备的基础数据、优良的方案设计、生态可持续发展和愿意承担风险。随着河流修复技术越来越成熟，20 世纪末美国、丹麦等发达国家开始尝试流域河流修复工程，未来关于河流的生态修复工作仍然是研究的重中之重。

2. 聚类5：生态工程（ecological engineering）

生态工程起源于生态学的发展应用，至今不过50年的历史。1962年，美国著名生态学家H. T. Odum教授首次提出生态工程一词并赋予其定义，与传统的环境保护工程相比，生态工程更加重视节约资源，保证在投入能源少的情况下，可以将污染物转化成可以使用的物资，最终实现生态经济社会三方面受益。国外生态工程领域基本分为农业生态工程和工业生态工程。西方国家由于高度工业化的农业造成大面的环境污染和破坏，农业生态工程应运而生。美国日本等国家采用有机农业，基本不使用人工合成的化肥和农药。德国、英国等欧洲国家在20世纪90年代初构建“适当的农业活动准则”，农户违反规则将受到惩罚。而国外工业生态工程起步较晚，Korhonen等重点分析了工业系统内不同部门之间物质流动和废物循环利用。从未来发展趋势来看，生态工程作为可持续发展理念的一种实践模式和中坚力量，将会进一个更加广阔的发展时代。

3. 聚类3：黄河三角洲（Yellow River delta）

黄河三角洲北起挑河湾，南至宋春荣沟口，是中国乃至世界暖温带的唯一一块保存最完整、最典型、最年轻的湿地生态系统，是环太平洋鸟类迁移的中转站，是具有国际意义的重要保护湿地。近年来，国内外学者对黄河三角洲湿地的水资源、景观变化等问题进行了相应的研究。Shilong等将气候变化和人类活动作为变化环境的两个重要体现，分析了黄河三角洲的水资源变化情况。Ottinger等对黄河三角洲Landsat5遥感数据进行处理，发现农田和城镇用地出现增加趋势，湿地和滩涂面积减少。Satio等研究发现黄河三角洲的沉淀物70%～80%沉淀在距海岸线30km以内。未来关于黄河三角洲的研究仍然是大家讨论的热门话题。国际生态水利领域聚类标签详细信息见表1。

表1 国际生态水利领域聚类标签详细信息（按同质性指数大小排列）

聚类编号	聚类内节点数	同质性指数	平均年份	聚类标签（对数似然比算法）
2	14	0.875	2011	river restoration; two－dimensional modeling; flow reregulation; salmonid habitat; fluvial geomorphology; non－uniform flow; urban river; habitat; 2d modeling; r－model; multiple agent system; yellow
5	6	0.663	2010	hydrologic alteration; hydrologic statistics; instream flow; streams; water resources management; ecological models; indicators; sustainability; adaptive management; surface water hydrology
3	10	0.659	2013	ecological engineering; tree structure; projected area; woody riparian vegetation; parameterization; plant model; vegetative hydraulics; bioremediation; habitat; grade－control structures; ecological

续表

聚类编号	聚类内节点数	同质性指数	平均年份	聚类标签（对数似然比算法）
4	7	0.624	2011	calculation; hydraulic engineering; steel construction; regenerative; corrosion protection; engineering; analysis; masts; towers; bioremediation
0	16	0.609	2010	Yellow River; water resources; ecological environment construction; decision support system; mm precipitation; Lanzhou city; northern mountains; indicator
1	14	0.555	2011	ecological engineering; phytoplankton; artificial food web system; daphnia magna; non - point source; biomanipulation; nutrient removal; wetland; eco - hydrodynamic control; global change

四、国内“生态水利”领域研究进展

CiteSpace V 软件中的关键词共线时序图能够清楚地表现出关键词节点之间的共线关系，又能体现关键词的出现时间，进而揭示研究领域的演进过程。本文将中文文献数据导入 CiteSpace V 软件中，节点类型选择关键词，时间区间为 1997—2017 年，时间间隔为 1 年，选择每年被引频次前 30 的文献，最终得到 143 个节点，253 条连线，节点密度为 0.0253，再选择时序图，结果如图 7 所示。

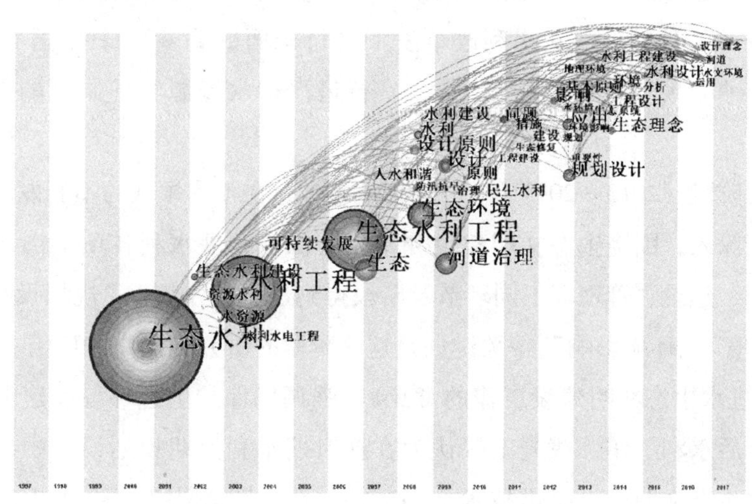

图 7 我国生态水利领域关键词共现时序图

（一）国内“生态水利”领域研究的演变分析

理念萌芽阶段（1997—2007 年）。在此阶段，研究主题主要集中在生态水利等概念、基本特征和理论体系的引入。“生态水利”“生态水利工程”“人水和谐”和“可持续发展”等关键词相继出现，是这一段时间的主要研究核心。1998 年长江和嫩江-松花江大洪水后，刘昌明院士首次提出在水资源供需平衡的研究中，应该把生态水利同环境水利结合在一起，这是生态水利概念首次出现在我国学者的视野中。闫大壮认为生态水利的运行模式主要是水利、环境及人类之间的各种互利关系，这与中国古代“天人合一”的思想有着相似的渊源。2001 年，人水和谐成为我国新世纪治水思路的核心内容，其目的是要使人与水的关系达到一个协调平衡的状态，使宝贵的水资源成为我国长治久安的根本。李其林认为人水和谐的内涵意义在生态、环境和水功能层面上具有不同的特征。左其亭从辩证唯物主义哲学思想角度出发，提出人水和谐论的概念，认为其是人们认识人水关系和解决人水矛盾的根本方法。

概念探索阶段（2008—2012 年）。在此阶段，学者将生态水利概念更加细化，与实际情况相结合，产生了多样化的研究主题及复杂发散的网络。其中“生态环境”“防汛抗旱”“河道治理”“生态修复”“治理”等关键词是这一阶段的研究热点。2009 年我国多地出现大范围旱灾，引起了我国政府和学者的高度关注，张琳、王贺坤等学者认为这些重大水旱灾害暴露出我国旱灾监测预警系统落后、农业水利基础设施薄弱和水资源粗放利用等问题。我国政府认识到水资源供需矛盾突出仍然是可持续发展的主要瓶颈，农田水利建设滞后仍然是影响农业稳定发展和国家粮食安全的最大硬伤，水利设施薄弱仍然是国家基础设施的明显短板。2011 年，中央一号文件《中共中央国务院关于加快水利改革发展的决定》正式发布，这是新中国成立以来，首次以中央一号文件的形式对水利改革发展进行全面部署。2012 年国务院印发《关于实行最严格水资源管理制度的意见》，实行最严格水资源管理制度的“三条红线”“四项制度”。

深入发展阶段（2013—2017 年）。随着生态理念在水利领域的不断发展和对生态水利认识的不断深入，围绕生态文明建设和水生态保护开展水利各项工作，生态水利在水利工程规划、建设、管理等不同环节及阶段得到进一步发展。“规划设计”“生态理念”“地理环境”“环境影响”等关键词是这一阶段的研究热点。2013 年，水利部印发《关于加快推进水生态文明建设工作的意见》，强调以保护生态环境、建设生态文明为目标，开展今后水利工作。曹先玉等认为在新时期水利前期规划设计中，必须贯彻生态理念，为水生态文明建设提供技术上的支持。邓建明等认为当今水生态文化传播有助于推进工程水利向生态水利、精英水利向公众参与水利转变的进程，进而引导全社会形成人水和谐的用水方式。刘聚涛认为可以从突出建设特色、加强生态水利建设、依托政府和建设市场机制四个方面，实现生态文明建设可持续发展道路。这一阶段，我国生态文明建设事业蓬勃发展，相关政策相继出台，鉴于水资源与生态环境的基础和保障关系，生态水利在今后实际应用中将更加突出。

（二）热点词分析

1. 强度最强的关键词：民生水利

"民生水利"突现开始于2008年，2011年开始出现下降趋势（表2）。民生水利是一种发展理念，即从民生的角度来发展水利，把满足百姓的水利需求作为核心任务，紧紧围绕服务民生进而推进水利工作发展与改革。2007年以来，民生水利成为水利工作的重中之重，要求把保障发展与改善民生结合起来，大力提升水利对经济社会发展的保障能力和公共服务能力。刘河元认为发展民生水利，应必须树立以人为本理念、坚持系统论和矛盾论原则。王晓娟认为民生水利的相关法律发展的相对滞后，未来应加强农田水利、蓄滞洪区、涉水生态补偿等方面法律体系的建设。马春阳等认为农业饮水安全工程是我国民生水利的重要组成部分，更是加快推进新农村建设的关键一步。

2. 持续时间最长的突现词：新农村建设

热点词"新农村建设"突现始于2007年，于2012年出现下降趋势（表2），持续时间最长。2006年，中央一号文件《中共中央国务院关于推进社会主义新农村建设的若干意见》中提出建设社会主义新农村的重大历史任务，其中的五项要求与生态水利紧密相连。潘志富认为农田水利基础设施薄弱是制约建设社会主义新农村的主要因素。彭振辉从生态农业、生态工业、生态工程和生态环境四个角度分析如何将生态水利最大化服务于新农村建设。刘伯宇等人认为灌区生态水利景观可以充分释放乡村旅游的巨大潜力，为全面推进灌区新农村建设提供新的发展思路。"新农村建设"突现性持续6年研究激增，之后趋于稳定，这与我国政策热点时段基本一致。

3. 出现时间最晚的突现词：PPP模式

"PPP模式"一词于2015年开始突现（表2）。PPP（public - private partnership）模式，可译为"政府与社会资本合作"模式。2014年，财政部《关于2014年中央和地方预算草案的报告》中首次提出推广PPP模式。2015年，三部委联合发布《关于鼓励和引导社会资本参与重大水利建设运营的实施意见》。从2014年开始，中央全面清理地方债和地方融资平台，同时出台一系列推动PPP模式实施的政策性文件。PPP模式作为控制地方债务的手段之一，受到追捧。水利作为重要的公共基础设施领域，重大水利工程、水环境治理、城市水务、农田水利等生态水利减少相关领域引入PPP模式迎来快速发展的契机，相关研究逐步增加。李珍珍等认为PPP模式在准经营性水利工程应用过程中容易出现各主体之间利益分配问题，解决好利益分配问题是PPP模式实施的前提和关键。李雪媛认为在生态水利项目中运行PPP模式具有解决资金短缺、提高项目质量和优化风险配置等优势。

表 2 国内生态水利领域热点词突现词汇表

热 点 词	突 现 强 度	突 现 时 间 段
生态水利	10. 744	2000—2004 年
资源水利	6. 405	2002—2008 年
生态水利建设	12. 104	2002—2006 年
水资源	6. 284	2002—2007 年
水利水电工程	10. 723	2003—2005 年
可持续发展	3. 090	2003—2005 年
现代水利	3. 410	2004—2007 年
人水和谐	7. 667	2007—2009 年
新农村建设	4. 887	2007—2012 年
生态水利工程	4. 228	2007—2010 年
排降蓄灌	3. 839	2008—2009 年
民生水利	12. 895	2008—2011 年
生态水利模式	7. 136	2009—2010 年
水利发展改革	3. 552	2011—2012 年
PPP 模式	4. 976	2015—2017 年

五、结 论 与 展 望

（1）生态水利在国内外都是研究的热点学科和领域。2000 年以后，生态水利相关文献数量呈快速增长趋势，其中国内关于生态水利的研究文献数量多于国外，且 2011 年以后随着国内生态环境保护意识的不断加强，相关文献数量大幅增长。但是，目前国内收录发表生态水利相关文献较多的期刊质量整体不高。这与当前英文期刊的国际影响力高于相关中文期刊，国内关于生态水利的研优秀究成果大多优先考虑英文期刊投稿有关。另外，当前国内关于生态水利的研究偏向理念、政策等软科学方向，国内外相关优秀期刊的数量原本相对就少、要求又相对较高，投稿可选择的范围非常有限。

（2）国外关于生态水利领域的研究已经步入相对稳定的阶段，研究方向、重点和目标都较为明确。如河流修复是国外生态水利领域的研究重点，包括河流生态修复技术、监测评价方法及修复方案的研究等；生态理念已经从农业、水利等传统生态环境相关行业领域，扩展到工业领域，成为促进社会可持续发展的一种普适性理念和原则；黄河三角洲的自然生态环境演变，是水利对生态环境影响的典型案例，是国际社会研究生态水利的热点对象。

（3）国内关于生态水利的研究虽然起步较晚，但行业内各部门参与生态水利研究的积极性高，涉及水利工程规划、建设、管理等不同单位，说明生态理念的运用在水利行业内不同部门的工作中都已经成为共识，对生态水利的关注和认同程度不断提升。但与国外研究成果相比，国内的研究成果大多仍处于对生态理念的认识吸收阶段，如人水和谐治水理念、民生水利等概念的提出，都是生态理念在水利行业的顶层设计。落实生态水利理念在方法、技术层面的研究缺乏突破，大部分研究成果和热点缺乏具体的措施和抓手，也制约了研究成果在高水平学术期刊的发表和传播，未来有待进一步加强和提高。

（4）党的十九大报告为我国生态文明建设提出了新理念、新举措、新要求。生态水利是推进生态文明建设的具体举措，是治水理念从工程水利、资源水利、民生水利向生态水利转变的不断升华，为下一步推进水利工作指明了道路、方向、目标。生态水利作为治水理念将贯穿于水利工作的始终，落实到水利发展战略、规划、政策、布局、标准、评估和监管等各个环节。水利科技、政策、建设、管理等不同研究团队应立足于其专业优势，从生态水利的不同领域进行深入研究，加强各方学术交流，使生态水利的研究成果更加全面和丰富，为生态水利战略的实施提供全方位的支撑。

参考文献

[1] 丁林，张新民，李元红，等．生态水利学研究进展［J］．节水灌溉，2009（6）：32-35.

[2] 孙宗凤．生态水利的理论与实践［J］．水利水电技术，2003（4）：53-55.

[3] 邓良军．构建人水和谐的生态水利［J］．企业科技与发展，2008（16）：157-158.

[4] Zhou F，Guo H C，Ho Y S. Scientometric analysis of geostatistics using multivariate methods［J］. Scientometrics，2007，73（3）：265-279.

[5] Zitt M，Bassecoulard E. Development of a method for detection and trend analysis of research fronts built by lexical or cocitation analysis［J］. Scientometrics，1994，30（1）：333-351.

[6] 曹永强，郭明，刘思然，等．基于文献计量分析的生态修复现状研究［J］．生态学报，2016，36（8）：2442-2450.

[7] 张灿灿，孙才志．基于 CiteSpace 的水足迹文献计量分析［J］．生态学报，2018，38（11）：4064-4076.

[8] 宁宝英，张志强，何元庆．基于文献统计的黑河流域研究重点和热点学科演变分析［J］．冰川冻土，2013，35（2）：504-512.

[9] 侯剑华，胡志刚．CiteSpace 软件应用研究的回顾与展望［J］．现代情报，2013，33（4）：99-103.

[10] 项国鹏，宁鹏，黄玮，等．工业生态学研究足迹迁移——基于 Citespace Ⅱ 的分析［J］．生态学报，2016，36（22）：7168-7178.

[11] Tent L. TROUT 2010-RESTRUCTURING URBAN BROOKS WITH ENGAGED CITIZENS［J］. River Restoration in Europe，2000：231.

[12] Tharme R E. A global perspective on environmental flow assessment emerging trends in the development and application of environmental flow methodologies for rivers. River Research and Application，2003，19（5）：397-441.

[13] Rosgen D L. A classification of natural rivers［J］. Catena，1994，22（3）：169-199.

[14] Kondolf G M. Five elements for effective evaluation of stream restoration［J］. Restoration Ecology，

1995, 3 (2): 133-136.

[15] 朱章玉. 生态工程的兴起和我们的实践 [J]. 生物科学信息, 1990 (1): 9-10.

[16] Korhonen J, Wihersaari M, Savolainen I. Industrial ecosystem in the Finnish forest industry: using the material and energy flow model of a forest ecosystem in a forest industry system [J]. Ecological Economics, 2001, 39 (1): 145-161.

[17] 缪雄谊, 叶思源, 丁喜桂, 等. 黄河三角洲不同类型湿地稀土元素配分模式 [J]. 中国地质, 2014, 41 (1): 303-313.

[18] Piao S, Ciais P, Huang Y, et al. The impacts of climate change on water resources and agriculture in China [J]. Nature, 2010, 467 (7311): 43-51.

[19] Ottinger M, Kuenzer C, Liu G, et al. Monitoring land cover dynamics in the Yellow River Delta from 1995 to 2010 based on Landsat 5 TM [J]. Applied Geography, 2013, 44 (44): 53-68.

[20] Saito Y, Yang Z, Hori K. The Huanghe (Yellow River) and Changjiang (Yangtze River) deltas: a review on their characteristics, evolution and sediment discharge during the Holocene [J]. Geomorphology, 2001, 41 (2): 219-231.

[21] 刘昌明. 中国21世纪水供需分析: 生态水利研究 [J]. 中国水利, 1999 (10): 18-20.

[22] 王志成. 浅谈生态水利在河道治理工程中应用 [J]. 农村科学实验, 2018 (8): 121.

[23] 杜继昌, 孙洪磊. 中国治水思路的一个重大变化——人水和谐, 善待洪水 [J]. 瞭望新闻周刊, 2003 (31): 44-45.

[24] 田中雨. "人水和谐"是永远的主题 [J]. 水利天地, 2004 (5): 1.

[25] 李其林. 人水和谐的基本特征和实现途径 [A]. 中国水利学会、新疆水利厅、新疆水利学会. 人水和谐及新疆水资源可持续利用——中国科协2005学术年会论文集 [C]. 中国水利学会, 新疆水利厅, 新疆水利学会, 中国水利学会, 2005: 4.

[26] 左其亭. 人水和谐论——从理念到理论体系 [J]. 水利水电技术, 2009, 40 (8): 25-30.

[27] 张琳. 2009年中国特大旱灾原因及解决措施初探 [J]. 科协论坛 (下半月), 2009 (4): 135.

[28] 王贺坤. 旱灾的防控对策与建议——以安徽省2009年旱灾为例 [J]. 农技服务, 2009, 26 (10): 124, 168.

[29] 陈少艺. 中央一号文件与"三农"政策 [D]. 上海: 复旦大学, 2014.

[30] 中国水利编辑部. 解决中国水资源问题的重要举措——水利部副部长胡四一解读《国务院关于实行最严格水资源管理制度的意见 [J]. 中国水利, 2012 (7).

[31] 曹先玉, 蔡保国. 规划设计在水生态文明建设中的作用 [J]. 山东水利, 2013 (6): 9-10.

[32] 邓建明, 周萍. 大力弘扬水生态文化 促进水生态文明建设 [J]. 水利发展研究, 2015, 15 (2): 69-73.

[33] 刘聚涛, 方少文. 江西省水生态文明建设可持续发展探讨 [J]. 江西水利科技, 2015, 41 (5): 324-326, 344.

[34] 陈雷. 关于水利发展与改革若干问题的思考 [J]. 中国水利, 2007 (22): 1-14.

[35] 刘河元. 论民生水利 [J]. 湖南水利水电, 2009 (2): 88-89.

[36] 王晓娟. 构建民生水利的法律保障体系 [J]. 水利发展研究, 2012, 12 (2): 11-14, 36.

[37] 马春阳, 李立国. 浅谈民生水利之农村饮水安全问题 [J]. 水利天地, 2015 (4): 38-41.

[38] 潘志富. 试谈农村水利在新农村建设中的作用 [J]. 水利发展研究, 2008 (8): 32-35.

[39] 彭振辉. 新农村建设下生态水利研究 [J]. 北京农业, 2014 (21): 323.

[40] 刘泊宇, 邵东国. 新农村建设新常态下的灌区生态水利景观建设 [J]. 水利发展研究, 2015, 15 (7): 12-16.

[41] 陈志敏, 张明, 司丹. 中国的PPP实践: 发展、模式、困境与出路 [J]. 国际经济评论, 2015 (4): 68-84, 5.

[42] 薛松, 丰景春, 钟云. 水利工程PPP项目治理能力提升动力实证研究 [J]. 水利经济, 2015, 33 (3): 41-47, 77.

[43] 李珍珍，朱记伟，周荔楠，等. PPP 模式下准经营性水利工程收益分配研究［J］. 南水北调与水利科技，2017：15.

[44] 李雪媛. 浅析 PPP 模式在生态水利项目中的应用［J］. 价值工程，2017，36（5）：250-251.

关于河湖生态流量保障的认识与思考

王建平　李发鹏　孙　嘉

水利部发展研究中心

保障河湖生态流量（水位）（以下简称“生态流量”）是保护河湖生物多样性、维持河湖生态健康的客观需要，是贯彻落实党的十九大“人与自然和谐共生”理念的具体体现。《水污染防治行动计划》布置了科学确定生态流量、维持河湖基本生态用水需求的战略任务，《水利改革发展“十三五”规划》《加快推进新时代水利现代化的指导意见》等也都将河湖生态流量保障作为当前及今后一段时期河湖管理保护的重要措施。

为支撑生态流量管理相关工作，本文结合近期实地调研掌握的相关资料，梳理总结我国生态流量管理的现状与成效，归纳总结了生态流量管理中存在的主要问题，并提出了加强生态流量管理的初步对策建议，供有关方面参考借鉴。

一、河湖生态流量管理现状与成效

（一）保障生态流量的必要性紧迫性日益突出

党的十九大报告将建设生态文明提升为“千年大计”，提出了“坚持人与自然和谐共生”基本方略。习近平总书记在 2018 年全国生态环保大会上指出要把解决突出生态环境问题作为民生优先领域，实现“清水绿岸、鱼翔浅底”的生态环境保护目标。河湖生态流量保障作为维持河湖生态环境健康、满足人民群众日益增长的优美生态环境需要的重要内容，其重要性已被社会公众普遍认可。随着河长制、湖长制的全面推行，保障河湖生态流量已成为各级河长湖长保障河湖生态环境健康的主要职责之一。此外，《党政领导干部生态环境损害责任追究办法（试行）》的出台与中央环保督察的开展，督促地方政府强化河湖生态流量保障。中央在甘肃祁连山生态破坏事件调查处理中，对包括“水电设施在设计、建设、运行中对生态流量考虑不足，导致下游河段出现减水甚至断流现象”等在内的生态环境破坏问题进行了严肃追责，在地方各级党政领导干部及企业、公众中引起较大反响，起到了警示与教育作用。

（二）初步建立了生态流量管理的法律制度体系

现阶段我国已形成了以《中华人民共和国水法》《中华人民共和国水污染防治法》《水污染防治行动计划》等法律法规为核心的生态流量管理法律体系，明确了生态流量保障的重要地位，对生态流量管理体制、生态流量配置调度、生态流量监测监督等事项进行了总体规定。在生态流量管理体制方面，初步建立了由水利、环保、农业等多个部门共同承担的生态流量管理体制。在生态流量配置与调度方面，明确通过国家、流域和地方层面的水利规划予以实现。根据生态流量调度权限，以为水资源综合规划与水量分配方案依据，基本形成防汛抗旱调度、应急水量调度及日常水量调度三种生态流量调度模式。在生态流量监督管理方面，由于相关监管权责分散在水利、环保、农业等相关部门，尚未建立专门的生态流量监督管理体制和机制。

（三）不断完善生态流量管理的规划和技术支撑

生态流量配置体系基本形成。《全国水资源综合规划（2010—2030 年）》确定了河湖生态用水总量，并配置了七大流域生态用水上限，其中 2030 年全国河道内配水总量为 22719 亿 m^3。同时，实施最严格的水资源管理制度，强化了经济社会用水上限，留足了生态用水。在此基础上，流域、区域水资源综合规划及水量分配方案配置了不同尺度的生态用水总量，以及重要控制断面生态流量下泄指标。

生态流量调度体系基本建立。对于日常生态流量调度，通常根据水利工程管理权限，由国务院水行政主管部门及流域管理机构、各级水行政主管部门按照流域规划、水量分配方案、水量调度条例等进行调度。对于防汛抗旱调度，由国家防总领导统筹，各级地方防汛抗旱部门具体组织实施。对于突发情况下的应急水量调度，通常由地方水行政主管部门提出应急调水方案，经由国务院水行政主管部门审批后组织实施。

生态流量技术规范较为完备。水利部门及生态环境部门制定的相关技术规范明确了河流、湖泊、沼泽、湿地及河道内外、流域的生态流量计算标准，并对涉水建设项目规划、设计、施工、运行管理中的生态流量保障进行了相应规定，形成了相对较为系统的生态流量技术标准体系。

（四）积累了一些生态流量保障的实践经验

各地开展了各具特色的实践探索，积累了一定的生态流量管理经验，大体上形成了四类管理模式。一是以生态保护目标为核心的生态流量管理。对于存在具有特殊需求的生态保护目标的河湖，如长江-中华鲟、黑龙江-鲑鱼、青海湖-湟鱼等，其所有的生态流量管理措施都要根据生态保护目标的需求而制定，不仅保证足够的水量、良好的水质，还要保障其生殖繁育的流速、水温等流量过程条件。二是维持基本水量（水位）的生态流量管理。对于没有特殊生态保护目标的中小河湖，其水生生物对于流量过程基本没有特殊需求，只要能够保证河湖基本水量，不发生脱水现象而造成河湖水生生物灭绝即可。三是实行总量控制的生态水量调度。对于既没有特殊生态保护目标，也没有河湖生态系统水量过程要求的河湖，只要在特定时段保证河湖下泄一定水量，即可满足河湖下游或尾闾地区的需求，这种情况在西北干旱地区（如塔里木河、黑河、疏勒河等）比较常见，通常结合灌溉或汛期洪峰择机下泄一定水量。四是应对干旱缺水、环境污染等突发事件而进行的应急补水。这类应急补水属于特殊情况下的生态流量管理措施，近年来这类应急补水的案例越来越多，发挥的作用也越来越大，如引察济向、引黄入冀补淀、南四湖生态应急调水等。

二、河湖生态流量管理存在的主要问题

（一）生态流量的认识有待进一步深化

在几十年传统经济发展方式的惯性带动下，一些地方仍存在挤占生态用水的现象，未能摆正以河湖生态流量保障为代表的生态环境保护与区域经济社会发展的关系，地方政府在水资源开发利用中，生态流量保障意识不强，科学的生态流量保障理念还未建立。以吐鲁番地下水超采治理为例，虽然水利部门大力推行了退地减水、节水灌溉、水价改革等多项调控措施，但是自然资源、林业等部门仍在不断扩大耕种和植树造林，用水需求不降反增，造成地下水压采效果有限，艾丁湖水位不断下降甚至干涸。此外，部分地方对生态流量的认识水平并未达到建设美丽中国的高度，存在重视生态用水总量忽视生态流量过程、混淆下泄水量时间尺度的问题，短时间集中下泄水量，用月、旬流量代替日流量，对生态保护目标的生态流量过程要求认识不足。

（二）河湖生态流量管理仍处于起步阶段

当前，生态流量还处于典型流域（即黄河和淮河）试点阶段，尚未全面铺开。《中华人民共和国水法》《中华人民共和国水污染防治法》等虽对水资源开发利用时的生态流量保障提出了总体要求，但缺少配套细化的相关规章制度，也未明确主管部门及相关管理部门的有关权责，未建立部门间的生态流量保障协同机制。目前，各方对生态流量的认识也还不统一，存在“生态需水”“环境需水”“环境流量”“生态基流”等诸多概念，是否区分河道内、河道外生态流量仍存在争议，水利、环保、林业等不同

涉水管理部门通常从行业管理角度进行各有侧重的生态流量管理，仍存在理解与认识上的差异。全面系统的河湖生态流量保障体系尚未建立，现有实践多针对突发河湖生态环境问题开展被动式的生态流量调度保障。

（三）河湖生态流量保障相关制度有待完善

虽然《中华人民共和国水法》《中华人民共和国水污染防治法》等确立了生态流量保障的法律地位，但这些条款的原则性规定不具备可操作性，缺乏与之配套的、有针对性的政策制度体系。一是缺乏生态流量管理顶层设计，重要河湖生态流量保障目标不明确，缺少对全国江河湖泊生态流量治理任务、实施安排、保障措施等的详细战略部署。二是生态流量管理体制有待进一步健全，水利、生态环境、自然资源等相关管理部门的权责、管理事项等未明确界定，部门间的协同管理机制有待进一步健全。三是生态流量管理配套制度有待完善，缺少生态流量监督执法配套文件，相关管理部门在实际监管中并未建立联席制度及联合执法机制。

（四）河湖生态流量保障能力不足

一是部分流域水资源开发利用程度较高，严重挤占生态环境用水。以海河流域为例，其水资源开发利用率高达112%，平原区24条河流约有一半干涸，在水资源被使用殆尽的情况下难以保障生态环境用水。二是我国部分河湖河段缺少水量调配设施，无法实现生态流量的调控。以黑河流域为例，虽然其水量分配方案明确了鹰落峡和正义峡断面来水量和下泄水量指标，但在上游控制性工程黄藏寺水利枢纽建设完成以前，根本无法实现该生态流量目标。三是部分水利设施设计建造年代较早，缺少生态流量泄放设施。在2006年之前，全国已建成的8.5万座水利水工程中，绝大多数缺少生态流量泄放设施，缺乏实施生态流量精准下泄的能力，大部分需要通过工程改造来实现，但也面临改造投入资金难的问题。四是复杂的水电工程管理权限影响了生态流量调度保障能力，特别是由上级部门、大型国有企业等主管的水电工程，客观上仍存在着电调与水调的利益冲突，地方政府与其协调生态流量下泄的难度较大，同时缺乏有效的监管手段。在塔里木河流域，部分电站无视下游河道生态流量需求，依据自身运行需要无序下泄水量，由于水电站主管部门行政级别高，地方水行政主管部门在监管过程中多次协调未果，给流域生态流量管理带来较大的困难。

（五）河湖生态流量技术规范适用性不强

现有生态流量相关技术规范中，关于河湖生态流量计算方法的标准缺乏针对性与实用性，未分类对不同区域、不同类型河流、不同敏感时期、不同保护目标对象的生态流量计算方法进行规定。同时，水利水电工程环境保护设计规范对大、中型水利水电工程初步设计阶段的环境保护设计进行了明确要求，缺少针对小型水利水电工程生态流量保障的相关规定。对河湖生态需水量及建设项目最小下泄流量日均、月均、旬均、年均的相关要求也不明确。

（六）生态流量监管有待加强

一是河湖生态流量监测网络体系不完善，现有水利信息监测站网不能对重要江河湖库生态流量（水位）进行全覆盖动态监测，相关监测信息平台还未建立，无法实现与生态环境、农业与农村等部门间的数据共享。二是水利水电工程智慧化调度手段不足，大部分水库、闸坝等水利设施仍采用传统调度技术，现代化的虚拟现实仿真、数字流域、智能专家系统等手段应用较少，智能化、自动化调度水平不高。三是现有法律法规中生态流量法律责任规定的缺失，生态流量保障法律威慑力不足，监督执法部门存在执法权限少、处罚力度小等问题，对非法取水、筑坝、排污等水事违法行为的监管和打击力度有限。

三、进一步加强河湖生态流量管理的对策建议

我国生态流量管理仍处于起步阶段，生态流量管理各项工作仍有待进一步完善。应充分理解生态流量的核心问题是解决经济社会发展与生态环境保护之间的矛盾，不断提高河湖生态流量保障的认识，进一步加强生态流量管理体制机制、配套政策、技术标准、监管规范等工作。

（一）健全生态流量管理体制与机制

一是根据党和国家机构改革后各部门新的“三定”方案，进一步理顺河湖生态流量管理体制，明晰生态流量管理部门的事权划分。明确水利部门在生态流量管理中的组织、规划、水量分配、水量调度与监测等权责，自然资源部门的水资源确权和生态环境部门在生态流量管理中的监督与执法权责。二是完善水利、生态环境、自然资源等多部门参与的生态流量协作机制，建立常态化的联席制度，协商解决重点流域的生态流量保障关键问题。三是按照流域与区域相结合的管理体制，合理划分流域与地方生态流量管理事权，完善以流域为单元的生态流量保障体系，发挥流域机构在规划、水量调度、河湖管理、监督执法等方面的职能和作用，组织协调地方共同参与流域生态流量保障，牵头编制生态流量管理台账来指导地方各项工作的开展，监督流域内重要控制断面生态流量下泄情况。

（二）加快出台生态流量管理配套政策法规

一是组织编制《全国重要河湖生态流量（水位）规划》，总体部署南方丰水地区、华北地区、东北地区及西北内陆河地区生态流量保障目标及主要任务。二是尽快制定出台《加强河湖生态流量保障指导意见》，明确河湖生态流量保障工作的指导思想、总体目标、部门权责、工作机制、保障措施等，建立健全水利、生态环境、农业与农村等部门参与的生态流量决策与议事协调机制，鼓励和引导社会公众参与河湖生态流量保障。三是适时修订《中华人民共和国水法》等相关法律，增加河湖生态流量保障法律责任规定，明确各类水事违法行为造成河湖生态环境损害的处罚措施，增强河湖生态流量监督执法可操作性。

（三）强化河湖生态流量调配能力

一是加强顶层谋划，抓紧制定主要江河水量分配方案，完善流域和区域用水总量控制指标体系，明确和细化重要控制断面的生态流量下泄控制指标。二是分类指导水利工程生态流量泄放和监控设施建设。对已建水利水电工程，科学优化工程运行调度确保生态流量下泄，对具备条件的工程增设或改造生态流量泄放设施，对不具备改造条件或工程运行严重影响河湖生态流量保障的工程予以限制运行或拆除。对新建水利水电工程，将生态流量泄放设施和监控设施纳入主体工程设计，严格规范工程项目的设计、施工及验收。三是充分发挥政府引导作用，构建河湖生态流量保障市场参与机制，吸引社会资本参与河湖生态流量保障工程建设，共同维护河湖良好生态环境。

（四）加强河湖生态流量科学研究

一是进一步深化河湖生态流量基础研究，结合我国河湖基本情况，深入探究河湖水循环过程与生态系统演变的内在机理，研究提出能够达成共识的生态流量概念及内涵。二是结合第三次全国水资源调查评价开展河湖水生态系统本底调查，摸清重要河湖水生生物的种群、数量和分布等状况，准确界定重要河湖的标志性生态保护目标，进而确定河湖生态流量保障需求。三是以现有生态流量技术规范为基础，系统对比、筛选国内外生态流量计算方法，充分考虑地域、河湖类型、生态保护对象、敏感时期等因素，分类形成能够合理确定我国河湖生态流量的计算标准。四是将流域重要控制断面最小下泄流量指标月（旬）均达标的要求纳入流域综合规划编制规范内，加强流域内重要水利水电项目生态流量下泄监管。

（五）加大河湖生态流量保障监管力度

一是加快推进河湖生态流量（水位）信息监测网络建设。充分利用互联网、物联网、卫星遥感、无人机、视频监控等现代化监测技术，结合国家水资源监控能力建设、水资源承载能力监测预警等项目，对现有水利信息监测站网进行改造、扩充或升级，构建天地一体化的河湖生态流量（水位）信息监测网络，并搭建生态流量（水位）信息平台，每年发布《全国重要河湖生态流量（水位）监测公报》，为河湖生态流量（水位）监测预警和精细化调度管理奠定技术基础。二是提高现有水利基础设施生态调度管理水平。依托大数据、云计算、人工智能、虚拟现实仿真、数字流域、智能专家系统等现代化技术手段，对现有水利基础设施的调度管理系统进行自动化、智能化升级，提高生态调度能力与水平。三是充分发挥各级河湖长的统筹协调作用，完善河湖生态流量保障的日常巡查、上报与处置制度，加大涉生态流量执法力度，维护河湖生态健康。

参考文献

[1] 金春久．湿地补水生态补偿标准量化研究——以向海湿地为例［J］．东北师大学报（自然科学版），2015，47（3）：149－153.

[2] 戴群英．引黄入冀效益浅析［J］．河北水利，2002（6）：41.

[3] 董哲仁，张晶，赵进勇．环境流理论进展述评［J］．水利学报，2017，48（6）：670－677.

[4] 董哲仁，赵进勇，张晶．环境流计算新方法：水文变化的生态限度法［J］．水利水电技术，2017，48（1）：11－17.

美好生活新时代　南水北调新征程

——南水北调工程建设生态水利实践初探

李英杰　贾君洋

南水北调中线建管局河北分局

中国特色社会主义进入了新时代，决胜小康社会、建设现代化强国，都离不开人类社会赖以生存发展的生命之源——水。以习近平新时代中国特色社会主义思想为指引，贯彻落实十九大精神，补足北方地区水资源短缺的民生短板，南水北调工程在贯彻新发展理念、保障和改善民生、人与自然和谐共生中大有可为。北方地区尤其是京津冀协同发展中，解决好人民日益增长的美好生活需要与水资源时空分布不均衡、生活生产生态用水不充分之间的矛盾，需要南水北调工程应用新思想、肩负新使命，深入贯彻习近平总书记“节水优先、空间均衡、系统治理、两手发力”的新时代治水思路，踏上守护决胜小康社会、建设现代化强国绿水青山的新征程，建设生态水利，推进绿色发展。

一、新时代更需南水北调新保障，牢牢扛起通水平稳的政治责任

党的十九大确立了习近平新时代中国特色社会主义思想，明确指出新时代我国社会主要矛盾是人民日益增长的美好生活需要和不平衡不充分的发展之间的矛盾。水是生命之源，是人类社会赖以生产发展的自然资源，更是新时代人民过上美好生活不可或缺的最基础的根本性保障。

“必须认识到，我国社会主要矛盾的变化，没有改变我们对我国社会主义所处历史阶段的判断，我国仍处于并将长期处于社会主义初级阶段的基本国情没有变，我国是世界最大发展中国家的国际地位没有变”。党的十九大强调不变的社会主义基本国情，在水情方面表现如何呢？这就是“南方水多、北方水少”的水资源时空分布不均衡、生产生态用水不充分的基本国情没有变，在北方地区尤其是京津冀地区表现突出。解决好北方地区十年九旱、水资源短缺的问题，解决好人民日益增长的美好生活需要与生命之水之间的新矛盾，需要南水北调工程发挥优化水资源空间均衡的调配能力，保障通水平稳运行、一渠清流北送，保障京津冀豫鲁等地区供水安全，保障新时代人民

过上生美好生活。

美好生活新时代需要南水北调，更离不开南水北调。习近平新时代中国特色社会主义思想中的重要一条就是“坚持在发展中保障和改善民生”“必须多谋民生之利、多解民生之忧，在发展中补齐民生短板、促进社会公平正义”。南水北调工程是补足水资源短缺的民生短板，解民之忧，惠民之利，改善民生，促进生活生态充分用水，保障社会公平正义的基础性、战略性、资源性的重大工程。

为美好生活新时代提供南水北调通水平稳的新保障，既是贯彻落实党的十九大精神的具体行动，更是一份为人民谋幸福的沉甸甸的政治责任。南水北调工程基层一线运行管理人员唯有加强安全管理，深入推进规范化运行管理，才能确保工程安全、水质安全、供水安全，推动南水北调工程发挥更大效益，使之不断造福人民、造福社会。

京津冀豫等地区从缺水到喝上好水，南水北调中线输水水质一直保持或优于Ⅱ类，不仅保障了北方人民的饮水安全，还从根本上改变了北方受水区的供水格局，供水保证程度大幅提升，水质、饮用口感大为改善，已成为京津冀豫等地区的主力水源。截至2018年9月14日，南水北调东中线一期工程累计调水200亿m^3，供水量逐年增加，已成为京津冀豫鲁等受水区大中型城市的供水生命线，直接受益人口超过1亿人，工程正在稳步达效。其中，南水北调中线一期工程已不间断安全供水1371天，共调水169.29亿m^3，累计向京津冀豫4省市供水超158亿m^3，分别向北京供水38.75亿m^3、天津供水31.57亿m^3、河南供水58.97亿m^3、河北供水29.26亿m^3。其中2017—2018年度前10个月已实际供水57.57亿m^3，提前超额完成年度供水计划。东线已累计调水到山东30.76亿m^3。其中2017—2018年度调水到山东10.88亿m^3，比上一年度增加22%。

二、新使命更需南水北调新担当，紧紧握住决胜小康的跃动水脉

党的十九大分析提出了中国未来十年发展的新使命，即极为重要的两个重大时期：“从现在到二〇二〇年，是全面建成小康社会决胜期”；“从十九大到二十大，是‘两个一百年’奋斗目标的历史交汇期”。不同的两个时期，面临着不同的新使命。决胜全面建成小康社会的第一个时期，主要肩负着统筹推进、补短强弱的新使命；“两个一百年”奋斗目标的历史交汇期，主要肩负着承前启后、强基固本的新使命。

决胜全面建成小康社会，只有紧紧握住“统筹推进、补短强弱”新使命的跳动脉搏，才能找准济世良方，为历史交汇期“承前启后、强基固本”新使命，注入新的活力。在全面建设小康社会决胜期，贯彻新发展理念的一项重大举措，就是“实施区域协调发展战略”，“以疏解北京非首都功能为‘牛鼻子’推动京津冀协同发展，高起点

规划、高标准建设雄安新区”。统筹推进京津冀协同发展与建设雄安新区，短缺的资源是水，薄弱的环节是水的调配。

新使命更需要南水北调新担当。南水北调只有紧紧握住决胜全面建成小康社会的跃动水脉，才能肩负好“统筹推进、补短强弱”的新使命，才能谱写好京津冀协同发展与建设雄安新区这一篇恢宏壮丽的水文章。南水北调工程运行管理单位需要认真贯彻落实党的十九大精神，贯彻执行国务院南水北调工程建设委员会第八次全体会议精神，建立良好的节水、调水和用水机制，优化水量省际配置和调度，服务京津冀协同发展重大战略，保障好雄安新区建设发展用水需求，推动工程充分发挥效益。务必深入研究论证，有序推进后续工程的建设准备工作。

尤其是南水北调中线工程基层一线运行管理单位，需要认真总结工程建设和运营积累的好经验、好做法。通过积极主动探索通水运行规范化管理机制和工程运行安全管理标准化体系，加快建立适应新时代要求的管理体制和运行机制，真正把南水北调工程打造成“清水走廊”“绿色走廊”，让工程长期造福人民、造福社会。

三、新征程更需南水北调新作为，稳稳守护现代强国的绿水青山

“必须树立和践行绿水青山就是金山银山的理念，坚持节约资源和保护环境的基本国策，像对待生命一样对待生态环境”是习近平新时代中国特色社会主义思想的一条基本方略。南水北调工程建设运行正是践行这一条基本方略的鲜活实践。水利部鄂竟平部长在学习贯彻党的十九大精神时指出，南水北调工程建设质量可靠，运行平稳安全，特别是确保了一渠清水北送，为受水区提供了优质水源，保证了京津等城市的供水安全，同时为我国生态文明建设做出了重要贡献，有效遏制了工程沿线城市地下水下降的趋势，改善了水生态、水环境，发挥了巨大的社会、经济、生态效益。

开启全面建设社会主义现代化国家新征程上，加快生态文明体制改革，建设美丽中国，更需要稳稳守护好绿水青山的良好生态环境。党的十九大指出“人与自然是生命共同体，人类必须尊重自然、顺应自然、保护自然”，南水北调工程是顺应自然规律的特大型调水工程，在守护现代化强国绿水青山的新征程更需要新的作为。南水北调中线工程充分利用了中国南方水多、北方水少的水资源分布格局与西高东低的地理地形自然条件禀赋，顺应水往低处流的自然规律，建设的自流式特大型调水工程，联通了长江、黄河、海河三大流域，为构建“四纵三横、南北调配、东西互济”中国大水网奠定了坚实的基础，更是人与自然和谐共生、建设美丽中国、人民过生美好生活不可或缺的物质基础。

党的十九大报告指出，必须坚持节约优先、保护优先、自然恢复为主的方针，形

成节约资源和保护环境的空间格局、产业结构、生产方式、生活方式，还自然以宁静、和谐、美丽。南水北调工程“先节水后调水、先治污后通水、先环保后用水”的“三先三后”原则，正是这一政策理论忠实的实践者、贡献者、引领者。在《南水北调工程总体规划》中，根据“三先三后”原则，把生态建设与环境保护放在突出位置，强调南水北调的根本目标是改善和修复黄淮海平原和胶东地区的生态环境，高度重视调水区和受水区的生态建设和环境保护，尤其把节约用水、生态环境保护放在更加突出的位置，突出节水，降低用水定额，加强污染治理和水环境保护。南水北调中线工程通水三年来，调水区丹江口水库地区生态环境明显改善，受水区黄淮海地区生活生态用水得到了有效保障，特别是促进了京津冀地区采取地下水压采方针，地下水位得到了生态修养和恢复，有力地守护了南水北调工程沿线地区的绿水青山，为沿线地区形成绿色发展方式和生活方式，坚定走好生产发展、生活富裕、生态良好的文明发展道路，加快了建设美丽中国的步伐，为人民创造了良好的生产生活环境，为生态安全做出了应有贡献。

南水北调东中线工程显著改善了沿线水源条件，遏制了地下水超采状况，增加了生态环境用水，改善了河流生态。通过优化调度，中线工程连续两年利用汛期弃水向受水区实施生态补水，已累计补水 11.6 亿 m^3，生态效益显著。3 年来，北京、天津等 6 省市累计压减地下水开采量逾 8 亿 m^3，地下水位得到不同程度回升。其中，2016 年和 2017 年底北京平原区地下水位分别较同期回升 0.52m、0.23m。天津海河水生态得到明显改善，地下水位保持稳定或小幅回升。

2018 年，南水北调中线工程先后两次专题生态补水，特别是 9 月 13 日华北地下水超采综合治理河湖地下水回补试点工作正式实施。根据水利部统一安排，本次生态补水时间为 2018 年 9 月至 2019 年 8 月，补水规模初步确定为 5.5 亿～5.7 亿 m^3。本次生态补水是 2018 年第二次利用南水北调中线总干渠向地方河道补水，是深入贯彻落实习近平新时代中国特色社会主义思想关于生态文明建设和保障水安全的重要指示精神、国务院领导同志重要指示精神，以及水利部鄂竟平部长“5 个什么”重要指示要求的鲜活实践，是充分发挥南水北调中线工程综合效益的一项重要工作。

十九大引领新时代在人间，习近平创立新思想到天河。新征程更需南水北调新作为。深入学习贯彻落实党的十九大精神，以习近平新时代中国特色社会主义思想为指导，建设生态水利，推进绿色发展，打造南水北调“清水走廊”“绿色走廊”，南水北调工程基层一线运行管理单位务必坚守通水现场，忠实践行“三先三后”原则，不忘初心保通水，牢记使命推运行，以南水北调通水平稳运行安全，保障工程效益充分发挥，保障调水区生态安全，保障受水区人民过上美好生活，让工程长期造福人民、造福社会。

参考文献

［1］ 本书编写组．党的十九大报告学习辅导百问［M］．北京：党建读物出版社，2017.
［2］ 国务院南水北调工程建设委员会办公室．南水北调工程知识百问百答［M］．北京：科学普及出版社，2015.
［3］ 赵永平．南水北调东中线累计调水达二百亿立方米［N］．人民日报，2018-9-14（14）.

南水北调中线工程与中原生态文明建设

李 宁[1]　吕 军[2]

1 南水北调中线长葛管理处　2 河南省水利科学研究院

一、南水北调工程与中原经济区建设

2012 年 11 月，国务院正式批复《中原经济区规划》（2012—2020 年），包括河南全省 18 个地市及相邻省 12 个地市和 3 个县区。中原经济区是以郑州都市区为核心、中原城市群为支撑，涵盖河南省延及周边地区的经济区域，地处中国中心地带，是国家重要的粮食生产和现代生态农业基地，是全国工业化、城镇化、信息化和农业现代化协调发展示范区。南水北调，尤其是中线工程为中原经济区建设提供了良好的发展机遇。

首先，南水北调中线工程正式通水以来，中原地区产业结构调整速度加快，拉动了中原经济区 GDP 增长。水资源的增加有利于发挥中部地区的资源优势，建立有特色的主导产业，为中原加快发展现代农业，保障国家粮食安全提供保障。将南方丰富的水源引入北方，解决了中原地区水资源问题，兼顾灌溉农田，提高耕地质量，增加粮食产量，使大面积农田物尽所用、高效利用；修建配套水库，在丰水季节储蓄水源，在干旱时期开闸放水，避免干旱造成粮食作物减产；有利于关联产业和相关基础产业的发展，发展壮大城市群、建设先进制造业、打造内陆开放高地、人力资源高地；成为与长江中游地区南北呼应，带动中部地区崛起的核心地带，引领中西部地区经济发展的强大引擎；通过满足中部受水区城市生活用水和生态用水，可以促进当地服务业和旅游业的发展。

“2014 年夏天，平顶山大旱，百万市民面临用水危机，白龟山水库三次动用死库容，若不是南水北调中线工程及时为平顶山‘解渴’，平顶山或许将变成下一个‘楼兰’。”2018 年 5 月 29 日，平顶山市主管农业的副市长冯晓仙在接受采访团采访时激动地说。在那场整个河南都在参与的人与大自然的博弈当中，伴随着南水北调工程向平顶山白龟山水库历时 46 天，应急调水 5011 万 m^3，有效缓解了百万市民的供水紧张情况。平顶山市也因此成为南水北调中线工程正式通水前的首个受益城市，被载入河南水利的史册。据大河网讯，截至 2018 年 9 月 13 日，南水北调东中线工程已累计调水

169.29 亿 m^3，其中向河南供水 58.97 亿 m^3，供水目标涵盖 11 个省辖市和 2 个省直管县（市），实现了规划供水范围全覆盖，受益人口达到 1800 万人，农业有效灌溉面积 115.4 万亩。南水北调为东中线受水城市每年增加工农业产值近千亿元。

其次，南水北调工程为中原新型城镇化建设创造了重要契机。在工程建设过程中，水源地、工程沿线地区的基础设施得到完善，农村地区的农业生产条件和公共服务设施随之改善。在工程运行期，沿线地区的用水条件、生态环境质量得以提高，发挥城市群辐射带动作用，构建大中小城市、新型农村社区协调发展、互促互进的发展格局，走城乡统筹城乡一体、节约集约、生态宜居、和谐发展的新型城镇化道路，这些都极大地推动了中部地区新型城镇化建设的进程。2017 年，河南省扎实开展京豫对口协作，北京市的 6 个区与河南省水源区 6 县（市）结对协作。北京市政府共拿出 7.5 亿元财政资金，在河南省水源区实施对口协作项目 249 个，并设立了 3.6 亿元的南水北调对口协作产业投资基金，一批水质保护、产业发展、社会事业项目已建成投用，为全省水源区产业转型起到了良好的示范带动作用。近年来，20 多家河南省属高校和北京市属高校联合开展了教育合作交流；首创集团、北汽集团等大型企业和机构相继在河南投资，京豫两地互利多赢的协作优势逐步显现。

最后，南水北调工程有助于促进中原地区城乡协调发展。南水北调中线丹江口大坝因加高需搬迁移民 34.5 万人，其中河南省搬迁安置丹江口库区移民 16.54 万人，加上总干渠沿线 5.5 万征迁群众，河南省共安置移民 22 万人，是中线工程移民征迁群众数量最多的省份。已搬迁群众的住房、交通、医疗、教育等条件显著改善。南水北调工程移民搬迁促进了中原地区城市化建设的步伐，有利于农村人口向城市集聚，不仅带动了地方经济的发展，而且促进了中部地区交通、能源、通信、医疗等社会体系的基础设施建设，形成以工程为中心的新兴城镇。同时，因地制宜探索新型农村移民社区建设模式，发挥移民主体作用，尊重移民意愿，把新型农村社区建设作为推进城乡一体化的切入点，促进大多数社区移民向二、三产业转移就业，促进农民生产生活方式转变，推动形成城乡衔接的公共交通、供水供电和生态建设、环境保护一体化的发展格局。

二、南水北调中线工程沿线生态旅游带与中原历史文化旅游区建设

南水北调中线工程，不仅仅是简单的“输水线”，更充分挖掘和利用了工程附带的多元价值，促进了区域经济、生态环境、文化建设的并进。2011 年，国家旅游局公布的《中国旅游业“十二五”发展规划纲要》把南水北调中线生态文化旅游带列为加快规划建设的国家精品旅游带，提出要依托南水北调中线工程，整合沿线自然人文资源，

建设体现地方特色和文化内涵、景观游览、文化娱乐、城市游憩、生态休闲等于一体的景观工程。《中原历史文化旅游区总体规划》提出整合南水北调中线工程沿线自然人文资源，以中原旅游区悠久厚重的古都文化、绵长深厚的历史文化、丰富多彩的黄河文化及地域文化、百姓归宗的根亲文化等为依托，以建设中国极品、世界一流为目标，把中原旅游区建设成为集文化品赏、历史怀古、山水休闲度假于一体的综合性国家级文化旅游示范区、世界著名的历史文化旅游目的地。

中线工程全长1432km，沿线有世界遗产12处，国家5A级旅游景区16处，全国重点文物保护单位467处。中线工程库区和沿线富集商周、荆楚、燕赵、汉魏、元明清等不同朝代及地域丰富的历史古迹和文化遗存。南水北调中线工程水源丹江口库区顺流北上，其间既有武当山、少林寺等名山大寺，又有黄河奔涌、云台飞瀑、卢沟晓月等自然景观，还有白洋淀、狼牙山、西柏坡等革命故地，以及安阳殷墟、古都邯郸等历史名迹，打造成为“世界最大调水工程、国家生态战略屏障，历史文化富集地和国家级一流旅游目的地”。以河南省焦作城区段旅游圈建设为例，中线总干渠从焦作中心城区穿越，高出地面3~10m的填方工程已建设成为市民的旅游休闲景点，规划将铁丝网改成石头基座加有机玻璃栏，既可以满足市民游客观光，又可保护水质。

中线工程沿线旅游资源与中原历史文化旅游区规划中拟建设的郑州新区、焦作云台山、登封嵩山、洛阳龙门、平顶山尧山大佛、信阳鸡公山、许昌鄢陵、永城芒砀山、驻马店嵖岈山、南阳卧龙岗等10大旅游产业聚集区和黄河、伏牛山、南太行、桐柏大别山等6个旅游度假区互相得益彰。通过文化旅游的发展，促进生态保护，强化环保意识，提升环境质量，改善人居环境，发展环境友好型现代旅游产业，实现中原经济的可持续发展。

三、南水北调工程社会生态效应与中原生态文明建设

南水北调工程是一项宏伟的生态工程，正在释放着生态文明建设的正能量。南水北调中线工程受水区，过去年平均缺水量60亿m^3以上，经济社会的发展不得不靠大量超采地下水维持，从而造成地下水大范围、大幅度下降，甚至部分地区的含水层已成疏干状态，实施南水北调中线工程后，初期年均调水量95亿m^3，后期根据需要进一步扩大调水规模，可使受水区缺水问题得到有效解决，生态环境将有显著改善。

为此，国务院南水北调办公室会同环保、水利、国土等部门，在《中华人民共和国水污染防治法》的基础上，出台了《南水北调中线一期工程总干渠两侧水源保护区划分方法》，明确规定总干渠两侧分别设立两个等级的水源保护区，一级水源保护区范围由工程外边线向两侧外延50m，二级水源保护区范围由一级水源保护区边线向两侧

外延 150m，北京、河北、河南三省（直辖市）制定了相应水源区保护方案。《南水北调中线一期工程总干渠河南段两侧水源保护区划定方案》中，南水北调中线一期工程总干渠在河南境内全长 731km，水源保护区范围涉及南阳市、平顶山市、许昌市、郑州市等 8 个市、35 个县（市、区），划定保护区面积 3054.43km^2。其中明确规定，在一级水源保护区内禁止建设任何与中线总干渠工程无关的项目，禁止向保护区排放废水、倾倒垃圾及其他废弃物，禁止堆放、存储固体废弃物和其他污染物，农业种植和园林绿化禁止使用不符合国家有关农药安全使用和环保有关规定标准的高毒和高残留农药；二级水源保护区内禁止向环境排放废水、废渣等污染物，禁止新建扩建污染较重的废水排污口，禁止设置医疗废水排污口，禁止设置生活垃圾、医疗垃圾、工业危险废物等集中转运、堆放、填埋和焚烧设施等。因此，河南省严把水源保护区环评审核关口，近三年来，受理保护区内新建、扩建项目 1100 余个，其中 700 多个因存在污染风险被否决。在水源地关闭或停产整治工业和矿山企业 200 余家；封堵入河市政生活排污口 433 个，规范整治企业排污口 27 个；关闭、取缔或搬迁禁养区、限养区养殖户 600 余家；拆除库区养殖网箱 51729 箱；在干线工程沿线，取缔或整治排污单位 668 家，有效改善了水源地的水质和生态环境。

另外，根据《南水北调中线一期工程干线生态带建设规划》要求，工程管理区内明渠两侧各 8 米宽度范围内，建设高标准绿化带及节点工程绿化区，一级保护区建设防护林带，二级保护区整合已有城市规划和绿地系统规划，引导城镇园林绿地建设。根据《中国旅游业“十二五”发展规划纲要》，在中线工程两侧防护林、城市园地和绿地范围内，建设一千多公里的绿色通道，与工程景观相连接，集环保、运动、旅游等多项功能于一体，形成连续的千里绿色长廊。在此基础上，在非城市区域引导发展生态农业、种植业以及水产养殖业，加强对面污染源治理，建立生态保护屏障。2017 年年底，河南省完成中线工程总干渠两侧生态带建设 19.28 万亩，占规划任务的 89.3%。在国家六部委组织的四次年度考核中，河南省均名列第一。为南水北调水质安全筑牢了生态屏障，供水水质稳定达到或优于Ⅱ类标准。具体来讲，南水北调中线工程对中原生态文明建设具有引导和示范作用。

首先，南水北调中线工程可以使缺水地区增加水源，促进水圈和大气圈、生物圈、岩石圈之间的垂直水气交换，有利于水循环，改善受水区气象条件，缓解生态缺水，解决北方地区的水资源短缺问题，促进这一地区经济社会的发展和城市化进程，为沿线地区生态持续发展提供资源保障。

其次，南水北调工程增加了受水区地表水补给和土壤含水量，形成局部湿地，有利于净化污水和空气，汇集、储存水分，补偿调节江湖水量，保护濒危野生动植物。调水灌溉减少了地下水的开采，有利于地表水、土壤水和地下水的入渗、下渗和毛管上升、潜流排泄等循环，有利于水土保持和防止地面沉降。2017 年河南省抓住丹江口水库秋汛来水充沛的机遇，通过总干渠的 13 个退水闸，向下游河道及水库进行生态补水，对沿线 7 个省辖市累计补水 2.96 亿 m^3，其中向白龟山水库补水 2.05 亿 m^3，全省受水区生态环境大为改善，工程沿线 14 座城市地下水位明显回升，受水区浅层地下水平均升幅 1.14m，其中安阳市上升 3.6m，新乡市上升 2.35m；中深层地下水平均升幅 1.88m，其中郑州市回升 3.03m，许昌市回升 2.96m。截至 2018 年 6 月 30 日，中线工程向郑州、南阳、焦作等 12 个城市生态补水，涉及白河、清河、颍河等 18 条河道，补水河湖周围地下水位得到不同程度回升。焦作市修武县郇封岭地下漏斗区、大狮涝河王屯乡段观测井水位较补水前上升 0.4m，补水后的河湖水量明显增加。焦作市区龙源湖、新乡市共产主义渠、漯河市临颍县湖区湿地、郑州市湍河城区段等河湖水系水量显著增加。南阳市利用南水北调生态补水置换白河水量 7714 万 m^3，置换鸭河口水库水量 5200 万 m^3。平顶山市白龟湖湿地公园摆脱了长期低水位的困境，补水后生态景观明显提升。向白龟山水库实施补水后，水库下游沙河沿线漯河、周口等城市的生态环境得到改善，河湖水质明显提升。许昌市通过生态补水，对“九河两渠八湖一轴”河湖水系水体进行了全面置换，鹤壁市淇河控制单元和卫河控制单元水功能区水质状况得到有效改善，郑州市补水河道基本消除了黑臭水体，安阳市安阳河、汤河水质由补水前的Ⅳ类、Ⅴ类水质提升为Ⅲ类水。南水北调工程为建设生态、安全、美丽河南发挥了不可或缺的重要作用。

再次，南水北调中线工程带来巨大的生态效益，中线一期工程通水以来，河南增加生态和农业供水近 60 亿 m^3，是中原地区水生态恶化的趋势初步得到遏制，并逐步恢复和改善生态环境。在全球气候变暖、极端气候增多的情况下，提高了国家抗风险能力，为经济、社会、生态可持续发展提供了保障。丹江口水库大坝加高后，增加防洪库容 33 亿 m^3，与非工程措施和中下游防洪工程相配合，可使汉江中下游地区的防洪标准由目前的 20 年一遇，提高到 100 年一遇，消除了 70 余万人的洪水威胁，中线丹江口库区水源继续保持地表水Ⅱ类水质，生态环保示范作用逐步显现。同时，中线工程还带动了绿化、生态农业和绿化农业的发展，改善了当地的生态环境。

最后，水利部将按照国家生态文明建设总体部署，做好南水北调中线一期工程水量调度，优化配置水资源，统筹安排好生活、生产和生态用水，充分利用引江水，持续推进北方地区河湖生态修复保护和地下水超采治理。河南省以南水北调生态效应为契机，坚持绿色、低碳、可持续发展理念，依托山体、河流、干渠等自然生态空间，积极推进沿黄生态涵养带、南水北调中线生态走廊和沿淮生态走廊建设，加强丹江口水源地、黄河中下游及其主要支流源头区、重点水源涵养区、水土流失严重区、自然保护区、风景名胜区等生态脆弱地区的保护保护；实施豫西山区、丹江口库区及上游地区、太行山区等水土保持工程，建设沿线生态保护文化长廊，建设南水北调中线工程渠首水源地高效生态经济示范区，建成南水北调中线工程中原南阳渠首环境保护中心，促进生态型城镇建设，推进郑州、南阳、平顶山、许昌、新乡、焦作等森林城市生态文明建设。

四、结　语

总之，南水北调中线工程不仅改变了我国南北的水资源配置，而且对中部地区内部资源开发与利用产生了直接影响。南水北调工程对水资源进行了重新配置，优化了水资源的利用效率。中原地区是粮食生产核心区和全国重要的畜产品生产和加工基地。水资源作为环境要素、生产和生活要素，给发展高效、优质、高产、生态、安全等现代农业和培育现代化农业产业体系、建成全国农业化示范区带来一系列重大深远的经济社会和环境影响，必将在加快新型工业化、城镇化、信息化进程中同步推进农业现代，探索建立工农城乡利益协调机制、土地节约集约利用机制和农村人口有序转移机制，加快形成城乡经济社会发展一体化新格局，为全国同类地区发展起到典型示范作用。南水北调中线工程河南段总干渠和配套工程正式通水以来，河南省紧紧围绕中原崛起、河南振兴、富民强省中目标，按照打造富强河南、文明河南、平安河南、美丽河南总布局，确保一渠清水北送，全面实施粮食生产核心区、中原经济区、郑州航空港经济综合实验区三大国家战略规划，加快转变经济发展方式，大力提升产业结构，加强生态建设和环境保护，把生态文明建设融入经济社会发展全过程，推动绿色循环低碳发展，建设天蓝、地绿、水净的美丽河南，努力谱写中原崛起、河南振兴、富民强省的新篇章。

参考文献

[1] 朱海风，等．南水北调工程文化初探［M］．北京：人民出版社，2017.
[2] 高长岭．通水三年！南水北调中线工程给河南带来哪些变化［N］．河南日报，2017－12－6.
[3] 赵永平．南水北调中线完成生态补水　南水滋润北方30条河［N］．人民日报，2018－8－3.

从地质过程看三峡工程对荆江和洞庭湖区的影响

魏红义[1]　赵建民[2]

1 南水北调中线干线工程建设管理局河南分局　2 南昌工程学院水利与生态工程学院

新生代以来，两湖平原一直处于沉降之中，形成巨大的沉积盆地。第四纪中期，长江切穿三峡，现代长江水系贯通，在三峡以东形成了以宜昌为顶点的三角洲淤积，并不断向前发展，特别是新时代晚期以来，淤积速度加快，长期存在的云梦泽逐渐被江汉平原替代，长江中游的生态环境也发生了显著的改变。三峡工程建成后，江汉平原和洞庭湖区的河湖关系与生态环境进一步剧变，从而受到广泛关注。

从地质角度对荆江淤积和洞庭湖形成的关系和其中的人类作用进行分析，发现长江中游江湖关系和生态系统平衡并不是静止，孤立的，而是“三分天然，七分人为”，一直受到人类活动影响。在评价三峡工程的环境影响时，必须坚持系统性，避免片面、静止的观点，必须考虑长江中游特别是荆江和洞庭湖区的环境背景值并不是纯天然的，因此有必要对维持这种现状不发生任何改变进行动态分析。

一、从云梦泽到湖广熟

“云梦”一词首先出现在先秦古籍中，是春秋、战国时期楚王狩猎区的泛称。《国策·楚策》云：“楚王游于云梦，结驷千乘，旌旗蔽天。野火之起也若云蜺，兕虎之嗥声若雷霆。”云梦泽（也称“云梦大泽”）是古时候江汉交汇处的一个大面积湿地，长江在其中形成了夏水、扬水等岔道并任意漫流，地面形态以水体与低洼沼泽地为主，其范围东西长400km以上，南北宽约250km，东到今武汉以东的大别山麓，西至鄂西山地，北及大洪山区，南缘大江北岸。除长江外，汉江也由西北向东南注入云梦泽。由于水流在平原底部流速缓慢，长江、汉水夹带的泥沙大量在湖盆沉积，逐渐形成江、汉内陆三角洲；水面不断被分割，云梦泽逐渐缩小和解体。

在春秋战国时期，云梦泽的边缘是楚文化的摇篮和中心地带，云梦泽西南侧、荆山山麓的郢是楚国早期的都城，屈家岭是中国南方新石器文化的代表之一；云梦泽西北侧，襄阳在很早时期就成为节制东南的水陆要冲，汉北还有随、唐、曾等诸侯小国；云梦泽的东部，江汉两水交汇之处的夏口（今武昌）也是东南重镇。秦汉时期，云梦地区属于南郡和江夏两郡，淤积进一步加剧。南郡的中心是云梦泽西侧的江陵（楚都郢）—夷陵（今宜昌）一带。江夏郡的中心在大别山西南麓、汉江东岸、长江以北的三角地带。因江、汉两水泥沙淤积，荆、汉两江的内陆三角洲联为一体，扬水两岸的云梦泽逐渐淤填分割成路白、东赤、船官、女观等湖。进而在云梦泽西部新设了华容县（不是今天湖南之华容县，故城在今潜江西南）、竟陵县（故城在今潜江西北）。云梦泽的主体已南移至华容附近。以后，江汉三角洲又继续向南、向东推移，三角洲沙嘴形成了长江北岸的自然堤，云梦泽南为大江北岸的自然堤所阻，到东汉时主体部分已而向东移至华容东南。江汉输沙堆积，泽区日益淤浅、缩小，以沼泽形态为主。

从1600年前的东晋时代开始，人们以自然堤为基础，筑堤防水，进一步围垦云梦泽。开始堤防还不连贯，尚有很多穴口向分流，唐宋时期素有“九穴十三口”之说。由于泥沙不断沉积，荆江河床已高出两岸平原。九穴十三口分流洪水的同时，又有大量泥沙淤塞，分流作用越来越小，同时为了人们进一步扩大耕地面积，开始筑堤堵口。唐、宋之际云梦泽主体已经大多填淤成陆，大面积的湖泊水体已为星罗棋布的湖沼所代替。明嘉靖三年（1524年），最后一个位于北岸的“郝穴”被封堵，至此，在荆江北岸形成了连成一线的荆江大堤，也形成了单一的荆江河槽和广阔富庶的江汉平原，并以“湖广熟、天下足”著称于世，云梦泽全部消亡。荆江大堤形成以后，江汉平原由于地势低洼，对于汛期长江水位排水不畅，在堤垸的底部又积水形成了很多内湖，因此湖北省又被称为“千湖之省”。

二、洞庭湖是长江不断淤积的产物

在荆江河床逐渐淤高的过程中，城陵矶水位升高，荆江洪水倒灌，使长江南岸洞庭湖进而不断扩大，替代云梦泽成为了调蓄长江洪水的天然场所。每年洪水期，更多的江水自城陵矶倒灌入洞庭湖，洞庭湖“南连青草，西吞赤沙，横亘七八百里”。

从1524年荆江北岸最后一个“郝穴”堵口，荆江大堤连成一线后，到1860年荆江南岸藕池溃口前，洞庭湖的全盛时期维持了300多年。洪水期湖面面积达到6000多平方公里，成为我国第一大淡水湖泊。

但是泥沙淤积也加速了洞庭湖的消亡。清咸丰二年（1852年）荆江南岸的藕池溃口，清咸丰十年（1860年）特大洪水，将原溃口扩大并冲出一条藕池河。清同治九年（1870年）又一次历史上罕见的姊妹特大洪水使荆江南岸松滋溃口，同治十三年（1873年）再溃，洪水又冲出一条松滋河。从1873年开始，形成了荆江洪水从松滋口、太平口（虎渡口）、藕池口、调弦口等四口分流入洞庭湖的局面。1860年到1873年的14年间，是洞庭湖由兴变衰的转折点。四口分流，加之上游水土流失加剧，大量的洪水携带泥沙带入洞庭湖，洪水可从城陵矶汇入长江，而泥沙却淤积在洞庭湖。

1650 年至 1852 年间，洞庭湖水面积达约 6000km^2，容积在 400 亿 m^{3}以上，四口分流以后，平均每年有 9800 万 m^{3}泥沙淤积在洞庭湖，加之人们在浅水沼泽上筑堤垸围垦，洞庭湖区水面面积以年均约 18km^{2}的速度锐减。1949 年，湖面已缩小到 4350km^2，容积约为 293 亿 m^3；到 1998 年大洪水前，完整的洞庭湖已经名存实亡，被堤垸分割为东洞庭湖、横岭湖、万子湖、目平湖、大通湖等若干子湖，湖区汛期总水面面积缩小到不足 2700km^2；全国第一大淡水湖泊的地位只得让位给鄱阳湖（汛期水面面积约 3500km^2）。荆江和洞庭湖略图见图 1。

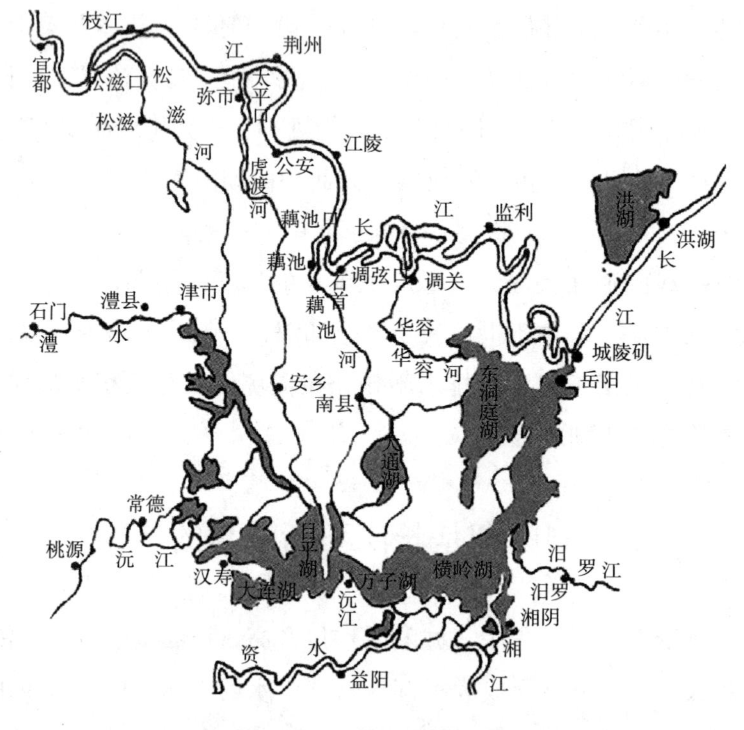

图 1　荆江和洞庭湖略图

三、三峡工程是荆江防洪排涝的关键

云梦泽被“湖广熟、天下足”的江汉平原取代以后，荆江河道仍在持续淤高，形成了汛期洪水位高于江汉平原地面 10～20m 的地上悬河，故有“万里长江险在荆江”之说。江汉平原相当于将荷兰的围海造田迁到了内陆，每年汛期要严防死守一个低于长江水位 10～20m 的大锅底。荆江的险要还在于两岸是中国中部人口密集、经济发达地区。荆江大堤的保护范围是长江北岸 18000km^{2}的江汉平原，1000 多万人口，武汉、荆州、沙市等重要城市，以及江汉油田和南北交通大动脉京广线。荆江南岸则是洞庭湖区、湖南的北大门—岳阳（石化工业基地）和京广铁路，与北岸同样重要。

由于荆江是地上悬河，荆江洪水主要取决于川江来水。上荆江的行洪能力只有20年一遇，洪峰流量超过8万m^3/s，即使动用荆江蓄洪区也不敢保证荆江大堤不溃决，现在洞庭湖底抬升，荆江南泛的可能性越来越小，江汉平原高程比荆江水位低了10～20m，水往低处流，只能是淹没江汉平原，恢复云梦泽。有关论证预测，荆江大堤万一在沙市盐卡发生溃口，在现有人口密度上，造成的死亡人数白天至少50万人，夜间更是在70万人以上，长江有可能因此改道，已经稳定的河湖生态系统也可能因此彻底改观。

三峡水库最大的作用是防洪。221亿m^3的有效库容足以将川江千年一遇10万m^3/s的洪峰流量消减到7万～8万m^3/s，同时综合运用行、蓄洪区保证荆江的安全。6万～8万m^3/s的洪水，通过三峡之后会消减到6万m^3/s以下的安全流量，使荆江大堤的防洪标准由20年一遇提高到50～100年一遇，每年汛期不用动用几十万人上江堤严防死守。荆江北泛的风险几乎不复存在。因此，三峡工程不仅是确保荆江大堤和江汉平原、武汉市防洪安全的关键，也是维系现有荆江河道长期行水和河流生命健康的支柱。

同时，“湖广熟”天下足的江汉平原是在古三角洲沼泽上筑堤垸围垦而成的，形成了圩堤纵横的蜂窝状地貌。每一个堤垸都是一个相对独立的单元，以圩堤为界，分成外河和垸落两部分。垸落从外向内包括圩堤、垸田、村落、内湖，地势逐渐降低。内湖是每一个垸落汇水区的尾闾，承担着容泄垸落内汛期地面径流的作用，是江汉平原堤垸农业不可或缺的组成部分。但是由于荆江洪水位远高于江汉平原地面，因此堤垸内积水只能抽排，或者利用外江低水位时期相机自流排水。因此，江汉平原堤垸农业的排涝标准较低，每年梅雨季节和夏秋汛期，内涝灾害频发。特别是近半个世纪以来，大量内湖被继续围垦，堤垸内部容泄洪水的能力下降，排涝压力进一步增加。

同时，冬春季节由于蒸发强度低，地下水位浅，长江中下游平原特别是沿江地区的农田渍害问题也比较突出。三峡工程论证期间，环境影响评价曾经指出，由于三峡工程下泄流量增加，冬春季节长江中下游水位相应升高，可能会加剧长江两岸的农田渍害。当然，三峡工程建成后，由于泥沙淤积情况远远好于预期，清水下泄造成的河流冲刷也大大高于预期，非汛期长江水位增加并不明显，荆江两岸农田渍害不仅没有恶化，而是有所好转。同时，三峡水库防洪调度和清水下泄冲刷荆江河床，使荆江地上悬河情势有所好转，汛期高水位下降，这对江汉平原排涝具有一定的积极作用。

四、三峡工程在延续洞庭湖生命健康

四口分流使洞庭湖在不到150年的时间里淤积了超过一半的库容，三峡工程蓄水拦沙以后，通过四口进入洞庭湖区的泥沙也大大减少，缓解了洞庭湖淤积的进程。

当然，城陵矶与湖口同流量水位下降，这可能是三峡规划论证时候所未能预计到的。因为江湖关系是动态的矛盾平衡体。近几百年来，特别是1949—1989年间，长江流域水土流失加重，荆江河道不断淤积抬高，这是两湖水患的根本原因；三峡清水下泄冲刷河床，只是恢复历史常态；但是历史已经无法恢复，泥沙其实是同时淤积在河槽与滩面上的，现在清水下泄只是冲刷河槽，滩面很少冲刷，甚至仍然在淤高，这其实是冲槽淤滩的塑造河流平衡断面机制，平滩流量增大，对防洪有利。

三峡工程规划时期长江上中游的水土流失比较严重，因此，预计上荆江冲刷的泥沙可能会淤积在城陵矶附近江段，造成水位抬高，当然主要是指非汛期水位。但三峡蓄水后，来沙量显著小于预期，不仅上荆江冲刷严重，而且城陵矶江段也未出现淤积，甚至城陵矶—九江江段出现了冲刷的趋势，非汛期连续连续出现极低水位，从而产生了新的水利矛盾。四口分水量减少，每年汛前期（特别是早稻插秧期间）洞庭湖北岸平原可能会越到旱灾，同时城陵矶处于低水位，会加速洞庭湖排空，洞庭湖区非汛期水位下降，水面缩小，甚至发生溯源侵蚀，溯源侵蚀可以通过洞庭湖底延伸到湘江下游，使非汛期洞庭湖基本消失，成为一河汊型湿地，对于渔业不利。

但是，洞庭湖也不是一直就有的。近几百年洞庭湖水面的维持很大程度上是因为人力战胜了自然规律。西洞庭湖底已经高出了江汉平原地面高程，成为地上悬湖。没有三峡工程，这一脆弱的平衡也很容易被破坏。城陵矶水位较高，可以抑制洞庭湖排空，维持洞庭湖水面，但是这是以加重长江北岸的江汉平原涝渍害为代价的。因为一旦城陵矶水位超过25m，就会影响江汉平原的排水。

当然，解决非汛期枯水的办法也很多，并不一定要维持长江的高水位。比如建闸涵引水，在非汛期洞庭湖是很多小湖连接形成的带状湖群，在合适的地方可以建堤坝控制，从而维持上游水位和湖泊水面。另外，湖区地下水丰富，利用地下水抗旱也很方便，还可以腾出地下水库容，减少汛期涝渍。堤垸内大平小不平，平整土地，实现“一块天，一块田”，开挖坑塘，实现坑塘与田块相间的“台田化”，不仅可以避免洪水在田野间漫流、加剧低洼处积水，而且开挖坑塘的弃土可以垫高田面，进一步增加地下水埋深，防治内涝和渍害。此外，星罗棋布的坑塘还可以滞纳地表径流，汇集地下水，增加春季抗旱水源，实现地表水-土壤水-地下水的联合调度。

五、结　　论

研究三峡工程的生态环境影响，必须坚持系统性原则，避免片面、静态的观点，不可将掺杂有大量人类活动影响的江湖关系和发展趋势作为自然形成的和不可改变的来看待。

末次大冰期结束以来，长江中下游河道不断淤积上升，长江两岸低洼地壅水形成湖泊。人类活动在洪泛平原上堤垸围垦，最终形成长江北岸的荆江大堤，这是荆江-洞庭湖江湖关系形成和演变的重要原因，从而使荆江成为地上悬河，荆江北岸的江湖平原洪、涝、渍害严重，洞庭湖水面面积由扩大转为收缩。

三峡工程不仅可以全面控制川江洪水，而且清水冲刷下切河床可使荆江"相对地下河化"，从根本上改善长江中游的江湖关系，特别是有助于江湖平原的防洪和排涝（渍），避免洞庭湖因泥沙淤积迅速走向衰亡，从而有利于长期维持荆江、洞庭湖的河湖生态系统生命健康。

非汛期水位降低虽然造成了新的水利矛盾，但在三峡工程对长江中下游生态环境影响中仅仅属于次要方面，而且可以通过补偿措施削弱，过分强调其不利影响并不是客观和公正的。

参考文献

[1] 范晓．通江湖泊的旱与涝，水坝之过？[J]．中国经济报告，2011，(5)：51-56.

[2] 谭其骧．中国历史地图集 [M]．北京：中国地图出版社，1982.

[3] 中国科学院长江三峡工程生态与环境科研项目领导小组．长江三峡工程对生态与环境的影响及对策研究 [M]．北京：科学出版社，1988.

南水北调工程效益与水利工程建设可持续发展

李 斌 王西苑 王海龙 张 敏 高国栋

南水北调中线干线邓州管理处

水利作为支撑社会经济发展的基础性、战略性、公益性行业，其发展理念一定要遵循新的理念，水利的绿色发展是必然趋势。《中共中央关于制定国民经济和社会发展第十三个五年规划的建议》提出创新、协调、绿色、开放、共享的新发展理念。其中，绿色发展是指与资源环境相适应、人与自然和谐的社会经济发展。首先，绿色发展重点还是发展，没有发展就没有绿色发展，发展是硬道理的理念没有变；其次，发展的方式模式要改变，不是传统的以牺牲资源环境为代价换取社会经济的发展模式，而是与资源环境相适应，人与自然和谐的社会经济发展。党的十九大报告指出，必须树立和践行绿水青山就是金山银山的理念。天更蓝、地更绿、水更清……是人与自然和谐发展的最好写照。

水是生命之源、生产之要、生态之基，人类的生存在于水，可持续发展的关键在于水，生态环境建设的核心在于水，归结到一点，人类的安全在于水。全球淡水短缺问题变得越来越严重，当前水资源问题已上升到全球战略高度。在新中国成立初期，毛泽东主席就提出了“南方水多，北方水少，如有可能，借点水来也是可以的”宏伟设想，历经几十年论证、规划、设计和施工，南水北调中线一期工程工程于2014年12月12日顺利通水。南水北调是实现我国水资源优化配置，形成四横三纵、南北调配、东西互济的水资源配置新格局，促进经济社会可持续发展，合理配置我国水资源，在供水、生态、农业等方面效益巨大，保障和改善民生的重大战略工程，功在当代、利在千秋。南水北调不单纯是一项调水工程，这是今后20~30年内国家全面建设小康社会和基本实现现代化目标的战略性工程，其深远的历史意义和战略意义远远超出了工程本身。中国北方地区一旦发生大面积缺水危机，后果是难以设想的，很可能影响国家现代化的进程。南水北调是实现国家全面建设小康社会和基本实现现代化，保障经济可持续发展、国家安全与社会稳定的战略资源调控和配置的战略性，以及保障水安全与维护生态的命脉工程。

南水北调中线通水后，这项世纪工程将重新构建我国水资源配置新格局，在提高供水保障率、生态修复和粮食安全等方面发挥巨大的社会、生态、经济效益，有效缓解了京津冀豫地区的水资源危机，极大改善了受水区的生产生活和生态环境。使沿线城市的供水保障率从最低不足75%提高到95%以上，提高了城市供水安全水平。南水北调不单是一项水利工程，也是一项生态工程、经济工程和社会工程，更是一项造福当代、泽被后世的民生民心工程。

4年来，南水北调中线一期工程已累计向北方供水近180亿m^3。中线工程从汉江引水，穿越长江、淮河、黄河、海河4个流域，涉及北京、天津、河北、河南4省（直辖市）的100多个城市。通水以来，使得沿线受水区北京、天津、石家庄、郑州、新乡、保定等18座大中城市的供水保障能力得到有效改善，惠及北京、天津、河北、河南四省市达5320万人。

在保障受水区居民生活用水、修复和改善生态环境、应急抗旱排涝等方面，取得了实实在在的社会、经济、生态等综合效益。其间，水质总体向好，水质稳定在Ⅱ类标准及以上。从根本上改变了受水区的供水格局，改善了城市用水水质，提高了沿线40多座城市的供水保证率。对城市居民来说，喝上南水的感受是甘甜，水垢少。其中，北京、天津、河北、河南等中线受水区水质明显改善。北京市自来水集团的监测数据显示，使用南水后自来水硬度由原来的每升380mg降至现在的每升120～130mg。

南水北调水逐步置换受水区超采的地下水和被挤占的生态用水，累计压采地下水8.2亿m^3，生态环境恶化态势大为改观。南水北调中线一期工程首次实现向北方30条河流进行生态补水，共有12条天然河道得以恢复，据监测分析，2015—2016年北京市平原区地下水位回升0.5m，实现了16年来首次回升，缓解了华北地区多年来因超采地下水带来的严重的生态问题。与此同时，各地大力推广工农业节水技术，逐步限制、淘汰高耗水、高污染的建设项目，实行区域内用水总量控制，加强用水定额管理，提高了用水效率和效益。

南水北调工程倒逼沿线产业结构调整和转型升级，开创了重点流域治污工作新模式。工程的实施也迫使沿线省份尤其是中线水源区加快水污染防治，提前实现治污和生态建设目标，形成了水污染倒逼机制。北京、天津、石家庄、济南等北方大中城市基本摆脱了缺水的制约，为经济结构调整包括产业结构、地区结构调整创造机会和空间。京津冀等受水区为了提高用水效率和效益，大力发展高效节水行业，淘汰限制高耗水、高污染行业的发展，通过价格杠杆的作用进一步促进节水型农业、工业、服务业发展。

南水北调工程通过合理调配水资源，改变北方产粮区的缺水状况，增加粮食产能，每年60亿m^3的生态和农业用水，将逐步恢复和改善北方地区生态环境，进一步提高北方粮食产区生产能力，挖掘粮食增产潜力，促进粮食供需平衡。这有利于在全球气候变暖、极端气候增多情况下，增加我国粮食生产的抗风险能力，为经济社会的可持续发展提供保障。“当华北平原地区发生严重干旱，恰逢丹江口水库入库水量丰富时，国家可以通过东中线工程向数亿亩受干旱威胁的农田供水，这也是南水北调工程很重要的一个农业效益”。

南水北调工程受水区是调水的主要受益地区，调水工程的实施不仅有利于改善黄淮海平原和黄河上游即西北地区水资源短缺状况，以及缓解黄河上、下游争水的矛盾，还可减少拦蓄受水区当地地表径流，使河流保持一定的入海流量，减轻黄河、海河等河道的泥沙淤积，部分恢复河流生态功能。另外，调水还能够在相当程度上缓解受水区灌溉用水与城市生活、工业用水争水的局面，提高灌溉保证率，促进农业和农村经济发展。

南水北调的工程实施，将加大水污染防治力度，通过发展生态工业治理，推进污水的资源化和再利用，可以有效治理工业“三废”、生活污水和集中排放的废弃物造成的环境污染，减少丹江口水源地的点源污染。在南水北调工程建设中，将设立南水北调中线工程源头国家级生态功能保护区，带动生态林业、生态畜牧业、绿色农业的发展，可有效解决水源、地面源污染比较严重的问题。

南水北调的工程实施有利于改善水源地周围的局部小气候。正常蓄水后，水源地陆地表面空气湿度将增加，周围地区夏季日平均气温将降低，冬季日平均气温将增高；水源地水面扩大，将使水体蒸发量相应增大，这些都将加快水源地小范围的水循环过程，引起水源地周围小范围内降水量的增加。

南水北调中线工程总干渠渠道两侧将各建50m的生态防护林带，在防护林带外侧营造农田林网，形成绿色生态屏障；在沿线水库、河道、景区、城镇等重要节点加大污染治理和绿化力度，营建环库、环城生态防护带，建设湿地生态保护区，建设生态园林城镇，形成一道纵贯南北的绿色生态长廊，对沿线地区的生态环境、局部小气候将产生积极影响。

南水北调工程实施生效后，主要向城市供水，可以有效解决城市生产生活用水挤占农业用水、超采地下水的局面，还当地水源于农业用水和生态用水，使得地下水位上升，消除地下水漏斗，干涸的洼、淀、河、渠、湿地将得到补水，因缺水而萎缩的部分湖泊、水库、湿地会重现生机，修复沿线植被，产生生态环境效益。另外，利用南水北调优质水源增加沿线城市供水，改善卫生条件美化环境，加大农林牧业灌溉用水，改善农牧业生产条件，变污水灌溉为净水灌溉，减轻耕地污染及对农副产品的危害。通水后，年增加有效灌溉面积33.1万hm^2，农田生态系统效益59.59亿元；增加林地面积9.83万hm^2、森林生态系统效益30.32亿元。可维持的城市绿地面积3.46万hm^2，30.55亿元；湿地面积4530hm^2、生态环境效益价值7.26

亿元。

南水北调工程功在当代，利在千秋，对我国未来经济社会发展至关重要，尤其是首都北京是中国的政治和文化中心，因此，我们不能只把南水北调工程看作仅仅是调水沿线几个省市的大事，而应当作为全国各省市区和全国人民的大事。我们必须从国家可持续发展的战略高度，从拯救黄河、拯救海河、保卫国家安全的高度来认识南水北调工程，它是保卫首都、保卫华北、西北、保卫全中国，是夺取我国21世纪中叶第三步宏伟目标实现的、举世无双的、跨四大流域的调水工程。为此，作为水利工程在以后建设与运行管理中，我们要做到以下几点。

一是构建水利绿色发展的价值观体系。需要对传统的水利发展观进行改造，主要方式是“绿化”水利观。分析现行的水利观的长处和短处，将其进行融合并构建新的水利发展价值观体系。新的水利绿色发展价值观是在发展水利的同时，将生态环境保护放在重要的位置上，创建水利发展与生态保护双赢的格局。为了实现这个目标，对水利发展中心论进行“绿化”，走绿色水利之路。绿色水利就是在水资源开发、利用和废弃全过程中保护生态环境且节水高效地利用水资源的行为与文化，它将环境保护放在重要位置，从水资源开发、水资源利用、水资源废弃等全过程保护生态环境，以高效利用水资源作为重要手段，形成“绿色 + 水利 + 文化”体系。对极端环保论进行引导，将其引导到“水利 + 生态”双赢格局上来，单纯的保护是解决不了贫困等只有在发展中才能解决的问题。对生态水利论进一步支持和鼓励，同时强化其对其绿色发展理念的贯彻。水利绿色发展观的教育要普及和深入，不仅仅在水利界开展，要在相关的水利领域进行拓展，特别是在大、中小学和幼儿园中根据不同层次开展相关的教育活动，让水利绿色发展观深入人心，成为生活的常态。

二是坚持最严格的水资源管理制度。最严格的水资源管理制度为水利绿色发展提供了坚实的基础，是水利绿色发展重要“抓手”，实现此目标，水利绿色发展才有基本保障。

三是构建完善的水利绿色发展长效机制。水利绿色发展是一个长期的过程，需要完善的长效机制做支撑。对现有的水利发展政策进行系统地梳理，将那些不适于水利绿色发展的政策进行调整，通过绿色政策促进水利的绿色健康发展。

“十三五”时期是我国全面建成小康社会的决胜阶段，是加快推进“四个全面”战略布局的关键五年。随着经济社会快速发展和气候变化影响加剧，在水资源时空分布不均、水旱灾害频发等老问题仍未根本解决的同时，水资源短缺、水生态损害、水污染等新问题更加凸显，新老水问题相互交织，已成为我国经济社会可持续发展的重要制约因素和面临的突出安全问题。落实决策部署，提升国家水安全保障能力，加快推进水利现代化，需要统筹谋划好“十三五”时期的水利发展工作。

（一）基本原则

以人为本，服务民生。人体地位，把增进人民福祉、促进人的全面发展作为水利工作的出发点和落脚点，着力解决人民群众最关心、最直接、最现实的防洪、供水、水生态改善等问题，加大水利扶贫攻坚力度，使广大人民群众共享水利发展，让广大人民群众有更多的获得感。

节约用水，高效利用。把节约用水贯穿于经济社会发展和群活生产全过程，严格落实用水总量控制和定额管理制度，建设节水型社会，不断提高用水效率和效益，加快实现从粗放用水向节约集约用水的根本转变，形成有利于水资源节约利用的空间格局、产业结构、生产方式和消费模式。

人水和谐，绿色发展。以水定产、以水定城，量水而行、因水制宜，强化需水管理，合理控制水资源开发程度，努力河湖健康，加强水资源安全风险防控和监测预警，实现水资源可持续利用，促进经济社会发展与水资源水承载能力相协调。

统筹兼顾，系理。树立山水林田湖是一个生命共同体的思想，以流域为单元强化整体、系统修复、综合治理，发挥水资源综合利用效益。围绕推进供给侧结构性，进一步完善水利基础设施体系，补齐水利发展短板，协调解决水害、水资源、水、水生态等问题。

深化，创新驱动。与市场两手发力，着力推进水利重要领域和关键环节攻坚，进一步推动治水思创新、制度创新、科技创新、实践创新，引导全社会积极支持和参与水利建设与管理，实现更高质量、更有效率、更加公平、更可持续的水利发展。

依水，科学管水。进一步健全完善水体系，依法加强河湖监督管理和水资源水管控，强化规划对涉水活动的约束作用，有效协调涉水利益，规范水事行为，不断提高水利工作的科学化水平，提高水利社会管理和公共服务水平。

（二）加快完善水利基础设施网络

以完善江河流域防洪体系、优化水资源配置格局为重点，按照“确有需要、生态安全、可以持续”的原则，在科学论证的前提下，集中力量建设一批打基础、管长远、促发展、惠民生的重大水利工程，加强突出薄弱环节建设，完善水利基础设施网络。优化水资源配置格局，加快重点水源工程建设，继续加强西南等工程性缺水地区中型水库工程建设，增强城乡供水保障和应急能力。

坚持“三先三后”（先节水后调水、先治污后通水、先环保后用水）原则，深入做好引调水工程前期论证工作，疏通水资源调控动脉，提高区域水资源水承载能力，保障重要经济区和城市群供水安全。加快南水北调东中线一期受水区配套工程建设，充分发挥工程效益，推进南水北调东中线后续工程建设。根据经济社会发展新形势、新要求和黄河流域水沙变化等情况，进一步深化南水北调西线工程的前期论证。

（三）加强水生态治理与节约与优先、自然恢复与治理修复相结合的方针

加强水生态和修复，推进水土流失综合治理，加快实施水污染防治行动计划，改善河湖和地下水生态。加强水功能区监督管理，建立健全水功能区分级分类监督管理体系，强化入河湖排污总量管理。科学确定重要江河湖泊生态流量和生态水位，将生态用水纳入流域水资源统一配置和管理。加强重点河湖水生态修复与治理，严格河湖生态空间管控，划定河湖管理和范围，加强河湖水域岸线，严格占用水域，系统整治江河流域，有序推动河湖休养生息和恢复河湖生态系统及功能。尊重自然规律和经济规律，在生态的前提下，以自然河湖水系、调蓄工程和引排工程为依托，科学规划、合理布局，因地制宜实施河湖水系连通工程。加强水土保持生态建设，预防为主、防治结合，注重封育和自然修复，建立健全水土保持监管体系，强化水土保持动态监测，提高水土保持信息化水平和综合监管能力。加强地下水和超采区综合治理，严格地下水水量和水位双控制，强化地下水资源开发利用管理。进一步加强地下水和涵养，提高地下水战略储备能力。加快国家地下水监测工程建设，完善地下水体系，建立国家地下水管理信息系统。

（四）强化“三大战略”实施的水利支撑

围绕丝绸之经济带和21世纪海上丝绸之建设总体战略部署，以改善提升水利基础设施、加强水生态与修复为重点，深化与周边国家跨界水合作，充分发挥我国在水利规划、勘测设计、施工、科技等方面的优势，实施水利“走出去”战略，加强水利双边多边合作。在水资源开发利用方面，加快建设一批江河治理、重点水源等工程，保障区域防洪、供水安全。在生态建设方面，加大西部地区水生态与修复，合理开发和有效利用地下水，构建生态安全屏障。京津冀协同发展，根据京津冀协同发展战略总体部署，强化水资源水承载能力刚性约束，推进水资源优化配置，加强河湖水系综合整治和水生态修复，构建现代水安全保障体系，在全国率先全面建成节水型社会。加快实施灌区节水，大力推广高效节水灌溉技术，压缩高耗水作物面积。制定严格的产业准入、退出政策，发展新增高耗水产业项目，重点压减淘汰高耗水行业落后产能。大力推进海水淡化和直接利用，持续增加再生水、微咸水等非常规水资源利用量。加快配套工程建设和水源置换进度，充分发挥南水北调工程效益。推进地下水超采区综合治理，实施南水北调受水区地下水压采方案。

浅谈新形势下综合利用洛河流域水资源进行水库群联合调度运用

顾　磊　张　艳

黄河水利委员会故县水利枢纽管理局

一、研　究　背　景

近年来，河流生态环境问题得到政府和社会公众的广泛关注，河长制的建立推行表明了国家对流域治理逐渐重视，“修复生态环境，呵护绿水青山”成为近几年的主题。水库调度在满足防洪兴利功能的同时，逐步开始考虑河流生态方面的需求，以期降低水库对河流生态系统的影响。生态调度作为一种典型的非工程措施，主要着眼于解决当前突出存在的水生态环境问题，通过调整和优化水库调度方式，将生态需求的水库调度方式与水库常规调度相结合，在尽可能减小对水库防洪、兴利产生影响的情况下，减缓和补偿水库运行造成的生态影响。所以，针对洛河中下游流域生态环境问题，综合考虑梯级水库电站的功能和调蓄能力，分析兼顾不同生态保护目标需求的调度方式对灌溉、供水、发电等用水的影响，提出兼顾生态保护目标的梯级水库电站联合调度方案，为洛河中下游河流生态系统的健康发展提供支撑，以实现水能资源开发和生态环境保护双赢的目标。

二、目前面临的问题

我国水库的设计、运行主要考虑防洪、供水、发电等功能，一直以来对河流生态健康认识不够，大多数水库调度管理很少考虑河流生态方面的需求，生态调度从理解认识到贯彻实施还存在困难。

（一）缺乏对生态调度的背景、理念的认识

当前，对于很多水库管理单位来说，生态调度还是一个比较新的概念，沿用传统的水库调度理念，大多数单位对水库的管理仅着眼于水库的局部利益，缺乏对流域水

资源和生态环境的宏观认识，在水资源开发利用过程中，忽视了对资源和环境的保护，缺乏对生态调度背景和意义的认识。

（二）利益冲突，缺乏补偿机制

生态调度和水库常规兴利调度存在矛盾冲突，特别是当水库为了生态需求维持一定生态基流或额外供水，或为了生态目的调整水库蓄泄过程，而这些又会直接影响到水库的兴利效益时，由于缺乏补偿和经济激励，水库管理单位没有生态调度动力。此外，生态调度的收益主体难以明确，使补偿困难。

（三）责任主体不明，缺乏协调

实施生态调度往往需要上下游、干支流梯级水库的协作和联合。由于目前各水库对生态调度缺乏统一的调度方案，没有明确的责任分摊，一旦对梯级水库提出生态调度需求时，可能会发生相互推诿的情况，影响生态调度的实施，也会挫伤水库生态调度的积极性。

（四）缺乏强制力

目前，生态调度对许多水库而言还停留在口号层面上，而在法律法规层面，流域和区域水行政机构对生态调度都没有提出明确的制度要求，生态调度的执行在一定程度上依赖于水库管理单位的认识和觉悟，缺乏制度上的保障。

（五）洛河流域面临的各类问题

近年来，受复杂气候条件影响，洛河流域降雨和径流变化较为明显，多年平均来水量与设计来水量偏差较大。库区存在无序河道采砂、经济作物和违章建筑日益增多侵占库容、下游大肆兴建水库水电站橡胶坝等情况，水库调度运用复杂性、多样性及利益群体增多，调度难度不断增大。

三、洛河流域水库简介

故县水利枢纽是国家“七五”重点建设工程，是一座以防洪为主，兼顾灌溉、供水、发电和养殖等综合效益的国家大（1）型水利枢纽工程，是黄河中、下游防洪体系中重要的“上拦”配套工程之一。故县水库位于洛阳市洛宁县故县镇，东距洛阳市165km，北距三门峡市110km，距洛河源头234km。

目前，故县水库的调度方式是按前汛期（7月1日至8月31日）汛限水位527.3m

（相应库容为5.14亿m^3），后汛期（9月1日至10月31日）汛限水位534.3m（相应库容为6.41亿m^3）；从8月21日起可以向后汛期汛限水位过渡，从10月21日起可以向非汛期水位过渡。为充分利用水资源，实现洪水资源化，在不影响防洪的前提下，从2009年开展汛限水位动态试验。汛限水位动态控制运用的浮动上限水位不超过529.3m，最大预泄流量不超过1000m^3/s。

四、来 水 分 析

我们取近十四年故县水库的入库资料进行计算见表1。

表1 故县水库历年逐月入库径流表 单位：亿m^3

年份	入库径流量												来水量	弃水量
	1月	2月	3月	4月	5月	6月	7月	8月	9月	10月	11月	12月		
2004	0.536	0.444	0.509	0.375	0.375	0.362	0.780	1.282	1.324	1.195	0.439	0.449	8.070	—
2005	0.370	0.310	0.338	0.310	0.292	0.281	0.674	2.045	1.353	3.993	0.642	0.496	11.104	1.719
2006	0.424	0.364	0.465	0.509	0.591	0.359	1.229	0.637	1.105	1.127	0.525	0.437	7.772	—
2007	0.350	0.296	0.513	0.347	0.226	0.225	3.473	1.357	0.702	0.470	0.357	0.309	8.625	2.030
2008	0.292	0.239	0.332	0.342	0.299	0.274	0.758	0.387	0.414	0.554	0.390	0.329	4.610	—
2009	0.235	0.222	0.234	0.247	2.136	0.739	0.910	1.252	1.277	0.551	0.712	0.629	9.144	—
2010	0.319	0.258	0.320	0.585	0.554	0.980	3.679	2.869	1.863	0.621	0.509	0.450	13.005	1.584
2011	0.341	0.295	0.314	0.270	0.436	0.251	0.342	0.639	8.014	0.997	1.472	1.085	14.456	3.278
2012	0.581	0.487	0.576	0.555	0.424	0.344	0.711	0.721	1.492	0.478	0.375	0.338	7.082	—
2013	0.312	0.291	0.290	0.263	0.875	0.507	2.273	0.537	0.247	0.206	0.251	0.233	6.285	—
2014	0.213	0.197	0.198	0.442	0.385	0.223	0.181	0.433	4.580	0.681	0.460	0.433	8.426	0.629
2015	0.337	0.282	0.322	1.046	0.774	0.917	0.717	0.678	0.784	0.535	0.831	0.498	7.721	—
2016	0.371	0.303	0.305	0.312	0.289	0.691	1.364	1.012	0.368	0.454	0.483	0.396	6.348	—
2017	0.310	0.253	0.342	0.519	0.458	0.541	0.304	0.320	1.368	2.730	0.547	0.300	7.992	—
平均	0.388	0.332	0.443	0.620	0.815	0.680	1.730	1.754	1.819	1.331	0.716	0.497	8.62	—

从表1中可以看出，多年平均来水量为8.62亿m^3，达到设计值年来水量12.8亿m^3的67.3%，其中主要的来水月份集中在7—10月主汛期，占年均来水量的77%，其余8个月的来水量仅仅占到年均来水的23%，洛河故县水库年际、年内来水极不平衡，优化调度尤显重要。

五、多年调度运用情况

故县水库在减轻黄河下游洪水威胁、改善洛河下游防洪现状等方面，具有重大的作用，同时兼顾灌溉、供水、发电等方面的综合效益，对于促进洛河中下游工农业生产的发展以及改善河流生态环境，具有十分重要的意义。

故县水库所承担的防洪任务主要有两项：一是削减洛河流域下游的洪峰流量，尽可能减少长水至洛阳河段滩区农田的淹没损失和伊洛河夹滩地区决堤分洪的概率，并将洛阳以下堤防的防洪标准由现状的15 年一遇提高到24 年一遇，估算此项年防洪经济效益为580 万元。二是削减黄河下游洪水的峰、量，提高下游大堤的防洪标准，同时尽可能减少滞洪区的分洪运用概率及分洪负担，估算此项多年平均年防洪效益为4040万元，合计年防洪经济效益为4620 万元。

仅以近十年三次大洪水为例：2003 年洪峰流量 2310m^3/s，下泄流量最大为1000m^3/s，削峰率达到56. 7%；2010 年洪峰流量1510m^3/s，下泄流量控制为600m^3/s，水库削峰率达60%；2011 年9 月出现接近20 年一遇的历史大洪水，洪峰流量1660m^3/s，故县水库科学调度，与陆浑水库错峰运用，保证了下游防洪安全。初步估算，如果没有故县水库削峰运用，洛河下游将出现接近3000m^3/s 的特大洪水，下游将一片泽国，伊洛夹滩20 余万人将不得不迁移安置。

此外，水库设计全年灌溉供水量5. 72 亿 m^3，灌溉年净效益为900 万元；根据洛阳市工业蓄水要求，故县水库供给城市工业用水5m^3/s，年供水1. 58 亿 m^3，满足洛阳下游滩区灌溉6. 8 万 hm^2，供水保证率75%以上；在洛阳市主办的牡丹花会期间，水库下泄流量20m^3/s，保证洛河河道和城市的景观用水。

以故县水库为龙头水库的洛河下游，已经形成大小十多级梯级水库电站群，包含洛宁县境内的崇阳水电站、黄河水电站、禹门河水电站、长水水电站、张村水电站、崛山水电站以及宜阳县小电站群。故县水库一台机组发电的下泄流量，基本能使下游各电站充分利用水资源，并在发电的同时保持河道的生态基流。

为了达到梯级水库电站群联合生态调度的目的，同时尽可能减小各方的兴利调度损失，初步调度方案定为故县水库汛期 7 月 1 日至 10 月 30 日视来水量和预报降雨情况，开启一台机组至三台机组，水库在服从黄河防总统一调度的前提下，尽量避免弃水；10 月 30 日至次年 7 月初的非汛期，尽量保证开启一台机组，发电服从洛阳市地调统一调度。在此调度方案下，洛河下游可以保证年平均5160 小时维持36m^3/s 左右的流量作为生态流量，维持下游河流生命健康。

六、联合生态调度效益对比分析

根据以上调度运用方案，故县水库在保障防洪安全的前提下，尽量将来水全部用于一台机组发电，可产生较为明显的生态效益、社会效益、经济效益。

（一）生态效益

一是保护库区及下游水质，维持水生态健康。合理的生态径流可以使水体流速加大，破坏水体富营养化的形成条件，提高库区和下游河道水体自净能力，有效保护河流生态系统功能。二是保护鱼类资源和水生生物。通过生态径流调节河流水文情势，控制下泻水温及气体过饱和情况，减轻对水生生物的影响，为下游河道沿岸植被生长及水生生物群落生存提供必要的流态，创造适宜的生存环境。三是保护湿地。湿地是地球之肾，具有无法取代的生态功能，生态径流可以尽量减少河流水沙特性变化，减缓对下游湿地的不利影响。

（二）社会效益

一是可以为下游洛阳市牡丹文化节提供充沛的水量，形成美丽的城市景观，促进旅游观光，展示城市形象。二是可以为下游宜阳国家皮划艇激流回旋训练基地提供足够的训练用水，为运动健儿提高成绩为国争光创造良好的条件。

（三）经济效益

按照新的调度方案，在理论理想状态下，综合考虑其他不确定因素，下游电站群每年可增发电量4000万kW·h左右，年均发电量可达1.5亿kW·h，联合运用调度对下游各水库电站的兴利效益可以起到积极作用。故县水库作为龙头，用最小的损失实现多目标优化调度的目的，真正实现多方共赢。

七、联合调度前提条件及风险因素分析

故县水库是一个有综合开发任务的水库，在保证防汛安全的前提下，还需考虑洛河下游灌溉和城市、生态供水之需，同时尽量满足下游发电的需要，争取下游电站发电最大化。故县电厂调度权限归国网洛阳分公司，故县电厂的发电任务必须以满足电力系统要求为前提，才能进行优化调度。

虽然故县水库长期一台机组发电对于下游河流生态环境和水库电站群能带来比较明显的收益，同时会增加各种不确定因素：

（1）年初水位比较高，且上半年来水较丰的情况下，如果一台机组运行，6月底库水位将处于525～527.3m，造成前汛期弃水风险增大。

（2）年初水位比较低，上半年来水较少的情况下，为实现联合生态调度以达到共赢目的，调度中可能一台机组长期发电，致使6月底的库水位降至518m左右，造成故

县机组耗水率较大，水资源有一定损失。

(3) 从近几年的来水情况分析，华西秋雨对洛河流域影响较大，后汛期来水的几率较大， 台机组发电可能出现较高水位，防洪压力和弃水风险程度大大增加。现就2017年秋汛简要分析，2017年9月27日水位在523.96m，相应库容为4.65亿m^3，至10月4日水位涨至527.91m（库容为5.26亿m^3）开始三台机组发电，10月21日水位涨至2017年的最高水位533.58m（库容为6.26亿m^3），根据预报后期未有降雨，开始2台机组发电。其间由于调度合理，预报准确，没有弃水。假设一直按照一台机组发电，则水库减少出库流量$72m^3/s$，在10月4日至21日期间库容将增加1.06亿m^3，库水位将突破征地水位，造成淹没损失，势必造成弃水。而故县局则少发电1600万kW·h。

综合以上分析，洛河流域水库联合优化调度，风险利益共存，从长远发展和生态环境、社会经济利益综合考虑，利大于弊，收益大于风险，但一旦实施洛河流域水库群综合调度运用，具体调度实施方案要进一步细化，水文预报更要及时准确，达到在保证防洪安全的前提下，实现水资源利用最大化。

八、结　　语

洛河作为黄河下游的重要支流，为流域内社会经济发展起到了重要作用。伴随经济开发力度不断增加，洛河流域生态环境呈退化趋势。在这样的背景下，本文结合故县水利枢纽管理局近年来开展的相关科研工作，对梯级水库联合生态调度的发展战略、调度方案、合作方式、存在问题等方面，进行了探讨、研究和总结，认为洛河流域梯级水库联合调度，将能有效改善洛河流域整体生态环境，提高洛河流域水资源的优化配置和高效利用，响应国家“建设生态水利，推进绿色发展”精神，达到河流生态环境保护与水库日常兴利共赢的目的。

参考文献

[1] 汪恕诚. 论大坝与生态 [J]. 水利建设与管理，2004 (4)：1-4.

[2] 蔡其华. 充分考虑河流生态系统保护因素完善水库调度方式 [J]. 中国水利，2006 (2)：14-17.

[3] 李国英. 基于水库群联合调度和人工扰动的黄河调水调沙 [J]. 水利学报，2006，37 (12)：1439-1446.

建立健全灌区生态水利管理工程体系的思考

陈　昊[1]　陈　文[2]

1 淮河水利委员会通信总站　2 河南水利与环境职业学院

当前社会面临的重大全球性问题就是能源和生态问题。虽然随着经济建设的加速，我国在河流治理、水土保持、植树造林等方面取得了一定的成绩，但与此同时，传统的水利工程过分强调人类改造自然的能力，忽视了生态系统的保护和建设，进一步加剧了生态环境的恶化。同时由于在我国传统的水利工程理论中，比较多地受到改造自然、人定胜天思想的影响，没有把人类作为流域内生态系统的一部分来加以研究和考察，而是片面地强调满足人类社会发展的愿望，以至干扰甚至破坏了流域内生态系统的协调和均衡。生态环境是经济、社会持续稳定发展的基础。生态环境的恶化已成为我国社会经济进一步发展的重大制约因素，改善和保护生态环境，寻求经济、社会、环境协调发展的途径，是当前十分迫切的任务。这对一项传统的灌溉工程来说也不例外，要把一项传统的灌溉工程又好又快地转变为灌区生态水利工程，必须进一步加快灌区生态水利管理工程体系建设，以体现水资源“综合开发、合理利用、积极保护、科学管理、高效运行”的生态水利发展之路。

一、灌区生态水利管理的现状与挑战

（一）灌溉与水利的关系

大地因有水的滋养而焕发勃勃生机，进而有了动植物的生长，人类才能立足于此。自然的水具有二重性，对人类的生存有有利的一面，但有时也会给人类带来灾难。水利包含对水力资源的开发和防止水灾。水灾主要分为洪灾和旱灾两大类。农业灌溉，主要是指对农业耕作区进行灌溉作业，是防止水旱灾害对农业耕作区农作物造成损失最直接有效的措施，是水利工作的重要组成部分，灌溉随着水利的发展而发展。

（二）生态水利与灌溉的关系

生态水利是按照生态学原理，遵循生态平衡的法则和要求，从生态的角度出发进行水利工程建设，建立满足良性循环和可持续利用的水利体系，从而达到可持续发展以及人与自然的和谐共生。所谓生态水利是人类文明发展到“生态文明”时代的水资源利用的一种途径和方式。它以尊重和维护生态环境为主旨，开发水利、发展经济，为人类社会的持续发展服务。生态水利涵盖了水利事业和水利产业目标，又突出了环境目标，与可持续发展的三维目标即经济、社会、环境是一致的。

农业灌溉是生态水利体系建设的重要组成部分，也是生态体系建设对水利建设的必然要求。生态体系建设离不开生态水利建设这一内涵，没有生态水利良好的发展建设就无法实现完整的、系统的生态体系建设。对一个灌区来说，一项完善的灌溉工程本身就应该是一项完整的生态水利工程系统（图1）。

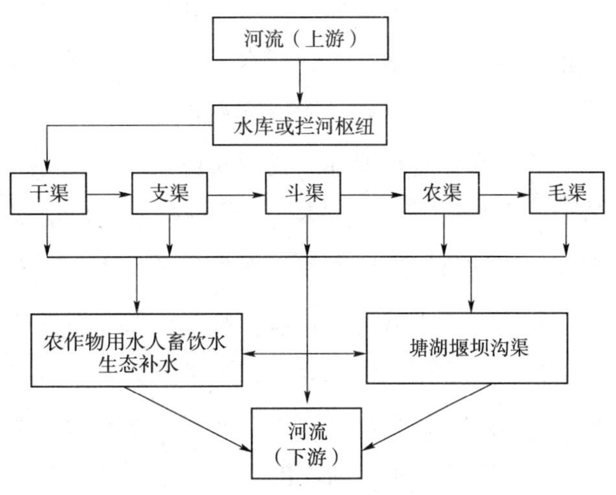

图1　灌区生态水利工程系统示意图

（三）生态水利管理是灌区生态水利成败的关键

生态水利管理是为了实现生态水利的目的而进行的决策、计划、组织、指导、实施、控制的过程。灌区生态水利管理的目的是提高灌溉工程的灌溉效率和综合效益，使有限的水资源能够得到科学合理和多重高效的利用。生态水利管理体系就像计算机的软件一样，如果没有好的软件系统支持，再好的计算机也将无法正常运行。我国粗放的灌溉管理方式造成灌溉用水浪费严重，灌溉用水利用率与先进国家相差较大，因此节水空间十分可观。实践表明，农业灌溉节水潜力50%在管理上，其管理的好坏直接影响着灌溉工程效益的发挥、农业效益的增长和生态环境的改善。生态水利的终极目标是建成自动化生态水利。生态水利是抵御旱涝灾害、改善生态环境、提供人畜饮水安全保障和确保农作物丰收的关键，因此被称为农业丰收的“保护神”。

（四）生态水利管理存在的主要问题

一是管理体制不适。目前，大中型灌区基本都是由水利管理单位和由灌区内各市、县水利部门成立的管理部门管理，通常是水库管理单位负责总干渠、干渠（重点支渠）或上游段（市、县）干渠管理；市、县和乡各负责其辖区内的支渠（重点斗渠）或干渠管理；斗、农、毛渠等田间供水渠系和灌区内塘、湖、堰、坝等小型蓄水工程均由该灌区内各村级组织和农民用水户自行管理，且大部分并没有成立专门的管理组织，是完全临时的、松散的村级组织行为。这种用水的人不参与管理、管理的人不用水、各自为政的多层次和多环节管理体制，必然造成整个灌区管理的不顺畅、效率低下和资源的浪费甚至破坏。

二是管理方式粗放。我国大约有90%的灌溉土地仍使用传统的漫灌和沟灌方式，尤其是水库灌区的局部地区水的利用效率仅为30%～40%，水资源浪费极为严重。这种粗放的只管输水、不管配水、大水漫灌的灌溉管理方式和落后的灌溉技术，已不再适应现代农业和生态环境持续发展的要求。

三是水费管理混乱。我国农业用水收费一直作为行政事业收费管理，但标准普遍偏低，大都低于供水成本。因农业供水管理层次和环节比较多，造成水费收取不规范，多有层层加价、农民实际水费负担较重和水费收取率低的现象发生。目前，水费大部分实行按亩收费的方法，无法精确地进行用水计量。

四是水量配用失控。绝大部分地区对取用水户实行了计划用水管理，但大多是对用水总量的控制与计划管理，而对用水强度缺乏控制与管理。全灌区内高度的集中用水，又带来用水强度需求的无法满足，直至区域性的水量供需与配用失控，从而引起水事矛盾纠纷，造成不必要的损失。对于生态水量配用更无从谈起，但是人口增长和消费需求的增多造成了许多灌区资源浪费和环境恶化的问题，水资源短缺和水环境危机日益凸显。

五是工程维护缺失。现有灌溉工程大多先天不足，后天失调，普遍老化损坏严重，效益衰减。近年来，国家加大投入力度，对一些大中型灌区进行了续建配套与节水技术改造，但大部分用于干渠及骨干建筑物的续建配套与节水改造，而灌区支渠及其以下的斗、农、毛渠和相应的建筑物投入甚少，供水建筑物完好率不足50%，有部分甚至已报废和失效，多数中、小型灌区和泵站带病运行，高能低效。灌区内的塘、湖、堰、坝等小型蓄水工程大部分已经无法发挥正常的功能。

二、建立健全灌区生态水利管理工程体系的必要性

（一）完善生态水利管理工程体系建设是贯彻落实五大发展理念的必然要求

五大发展理念是指导、引领中国“十三五”乃至以后更长时期发展的新理念。农业灌溉生态水利管理工程体系涉及水利、“三农”、生态和民生等各个方面，要破解农业灌溉生态水利管理中的难题，必须牢固树立并自觉践行五大发展理念，全面完善灌溉生态水利管理工程体系的创新发展、协调发展、绿色发展、开放发展、共享发展。走出一条体制机制与科技应用相创新、整体性与区域性相协调、生态环境与美丽乡村

相适应、管理经验与互利合作相开放、人人参与与管理效益相共享的灌溉生态水利管理工程体系科学发展之路。

（二）完善生态水利管理工程体系建设是做好水利改革发展的客观内在要求

2011 年 1 月，中共中央、国务院发布了《关于加快水利改革发展的决定》，无论从我国水利改革发展的指导思想、目标任务、基本原则，还是制度建设上，都对农业生态水利灌溉提出了更高的要求。特别是《关于加快水利改革发展的决定》中提出要实行最严格的水资源管理制度，进一步明确了农田水利灌溉管理的任务和要求。只有不断完善生态水利灌溉管理工程体系建设，提高农业和生态用水效率，农业灌溉才能适应我国水利改革发展的客观内在要求。

（三）完善生态水利管理工程体系建设是实现水资源消耗“双控”的必然选择

2016 年 10 月，水利部、发展改革委印发了《“十三五”水资源消耗总量和强度双控行动方案》。农业灌溉用水量占全国各行业总用水的 60% 以上，无论是对农业灌溉用水量，还是灌溉用水强度的有效管理和控制，在我国水资源消耗“双控”行动中，都有着其他行业无法比拟的作用，是实现水资源“双控”目标的必然选择。灌溉用水不仅要控制总量，更要控制好强度，同时兼顾生态保护，水资源才能得到合理利用。

（四）完善生态水利管理工程体系建设是有效改善生态环境的重要保证

生态水利是 21 世纪人类的文明进步和实现经济社会的可持续发展对水利提出的必然要求，同时也是 21 世纪水利发展建设的最高目标。从普通水利进入生态水利是水利发展史上的新飞跃，它将使朴素的水利上升到高级的水利，从单一的、局部的水利进入整体的、系统的、科学的、可持续的水利，从简单的单维的水利进入复杂的、多维的水利，满足更多方位的可持续发展和生态平衡要求。生态系统良性循环是其健康发展的重要因素，而保持其动态平衡的关键就在于控制其关键因素。生态水利充分考虑生态系统，在经济建设的同时维持好生态系统的动态平衡，实现良性发展。

从水利建设的发展历程可以看出：水利工程数目越来越多，规模越来越大；水资源的利用趋向综合性，单向工程逐步发展成流域系统综合利用开发，除了传统水利具有的功能之外，还与生态与环境保护紧密相关。因为生态环境是人们生存发展的重要基础性自然资源，而传统的水利工程无法长远持久地实现人和环境的双赢，它带来了越来越多的生态环境问题，只有通过不断完善生态水利管理工程体系建设，稳定发展生态水利，才是有效改善生态环境与社会经济可持续发展的重要保证。

三、创新发展理念，完善灌区生态水利管理工程体系建设

围绕灌区内农业农村现代化和城乡融合发展总目标，坚持生态优先、保护优先、节约优先、绿色发展总基调，以完善灌区生态水利管理工程体系建设为抓手，实施新型城镇化、精准扶贫、现代农业、生态治理和人居环境整治等工程，探索城乡互动、融合发展新路径，加快农村、农业现代化进程，建设特色小镇、美丽乡村、田园综合体，为灌区脱贫攻坚、乡村振兴提供强有力的支撑。统筹灌溉区域内山水林田湖草系统治理，优化农村生产、生活、生态用水时空布局，探索灌区城乡融合发展新路径，助推乡村振兴战略，完善灌区生态水利管理工程体系建设是基础。

（一）理顺管理体制，明确各级管理职责

首先，灌溉管理单位应该以农业、农村发展需求为导向，以建设高效节水型灌溉农业为落脚点，以有效改善生态环境为目标，建立科学的管理机制，加强保障、高效服务，全面提高灌溉管理部门服务意识。其次，要组建村级农民用水合作组织和专业维护队伍，建立有效的用水管理、维护管理、调度和协调机制，解决用水矛盾，提高工程效益。各级灌溉管理部门与用水合作组织、维护队伍之间要加强沟通，及时提出各方供需要求及管养经验，切实提高水资源使用效率。最后，要建立实时监测网络，通过现代技术手段例，如电台、广播、手机报、微信公众号等，及时发布最新供需、水旱、天气情况，以便调整供用水需求，提高供用水的时效性。灌溉管理部门可以给农户提供最新的农业资讯及相关病虫害防治、水旱灾害预警、科学用水、灌溉设备管养等技术指导，提高水资源综合效益。

（二）转变管理方式，提高精准管理水平

转变灌溉方式，变漫灌沟灌为半灌或网络喷灌，以改漫灌沟灌均匀性差、周期较长、强度很大、水资源浪费严重等缺点。转变供水方式，变渠供为管供，在支渠或斗渠以下变为管道供水，以改明渠工程及其供水难以管理，有限的水资源得不到高效利用的问题。转变计量方式，变估量为计量，在田头设置固定的灌溉用水刻度标尺，实现由以前的按亩估算变为刻度乘以面积精确计量，以实现高效精确需供水量。转变灌溉时效，变救命水为适时供水，根据旱情和需水适时调配用水，切实提高供水效率和经济效益，避免造成不必要的损失或纠纷。转变灌溉职能，变指令性灌溉为服务型灌溉，并兼顾生态保护，提高供水管理人员和用水户的积极性。

（三）加强水费管理，促进工程良性运行

应当综合考虑农田水利工程供水成本、水资源稀缺程度以及用户承受能力等，合理制定各环节水价并适时调整。结合实际，因地制宜，探索制定分时段浮动水价和超计划加价制度，实现差价供水，提高水资源综合效益。按期足额收缴水费，以保障水资源可持续利用和农业可持续发展。严格管理，按政策规范水费使用，要将水费用在供水基本设施建设和管理上、用在提高供水效率上、用在生态保护上、用在发挥水资源效益上，以促进灌溉工程良性运行。禁止水费层层加码、搭车收费或挪作他用。

（四）优化水量调度，实现水资源消耗双控

优化水量调度必须遵循节水优先原则，强化水量和流量双计划管理，优化水量分配。强化水量和流量双计划管理就是在灌溉用水量和灌溉时间上下功夫，既要做到灌溉用水的总量控制，还要做到灌溉用水时空上得到保障，细水长流，变救命水为效益水。将有限的水资源合理分配在广大灌区内，实行总量和流量控制，形成强有力的倒逼机制，促进节约用水，保障合理的灌溉用水需求，提高供水效率。注重雨期蓄水，确保旱季供水，发挥灌区内沟渠塘堰蓄水功能，多方位存蓄水，雨洪合理利用。及时做好水情预测预报，科学调度灌溉和生态用水，多管齐下，做到用水总量和流量双控。按任务指令性的配水方式不宜提倡。加大对水库弃水的科学管理和有效利用，可将发电或防洪弃水通过灌溉工程转变为灌区内沟渠塘湖堰坝蓄水和生态补水。

（五）强化工程维护，发挥工程综合效益

完善农田生态水利工程体系是提高生态水利灌溉效率的基础，要加快完善大中小微并举的农田生态水利工程体系建设，强化农田生态水利工程管理维护，实现灌溉工程分级维护，明确不同类型工程运行维护的主体。大中型农田生态水利工程由政府确定的单位负责运行维护，也可通过购买服务方式引进社会力量参与运行维护；小型农田生态水利工程交由受益农村集体经济组织、农民用水合作组织、农民等使用和管理，由受益者或者其委托的单位、个人负责运行维护。推进支渠或斗渠以下输水管网配套建设与管理维护，统筹农田生态水利建设投入，既重视大中型农田生态水利工程这样的“大动脉”，又兼顾田间地头的“毛细血管”，解决农田生态灌溉“最后一公里”的问题。做好干渠支渠精准化计量全覆盖，逐步完善末级渠系计量设施及管理维护，细化田间固定点水刻度计量装置配套建设与维护。进一步加大水系绿化和渠系植物生态修复工程建设，整修完善灌区内沟渠塘湖堰坝等小型蓄水工程，恢复渠系与塘湖堰坝

的有效连通，通过工程技术手段实现农业生态灌溉综合效益的最大化。

“水利是农业的命脉”，水利也是生态的命脉，如果没有水的润育，就不会有灌区农业的高产稳产，也不会有灌区的连年丰收和生态环境的有效持续改善。农业生态灌溉并不以赚钱为经营目的，而是在维持简单再生产的条件下，以全面为农民生活、农业生产、农村环境服务，提高综合社会效益为己任，确保灌溉工程效益的充分发挥，保障国家粮食安全和水安全，造福于民、兴利于民，达到灌区内经济社会与生态水利安全、稳定、和谐发展。

参考文献

[1] 杨秋宝. 树立“创新、协调、绿色、开放、共享”发展理念 [J]. 中央党校，2016 (9).

对生态流量保障体系的认识和思考

丰华丽　刘九夫　林　锦　张海滨　陆海明

南京水利科学研究院

河湖水系是山水林田湖草自然生态系统的重要组成，具有重要的生态功能和生态价值。生态流量是维系江河湖泊生态系统健康可持续的基本要素。保障河流生态流量是维系河湖生态系统健康、保障水生态安全和建设水生态文明一项重要举措。

然而，我国河流众多，水系类型多样，水资源状况和生物多样性分布等具有显著的地域特征。受季风气候和地形地貌影响，绝大多数河流地表水资源年内年际变化显著，而水资源时空分布又与生产力布局不匹配。受多种因素影响，我国不同区域、不同类型的河流各具特色，生态保护目标、生态需水类型、生态用水分配、生态流量保障制度等也不同。今后，应在现有研究成果的基础上，针对不同区域、不同类型的河流，开展生态流量保障问题的细化研究。

生态流量保障技术系统涉及生态流量的科学确定、生态流量的满足程度评价，以及生态调度流量保障等多个环节。我国从 20 世纪 90 年代开始生态流量研究，经过 20 多年的发展，在生态流量研究理论和方法等方面取得了许多重要成果。但由于生态流量研究的复杂性，在基础研究体系、关键技术体系和保障措施体系等方面还存在着诸多问题。本文在总结国内外生态流量研究和管理历程的基础上，提出了对生态流量基础研究体系、生态流量关键技术体系和生态流量保障体系的认识和思考。

一、国外生态流量发展历程及特点

人类的生存和环境息息相关，生态学过程保持了地球的适宜性，为生命提供了必要的多种物质，对人类社会的生存和发展至关重要。

1982 年联合国大会宣布的《世界自然宪章》，1987 年发表的《我们的共同未来》，1991 年出版的《关爱地球》成为思考水和生态系统关系的转折点，明确提出生态系统应该被看成合法的水资源使用者。

2003 年《联合国世界之水发展报告：人类之水、生命之水》、2007 年《布里斯班宣言》和 2009 年第五届世界水论坛的主题等，关注生态系统（服务）与水（资源）

之间不可分割的联系，明确提出管理水资源及其供水系统，满足人类和环境的需要。

2015 年的世界水日和 2018 年修订的《布里斯班宣言》，呼吁采取行动将生态流量作为水资源综合管理的一个核心要素，作为实现与水有关的新可持续发展目标的基础。近年来，生态流量实践和管理等已纳入河流健康和流域综合管理平台。

根据不同时期生态流量研究和管理特点，国外生态流量研究发展历程大致可划定为四个不同时期：萌芽期、出现和综合期、整合和扩展期以及全球化时期。

1980 年之前为第一阶段，可称之为生态流量发展的萌芽期，多采用最小生态流量（minimum flows）等术语，该时期的管理主要关注渔场渔获量减少的问题。

1990 年至 1995 年为第二阶段，可称之为生态流量发展的出现期和综合期，多采用与生态相关的特征流量量级，以生态学原理为指导，生态保护目标和管理目标主要集中在一个或几个目标鱼种上，特别是具有重要商业价值的鱼种，在管理中强调自然流量是河流恢复的基石原则。

1995 年至 2005 年为第三阶段，可称之为生态流量发展的整合和扩张期，该期多采用河道内流量（instream flows）等术语，在管理实践中积累了流量变化的生态效应响应关系等大量基础数据，开始权衡人类和生态系统用水之间的平衡，开展生态流量适应性管理，将生态流量正式纳入水资源综合管理。

2005 年至今为第四阶段，可称之为生态流量发展的全球化及挑战时期，该期多采用环境流、生态流量和最小流量等术语，2007 年和 2018 年发布的《布里斯班宣言》是该时期的标志性事件，阐明生态可持续性与社会福祉之间的关系，生态保护和管理目标从保护生态系统完整性的时代已过渡到明确的“社会生态系统可持续性”发展时期。

目前，生态流量已成为可持续水资源管理的核心要素。在全球范围内，生态流量的管理实践发生了巨大变化。首先，从关注生态流量恢复转向适应气候和其他环境变化压力的影响；其次，将生态流量管理空间尺度从单一地点扩大到整个江河流域；最后，扩大了生态流量管理的参与群体，科学家、管理者、非政府组织机构和利益相关者等多方参与合作是生态流量成功实践的关键因素。

二、我国生态流量发展历程及问题

（一）我国生态流量研究和管理发展历程

第一阶段为 1990—2000 年，是生态流量研究的起步阶段，相关概念和方法大多从国外引入。代表性的研究有：1996 年，“九五”国家科技攻关项目，首次对干旱区生态需水进行了系统深入的研究；1999 年，国家重点基础研究发展规划项目“黄河流域水资源演化规律与可再生性机理研究”，从流域尺度上构建了生态环境需水量的整合计算模型；2000 年，中国工程院发布了《中国可持续发展水资源战略研究综合报告》，首次提出了“保证生态环境用水的水资源配置战略”，推动了我国生态需水研究的深入发展。

第二阶段为 2001—2010 年，是生态流量研究的快速发展阶段，生态需水的相关概念如最小生态需水、适宜生态需水等被不断提出，计算方法也多种多样。该阶段不仅关注生态需水量，还开始关注生态流量过程，发生时间和频率等更多的水文要素，代表性的研究主要有：“十五”国家科技攻关“中国分区域生态用水标准研究”重大课题，研究范围从西北干旱区扩展到全国半干旱区、半湿润区和湿润区，在基础理论、应用技术、管理决策三个层面，研究提出了一系列生态需水关键技术，形成了符合我国实际的生态需水理论与计算方法体系；2002 年，为满足全国流域水资源综合规划的需要，水利部各流域机构都深入开展了河流生态需水研究。2003—2009 年，国家自然科学基金委在生态需水方面资助总经费达 600 万元左右，其中重点项目有“流域生态需水规律及时空配置研究（2003—2005 年）”和“塔里木河下游生态安全与生态需水量研究（2006—2009 年）”；2006 年“十一五”国家科技支撑计划重点项目“黄河健康修复关键技术研究”，从科学合理地确定流域生态系统的保护目标、黄河湿地的优先保护顺序和保护规模，以及维持黄河流域生态系统良性运行所需要的水量等方面开展了深入研究。

第三阶段为 2011 年至今，更加注重生态用水与河流治理开发、修复等方面的结合，开始强调生态用水调度等方面的实践管理工作。其间有代表性的推动文件有：2012 年《国务院关于实行最严格水资源管理制度的意见》（国发〔2012〕3 号）要求：研究建立生态用水及河流生态评价指标体系，2015 年国务院印发的《水污染防治行动计划》中提出要科学确定生态流量，在黄河、淮河等流域开展试点研究。

（二）我国生态流量保障存在问题

1. 西部干旱区生态流量保障问题

（1）生态用水意识不强。从西北干旱区已有的法规政策和生态调度实践等方面看，生态用水的观念并未深入人心，相关部门对生态用水的重视程度不够，生态用水保障观念和意识有待进一步提高。

（2）大多未优先考虑生态用水的需求。在《黑河干流水量调度管理办法》《新疆维吾尔自治区水利工程管理和保护办法》及青海《关于在水利工作中进一步严格落实生态环境保护要求的实施意见》等文件中，明确提出了要优先保障生活、灌溉及工业供水的需求，生态用水被安排在最后考虑。

（3）灌溉用水与生态用水矛盾突出。在西北干旱区，农业用水比例过高，严重挤占生态用水，亟待改变用水结构，提高用水效益，把被挤占的生态用水退还给重要的生态功能区。

（4）长效生态用水补给机制尚未建立。现有的生态补水大多是临时的，还处于应急生态补水阶段，并未建立起长效和制度化的生态补水机制。

总之，水是支撑绿洲生存的基础，水资源在生态保护和当地经济社会发展中具有支配地位，生态用水保障对干旱区的重要生态功能的维持具有重要作用，进而对支撑当地经济社会的发展具有举足轻重的地位。因此，在西北干旱区，建议从生态用水意识、生态水权、长效生态补水机制等方面，研究提出干旱区的生态用水保障措施。

2. 北方半干旱半湿润区生态用水保障问题

（1）枯水期生态基流难以保证。由于水资源短缺，社会经济用水与生态用水存在竞争关系，加之水电不合理开发，导致枯水期生态基流难以保障，尤其是三级支流生态缺水严重。

（2）春灌期与鱼类产卵繁殖期用水冲突。北方地区的春灌期为5—6月，水量占年水量的10%～30%，与鱼类产卵的敏感生态需水期（4—6月）基本一致。因此，农业用水、渔业产卵繁殖用水等多种需求并存，人、地、生态争水现象明显，该期水资源需求量大。由于农业用水和敏感生态用水存在竞争关系，协调和平衡二者用水问题，成为保障渔业安全和粮食安全的关键所在。

（3）生态用水保障未落到实处。河北、辽宁、黑龙江和山东等省份出台了诸多与生态用水管理相关的法规政策，但这些法规政策的责任主体、管理职责及监督部门等都不明确，可操作性较差，生态用水保障难以落到实处，有待出台生态用水配套政策，使得生态用水能够得到切实保障。

总之，在北方半干旱半湿润区，由于水资源短缺，社会经济用水和生态用水存在竞争关系。建议从生态水权构建、枯水期生态用水调度、农业种植结构改变和生态用水监管等方面提出生态用水保障措施。

3. 南方湿润区生态用水保障问题

（1）支流水电采取引水式发电导致河段脱流。东南地区部分独流入海河流、长江区、珠江区、西南诸河区等部分一级支流控制性枢纽及二三级支流，水电采取引水式开发并调峰运行，或因控制性水利水电工程泄放生态流量不足，导致枯季生态基流及咸水上溯期敏感生态需水均不能得到满足。

（2）敏感生态需水保障不足。尽管我国南方地区水量总体较为充沛，非汛期生态流量基本可以得到满足，但是大部分水库的调度运行未充分考虑鱼类产卵期等敏感期生态流量要求，导致水库下游鱼类产卵规模下降、水生生物栖息地破坏、河漫滩湿地与河口湿地萎缩。

（3）生态流量泄放设施缺失及监管不到位。20 世纪 90 年代前建设的水电站无生态环境保护目标评价要求，对水生态环境保护意识不足，无生态流量泄放设施，存在着生态流量监测站点不足、监测不到位等问题。

总之，在水资源丰沛的南方湿润区，从客观上讲生态需水基本能得到满足，但生态用水意识淡薄、水电站调度不合理等问题，导致生态缺水时有发生。建议从生态水权、生态调度和生态用水监督等方面提出南方湿润区的生态用水保障措施。

三、对我国生态流量研究和管理的认识与思考

在国内外生态流量研究历程及存在问题的基础上，从生态流量基础研究体系、生态流量关键技术体系和生态流量保证措施体系等三个方面，提出对我国生态流量研究和管理的认识和思考。

（一）生态流量基础研究体系

1. 关于生态流量的概念和内涵

目前，在法律法规、政策制度、规划标准等文件中，对生态流量的概念、内涵和表征指标等未有基本一致的认识。这不仅给政策制定者和管理者带来混乱，也对公众理解和监督产生较大影响。

河流是陆地表面宣泄水流的通道，是溪、川、江、河的总称。从河流概念上看，河流须具有两大基本特征：一是有水流宣泄的通道；二是有足够的水流，二者缺一不可。水流宣泄的通道，实际上是水生态空间的概念，是水流的载体，可通过河流基本形态来表征。足够的水流，即表示有足够的流动的水，可通过流量和流速来表征。另外，从河流生态学的视角看，河流生态是研究水生生物及其水环境之间的关系。其中包含了两大方面的含义：一是研究水生物个性本身隶属于个体或种群生态学范畴，当以某一生物作为保护目标计算生态流量时，水生物生活史的研究必不可少；二是研究两种关系，一种是研究水生物与水生物之间的关系，另一种是研究水生物与非生物水环境之间的关系。

因此，根据河流及河流生态学的概念，提出生态流量包含四个层次的含义：一是能体现水生态空间，河流基本形态得以维持；二是河流要有足够的水流，不断流；三是能保证某种生物的生活史；四是能维持河流生态系统的服务功能的正常发挥。因此，界定生态流量指为维持河流基本空间和形态、防止河道断流、保护生物种类或维持河

流生态系统功能等目标，河流生态系统所必需的流量、水质和时机等。

针对河流、湖泊、湿地、河口等不同生态系统的属性特征，生态流量的表达形式是多样的。对于河流，因生物生存及繁衍对流量的基本要求，更多的用河流生态流量、水温、时机、过程来表达；对于湖泊，因湖泊对河流径流量的吞吐滞纳功能和蒸发渗漏特征，则更多使用生态水量、生态水位和湖面面积等概念表述；对于湿地，除了生态水量、湿地面积等概念外，还可用生态水深来表达。

2. 关于河流生态系统结构和功能

根据河流地貌和生态等方面的差异，自上至下可把河流划分成三个区：上游为山区河流，河床质主要由大石块、卵石或裸露的基岩构成。一般来说，在河流上游地区，人类活动的影响较小，水质优良、生物栖息地条件良好、生物多样性较高；中下游从山区河流过渡到冲积河流，该区域的河流以物质运输为主要特征，河流的来沙量与输沙量相等，能够维持输沙平衡，底质多为粗沙和细沙。同时，该区内的流量、水位等水文要素随季节发生有节律地变化，为不同生物提供了适宜的栖息地，因此该区域内陆生有机质输入的比例降低，河流生态系统中自养生物生产的有机质比例增加；下游区即冲积平原、三角洲或河口区，该区以泥沙淤积为主，区内的河床底质为细沙或粉沙，流量相对稳定，通常是河流中生物多样性最高的区域。

同一条河流的上中下游的问题，以及河段生态系统结构和功能都存在差异性较大。因此，需要研究不同类型的河流生态系统结构和功能，为水文变化的生态响应研究和生态流量的科学计算提供基础依据。

3. 关于水文变化的生态响应

水是生态与环境最重要的控制性要素之一，是所有生态系统生产量形成的基础。在河流生态系统中，水流是最主要的驱动因子。目前，我国具有长系列的实测水文和水质资料，但缺失同步的同一站点的长系列河流生态普查或生态调查资料，未建立水文变化的生态响应关系，导致生态流量计算结果缺乏科学依据，也使得生态流量研究难以深入下去。今后，需进一步研究不同季节或不同水文情势下的水生生物监测和河流健康状况，建立水文-生物、水文-生态过程之间的关系，为生态流量的科学计算提供理论支持。

（二）生态流量关键技术体系

在现有生态流量计算技术的基础上，研究针对性强、实用性强，覆盖不同区域、不同类型河流、不同敏感时期、不同保护目标的差异化生态流量计算关键技术方法，完善相关技术标准和技术要求，确保生态流量计算成果的科学性与权威性。

1. 关于生态保护目标和生态流量的关系

生态保护目标是科学计算生态流量的前提和基础。国外在生态流量保护目标上，早期的研究仅关注单一目标或某一关键物种，逐步发展到关注河湖生物多样性和生物完整性，现已由生物完整性保护目标过渡到“社会生态系统可持续性”发展目标。

基于生态保护目标的不同，国外生态流量研究的空间尺度和时间尺度均发生了变化。在空间尺度上，早期的着眼点仅放在河道内，现在纵向、横向和垂向上已全面扩展。在纵向上，考虑河流源头、上游、中游、下游和河口等不同河区；在横向上，从河槽扩展到河岸带、洪泛平原及连通的湿地等不同单元；在垂向上，考虑河湖与地下水的交换和联系；在时间尺度上，从早期的枯季扩展到全年不同时期，考虑不同生态水文季节下的生态流量及过程。

根据国外生态流量研究和实践的发展趋势，并结合我国生态流量管理的实际状态，建议制定分层次分阶段的生态保护目标，并根据适应性管理策略不断调整。第一个是水文学层次的保护目标，首先要求河流不断流，能维持河流最小规模和基本形态，保证其成为一个连续系统，对应生态基流。第二个是物种层次的保护目标，即在水体存在的前提下，为保持关键物种的繁衍提供的水分条件，对应敏感生态需水。第三个是生态系统层次的保护目标，即以维持生态系统的整体健康及其生态系统功能的正常发挥所需的水分条件，对应整体性健康生态需水。

针对我国西北干旱区和华北半干旱等资源性缺水地区，在生态基流未得到满足的情况下，以维持河流最小规模即主河道规模为重点生态保护目标，适当考虑物种层次和生态系统层次的生态保护目标；针对我国南方湿润区的结构性和管理性缺水，要确保生态基流得到满足，同时重点考虑物种层次的生态保护目标，对于具有重要生态功能的区域，兼顾生态系统层次的保护目标。

事实上，用某一参数描述具有丰富内涵的生态系统流量问题，难以达到生态系统健康的目的。即使非汛期低水状态下生态基流和生物繁衍需水得到满足，没有洪水提供的扰动条件，生态系统依旧不可维持生物完整性。研究表明，具有生态意义的水文指标包括流量大小、发生时间、频率、历时和变化率等多个因素，因此需研究对生态系统起重要作用的关键流量组分，并建立河湖生态系统对关键流量组分变化的响应关系。

考虑到水生态基础性数据的缺失，建议以定量与定性的方式确定生态保护目标和生态流量的关系。建立由水利部门牵头的部门联席会议制度，在统筹协调生活、生态、生产用水需求基础上，由环保部门提出生态敏感河段生态流量保障需求，农业部门提出水产种质资源保护生态流量保障需求，发展改革委、林业、交通等部门提出相应的生态流量保障需求，建立基于多目标管理的生态流量保障的沟通协商、议事决策和争端解决长效机制。

2. 关于生态流量计算技术

据统计，目前国际上大约有250种不同的生态流量计算方法，新方法和工具仍在不断研发中，方法也由简单变得更为复杂。研究方法大体可分为水文学法、水力学法、生境模拟法和整体法等，各方法的基本思想、考虑因素、数据需求、资金投入和优缺点等具有较大差异。

水文学法是以实测或模拟的历史流量系列数据为基础，以天然流量百分比或者在某一保证率下的流量作为河道生态流量的推荐值；水力学法是根据河道水力参数（如河流宽度、平均水深、平均流速和湿周等），绘制水力参数-流量关系曲线，以曲线上的突变点作为河流最小生态流量；生境模拟法通过分析特定生物或指示物种的生境适宜曲线与流量的关系确定河流生态流量；整体法基于整体大于各部分总和的思想，考虑整个河流生态系统的用水需求。

不同计算方法都有优缺点，在科学依据、数据资料需求、主观经验判断等方面差别很大。相同数据资料条件下采用不同方法计算时，结果可能会有很大差别。计算方法选择的两难在于，是否只关注定量关系，这可能会局限于对某些水流要素和物种的关系分析，或者还可采取更全面的方法，但会需要更多数据和专家指导。因此，应根据具体情况，以及可用的时间、资金和专业等知识确定生态流量计算方法。

3. 关于社会-生态-经济用水配置技术

生态用水是指生态系统实际所获得的水资源量，是从水资源配置的角度提出的概念。在水资源配置过程中，需要根据生态流量的要求，预留或补充给生态系统相应的水量，以实现生态系统的良性循环和发展。生态用水受水资源配置的影响，其大小往往取决于人类社会对生态与环境保护的认知和重视程度。在生产力水平不高或者用水量较小的时期，水资源开发利用对水生态系统的影响较小，不为人们所重视，生态用水通常不在水资源配置考虑的范畴内，而只注重生活和生产用水。

随着与水有关的生态与环境问题的日益突出，在水资源配置中，生活、生产与生态用水“三生”共享的观念已日益为人们所接受。事实上，社会-生态-经济系统是一个复杂的巨系统，它们之间互相影响，相互制约。一个地区或国家能否可持续发展取决于经济、社会和生态环境的协调程度，完全背离社会经济发展的生态保护标准不可能得到有效地实施。生态系统的水资源配置，只有与社会经济发展所需要的生产、生活用水相协调，才能得到有效的保障。生态系统在长期自然选择中形成了相当的自我调节能力，生态流量的阈值区间表明生态系统对水的需求有一定的弹性。因此，在生态流量阈值内，结合区域社会经济发展的实际情况，兼顾生态需水和社会经济需水，合理地确定生态用水量，实现“三生”共享，有利于社会经济发展和生态系统保护的双赢。

建议以生态流量为科学基础，考虑水生态系统弹性特征，同时兼顾50%、75%和90%不同来水频率下的来水量以及经济社会发展的用水状况，构建社会-生态-经济用水配置技术体系，以弹性管理理念配置不同来水频率下的生态水量。由于不同区域水资源的差异性和经济发展程度的不同，生态用水和社会经济用水的分配模式应各具特色。

4. 关于生态流量满足程度评估技术

（1）评价时间尺度的选择。选择何种时间尺度的流量（日均流量、旬均流量和月均流量等）作为生态用水，对生态流量满足程度评估结果有很大的影响。如果把生态用水不足作为一种干扰，可从生态干扰的理论分析生态用水时间尺度确定的合理性。

干扰是指系统中发生的一些不可预知的突发事件，它破坏了生态系统的稳定性，导致生态系统结构和功能破坏，使生态系统处于一种过渡状态，这种影响超出了系统正常波动的范围。干扰过后，自身无法恢复到原有的景观面貌，系统的性质将或多或少地发生变化。干扰具有范围、频度、季节、强度、损害度、返回时间和循环周期等属性。扰动往往具有一定的规律可循，具有可预测性；若将二者归为一类，认为二者的区别在于前者为破坏性的，后者为一般意义上的环境波动行为。当扰动超过一定的限度后，就发展为真正的干扰，如何把握扰动的度，对生态系统的保护和开发利用具有重要意义。

选择较长时段进行生态用水评价时，流量的均化会掩盖生态系统缺水的实际情况，不能反映河流生态系统面临的威胁状态，因此，生态用水评价时间尺度不宜太长。而选择较小时间尺度如瞬时的或短时间尺度评价生态用水时，会错把一定时间、范围和强度内的正常扰动视为破坏条件。对于河流生态系统来说，以短时间尺度进行生态用水分析，能更充分、更有效地保证生态系统的健康，但有可能没有发挥生态系统自我调节、自我组织和自我恢复的能力，同时也会造成经济社会用水的紧张和压力。因此，生态用水评估的时间尺度不能太短。

河流枯季径流通常至少有一到一个半月的稳定的低水状态，水文学上称之为最小径流期，此时是生态系统脆弱时期，通过生态系统对干扰的抗性能力分析，选取旬或月平均流量值作为生态用水分析，基本能反映生态系统供需的实际情况。通过对多条河流生态用水评价结果，建议生态基流满足程度评价的时间尺度为日或旬尺度，即以日均流量或旬均流量进行评价，而敏感生态流量满足程度评价的时间尺度为月尺度，即以月均流量进行评价。

（2）评价指标的选择。不同河流的特征不同，在流量、流速、水质和水生物等方面存在较大差异。如具有较多闸坝的河流，由于水体常年处于不流动的状态，若仅以流量指标评价生态用水情况，在实际工作中难以操作。因此，针对不同河流特征，需研究采用流量、水位、流速等不同指标或多指标组合开展生态流量满足程度评估，以便更切合实际和有效地保障生态流量。

（3）评价标尺的选择。在生态流量满足程度评估时，是以科学过程计算的生态流量结果作为评价标尺，还是以博弈后的生态流量作为标尺，要根据不同的来水情况进行具体分析。

5. 关于水库生态调度技术

水库具有防洪、发电、灌溉、供水、航运等多种功能，在国民经济和社会发展中发挥了重要作用。北方的年调节和多年调节水库以及南方中小河流上建设的多年调节水库，水库蓄满率相对较低，即便是丰水年，水库对生态流量少放或不放的现象仍相当普遍。这就需要调整现有水库功能，增加水库的生态功能。

生态调度是保障生态流量实施的重要抓手（可称之为河道内抓手），统筹考虑生活、生态、供水、防洪、灌溉、发电等功能，需明确水库生态调度的具体要求，包括水文监测和预报、配套的水利工程、管理机构、责任主体、管理制度和生态保护目标及流量过程等多个方面，制定主要控制断面生态流量管理清单，明确水库泄放方式，加强在线监测，保障河湖生态流量。目前，建议加强生态流量调度和汛限水位的关系、闸坝生态水量调度关键技术研究、水文预报监测和预报预警等方面的研究工作，为实施生态调度提供技术支撑。

（三）生态流量保障措施体系

从法规制度建设、保障体制建设、监测和安全预警，以及监督考核等方面，提出我国生态用水保障的长效机制。

1. 关于生态价值观转变

水是人类及整个生物圈赖以生存和发展的基础性物质，是社会安全发展不可或缺的战略性资源。饮用、灌溉、工业用水是人类对水资源的直接需求，生态用水是人类对水资源的间接需求，生态系统应该被看成合法的水资源使用者。

当前，传统粗放的经济发展模式、过度追求最大经济效益的观念尚未完全转变，生态优先、绿色发展的理念尚未牢固树立，相关管理者及利益相关者认识不到位，忽视生态流量价值，质问在干旱区和半干旱区，连人类最基本的用水都保障不了，生态用水从何谈起？事实上，我国水资源利用方式粗放、用水浪费现象依旧严重，即使在干旱半干旱区也有很大的节水空间。人类通过约束自己的用水行为，自觉地节水用水，能够把挤占的生态用水归还于河湖。

因此，目前最为关键的是生态价值观念的转变。思想引领行动，只有当生态流量管理者、利益相关方和社会公众对生态流量价值的认识不断提高，生态流量才会落到实处。

2. 关于生态流量法规及配套制度

（1）明确生态流量的法律地位。我国新修订的《中华人民共和国水法》和《中华人民共和国水污染防治法》，对保障“生态环境用水”提出了原则性的要求，使用“兼顾”“充分考虑”和“应当统筹兼顾”等严格程度较低的要求用语，对不落实“生态环境用水”行为没有明确处罚措施。《中华人民共和国防洪法》明确规定了汛期调度及汛限水位的要求，使用“必须服从”严格程度高的要求用语，同时对违反规定的，提出了依法追究刑事责任和给予行政处分的措施。

澳大利亚和新西兰的农业和自然资源管理委员会，以及两国的环境保护委员会于1996年制订发布了《保障生态系统供水的国家原则》，要求管理机构“必须”建立环境用水配置效果的监测系统，并通过监测和研究结果调整生态系统用水配置方案。

通过对比国内外相关领域成功的做法可以看出，我国《中华人民共和国水法》等法律对生态流量的执行要求不强硬，法律威慑作用不足，操作性不强，对保障生态流量的管理程序和监控监管制度没有明确规定，对违规行为也没有任何处罚措施，使得生态流量管理如同一纸空文，难以落地。建议参照《中华人民共和国防洪法》中关于汛限水位的做法，使用“必须服从”等严格程度高的要求用语，以及更加明确生态流量法律地位以及违规的处罚措施。

（2）完善生态水流量配套制度。在修订和完善上位法的基础上，强化生态流量的配套法规制度体系建设，提出严格的、明确的和可操作性强的一系列配套政策措施，切实保障生态流量得到有效落实。

目前，我国生态流量有关的制度主要有水资源规划制度、总量控制与定额管理制度、水资源论证制度、取水许可制度、计划用水制度、节约用水制度、有偿使用制度、计量收费和超定额累进加价制度等，这些制度都可以成为生态流量管理的重要抓手（可称之为河道外的抓手）。如取水许可制度可避免水资源的过度分配，节约用水等制度可减少水资源的浪费使用，从而可将节省下来的水资源保留在河湖中。

取水许可制度是我国水资源管理的基本制度，是实施总量控制的有效途径，是减少用水户用水量，减少河道外取水，将水资源更多地保留在河湖中的最重要抓手。2006年，我国《取水许可和水资源费征收管理条例》颁布，第十四条规定取水许可实行分级审批。除流域管理机构审批的河道和湖泊外，其他取水由县级以上人民政府水行政主管部门按照省、自治区、直辖市人民政府规定的审批权限审批。针对同一条河流或湖泊，由于取水许可分属于不同水行政主管部门审批，可能会存在过度发放取水许可证的情况，已分配的总水量可能会远远大于流域的总取水量，导致同一条河流或湖泊水量的过度分配。

建议修订《取水许可和水资源费征收管理条例》，构建流域和省、地、县三级行政区域的用水总量控制指标体系，依据取水许可台账，以河湖水系为对象统计用水总量，严格规范取水许可审批管理，严把取水许可证换发环节的取水许可量核定关，从严削减不合理取用水指标，倒逼用水企业采取节水措施，减少用水量进而还水于河湖。通过完善的取水许可制度，可实施用水上限控制制度，实现人类社会取用水的封顶，保障河湖生态健康。

3. 关于生态流量的监控与考核

（1）关于生态流量监测。由于水生态系统的不确定性，以及对水文—生态相互关系认知的局限性，导致计算的生态流量存在较大偏差，监测对于科学确定生态流量至关重要。确定生态监测指标、监测方法和时间表，基于生态系统过程开展监测和评估工作，而不仅仅是单个物种的短期反应。只有通过科学的监测和评估，才能指导适应性管理和未来决策。

（2）关于生态流量泄放设施及监控。根据新建和不同类型的已建水利水电工程生态流量泄放的实际情况，坚持“生态优先、保护第一”的理念。调整水利水电工程服务功能和重新定位，有序推进生态流量泄放与监控设施的改造与建设。

对于新建的水利水电工程，应严格按照水资源论证、规划和项目环评的要求，将生态流量泄放设施和监控设施建设纳入主体工程同时设计，同时施工、同时运行。运行期间，必须按“生态优先”的原则，采取合理的调度方式，保证坝下生态流量。

对已建的水利水电工程，开展生态流量泄放设施的分类管理措施。针对缺乏生态流量泄放设施且能进行生态化改造的工程，结合电站水库除险加固和电站增效扩容改造等项目，增设生态流量泄放设施，按标准下泄生态流量；针对缺乏生态流量泄放设施，且技术改造难度大或成本过高的工程，采取限制部分供水或发电功能的措施，转为生态运行，保障河湖生态流量；针对建设年代久远、缺乏生态流量泄放设施且对河流生态系统负面影响大，造成河段减水、脱水甚至干涸的小水电工程，应逐步清退。另外，服务于生态调度目的的工程布局、监测技术及网络、调度决策体系等有待改善。

（3）关于生态流量监督与考核。目前，河湖生态流量监管主要存在责任主体不清、监督执法缺少法律法规依据、有效监管手段缺失、监管和监控能力薄弱、公众参与机制不完善以及考核缺失等问题。

建议通过《生态流量管理办法》，明确监管主体，建立生态用水管理专门机构。生态流量评估及考核机制缺失，对运营单位不泄放生态流量或泄放不足造成生态破坏的惩罚、问责制度尚未形成，长效治理及补偿机制尚未建立。建议将生态流量保障的相关工作纳入河长制工作中，作为河长制考核的核心内容之一。同时，鼓励公众参与，加强社会监督管理。探索建立生态流量保障公众参与机制，提高生态流量工作的公众参与及监督管理水平。大力推进水资源管理科学决策和民主决策，完善公众参与机制，采取多种方式听取各方面意见，进一步提高决策透明度。强化公众参与，畅通公众参与渠道，完善公众参与机制，及时发布生态流量管理信息。提高公众参与程度，科学运用激励措施，对在生态用水保障中取得显著成绩的单位和个人给予表彰奖励。

4. 关于生态流量的适应性管理策略

适应性管理（adaptive management）是指通过试验、评估和修正管理行为进行不断学习研究的过程。河湖生态系统的复杂性、人类对河湖生态系统认知的局限性，以及相关数据和信息的缺失性成为生态流量方案落地的主要障碍。生态流量的适应性管理策略，即根据现有的认知、生态保护目标和计算方法，先组织落实生态流量到位，然后通过野外实验或调查研究、监测评估和补充完善等环节，不断地修正和细化现有的生态流量方案，提出修订的生态流量方案的一种过程。国外生态流量管理的诸多成功案例表明，适应性管理，即边实践边监测、边研究边调整的策略是生态流量管理的最有效方法和策略。

5. 关于不同类型河流的生态流量试点实践

生态水流量的适应性管理始于实践，并在实践中不断反馈、修正和完善，试点研究是落实生态流量适应性管理的。通过试点实践，能够节省生态水量（流量）方案落地实施的时间。因此，建议根据先易后难、相关资料不断丰富和有条件开展生态调度等原则，选择水资源开发利用程度低、水电工程多、水资源开发利用程度高、地表-地下交互密切等河湖，分类开展生态水量（流量）试点实践。美国萨瓦纳河用了 15 年时间、英国肯尼特河用了 27 年时间、南非鳄鱼河了用 31 年时间、澳大利亚墨累-达令河用了 34 年时间才真正让生态流量落地。总之，编制科学合理的生态流量方案通常需要一个漫长的过程，而保障方案不折不扣的实施亦是一项不小的挑战，生态流量的提出到完全落地是一场持久战。

四、结　　论

本文在综述国内外生态流量发展历程的基础上，分析了我国不同区域生态流量保障问题，提出了包含生态流量基础研究体系、生态流量关键技术体系、生态流量保障措施体系的生态流量框架体系。主要结论如下：

（1）根据河流及河流生态学的概念，提出生态流量是指为维持河流基本空间和形态，防止河道断流，保护生物种类或维持河流生态系统功能等目标，河流生态系统所必需的流量、水质和时机等。

（2）建议制定分层次分阶段的生态保护目标，并根据适应性管理策略不断调整。提出了水文学层次、物种层次和生态系统层次的保护目标。鉴于水生态基础性数据的缺失，建议以定量与定性的方式确定生态保护目标和生态流量的关系。

（3）建议以生态流量为科学基础，考虑水生态系统弹性特征，同时兼顾 50%、75% 和 90% 不同来水频率下的来水量以及经济社会发展的用水状况，构建社会-生态-经济用水配置技术体系，以弹性管理理念配置不同来水频率下的生态水量。由于不同区域水资源的差异性和经济发展程度的不同，生态用水和社会经济用水的分配模式应各具特色。

（4）生态调度是保障生态流量实施的重要抓手，建议调整现有水库功能，增加水库的生态功能。建议加强生态流量调度和汛限水位的关系、闸坝生态水量调度关键技术研究、水文预报监测和预报预警等方面的研究工作。制定主要控制断面生态流量的管理清单，明确水库泄放方式，加强在线监测，保障河湖生态流量。

（5）在生态流量保障措施体系中，生态价值观的转变对生态流量落地实施具有重要意义。所谓思想引领行动，只有当生态流量管理者、利益相关方和社会公众对生态流量价值的认识不断提高时，生态流量才会真正落到实处。

（6）明确生态流量的法律地位，建议在法律条文中，以强硬或严格术语规定生态流量相关事项。完善生态水流量配套制度，尤其是取水许可制度。建议以河湖水系为对象统计用水总量，严格规范取水许可审批管理，从严削减不合理取用水指标，倒逼用水企业采取节水措施，实施用水上限控制制度，减少取用水量进而留水于河湖。

（7）建议实施生态流量适应性管理策略。国外生态流量管理的诸多成功案例表明，适应性管理，即边实践边监测、边研究边调整的策略是我国生态流量管理的最有效方法和策略之一。

参考文献

[1] 陈敏建，丰华丽，王立群，等．生态标准河流和调度管理研究［J］．水科学进展，2006.17（5）：631-636.

[2] Arthington A H, et al. The Brisbane Declaration and Global Action Agenda on Environmental Flows [J]. Frontiers in Environmental Science, 2018, 6 (45): 1-15.

[3] Warner A T, L B Bach, J T Hickey, Restoring environmental flows through adaptive reservoir management: planning, science, and implementation through the Sustainable Rivers Project [J]. Hydrological Sciences Journal, 2014, 59 (3-4): 770-785.

淮北平原典型区深层地下水可更新能力易污性分析

孙晓敏　林　锦　顾慰祖　李　伟
韩江波　闵　星　戴云峰　柳　鹏
水利部交通运输部国家能源局南京水利科学研究院

一、背　　景

深层承压水是指深埋于地下，储存运移于两个不透水或弱透水层之间含水层之中，通常来说，是地质历史时期特定气候条件下形成的、现代补给来源很少、恢复更新速度极其缓慢、补给周期长、几乎不受气候波动影响的地下水。由于深层地下水多数是承压的，所以有时又称作深层承压水。深层承压水因常常具有优良的水质，备受世界各缺水国家或地区开发利用所关注。

深层地下水资源作为一种资源，必然具有一定的可更新性（即可恢复性）。它是区域地下水补给、径流和排泄条件的综合体现，也是区域地下水资源评价和管理以及科学制定地下水开发模式的重要依据。深层地下水的补给源和补给途径多是当地降水通过浅层含水层从天窗或因弱透水层越流进入，以及承压含水岩组外部山前降水形成的侧向补给。需要警惕的是，可更新性带来了水量方面补充的同时，也可能将地面以及浅层含水层的污染物带入深层含水层。这是为什么需要在水资源管理中，将易污性作为必要的约束条件的原因。

在淮北平原，绝大多数城市目前依然将深层地下水作为主要开采水源，个别城市中、深层地下水甚至已占工业用水量的98%以上。仅几十年的地下水开采，就使得从地质时期以来，历经冰退、海侵、海退、气候变化而逐渐演变到现代的地下水天然流场和循环特征发生了根本性的改变，从天然的补、径、排条件转为以人为干扰为主导因素的地下水循环系统。深层地下水的补给方式、补给量也都发生了根本性变化。由此也产生了诸如以城市为中心的深层地下水降落漏斗，以及深层水水质恶化等环境问题。因此，本研究基于野外地质调查工作成果和水样检测分析结果，研究确定区内深层地下水的可更新性及其易污性，以期为淮北平原地区地下水资源尤其是深层地下水资源的开发利用管理管理、水环境保护等工作提供合理建议。

二、研究区概述

淮北平原（含山东半岛，下同）地处我国东部的南北气候过渡地带，介于长江和黄河之间，位于东经111°55′~122°45′，北纬30°55′~38°20′，西起桐柏山、伏牛山，东临黄海，南以大别山、江淮丘陵、通扬运河及如泰运河南堤与长江流域分界，向北以黄河南堤与黄河流域分界，东部延伸于黄海和渤海之间，面积约33万km^2，跨湖北、河南、安徽、江苏、山东五省47个地级市。

流域年平均气温为13.2~15.7℃，气温南高北低。年平均月最高气温27℃（7月或8月）左右，年平均月最低气温0℃（1月）左右。无霜期为200~240天。年均日照时数在1990~2650小时。相对湿度年平均值为63%~81%。年均降水量700~900mm，年均蒸发量1000~1300mm。

本项研究以已经形成的地下水降落漏斗中心区及主要地表水流域为核心，从核心点出发按流域主轴方向延伸为线并将不同城市的点、线连接为剖面，从而在研究区形成"一横三纵"4个剖面。其中"一横"是从豫西山区即豫东和皖北平原深层地下水侧向补给的一个源地进入豫东平原的起点开始，横穿淮北平原不同深层地下水系统。其路线选为阜阳太和边界至利辛、蒙城、宿州、灵璧、宿迁市泗洪县范围，其总长度约为270km。"三纵"是：①沙颍河剖面：由许昌起经临颍县、漯河市、驻马店市至阜阳太和边界，总长度约为370km；②涡河剖面：由开封起经柘城县、涡阳县、蒙城至蚌埠市怀远县，总长度约为320km；③古黄河剖面：由菏泽起，经曹县、单县、丰县、徐州、睢宁、泗洪至淮安、盐城射阳县剖面，总长度约为520km。

淮北平原分布着广泛的松散岩类孔隙水，在淮北平原区地表下30~55m，广泛存在并分布有一层厚度为14~20m的黏性土层，河南将50m以浅划为浅层含水层，50~300m为中、深层含水层。江苏因潜水、Ⅰ微承压水的埋藏深度多数小于50m，一般即称为浅层地下水，Ⅱ承压到Ⅳ承压的埋藏深度多大于50m，统称为深层地下水。山东将孔隙含水层系统划分为浅层和深层两个亚系统，浅层孔隙含水层底界面一般埋深50~60m，浅层与其下伏深层孔隙含水层亚系统之间，也发育有厚度为5~20m的黏性弱透水层。因此，淮北平原大体上以地面下50m为界划分浅层和深层地下水，或划为中深层和深层地下水。再结合同位素和水化学研究结果，本研究以地表以下约75m为界，划分为浅层含水岩组和深层含水岩组，赋存其中的地下水则相应是浅层地下水和深层地下水。

三、水样采集与分析

（一）水样采集

地下水样在常年供水的深层和浅层井中直接采集。在条件允许的情况下，对供水的深层井的动水位埋深也进行了测量。为配合民用浅井采样，需要在附近寻找不用于灌溉的农用大口径浅井，获取与水样采集民井相应的地下水埋深。采集到的水样，使用0.22μm的过滤膜进行过滤封装在清洗过的采样瓶中，并在南京水科院各实验中心进行分析。为保证水质，样品在运输及贮藏的过程中需进行全程冷藏。基于以上采样标准，本次研究在淮北平原共采集到216个深层水水样、173个浅层水水样（图1）。

（二）实验室检测分析

检测分析要素包括基本参数（包括水温、pH值、溶解氧、电导率EC等）；水化学要素（包括K^+、Na^+、Ca^{2+}、Mg^{2+}、NO_3^-、F^-、Cl^-、SO_4^{2-}、HCO_3^-、CO_3^{2-}等主要水化学离子和Si、U等元素）；同位素检测分析（包括^{18}O、D等稳定同位素）。以上指标中，水温、pH值、电导率等基本参数和HCO_3^-、CO_3^{2-}浓度需要现场测定；K^+、Na^+、Ca^{2+}、Mg^{2+}等阳离子浓度使用电感耦合等离子体发射光谱ICP－OES进行测定；NO_3^-、F^-、Cl^-、SO_4^{2-}等阴离子使用离子色谱仪ICS－2100测定；^{18}O、D等稳定同位素使用LGR液态水同位素激光质谱仪进行测定（图1）。

便携式、多参数水质监测仪

电感耦合等离子体光谱仪

离子色谱仪

稳定同位素分析仪

图1　同位素及水化学指标检测分析设备

四、结果与讨论

（一）深层地下水系统识别与划分

地下水系统通常可以通过分析同位素趋势线关系或者同位素值域范围来划分不同的水源或地下水系统。本研究由于取样范围过大（共14个城市，35个县区），各县区取样点数相对较稀少，个别县区由于客观条件限制，因此其趋势线没法代表整体。

本次工作主要依据同位素值域范围划分深层地下水系统。由于本项目工作调查范围较广、数据量较大，数据驳杂，不易直观识别各县区的深层地下水水样同位素特征。因此，需要对逐个县区的同位素特征进行辨识，同时分析其整体特征。图2为35个县区水样氢氧同位素值在所有样品中的分布。

从图3中可以看出，绝大部分县区深层地下水氢氧稳定同位素值分布较为集中，且大约可以$^{18}O = -8.5$为界，划分为上下两部分，除亳州蒙城县、徐州铜山县外，其余35个县区均可根据同位素特征划分为两个系统（依分界线）。结合35个县区相对地理位置，可以将位于古黄河口附近的深层地下水系统划分为古黄河系统。经划分，属于古黄河地下水系统的县区约11个（含部分蒙城及铜山县），完全不属于古黄河系统的县区24个。同样，根据上述划分过程可将该24个县区进一步划分为涡河和沙颍河深层地下水系统。

（二）深层地下水可更新能力及易污性分析

地下水的更新速率（或称更新强度）是表征地下水系统更新能力的指标，也是确定地下水可持续开采量的重要依据。深浅层地下水系统间的连通性是地下水可更新能力的重要指标之一，当两者连通性较强时，深层地下水的可更新能力亦会增强，但随之可能会为深层地下水带来较大的易污性。本研究将从以下角度分析深、浅层地下水之间的连通性，进而来分析三个深层地下水系统的可更新能力和易污性。

1. 同位素特征关系分析

图3为淮北平原深浅层地下水D、^{18}O特征关系示意图。从图中可以看出，沙颍河、涡河深层地下水与浅层地下水之间氢氧同位素贫富差异明显，总体上值域基本没有交叉重叠，这意味着淮北平原对于平均深度200m以下的深层井一般难以接受本地降水的直接垂向补给。与上述两个深层地下水系统不同的是，古黄河地下水系统中深、浅层

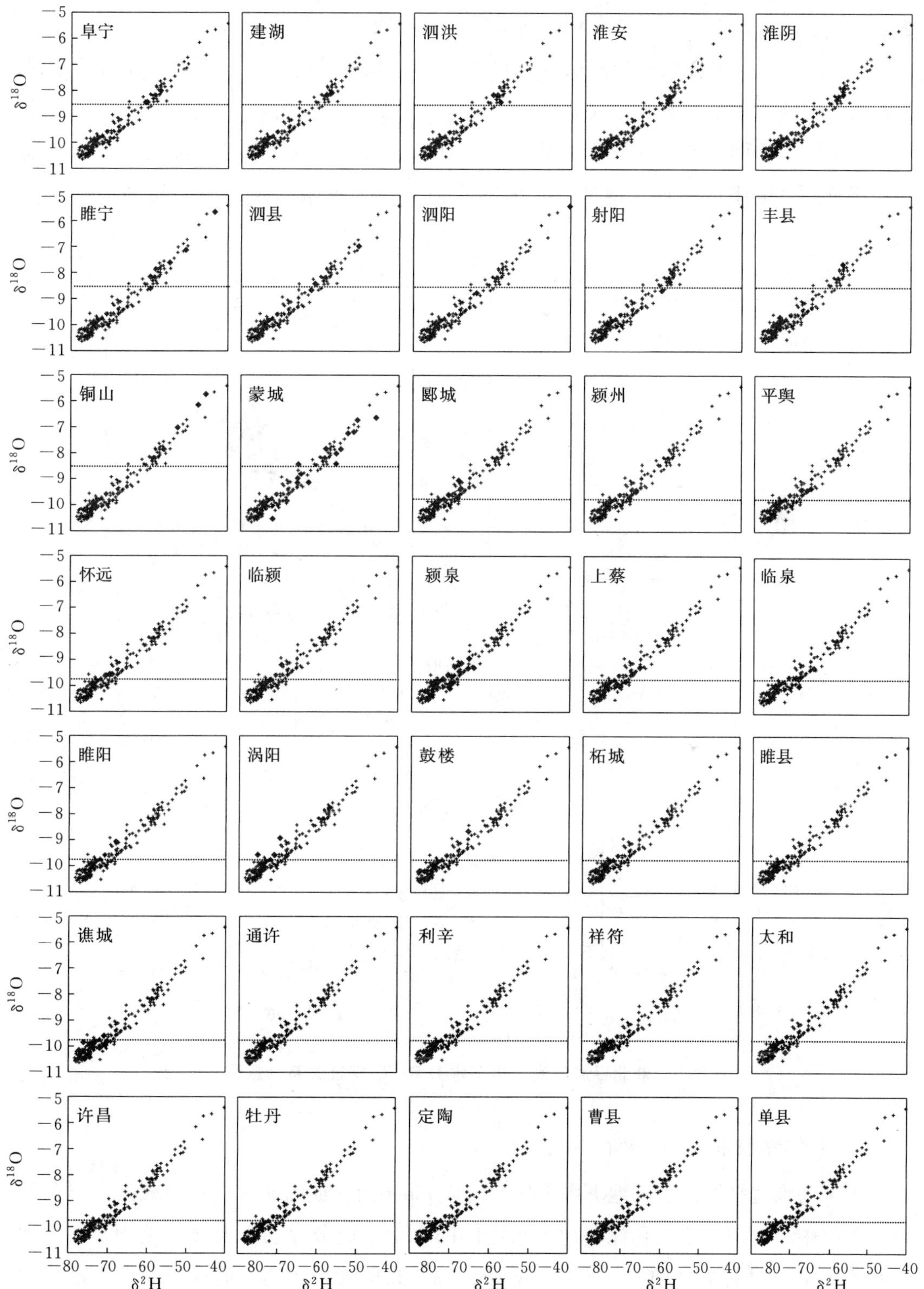

图 2　淮北平原典型县区深层地下水稳定同位素值分布

之间的氢氧同位素贫富没有明显差异，值域上发生了交叉重叠，表明古黄河系统地下水系统深、浅层地下水系统具有较好的水力联系［图3（c）］。

三个地下水系统深层井与浅层井同位素趋势线几乎重合，这表明淮北平原浅层地下水与深层地下水是同源的，且深层地下水补给主要源于浅层水。以图3（a）中发生重叠的水样点为例，该区位于淮北平原深层地下水超采区中心部位，深层地下水超采较为严重，这可能是导致深层地下水与降水或浅层地下水联系较为密切的一个间接原因。

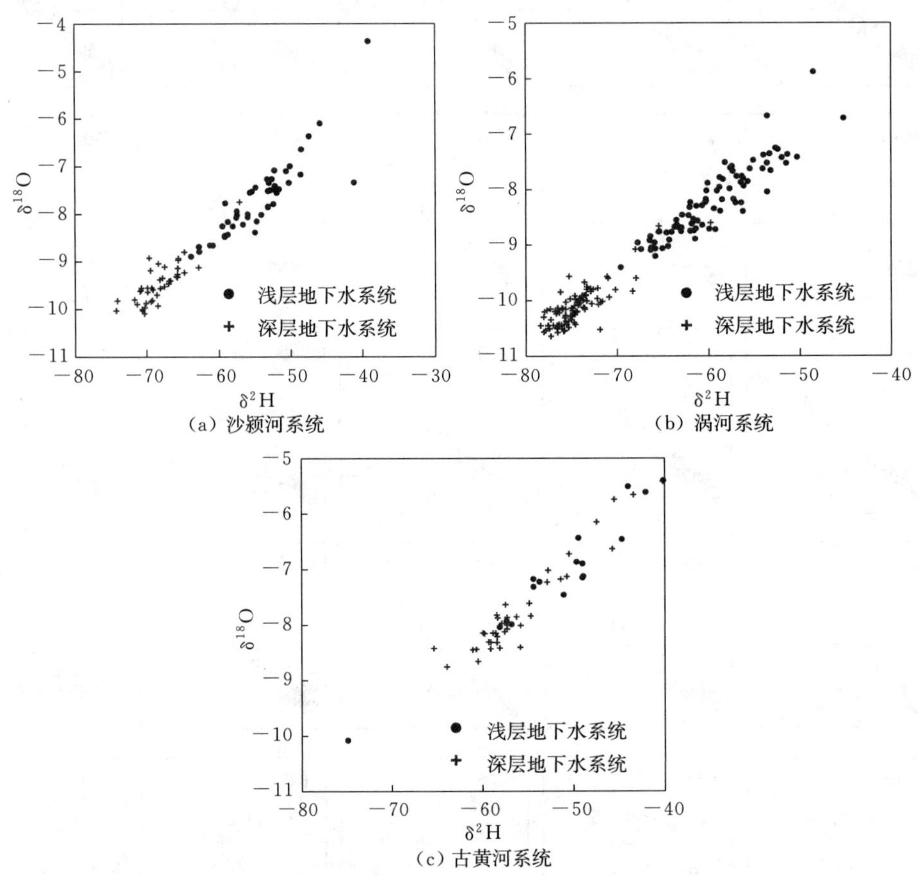

图3 淮北平原深浅层地下水D和^{18}O特征关系示意图

2. 水化学特征关系分析

图4为淮北平原深、浅地下水水化学组成piper图。如图所示，在沙颍河和涡河地下水系统中，总体上浅层和深层地下水之间的水化学成分存在着明显的差别，浅层地下水水化学类型主要为$HCO_3-Ca\cdot Mg$型，Ca^{2+}离子含量较高，而深层地下水水化学类型主要为HCO_3-Na型，Na^+离子含量较高，两者之间存在一个明显的界线，表明这两个地下水系统深层地下水与浅层地下水的水力联系较弱。

相比于沙颍河和涡河深层地下水系统，古黄河深层地下水系统与浅层地下水之间具有相对较强的水力联系。根据古黄河三线图菱形域分区，古黄河地下水系统弱酸超过强酸。浅层地下水与深层地下水水化学特征区分度明显较弱，显然深层地下水与浅层地下水具有一定的联系。

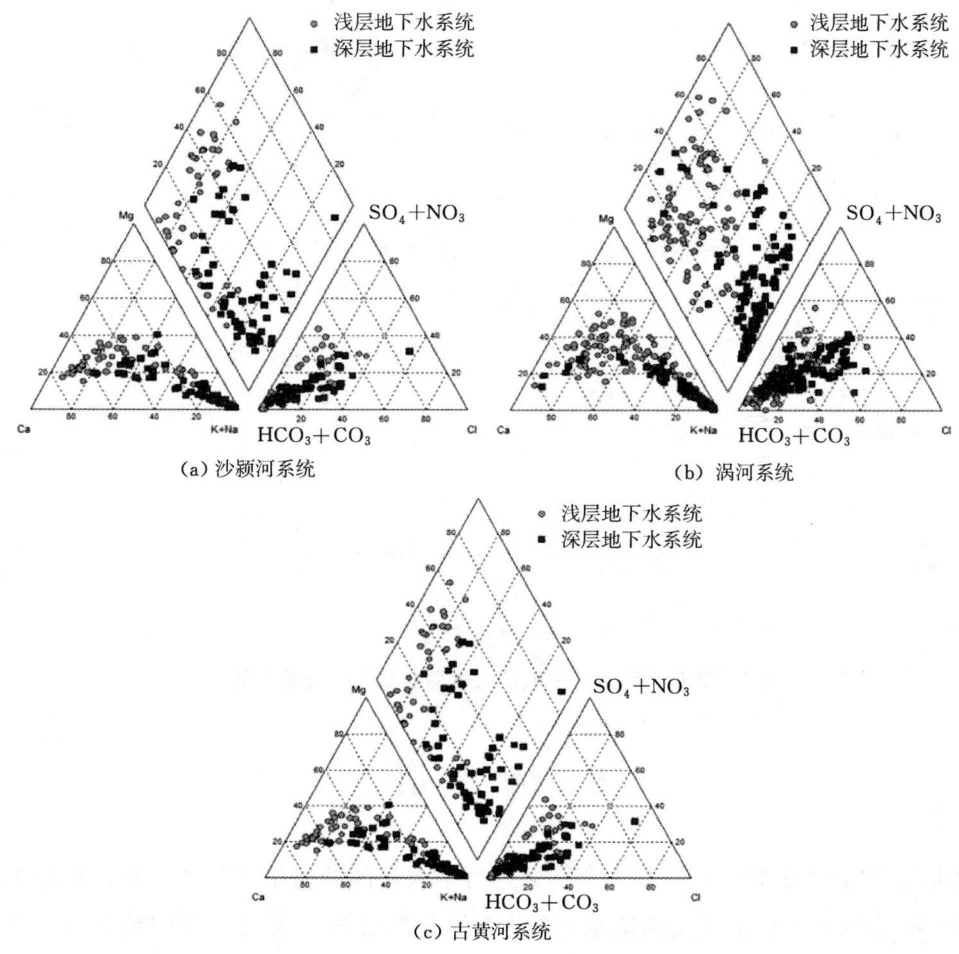

(a) 沙颍河系统　(b) 涡河系统　(c) 古黄河系统

图4　淮北平原深、浅地下水水化学组成 piper 图

3. 电导率与同位素关系分析

同一地下水系统中，深层水与浅层水的电导率及同位素特征关系是识别深层地下水与浅层地下水之间相互联系的又一方法，若同一位置深层地下水与浅层下水之间 EC 和同位素差异明显，则可以认为其间的相互联系较弱。

沙颍河和涡河地下水系统的深层与浅层地下水之间溶解性总固体差异明显，具有明显的分界，清楚地表明了该深层地下水系统与其浅层地下水系统几乎没有水力联系，其黏性地层起了明显的作用，而古黄河深层地下水系统与浅层地下水之间则分异性较差，表明其水力联系相对明显。

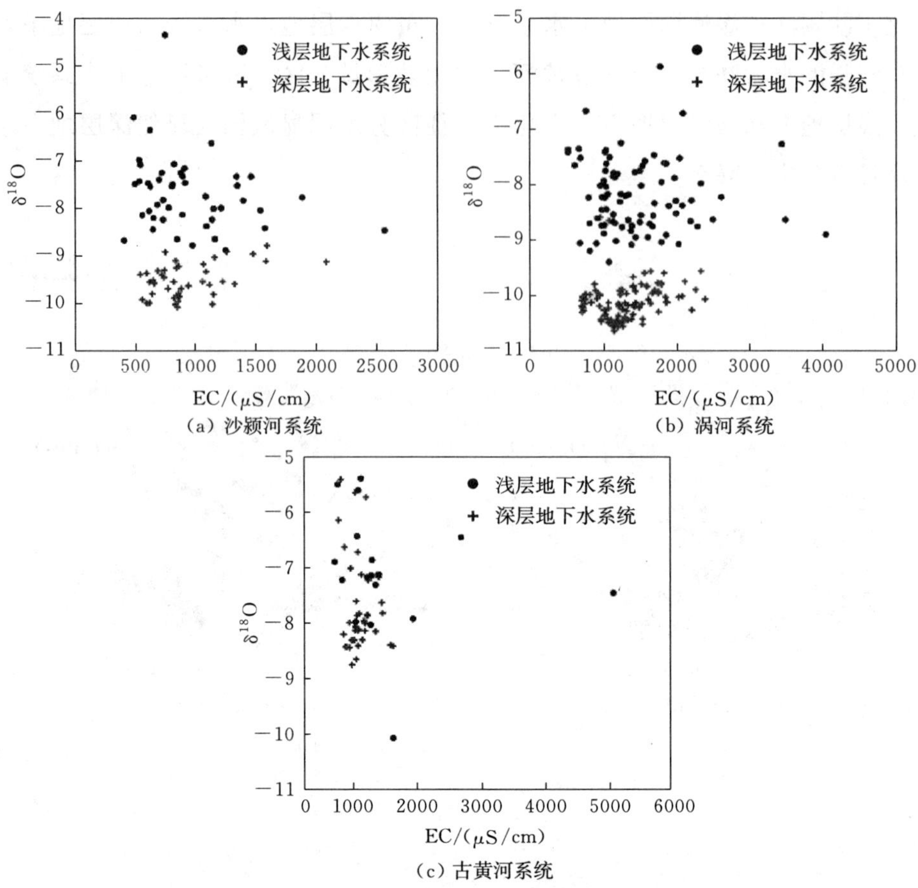

图5 淮北平原深、浅地下水电导率与同位素关系图

五、结 语

对淮北平原35个典型城市共4个剖面进行了大量的调研采样分析工作。根据所采集的各类深井地下水水样环境同位素组成^{18}O和D的分析，表明了深层地下水存在分异，识别得到了三个主要深层地下水系统，分别为沙颍河深层地下水系统、涡河深层地下水系统和古黄河深层地下水系统。

对以上所识别的不同深层地下水系统，进一步通过同位素与水化学参数，识别认为古黄河深层地下水系统深层与浅层地下水之间联系相对较强，说明古黄河系统具有更强的可更新性，具有更大的开采空间。深层地下水的可更新性可能会带来易污性，因此在开发利用深层地下水资源时，应将当地深层地下水的可更新能力考虑进来，做好地下水保护工作，防止深层地下水产生污染。

参考文献

[1] Alaya, Mohsen Ben, et al. Suitability assessment of deep groundwater for drinking and irrigation use in

the Djeffara aquifers (Northern Gabes, south - eastern Tunisia) [J]. Environmental Earth Sciences 2014, 71.8: 3387 - 3421.

[2] Appelo, Postma. Geochemistry, Groundwater and Pollution [M]. Florida CRC Press, 2006.

[3] Gu Weizu. Isotope Hydrology [M]. Beijing: Science Press, 2011.

[4] Fanomezantsoa Hasiniaina, Jianwei Zhou, Luo Guoyi. Regional assessment of groundwater vulnerability in Tamtsag basin, Mongolia using drastic model [J]. Journal of American Science, 2010, 66: 65 - 78.

[5] Jiu J Jiao, Xusheng Wang, et al. Confined groundwater zone and slope instability in weathered igneous rocks in Hong Kong [J]. Engineering Geology, 2005, 80 (1 - 2): 71 - 92.

[6] Kouassy Kaledje P S, Ndam Noupayou J R. The Catchment Area of Kadey in East - Cameroon: Assessment of Arsenic Contamination in Deep Groundwater Resources [J]. Journal of Geology & Geophysics, 2016, 5 (4): 1 - 10.

[7] Lloyd, John William. Groundwater resources development in the eastern Sahara [J]. Journal of Hydrology, 1990, 119 (1 - 4): 71 - 87.

[8] Michael, H A, Voss, et al. Evaluation of the sustainability of deep groundwater as an arsenic - safe resource in the Bengal Basin [J]. Proceedings of the National Academy of Sciences of the United States of America, 2008, 105 (25): 8531 - 8536.

[9] Pedersen Karsten, Bengtsson Andreas F, Edlund Johanna S, et al. Sulphate - controlled Diversity of Subterranean Microbial Communities over Depth in Deep Groundwater with Opposing Gradients of Sulphate and Methane [J]. Geomicrobiology Journal, 2014, 31 (7): 617 - 631.

[10] Ingrid Stober, Kurt Bucher. Deep groundwater in the crystalline basement of the Black Forest region [J]. Applied Geochemistry, 1999, 14 (2): 237 - 254.

[11] Zhang Guanghui, Chen Zongyu, Fei Yuhong. Relationship between the formation of groundwater and the evolution of regional hydrologic cycle in North China Plain [J]. Advances in Water Science, 2000, 11 (4): 415 - 420.

[12] 陈宗宇，皓洪强，卫文，等．华北平原深层地下水的更新与资源属性［J］．资源科学，2009，31（3）：388 - 393.

[13] 顾慰祖，等．同位素水文学［M］．北京：科学出版社，2016.

[14] 张光辉，费宇红，陈宗宇，等．海河流域平原深层地下水补给特征及其可利用性［J］．地质论评，2002，48（6）：651 - 658.

生态流量实践管理研究进展与启示

李晓阳　丰华丽

水利部交通运输部国家能源局南京水利科学研究院

近几十年来，受人口持续增长、人类高强度的开发建设活动，以及水资源大量开发利用等因素的影响，我国河湖水资源被大量挤占和掠夺，这给水生生态系统造成了严重影响，也影响着人与自然的和谐发展。随着生态流量的备受重视，水资源规划与管理中需更多的考虑生态需求。针对这一问题，国家相继组织开展了一系列有关生态流量的研究工作，取得了一定的成效。但由于我国国土面积广、人口密度大、气候类型多样等特有背景，在落地实施和保障管理等方面还存在着问题，生态流量的实践、管理并没有得到有效推进，河湖生态并没有得到有效恢复。

2018 年 6 月，水利部部长专题办公会提出把河湖生态流量作为专项工作开展深入研究，旨在处理好经济社会发展和生态环境保护的关系，完成生态流量的确定与管理，这成为当前和今后一段时期推进水生态文明建设的一项重要工作。为此，本文对国内外生态流量实践、管理相关的研究进行了梳理，并结合国内外实践管理现状以及目前我国生态流量管理工作的不足，提出了对我国生态流量管理的启示，旨在为我国生态流量的实施和管理提供一定的支撑。

一、国外实践管理研究进展

从 20 世纪中期开始，现代大坝建设急剧加速，国外生态流量的发展也迅速扩张，经历了出现和综合期、整合和扩张期以及全球化时期几个阶段，尤以美国、澳大利亚、英国、南非发展较为成熟。

（一）出现和综合期

20 世纪 40 年代，随着水库、大坝的建设和水资源开发利用程度的提高，渔场减少、水质恶化，影响了鱼类和其他水生生物的生存环境。为解决这一问题，科学家们开始积极寻找方法确定生态保护目标对河流流量的需求，并由此开始了河道内生态流量的研究。但在生态流量的萌芽阶段，各国主要是开展了一系列相关概念、计算方法方面的研究，对于生态流量的管理研究还很少。美国鱼类和野生动物保护协会早在20世纪40年代提出了河流生态流量的概念，并明确规定需保持河流最小生态流量，这是国际上较早开展生态流量管理的实践活动。

后来在50年代到80年代间，Statzner等和Geoffrey对生物与流量的响应关系展开了研究，美国、澳大利亚、南非等各国也相继开展了河流生态流量的定量与基于过程的研究，并建立起流量与重要保护目标之间的关系，开始定量地确定最小生态流量，并将生态用水纳入水资源配置体系。英国在1963年的《水资源法》中提出了"可接受最低流量"的概念，并在之后明确了该流量的确定程序，开始对最低流量进行管理。美国不少地方在20世纪70年代以后将生态用水列入地方法案，明确规定了河流基流、河道内用水、各类湿地、河口三角洲等生态环境用水量限定值，赋予河道内流量管理权。美国1972年的《清洁水法》和1973年的《濒危动物法》也分别授权增加了水库水质保护职责和最小环境流量的泄放要求，将生态流量管理上升到法律高度。

20世纪80年代末到90年代，Gore指出生态流量的管理决策应考虑生物群落的最小流量需求。澳大利亚和南非在这一时期进一步完善了本国的水资源配置系统，澳大利亚提出包括水权、水交易、生态环境用水的综合水资源配置系统，并呼吁为淡水生态系统分配水量。南非在《1998年国家水法》中对生态用水的确定程序、规则和方法做出了规定，为生态水权提供了法律依据。在这一时期，生态流量管理目标也开始由个别物种发展为多种生态目标，并提出近自然流量管理的概念。生态流量的管理研究阶段开始由最小向近自然状态转变。

（二）整合和扩张期

20世纪90年代，人们开始关注如何以生态可持续的理念、方式来管理河流。在这一时期，提出了河流生态需水的概念，确定了最小流量、最适宜流量两种流量目标，并提出了生态系统是用水的合法"利益相关者"的观点。1992年美国的《中央流域灌溉工程改进法》中规定禁止明显减少鱼类和野生动物用水量的水权转让，1995年澳大利亚的水改革框架中明确了自然环境是合法的用水户，并制定了水权制度来保障、管理河流健康，都从法律层面上保障了生态保护目标的用水权益。南非则在1997年提出了国家水政策，将水资源配置划分为"法定水权"和"配置用水权"两种类型，保证未来水资源的可持续利用，确保河流生态功能的生态需水量，这不仅保障了河流的生态水权，也体现了生态流量管理的可持续理念。

在这一历史时期，除国家通过法律保障生态的用水权益外，越来越多的公众及利益相关者也开始参与到生态流量管理中来。其中，1991年英国《水资源法》提出了利益相关者和公共参与制度，开始注重公众参与水生态环境的保护。Postel和Richter的研究又扩大了公众对环境流，以及对全球淡水生态系统完整性和生物多样性丧失的科学认知，让人们越来越认识到保障生态流量的重要性，促进了公众和利益相关者参与生态流量的管理。

（三）全球化时期

2007 年，《布里斯班宣言》的发布标志着生态流量的全球化发展，它提出了满足生态系统和人类需求的生态流量概念。从这之后，澳大利亚完善了水权交易制度，并于 2007 年至今几次从流域、灌区回购水权，用于修复受破坏的河流和湿地生态环境。2017 年，在澳大利亚布里斯班举办了第二十届国际河流研讨会和国际环境流量会议，对十年前的宣言和行动议程进行了回顾，并提出了 35 项可操作的建议，通过立法和监管、水管理计划和研究以及涉及不同利益相关者的伙伴关系安排，来指导和支持生态流量的实施。美国各州联邦政府也制定了相应的生态环境用水制度，通过法律法规重点保护野生动植物保护区、栖息地等特定区域的生态用水。

由此，生态流量的实践管理研究不仅涉及多种生态保护目标，也得到了广大利益相关者的支持。生态流量由保护为主向着可持续、由关注最小生态流量到满足生态系统和人类需求多方面发展。

二、国内实践管理研究进展

（一）实践管理现状

在我国，河流生态需水的研究始于 20 世纪 70 年代，开始引入国外最小生态流量的相关概念和计算方法。80 年代，《关于防治水污染技术政策的规定》提出重点污染物总量控制制度，要保障为改善水质所需的环境用水。该阶段我国对于生态流量的落地实施和管理还处于初步研究阶段。

90 年代，汤奇成首次论述了生态环境用水的概念，提出在水资源总量中划分一部分作为生态环境用水，将生态用水作为水资源配置的一部分。1999 年，在“九五”攻关的指导下，我国针对西北内陆的生态环境问题首先开展了干旱区、半干旱区生态需水研究，并在《全国水资源综合规划》中给出了西北干旱区的河道内基本生态环境需水量占其地表径流量的比例为 45% ~55%；在《全国水资源保护规划》中给出了西北干旱区的河道内最小生态需水量。之后，针对黄淮海地区地下水亏空、生态环境恶化、河道断流等问题也开始了黄淮海平原区河湖、湿地生态需水研究。这些对于不同地区生态需水的研究，为在水资源优化配置中配置生态用水提供了一定的依据，也是生态流量管理工作的基础。在这个阶段，一些省市也开始提出建设保证下泄流量的水利工程，开始生态用水调度的研究。

随着不同生态需水概念的提出，生态保护目标趋于丰富，生态流量的实施、管理、保障工作开始日益受到重视。近几年，无论是国家还是流域区域都更加注重生态流量的实践管理研究。从国家层面来看，2017 年新修订的《中华人民共和国水污染防治法》提出“开发、利用和调节、调度水资源时，应当统筹兼顾，维持江河的合理流量和湖泊、水库以及地下水体的合理水位，保障基本生态用水，维护水体的生态功能”；水利部更是提出要把基本生态用水置于比生产用水更优先的地位，这都给生态流量的管理提供了法律制度上的保障。从流域区域方面来看，2015 年《水污染防治行动计划》开展了黄河、淮河生态流量试点工作，对生态流量进行水量分配和调度管理，保障了下游河流生态与功能。另外，福建、浙江等省市也纷纷出台相应政策，开展生态用水调度以及生态泄流实验，保障各地生态系统和人类的用水需求。

（二）存在问题

1. 生态流量的定义问题

生态流量发展了这么多年，不同的学者对于生态流量的理解有一定的差异，对于生态流量的概念、保护目标等众说纷纭。宋进喜等认为“生态需水实质是用以保证和改善河流生态功能健康所必需的水资源数量”，杨志峰和张远则认为生态环境需水的目标应当包括“维持生态系统中生物组成水分平衡”和“满足人类生存发展和改善水环境”。

通过对前人工作的研究分析，生态应该是“主体 + 关系”的逻辑关系，生态流量就应该是维持主体和关系都健康所需的水量。例如，如果把人当作主体，对人类来说既要维持人类生存所必需的水量，同时也要满足人类发展所处环境下“关系”的健康。当前，对生态流量的管理研究都以自身工作需求为出发点，自成一体，给政策制定和管理带来了困难。因此，在设计、配置生态流量时，不能只盯着主体的需求，诸如压咸补淡、河湖连通等关系的水量也要兼顾。

2. 基础资料薄弱

我国从 20 世纪 70 年代开始提出“生态需水”“环境流量”和“河流最小流量”等概念，但对生态流量的研究始终处于引入国外概念、计算方法等的初级阶段。过去，由于对生态的重视程度不够，我国缺乏生态保护目标的长系列资料，难以根据我国人口密度大、气候类型多样等独特背景，分区分类地建立起生态保护目标和生态流量的关系，这成为生态流量实践和管理的制约瓶颈。

3. 配套设施不完善

淮河流域是较早实施生态流量的流域之一，在淮河流域水资源综合规划中对水资源进行了配置，要求上游水利工程下泄生态流量，并在2016—2018年对流域内河湖断面分三段（10月至次年3月为非汛期、4—5月为汛前期、6—9月为汛期）开展了生态流量调度试点工作。但在给出较大比例生态用水量的情况下，对淮河流域的满足程度进行考核，仍然有40%的不满足率。针对这一问题，根据实地调研及文献整理发现，这主要是因为考核指标为日满足程度，而配套的泄放设施不完善，目前现有的泄放设施口径大多较大，一旦下泄则流量偏大，与最小生态流量不匹配，很难保证最小生态流量的下泄。

4. 管理主体不明确

当前，我国制定的主体功能区划、生态功能区划、水资源保护规划、流域综合规划等都涉及了水生态的保护。但是不同的区划、规划在边界划定上存在一定的交叉，而且各种区划规划大多由不同的流域或政府相关部门管理，具有不同的管理主体，没有形成系统的管理体系。在生态流量的实施管理过程中，一旦出现问题，容易出现责任主体不明确，领导部门相互推卸责任的现象。

5. 各级认识程度有差异

在国家层面，《中华人民共和国水法》要求统筹兼顾，保障基本生态用水；水利部认为基本生态应优先于生产用水，保障基本生态用水较高的法律地位。

省级政府高度重视河道生态流量的下泄管理，从绿色发展角度要求保障河流生态健康，但基层政府对于生态流量的保障管理意识较薄弱，依旧更多地注重经济、社会效益，大多时候是只有处于下游的居民有需求的情况下，上游水库才会下放流量。在我国降水季节变化大的背景下，当前的流量泄放模式难以保证下游河道不断流和基本的河流生态健康。

（三）启示与展望

1. 国外生态流量实践管理研究启示

目前，我国对于生态流量的研究还处于最小生态流量阶段，而国外一些国家则已经经历了较长时间的发展，步入生态流量研究的第三阶段，即生态流量既满足生态系统需求也满足人类需求的可持续发展阶段。

针对我国的实践管理现状和存在的问题，我们应该在学习国外实践管理经验的基础上，根据我国特点因地制宜地提出管理措施。首先，要注重基础资料的收集和管理，为下一步落地实施建立起坚实的数据基础；其次，要建立起严格的法律法规和制度体系，为生态流量的管理提供法律依据；最后，根据生态流量与生态系统响应关系，实行适应性管理策略。

适应性管理策略具体来说，就是先根据生态流量计算方法确定一个流量，按照该流量制定相应法规政策和体制机制进行保障管理，然后每隔几年对保护情况进行评估，根据评估结果对确定的流量进行调整再进行实践。通过不断地调整，以求设定的生态流量达到最优。

2. 生态流量实践管理研究展望

从目前我国对生态流量的研究管理来看，我国的生态流量管理在当前情况下还难以保障人类日益增长的用水需求以及河湖生态系统的用水要求。在今后的一段时期内，我们应该更加关注以下研究内容。

（1）根据我国独有的地域、人口等特点分区分类的对国外生态流量概念、计算方法以及管理研究进行梳理。

（2）注重基础资料的收集，以在将来形成生态保护目标的长系列资料，为建立起生态流量与生态保护目标的关系提供依据。

（3）完善基础设施建设。对于过去建立的、没有考虑生态的水利工程，补建与我国当前最小生态流量相匹配的泄放设施；对于正在规划筹建的水利工程，要增加小流量泄流设施，并考虑生物生长敏感时段的生态需水，完善水库和水电站调度运行方式。

（4）建立起长效管理保障机制。形成系统的管理体系，明确不同管理部门的责任主体，进一步构建由中央到地方，由重点相关行业到全行业的全方面生态水量（流量）管理机制。

（5）促进利益相关者和公众参与监督与管理。公众作为保护生态环境的主力军，应建立起公众监督管理平台，拓宽利益相关者和公众的参与渠道，加强与政府及相关决策者的沟通，提高参与环保的意识。

参考文献

[1] 徐志侠，董增川，唐克旺，等. 生态用水决策过程、研究层次及生态需水重要概念研究［J］. 水利水电技术，2003，3（36）：9-12.

[2] N LeRoy Poff，John H Matthews. Environmental flows in the Anthropocence：past progress and future prospects［J］. Current Opinion in Environmental Sustainability，2013，5：667-675.

[3] 郑连生. 环境用水分类计算和规划思路与对策［EB/OL］. http：//www. docin. com/p-793554895. html.

[4] 宋进喜，李怀恩. 渭河生态环境需水量研究［M］. 北京：中国水利水电出版社，2004.

[5] Statzner B，Gore J A，Resh V H. Hydraulic stream ecology：observed patterns and potential applications［J］. Journal of the North American Society，1988，7：307-360.

[6] Geoffrey E Petts. Water allocation to protect river ecosystems［J］. Regulated Rivers：Research & Management，1996，12：353-365.

[7] 徐志侠，陈敏建，董增川．河流生态需水计算方法评述［J］．河海大学学报（自然科学版），2004，32（1）：5－9.

[8] 李香云．国外生态用水管理制度与启示［R］．参阅报告，2013（32）.

[9] Gore J A. Models for predicting benthic macroinverte habitat suitability under regulated flows. In：Gore J A，Petter G E，eds. In alternatives in regulated river management［C］．Florida：CRC Press，1989：453－458.

[10] Denis A Hughes，Pauline Hannart. A desktop model used to provide an initial estinate of the ecological instream flow requirements of rivers in South Africa［J］．Journal of Hydrology，2003，270：167－181.

[11] 丁民．澳大利亚水权制度及其启示［J］．水利发展研究，2003（7）：57－60.

[12] 水艳，李丽华，喻光晔．淮河流域系统开展生态需水研究的现状与趋势分析［J］．治淮，2015，(1)：25－26.

[13] 汤成奇．绿洲的发展与水资源的合理利用［J］．干旱区资源与环境，1995，9（3）：107－112.

[14] 王巧丽．河道内生态环境需水量探析［J］．山西水利科技，2006（4）：53－55.

[15] 宋进喜，王伯铎．水与用水概念辨析［J］．西北大学学报，2006，36（1）：153－156.

[16] 杨志峰，张远．需水研究方法比较［J］．水动力学研究与进展，2003，18（3）：294－301.

[17] 王琲，肖昌虎，黄站峰．河流生态流量研究进展［J］．江西水利科技，2018，44（3）：230－234.

开都河流域平原区地下水资源量评价与水位控制研究

韩江波　林　锦　孙晓敏　闵　星　李　伟　柳　鹏　戴云峰

水利部交通运输部国家能源局南京水利科学研究院

一、背　　景

随着人类活动的不断加剧，新疆开都河、孔雀河流域灌溉面积大幅增加，造成焉耆盆地地下水开采量逐年加大，地下水位持续降低，开都河河道损失量增大，进一步导致开都河流入博斯腾湖水量的减小。自2002年以来，博斯腾湖水位呈连续下降趋势，由2002年的1049.39m降至2012年10月的1045.20m，已接近警戒值水位1045m。博斯腾湖是我国最大的内陆淡水湖，湖水位持续下降不仅影响流域生态安全，制约流域经济社会可持续发展，甚至威胁国民生存安全。为使博斯腾湖不会变成第二个罗布泊，就要严守博斯腾湖生态红线，按照最严格水资源管理制度要求，制定地下水水量与水位控制红线，划定禁限采区，减小开都河河损量，进而增大开都河入湖水量。

二、研 究 区 概 况

研究区位于开都河中下游焉耆盆地内（图1），以干旱、半干旱气候为主，年平均气温9.3℃，年降水量64～112mm，年蒸发量944～1648mm。区内主要有开都河、乌拉斯台河、莫呼查汗河、哈合仁郭勒河、黄水沟等常年性河流以及博斯腾湖。开都河是研究区内最大河流，发源于天山山脉中部依连哈比尔尕山南坡，流经和静县、焉耆回族自治县和博湖县后注入博斯腾湖，流域总面积4787km^2，河流全长560km，多年平均径流量35.18亿m^3。

焉耆盆地主要为冲积平原，南北海拔高度基本一致，地势平坦开阔，主要为农业区。区内地层岩性主要以砂砾石、砾砂、粉土、粉质黏土为主。潜水含水层主要埋深在10～20m以内，潜水位埋深较浅，一般小于3m，湖滨地带小于1m。潜水在水平方向是缓慢径流，承压水主要靠静水压力作用向湖中排泄，沿途承压水向上部潜水层越流，从而促进水平运动。目前，在焉耆盆地已建成的地下水水源地有：开都河南岸库尔勒市城市供水水源地、塔河综合治理项目七个星-包尔海水源地、永宁-四十里城子水源地等。

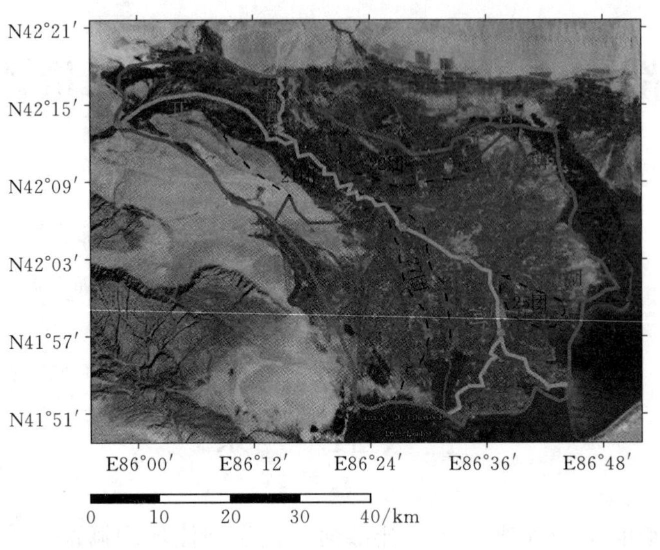

图1 研究区范围

三、研 究 方 法

首先，收集分析研究区水文、气象、水文地质、地下开发利用、土地利用方式等方面的基础数据，依据研究区水文地质概况构建水文地质概念模型与地下水流数值模拟模型，并根据研究区监测井水位监测数据对所构建模型进行识别与校正。

描述地下水流在含水层运动的数值模型控制方程为

$$\frac{\partial}{\partial x}\left[K(h-B)\frac{\partial h}{\partial x}\right]+\frac{\partial}{\partial y}\left[K(h-B)\frac{\partial h}{\partial y}\right]+\omega=S_s\frac{\partial h}{\partial t} \tag{1}$$

式中：h 为地下水水位，L；S_s为贮水率，L^{-1}；t 为时间，T；K 为渗透系数，LT^{-1}；ω 为源汇项，LT^{-1}；B 为含水层底板高程，m。

依据研究区地质、水文地质条件以及相关资料，可将底部边界设为隔水边界；上边界设为开放边界，考虑降雨入渗与蒸发等；侧向边界可设置水头或者流量边界。

对上述地下水流动模型采用USGS发布的地下水模拟软件MODFLOW进行求解，对整个研究区按照500m×500m的单元格进行剖分，东西方向剖分为154列，南北方向剖分为120行。模拟时间从2003年11月至2013年10月。

四、结 果 与 讨 论

根据水利部发布的《全国水资源综合规划技术细则》，平原区地下水水资源量评价采用补给量法。研究区内地下水的补给项包括降水入渗补给量、河道渗漏补给量、渠系渗漏补给量、渠灌田间入渗补给量、侧向补给量和井灌回归补给量等。这些量均通过数值模型求解获取。

（一）地下水资源量

地下水资源量为降水入渗补给量、河道渗漏补给量、渠系渗漏补给量、渠灌田间入渗补给量与山前侧向补给量之和，研究区各年地下水资源量计算结果见表1。2004—2013年期间地下水补给量年平均值即为研究区多年平均地下水总补给量，为72900万m^3/a。多年平均地下水总补给量减去多年平均井灌回归补给量，其差值即为多年平均地下水资源量，为71200万m^3/a。

表1 研究地下水资源、可开采量与实际开采量 单位：万m^3/a

年份	地下水资源量	地下水可开采量	实际开采量
2004	72200	46900	11950
2005	68300	44400	13610
2006	71400	46400	14800
2007	72800	47300	16420
2008	72100	46900	18210
2009	70300	45700	19240
2010	72200	46900	22780
2011	74700	48600	27080
2012	69400	45100	32740
2013	68100	44300	38120
均值	71200	46200	

（二）地下水可开采量

研究区地下水可开采量可由可开采系数法计算，根据《新疆地下水资源》等资料可确定研究区开采系数为0.65，可开采量计算结果见表1。从表可以看出研究区地下水可开采量为46200万m^3/a，而现状年2013年开采量为38120万m^3/a，这说明研究区当前地下水开采量已接近地下水可开采量，进一步加大开采可能会出现由于地下水位下降而带来的生态环境问题与地质灾害。

（三）可开采量情景下地下水位

将研究区多年平均补给量与排泄量等作为模型的输入项，运行模型可以获取研究区在达到地下水可开采量情景下对应的地下水位。现状年（2013年）地下水位与可开采量情景下地下水位相减，可得到研究区内超采区分布图，图2正值区域代表现状年地下水位高于可开采量情景下的水位，意味着该区域还具有进一步开采地下水的潜力；而负值区域代表现状年地下水位低于可开采量情景下的水位，意味着该区域已经出现地下水超采的情况。从图中还可以发现，超采地区主要在开都河下游焉耆县，特别是地下水水源地以及农灌集中区。

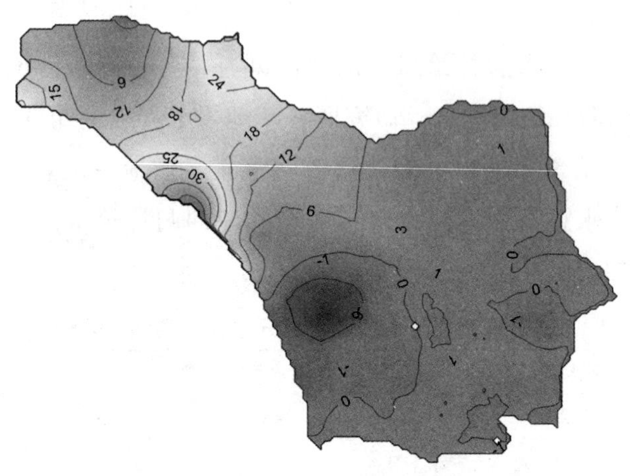

图2　2013 年与可开采量情景下地下水位差等值线图（单位：m）

五、小 结 与 建 议

通过建立开都河中下游焉耆盆地地下水流数值模型，对研究区地下水资源量、可开采量进行了精细模拟与评价，研究区内地下水资源量为 71200 万 m^3/a，地下水可开采量为 46200 万 m^3/a。研究区 2013 年开采量为 38120 万 m^3/a，接近于地下水可开采量，在开都河下游的水源集中地与农灌集中区已经出现地下水位低于可开采量情景下的地下水位，进一步加大开采地下水，势必造成超采区面积扩大，进一步袭夺开都河河水，加剧开都河入湖水量减小的趋势，造成博斯腾湖水位继续下降。

针对焉耆盆地已经出现超采或者接近超采的区域，建议当地管理部门一方面加强水量统一调度，加大灌区高效节水力度，提高用水效率；另一方面严格控制地下水开采和开都河沿岸引水，并加大监管监测力度，可在开都河增设多个监测断面，实时监控开都河水位、流量等信息以及地下水位动态变化过程，以防地下水超采现象的发生。

参考文献

[1] 谭晶．博斯腾湖水位下降原因分析及对策建议［J］．水利科技与经济，2015，(4)：68－69.
[2] 王俊，陈亚宁，陈忠升．气候变化与人类活动对博斯腾湖入湖径流影响的定量分析［J］．新疆农业科学，2012，49（3）：581－587.
[3] 董新光，邓铭江．新疆地下水资源［M］．乌鲁木齐：新疆科学技术出版社．2005.

水生态系统保护和修复刍议

丰华丽　陆海明

水利部交通运输部国家能源局南京水利科学研究院

一、水生态系统的特性及问题分析

地表水生态系统结构复杂，无论是河流，还是湖泊湿地，生态系统的结构和功能由水文、地形、水质、生物和连通性五部分组成。各个部分相互作用，其中水文是主动的、起决定性作用。在河道中流动的水和岩土发生作用，形成了各种各样的河床地貌。水流与河床构成水生生物赖以生存的空间，是生物生存的最基本的条件。

河流生态系统是一个从上游到下游的一个运输系统，其生态系统功能沿水平梯度而不是垂直梯度变化（图1）。这是流水或激流生态系统具有的唯一特性，说明了河流生态系统不是自养型的。光合作用只在平原的浅滩处才起重要作用。

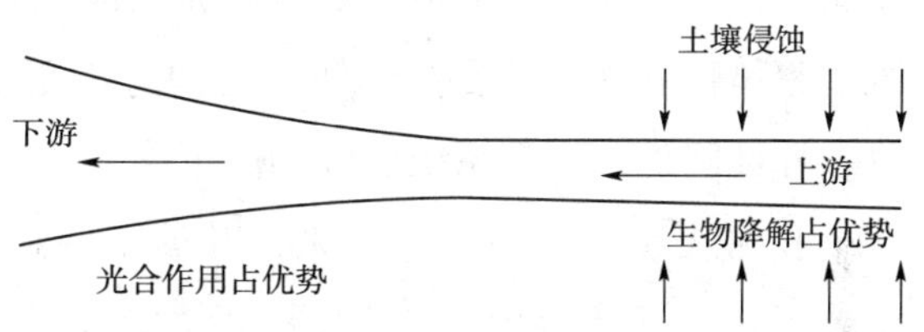

图1　河流生态系统的功能沿纵向梯度变化

自然状态下的河流，纵向上从源头至河口物理-生物过程处于连续变化状态，上、中、下游流经地区的气候和地质等环境因子不同，水生生物群落组成表现为多样性和组分演替；横向上河道和河漫滩维持连通性，不断进行物质和能量流动，生物体由水生、两栖类向陆生类型转化：垂向上由于河流水深和光照等环境因子作用造成生物群落组成和分布差异，如河流上层优势种主要为自养型生物，是河流初级生产力聚集区，而河流中、下层深水光线微弱，植物光合作用不能有效进行，优势种主要是异养型和分解型底栖生物。

湖泊生态系统与河流生态系统不同，具有垂直梯度的生物合成-降解作用。生物合成发生在水的上层，这与光穿透到水体的深度相关（图2）。

河湖水情在一年中的变化基本分为两类：汛期和非汛期。汛期河道水系集中了60%～80%或更多的年径流量，但时间很短促，常常是3个月左右或者更短。非汛期持续时间长、径流量小。中国北方地区大部分河流一般8个月的非汛期径流量占年径

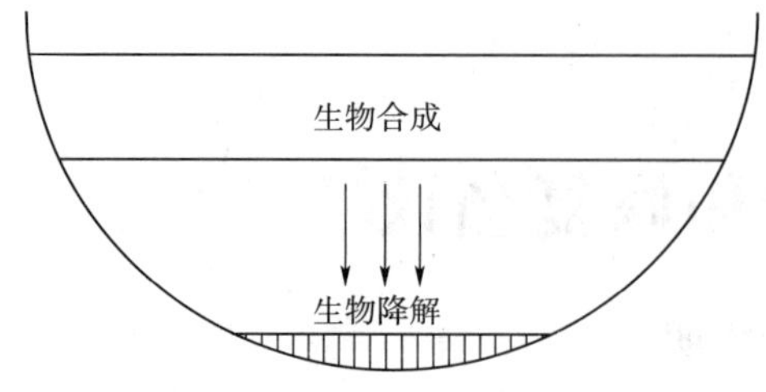

图 2 湖泊生态系统功能沿垂直梯度变化

流量的 15% ~35% 甚至更少。生态系统随河流水情变化，表现出显著的季节性特点。河流春夏间的涨水时段是水生生物的繁殖期，生长期一般是河流丰水期，并且对下游湿地、河岸生态进行补水，而对水量要求最低的冬季休眠期是河流较枯的季节。

因此，在确定河流和湖泊生态系统保护和修复策略时，要考虑河湖特有的生态系统结构和功能特征。

二、我国水生态系统问题及趋势

1. 我国水生态环境主要问题

现阶段，我国面临的主要水生态环境问题依然比较突出。从陆域来看，村镇化、基础设施建设等开发活动占用生态空间，土壤侵蚀、土地沙化等问题突出，农业面源污染，村镇生活污染、畜禽养殖污染等未得到有效解决；从水域来看，水系人工化问题突出，自然河湖、湿地等水源涵养空间被侵占，水生态空间破碎化加剧，水生态系统的整体性和连通性受损，外来物种入侵呈现发展趋势。总体而言，我国生态系统生物多样性降低，生态系统服务功能下降。

我国从“九五”攻关以来，开展了一系列与水有关的生态系统保护和修复工作，示范引领、系统保护、综合监管等方面取得了一系列研究成果，但由于缺乏系统性、整体性的考虑，客观上存在各自为战的状况，生态保护、修复和治理的效果不尽理想。

2015 年 10 月，在中共中央《关于制定国民经济和社会发展第十三个五年规划的建议》中明确提出，要坚持保护优先、自然恢复为主，实施山水林田湖生态保护和修复工程，构建生态廊道和生物多样性保护网络，全面提升森林、河湖、湿地、草原、海洋等自然生态系统稳定性和生态服务。

2. 水生态系统保护和修复发展趋势

从自然资源的整体性、系统性特征来看，自然资源各个要素之间是一个有机联系、相互作用的整体，共同支撑着自然资源生产力、生态承载力，维系着人与自然之间的平衡与协调。

20 世纪 80 年代以来，各国科学家逐步认识到大尺度上生态系统保护的重要性，并利用地理信息系统与遥感等手段开展格局变化与生态效应等研究，同时，生态安全的内在机理和保护策略等逐步受到关注。一直以来，国际上对生态安全的研究以自然生态系统为主，并逐步向社会经济耦合方面发展。也就是说，对于生态安全的研究，已不再局限于生态系统本身，也考虑了社会经济因素对生态系统的影响。

现代生态学研究的基本单元是生态系统，如湖泊、河流生态系统。由于系统不能认识系统本身以及生态系统的开放性，水生态系统的脆弱性表现在：易受岸上周边地区的影响（包括生命活动和自然过程），因此，就水论水容易形成认知障碍，应从更高的层次研究水生态系统，将视野从水体扩大到汇水区域（对静水水体而言）或流域（对流水水体而言）。

2015 年 10 月，中共中央《关于制定国民经济和社会发展第十三个五年规划的建议》明确指出，坚持保护优先、自然恢复为主，实施山水林田湖生态保护和修复工程，构建生态廊道和生物多样性保护网络，全面提升森林、河湖、湿地、草原、海洋等自然生态系统稳定性和生态服务功能。

2016 年 12 月，中央办公厅、国务院办公室印发了《关于全面推行河长制的意见》并发出通知，要求各地区各部门结合实际认真贯彻落实。认真落实党中央、国务院决策部署，坚持节水优先、空间均衡、系统治理、两手发力，以保护水资源、防治水污染、改善水环境、修复水生态为主要任务，在全国江河湖泊全面推行河湖长制，为维护河湖健康生命、实现河湖功能永续利用提供制度保障。河长制是落实绿色发展理念、推进生态文明建设的内在要求，是解决我国复杂水问题、维护河湖健康生命的有效举措，是完善水治理体系、保障国家水安全的制度创新。为了确保河湖健康和管好河流，河长们不能就水论水，需要遵循生态系统整体性及其内在规律，从山水林田湖的一体化范围内入手开展河流保护和管理工作。

三、总体规划格局及水陆关系扭转

（一）总体规划格局

根据水生态保护与修复目标，结合相关区划与规划，进行规划分区。总体布局应以规划分区为基本单元，结合流域或区域特点，统筹考虑干支流、上下游、左右岸及湖泊水库等不同区域关系，以规划水生态问题及需求为导向，明确各规划分区的保护与修复重点与方向，从重点工程、空间分布、实施时序等方面进行规划布局。

根据规划总体布局，针对不同的水生态系统问题现状及生态保护目标采取不同的策略。健康状况良好的水生态系统，应重点采取保护措施；受损较轻的水生态系统，应重点采取修复措施；受损严重且不可恢复的水生态系统，应重点采取重建措施。必要时应进行方案比选，保障总体布局的合理性。

（二）水陆关系扭转

“就水论水”不能有效地解决水体污染和水生态环境破坏问题。因此，需要扭转水陆关系，依托总体规划格局，开展顶层设计，以水体水质达标作为一个卡口，采用倒逼方式控制排污口排污，开展陆地上的生态产业、生态农业等建设。

总体规划格局属于大尺度的宏观思维，起到纲领性、方向性和定位作用，而针对具体的河湖保护和管理，则要以流域生态学及生态安全理论为指导，以水体子系统健康为核心，采取一系列的保护和修复技术。

四、水生态系统保护目标确定原则及方法

（一）水生态系统保护目标的确定原则

在水生系统保护和修复工作中，确定生态保护目标至关重要，是采取水生态系统保护和修复措施的前提条件。目前，在制定生态保护目标时，往往缺乏充分依据，目标定得过大，随意性很大，合理性受到质疑。在确定水生态系统保护目标时，要遵循生态学原则、协调发展原则、尊重历史的原则和动态性原则。其中，生态学原则可避免不同社会群体对水生态系统管理的不合理期望。协调发展原则既考虑水生态系统的健康阈值，同时也兼顾了经济社会的发展需求。尊重历史的原则，避免了脱离历史演变规律制定生态保护目标。动态性原则即适应性管理原则，考虑水生态系统保护目标的时效性和变化性。

（二）水生态系统保护目标确定方法

根据气候条件、水文条件、生态系统状况和当地经济社会发展现状等，确定水生态系统保护目标。根据管理对象的不同，水生态系统保护目标的确定方法分为单目标法、综合目标法两大类。其中，单目标法分为关键物种法和单项功能法，关键物种法仅考虑所关心的指示物种或有经济价值的鱼类，单项功能法仅考虑供水、航运、水力发电、输沙、养殖和景观等单项功能。综合目标法属于生态系统水平层次的方法，研究对象不再局限于所关心的物种（如鱼类）或某一单一目标，注重水生态系统结构和功能，强调河流系统的完整性和动态平衡特征。根据水生态系统的当前状态以及经济社会的发展水平，可采取保护、维持、修复和重建等4种综合的保护目标。

五、水生态系统保护和修复原则及技术

（一）水生态系统保护和修复原则

1. 自我修复原则

强调自然修复和天然保护。要坚持尊重自然、顺应自然、保护自然的理念，强调自然修复和天然保护。干扰是使水生态系统发生变化的主要原因。人类对河湖的干扰包括流域土地利用、河湖修建防洪设施、裁弯取直、水产养殖以及捕捞等多种行为。已有实践证实，在水生态系统健康阈值内，人为干扰减弱或去除后，河湖生态系统本身能朝着健康动态平衡的方向发展，可进行自我修复。因此，首先应评价自我修复的可行性，判断其是否可作为水生态系统保护和修复的首选原则。自我修复不需要未来不断的投入，在节省成本的同时，也有助于构建水生态系统的完整性。

2. 系统性原则

水生态系统是一个开放性的系统，“就水论水”难以进行有效管理。因此，应将陆域子系统—水陆缓冲带子系统—水体子系统作为一个整体进行考虑，与现在的山水林田湖共同体的思想相一致。

从20世纪80年代实施流域水生态系统保护和修复以来，我国在认识、方法和措施上都发生了很大转变。最重要的转变为：关注重点流域，并在实施修复措施前进行流域系统分析，以确定需要修复的地点、过程和措施。通过流域系统分析，把水生态系统保护和恢复放在整个流域框架内，而不仅仅是针对某一个或几个有问题的水体。要系统分析水生态系统的当前状态，所处的地理位置，以及存在的主要生态环境问题，在流域尺度上全盘规划，选择确定水生态系统的保护和修复技术。

目前，大江大河的水质评价较好，大多均能达到水功能区的水质要求。但在大江大河的支流，那些毛细血管式的小河小沟，成为排污的重灾区。因此，要从系统化和流域尺度开展保护和修复研究。

3. 区域差异性

水生态系统是地理区域的重要组成单元，因此存在着明显的地区差异性特征。这种地区差异性主要表现为以下两个方面：一是由自然地理要素不同导致的差异性，二是不同经济社会发展阶段对水生态系统功能需求的差异性。我国地域辽阔，经济社会发展不平衡，对水生态系统的开发利用程度，以及引发的水和生态问题表现出显著的区域特征。因此，在尊重水生态系统自然属性的前提下，充分认识水生态系统的区域差异性，从而合理地确定不同区域水生态系统所选择的修复技术。

4. 精细化原则

从规划、保护技术、管理到监测与评估，都要实施精细化的河湖管理，制定一河一策，一湖一策的管理模式。规划的精细化，要建立大格局的观念和通盘考虑；治理的精细化，就是要找到污染物关键源区，水生态保护与修复敏感区；保护技术的精细化体现在具体技术和工程的定量化等方面。

（二）水生态系统保护和修复技术

纵观人类与水体的共存发展历史，大致经历了原始自然、工程控制、污染治理和生态系统综合修复四个主要阶段。在不同阶段，水生态系统的主要功能的相对重要性和诸项功能的健康（或受损）程度不同，水生态系统的健康状况不同，因而其保护、修复和治理的任务也有所不同。

水生态系统修复技术涉及生态学、水文学、地貌学、工程学、社会学、经济学等众多学科，必须坚持多学科交叉融合的原则，将多个学科的理论原理和技术手段进行融合，以促进河流生态修复技术水平的不断提高。但水生态系统的保护和治理的终极目标则是建立一个能够自我维持和处于动态平衡的系统。

因此，在水生态系统治理时，首选就要回答这样几个问题：水生态系统的“功能”是否受到了损害？存在哪些主要的水生态环境问题？其可持续性如何？生态保护目标是什么？能否满足人类的需要？然后才是选择不同的生态保护、修复和治理技术或不同技术的组合。

1. 陆地子系统

以土地利用规划、生态产业学、水土流失学、农业等学科为一体，提出陆域子系统保护和修复技术。主要技术包括点源污染控制技术、面源污染控制技术、城镇开发低影响技术等。最终实现陆地子系统开发对水生态系统影响的低量化和减量化。

2. 水陆缓冲带子系统

以治河工程学为基础，融生物学、生态学、环境学、园林学和景观学等学科为一体，提出水陆缓冲带子系统保护和修复技术。主要技术包括生态驳岸、生态沟渠、前置库技术（生态公园）技术、岸带水生植被恢复技术等。通过对水陆缓冲带问题精细化研究，因地制宜地选择相应的技术。最终实现岸带生境的自然化、生境多样化、生物多样化、生态功能化以及景观化和亲民化。

3. 水体子系统

从生态学角度看，水生生态系统结构和功能的退化，本质是生态单元之间的链接断裂或弱化，使系统网络结构破碎，生态链断裂。以生态修复学为基础，融合水生生物学、环境工程学、水工程学等学科为一体，提出水体子系统保护和修复技术。主要有：生态空间及红线划定、科学的水系连通和调水引流、河湖生态清淤、人工浮岛技术、生物操纵技术等，最终建立一个生态结构和功能完整、能够自我维持、动态平衡的水生态系统。

六、结　　论

本文在阐述水生态系统特性和我国水生态系统问题的基础上，从水生态系统保护和修复总体规划、水生态系统保护目标原则和确定方法，水生态系条保护修复的原则和技术等方面，提出了水生态系统保护和修复的认识。主要结论如下：

（1）针对流域或区域的水生态系统保护和修复，首先要有总体规划格局和宏观思维，以起到纲领性和方向性作用。

（2）针对具体的水生态系统保护和管理工作，则要以流域生态学及生态安全理论为指导，以水体子系统健康为核心，从山水林田湖草一体化角度入手开展水生态系统保护和修复工作。

（3）扭转水陆关系，依托总体规划格局，开展顶层设计，以水体水质达标作为一个卡口，采用倒逼方式控制排污口排污，开展陆地上的生态产业、生态农业等建设。

（4）水生态系统保护和修复需遵循自我修复原则、系统性原则、区域差异性原则和精细化原则。优先考虑水生态系统的自我修复能力，避免人类过分干扰。针对排污重灾区的毛细血管式的支流，遵循系统性原则，从流域尺度开展水生态系统保护和修复。遵循精细化原则，从规划、技术、管理、监测与评估的全过程实施精细化管理。

（5）水生态系统修复技术涉及生态学、水文学、地貌学、工程学、社会学、经济学等众多学科，以水体子系统健康为落脚点和核心，从陆域子系统、水陆缓冲带子系统和水体子系统三个空间层面，融合多个学科的理论方法和技术开展水生态系统保护和修复工作。

参考文献

[1] 陈敏建，丰华丽，王立群，等．生态标准河流和调度管理研究［J］．水科学进展，2006，17（5）：631－636.

[2] 倪晋仁，高晓薇．河流综合分类及其生态特征分析 I：方法［J］，水利学报，2011，42（9）：1009－1016.

[3] 蔡庆华，吴刚，刘建康．流域生态学：水生态系统多样性研究和保护的一个新途径，科技导报，1997，5：24－26.

[4] 丰华丽，曹阳，陆海明．水生态系统管理目标及确定方法［J］．河海大学学报，2010，38（增刊2）：402－405.

水流的内涵与外延探讨

彭岳津[1]　王思如[1]　刘九夫[1]　倪深海[1]　潘殿莲[2]　李天涛[3]

1 水利部交通运输部国家能源局南京水利科学研究院　2 山东省栖霞市农业技术推广服务中心　3 江苏省宜兴市丁蜀镇农村工作局

引　　言

"水流"是我国《中华人民共和国宪法》（以下简称为《宪法》）中明确规定的自然资源，但几十年来其内涵与外延几乎没有被深入研究。基于目前国家对水流产权确权研究的背景下，"水流"一词被激活。然而，对于"水流"的概念，除了《中华人民共和国宪法通释》（以下简称《宪法通释》）和《水流产权确权试点方案》（以下简称《水流方案》）中的同一句"水流是指江河等的统称"外，暂无其他解释或说明。从形式逻辑角度看，"水流是指江河等的统称"是指水流的外延（即具有水流所反映的特有属性的事物）；对于水流的内涵（即水流所反映的事物的特有属性）缺乏定义，且至今还没有关于水流内涵的研究、分析或论述。然而，水流的内涵是必须明确的内容，因为形式逻辑告诉我们，只有水流的内涵与外延都明确，水流的概念才能明确，才能对水流有正确的思维和判断，才能做好水流产权确权等涉及水流概念的工作。因此，对于水流内涵与外延的探讨非常必要，且具备创新性。

一、"水流"一词来源与相关释义

（一）"水流"一词来源

"水流"一词伴随着1954年《宪法》的诞生而出现，多年来虽然《宪法》经历多次修正，但始终将"水流"规定为自然资源之一，而不是"水资源"，且明确规定水流属于全民所有，毫无例外。《宪法通释》对"水流"外延的定义为"水流是指江河等的统称"也从未改变。

表 1　1949 年至今宪法关于“水流”的规定

<table>
<tr><th>时　间</th><th>颁布文件</th><th>水流相关规定</th><th>备　注</th></tr>
<tr><td>1949 年 9 月 29 日</td><td>《中国人民政治协商会议共同纲领》</td><td>未涉及矿藏、水流、森林等自然资源问题</td><td>1954 年《宪法》颁布以前起到临时宪法作用</td></tr>
<tr><td>1954 年 9 月 20 日</td><td>《宪法》</td><td>第六条规定“矿藏、水流，由法律规定为国有的森林、荒地和其他资源，都属于全民所有”</td><td>第一届全国人民代表大会第一次会议通过</td></tr>
<tr><td>1975 年 1 月 17 日</td><td>《中华人民共和国宪法修正案》（简称为《宪法修正案》）</td><td>第六条规定“矿藏、水流，国有的森林、荒地和其他资源，都属于全民所有”</td><td>第四届全国人民代表大会第一次会议通过</td></tr>
<tr><td>1978 年 3 月 5 日</td><td>《宪法修正案》</td><td>第六条规定“矿藏，水流，国有的森林、荒地和其他海陆资源，都属于全民所有”</td><td>第五届全国人民代表大会第一次会议通过</td></tr>
<tr><td>1982 年 12 月 4 日</td><td rowspan="6">《宪法修正案》</td><td rowspan="6">第九条规定“矿藏、水流、森林、山岭、草原、荒地、滩涂等自然资源，都属于国家所有，即全民所有；由法律规定属于集体所有的森林和山岭、草原、荒地、滩涂除外”</td><td>第五届全国人民代表大会第五次会议通过</td></tr>
<tr><td>1988 年 4 月 12 日</td><td>第七届全国人民代表大会第一次会议</td></tr>
<tr><td>1993 年 3 月 29 日</td><td>第八届全国人民代表大会第一次会议</td></tr>
<tr><td>1999 年 3 月 15 日</td><td>第九届全国人民代表大会第二次会议</td></tr>
<tr><td>2004 年 3 月 14 日</td><td>第十届全国人民代表大会第二次会议</td></tr>
<tr><td>2018 年 3 月 11 日</td><td>第十三届全国人大一次会议第三次全体会议</td></tr>
</table>

（二）“水流”相关释义

1.《宪法通释》对“水流”的释义

在《宪法通释》中，对于第九条中“水流”二字的释义：本条是关于自然资源的所有权及其保护的规定。矿藏、水流、森林、山岭、草原、荒地、滩涂等自然资源，是国家最重要的生产资料，它涉及国家的经济命脉，是保障国民经济持续、稳定和健康发展的物质基础，因此，必须属于国家所有，即全民所有。国家所有，是指国家对这些自然资源享有占有、使用、收益和处分的权利。目前，全国人大常委会根据《宪法》，已经制定了矿产资源法、煤炭法、水法、森林法、草原法等法律，对这些自然资源的所有权作出规定。与自然资源的所有权性质相联系的一个重要问题是，矿藏、水流等自然资源的含义是什么。对这些问题，在 1982 年《宪法》修改时就有一些不同意见。比如，有的意见提出，农村的小煤窑、小水渠都是由集体经济组织搞起来的，它们是否属于“矿藏”，“水流”的范畴？是否也必须属于国家所有？根据现代汉语词典的解释，矿藏是指地下埋藏的各种矿物的总称。水流是指江河等的统称。本条规定的矿藏、水流、森林、山岭、草原、荒地、滩涂等自然资源的含义，就是上述现代汉语词典解释的含义。根据这些解释，矿藏、水流、森林、山岭、草原、荒地、滩涂等自然资源属于国家所有，是指达到一定规模或者面积的上述自然资源属于国家所有，而不是一根树木，一块矿石，一口水塘，一片杂草等都属于国家所有。我国的自然资源主要地或者原则上必须属于国家所有，只有在法律规定的情况下，才可以属于集体所有。其中矿藏、水流只能属于国家所有，而其他的自然资源包括森林和山岭、草原、荒地、滩涂等，可以属于国家所有，也可以属于集体所有，但以国家所有为主，只有在法律规定的情况下可以属于集体所有。对水流的所有权问题，也有意见提出，是否所有的水流都必须属于国家所有？比如一些湖泊、水库、小规模的河流是否可以属于集体所有？根据本条规定，国家不仅对自然资源享有所有权，还要制定各种政策和法律，保障自然资源的合理利用。

2.《现代汉语词典》对“水流”的释义

由于在《宪法通释》中明确“本条规定的矿藏、水流、森林、山岭、草原、荒地、滩涂等自然资源的含义，就是上述现代汉语词典解释的含义”，因此，有必要明确现代汉语词典对于“水流”的解释。

《现代汉语词典》中对于“水流”的解释为“①江、河等的统称。②流动的水”。对于“江”的解释为“①大河。②特指‘长江’”。对于“河”的解释为“①天然的或人工的大水道。②特指‘黄河’”。

二、“水流”的内涵与外延

水流的内涵，就是水流的特有属性。根据大陆法系“资源中心主义”理念、资源权客体的协同原则、“水”的价值的多层次性、自然资源国家所有权的宪法所有权观，以及国家有关文件对于“水流”的定位，得到“水流”的内涵。

（一）基本理念

1. 大陆法系“资源中心主义”理念

以大陆法系的德国、法国为代表的“资源中心主义”的自然资源制度建构理念：鉴于自然资源在人类社会生活中的重要性，将土地与其为载体的其他各种自然资源进行区分，认为土地与依附于土地的“水”“森林”等是同为自然资源的组成部分。在土地与自然资源的关系上，采取的是自然资源吸收土地的手段。例如，在对自然界中“水”的利用中，将“水”的载体“土地”纳入“水”当中，承载“水”的“土地”在水权中不具有独立的客体地位。当数种自然资源在同一权利上一并出现时，“资源中心主义”所采取的是“目的性自然资源”吸收“辅助性自然资源”的方式。例如，把“水”作为“目的性自然资源”时，承载“水”的“土地”就是“辅助性自然资源”，将其作为“水”的“成分”。

2. 资源权客体的协同原则

资源权客体的协同原则：资源权客体的协同是指权利人在行使资源权时，无法直接作用于作为资源权客体的“目的性自然资源”，必须首先作用于其他旨在协调的不属于这一资源权客体的“辅助性自然资源”，才能实现对客体的利用。例如，要行使对“水”这个“目的性自然资源”的利用，必须首先作用于承载“水”的“土地”这个辅助性自然资源客体。辅助性自然资源客体“土地”被目的性自然资源客体“水”吸收，不具有独立的客体地位。当然，对辅助性自然资源客体“土地”的利用，必须是为了实现目的性自然资源客体“水”的利用。

3. “水”价值的多层次性

“水”的价值的多层次性：水是生命之源、生产之要、生态之基，具有多层次的价值，例如，除了生活、生产、生态需水外，水面可以航行、水力可以发电、水体可以纳污等。另外，“水”还有美学和精神价值，而且“水”的利用价值随着科技和经济社会的发展会不断被发掘。因此，“水”的价值的多层次性决定了水作为资源的多样性，水的数量、水的质量、水深、水面宽度、落差、流速、水环境容量等均属于自然资源，因此，“水流”中应包涵这些涉水要素。

4. 自然资源国家所有权的宪法所有权观

宪法上的所有权是一种公权利，它区别于民法上平等主体之间的所有权关系。宪法上的所有权注重的是取得所有权的资格，是一种获得财产利益的可能性，它不明确地指向具体的客体，一个人并不因暂时没有财产而失去宪法上取得、占有和使用财产的资格。民法上的所有权则是以具体的物为中介的人和人的关系的表现，有明确、具体指向的权利客体。没有具体指向的物，我们无法想象所有权人进行怎样的全面支配和使用。从客体的角度看，民法上的所有权客体是能够为人们所认识、控制和利用、可以满足人类某种需要的物，而且民法上的所有权仅成立于单个的、特定的有形客体（即物）之上，此为物权客体特定原则的体现；宪法上的所有权的客体不仅包括民法上的物，而且也包括一国主权管辖下与权利主体相联系、尚未被人们所认识、暂时不能被利用来满足人类需要的一切自然资源和社会财富。

（二）关于“水流”的定位

1. 依据“资源中心主义”理念和资源权客体的协同原则关于“水流”的定位

由“资源中心主义”理念和资源权客体的协同原则可知，“水流”这个“目的性自然资源”不仅包括江河湖库等中的水体，还应该包括承载“水体”的“土地”（河床、堤岸、河漫等河流相等固体边界）。因为没有这些固体边界作为“辅助性自然资源”，江河湖库等中的水体无法存在；同时要行使对江河湖库等中水体的利用，必须首先作用于承载“水”的固体边界（堤岸、河漫、河床等）这个辅助性自然资源客体，例如，在开发利用江河的水能资源时，必须首先在河床上修建大坝。

另外，由前文《宪法通释》以及《现代汉语词典》对于“水流”的解释可知，“水流”是指江、河等的统称，而对于江、河不能仅指其中的水体，还应包括江、河的固体边界（包括河床、堤岸、河漫等河流相），没有堤岸等固体边界，江、河等中的水无法存在，也就不能称为江、河了。因此，我国宪法中的“水流”应该是包括江、河中水体及江、河堤岸等在内的江、河整体。

由于“辅助性自然资源”客体被“目的性自然资源”客体吸收，不具有独立的客体地位，“水流”中的“辅助性自然资源”堤岸、河漫、河床等固体边界被“目的性自然资源”江河湖库等中的水吸收，将其作为“水流”的“成分”。

2. 依据“水”的价值的多层次性和《宪法通释》关于“水流”的定位

由“水”的价值的多层次性可知，宪法中“水流”的用途和价值是多方面的，江河湖库等中的水可以满足生活、生产、生态需水；水面可以航行、水力可以发电、水体可以纳污、堤岸可以防洪也可以观光等。因此，“水流”包括水的数量、水的质量、水深、水面宽度、落差、流速、水环境容量、堤岸等涉水要素。

另外，由前文《宪法通释》以及《现代汉语词典》对于“水流”的解释可知，“水流”是指江、河等的统称。而对于江、河等不能仅指其中的水体，还应包括水体的水深、水面宽度、落差、流速等空间要素，以及“水体”的固体边界（包括河床、堤岸、河漫等河流相）。

3. 依据自然资源国家所有权的宪法所有权观关于“水流”的定位

由自然资源国家所有权的宪法所有权观可知，对于我国宪法中规定的“水流等自然资源，都属于国家所有，即全民所有”，从自然资源国家所有权的宪法所有权观看，①首先是一种公权利，注重的是全民取得“水流”资源所有权的资格，是一种获得“水流”资源的可能性。它不明确地指向具体的“水流”资源（例如是长江水还是黄河水），一个人并不因暂时没有“水流”资源而失去宪法上取得、占有和使用“水流”资源的资格。②宪法上的所有权的客体（即“水流”资源）不仅包括民法上的物（即当前可利用的“水流”资源），而且也包括一国主权管辖下与权利主体相联系、尚未被人们所认识、暂时不能被利用来满足人类需要的一切“水流”资源。据此，我国宪法中规定的“水流”，应该包括我国国土范围内一切“水流”。仅从水体这个“客体”而言，不仅包括地表水、还应包括地下水、空中水等水体。

由前文《宪法通释》以及《现代汉语词典》对于“水流”的解释可知，“水流”是指江、河等的统称。虽然从江、河的角度看，“水流”好像是指地表水，但从自然资源国家所有权的宪法所有权观看，在宪法中不可能在规定地表水属于国家所有的同时，置地下水于不顾，况且，地表水和地下水始终在不断的循环转化之中。因此，我国宪法中的“水流”，仅从水体这个“客体”而言，应该是指地表水、地下水、空中水等国土范围内的所有淡水。

4. 国家有关文件关于“水流”的定位

国家有关文件把“水流”定位为“自然生态空间”。党的十八届三中全会《决定》以及中共中央和国务院公布的《总体方案》中均要求“对水流、森林等自然生态空间进行统一确权登记。开展水域、岸线等水生态空间确权试点”，因此，把“水流”作为“自然生态空间”。另外，2016 年 3 月 22 日习近平总书记主持召开了中央全面深化改革领导小组第二十二次会议，在会议审议通过的《关于健全生态保护补偿机制的意见》中指出“逐步实现森林、草原、湿地、荒漠、海洋、水流、耕地等重点领域和禁止开发区域、重点生态功能区等重要区域生态保护补偿全覆盖”，因此，把“水流”作为“领域”“区域”。

国家有关文件把“水流”定位为“领域”“区域”或“自然生态空间”。因此，“水流”具有“空间”的含义、具有生态环境的含义，“水域、岸线等水生态空间”属于“水流”。

（三）“水流”的内涵和外延

由前文的基本理念以及关于“水流”的定位，可以得到我国宪法中“水流”的内涵。

“水流”的内涵是指国土范围内所有淡水和由承载淡水水体的固体边界组成的淡水空间。

淡水空间中包括水的数量、水的质量、水深、水面宽度、落差、流速、水环境容量、岸线（包括自然岸线、人工堤岸，水库、大坝等水利工程设施）、河（湖）床等涉水要素。

由“水流”的内涵及“水流是指江河等的统称”这个水流的外延，可以得到更多的“水流”实例（即水流的外延，指具有水流所反映的特有属性的事物）：长江、黄河等所有河流溪水（包括河中之水和河岸河床等河的边界）；洞庭湖、太湖等所有湖泊、池塘、山塘（包括湖中之水和湖岸湖床等湖的边界）；所有水库和大坝（包括库中之水和大坝等水库的边界）；所有的沼泽（包括沼泽中之水和沼泽的边界）；所有的水井（包括井中之水和组成井的边界）等。

三、“水流”与“水资源”的差别

（一）出现时间不同

“水流”一词于1954年出现在我国第一部《宪法》中，“水资源”一词于1988年出现在首部《水法》中，因此从这个角度而言，“水流”一词比“水资源”一词早出现34年。

（二）研究程度不同

我国对“水流”几乎没有进行研究，因此即使在目前，对于“水流”的概念（即水流的内涵和外延）也没有完全明确。

几十年来，我国对于“水资源”进行了大量的、深入的研究，例如1987年的《中国水资源评价》、1989年的《中国水资源利用》、1999年的《21世纪中国水供求》、2011年的《全国水资源综合规划》、1997—2016年的《中国水资源公报》、2014年的《中国水资源及其开发利用调查评价》等。研究表明，我国的“水资源”就是国土范围内（一年之中）由降水产生的约2.8万亿m^3的动态水量（包括地表水和地下水，涉及数量和质量两方面）。

（三）内涵不同

由前文可知，“水流”的内涵是指国土范围内所有淡水和由承载淡水水体的固体边界组成的淡水空间。在十八届三中全会《决定》以及中共中央和国务院公布的《总体方案》中把“水流”作为“自然生态空间”。“水资源”的内涵是指国土范围内所有淡水，不包括承载淡水水体的固体边界及组成的淡水空间，因此，“水资源”一词无法代替“水流”一词。

（四）外延不同

在我国宪法中把“水流”规定为“自然资源”，是指“指江河等的统称”。根据本研究表明，除了江河外，还有湖泊、池塘、山塘、水库、沼泽、水井等都属于水流。在我国《水法》（1988 年首部《水法》及 2002 年的修正版）中，明确“本法所称水资源，包括地表水和地下水”。

四、结　　语

目前，我国正在健全包括水流在内的自然资源资产产权制度。水流产权确权试点正在宁夏、甘肃、陕西、江苏、湖北等地进行，但是除了“水流是指江河等的统称”外，没有对水流的更多解释。本文通过“水流”一词的来源及我国《宪法通释》对于“水流”的释义、依据“资源中心主义”理念和资源权客体的协同原则、依据“水”的价值的多层次性、自然资源国家所有权的宪法所有权观以及中央有关文件关于“水流”的定位，明确了“水流”的内涵，认为“水流”的内涵是指“国土范围内所有淡水和由承载淡水水体的固体边界组成的淡水空间”。由“水流”的内涵可以得到水流的外延，“除了‘江、河’外，还有湖泊、池塘、山塘、水库、沼泽、水井等”。同时对比了“水流”与“水资源”的差别，由于“水资源”不包括承载淡水水体的固体边界及组成的淡水空间，因此，“水资源”一词无法代替“水流”一词。

项目支撑：国家重点研发计划（2016YFC0402800）；国家重点研发计划（2017YFC0403505）；国家重点研发计划（2017YFC1502401）；中央级公益性科研院所基本科研业务费专项资金（Y517008）。

参考文献

[1] 金岳霖．形式逻辑［M］．北京：人民出版社，1979：22－23.

[2] 中国社会科学院语言研究所词典编辑室．现代汉语词典［M］．6 版．北京：商务印书馆，2012.

[3] 金统海．资源权论［M］．北京：法律出版社，2010.

[4] 徐涤宇．所有权的类型及其立法结构［J］．中外法学，2006（1）.

[5] 水利电力部水文局．中国水资源评价［M］．北京：水利电力出版社，1987.

[6] 水利电力部水利水电规划设计院．中国水资源利用［M］．北京：水利电力出版社，1989.

[7] 水利部南京水文水资源研究所，中国水利水电科学研究院水资源研究所．21 世纪中国水供求［M］．北京：中国水利水电出版社，1999.

[8] 李原园，等．全国水资源综合规划特刊［J］．中国水利，2011（23）.

[9] 水利部水利水电规划设计总院．中国水资源及其开发利用调查评价［M］．北京：中国水利水电出版社，2014.

景观水体生态修复治理技术研究

侯 妍 张尚燚 王 玮

长江勘测规划设计研究院

引 言

城市中的河湖是城市的重要水体形态，在抵御洪水、调节径流、改善气候、维持生态平衡、美化人居环境等方面发挥着重要作用。近年来，随着城市化进程的加快，我国城市河湖面临个数锐减、面积萎缩、水系割裂等重大问题，导致调蓄功能弱化、自净能力下降、生态功能逐步丧失。生活污水、工业废水的排入造成湖泊氮、磷含量严重超标，水体富营养化日益严重，严重影响生态系统的结构和功能退化，使城市人口受到水安全问题和栖息地退化的威胁，并影响城市人民的相关利益。

2018 年 5 月 18—19 日，习近平出席全国生态环境保护大会并发表重要讲话中提出：绿水青山就是金山银山，贯彻创新、协调、绿色、开放、共享的发展理念，加快形成节约资源和保护环境的空间格局、产业结构、生产方式、生活方式，给自然留下休养生息的时间和空间；生态文明建设是关系中华民族永续发展的根本大计。中华民族向来尊重自然、热爱自然，绵延 5000 多年的中华文明孕育着丰富的生态文化。生态兴则文明兴，生态衰则文明衰；生态环境是关系党的使命宗旨的重大政治问题，也是关系民生的重大社会问题。广大人民群众热切期盼加快提高生态环境质量。我们要积极回应人民群众所想、所盼、所急，大力推进生态文明建设，提供更多优质生态产品，不断满足人民群众日益增长的优美生态环境需要；坚持人与自然和谐共生，坚持节约优先、保护优先、自然恢复为主的方针，像保护眼睛一样保护生态环境，像对待生命一样对待生态环境，让自然生态美景永驻人间，还自然以宁静、和谐、美丽；良好的生态环境是最普惠民生福祉，坚持生态惠民、生态利民、生态为民，重点解决损害群众健康的突出环境问题，不断满足人民日益增长的优美生态环境需要；山水林田湖草是生命共同体，要统筹兼顾、整体施策、多措并举、全方位、全地域、全过程开展生态文明建设；用最严格制度最严密法治保护生态环境，加快制度创新，强化制度执行，让制度成为刚性的约束和不可触碰的高压线；共谋求全球生态文明建设，深度参与全球环境治理，形成世界环境保护和可持续发展的解决方案，引导应对气候变化国际合作。由此可见，十八大以来习近平总书记高度重视生态文明建设，生态修复和治理等技术则显得尤为重要。

随着城市建设和人民生活水平的提高，为了满足居民对城市环境日益增加的要求，以人工营造或改造的小型河湖作为主要景观水体，成为优化、美化、净化城市环境的重要部分，数量日益增加。目前，由于城市人居环境中的这些水体多被人工改造，大多属于封闭或半封闭状态，水体流动性差、流量小，加上生态系统结构单一和环境容量有限，导致水体自净能力较差，很容易受周围环境的影响，一旦景观水体的水质发生污染或恶化，就很难自行恢复。近年来，我国城市的景观水体受到自身及周围环境的影响，水质富营养化、发黑、发臭等频繁发生，严重危害着城市生态环境和居民生活质量。根据相关研究表明，约93%的公园景观水体出现不同程度的污染。因此，对城市景观水体的治理迫在眉睫。

景观水体污染区别于生活污水、工业污水等传统污染，由于生态功能、污染方式和景观美化等要求，较难使用针对生活污水、工业废水的传统集中处理技术来进行治理。于是，针对景观水体的生态修复技术应运而生，并且技术研究已取得明显成果，成为修复和治理景观水体的重要手段。本文通过研究几种水体治理修复技术的研究概况，分析研究并提出相关建议，为城市人居环境内的河湖等水体污染提供参考。

一、景观水体生态修复治理概况

生态修复是指对生态系统停止人为干扰，以减轻负荷压力，依靠水体生态系统自身的自我调节能力与组织能力，使其向有序的方向进行演化，或者利用水生态的自我恢复能力，辅以人工措施，使遭到破坏的生态系统逐步恢复，或使生态系统向良性循环发展；主要指致力于那些在自然突变和人类活动影响下受到破坏的自然生态系统的恢复与重建工作，恢复生态系统原本的面貌。

关于生态修复，可追溯到19世纪30年代，但将其作为生态学的一个分支进行系统研究则是1980年由Cairns主编的《受损生态系统的恢复过程》一书出版之后才开始的。

日本学者多认为生态修复是指外界力量受损系统得到恢复（restoration）、重建（reconstruction）和改进（renewal）。这与欧美学者“生态恢复”（ecological restoration）的概念类似。焦居仁认为，为了加速破坏生态系统的恢复，还可以辅助人工措施，为生态系统健康运转服务，而加快恢复则被称为生态修复。该概念强调生态修复应该以生态系统本身的自组织和自调控能力为主，以外界人工调控能力为辅。

景观水体生态修复技术以生态系统原理为指导，种植抗污染和净化功能的水生动物、水生植物及微生物，建立平衡的水体生态系统，恢复其自身的生态功能，增强其自身的净化能力，从而达到净化水质的目的。生态修复技术的效果较物理或化学等技术手段更安全和持久。

二、景观水体生态修复治理的发展

景观水体污染源及成因通常分为外源性污染（exogenous pollution）和内源性污染（endogenous pollution）。外源性污染主要来自大气沉降、雨水径流及其他污水的渗流等；内源性污染主要来自沉积物、排泄物、残枝叶等。

针对景观水体修复，主要通过降低水体中氮磷营养元素、有机污染物，以及抑制藻类滋生等，使水体得到净化。目前，水体生态修复技术主要包括人工湿地、生态浮岛、水生动物、微生物、生物膜以及生物稳定塘等。

景观水体生态修复治理技术在概念、作用、结构和应用等方面都有着各自的形式。

1. 人工湿地技术

人工湿地技术是通过模拟自然湿地，人为设计与营造的由基质、水生湿生植物、水生动物和水体组成的复合体，通过湿地生态系统中土壤、水体、生物作用，经过过滤、沉淀、生物降解等方式来净化污水。人工湿地由填料、基质、水生植物等组成，分别有表面流式、水平浅流式和垂直流式。

2. 生态浮岛技术

生态浮岛技术是一种利用高分子材料作为漂浮载体和种植基质的水面种植技术，植物根系能吸收氮磷等营养物质、向水中释放氧气、分泌特殊的化学物质，以及促进根区微生物硝化、反硝化反应等作用。生态浮岛由框架、载体、基质和水生植物等组成，分别有干式浮岛和湿式浮岛。

3. 水生动物治理技术

水生动物治理技术是根据水生系统食物链的竞争关系，调节水中各种生物的数量和密度，利用水生动物吸收水中有机物、无机物、藻类等。水生动物有浮游动物和底栖动物等。

4. 微生物治理技术

微生物治理技术是利用特定微生物菌剂投放水体，进行水体净化的生物技术，通过特种微生物分解水中有机污染物，除去含硫、氮等带恶臭的污染物质，并抑制有害微生物、藻类等滋生。微生物为特种微生物，有 CBS 技术和 EM 技术。

5. 生物膜治理技术

生物膜治理技术是水中微生物附着在载体表面，逐渐形成膜状结构，利用内外层微生物净化水体的技术，利用外层好氧菌吸附水中有机污染物并将其分解，并在厌氧层进行厌气分解，以达到去除水中有机污染物的目的。生物膜由附着载体、悬挂结构和水体微生物等组成。技术分为天然材料载体和高分子合成材料载体。

6. 稳定塘治理技术

稳定塘治理技术是一种天然净化能力对污水进行处理的构筑物的总称，净化水体过程与净化自然水体的过程相似，利用人为技术手段提高和加快水体的净化效率。稳定塘由池塘、防渗层、微生物和水生植物等组成，分为好氧性、厌氧性和兼性。

三、以东湖治理为例分析景观水体生态修复技术

2018 年是“大东湖”生态水网构建总体方案实施十周年。10 年间，水岸同治、生态优先的治理理念，已深植东湖规划与建设中。如今，行走在郁郁葱葱的东湖绿道上，远眺碧波万顷湖面，领略秀美湖光山色，呼吸清新空气，令人心旷神怡。

武汉东湖是著名的风景区，它是集饮用、游览、垂钓、养殖、农灌，以及调节、净化生态环境等功能于一体的市区湖泊。数十年前，随着其周边城市工业的迅猛发展和人口激增，废水及污染物排放也与日俱增，目前入湖污水已高达每日 20 余万吨，占 1/2 以上湖面水域已遭不同程度污染，绝大多数子湖水质均在富营养化之列，日益威胁到湖泊正常功能的发挥，每年仅在饮用水源处理费用、旅游观光下降、死鱼及鱼类产品的经济损失达 5600 万元以上。

20 世纪 50 年代，东湖水质稳定在Ⅱ类至Ⅲ类，透明度达 2m 以上。但自 70 年代起，随着渔业发展和城市生活污水排放，东湖水质逐年恶化，水质下降到Ⅴ~劣Ⅴ类；80 年代后期，排入东湖的污水，高峰期每天超过 30 万 t。90 年代，水质持续恶化。污染容易治理难，修复东湖水生态是一场漫长而艰苦的拉锯战。进入 21 世纪，城市建设发展步伐进一步加快，但东湖治理远不及污染强度，水质一度加剧恶化。2009 年，随着《武汉市“大东湖”生态水网构建总体方案》获得国家发改委批复，东湖综合治理才实现大转折。10 年来围绕东湖治理，武汉市着眼顶层设计，先后推出系列举措。2012 年，武汉市制定实施《主城区污水全收集全处理五年行动计划》，东湖是重点。天鹅湖雨污水及周边环境综合治理工程等项目启动建设。2014 年年底，武汉市统筹实施“中心城区治污两年决战行动计划”，围绕东湖，推进管网建设，提高污水处理厂尾水排放标准，谋划污水深隧工程等重大项目相继启动。2015 年，在总结近年的治理

经验的基础上，武汉市水务局着手编制《东湖水环境综合治理规划》，并于2017年底由市政府审议通过。治湖管水的理念和标准进一步提档升级。10年间的顶层设计为东湖水环境的综合治理构建起完善体系。

借力高校和科研院所，在东湖水域内，一系列试验性工作正在开展。健康的湖泊生态系统是一种能够自我维持、稳定的清水型生态系统。中科院水生所、省水科院、武汉市水务局等单位，在东湖重要水体区，实施收割湖内枯死植物、种植沉水植物、科学选择鱼种等水生态修复手段。2012年以前，东湖常年高水位运行，近几年适时降低东湖水位，有利于增强湖底光照强度，促进水生植被生长。而以水生植被构建起的生态修复系统，让东湖的自净能力得到有效恢复。在东湖绿道一期、二期工程建设过程中，大量种植沉水植物和挺水植物。同时缓坡、绿地、湿地等生态元素，打破了过去环湖路与水体的界限，将整片湖泊纳入统一的生态系统。除了种草、养鱼的水生生物和动物等方式，生态补水也是生态修复的有效手段。

“大东湖”生态水网构建工程，也称武汉“六湖连通”工程，是以东湖为中心，以东沙湖水系、北湖水系为主要组成部分的江、湖、港、渠组成的庞大水网，区域国土面积436km^2。工程将东湖、沙湖、北湖、杨春湖、严东湖、严西湖6个主要湖泊连通，实现引江济湖、湖湖连通，从而实现改善武汉地区水生态环境的目标。按照规划，工程远期还将拓展到与汤逊湖水系中的南湖、汤逊湖以及与梁子湖水系连通。通过水生态保护与修复措施，使整个“大东湖”水系的水生态环境得到改善，重建多样性的动植物生长、栖息、繁殖场所。

四、景观水体生态修复技术的分析与讨论

近些年，国内对景观水体生态修复技术进行了大量的试验研究，并取得了较多试验参数及理论依据，但大多数技术研究局限于实验室阶段，缺乏实际、详细的运行资料。在我国，河流、湖泊等水域类型众多、地形环境复杂多样，而且当前生态环境的污染已经从点源污染（point source pollution）逐渐发展到面源污染（non - point source pollution），导致水生态污染来源复杂化、污染类型多样化，且污染程度渐高等问题，大大加深了我国水环境治理的难度。生态修复技术在景观水体治理中会受到各种因素的影响，同时也存在一定的缺陷和不足。

（一）人工湿地

人工湿地的污水处理效率受到内部水力学特点、生物降解反应、湿地系统承载力，以及外部气温差异、区域特征、进水负荷等多方面的影响，并且占地面积大，易受病

虫害影响，生物和水力复杂性加大了对其处理机制、工艺动力学和影响因素的认识理解，设计运行参数不精确，出现因设计不当使出水达不到设计要求或无法达标排放，反而成为污染源。另外，根据已有数据，当上下表面植物密度增人时，人工湿地系统处理效率提高，在到达其最优效率时，需要 2 ~3 个生长周期，所以需建成几年后才达到完全稳定的运行状态，多方面的因素导致人工湿地在实际运用中受到较大制约。人工湿地中水生植物耐寒性、填料基质堵塞、进水管控、系统负荷等将是今后人工湿地研究的重点。

人工湿地治理技术是一种较好的污水处理方式，尤其是充分发挥资源的生产潜力，防止环境的再污染，获得污水处理与资源化的最佳效益，因此具有较高的环境效益、经济效益和社会效益，比较适合吃力水量不大、水质变化较小、管理水平较低的城镇污水，如我国农村中、小城镇的污水处理。人工湿地作为一种污水处理的新技术有待于进一步改良，有必要更细致地研究不同地区特征和运行数据，以便在将来的建设中提供更合理的参数。

（二）生态浮岛

生态浮岛作为一个较为新型的水体净化技术，在国内外河流、湖泊水质改善及生态治理中得到较为广泛的应用。浮岛材料及浮岛植物作为生态浮岛技术的重要组成，直接决定了生态浮岛技术的处理效果。目前，普遍用到的浮岛材料抗风浪性、牢固性以及耐腐蚀性并不理想，如塑料块、泡沫板等材料的抗风浪能力较差，基本无法重复利用；浮岛植物普遍存在根茎容易腐烂的问题，如美人蕉、千屈菜和菖蒲长期淹没在水下容易出现腐烂的问题；生态浮床植物的根系长度有限，较难对深部水体进行有效净化。此外，由于生态浮岛只重视水质处理效果，而缺乏后期维护及相关技术措施，导致植物秸秆、根茎不能及时处理，成为又一个难题。研发结构稳、质地轻的新型浮岛材料，寻找耐寒、耐水的水生植物，以及建立完整可行的生态浮岛配套技术措施，将是影响生态浮岛技术突破性发展的重要因素。

（三）水生动物

水生动物作为生态系统的一个重要组成部分，其作用也将较大地影响水生态系统净化的效果。利用水生动物进行水体净化，必须考虑生物种群的关系，主要是因为水体中生物种类和数量的改变会影响到其他生物种群和数量的变化，对整个水体生物的稳定发展和运行产生不利影响。目前，由于国内针对水生动物修复水体技术的研究相对较弱，未能广泛应用到水体净化实际应用中，因此，需要根据生态位及食物链的角度，选择适合生态系统发展、不会造成重大破坏的动物种群及种类。良性的水体生态循环是保证和提高水体净化功能的重要前提。

（四）微生物

虽然微生物修复技术已应用到实际污水治理中，但利用微生物菌剂处理污染水体存在一定的环境适应性、生物安全性等问题。微生物具有随着环境的改变而发生变异的特性，对环境存在较大的不确定性，同时对人类健康有着潜在风险；用于污水处理的微生物菌剂产品多样化，多数单位或个体在盲目投放微生物菌剂处理污水前，缺乏安全性的检测评估，极易造成水环境的安全隐患；由于由于水环境中污染物成分复杂、多样，而当前国内微生物菌剂产品的菌种单一、功能低效，不能满足水环境中污水处理的需要，缺乏复合、高效、专一的新型菌剂。因此，加强微生物的筛选与驯化，特别是针对不同微生物协调共生关系的研究，同时借助基因工程技术手段，培育和制备出安全、高效的污水净化微生物菌种（或复合微生物菌剂），将推动微生物菌剂在水体净化中应用。

（五）生物膜

生物膜技术在实际应用过程中，会存在生物载体上附着的微生物数量和种类较少、生物膜结构形成困难等问题，这主要与生物附着物（载体）的结构和特性有着极大关系。目前，应用的生物膜载体主要有琼脂、藻酸钙等天然高分子载体和聚乙烯（PE）、聚丙烯（PP）、聚苯乙烯（Ps）、聚氨酯（Pu）等合成高分子载体。天然高分子载体的生物相容性好、传质性能强，但压缩强度弱、耐生物分解性差；而合成高分子载体与之相反。由于微生物附着物（载体）的结构和特性对微生物的附着有较大的影响，亟须研发出生物相容性强、传质性能强、压缩强度高、耐分解、环保、可重复利用等特点的新型生物膜载体材料，以克服生物膜技术在污染水体修复和治理中的缺陷。

（六）稳定塘

生物稳定塘是高效性、集中性污水处理技术，但目前稳定塘技术存在较多不足，如处理周期较长、占地面积较大、积累污泥严重、容易散发臭味和蚊蝇滋生等问题，导致稳定塘有效池容量较小。另外，稳定塘的处理效果也受气候条件变化影响较大。随着研究和实践的逐步深入，在原有稳定塘技术的基础上，已发展出更多新型稳定塘技术和组合塘工艺，比如水解酸化 + 稳定塘工艺、气浮 + 氧化沟 + 稳定塘工艺、微电解 + 接触氧化 + 稳定塘工艺、混凝 + 生物膜曝气池 + 氧化塘法等多种组合工艺技术”。这些技术的不断出现将进一步强化厂稳定塘的优势，也弥补了原有技术的不足。

五、结论与建议

随着我国生态文明城市的建设和发展以及人民对环境需求的日益提升，河湖等景观水体的环境质量越来越重要，景观水体的污染治理必将成为继工业废水处理、生活污水治理后的新型领域。针对目前我国城市景观水体的现状，只有根据景观水体污染治理的实际情况，选择合理修复治理技术及工艺，将不同修复技术进行优化组合、取长补短，发挥各自优势，共同作用于景观水体污染治理中，同时严格实行截污减排措施和环境保护管理制度，才能在我国城市景观水体环境治理中取得显著效果。

参考文献

[1] 王艳春，李延明．北京公园水体污染原因分析及治理现状调查［J］．环境科学与技术，2006，29（11）：50－54.

[2] 董哲仁．河流生态恢复的目标［J］．中国水利，2004（10）：6－9.

[3] 赵学敏，虢清伟，周广杰，等．改良型生物稳定塘对滇池流域受污染河流净化效果［J］．湖泊科学，2010，22（1）：35－43.

[4] 唐林森，陈进，黄茁．人工生物浮岛在富营养化水体治理中的应用［J］．长江科学院院报，2008，25（1）：21－24.

[5] 辛学谦，龚方，谭乐义，等．环保微生物菌剂及其安全性研究现状［C］//2011 食品安全技术与标准国际研讨会暨 AOAC 中国区会议论文集，2011.

[6] 中国水利部．中国水资源公报 2011［EB/OL］．中国水利部网，2013.

[7] 高俊峰，蒋志刚，等．中国五大淡水湖保护与发展［M］．北京：科学出版社，2011.

[8] 申锐莉，张建新，鲍征宇，等．洞庭湖水质评价（2002—2004 年）［J］．湖泊科学，2006，18（3）：246－248.

城市滨水空间河湖生态景观设计

——以龙溪湖湿地公园为例

王瑶瑶　张尚燚　王　玮　陈　兵

长江勘测规划设计研究有限责任公司

一、河湖生态保护与修复规划理论

河湖生态修复是通过适度人工干预，修复受损河湖的物理、生物和生态过程，使其较目前状态更加健康、稳定和可持续，同时提高河湖生态系统价值和生物多样性。河湖生态保护与修复规划理论遵循与社会经济协调发展、提高空间异质性景观格局、流域尺度规划、以生态自我修复为主人工适度干预为辅、与资源管理相结合的原则。

河湖生态保护和修复的涉及领域广泛，不同学科从不同角度形成了以河湖生态系统和河湖廊道空间为主的研究理论，如：河湖连续体理论、洪水脉动理论、四维系统理论、河湖不连续理论及河湖复式断面过流理论等。

河湖连续体理论提出河湖生境异质性最强、生物多样性最高的是中游区段，因此，更加注重对河湖中游的分析在河湖生态修复设计中十分重要。洪水脉动理论指出水流脉冲是河湖物质交换的动力，因此，受水位变化产生的淹没、半淹没的洪泛区是进行河湖利用时重点考量的区域。四维模型理论从横、纵、竖向化及时间四个维度提出竖向河床的深潭、浅滩是自然河湖生态系统的重要结构，对于多栖息地的营建及河湖结构稳定都有着重要的作用。河湖不连续体和复式断面过流理论指出人造大坝会阻断河湖的连续生境，而复式断面河道则有助于洪水通过，并能够促进质量交换。在城市河湖生态修复和城市滨水空间景观营造中，应综合考虑这多种理论，并与场地实际情况进行结合。

二、城市滨水空间生态景观

城市滨水空间是城市开放空间的重要组成部分，城市滨水生态景观的发展源于社会的发展和人们对滨水空间的不断认识。随着生态学的发展，人们逐渐意识到传统的直线型硬质驳岸不仅不能有效地解决河湖问题，而且还会造成严重的河湖生态破坏问题和景观风格雷同的难题。如何对河湖进行保护与修复性建设，兼顾生态与休闲是城市滨水空间规划当前面临的困境。城市滨水空间的景观设计不仅要融合多种功能需求，同时还要把握河湖生态与城市建设发展的平衡，实现滨水景观建设带动城市发展。

城市滨水空间生态景观要从宏观角度构建河湖生态景观廊道，也要从微观角度研究与地区社会发展相结合的建设方案，兼具自然景观、人工景观、人文景观，涵盖生态功能、文化展示功能、休闲娱乐功能、交通航运功能、科普教育功能等。

城市滨水空间生态景观设计中的生态修复措施主要包括生态驳岸设计、湿地景观营造、植物品种的选择和植物组团的设计，以及海绵城市理念的应用。生态驳岸一般采用植物或石头等自然材料，形成具有很强渗透性的水堤。它可以有效调节水位，并且还能通过丰水期、枯水期河水与地下水的下渗、反渗过程，沉积泥沙，达到净化水质的目的。湿地可以独立构成一个完整的生态系统，利用其过滤、吸附、沉淀、离子交换、微生物分解、植物吸收这一过程也可以净化水质。园林植物可以过滤、吸收有害物质和阻隔放射性物质净化空气、吸滞粉尘、降温增湿、杀灭细菌、保持水土，是进行生态景观设计的必要措施。运用海绵城市理念进行滨河绿地景观设计包括用透水材料、雨水花园、下沉式绿地等组织排水，以慢排缓释和源头分散控制为主要策略。通过以上措施的运用可以保证河流水岸线生态稳定性，保障生态系统的健康和谐，调节滨河空间小气候，激活河流对人类社会的滋养功能。

三、龙溪湖湿地公园生态景观设计

1. 现状解读

湿地公园位于龙溪河高铁片区域，上起横二路，下至横三路，西临纵二路，东靠纵三路，呈带状分布。东西向总体宽度介于 150 ~ 290m 之间，南北向全长 1.8km，规划用地面积 65 万 km^2（图 1）。

龙溪河由北向南流经规划区，为常年性流水河沟，流量受季节性影响较大，水质受上游工厂工业污水、养殖场废水直接排放污染较严重。规划用地范围内地形属丘陵地形，四周群山环抱，中部多丘陵山包，地形复杂（图 2）。地势南高北低，南部多山，高差较大，北部较平缓，区内中部被由北至南流向的龙溪河常年冲刷成沟谷，规划区东西两边为自然山体。龙溪河河道蜿蜒弯曲，河谷呈不对称的 V 形，河底高程 247 ~ 290m，两侧地形坡度一般为 5° ~ 20°，局部达 30° ~ 40°。河谷现状为梯田，植被分布较广，绿地量较大，有进行生态湿地建设的基础。

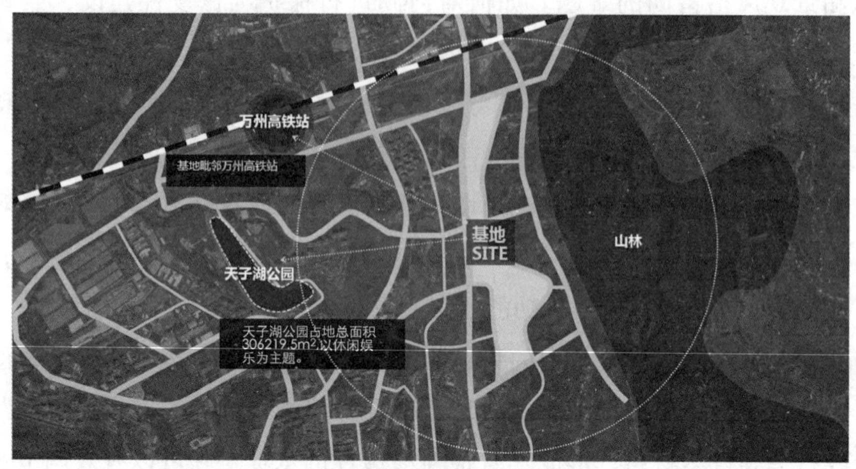

图 1　工程区位图

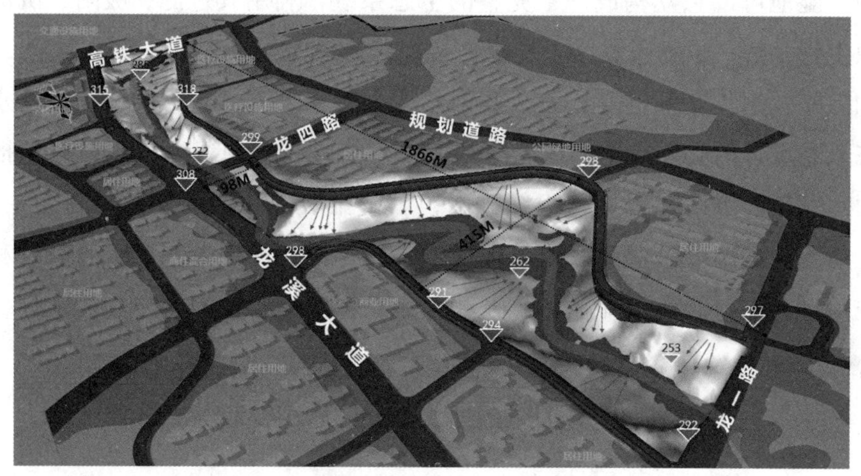

图 2　工程区立地条件分析图

2. 问题分析

工程区为典型山区峡谷地形，河道高程 248～282m，龙溪湖为山区性河湖，河水位受季节性变化高差较大景观需要考虑水文。同时，场地四周道路与公园高差较大，人行可达性较差。降低了游客的参与性，同时存在一定的安全隐患。基地内现状道路复杂，存在一定的设计难度及施工困难的问题。因此，方案设计要考虑如何在高差大的情况下保证人的参与性、配套服务设施的成长速率、基地开发建设与生态保护的权衡等方面的问题。

在河湖水利建设方面需要解决以下问题：水源的补给水量能达到多少？水面高程如何控制保持景观设计常水位？水坝与防洪及排沙的关系？怎样解决洪水期对景观的影响？怎样满足枯水期的亲水性？如何保持水体清洁，实现生态净化？

四、河湖生态保护与修复策略及方法

通过计算工程范围内上游汇水面积 16.33km²，20 年一遇洪水流量为 $116m^3/s$，50 年一遇洪水流量为 $145m^3/s$。丰水期正常流量 $1.5m^3/s$，水域面积 6.2 万 m^2，容量 24.8 万 m^3。枯水期据推算，2 天内可以实现整体换水。枯水期流量 $0.3m^3/s$，10 天内可以实现整体换水，同时区域内的雨水通过雨水花园汇入龙溪湖，可以有效增加水源流量。

通过设计景观主溢流坝来控制景观设计常水位。主溢流坝位于工程区北部，高程 260.0m 处，其选址结合平面及纵断面分析：由平面图分析（图 3），此处上游为大面积的开阔平坦河道，下游则为河谷，此处筑坝，坝长适中，下游河道宽度适中，且为喇叭口缩窄地形，适合布置坝下游观景设施；由河道纵断面图分析（图 4），工程区上游有约 1km 的平缓河道，下游河道深切，在此处拦水，一方面可减小坝高，另一方面下游以较少的工程措施形成深潭，便于跌水消能。综上所述，所选位置布置景观溢流坝，地形条件良好，工程量适中，壅水及景观效益良好。

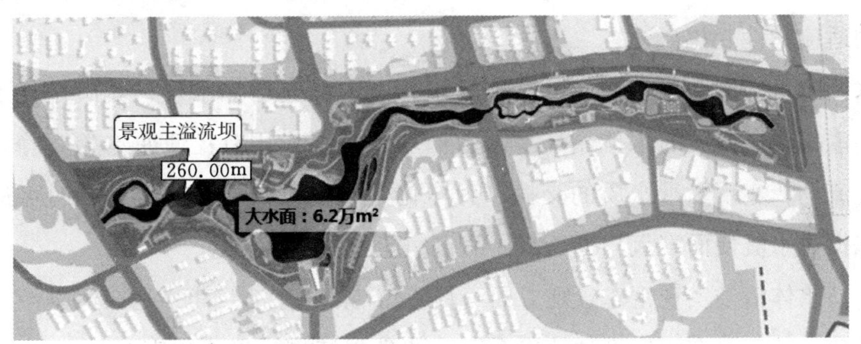

图 3　景观溢流坝选址平面图

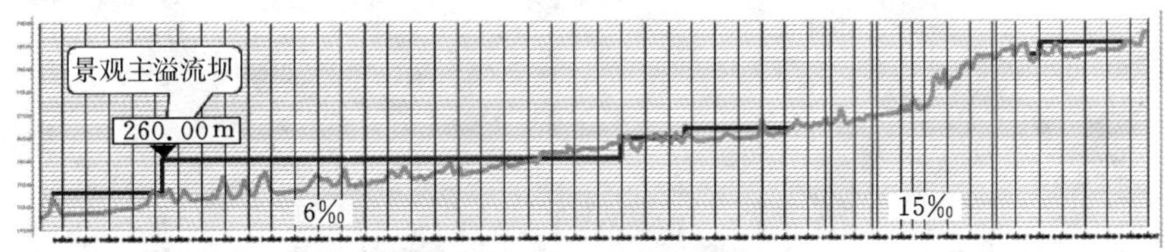

图 4　景观溢流坝选址河道纵断面图

在水坝与防洪及排沙的关系方面，策略有二，包括设置水坝后 100 年洪水位壅高 2m，高程比龙溪湖大道低；水坝底部增加排沙孔。拟设计坝体为混凝土结构，薄壁、曲线造型。满足景观要求，外观优美，形成跌水瀑布效果（图 5）。高壅水，形成上游人工宽水面。非洪水期由堰顶过水，洪水期因泥沙较多，可开闸排沙，同时可加大排洪流量。上游淤积时，可定期开闸排沙。

图5 拦水坝设计图

洪水期对景观的影响主要从三方面解决，一是以弹性景观为出发点，策划适应不同水位变动的活动体验，常水位设置亲水步道，洪水位以上设置驿站等永久建筑物；二是亲水场地以缓坡形态为主，减少洪水对其的不利影响；三是根据水位变动种植不同的植物适应弹性变化。

枯水期亲水性问题首先要通过城市雨水管网的补充增加水量，其次是将下游水泵送到上游以实现区段内的水体循环。水力循环的主要作用有：使原本相对静止的水体产生缓慢流动，实现水量水质的交换，为净化处理提供必要的基础，同时可通过水力推动设施提供水流便面富氧，提高水体的自净能力。

在保持水体清洁实现生态景观方面（图6），策略有三，其一是在河湖源头设置拦污浮筒排票；其二是在河岸带种植根系发达的各类植物，形成生态过滤带，依靠植物

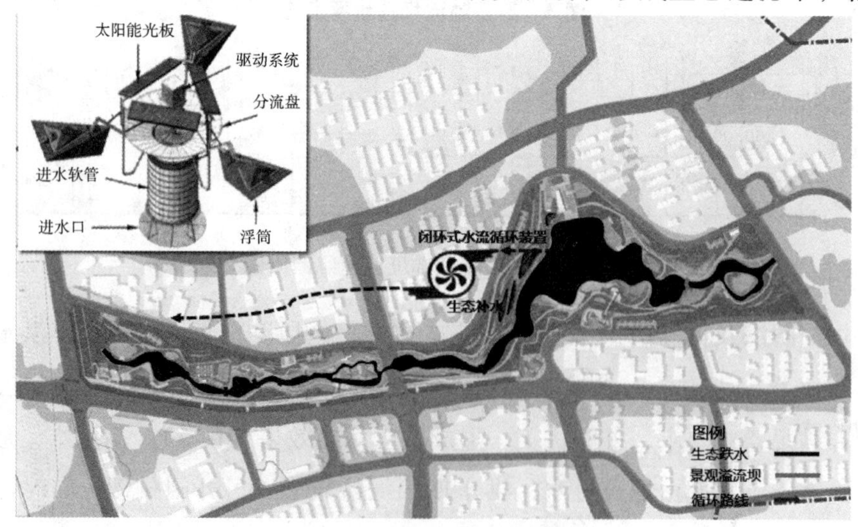

图6 枯水期水体净化设计图

的吸收营养盐、过滤和减缓波浪的作用对水体进行沉淀和净化等；其三是在市政排水出口设置前置塘和人工湿地系统，拦截并吸收中水中的有机物及N、P元素。

五、生态景观设计策略及方法

（一）合理规划生态景观设计目标及范围

本次规划设计将生态作为城市发展的基本原则，将河湖融入城市；在行人友好、以人为本原则上打造万州亲水公共空间；提升周边土地价值，为推进万州城市发展建设提供基础。通过聚人气、述文脉、兴水岸的策略，激活龙溪河湖汇聚水岸，重述历史取水做轴，再现水城依水而兴。以场所湖山见证不同时节水的状态，见证不同时期城市的发展，见证龙溪湖湿地公园基础的形成。

规划范围在现状基础上进行微调，保证新建建构筑物在50年一遇洪水位线以上，同时亲水平台接近设计常水位线，保证岸线的亲水性。设计水面最宽处位于未来主入口处，宽度为165m，最窄处位于场地中央、规划道路以下，宽度为6m。

在前期水文分析的基础上，本次水系规划将不会对现状水体造成影响，同时通过规划形成更开阔的水面及更丰富的水景观环境，在此基础上提出“一溪二滩三瀑一湿地”的水系规划格局——“一溪”：龙游曲溪；“二滩”：五彩石滩、余晖沙滩；“三瀑”：溪谷叠瀑、龙溪飞瀑、烟雨瀑涧；“一湿地”：乐活湿地。

（二）多维度修复空间结构，营造多生境环境设计

1. 游憩空间设计

游憩空间设计为三大分区——城市门户展示区、森林花谷生态区、氧心湿地休闲区，形成丰富的多重城市景观空间，包括一条可追忆的五彩叠溪，一条隐于林间的健康绿道，一条记录历史的文化时间轴，一片浮于湖面的生态花谷，两段依山就势的空中栈道，三条快速通达的架空连接道，多条融合生态景观的亲水步道。整体交通体系形成以环状绿道为核心，以景观步道为辅助，以架空步道为特色的交通流线。

2. 竖向设计

地形设计以原始地形为基础，通过微地形整理突出山城地形特色，形成自然的山水格局。

3. 水岸带

水系建设在满足行洪的要求前提下，尽量避免硬质驳岸，采用多种生态驳岸，营造河岸近自然陆地水生动、植物生长栖息地，打造形式多样、体验丰富的水景岸线。规划三种水岸形式：自然生态水岸、沙滩/石滩水岸、亲水平台水岸。

4. 生物多样性设计

提升生物多样性，保护原生生态系统。统筹考虑各类动植物栖息、觅食、飞行、游憩等需求，保护动植物栖居环境；同时增加景观树、宿根花卉等，提高生物多样性和生态系统稳定性，形成植物、溪地、雨水构成的互补稳定结构。植物是生态系统的生产者，是其他动物生长和新陈代谢所需能量的重要来源，确保生态系统中植物、溪地、雨水等各要素相互作用，构成稳定的生态环境。具体措施包括：其一，营造秋色叶风景林/背景林，在山坡、河谷边际种植秋色叶植物，改善常落比，丰富季相变化，形成秋色叶风景林、背景林，整个公园常落比应控制在7∶4；其二，林窗/山林/河谷开敞带增花添彩，设计形成自然林窗、河谷滩地开敞空间，营造缀花草甸植物氛围，全园花灌木占比大于30%，开花地被占总绿地面积大于20%；其三，营建特色海绵植物区，充分利用现状地形形貌水体资源，结合湿地公园建设，通过耐水湿植物景观设计，营建特色海绵植物区。

5. 时间维度利用与景观组织

时间维度的利用围绕植物景观的营造和公园活动策划展开。就植物景观设计而言，本次设计以植物群落为基础，打造层次丰富、疏密有致的植物空间；以植物主题为载体，将场地功能与本土传统植栽手法结合；以植物季相为线索，构建四季可赏、绚丽多彩的植物景观；以植物景观为催化剂，吸引市民、提升区域土地开发价值。

在公园活动策划方面，针对不同季节组织不同类型的活动，如上半年可举办草地音乐节，音乐爱好者以山林为背景，以草地为舞台，吹奏演唱，陶冶情操；花谷赏花节，在百花齐放的季节，组织写生，摄影及歌舞活动，引导人们参与收获乐趣；徒步旅行节，丘林运动集会，以山林和河湖为背景，沿游线完成徒步跋涉的运动旅程。下半年可举行秋游聚会、彩绘艺术节等活动，为亲子活动、露营、聚会提供场所，为艺术爱好者提供展览交流的平台。

（三）控制人为活动干扰，引导景观可持续发展

居民对城市滨水空间有着大量休闲游憩的需求，满足人们的需求固然重要，但是更重要的是长时间满足人们的需求，这就要求我们要从生态保护的立场出发，适当控

制人们在滨水空间的活动内容及活动范围。

六、结　　语

现代人对城市河湖的要求不再是单纯的自然景观，而是集休闲、娱乐、文化、景观等多种功能为一体的自然人文景观。改善河湖生态景观，发挥河湖的生态效益，必须改变以水利工程建设和形式简单的景观绿化为主要目的治理方式，应运用景观设计学和生态学等学科的原理和方法，深入探索河湖生态景观的内涵、设计思想与内容，保护和恢复河湖生态系统。水利工作者更应顺应社会发展的需求，提出新时期城市河湖建设的理论，为建立和谐的现代人水关系奠定理论基础。

参考文献

[1] 黄锦辉，赵蓉，史晓新，等．河湖水系生态保护与修复对策［J］．水利规划与设计，2018（4）．
[2] 林俊强，陈凯麒，曹晓红，等．河湖生态修复的顶层设计思考［J］．水利学报，2018（4）．
[3] 贾超，虞未江，李康，等．水生态文明建设内涵及发展阶段研究［J］．中国水利，2018（2）．
[4] 鄂竟平．形成人与自然和谐发展的河湖生态新格局［J］．中国水利，2018（16）：1－3．
[5] 游小文．城市滨水区休闲空间规划研究［D］．上海：同济大学，2007．
[6] 张涵．城市滨水区绿地生态空间构建的初步研究［D］．哈尔滨：东北林业大学，2003．
[7] 刘滨谊．自然与生态的回归——城市滨水区风景园林低成本营造之路［J］．中国园林，2013（8）．
[8] 崔国成．生态过水坝设计［J］．东北水利水电，2007，25（270）．
[9] 马建华．以习近平生态文明思想为指引全面推进长江流域水生态文明建设［J］．人民长江，2018（12）．

浅析黄河水利风景区对生态水利建设的影响

张桂艳　王　旭

山东黄河河务局经济发展管理局

一、生态水利的定义及涵盖内容

水是生命之源，水是保障地球充满生机的必要条件，水影响着人类的活动，人类的繁衍生息离不开水，世界上著名的尼罗河、幼发拉底河、底格里斯河、印度河、黄河造就了人类文明。人类的祖先依河而居，对水的认知由浅变深，对水的利用也愈加系统、科学。为了保护水资源、保护人类赖以生存的生态环境，人类对水生态环境越来越重视，提出了建设生态水利的发展思路。

所谓生态水利是人类文明发展到一定时期，对人类赖以生存的生态环境有了科学认知的情况下，对水资源保护和利用并行的一种途径和方式。生态水利以尊重和维护生态环境平衡为前提，以节水防污为原则，开发水利、发展经济，为人类社会的可持续发展提供服务。

生态水利建设与传统水利建设相比较，更加关注水利工程建设对生态环境的影响，是在综合考虑人口、社会经济、当地自然环境等因素前提下进行的，其建设内容涵盖水资源保护、经济发展、环境优化、水文化传承等多个方面。其目的就是实现水资源的可持续利用，满足人类社会发展的永久用水需求，与发展民生水利的目标是一致的。

生态水利建设是宏观的，也是具体的。就宏观而言，生态水利建设和发展与人类的繁衍生息息息相关，是整个社会全人类的共同任务。其建设内容却是具体的、细微的，具体到每条河流的开发与治理，甚至每一段河流的建设与保护。

在十八大以后，我国以建设“美丽中国”作为生态文明建设的目标，水利部提出了加强水生态文明建设的理念，水生态文明融入到水资源开发、利用、治理、配置、节约、保护的各方面和水利规划、建设、管理的各环节，也引起了社会各界和各级政府的重视。我国当前的水生态环境有了明显改善，但水资源缺乏、水环境治理的问题仍长期存在。其主要原因：一是 20 世纪我国经济快速发展，尤其一些高污染企业的发展对水生态环境造成了严重的污染；二是传统水利工程只注重了工程的实用性，甚至一些河流的人为取直、坡岸、堤坝硬化，导致原本寄居于河道的水生动植物无法生存，破坏了原有的生态平衡；三是城市的快速发展，高楼大厦逐渐代替了农田、湿地，尤其是水域、湿地的减少，降低了大自然的自我修复功能；四是一些外来物种的入侵，破坏了原有的生态环境。因此，生态水利建设任重而道远。

二、山东黄河水利风景区

（一）山东黄河水利风景区发展现状

黄河水利风景区是指以黄河水利工程为依托，具有一定规模和质量的风景资源与环境条件，可以开展观光、娱乐、休闲、度假或科学、文化、教育活动的区域。

黄河流经山东菏泽、济宁、聊城、泰安、济南、德州、淄博、滨州、东营等 9 市 26 个县（市、区），全长 628km。沿黄共有各类堤防 1523km。近年来，山东黄河河务局以提高工程抗洪能力、发展民生水利、传承和发展黄河文化为切入点，结合黄河标准化堤防建设，统筹协调防洪工程建设和景观建设，美化工程环境，使黄河两岸工程基础设施建设、自然生态环境得到了较大改善。经水利部审批，在黄河山东段共有 9 处国家级水利风景区，分别分布在滨州、东营、聊城、淄博、菏泽、德州等地。这些景区在维护工程安全、涵养水源、保护生态、改善人居环境、拉动区域经济发展等方面起到了积极作用。

（二）山东黄河水利风景区特点

山东黄河水利风景区均为自然河湖型景区，沿黄河大堤分布，因其地理位置的相似，形成了共同的特点。山东黄河水利风景区具有开放性和公益性的特点。开放性，山东黄河水利风景均依河而建，区域狭长，景区与多条乡村公路连接，为了交通便利和便于周边居民进入景区休憩，所有景区都没有建设围栏。公益性，黄河山东境内 9 处水利风景区并不以盈利为目的，均免费向游客开放。旨在宣传黄河文化、优化生态环境，推进生态水利的建设与发展。

三、山东黄河水利风景区对生态水利建设的影响

（一）景区绿化改善了沿河两岸的生态环境

昔日山东黄河两岸大堤，生态环境比较恶劣，可以说是“无风三尺土，张口一嘴泥”，严重影响了周边居民的生活。为了提升景区环境，山东黄河河务局坚持“以林为

主，适地适树，植满植严，大力发展生态林，适当发展经济林，重点发展花卉苗木”的工作思路，激励全局干部职工积极参与植树绿化工作。经过多年努力，山东黄河形成了长1000多公里，宽200多米的绿色长廊，各类树木达2300多万株，林木覆盖率达99%。据粗略估算，沿黄2300多万株的林木每天可以吸收5000多吨二氧化碳，释放出3700多吨氧气，负氧离子含量高于周边地区几倍，为改善沿黄城乡的空气质量，改善人民居住环境做出了重要贡献。

各景区种植了大量造型美观的各类花灌木、成方连片的经济林，整修草坪，形成了绿茵铺地、美化树株高低错落、花木相互搭配的立体绿化格局，四季树秀绿，春夏花斗艳，秋季果飘香。其中，济南百里黄河风景区建成了黄河流域规模最大的银杏林带，面积2000余亩，绵延20多公里，成了周边居民拍照、赏秋的重要景点。

（二）景区建设促进了水文化的发展

黄河、黄河险工是景区的主要组成部分，各景区依据不同工程特点和治河历史建设人文景观，传承黄河文化。济南泺口险工是我国四代领导人视察山东黄河的地方，为此建立了党和国家领导人视察黄河纪念碑，记录了几位伟人对山东黄河的指示。为突出黄河的历史地位，精心制作了4处历代治河方略石雕，分别将远古大禹治水、汉代贾让治河三策、明代潘季驯束水攻沙论、当代王化云“上拦下排，两岸分滞”防洪方略以及“维持黄河健康生命”治河理念，按照金文、小篆、楷书、宋体等字体演变和书案竹简、线装书籍、笔记本电脑等文化载体的传承顺序，制作成雕塑小品，让人们了解治河历史的演变过程，感受当代治黄事业的巨大成就和黄河水文化的丰富内涵。德州风景区的南坦险工是黄河第一只机淤固堤吸泥船的诞生地，景区在此修建了“红心广场”，设立了一尊气势恢宏的主题雕塑——黄河之星，以此纪念治黄史上这一伟大创举。淄博黄河风景区的马扎子险工决口堵复处，建成了题为“警钟”的大型石雕，警示后人要铭记历史，居安思危。邹平黄河水利风景区精心打造了“邹平黄河文化主题风景区”，融历史人文文化、工程防汛文化、法制廉政文化等内容于一体，利用浮雕展现了7种黄河河工技术，并修砌了12个坝型和18种砌石工艺，用以展示黄河筑坝和石方工艺。菏泽黄河水利风景区建立了三省抢险纪念碑，纪念黄河抢险的胜利。游客在领略黄河风光的同时，也可以了解黄河文化和人民治黄所取得的伟大成就。

（三）景区建设促进了人水和谐发展

随着自然景观和服务设施的不断完善，景区旅游观光人数与日俱增，已成为广大人民群众休闲、娱乐、健身的理想场所，尤其是乡村附近的地段，农闲时节或茶余饭后，周边群众三三两两闲坐岸边，迎风拂柳，看落日余晖。黄河越来越受到沿黄群众的热爱，他们称赞说，“黄河已经成为了山东沿黄地区的景观河、幸福河，大大提升了沿黄人民的幸福指数，对山东沿黄做出了很大贡献”。

黄河各景区景点不但成了人们节假日旅游、休闲的好去处，而且也为广大群众提供了一个认识黄河、亲近黄河的平台，当地一些机关事业单位、大专院校和中小学校把景区辟为生态教育基地、科研实习基地和爱国主义教育基地等，加深了人们对黄河水文化的丰富内涵和人民治黄伟大成就的认识。

（四）景区建设，提高了工程抗洪能力

黄河的主要特色是黄河水和黄河工程。黄河险工常年靠水，汛期洪水时，险工前水流湍急，漩涡接连不断，蔚为壮观，常吸引游客来此参观、游览。为此，景区以自然、生态景观建设为重点，对临近城市、交通方便、景色优美的险工进行了大规模的建设和改造，不仅极大改善了景区的自然景观和工程景观，而且有效提高了工程的防洪强度。济南百里黄河风景区里的主要景点——泺口险工坝岸改造成坡度平缓的砌石坝，不仅更加整齐美观，而且有效提高了坝体的稳定性和抗洪强度。淄博、滨州黄河水利风景区在建设过程中，拓宽了淤背工程的宽度和建设标准，提高了工程的防洪能力。

随着风景区知名度的不断提高，游客数量不断增加，尤其节假日，人员、车辆、摊贩数量激增，风景区的管理运行难度不断加大，逐渐暴露出资金短缺、运行管理体制不顺、交通压力大、卫生、安全隐患增大等问题，这些问题的存在无一不限制了景区的发展。

四、以景区建设为载体，推进生态水利建设的几点思考

（一）充分认识景区建设是推进生态水利建设的重要手段

黄河水利风景区建设是以保障防洪工程安全、保护水资源为基本原则，以实现水资源的可持续利用为主要目的，其主要工作内容就是改善区域环境，提升防洪工程质量，优化景观内容，宣传黄河水文化，让人民群众享受到水环境治理的成果，并在享受“青山绿水”的同时，领悟水利建设的发展与自身生活息息相关，在亲水、游水的同时自觉形成爱水、节水意识，自觉弘扬水文化，促进生态水利建设。

因此，通过加强黄河水利风景区建设与管理，势必推动生态水利的建设。一是通过景区建设，改善区域环境，包括景区绿化、景观美化、交通等基础设施完善等方面，推进人水和谐局面的发展；二是通过景区建设，可以提高黄河防洪工程抗洪能力；三是通过景区建设，可以有效地宣传节水资源保护和防洪基本知识，帮助人们树立节水

意识，促进水资源可持续利用。可见，黄河水利风景区建设内容及其承载的各项功能都是生态水利建设的重要组成部分和重要基础。

（二）以强化水利风景区管理为手段，为水资源保护提供保障

《水利风景区管理办法》明确规定“水利风景区以培育生态，优化环境，保护资源，实现人与自然的和谐相处为目标，强调社会效益、环境效益和经济效益的有机统一”，并要求“水利风景区管理机构应当做好水、土、生物及人文资源的保护工作，对宜林、宜草区域按照生态和美化要求修复植被，并按照有关要求有效处理垃圾、污水等”，为景区内的水资源保护提供了制度保障。

各景区单位以强化水利风景区建设与管理为手段，保护水资源，推进生态水利的发展。尤其地处黄河入海口的黄河水利风景区，河海连通、物种独特，而赖以生存的生态环境脆弱，加之当地的水资源匮乏，因此依托强化景区管理，加强水污染防治、疏通河道，保障河口湿地的生态用水、维护生态环境尤为重要。

（三）拓宽融资渠道，推进黄河水利风景区建设

资金缺乏是山东黄河水利风景区建设工作中存在的较为共性的问题。景区本身是公益性的，没有任何收入，景区建设及日常管理资金主要靠黄河管理部门多方筹措，资金来源没有固定渠道，后续投入跟不上，致使景区无法正常开展工作。多措并举、保障资金供给已成为景区建设与管理工作的当务之急。一是争取在水利工程建设立项时将水利风景区规划、建设纳入整体水利项目建设规划，把建设水利工程和建设水利风景区统一于一体，做到建一个工程形成一个靓丽景点，塑造一个生态家园，满足一方人民群众物质文化的需求。二是将水利风景区的维护管理纳入工程维修养护的范围，核增水管单位的维修养护经费。三是吸纳社会资金，积极参与景区建设与管理。在不影响防洪工程安全和生态环境的基础上，允许社会资金进入，水管单位与社会团体或企业共同建设或经营开发一些旅游产品，以创收来促进和维护景区的发展。四是水利部向国家发展和改革委员会或财政部等相关部委申请专门资金，用于水利风景区的日常维护和公益项目的建设。

（四）树立水利风景区建设的大局观

水利风景区建设与管理涉及防汛、工程管理、交通、卫生、城建等方方面面，关系复杂，情况千差万别，为了切实做好水利风景区建设与管理工作，必须处理好各方面的关系，加强协作配合，部门联动，形成合力。一是建议建立水利部门与其他部门的联动机制，明确水利风景区建设目标和功能，处理水利风景区不同投资和利益主体

之间的关系，明确各自的权利和义务，建立和完善良性运行机制，正确处理各方关系。二是将水利风景区建设与水生态文明城市建设相结合，纳入当地政府建设规划，统筹安排景区建设与管理，争取得到当地政府的政策支持或资金支持。

（五）建立健全水利风景区环境保护的政策体系

一是加大立法宣传，争取从国家、省级层面建立水利风景区监管法，从景区建设、生态环境保护、管理体制等方面，建章立制，规范水利风景区建设与管理，为景区管理和保护提供制度保障。二是水利部或建设管理单位提升水利工程建设标准，鼓励各单位结合水流域治理、防洪工程建设，从项目的立项、规划设计、投资与建设、发展与管理等方面，统筹考虑水利风景区建设与管理工作，推进水利风景区建设与管理工作。三是加强宣传，提高全民水利风景区生态环境保护意识。水利风景区建设与管理需要社会各界和人民群众的广泛参与，其成果更需要民众共同爱护。通过媒体宣传、设置宣传栏等手段，加强水文化、环境保护等宣传，进一步明确水利风景区生态环境治理与保护的重要意义，让该项工作成为地方各级党委、政府和社会各界的共识，积极动员全社会力量共同参与水利风景区建设与发展。

五、结　语

自 2003 年 12 月济南百里黄河风景区成为山东黄河段第一家国家级水利风景区以来，山东黄河水利风景区建设与管理工作已经开展了十五年，虽然在优化环境、水资源保护、水文化传承等方面取得了一定成绩，但近几年的发展颇为缓慢，进入了瓶颈期。如何突破资金、体制等方面的制约，推动水利风景区建设与管理工作进入新的发展轨道，成为当前亟待解决的问题，希望本文几条不太成熟的建议能有抛砖引玉之效果。

实施生态修复　提高东平湖水质

马广岳

黄委会山东黄河河务局经管局

一、东平湖及其水质状况

东平湖是黄河下游仅存的天然淡水湖泊，位于山东省泰安市东平县境内，总面积 $627km^2$，其中水域面积 $310km^2$，蓄水总量 40 亿 m^3，为山东省第二大淡水湖。东平湖东通大汶河，北接黄河，是南水北调东线重要的调蓄水库和山东省西水东送的水源地，在黄河防洪体系以及国家水资源配置战略上处于十分重要的地位。同时，东平湖又是历史上八百里水泊梁山的遗存水面，湖岸自然景观独特，人文景观众多，被誉为“小岱峰”的腊山与三面环山的“小洞庭”东平湖山水相依，湖光山色交相辉映，景色十分优美。目前，东平湖已成为省内外极具吸引力的旅游休闲度假胜地。

但是，随着流域经济的迅速发展，工业废水、农业用水和生活污水通过大汶河汇入东平湖，致使东平湖水体长期在地表Ⅴ类和劣Ⅴ类水之间徘徊。庞清江、窦素珍曾根据对东平湖调查、监测所掌握的有关水生生物资料的定量调查统计数据，得出东平湖整体已达中-富营养化程度的结论。孙栋等则通过分析东平湖水域的主要离子、pH值、透明度、叶绿素、溶解氧、高锰酸盐指数等理化因子的监测数据，认为东平湖属于富营养型或超富营养型湖泊。

作为南水北调东线工程最后一座调蓄水库，东平湖水质状况将对国家南水北调和山东西水东送产生重大影响。为此，山东省各级政府高度重视，多措并举，通过调整产业结构，集中对沿湖地瓜淀粉加工业进行综合整治，全面禁采东平湖河砂，实施大汶河流域上下游协议生态补偿措施等，目前东平湖水质较前有所改善。侯慧平用单因子评价法和模糊数学评价法分别对东平湖水质进行评价，结果表明，东平湖每年 4 月、8 月、10 月和 12 月的水质处于Ⅲ类以下水平，其他时间段水质状况并不容乐观，局部水域处于相当程度的富营养化状态。因此，应多措并举，继续对东平湖环境进行恢复和保护，进一步提高东平湖整体水体质量。

原中共中央政治局常委、国务院副总理张高丽曾说过：水就是环境，水就是金钱，水就是生产力。丰富和干净的东平湖水不仅是南水北调东线工程的需要，也是东平湖水利风景区建设与发展的基础。因此，加大大汶河流域环境治理力度，改善东平湖水体水质状况依然任重而道远。

二、生物-生态修复的概念与机理

（一）生物-生态修复的概念

治理富营养化水体的措施很多，比如采取法律手段、行政手段以及经济手段等。但仅从技术层面上分类，大致分为物理方法、化学方法、生物-生态学修复等方法。生物-生态学修复就是通过建立或恢复合理的生态系统结构、高效的功能和协调的关系，再现一个自然的、具有生物多样性的生态系统，并使系统达到自我维持、自我调节的能力。与物理、化学等方法相比，生物-生态学修复具有成本低、能耗小、效果好、污染小和有利于资源化等优点。因此，目前国内外越来越多的专家学者对利用生物-生态修复途径治理水污染给予高度关注。

（二）生物-生态学修复改善水质的机理

水中的微生物能有效分解有机物。水生植物的根、茎、叶可以减缓水流速度和消除湍流，过滤和沉淀泥沙颗粒、有机微粒；水中大型植被的快速生长可加大水底粗糙程度，减缓水流速度，促进有毒物质沉降；浮水植物发达的根系可以形成密集的过滤层，以过滤掉水体中的污染物质，使周围水体变清。沉水植物在湖泊低层能形成一道屏障，使低层营养物质溢出速度受到抑制；水生植物还能直接吸收无机氮、磷等植物生长所必需的物质并合成有机物质，通过植物的收割而从废水和湿地系统中除去。挺水植物的根系常在植物根系附近形成好氧、缺氧和厌氧的不同环境，为各种不同微生物的吸附和代谢提供良好的生存环境，其中厌氧状态有利于反硝化过程，从而能最大限度地除去水体中的 NO_3^-；一些水生植物对水体中的重金属有吸收富集作用，能将重金属以金属螯合物的形式蓄积于植物体内的某些部位，达到对污水的植物修复；有些水生植物还能向水体中释放化感物质抑制浮游植物的生长；另外一些水生动物可以通过食用浮游动植物来提高水的透明度。

三、东平湖生物-生态修复途径

（一）综合治理，提高大汶河、东平湖、南水北调进出东平湖干渠流域林草覆盖率

大汶河是黄河下游较大支流，并通过大清河汇入东平湖，大汶河流域生态环境对

东平湖水质影响巨大；南水北调工程建成后，来自千里之外的长江水要通过南水北调干渠进出东平湖，干渠周围的环境直接影响进出东平湖的水质。因此，应结合工程措施整治大汶河、东平湖、南水北调工程干渠流域环境。流域治理要坚持山、水、林、路统一规划，工程措施与林草措施、生态农业发展相结合，大力推进退耕还林、还草、还湿（地），适地适树（草），形成合理布局和结构，搞好封育管护，全面提高林草成活率和保存率。总之，通过以林（草）蓄水，将径流中的有机物和无机物过滤、吸收、滞留和沉积，有效提高出入（河）湖水质和东平湖调蓄能力。

（二）湖中引种水生植物

适当引种耐污能力强、喜温及耐寒、根系发达的本地植物以及具有观赏和经济价值的外来物种。东平湖拥有芦苇、慈姑、蒲草、菱、芡实、莲、黑藻等多种多年生水生植物，这些乡土植物不仅可以净化水体，有的还是草食性鱼类和河蟹的饲料，有的则具有重要的经济价值。这些物种适应性很强，便于管理，是恢复东平湖生态系统功能的首选。漂浮植物水葫芦属外来物种，原产于南美热带地区，适应于热带及亚热带气候，具有很强的水质净化能力，虽繁殖速度快极易成灾，但却无法在属于温带地区的东平湖越冬，不会暴发成灾，因此也可加以引进。在引种的具体操作中，应按生态学原理，考虑适当的群落配置，优化不同植物在水体中的生态位。如在湖岸向中心区依次栽种湿生植物、挺水植物、浮水植物和沉水植物等，形成以挺水植物为主的水陆交错带，有利于提高生态系统的水质净化效果。在引种水生植物的同时，还可运用景观生态学原理，引入园林设计理念，将治污与营造生态景观融为一体，促进当地旅游业发展。由于湖中植物生长迅速而聚集大量富营养化物质，如 N、P 等，所以要尽可能利用收割、捕捞等方式，将死亡了的水生植物从水中转移出来，防止其沉积水底而厌氧发酵，造成对水质的二次污染。

（三）放流特种鱼类，科学管理网箱网围

藻类对湖泊富营养化起着决定作用。治理富营养化除了除藻外，对浮游动物防治措施也不能忽视。因此，要逐步改善养殖结构，选定素有“水质净化机”之称的滤食性鱼类鲢、鳙鱼为主要放流品种，分批向湖区投放。据研究，东平湖放养鲢、鳙鱼最佳搭配比例为 7∶3，这个比例不仅可以通过鲢鱼摄食大量浮游植物，同时也可通过鳙鱼摄食大量浮游动物，提高水体透明度；积极筛选具有滤食浮游动植物作用的其他水生动物品种，如蟹类、贝类等，与鲢、鳙鱼等混合放养，各种动植物形成上下立体的食物链，可提高湖水的生态自净能力。另外，网箱养鱼、围网养鱼会加重湖水的富营养化程度，应抓紧“退养还湖”，目前要将网箱养鱼、围网养鱼规模尽可能限制在环境自

净能力之内。下一步，网箱网围要尽快退出，取而代之的是建立“人放天养”的生态养殖模式，实现东平湖防洪、供水、蓄水、渔业等重要功能的协调可持续发展。

（四）利用微生物治理东平湖水体

生物-生态修复中的微生物对水体污染物的降解起着重要作用。用微生物或微生物菌群降解水体中的有机物或有毒有害物质，如 COD、BOD_5、有机氮或氨氮、石油类、挥发酚等，可将这些物质转变成二氧化碳、氮气或水等，使水质得到改善，生态得到修复。李寿泉将能脱氮除磷的微生物-基因工程菌加入黄河故道的富营养化水体，取得较好的水质净化效果。李勤生等研制的“人造生物膜”利用高效微生物菌株转化多余的氮、磷等营养物，在北京动物园富营养化的水体修复中取得成功。针对东平湖特点，如何利用微生物净化东平湖水质以及使用哪些微生物菌株效果较为显著，尚需做进一步研究。

（五）利用自然-人工复合式湿地生态系统净化水质

千万年来，湿地一直是地表水体净化的加工厂。正因为如此，人们常常利用湿地的这一生态功能来清除了污水中的这些“毒素”，达到净化水质的目的。与其他方式相比，利用湿地提高水体质量具有经济高效的特点。随着人类制造的污染物对生态危害的日益严重，湿地的净化作用将日益受到关注。在大清河入湖口北部，有几十平方公里的沼泽湿地，片片水面与草地相互间隔，多种鸟类、禽类在这里栖息，要保护好这块很有价值的自然湿地。人工湿地是一种新型污水处理技术，具备处理效果好、管理维护方便、美化环境、运行费用低等优点。在大汶河入东平湖区域以及东平湖沿岸滩涂开挖引水，种植水生植物，形成具有多样性、较强水质净化能力和优美景观等多功能的自然-人工复合式湿地，通过湿地植被的拦截和过滤作用，将溶于水中有毒、有害物质吸收、沉淀、过滤和降解，提高水质。

近年来，山东省以及泰安市着力推进生态建设，先后建成稻屯洼、大汶河入湖口、旧县乡出湖口、宁阳沟、东平湖南岸、东平汇河等 7 块人工湿地，湿地内主要种植芦竹、莲藕等净水、经济、观赏性植物。这些湿地有效提高了河流、湖泊的自净能力，对恢复原有湿地生态系统，改善东平湖生态环境、确保东平湖水质达标起到了重要作用。鉴于湿地的良好效果和日益严峻的环境形势，今后人工湿地的建设面积尚需进一步扩大。

（六）利用底栖动物、水禽作为东平湖的环境监测的指示物种

生态学诺贝尔奖获得者 Edward O. Wilson 博士认为：“生物多样性越强，则生态系

统的稳定性越好。”生物多样性好，也是水质好的表现。水体富营养化的重要危害就是破坏生物多样性，导致耐污生物的数量大增。可选取东平湖具有代表性的断面水体作为固定采样点，如进湖闸、出湖闸、湖中心等处，对断面水体底栖动物种类、数量进行了统计、分析。一般认为，底栖动物种类多，生物密度小，是水质好的表现；反之，种类少，优势种明显且为耐重污染类，则水质较差。东平湖水禽种类和数量也是反映环境优劣的指示物种。选取东平湖天鹅、雁类和野鸭等水禽作为指示物种，由东平湖省级监测点对水禽数量、种群变化情况进行观察记录。通过对水体同一断面采样点底栖动物以及指示水禽的种群、数量变化情况进行对比，并与其他物理、化学方法相互印证，将能更准确地确定水质状况，便于及时采取有效的应对措施。

四、结　论

生物-生态修复是治理污染水体和提高水质的有效途径，尽管一些细节尚处于研究摸索阶段，但无疑是今后治理东平湖营养化水体的重要方向。鉴于东平湖在国家南水北调、山东西水东送以及当地旅游业的重要地位，当地各级政府以及有关部门应高度重视东平湖水体富营养化问题，深入贯彻和落实习近平总书记“绿水青山就是金山银山”的新发展理念，加大东平湖周边环境治理和生物生态学知识的宣传力度，统一领导，综合施策，把东平湖建设成为南水北调东线工程清水走廊的重要节点工程和水质清冽、菱芡丛丛、鹂鸟声声、风光旖旎的人与自然相和谐的著名水利风景区，为促进北方缺水地区的社会、经济发展和生态文明建设做出重要贡献。

参考文献

[1] 庞清江，亓剑，齐磊，等．东平湖水生物现状及水质分析［J］．山东农业大学学报自然科学版，2007，38（2）：247－251.

[2] 窦素珍，喻亲仁，李东元，等．山东省东平湖浮游动物与富营养化防治［J］．重庆环境科学，2002，24（2）：26.

[3] 孙栋，段登选，王志忠，等．东平湖水质监测与评价［J］．淡水渔业，2006，36（4）13－15.

[4] 侯慧平，葛颜祥，潘娜．东平湖水质评价及水污染防治对策［J］．人民黄河，2013，35（12）：43－46.

[5] Mitsch William，Lefeuvre Jean－Claude，Bouchard Virginie. Ecological engineering applied to river and wetland restoration［J］．Ecological Engineering，2002，18（5）：529－541.

[6] 潘立勇．利用底栖动物对运河徐州段水质的监测与评价［C］//中国环境科学学会优秀论文集，2008，1916.

浅谈生态水利工程建设的思考

刘性泉　马茜茜

山东黄河河务局东平湖管理局

引　　言

党的十八大以来，以习近平同志为核心的党中央高度重视社会主义生态文明建设，作为统筹推进“五位一体”总体布局和协调推进“四个全面”战略布局的重要内容，不断加大生态环境保护力度，推进生态文明建设在重点突破中实现整体推进。在“绿水青山就是金山银山”的今天，传统水利工程建设由于对生态环境的负面影响而引起的生态环境问题与我国生态文明建设战略越来越不相适应。

随着现代科学技术的发展和人们认识的提高，在兴修水利工程的同时，发现河流生态系统的功能退化会给人类的长远利益带来损害，所以开始不断重视河流生态系统本身的需求，探索权衡水资源开发利用与生态环境保护二者关系，寻找资源开发与生态保护之间的平衡点。

一、生态水利工程的起源及发展

水利工程学作为一门重要的工程学科，通过修建水工建筑物来改造和控制河流，达到满足人们防洪和水资源利用等多种需求的目的。但随着水工建筑物的增加，河道断流、污染加剧、水生物消失或绝种、地质灾害频发、局部气候变化等现象的发生，使人们逐渐认识到水利工程学存在的明显缺陷，在发挥河流资源功能的同时，忽视了河流生态系统的健康与可持续性的需求。

水利工程对生态系统造成的一些负面影响越来越明显，首先引起了西方工程界的思考，他们开始改变水利工程的规划设计理念，提出河流治理不但要符合工程设计原理，也应符合自然原理。在工程实践探索阶段，有20世纪80年代阿尔卑斯山区相关国家德国、瑞士、奥地利等在山区溪流生态治理方面的丰富经验，有“鲑鱼-2000计划”莱茵河流域管理成功案例，有美国的凯斯密河及密苏里河的全流域综合生态修复工程的实施。在生态科学的不断发展下，人们对河流的治理有了新认识，水利工程除了满足人类社会的需求外，还应符合维护生物多样性的需求，生态工程技术和理论变应运而生。

生态水利工程学是一门交叉学科，学科基础主要是在传统水利工程学的水文学和水力学、结构力学、岩石力学等工程力学体系基础上，增加生态学的理论及方法，交叉融合水利工程学与生态学，用以改进和完善水利工程的规划方法及设计理论。生态水利工程学研究的对象也不同于传统水利工程学，不仅仅是具有水文特性和水力学特性的河流，而且是还具备生命特性的河流生态系统，研究的河流范围也从河道及其两岸的物理边界扩大到河流走廊生态系统的生态尺度边界。

生态水利工程学坚持工程安全性和经济性，注重保持和恢复河流形态的空间异质性，把握流域尺度及整体性，按照反馈调整式设计，确保实现生态系统的自我设计、自我恢复功能。生态水利工程学的研究内容主要有新建工程如何减轻对河流生态系统胁迫、已经人工改造的河流如何进行河流生态修复规划和设计、河流健康评估、水库等工程设施生态调度、污染水体生态修复等。

近年来，发达国家已经在河流治理的生态水利工程学方面积累了不少经验，如德国的“近自然河道治理工程”、日本的“多自然型建设工法”或“生态工法”、美国的“自然河道设计技术”等，一些国家颁布了相关的技术规范和标准。我国正处在水利水电的建设高潮期，可以借鉴发达国家的经验，吸取教训，因地制宜，改进工程规划设计理念和技术，促进我国生态水利工程技术的快速发展。

二、传统水利工程对生态环境的影响

传统水利工程建设过程是一个对自然界进行改造的过程，将自然水流改变成为人工河流，势必会改变原地区地理环境和生态环境，改变动植物的生存环境，破坏自然规律，造成不可逆转的影响。其主要影响包括以下几个方面。

（一）传统水利工程建设对自然河流的影响

破坏了自然河流的连续性，改变了河流的自然状态，切断了河流与其密切相关的漫滩、沼泽、湿地的横向和纵向联系，改变了它们的形态和功能，导致河流生态环境的改变和恶化，引起河流生态系统的退化；破坏了自然河流形态的多样性，特有的急流、浅滩、深潭、沼泽等河流形态消失，同时多样性的河流生态系统也消失了；另外，水利工程建设的大量移民也将给迁入地区带去生态保护压力和环境问题。

（二）传统水利工程建设对陆生生态的影响

由于征用土地会破坏周边地区的平原、草地、农田等的自然植被，造成严重的水土流失，或导致河流堤岸的坍塌等问题；水利工程建设中所涉及的毁林开荒、破坏植被，以及地下水位的上升造成的土壤盐碱化、当地大气湿度的变化等，都会使得周边地区陆生生物生存环境改变和生存范围不断缩小，继而引发物种多样性的减少，最终影响该地的生态平衡稳定。

（三）传统水利工程建设对局部气候的影响

传统水利工程建设会对当地的气候产生较大的影响，如降雨量、温度、空气湿度等多个方面。大中型水库建成后需要进行生产运行管理，水库大量蓄水使水分的蒸发量比没有建设水库时要多得多，这就增加了局部地区的降雨的频率与等级。此外，还会引起改变当地的能量交换方式，由以前的大地-大气的能量交换方式，转变成水面-大气的能量交换方式，造成局部地区气温的变化，导致气温小范围的上升。

（四）传统水利工程建设对局部地质的影响

易使周边泥土在长期湿润状态下发生土质疏松，土壤稳固能力降低，遇到暴雨等恶劣自然天气较易出现塌方及滑坡等自然灾害，严重威胁附近居民的生命财产安全。甚至一些大型的水利工程蓄水能力较强，较高蓄水量会使该工程区域岩石承受不了不断增大的水压力而产生破碎，引起地壳不平衡从而造成局部地震。

（五）传统水利工程建设对自然界的影响

对自然界的影响包括使动植物大规模的迁徙或者重新适应新的生存环境，会出现因为不能耐受新环境而死亡甚至物种濒临灭绝的现象，影响自然界中的食物链以及物种的多样性。

三、生态水利工程建设的应用

生态水利工程从自然生态和谐统一的角度分析人与水的关系，既要发挥水利工程为人类服务的作用，又要尽最大可能地不破坏生态环境，建立良性循环和可持续利用的水利体系，实现生态环境与水利工程兼得的良好局面。生态水利工程建设强调水土保持生态建设的重要性，注重保护河流的自我修复能力，做到江河不断流、堤防不决口、河床不抬高、水质不恶化。

（一）生态水利工程在设计阶段的注意事项

传统水利工程大多以牺牲环境为代价，而生态水利工程则是在充分保证生态系统稳定发展的基础上对水利工程进行设计和改造，在发展水利工程的同时又保护了生态系统，对周围环境的破坏性较小，更符合社会经济发展的需要和生态环境保护的需要。维持生态系统平衡稳定是衡量一项生态水利工程是否成功的重要标准，也是生态水利工程发展必须遵循的基本原则。

在进行生态水利工程的设计时，要充分考虑到周边环境的承受能力，降低环境成本，实现人与大自然的和谐发展；要把保护资源与建设工程融为一体，改变传统的设计观念与思维，提高大自然的地位，实现生态环境的可持续发展；水利工程选址应充分考察所选地区的地理环境以及生态环境，通过数据及经验进行正确的估计，找出该地区最合适的建设位置；要充分考虑工程建设对生态用水的需求，不能破坏正常的生态用水，保证河道的正常水量和河道的生态平衡。

（二）生态水利工程在建设阶段的注意事项

一要合理处置废料，避免对水体及周围生态环境造成污染，建立专门的废料处理团队，针对不同的废料类型制定出合理的处理方式，特别是加强液态废料的处置管理，最大程度排除有害成分。二要建立完善的生态保护隔离带，有效地隔离、缓冲并降解水中的一些污染物，为工程建设范围内水体做出一定的保障。三要采用环保建设材料和新兴环保建设技术，借鉴西方发达国家的成功案例，因地制宜创造适合的生态保护建设方案。四要建立健全生态环境补偿机制，最大限度地降低因水利工程建设而造成的生态破坏，寻求两者间的最大平衡；相关部门应明确备用金制度、补偿主体及生态影响范围，争取把每一分钱都用在刀刃上，有效协助补偿系统的运转工作，提高生态系统的恢复效率，同时采取多种方式对补偿制度的实施进行监督。

（三）生态水利工程建设的作用

一是确保工程范围内生态系统的物种多样性。生态水利工程建设中注重保护工程范围内生态系统的整体性，使河流、水道和岸边的动植物与生态水利工程形成有机联系，保持原物种多样性不被破坏。工程建设要严格按照自然规律，根据地形地貌进行合理的统筹规划，对资源进行合理配制，保持或新建适合生物物种繁衍生息的生存环境，保护生态平衡。

二是提高天然水体的自身净化能力。水资源是人类宝贵的自然资源，却不断面临着被污染的现象。通过生态水利工程建设可以进一步涵养水源，提高天然水体的自净能力，解决水污染问题。水体自净功能可以通过微生物逐渐分解有机污染物变为无机物，为藻类等提供养料，藻类又成为鱼类等的食物，形成资源的可循环利用。

三是能够调节水量。生态水利工程利用连通器原理，可以在短时间内保持土壤的湿润，有一定的储水能力，在降水丰富的时使水资源渗入地下，补充地下水，避免了因降雨量大而引发的洪灾等现象，起到调节水量的作用。

四是促进整个流域生态系统稳定。生态水利工程建设对河流生态修复的规划需要从河流流域整体与长期发展角度出发，从整个生态系统的结构与功能出发，充分考虑生态要素之间的关系与作用，从根本上实现水利工程建设与工程区生态系统的良好衔接，在不破坏大自然生态系统的基础上促进原有生态系统的完整性，确保整个流域生态系统的稳定。

四、黄河东平湖蓄滞洪区防洪工程建设中的生态环境保护

（一）黄河东平湖蓄滞洪区防洪工程概况

东平湖蓄滞洪区位于黄河下游汶河支流末端的东平湖区，分别属于山东省济宁市梁山县和汶上县、泰安市东平县，由二级湖堤分为新、老两个蓄滞洪区，总面积 627km^2，设计蓄洪量 33.54 亿 m^3。东平湖蓄滞洪区是黄河下游防洪工程体系的重要组成部分，为黄河下游唯一一处重要蓄滞洪区，承担着分滞黄河洪水和蓄滞汶河来水的任务，同时老湖区还将作为南水北调东线一期工程的输水通道，在黄河下游防洪及国家水资源利用战略布局中具有十分重要的地位。

2017 年 1 月开工建设的黄河东平湖蓄滞洪区防洪工程项目，其工程总体布局是对东平湖蓄滞洪区现有防洪工程进行改建加固，对引河进行疏浚开挖。主要工程内容分为堤防加固工程、护坡工程、退排水工程、河道整治工程和穿堤建筑物工程等，其中护坡翻修 61.325km，堤防加固 26.664km，堤顶防汛路 135.997km，控导加固工程 4 处，险工加固 4 处，穿堤建筑物改建 5 座，废弃涵闸拆除堵复 4 处。

（二）工程设计符合生态环境保护要求

本次工程是对现有防洪工程进行改建加固，工程布局维持现状，总体上对生态环境影响程度及范围有限。但由于部分工程涉及东平湖市级湿地自然保护区、腊山市级自然保护区、东平湖省级风景名胜区、南水北调东线工程输水通道等敏感区域，工程设计阶段充分考虑了对生态环境的不利影响，从工程布局、施工布置、施工方案、料场及渣场等进行全面的环境合理性分析。

工程布局设计中，针对部分工程涉及自然保护区和风景名胜区的情况，工程设计采取景观恢复措施，与原有自然风貌相协调。施工产生的废水、废渣及噪声等均采取相应的措施，可以减缓工程建设对自然保护区不利影响。

施工布置设计中，以“尽量利用现有条件，少占地，少拆迁”为原则，尽可能降低施工对生态环境的破坏。施工临时设施以尽量租用附近现有的设施为原则，减少施工占地，减少对土地资源和植被的破坏。

施工方案设计中，对大清河左堤堤防加固方案进行对比，采用防渗效果好且不涉及占地的截渗墙方案；出湖闸上河道疏浚工程施工方案采用绞吸式挖泥船配合 294kW 拖轮、250ND 接力泵等机械进行开挖；护坡翻修工程施工方案采用雷诺护垫、干砌石护坡、浆砌石框格等，雷诺护垫护坡透水性好，护坡表面空隙较大，植被容易生长，属于生态护坡。

料场设计中，土料场不涉及自然保护区等敏感生态区，取土主要占用耕地与林地，采取分时段分片取土、取土结束后及时恢复地表，进行复耕等措施。渣场设计中以土石方平衡和弃渣循环利用为原则，加强对渣场进行环保措施处理。

（三）工程施工中的生态环境保护措施

本工程项目区环境地位特殊，生态系统较为脆弱，施工中严格落实设计环境保护措施、环境监测计划、环境监督管理方案等，尽可能将工程实施带来的不利影响降至最低，确保项目区的生态环境安全。

工程施工中，对自然保护区、东平湖省级风景名胜区等采取了避让措施、植被保护措施、动物保护措施及管理措施等；对陆生生态实行减缓与恢复措施，包括占地影响减缓措施、植被影响减缓措施、野生动物影响保护与减缓措施和恢复措施；对水生生态采取减免、补救措施，加大对水生生物保护的宣传力度，优化施工工艺，加强水生生物监测，制定鱼类应急救助预案等。

工程施工中，对地表水环境实施保护措施，主要采取了混凝土废水处理措施、基坑排水处理措施、排泥区退水处理措施、生活污水处理措施、取水口减免及保护措施和南水北调东线一期工程水环境保障措施等。

工程施工中，对地下水环境实施保护措施，主要采取了地下水水质保护措施、地下水水位保护措施等。

工程施工中，对声环境实施保护措施，主要采取了施工机械噪声防治措施、运输车辆噪声防治措施、施工人员防护措施、敏感点噪声防治措施和自然保护区声环境保护措施等。

工程施工中，对环境空气实施保护措施，主要采取了粉尘及扬尘防治措施、施工机械及车辆尾气防治措施、沥青烟气防治措施、施工人员防护措施和敏感目标的保护措施等。

工程施工中，对固体废物实施保护措施，主要采取了废弃建筑材料处置措施、施工弃土处置措施和生活垃圾处置措施等。

工程施工中，对水土实施保护措施，主要采取了工程措施、植物措施和临时措施等，还实施了人群健康保护措施、移民安置的环境保护措施等。

本工程建设全过程实行环境监理制，切实保障了工程顺利实施和正常运行，保障东平湖蓄滞洪区内环境敏感目标的生态安全和环境安全。

五、结　　语

生态水利工程建设实现生态建设和水利工程建设的有机结合，是习近平新时代中国特色社会主义思想在水利行业发展的贯彻实践，是促进我国水利事业发展推进水资源可持续利用的必然途径。通过生态水利工程建设不仅能维护生态环境平衡，还能收获可观的社会效益和经济效益，推动我国社会经济的发展与进步。

参考文献

[1] 徐源．水利工程对生态环境的影响以及生态水利工程［J］．科技与企业，2014（8）．

[2] 朱亚东．水利工程建设对生态环境的影响［J］．中国科技博览，2015（10）．

[3] 邱山．水利工程建设对生态环境的影响及保护对策研究［J］．大科技，2015（26）．

[4] 杨丽荣．生态水利工程设计在水利建设中的运用［J］．黑龙江水利科技，2012（11）：198－199.

[5] 唐建．试论生态水利工程设计在水利建设中的运用［J］．黑龙江科技信息，2015（8）：128.

浅谈黄河流域水生态系统的保护与修复

刘　瑾

山东黄河河务局滨州黄河河务局

黄河流域滨州段位于黄河中下游、鲁北平原，地处黄河三角洲腹地，北临渤海，从邹平县西北部的苗家入境，东至博兴县老盖家村附近入东营市。所辖河道长94km，两岸堤防144km，险工16处694段坝，控导工程16处284段坝；引黄涵闸14座，近三年年均引水18.52亿m^3（含胶东引水）、年均引沙175万t。黄河滩区总面积104km^2。河流中段流经中国黄土高原地区，因此夹带了大量的泥沙，所以它也被称为世界上含沙量最多的河流。黄河水是支撑滨州地区工农业和经济发展的主要水资源，这一地区属于欠发达地区，经济文化发展速度缓慢，通过水生态环境的修复与保护，对改善本地区水生态环境、水资源平衡条件，加快鲁北地区的经济建设，充分发挥黄河中下游水利枢纽工程的灌溉、防洪、生态、旅游等综合效能，使水资源长期永续地为人类社会发展服务。

一、黄河流域滨州段水生态系统现状

该河段所经区域大部分为沿黄村落，生态环境脆弱，其间基本无支流汇入，对黄河水资源依赖性较强，入境水资源量的变化直接影响该区域的经济发展、生态环境、社会进步。黄河主流摆动不定，形成大面积河滩区，属于平原弯曲型河道，在汛期和凌期不同程度地存在着洪水和冰凌灾害。该河段的水利枢纽工程为地方经济发展提供了有利的水资源条件，在灌溉、防洪、及工业供水等方面发挥了巨大的社会、生态、和经济效益。随着黄河流域工农业用水的逐年增加，水生态环境的修复与保护关系到沿黄两岸人民的健康生活和安居乐业，是该地区生存与发展的命脉，也是该地区经济、生态、文化的重要保障。

滨州境内水资源主要有地表水、地下水和黄河水。全市多年平均（1956—2000年）当地水资源量11.48亿m^3（其中，地表水5.55亿m^3、地下水5.93亿m^3）。人均水资源占有量310m^3，占全国人均水资源量的14%，占全省人均水资源量的93%，属于资源性缺水区。

二、水生态问题分析原因

造成水生态问题的原因是多方面的，主要原因有四点：

一是气候变化对水生态环境的影响不断加剧。主要源头是冰川消融加快，降雨、蒸发、下渗等水循环过程发生改变。干旱区范围扩大、盐碱地程度加重对干旱、半干旱地区的水生态系统安全带来严重威胁，洪涝频发对治理和改善区域水生态环境问题提出了新挑战。

二是部分地区水资源、水能等的开发利用已经接近或超出水生态系统承载能力。水资源配置缺乏与区域水土资源、生产力布局的统筹，水资源过度开发的问题，开发利用率超过了流域水资源承载能力。废污水排放量持续增加，远远超出水功能区的纳污能力。

三是水生态涵养空间受到严重挤压。不合理的开发模式和人为活动造成与淤背区争地、黄河滩区、蓄洪滞涝等的水生态涵养空间遭受严重侵占，导致河水、泥沙等循环条件显著变化，水生态空间格局遭到挤压和破坏。

四是部分水利水电工程建设导致河流生态退化。筑坝建库和大规模引水改变河流的水文情势及水生态环境，阻断鱼类洄游通道。在强调工程的安全可靠、技术可行及经济合理的同时，忽视了工程布置、结构、材料等与自然的和谐。具体表现为河流形态直线化、河道断面规则化和河床材料硬质化，形成“三面光”河道，造成生物多样性急剧下降，河流自净能力降低和水质恶化，使黄河基本生态的功能受损或丧失。

三、水生态文明建设与传统水利发展的关系

水生态文明建设是对传统水利发展建设的继承和发扬，是水利事业更高一层级的发展阶段，主要体现在：传统的水利发展建设目标相对单一，多为解决水量调度等问题；水生态文明建设目标相对综合，面对生态系统整体，解决三维空间的多维问题。在思维方式上，传统的水利发展建设以工程学为主导，注重工程原理；水生态文明建设以生态学为主导，注重生态原理。传统的水利发展建设多注重外力的作用，以工程措施为主导；水生态文明建设多注重对系统内力的综合协调，充分利用各要素间的生克关系，如生态湿地净化水质、水体垂向循环、河流的螺旋流、水流和土壤之间的相互作用等。在文化层面上，传统的水利发展建设多注重水的属性，形成精神的、物质的水文化；水生态文明建设多注重系统的水生态属性，形成水生

态文化。

四、水生态系统保护与修复的基本原则及发展方向

水生态环境保护与水资源保护相结合，水资源是基础性的自然资源和战略性的经济资源，是生态与环境改善的重要因素。要想实现水资源可持续利用、生态系统和社会经济的共同发展，从滨州段黄河流域角度出发，就要着力于研究黄河水资源的自然规律、水量水质的变化现状与社会经济发展、对水资源的供需之间的响应关系，既要考虑自然属性，又要考虑合理开发利用，还要采取有效的措施进行优化配置和保护。在符合水资源自然规律的前提下，进行开发利用，使水资源利用与生态环境良性循环，统筹发展。将人类与自然环境从以往的改造、征服关系转化为和谐相处、共存共生的关系，使人与自然和谐发展。开源节流着力解决水资源短缺、水资源污染的现状，采取有效措施对水资源进行节约与保护。

（一）水生态系统保护与修复遵循的原则

水生态文明是人类遵循人水和谐理念，以实现水资源可持续利用，支撑经济社会和谐发展，保障生态系统良性循环为主体的人水和谐文化伦理形态，是生态文明的重要部分和基础内容，因此要把生态文明理念融入水资源开发、利用、治理、配置、节约、保护的各方面，水利规划、建设、管理的各环节。

1. 保护优先，绿色发展

着力实现从事后治理向事前保护转变，从人工建设向自然恢复转变。改变以往“以需定供、技术可行、经济最优”的工程建设思路，充分发挥水生态系统的自我修复能力，将自然修复和人工生态修复措施相结合，建设生态友好型水工程。

2. 流域统筹，系统修复

充分考虑黄河水生态体系结构和功能的流域性、层次性、尺度性，转化治理模式，从流域层面提出水生态保护与修复的原则、目标和总体布局。

3. 技术创新，综合治理

创新水生态保护与修复建设管理体制、机制，加强水生态保护与修复的新技术、新方法研究，注重重点区域综合治理，发挥重点区域的示范作用。

4. 健全制度，强化管理

建设是基础，管理是关键，应建立健全水生态系统保护与修复的各项规章制度，不断提高管理水平，逐步建立规范有序的管理体制，在确保水利工程运行良好的同时，

发挥效益，造福于民。

（二）水生态系统保护与修复的发展方向

水生态系统保护与修复是以水资源紧缺、水生态脆弱和水环境恶化等问题为重点，以实现黄河流域水系完整，水质良好、生态多样、文化传承为目标，从流域、区域、城市等不同尺度提出水生态保护与修复主要任务，逐步构建空间均衡、功能完备、管理完善、保障有力的水生态系统安全格局。通过水资源合理调配逐步退还挤占的生态环境用水，对水生态作用显著的重点水工程实施生态调度，使基本生态环境需水得到基本保证；重要水域水生态恶化趋势得到遏制，通过节水治污和调水调沙、水资源配置等生态修复工程的实施，改善黄河流域水量过程、加速水环境恶化地区水体的流动性，促进水体自我调节功能的恢复和增强，使河水环境状况得到明显改善；受损的水生态得到初步修复，合理调配生活、生产用水，建立生态环境用水保障制度，维护黄河水域正常生态功能；建立水生态监管体系，加强对重要生态环境的监测与控制。要着力实现以下转变：传统水利工程向生态友好型水利工程的转变；水环境治理从注重水质改善向水生态系统治理修复的转变；水生态系统保护工作从行政推动向理念、立法、技术及标准制约阶段发展的转变；从局部水生态治理向全面建设水生态文明的转变。

五、黄河流域水生态与保护的治理理念

黄河流域的综合治理涵盖多个方面，从最基本的防洪减灾、水利建设、黄河两岸景观带的塑造等，都需要进行合理的规划和设计。

（1）按照水利部的部署及山东省确定的现代水网建设等作为中心内容，达到水利部提出的5个目标，即：最严格水资源管理制度有效落实，“三条红线”和“四项制度”全面建立；节水型社会基本建成，用水总量得到有效控制，用水效率和效益显著提高；科学合理的水资源配置格局基本形成，防洪保安能力、供水保障能力、水资源承载能力显著增强；水资源保护与河湖健康保障体系基本建成，水功能区水质明显改善，城镇供水水源地水质全面达标，生态脆弱河流和地区水生态得到有效修复；水资源管理与保护体制基本理顺，水生态文明理念深入人心，完成向生态水利发展模式的全方位转变。

（2）生态防洪，排蓄结合，确保河道、堤防安全，全面协调河道的防洪蓄水功能。加强河流水文、生物检测，既能够保证丰水期满足行洪要求，枯水期满足生产、生活用水，同时也为生物提供必要的栖息地环境。

（3）遵循生态治河理念，水生态修复河流健康的标志是具有良好的河势、水量、水质、河床、河岸、生物栖息地和物种多样性，河流的自然功能和社会功能得到均衡发挥。在综合整治中，必须遵循自然演进的基本规律，维护自然环境的再生能力和自净能力，确保生态系统的稳定性和持续性，改造与适应并重，使得人们对河流的干扰保持在自然环境的承载范围之内，从而减少对自然环境的消极影响。可通过运用地理信息系统（GIS）空间分析技术，提高生态系统的自我调控能力，增强生态系统稳定性和有序性，营造原生态的滨水环境。

（4）水利工程、淤背区土地开发、城乡供水、跨河交通等与城市建设息息相关，通过与城市发展模式和方向相适应的规划，有效促进河道功能的发挥。加强工程管理，完善绿化工程体系，积极实施淤区开发，推进滨州黄河“两带三区四园五基地”的建设，积极打造“防御洪水的坚固屏障、林茂果丰的绿色长廊”，推动滨州黄河百公里高效生态园林工程建设健康持续发展。

（5）滨州段现共有两处国家级水利风景区，分别是滨州黄河水利风景区、邹平黄河水利风景区。继续完善景区内旅游主干道建设，建成沿黄河大堤、沿引黄干渠、田园农场风光带三条旅游风景线。继续挖掘本土历史文化，营造黄河两岸自然风景线，以水系为核心和纽带，与地理特点、历史背景、文化传统、等相结合，将防洪工程、生态修复工程与自然景观、人文景观的建设密切联系，使黄河不仅是公众游览、休闲的场所，更是承载城市文化内涵，体现现代活力的有效载体。

六、水生态保护与修复的主要措施

（1）加快实施水生态管理，健全水生态文明法制体系，建立系统完整的水生态文明制度体系，引导、规划和约束各类开发、利用、保护水资源和水生态的行为；结合国家相关规定，明确水生态功能定位和空间分区，划定河流的管理和保护范围，切实维护水生态空间，严格限制建设项目占用自然岸线；控制用水总量，逐步退还挤占的河道内生态环境用水和占地情况，完善水资源紧缺的水量调度。

（2）强化流域统筹协调管理，统筹流域水资源开发利用与节约保护、防洪减灾、水污染防治和生态治理等要求，科学配置流域、河流廊道及具体河段水生态保护与修复工程和管理措施。推进黄河流域的综合管理，完善水资源保护与水污染防治协调机制，建立流域防污控污治污机制。建立和完善黄河流域水生态补偿机制，协调生态环境保护及其经济利益之间的分配关系。创新河湖管理模式，推行水体治理及管护“河长制”。

（3）构建生态友好型水利工程体系，完善水利工程生态保护与修复规划设计标准规范体系，协调好工程建设与生态保护的关系，强化水利工程规划设计、建设实施、运行调度等各环节的水生态保护。倡导仿自然、低影响水利工程建设，河道工程布局应维护河流天然形态，保持河流蜿蜒性，维护河湾、急流、浅滩等多样性栖息生境。实施水库、涵闸生态调动运行，满足河流生态需水。

（4）构建生态水网体系，优化水资源配置战略格局、提高水利保障能力、促进水生态文明建设的有效举措。加强水库运行管理，保障下泄生态流量，做好植被恢复及其日常维护工作，严格落实并监督各项生态措施管理制度。

（5）工程措施与生物措施相结合，改善沿河生态环境，通过发挥工程功能、协调人与水之间的关系，洪水时消减水量、缺水时补充水量，大沙时排沙、小沙时蓄水；通过生物措施提高水体自净能力及水生物涵养能力，达到水生态系统的平衡，实现水生态环境的良性循环。即在水量控制的基础上进行水质优化，工程措施与生物措施二者相辅相成，以提高水资源和水环境的承载力，以点带面，改善黄河流域水生态环境。

（6）促进科技创新，加快水生态监测与管理信息系统建设，强化监管能力开展，生态用水、配置与调度、生态修复技术、生态补偿、水生态评估与监测、管理机制与保障措施研究等技术科技项目。建立健全水生态保护标准和技术规范体系。加强水生态保护与修复新技术、新材料、新工艺的开发和推广应用。开展河流水生态状况持续、系统监测，进行水生态安全评估。建立水生态预警及决策系统。加强监督管理能力建设，建立多形式、多层次的监督机制和监督机构，加大对违规、无序开发活动和破坏水生态行为的监督管理。

经济社会发展对水生态环境的影响仍将持续，保障水生态系统安全将面临一系列严峻挑战。我们将围绕流域治理模式转变、工程体系建设、生态脆弱和恶化区域综合治理、水生态文明建设等方面，全面推动水生态系统保护和修复工作。强力推进标准化堤防建设的同时，建成较为完善的生态防洪工程体系，积极推进水调一体化管理，为滨州经济发展提供水资源的支撑。将黄河两岸构筑成一个人类与自然和谐共处的栖息之地，全面实现生态效益、经济效益和社会效益的共同发展体，确定黄河母亲岁岁安澜！

谈刁口河的开发与保护

李华伟

黄河河口管理局河口黄河河务局

刁口河是黄河三角洲上的一条黄河故道流路，自1964年黄河行水12年5个月后改道清水沟流路，从此刁口河作为黄河备用流路至今也有46年。随着经济的发展和工农业相关项目设施的建设，侵占妨碍刁口河至黄河古道的情况时有发生，对刁口河生态环境的保护刻不容缓，而保护性开发工作是维持刁口河健康生命有效办法。

一、刁口河的基本情况及现状

刁口河位于黄河崔家控导以北至刁口乡入海口之间黄河故道，黄河北大堤桩号9+900以北河段长55km。

1855年6月，黄河于铜瓦厢决口夺大清河入海，自此黄河自东营市垦利县注入渤海，以垦利宁海为顶点，南起支脉沟，北至徒骇河口的扇形范围内较大改道达10次。1964年之前的10年，黄河由神仙沟流路入海，1964年凌汛期，原黄河河道在罗家屋子以下部分冰阻壅水漫滩，1月在罗家屋子破堤分洪，黄河由刁口河入海，由此形成三角洲上黄河第9条入海流路。1976年5月，黄河改走清水沟流路，刁口河流路停止行河。刁口河行河的12年间，河道由初期的26km延长到64km。

刁口河流路行河期间，两岸均有堤防，左岸堤防在民坝基础上加修而成长20.43km，右岸堤防即黄河东大堤，长度22km，两岸堤防设计标准按西河口大沽高程10m设计，堤防顶超高1m建设。而现在的刁口河左岸堤防由于工农业发展被破除损毁已难见踪迹；右岸东大堤保存还算完好，由于道路修建和孤岛2号水库水库建设破除占用堤防3.1km，现存堤防只有18.5km。

刁口河黄河故道停水期间，胜利油田在刁口河流域范围内进行了大规模的油气开采，建设了众多油气生产设备，地方政府和原济南军区后勤基地在此范围内进行了大规模的农田、林业、滩涂开发。现今，该区域修建有省道310线、312线，桩埕公路、东港高速、疏港铁路和数量众多的县乡村级公路。刁口河流域内散布着河口区、利津区、原济南军区后勤基地的村庄、农场、企业、工厂、农田、树林和养殖池塘。大规模的工农业和道路建设对刁口河流域的环境造成了巨大的负面影响。

为了保障胜利油田供水需求，胜利油田管理单位于1977年在黄河罗家屋子截流口修建了5条临设虹吸管，利用刁口河河道蓄水、输水。1987年再次扩建虹吸管，累积达30条，设计引水量达30m^3/s。蓄水输水期间，由于没有采用任何沉沙设施，泥沙大部分淤积于刁口河故道河槽内，造成河槽不断淤积抬高，河道轮廓日渐模糊。至今刁口河口输水设备是提水泵船和自流水闸两种，根据黄河水位高低确定采用泵船提水方式还是自流方式。

萎缩的刁口河河道严重影响到河道的输水蓄水能力，现有河道长度的50%河槽宽不足100m，有些地段甚至不足30m，自北大堤桩号9+900至省道312线夸刁口河之间刁口河道较为明显；省道312线以北的刁口河河槽宽度逐渐增加，最宽处在入海口处超过800m，刁口河河槽平均宽度不足200m。在刁口河数十公里的河道上分布着10座涵闸，有引水闸、穿堤引黄闸、节制闸、防潮闸等。大大小小的涵闸把刁口河河道分割成一段段水域，涵闸的建设方便了取用刁口河的黄河水，同时也影响了河道形态和自然环境。

自1976年5月黄河刁口河停水至2009年，少有黄河泥由刁口河入海，其河口海岸线遭海水洋流侵蚀严重，蚀退达10km。由于刁口河道的功能退化和油田生产用水的减少，河道作为输水和蓄水的作用自20世纪90年代以后20年间作用逐渐弱化，刁口河水量的减少和水位的降低造成海水入侵和土壤盐渍化提升。恶化的环境严重影响了刁口河流域的工农业生产，也影响了刁口河自身的植被和野生动物的生存状况。

为了恢复刁口河的自然生态，解决河道缺水危机，自2010年6月至2015年7月，黄河水利委员会所属的黄河河道主管机关联合地方政府连续6次实施刁口河流域恢复过水实验，使刁口河停水34年后实现全河段过水，累积河口湿地调水1.62亿m^3，补水湿地面积5.5万亩。2017年9月20日至10月31日，黄河河口管理局联合地方政府向刁口河生态补水2400万m^3。刁口河的生态调水有效地解决了刁口河因缺水而造成的生态环境危机。

二、刁口河作为黄河备用流路的地位

为保障河口地区经济和社会的稳定发展，更好地协调地方、油田建设与黄河治理的关系，国家计委于1992年以“计农经〔1192〕1842号文”对黄委编制的《黄河入海流路规划报告》进行了批复，确定要将刁口河、马新河作为备用流路加以管护。

2002年10月，水利部规划设计总院审查通过的《黄河河口治理规划报告》中提出：按照进入河口段的设计水沙和改汊条件，清8汊河+北汊+原河道的组合方案，可使黄河清水沟流路行河年限达到50年左右，虽然比《黄河入海流路规划报告》预测的行河年限更长，也有提出维持清水沟流路100年，现已运行42年，所剩时间毕竟是有限的。因此，综合分析目前情况，刁口河流路比马新河流路更易实施，也更为理想，规划刁口河流路为备用流路，并对流路运用的防洪工程进行了规划。

2008年编制上报的《黄河河口综合治理规划》，对刁口河、马新河和十八户流路又进行综合比较，认为在清水沟流路充分行河后，宜优先使用刁口河流路。并经分析计算，在设计水沙系列和规划工程实施的前提下，采用2007年实测海域地形，按照淤积影响宽的50km、西河口以下河道长度80km的范围，考虑海域地形的影响和部分泥沙淤积在上述范围之外，刁口河可行河31年或更长。由此看出，刁口河流路作为黄河备用流路具有明显优势和优先权。

三、刁口河所面临的问题

刁口河所面临的问题主要是工农业发展及道路交通建设项目对刁口河的人为影响。未经沉淀的黄河引水流经刁口河造成刁口河河道的严重淤积，抬升了河底、缩减了河宽，使刁口河道愈加模糊。农业发展土地种植不时有侵占刁口河河岸河道的现象。村庄农田建设、工厂、油田采油设施、道路交通和取用水设施建设等不同程度影响和侵占着刁口河的生存空间。刁口河入海口的区域存在着滩涂水面渔业开发养殖的侵占，稍内部两岸建有大面积化工厂区。刁口河两岸除有大面积的农田，也有大面积的人工树林。

四、刁口河流域工农业交通设施分布

无处不在的人为影响是刁口河所面临的主要问题，是对刁口河无序的开发利用和侵占所带来的问题。胜利油田在刁口河流域区间修建了大量的采油设施、油气井和相关的房屋和管线道路，同时还修建了相关的水库和取用水输水渠道设施，它们分别属于孤岛采油厂、河口采油厂和桩西采油厂，这些设施遍布于刁口河左右岸堤防内。

刁口河河道原两岸地方之间土地归属于利津区、河口区和原济南军区后勤基地所有。现实是，这一区域里有数十个村庄，有利津区的一千二村、爱国村、灶刘村、联盟村、肖圣庙村，还有渤海的诸多分厂以及利津区的刁口乡的相关村舍建筑；河口区的西崔村六合村、薄家嘴村毕家嘴村、大夹河村小夹河村等村子；济南军区后勤基地的五分厂、六分厂、七分厂、八分厂、九分厂、济军基地新建一连等。

在刁口河的管理界限内，有东营港和相关的开发区、工业区、居住区等区域。同时存在着黄河三角洲自然保护区地域及一千二管理站等国家自然保护区。

穿越刁口河流域的交通道路情况：疏港铁路（正建设中），穿越长度40km；东港高速路，穿越长度30km；310省道，穿越长度14km；312省道，穿越长度13km；县道桩呈公路，穿越长度23km，还有其他众多大大小小的公路设施。

有数条高压输电线路跨越刁口河流域。在此区域建设有利津区的陈北水库、油田六号水库、孤岛一号水库和油田孤北水库，中海油的炼油厂，以及数量众多的化工厂等。

五、刁口河的开发和保护

刁口河的现状情况不容乐观，这与其作为黄河的备用流路的地位要求并不相称。现行黄河河槽在河口地区平均宽度在500m以上，宽处超过1000m。刁口河平均宽度不足200m，窄处不足30m，这与备用黄河流路河槽宽度要求严重不符。刁口河两岸被相关设施侵占、垦植情况严重，严重制约了刁口河的生存空间，破坏了刁口河的环境，解决这些问题刻不容缓。刁口河的开发与保护看似是矛盾的问题，其实做好刁口河保护性开发是解决刁口河存在问题的有效方法。

（一）疏浚拓宽河槽开发性保护刁口河

恢复刁口河的过水输水能力和蓄水能力既是决绝刁口河问题的关键问题，也是发挥刁口河社会价值和经济价值的较好办法。

面对刁口河河槽的淤积萎缩情况，应当对现有河进疏浚清淤加深，同时拓宽和槽宽度，根据现有黄河和槽宽度和刁口河原有和槽宽度要求，刁口河河槽拓宽宽度应当在500m以上，500m是宽度下限。河道河槽疏浚深度根据河道实际高程和地下水位情况确定，其疏浚深不应小于3m。根据刁口河河道走向和实际需要可以对其弯道进行裁弯取直处理。

刁口河自黄河北大堤桩号9+900处至入海口总长度55km，被省道310线（孤罗公路）、省道312线（孤滨公路）和桩呈公路分割为四段，其中第一段北大堤桩号9+900处至刁口河于省道310交界处，长度6.1km；第二段省道310节点处至省道312交接处河道长度13.4km；第三段省道312节点处至桩埕公路交界处河道长12.9km；第四段为桩埕公路以下至入海口河道长22.6km。

对刁口河的拓宽与疏浚工作需要做大量的准备和迁安工作，应当取得地方政府和其他相关单位部门的支持。仅从刁口河拓宽清淤疏浚的工程量来说，主要工程量在北大地桩号9+900处至桩埕公路之间的河道，长度为32.4km。按照河槽疏浚清淤深度

3m，拓宽河槽500m，共需开挖运送土方4374万m^3。桩埕公路以北至入海口河段疏浚开挖土方也在1700万m^3，所以刁口河拓宽清淤土方达到6000余万立方米泥沙。沿河要求设立容泥沙区，高度2m的情况下，需土地4.5万亩。考虑到刁口河河道作为输水蓄水的应用，存放泥沙的土地还应增加。因此，刁口河槽两侧须各有500～1000m宽度的容沙区和保护地。

刁口河河道的拓宽疏浚的意义在于作为黄河备用流路基本要求的实现，同时可以利用工程后的刁口河为两岸工农业和居民生活输水蓄水，有力促进河两岸经济和社会的发展。

现实情况中，刁口河两岸工农业生产和人民生活都需要大量的黄河淡水资源，目前一些区域的淡水资源供给已严重不足。两岸的数十万亩耕地无稳定水源供应的占7成，由于干旱造成的农业损失不可估量。工业方面，河口区的黄蓝工业区、利津区的刁口乡化工工业区、东营海港的港区和海港开发区都需大量黄河淡水的供应，以及附近桩西采油厂、孤岛采油厂和河口采油厂的采油用水都有缺口。经过刁口河存储输运的黄河水可以解决燃眉之急，促进该地区的工业发展。当然，刁口河拓宽疏浚治理工程的实施可以使黄河水直流入海，携沙入海解决河口地区海岸侵蚀现象，同时缓解刁口河缺水造成的海水倒灌土地盐碱化加重情况，彻底终止刁口河区域环境的恶化状况。

泥沙本身就是一种紧缺的资源，填海造地，填平洼地，及其他工农业建设都需泥土，销售泥沙也可以创造经济价值。在河口地区低海拔的土地上，增高土地高程都可以改善土地土质。刁口河拓宽疏浚工程产生的大量泥土可以输运到需要他的地方，为社会增值，为人民服务。

刁口河的拓宽疏浚工程需要大量资金，没有国家财政资金和地方政府的支持是无法实现的，所以刁口河的治理要和刁口河的开发工作统筹考虑。实际上，刁口河的疏浚和拓宽工程就是对刁口河的开发，同样是对刁口河的保护。

（二）建设刁口河水利风景区

开发建立刁口河水利风景区，实现对刁口河的生态保护；利用刁口河的自然风光资源，发展旅游业，提升刁口河的社会价值。

刁口河流域处于黄河三角洲国家自然保护区内，是河口黄河造就的自然景观之一，是环境保护的核心区，拥有独特的、美丽的自然景观。刁口河拥有数十年前的原始景观，蜿蜒的河道、清清的河水、银白广袤的芦苇荡，这里有不一样的蓝天碧水和火红金黄的日出日落。两岸茂盛的槐花林果园、近处金黄的稻田、一眼望不到边红高粱、入海口处的盐田、虾池，都是让人震撼的美丽景色。

处于胜利油田腹地的刁口河，随处都可以看到红色的油井提油机，高高钻机铁塔矗立在不远处，油田风光独具特色。这里有原济南军区后勤基地超过 60 年的军屯小镇，记录着过往艰苦的红色岁月；也有矗立在荒野中高耸围墙的监狱遗址，那是莫言先生作品中主人公曾待过的地方，现今都充满着神秘感。

迷人的自然景色和人文景色是建立刁口河水利风景区的资本和条件基础，符合国家建设绿色环保社会及发展旅游经济的基本国策。建设刁口河水利风景区是一项开发刁口河的工作，同时也是加强对刁口河保护的工作。

建设刁口河水利风景区从前期论证和投入建设需要做大量的工作，其建成后所能发挥的社会效益在此不多论述。刁口河水利风景的建设对刁口河道的要求是要强化刁口河的原始自然风光强项，弱化和减少对刁口河的侵占、破坏和污染。建设刁口河水利风景区要与刁口河拓宽疏浚工作相结合，与水利风景区地域边界、原有村屯企业和相关设施迁安工作相结合。例如对刁口河两岸各 1km 风景区河道保护区的界定，以此为基础的土地征用、边界设施设立、相关规定规则的制定等；又比如建设水利风景区的绿化工作，可与刁口河治理拓宽疏浚工程的两岸保护区的绿化工程相互融合补充；再比如水利风景区的道路建设和其他景观建设可与刁口河拓宽疏浚治理工程紧密结合，做到既增强风景区和河道治理的便捷性，也增加景点的观赏性和河道的保护性。

刁口河建设水利风景区需要巨大资金的投入，该开发工作需要国家财政和地方政府的大力支持，不单需要资金支持，也需要政策支持以及必要的协调工作。建设刁口河水利风景区是一项系统工程，由于刁口河流域土地归属不同，其建设牵扯到不同地区的相关利益。责任分担，利益共享，是推动刁口河水利风景区建设的动力。

依靠刁口河的水资源，做好刁口河开发工作，搞好刁口河的拓宽疏浚治理工程，建立刁口河水利风景区，做好刁口河保护工作，为黄河备用流路建设做好充足准备。开发刁口河，保护刁口河，让刁口河为社会服务，为人民造福。

浅谈河湖生态保护与修复

邱　辉

河南黄河河务局经济发展管理局

一、我国水资源现状

水是维系生命与健康的基本需求，地球虽然有70.8%的面积被水所覆盖，但是淡水资源却极其有限。在全部水资源中，97.5%是无法饮用的咸水。在余下的2.5%的淡水中，有87%是人类难以利用的两极冰盖、高山冰川和永冻地带的冰雪。人类真正能够利用的是江河湖泊以及地下水中的一部分，仅占地球总水量的一小部分且分布不均。世界80个国家正面临着水危机，发展中国家约有10亿人喝不到清洁的水，7亿人没有良好的卫生设施，每年约有2500万人死于饮用不清洁的水。由此可见，水资源和健康具有密不可分的关系。水是基础性自然资源，我们所做的每项决策事实上都和水、以及水对健康所造成的影响有关。水资源的需求几乎涉及国民经济的方方面面，如工业、农业、建筑业、居民生活等，严重的缺水问题将导致我国城镇现代化建设进程、GDP的增长和居民生活水平的提高都受到限制，所以水是战略性经济资源，也是生态环境的控制性要素。

没有水源就没有生命，水是最宝贵的自然资源之一，是人类社会赖以生存和发展的前提和基础。虽然我国水资源总量多，但由于人口数量庞大，人均用水量低，而其中能作为饮用水的水资源有限。工业废水、生活污水和其他废弃物进入江河湖海等水体，超过水体自净能力所造成的污染。这会导致水体的物理、化学、生物等方面特征的改变，从而影响到水的利用价值，危害人体健康或破坏生态环境，造成水质恶化的现象，导致我国更干旱、缺水更严重。我国作为当今世界最大的发展中国家，处在加快推进城镇化和实现工业化的经济社会快速发展时期，环境状况不容乐观，环境问题日益成为制约我国经济社会发展的薄弱环节。

二、河流湖泊水污染状况

据国家环保总局数据显示，中国拥有5万多条流域面积在100km^{2}以上的河流，绝大多数已经遭受到程度不同的水污染侵害，包括长江在内的七大水系无一幸免。我国十大流域的国控断面中，水资源匮乏的北方河流比水资源丰沛的南方河流污染严重，珠江流域、西北诸河流域、西南诸河流域水质为优；长江流域、浙闽片河流流域水质为良好；黄河流域、松花江流域、淮河流域、辽河流域水质为轻度污染；海河流域水质为中度污染；主要污染指标为化学需氧量、五日生化需氧量和高锰酸盐指数。中国水体污染相当严重，部分城市的饮用水安全受到威胁，在46个重点城市中，有45.6%的城市水质较差，而农村的饮用水安全则更令人担忧，其卫生合格率仅为62.1%。据不完全统计，中国大约有3.6亿人喝不上干净水，因此保障中国百姓喝上干净水的问题成为了水污染防治工作中的第一要务。进入“九五”以来，我国大规模水污染防治在“三河三湖”、淮河、太湖、巢湖、滇池、海河、辽河等重点流域全面展开。经过几年的努力，已经取得了阶段性成果，部分河段水质有所改善。但是，我国水环境问题比较复杂，在现有经济技术条件下，解决水环境问题需要经过一个缓慢的过程。因此，在今后相当长的时期内，河湖水污染仍将十分严重，生态保护与修复是一个尤为严峻的问题。

三、空间上河湖生态保护要因地制宜

我国地域辽阔，江河湖海面临的问题各不相同，因此河湖生态保护与修复措施也应因地制宜，以问题和需求为导向，预防保护和治理修复相结合，根据河流湖泊水生态管控需求，分区施策。具体建议为：①某些江河源头区、水库库区存在人为破坏导致草场退化、土壤沙化、水源涵养功能下降、生物多样性下降等生态问题的状况，需要开展围栏封育、林草建设、生物固沙、退牧还草、治理退化草地治理等水源涵养的治理措施。②有些鱼类栖息繁殖的重要河段的保护，需要保护洄游通道、天然生态环境保留河段、生态环境替代保护、鱼类“三场”保护与修复，采取措施恢复河流连通性，增殖放流，建设人工鱼巢等。③为满足重要湿地用水，保护天然湿地资源，要以修复受损的河滨、湖滨、河口湿地为目标，针对不同区域湿地特征主要采取湿地封育保护、退耕还湿、湿地补水、重建与恢复生物栖息地等措施。④以城市河段及河岸坍塌河段整治为主，包括生态护岸工程、浆砌石护坡生态修复工程、城市滨河绿色景观建设工程，以及植被缓冲带建设工程等采取河岸带生态保护与修复措施。⑤对有些河流湖泊同时面临着水量短缺、水质污染、生态环境破坏、功能退化等多种问题，实施单一措施难以实现改善河湖生态环境目标，需要采取水生态综合治理措施，可主要采取河道清淤整治、河岸带建设、生态环境营造及湿地保护等。⑥通过建大坝水闸、河道清淤、疏通等措施恢复江河湖泊的水力联系，维护河湖水生态系统。

四、法律方面加大力度推行河长制

当前我国水安全呈现出新老问题交织的严峻形势，特别是水资源短缺、水生态损害、水环境污染等新问题愈加突出。河湖水系是水资源的重要载体，也是新老水问题最为集中地区域。近年来，各地积极采取措施加强河湖治理、管理和保护，取得了显著的综合效益，但河湖管理保护仍然面临严峻挑战。全面推行河长制是解决我国复杂水问题、维护河湖健康生命的有效举措，是完善水治理体系、保障国家水安全的制度创新。

河长制对水资源保护有非常重要的作用：①有效调动地方政府履行环境监管职责的执政能力，让各级政府积极参与河湖的保护和治理中来。②传达地方政府重视环保、强化责任的鲜明态度。尽管《中华人民共和国环境保护法》规定“地方各级人民政府，应当对本辖区的环境质量负责，采取措施改善环境质量。”但从实践来看，许多地方政府执行环保法律法规打了折扣。推行河长制，表明环保问责不再是空头口号。③打响水质达标全面攻坚战，制定阶段考核目标，用数据说话，把江河湖泊治理落到实处。

实施河长制，是推动人与自然和谐共生的必然要求，是统筹山水林田湖草系统治理的重要内容，也是解决我国水安全、水环境、水生态问题的有力抓手。要深入学习贯彻习近平新时代中国特色社会主义思想和党的十九大精神，坚持“节水优先、空间均衡、系统治理、两手发力”，建立健全与河长制紧密衔接的省市县乡四级湖长组织体系、制度体系和责任体系。要加快落实水域空间管控、岸线管理保护、水资源管理和水污染防治等重点任务，让全国的每一条河湖都碧波荡漾、涵养生态、永续利用，成为满足人类日益增长美好生活需要的不竭源泉。

我们要牢固树立和践行“绿水青山就是金山银山”的理念，认真贯彻新时代水利工作方针和治水新思路，持续推进柔性治水。要坚持系统化治理，统筹上下游，兼顾左右岸，切实处理好河流整治与城镇发展、生态环境保护、水资源开发利用的关系。要构建防洪安全保障、水资源配置保护、水生态修复提升、水文化弘扬展现、产业融合发展“五大体系”，恢复河流湖泊的生态环境。

五、社会方面支持组建水环保组织，呼吁全民参与

国家制定实施《水污染防治计划》，在决心实行最严格水资源管理制度的同时，应该呼吁全社会保护河流湖泊，使越来越多的普通人关注水环境问题，并以实际行动带来改善，结成众多水环保组织。当然，国家、企业、能人志士能积极为新生期的水保

护行动者提供包括资金、能力、信息在内的联合支持，并培养和吸引一批青年人才加入水保护队伍，培育一批批“核心业务专业性高、团队有行动力且发展资源上可持续的水保护组织”，期待未来实现“每一条河流湖泊都有守护者”的美好蓝图。

水环保组织通过关注河流湖泊等水环境保护，促进环境信息的公开和环境法律的贯彻，倡导环境友好的政策并推动执行，监督企业污染，并通过传播和实践带动公众的参与。具体工作内容包括：在一线直接开展水保护行动；非直接行动，用创新的科学的手段来带动水环境保护；由法律、信息、传播、学术等专业人士组成的跨界团队为水环境保驾护航；支持地方义工联、志愿者协会这类有意愿从事水保护的组织，帮助其实现专业化转型，壮大水保护的组织力量。

水保护任重道远，希望国家积极为水保护组织提供持续稳定的支持，通过为新生期的水保护组织提供各个方面的支持，陪伴行动者们在水保护的道路上走更远：

（1）资金支持。经费紧张往往限制组织的发展和项目的进行，有足够的资金才能使其有效专注于水环境问题的解决，才能保证组织的健康发展。

（2）培育辅导。鼓励资深组织发展专家和伙伴组织结对，提供个性化培育支持，提供包括组织和项目发展问题诊断、解决方案和行业案例等知识支持、资源支持。

（3）学习机会。通过学习群、在线论坛，建立水保护组织学习网络，使同阶段和跨阶段的水环境保护组织可以进行学习交流，收听水保护专业授课及组织管理等课程，对表现优异者可设配套的奖学金用于外出学习和交换实习等。

（4）人才支持。面向高校社团，选拔优秀人才，通过小额资助实践和悉心培训，影响高校青年参与到水保护当中，选拔实践中表现突出者进行精心培育，进入环保组织长期服务或成为专业志愿者。

除了借助社会组织的力量，我们还可以以生态文明建设为主题，开展保护河流湖泊志愿服务活动，引导人们更加自觉地珍爱自然、保护生态，建设美丽繁荣和谐新社会。加强教育，从娃娃抓起，从上学开始就告诉孩子们如何与小动物和平共处，加强保护动物的认知。在国内，大多数人对动物保护的认知停留在“主观不刻意虐待动物”和“与我有什么关系”上。野生动物的灭绝主要是因为栖息地被破坏，外来物种入侵，过度捕猎……栖息地的丧失与生存环境的剧烈变化基本一致，这是更彻底也是更不易被察觉的，河流、湖泊、山林、草原、湿地滩涂等被开发利用，对许多野生动物就意味着家的丧失，没有地方繁衍生息，数量和质量自然会少。水生动物亦然，当河流被阻断就意味着死亡，当湖泊海洋被污染，也意味着死亡。面对恶劣的环境，对人类来说，在保护动物栖息地的同时，不要忘记不伤害、不继续破坏其实更重要！《野生动物保护法》的执行力度也应该越来越严格，严厉打击违法行为，切实保护动物生态环境。

六、流域综合生态修复规划方法

环境问题越来越受到人们的重视，而“头疼医头，脚疼医脚”的生态修复方式遇到瓶颈。“流域综合生态修复规划方法”是从生态系统整体性和流域系统性出发，从源头上开展生态环境修复和保护的整体预案和行动方案的规划方法，其目标在于河流整体生态功能的恢复，对于改善退化的河流生态系统具有重要作用。流域综合生态修复规划方法的研究具有非常重要的意义，并拥有广阔的应用前景。期望不久的将来可以通过实践案例，并总结形成一套适用于中国的流域生态修复规划方法，为我国实现科学治水、生态治水做出贡献。

七、废水处理和构建城市湿地系统

归根到底，河流生态系统崩溃的起因还是人类排放的废水引起了水体的富营养化，如果我们不重视生活污水的处理，等待我们的必然是一场灾难。首先，废水处理是保护河流生态的关键。面对排放进河流湖泊的废水，传统方式要加强，采取兴建更多的污水处理设备，或是强迫关厂的手段，加强城镇污水管网建设、污水处理厂升级、加强建设污泥处理处置设施、废污水处理及水回收再利用，以及后续的河川、土壤及地下水的修复也成为我国环保产业的重要地带。

除了遏制水体富营养化，治理水污染还有另一个手段，即构建城市湿地系统。事实上，那些大量分布于河流两岸的湿生植物、挺水植物，分布于浅河流底部的沉水植物，还有漂浮在河面上的浮叶及漂浮植物，是维持河流生态安全的重要基础。这些水生高等植物，其养分的吸收能力比藻类更强，它的一片叶子就有数千个植物细胞合成养分，相当于千个藻类聚集起来，而且寿命也比藻类长。如果河流两岸有大量的水生植物，或者在生活污水进入河流前先经过大量密植水草的湿地，等于给河流安装了一个强大的生物进化器。湿地不仅精华河流、哺育水生生物，还是鸟类的天堂。如果是营造湿地公园，将净水和景观结合起来则是一条更好的思路。具体做法就是把准备排放到河流中的废水简单预处理后，再流经湿地公园净化，最后才排放进河道。在湿地公园内定期收割植物、疏通水网。但是城市的有机废物产生量巨大，靠集中的污水处理来吸纳全部水体废物是不现实的。因此，将来可能每一处公园都有湿地净化系统，甚至每一栋高楼都有自身的污水处理装置，被分解净化后的有机液体会被高楼上的垂直绿墙、垂直农业或者屋顶花园吸收一部分，再进入到湿地公园和河流，回归到自然中去。

八、结　语

维护河湖水生态系统良性循环，应当坚持综合治理，预防保护与治理修复相结合，科学合理地开发利用水资源；因地制宜地采取修复措施；健全完善水资源管理制度体系，深入贯彻落实最严格的水资源管理制度；从源头出发，减少污染物的排放，提高河流自净能力；呼吁全社会保护河流湖泊，使越来越多的人关注水环境，齐心协力解决水问题，共同创建一个山清水秀、生态宜居的美丽家园。

参考文献

[1] 陈雷．坚持生态优先绿色发展建设人水和谐美丽中国［J］．中国水利，2016（6）：1－2.
[2] 李军华，杨珊珊．新疆水资源合理开发利用与生态环境保护［J］．环境与可持续发展，2010（5）：30－32.
[3] 黄锦辉，赵蓉，史晓新，等．河湖水系生态保护与修复对策［J］．水利规划与设计，2018（4）.

水资源资产管理与水生态价值核算

陈　钰

河南黄河河务局经济发展管理局

一、水资源基础理念及我国水资源资产管理研究现状

（一）基础理念

水是人类及生物生存必不可少的物质，对工业、农业生产、经济发展、环境改善更是起到巨大作用。随着社会的不断发展，对于水资源的理念也在持续丰富，不过在不同的书籍中对于水资源的定义是有所区别的。《大不列颠大百科全书》中认为水资源是在自然界一切形态的水，包括气态、液态、固态三种水的总量。《中国大百科全书》中不同的章节内对水资源的解释也有所区别，将水资源称作地球表层可供人类利用的水。就上述的这些定义而言，将水资源视作地球自然资源，但是随着水资源问题的不断加重，如今水资源的理念已经不仅仅局限于此。

水资源的理念既简单又复杂，水的类型多种多样，且具有流动性，用途十分广泛，不同用途的水量、水质要求有着明显区别，其开发利用更是受到经济条件、社会条件、环境条件的限制。所以不同层面、不同角度对于水资源的认识是存在一定差别的。总而言之，水资源是人类生存、生产、生活中需求的各种水的统称，水资源具有使用价值和经济价值，其具有稀缺性、不可替代性、再生性、波动性等特点。

（二）研究现状

水资源资产管理从20世纪80年代开始就已经出现，如今随着全球性的水资源短缺问题的出现，地球生态环境遭受的考验更为巨大。对于我国而言，水资源短缺所产生的矛盾会持续增加，因而水资源资产管理势在必行。受制于学术水平的限制，我国专家、学者对于水资源资产管理的研究深度有限，很多研究都是泛泛而谈，缺乏深入性和系统性，看似对该课题有一定的认知，但是实际上所研究的论点都是偏理论而轻实践。

有学者对水资源具有的收益性、经济性、权属性、有偿性等特点进行了研究，说明了水资源资产属性以及将其纳入资产化管理的必要性。有的学者则对水资源与水资

源资产的关系进行研究，提出了水资源费用标准。有的学者针对水资源管理存在的问题，提出将水资源作为特殊商品进行资产化管理，以此来使得社会经济得以可持续发展。事实上我国的水利部门也在水资源管理进行研究，并且邀请专家进行意见的征集。我国的水资源资产管理可以适当学习国外的模式和经验，利用价格的市场机制，实现水资源的优化配置，进而使得水资源的价值得以更好地展现。

党的十八大以来，以习近平同志为核心的党中央把生态文明建设作为统筹推进“五位一体”总体布局和协调推进“四个全面”战略布局的重要内容，谋划开展了一系列根本性、长远性、开创性工作，推动生态文明建设和生态环境保护从实践到认识发生了历史性、转折性、全局性变化。黄河水利委员会牢固树立新发展理念，积极践行新时期水利工作方针，认真落实水利部党组决策部署，黄河水利事业取得了斐然成就但流域水旱灾害尚未根治，水资源供需矛盾更趋尖锐，局部水生态损害和水环境污染尚未根本好转，黄河健康生命仍时时受到威胁；跨界河段水事纠纷频发，下游滩区治河与社会经济发展争议不断，涉河开发项目快速增长，违法违规水事活动时有发生，流域机构执法能力不适应等流域人水不和谐问题凸显。

同时，我们还必须看到，伴随着国家及区域经济社会发展的变化，黄河治理开发保护与管理环境也发生了新的深刻变化。首先是自然环境的变化：一是黄河水沙形势发生了变化；二是小浪底水利枢纽工程的建成运用及河防工程大规模建设大大提高了防御洪水能力，干流基本达到防洪标准，河势得到进一步控制，下游河道中水河槽过流能力进一步增强；三是黄土高原水土保持初见成效，中游地区生态环境恶化得到初步遏制。更重要的是社会环境的变化：一是黄河下游滩区成为河南省脱贫攻坚战的重要战区，解决治河与发展的矛盾已经到了攻坚克难的深水区；二是流域内外生活、生产、生态用水需求与黄河自然水资源供给矛盾尖锐，结构转型和增加供给已经到了刻不容缓的地步。

二、水资源资产管理的必要性分析

（一）水资源危机进一步加深

如今随着我国大力发展经济，各行各业对于水资源的依赖大增，水资源稀缺性特点开始展现出来，大众开始认识到水资源的珍贵，并且将其视作资源性资产，是国家和全体人民的宝贵财富。我国目前对水资源的所有权进行了明确规定，但是实际上的贯彻落实中存在不少问题。水资源实行资产管理有利于水资源的开发利用，国家对水资源的所有权能够在经济上得以体现，能够确保水资源受到保护和合理开发，能够让水资源纳入国民经济的核算体系之中，进而使得水资源的价值得以充分利用和展现，让水资源参与到市场经济之中。这样的转变也能够让水资源所有权、买卖出租等得以明确的规定，有具体的法律制度可以作为评判标准。

（二）社会主义市场经济的要求

我国社会主义市场经济体制在不断完善，此时水资源走入市场是顺应趋势，不过由于长期的无保护和低价思想，使得水资源的采取过度，缺乏科学的管理。水资源的经营者和使用者不仅不负责承担水资源减少所带来的损失，而且不懂得节约水资源，使得水资源数量、质量均减少。就目前的社会主义市场经济而言，固有的水资源管理方式明显不能满足时代的需求，因而一定要明确水资源所有者、经营者的权利和责任，让水资源的产权更为清晰，进而以市场的价格自主调节来实现水资源合理利用和配置。

（三）充分体现水资源的价值

我国水利工程都是由国家负责出资，但是资金有限，所以水利工程的建设始终难以满足用水需求。受制于资金的限制，水利工程的进展缓慢、管理缺失，很多工程缺乏专业的设计，费用使用不够合理，造成了无谓的浪费。由于政府对于企业污水排放的管理不够严格，使得很多的污染企业肆意排放废水，让我国的水环境遭受到了严重污染，污水处理厂也因为资金不足出现运作问题。种种迹象表明，对水资源盲目的管理会导致水资源的过度损耗，其效益也会大打折扣，因而需要采取全新的资产管理方式，在根本上解决这些问题。

（四）实现水资源的保护与经济的可持续发展

水资源资产管理意味着在开发利用和保护水资源的过程中，注重了生态环境的改善，以此来实现水资源的可持续利用，为保障社会经济的可持续发展奠定良好基础。通过水资源的资产管理，能够让相关的行为得以监管规范，让水资源盲目开发的情况得以缓解，进而使得水资源早日实现可持续利用。要遵循水资源的自然发展规律，将水资源与经济发展、人类生存的关系调节妥当，只有这样才能够维护生态平衡，确保水资源环境的安全性。

三、水资源资产管理的目标及要求

（一）水资源资产管理的目标

在社会主义市场经济条件下，对水资源的配置主要运用经济的、法律的手段。对水资源实行资产化管理是与市场经济相适应的一种管理手段。从总体上讲，水资源资产化管理的主要目标有以下几个方面：

第一，经过对水资源的资产化管理，使水资源的所有权和经营权分离，建立规范、公平、合理的水资源市场，使国家对水资源的所有权在经济上得以实现。

第二，经过对水资源的资产化管理，使水资源的配置、开发、利用、保护和发展走上良性循环的轨道，使水资源业的经济效益、生态效益和社会效益同步实现，促进水资源的可持续利用。

第三，经过对水资源的资产化管理，建立水资源核算体系，并把水资源、环境纳入国民经济核算体系，使水资源价值得到真正的反映和补偿，促进水资源的宏观经济管理。

第四，经过对水资源的资产化管理，使水资源的产权流转变为现实，使水资源按照市场经济的规则参与到商品的交换过程中去，进而加入到社会主义市场经济行列。

（二）水资源资产管理的要求

对水资源实行资产化管理是资源管理体制的重大转变，也是全国经济体制改革的一个重要组成部分。水资源资产管理的新规则、新体制的形成，是整个经济体制改革的一个方面。新体制的确立有赖于经济体制从宏观到微观的改革，有赖于政府部门职能的转变，以及新的经济运行机制的有效运转。水资源资产化管理的目标，是建立一种高效、合理、科学的水资源配置与运作体系——现代水资源经营制度和水资源产权市场，使得被消耗的水资源得以再生和重建，存量的水资源得以最有效配置，并最大限度调动起各方面对其的投入，使得水资源开发与利用在高水平、高起点上得到和谐统一和相互促进，建立起持续、高效、稳定发展的水资源产业经营的体系，有效地治理和保护水资源环境，促进水资源的可持续利用，进而促进整个社会经济的可持续发展。实现这一目标的核心问题是水资源产权市场的建设和管理，关键是水资源价值补偿与价值实现。为实现这样的目标，必须确立水资源资产化管理的要求。

首先，要符合可持续利用原则：水资源是人民生活、国民经济发展的重要资源，是社会可持续发展的物质基础和基本条件，它要求水资源开发利用不能只顾眼前利益，还必须着眼于我们的子孙后代。水资源是一种财富，但是这种财富不仅属于我们，也属于我们的子孙。水资源的过度开发和水环境的破坏，必然削弱水资源支持国民经济健康发展的能力，并且威胁后代人的生存和发展。所以，在水资源资产化管理中，水资源可持续利用的原则必须严格加以贯彻和实施。

其次，要符合社会主义市场化原则：水资源资产管理体制，要适应社会主义市场经济的要求，就是要以市场经济的要求作为水资源资产管理的基本取向。传统的水资源管理体制是在水资源无价、无偿开采利用、福利性的非资产化管理前提下建立起来的，这种管理体制与我国现行的社会主义市场经济体制是难以相适应的。水资源的开发利用，不仅要保证技术经济的合理性，还要进一步保证开发利用水资源的经济效益归属的合法性和合理性，而且必须将水资源作为具有经济价值的资产进行管理，做到技术管理和所有权管理并重，所有权适当集中，培育和完善国家调控下的产权交易市场，充分发挥经济杠杆作用。

再次，要坚持以国家产权管理为核心：根据国家法律规定，在水资源等自然资源中，国家产权占有绝对大的比重。而在现实的产权管理中，产权往往被弱化和虚置，管理的概念很模糊，管理的弹性太大，很不规范。因此，资产化管理的核心是产权管理，要保证国家所有权的完整性和统一性，要确保所有权在经济上得到实现，真正做到确保所有权，落实经营权。可以通过理论研究与改革的深化，使国有资产管理局、水利部、环保局及其他相关部门在科学与符合经济规律和国家整体、长远利益的原则上，求得共识，在整个社会范围内，转变观念，把水资源无价变为水资源有价，有偿使用水资源，使整个利益与行业利益、中央与地方利益有机地结合起来。

最后，要最大限度地提升水资源的利用效率：水资源资产管理体制要有益于最大限度地提高单位水资源的利用效益，要改变对水资源无偿占有和无偿开发利用的做法，逐步实行有偿占有和有偿开发利用制度，强化国家对水资源的产权管理，明确水资源所有者、经营者各自的责、权、利及其相互之间的关系，并与法律责任相联系。只有这样才能最大限度地调动经营、使用水资源单位的积极性，激发他们从自身利益出发采取一切措施、手段改变水资源浪费、利用率不高的状况，从而使有限的水资源最大限度地被利用，真正做到“节约、合理利用水资源”。

四、水资源资产管理的对策建议

（一）明确水资源产权

水权的实质是水的收益权，是水资源所有权和使用权分离的结果。我国的水资源属于国家所有，在这个前提下，如何根据用水方式的不同合理界定产权，使国家、地方、工程单位和用水户之间的责、权、利相互协调，并在此基础上探索有效保护、开发利用水资源的产权结构和管理制度，是一个急需解决的问题。虽然国家对水资源的定义已非常明确，但水的使用权、配置权和收益权仍很模糊。随着市场经济体制的健全和完善，水资源却日益短缺，因此需要明晰水权，按资产管理理论对水资源的开发和利用进行管理。首先要认识到水是一种特殊商品，具有一定的社会性、公益性和不可替代性。水权是有价的，是为实现水资源的优化配置和可持续利用服务的，要获得水权，就必须缴纳一定的费用，即水资源费。目前，水资源费标准一般由政府来确定，用于水资源的开发、监测和保护等。水权是可以转让、可以交易的，水权在一定程度上类似于资产权。在转让水权时，水权转让者应得到一定补偿，而水权接受者则需付出一定代价。水权交易价格需要市场和政府两方面进行调控。水是一种特殊商品，在我国社会主义市场经济条件下，水市场是一种不完全市场，水权交易价格不能完全由市场来定价，还需要政府的宏观调控。

（二）完善水价机制

水价要按经济、环境和社会三个效益原则而定。经济效益使水行业有利可图，良性循环，公营或私营均可维持其保证质量的生产；环境效益使水资源可持续利用，污水还原成接近自然水的状态；社会效益使社会稳定，供水充足、优质，其重点之一即是使贫困人口亦能够饮用清洁水。我国政府应该提高水价，累进加价；削减水价补贴；征收环境税费，环境税费的征收可以降低人们对水资源的总量需求，减少环境损害，成为更有效率地利用水资源和产生财政收入的非常有效的刺激手段。通过它可以部分地获取水资源的保护效益，改善管理维护水平，共享开发水资源的利益。

（三）建立全新管理模式

国家作为水资源所有者，是水权分配的主体，中央政府授权各级权力机构分配水资源的使用权，中央政府始终保留水资源的最终处置权。国家政府作为水市场的管理者和调控者，在水资源配置方面，应行使水行政管理和水行政执法职能，加强对水权和水市场的管理。各流域水利委员会作为国务院水行政主管部门派出机构，主要职能是对国家政策的具体执行和监督，制定本流域水资源管理政策、法规，重点是本流域水资源规划。可以通过立法等程序使得水务公司相互参股，或引进国外水务公司参股，实现产权结构的多元化，使得市场竞争机制能良性运行，通过市场竞争，实现水资源高效配置。

（四）加强水生态价值核算

水资源核算是对水资源资产化管理的重要手段，是社会经济可持续发展的要求和基础，是将水资源纳入国民经济核算体系的前提，具有重要的理论和实践意义。通过水资源核算，可以反映出：水资源对经济发展的保证程度并全面客观地评价经济发展的潜力；水资源的开发、利用、节约、保护与经济发展、科技水平的相互作用，为合理开发利用保护水资源提供有价值的影响，以及对居民消费产生的影响等，从而促进水资源与国民经济的协调发展，并使国民经济核算体系得以更加完善。目前，水资源价值量核算的理论还不成熟，有待于进一步完善和发展。水资源价值量核算，应在充分考虑自然资源共性和水资源自身特点的基础上进行。由于水资源具有多功能性和时间分布的显著随机性，决定了既要核算河道外引水效用的价值量，又要核算河道内用水效用的价值量；既要核算其多年平均的价值量，又要核算不同来水频率代表年的价值量。

五、结　　论

21 世纪我国经济发展速度飞快，但是城市给水系统的供需矛盾也相应增加，城市的水量也开始显得紧缺起来。因而我国要将水资源作为一种资产来管理，充分意识到水资源的商品属性和其经济价值，从经济的角度出发，加强人们节水防污的思想意识。水资源资产管理是全新的尝试，更是一次重大突破，其将水资源视作了资产，从单一实物量转化为价值量和实物量管理相统一的管理，让水资源资产走入了市场之中，实现市场交易，以此来实现水资源资产保值增值。当然要想彻底实现这一目标，需要有配套制度和管理方法，需要在各个管理阶段明确管理对象和主体，以此来防止水资源资产流失、实现水资源资产的保值增值。我国的水市场更是在不断地完善中，水资源的开发、利用发展需要与社会经济的发展相统一，随着我国水资源资产管理的深化进行，必将有更为科学规范的买卖行为，并且建立起更为完善的市场准入机制。当然水资源资产管理与水生态价值核算需要在理论和实践中不断完善，这些都需要时间来证实，不过这些方式必然能够使得我国水资源实现可持续利用，促进我国国民经济的持续发展。

参考文献

[1] 唐勇军，李鹏，马文超．水资源资产负债表编制研究——基于领导干部离任审计视角［J］．水利经济，2018，36（5）：13－20，75－76.

[2] 李志坚，耿建新．基于水供给视角的水资源资产负债表编制理论研究［J］．北方民族大学学报（哲学社会科学版），2018（5）：172－176.

[3] 田金平，姜婷婷，施涵，等．区域水资源资产负债表——北仑区水资源存量及变动表案例研究［J］．中国人口·资源与环境，2018，28（9）：167－176.

[4] 陈龙，叶有华，张燚，等．深圳市宝安区水资源资产负债表编制研究［J］．人民长江，2018，49（16）：41－46.

[5] 孙付华，王朝霞，施文君．基于水资源资产价值的绿色 GDP 核算研究——以江苏省为例［J］．价格理论与实践，2018（4）：97－101.

[6] 杨梦婵，叶有华，张原，等．深圳市综合水质指数研究及其在水资源资产评估上的应用［J］．自然资源学报，2018，33（7）：1129－1138.

[7] 李莉．水资源资产负债表编制及其应用研究［J］．管理观察，2018（17）：75－77.
[8] 唐洁珑，刘力一．水资源资产平衡表编制初探［J］．财会通讯，2018（16）：50－52.
[9] 方媛．水资源资产负债表构建研究［D］．蚌埠：安徽财经大学，2018.
[10] 王志华．水资源资产价值计量研究［D］．绵阳：西南科技大学，2018.
[11] 宋晓谕，陈玥，闫慧敏，等．水资源资产负债表表式结构初探［J］．资源科学，2018，40（5）：899－907.
[12] 杨艳昭，陈玥，宋晓谕，等．湖州市水资源资产负债表编制实践［J］．资源科学，2018，40（5）：908－918.
[13] 杨裕恒．水资源资产负债表体系建立与研究［D］．济南：山东大学，2018.
[14] 刘春彤．基于社会经济发展水平的山东省水资源资产与负债研究［D］．济南：山东大学，2018.

浅谈生态河道整治技术

曹 然
郑州黄河河务局惠金黄河河务局

一、研究生态河道整治的背景

我国河流众多，水系发达，我国的水资源有其自身的特点。与世界其他国家相比，中国是个水资源缺乏的国家，不同的省区有不同的特点。一般而言，南方雨水多丰，河网密集洪水多发；北方干旱少雨，江河断流，地下水开采超度，不时山洪暴发。

河道是水生态环境的重要载体，要考虑生物的多样性，为水生、两栖动物创造栖息繁衍环境，这样既有利于保护水生态环境，又有利于提高河流自净能力。除了满足泄洪要求外，还应尽量保持河道的自然特征及水流的多样化，只有水流的多样化才能有水生物的多样化。为此河道整治要从生态、经济、人文、社会效应和全面建设小康社会等多方面来考虑，既要恢复自然河道功能，又要满足人类长久以来生存的要求。

但是，随着人口增长、工业发展和社会进步，土地需求快速增加，河流流域也受到过度开发。为了解决治山防洪以及河道整治的问题，往往施以拦砂坝或混凝土河堤等各项工程，造成不透水域扩大、水面与绿地减少，进而破坏了河流生态系统与景观。在过去，人们往往缺乏对于水资源生态的认识，工程技术人员多沿用传统施工方法，使得河道整治工程虽然可达到安全保障的目的，但是无形中破坏了自然生态景观，导致河流水质污染日益严重、水土流失日益加剧、河流断流频繁发生、河流生态严重破坏。据中科院 1996 年发布的一份国情研究报告，全国 532 条主要河流中，有 432 条受到不同程度的污染。据统计，从 1972 年至 1998 年的 27 年中，黄河下游利津水文站有 21 年发生断流，断流年份平均断流 50 天以上，平均断流长度 321km，而且断流时间、断流距离均呈现增长趋势。黄河流域多年平均土壤侵蚀 3700 万 km^2，年水土流失量 $2300 \times 10^3 km^2$，居世界首位。

开展生态河道整治是恢复提高河道基本功能的根本措施，是提高水资源承载能力，改善生态环境的有效途径是打造绿色河道的客观需要。现代化建设的推进，对河道整治提出了新的要求，不仅要继承传统整治技术的精髓，还应树立亲水的理念，营造人与自然和谐的水环境。

目前，在发达国家的水系管理中比较注意全流域的管理，明确提出了“人与水和谐共处”“修复河流生态系统”等目标，使流域生态系统保持良好的状态。这也正说明了生态环境恶化治理的紧迫性和必要性。

二、国内外生态河道整治的研究应用进展

（一）国外河道整治的研究进展

自20世纪70年代开始，面对河流整治中出现的水利工程对生态系统的负面影响问题，欧洲的工程界对水利工程的规划设计理念进行了深刻的反思，认识到河流治理不但要符合工程设计原理，而且要符合自然原理，也就是说把江河湖泊当作生态系统的一个重要组成部分来对待，不能把河流系统从自然生态系统中单独割裂开来。

目前，世界上一些发达国家都在进行河流自然的改造。瑞士、德国等国家于20世纪80年代末提出了全新的“亲近自然河流”概念和“自然型护岸”技术。据有关资料介绍，欧洲的MELK流域经过“亲近自然”治理后，每百米河段的鱼类个体数量、生物量从治理前的150个19kg提高到治理后的410个55kg。

日本的多数河流常常受到洪水的影响，且结构形态不稳定。为了防洪、控制泥沙，日本修建了许多河道整治工程，如修筑堤坝、疏通河道等；加之伴随着工业化和城市化的进程，河流污染不断加剧，水循环不断改变，致使大多数天然洪泛区栖息地消失殆尽。日本在20世纪90年代开展了“创造多自然型河道建设”。在日本建设省推进的第九次治水五年计划中，对5700km河流采用多自然型河流治理法，其中2300km为植物堤岸，1400km为石木护底的自然河堤，200km不得已使用混凝土堤岸，都将按“多自然护堤法”进行改造，覆盖土壤，并种植植被。

美国南佛罗里达州在20世纪70年代修建了许多人工河道，但逐渐被发现周围湿地越来越干，圣物多样性也急剧减少，于是在20世纪90年代开始改造，目前已经恢复曲流河道的状态。著名的洛杉矶河也在拆除衬砌。

目前，在欧美一些国家较为常用的技术是“土壤生物工程护岸技术”（Soil－bioengineering）。该技术从最原始的柴木纸条防护措施发展而来，经过多年研究，现已经形成比较完整的理论和施工方法，并得到了广泛应用。

（二）国内河道整治的研究进展

随着我国国民经济的发展，越来越多的人将从对物质生活的追求转为对精神生活的追求。与之相适应的，在河流建设方面，也应从过去的只重视防洪抗旱单一功能的

河流水利工程建设上，转到有和谐自然环境和丰富地域文化的复合型河流建设上来。

早在公元前18世纪，我国在河道整治工程中就使用柳枝、竹子等编织成的篮子装上石块来稳固河岸和渠道。发展到明代，劳动人民总结了历代植柳固堤的经验，创造出了包括“卧柳”“低柳”“编柳”“深柳”“漫柳”“高柳”等的“植柳六法”，成为生态抗洪、水土保持、改善生态环境，营造优美景观的生态河道整治有效途径。

近代我国在生态河道整治工程结束领域方面起步较晚，近些年才开始生态河道整治工程技术的研究与实践，目前还处于发展阶段，主要是借鉴发达国家的理论和经验，研究水利工程对河道生态系统的影响，对受损河道利用生态工程技术和生态材料进行修复。

国内许多学者对国内外生态河床和升天护岸护坡技术进行了总结和分类，生态河道整治工程技术在我国实际工程中得到了广泛运用。其中影响比较大的有成都府南河多自然治理工程、北京的凉水河生态治理工程、上海的苏州河水环境综合治理、南京的秦淮河生态整治工程、黄河下游标准化提防建设工程等。

（三）目前国内河道整治存在的问题

过去的几十年，我国在经济飞速发展的同时，由于环境保护意识薄弱、河道管理观念滞后等原因，造成了目前河道状况存在以下几个方面的问题。

1. 河道淤积严重，行洪能力减弱

对有通航要求的河道，由于风浪和行船长年累月的淘刷，使河堤遭受不同程度的破坏，从而造成河岸边坡堤顶水土流失，流失的泥沙在河床内淤积，导致河床抬高；此外不恰当的城镇开发使许多河流的河道变窄，河网被分割，城镇建设中废物倾倒使河床越来越高，甚至发生河道被掩埋的现象。所有这些都扰乱了河道正常的自然生态，严重影响了河流本身所具有的泄洪能力，加剧了洪涝灾害发生的频率和强度。

2. 防洪能力不足

目前，部分干流河道不同程度都存在堤身单薄、防洪标准偏低的问题，不少河道的防洪能力没有达到设计标准，且部分河道两岸没有护岸工程，汛期洪水过境容易造成堤塌田毁。

3. 水质污染严重

随着经济的不断发展，工业废水和生活污水排放不断增加，河道富营养化程度增高，水生植物过度繁茂，水质严重恶化，水污染已经成为制约社会经济可持续发展的瓶颈。随着城市经济的迅猛发展，河道两岸的土地被过度开发利用，城市河道功能受到严重损害，大量工业、生活污水不经过处理就直接排放，造成河水污染严重，导致

水质恶化，河道生态环境被严重破坏。

4. 河道形态被改变

由于管理机制的不完善以及人们的环境意识淡薄，人们在河道中任意设障、乱堆废弃、无序采砂，严重改变了河道的天然断面形态，造成水流不畅、行洪受阻，影响河道功能的正常发挥。

目前，国内有些河道整治工程片面追求河岸的硬化覆盖，片面强调河流的防洪功能，从而淡化了河流的资源功能和生态功能。为了保护城市，河堤年年加高，大量建设现浇混凝土、预制混凝土、浆砌或干砌块石护岸，河流完全被人工化、渠道化，从而破坏了河流的生态平衡。

5. 河网水面面积不断减少

一些位于城市和发达城市的河网，由于造房、修路等行为，任意占用、填埋河道；而一些农村地区的老百姓把生活垃圾直接倒入河道，侵占水面面积，致使许多河道缩窄变浅，减少了河网的调蓄容量。

6. 河道护岸结构单一

长期以来，河道的自然特征被逐步渠道化，水边植物、微生物、鱼类的生长环境被恶化，水流的生态功能、景观功能不足。这种现象主要是由于以往的护岸工程主要考虑的是河道的行洪速度、河道冲刷、水土保持等，而忽略了河道的生态景观功能。因此，河道的护岸结构主要采用浆砌或干砌块石护岸、现浇混凝土护岸、预制混凝土块体护岸、土工模袋混凝土护岸等结构。这与现代人追求人与环境的和谐并不相符。

三、生态河道的概念及特征

（一）生态河道的概念

生态河道是在生态安全和谐理念的指导下，以修复受损河道为目的，通过生态河床和生态护岸等生态工程技术手段，形成自然生态和谐、生态系统健康、安全稳定性高、生物多样性高、河道功能健全的非自然原生型河道，具体包括以下几个方面：

（1）生态河道首先是结构稳定的系统，在满足行洪排涝要求的基础上，其岸坡结构必须是稳定的。

（2）生态河道系统是开放式的系统，它与周围生态系统是密切联系的，且不断与周围的生态系统进行物质交互。

（3）生态河道是动态平衡的系统，系统内的生物之间存在着复杂的食物链，保持着系统的动态平衡。

（4）生态河道是动力式的系统，它与水流之间相互作用，水流对岸坡有冲刷作用，岸坡对水流有阻碍作用。

（5）生态河道是过渡性系统，它是地表水生态系统与地下水生态系统的媒介，同时与陆地生态系统相邻，与其他生态系统之间互相协调，协同发展。

（6）生态河道是可持续发展的系统，不仅满足当前人们生产生活的需要，还能满足后代发展的需要。

根据以上观点，在保证结构稳定和满足行洪要求的基础上，生态河道是一个与周围环境相互协调、协同发展，保证社会、经济可持续发展，维持生物动态平衡的开放性生态系统。

（二）生态河道的特征

生态河道系统是以自然为主导的，能够维持物种多样性、减少对资源的剥夺、维护生态系统的动态平衡，对提高系统的自我调节、自我修复能力、改善人类生活环境等方面具有重要的意义。生态河道既具有生态学特征，又具有水力学、社会经济学特征，主要具体表现在以下几个方面。

1. 结构稳定性

生态河道在结构上是稳定的，由于河岸土层或岩层受到雨水侵蚀、洪水浸泡和河水冲刷时，均会引起河岸的水土流失或剥蚀，从而导致护坡的结构失稳。一旦河岸坍塌，整个河道生态系统将无从谈起。只有在护坡结构稳定的基础上，河道生态系统内的生物才能正常维持其生态功能，所以结构稳定性是生态河道的首要特性。

2. 景观适宜性

生态河道的景观环境是适宜的，它能为人们提供与水和谐共处的景观平台，具有较强的经济价值、社会价值、生态价值和美学价值。

3. 生态健康性

生态河道系统自身是健康的，系统内部的物质、能量流动始终处于稳定的动态平衡状态。生态河道具有很强的生物多样性，各种生物种群之间互为食物，形成了复杂的生物链，使生态河道处于动态平衡状态，在时间上能够维持其可持续性。

4. 生态安全性

生态河道自身是安全的，同时对外也是安全的。生态河道不是孤立的，而是不断与周围生态系统进行着物质、能量的交互。水质环境的恶化、陆地污染以及外来物种入侵等都会影响河道的生态安全，生态河道具有低于这些胁迫的抵抗力。同时，生态河道对其他生态系统也不会构成干扰和破坏。

四、生态河道整治模式

（一）原生态型整治模式

主要采用植物保护河堤，以保持自然河岸特性，如种植柳树、水杨、白杨、芦苇、菖蒲等具有喜水特性的植物，借由它们发达的根系来稳固土壤颗粒增加堤岸的稳定性，加之柳枝柔韧，顺应水流，可以降低流速，防止水土流失，增加抗洪，保护河道能力。此种方式抵抗洪水的能力较差，一般只用于坡度较缓或腹地较大的河段。

（二）自然型整治模式

此种模式在原生态模式的基础上，不仅种植植被，而且采用石材、木材等天然材料护底，如在坡脚设置各种种植包、采用石笼、木桩等护岸，斜坡种植植被，实行乔灌结合，固堤护岸。此种方式一般应用于较陡的坡岸或冲蚀较严重的地段。

（三）工程生态型整治模式

在自然型整治模式的基础上，采用石块或钢筋混凝土等材料，确保较大的抗洪能力，如将钢筋混凝土柱、铅丝笼或耐水圆木制成箱状框架，并向其中投入大量石块，形成很深的鱼巢，再在框架外埋入大柳枝、水杨枝等，邻水侧种植芦苇、菖蒲等水生植物，使其在缝中生长繁茂草木。此种方式一般用于防洪要求较高且腹地较小的河段。

五、生态河道岸坡整治模式的实施方法

（一）原生态型整治模式

原生态型整治模式一般是指植被法。采用植物保护河堤主要用于小河、溪流的堤岸保护和一些局部冲蚀的地方，以保证自然堤岸特性。如种植柳树、白杨等具有喜水特性的植物，由它们发达的根系稳固土壤颗粒增加堤岸的稳定性，加之柳枝柔韧，顺应水流，可以降低流速，防止水土流失，增强抗洪、保护河堤的能力。这种方法从工程角度上来讲比较简单，当河岸较陡时，可辅助采用土工织物固坡，以达到结构稳定的要求。固土植物可以选择的主要有沙棘林、刺槐林、黄檀、池杉、龙

须草、金银花、油松、黄花、常青藤、蔓草等，可以根据该地区的气候选择适宜的植物品种。

（二）自然型整治模式

自然型整治模式通常综合应用“植被法”“土壤生物工程法”和我国习惯使用的“结构措施法”，这种方法一般用于较陡的坡岸或冲蚀较严重的地段。土壤生物工程法有很好的环境效益，在国外广泛应用。通俗地讲，土壤生物工程法是用乔木或灌木的发达根系纤维来固定岸坡，形成“植物加筋土”，即把植物当作结构的一部分来增加土的抗剪强度，防止坡岸坍塌。这种方法一般都结合一些结构措施来应用，以使岸坡更加稳固。

（三）工程生态型治理模式

工程生态型治理模式不仅种植植被，还采用天然石材、木材护底，如在坡脚设置各种种植包、采用石笼或木桩等护岸，斜坡种植植被，实行乔灌结合。在此基础上，再采用钢筋混凝土等材料，确保大的抗洪能力。这类河道的护岸功能主要以防止岸坡冲刷为主，在材料选用上，常常采用浆砌或干砌块石、现浇混凝土和预制混凝土块体等硬质且安全系数相对较高的材质；在结构型式上，常用重力式浆砌块石挡墙、工型钢筋混凝土挡墙等直立式护岸结构。

六、生态河道岸坡治理建设中应注意的几个问题

（一）岸边线的布置

岸边线是河道正常水位线与河岸的交线，也称水边线。水边线与河流的景观关系最为密切，它的布置直接影响着河流的平台形态和景观效果。河道治理，要以人为本，营造人与自然环境和谐相处的河流水环境。在人们的感观世界，自然环境应该是多样性的存在，而不是单调重复的事件。直线或平行线的组合，都易给人产生不自然的感觉。在护岸工程中，产生这种影响的线条主要有河道中心线、河道宽度控制线和水边线，这些线条的组合基本上决定了河道的平面形态。

1. 河道中心线是河流平面总体走向的定位线

河道中心线即河道轴线的确定受河流现状、水流动力、周围环境和社会发展需求等诸因素影响，其展示的是河流的综合形态。由于上述原因，河道轴线布置的可变性和自由度均较小，故无法按景观要求随便布置改动。河道宽度控制线是按水利计算由河道的过流能力确定的，宽度控制线展示的是河流的技术形态，它的变动受规划控制

和工程投资控制，可变性和自由度也不大。这样，宽度控制线与河道轴线很容易形成平行直线组合，使人感觉单调乏味，水边线的产生就为整个河道布置增强了很大的可变空间。只要将原规划河道宽度控制线与规划河道管理范围控制线之间的地面高程部分降低至正常水位以下，便形成了沿河岸开放空间的浅水区域，产生了一条新的水边线（图1、图2）。

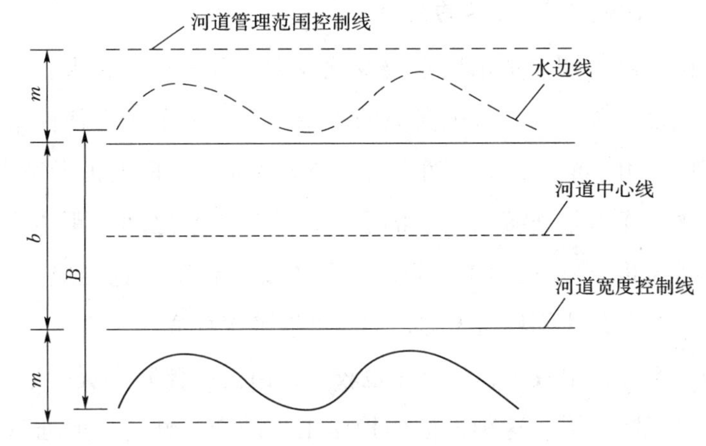

图1　河道控制线的平面形态示意图

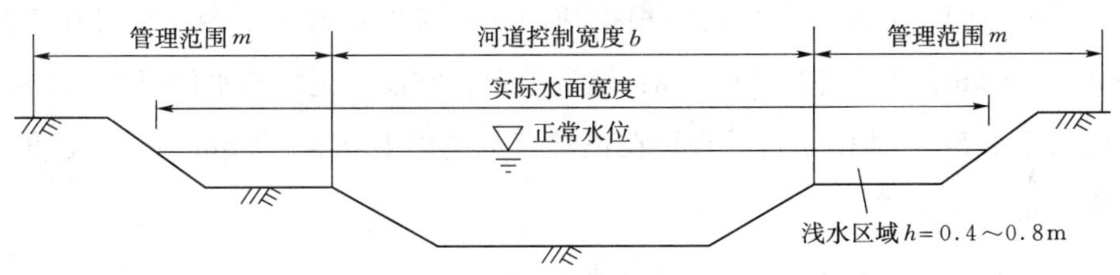

图2　河道断面示意图

2. 浅水区功用

为达到一定的景观效果，在符合河流自然形态的前提下，沿河道两侧设置一定的浅水区域，形成松弛有度的水边线，可产生意想不到的效果。

（1）人们直观感觉河面变宽了。由于浅水区水深一般为0.4～0.8m，该区的水面与河道主槽河面是一体的，表面上没有分隔，会给人产生宽阔的水面感觉。

（2）扩大沿河造景的空间。在浅水区域上，可根据需要适当布置休闲嬉水的小景，如水上平台、九曲桥、观水亭、沙滩嬉水等。

（3）增强河流的自然美感。由于浅水区的范围在河道管理范围之内（条件许可情况下，也可超出管理范围之外），故水边线布置的空间较大，可修饰整条河流的平面形象。水边线布置时，可按河流自然走向，用适当夸张的手法营造适度弯曲的岸线景观，如河湾、河滩、湿地等。

（二）亲水性考虑

所谓亲水性就是人与水之间的某种紧密相连、相互作用的共用属性。“依山傍水”是人们理想的居住环境。在护岸工程设计时，必须特别注意水面、地面、人三者的亲密协调关系，营造亲水环境。

1. 以低矮护岸，制造接近水的感觉

山溪性河流由于洪水期、枯水期水位变化较大，且流速也较大，一般修筑的防洪堤迎水侧均为复式带平台结构。这种河流的护岸工程，其亲水性往往集中在主河槽与平台间的空间范围。由于范围较大，可考虑设置多级亲水台阶的护岸型式。

亲水台阶的主要作用是连接人与水的通道，拉近人水之间的距离。从安全性角度考虑，在正常蓄水位以下 0.5～0.8m 处，应设置安全台阶，宽度应控制在 15～30m。一般的亲水台阶，按公共休闲场所考虑，但尽可能平缓舒适。

平原河流由于水位变幅较小，且流速也较小，河流两侧防洪堤一般为简单的土堤，有的河流两侧几乎无防洪堤。这种河流的护岸工程的亲水性，一般通过设置亲水平台来体现。亲水平台主要作用是以人们生活、休闲、嬉水的需要，构建有利于人们在河边安全活动的空间。一般亲水平台应根据使用功能考虑：嬉水平台，宜设在正常蓄水位以下 0.2～0.5m，平台宽度大于 3m；浣洗平台，宜设在正常蓄水位以上 0.1～0.3m，平台宽度大于 1.5m：休闲平台，宜设在正常蓄水位以上 0.3～0.5m，平台宽度可根据人居环境而定。

2. 根据自然条件和人居生活需要考虑亲水性

不是每一条河、每一段河都需设亲水平台，也不是沿河亲水平台均是千篇一律的形式。在确定设置亲水平台前（图3），首先应考虑该河段是否有天然河滩等作为自然亲水平台，特别是山溪性河流，河弯河滩较常见，这种自然的“亲水平台”，亲水性极强，应作无条件保留。其次，沿河亲水平台的布置，应有空间的概念，应有多种多样变化形式，如水上平台和水下平台、观光平台和观赏平台、垂钓休闲平台、嬉水平台和浣洗平台等应根据需要搭配，防止单调单一。最后，亲水平台应根据人居环境设置，主要布置在城市居民聚居河段、集镇居民集中河段、适合旅游、休闲等河段。考虑到郊游的兴起，在城区郊区河段上，也可设置一定数量的亲水平台。

（三）护岸工程的材料选择

1. 按河流所在区域的自然条件选择材料

为使护岸在河流景观中成为协调的部分，选择材料是重要的环节之一。在选择材

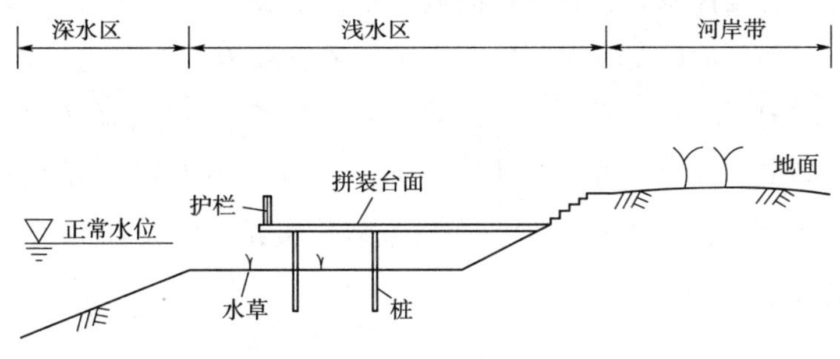

图3 休闲平台示意图

料时，应根据河流的位置、区域自然条件、施工条件，并综合考虑护岸的性质、部位及材料对生态环境的影响等因素，决定所用护岸的材料。护岸的材料要以河流空间整体和护岸整体性相一致。不能仅考虑某一河段或某一部位而随意选择材料，这种缺乏整体观念的做法会导致流域整体景观功能的破坏。

2. 材料的选择应注重护岸表面形态的多样化

护岸表面形态是决定护岸景观的重要条件之一，自然、朴素、有动感的护岸景观能给人耳目一新的感觉。护岸材料的主要型式有以下四种：

（1）天然材料的护岸天然材料是指不经特别加工的自然界存在的建筑材料，如黏土、砂砾、卵石等。天然材料的主要优点是与自然环境协调性最佳，经济合理、施工简便。不足之处是结构松散、防冲性能差、易造成水土流失等，其适用范围仅限于流速不大的平原河道和防冲要求不高的护岸。天然材料用于护岸工程，往往采用放缓岸坡以提高其稳定性，也可以结合柳条编框、植草等措施加强其整体性，提高防冲性能。天然材料应用得当，能产生意想不到的休闲、宽松的自然风貌。

（2）干砌、叠砌、抛（堆）块石护岸型式这种型式护岸的最大特点是自然、朴素、有动感。值得一提的是，将石料场废弃的各种规格的石板料用于护面，能更好地展现出自然、古朴、艺术感的效果。通过块石形态、形状的微妙变化，以增强自然景观功能，也为生物栖息提供良好的环境。

（3）浆砌块石（条石）护岸浆砌块石护岸与混凝土相比，有其独特的优点：能增强景观效果，与自然环境协调性较好，整体性强。但缺点是：与混凝土工程相类似，施工要求较高。这种型式的护面在山溪性河流整治中，出于防洪防冲需要，常采用浆砌块（条）石砌筑护岸。为尽量减少与自然环境的不协调，应尽量控制浆砌块石砌筑表面积，一般砌筑至设计洪水位左右即可，设计洪水位以上部分可采用框格式，框内嵌种植物。浆砌块石护岸，应充分发挥块石的图案作用，力求与自然环境相协调。勾缝也是一种增强感观效果的好方法。

（4）混凝土护岸混凝土护岸主要适用于河流防护冲刷要求较高的护岸工程，其优点体现在护岸整体稳定性能好、防冲性能高、整体性强。但其缺点也很多，如护岸表面形态呆板，与自然环境反差较大，破坏生物的栖息环境等。因此，必须采取一定的措施予以弥补，如对混凝土护面采用框式并在表面剁斧、琢凿、添色等施工工艺，可以改善其形态，使其接近河流的自然格调。此外，在水下设置混凝土鱼巢，为鱼类、蛙类等动物留下生存空间；增加各种花岗石或装饰板贴面，设计好拼块图案形式等，也能起到很好的效果。

七、结　　语

当前河道整治中人们忽略了河流形态的多样化，忽略了河流湖泊与相邻生态系统的有机联系，改造过的河道断面迎水坡面采用硬质材料，使得植物难以生长，进而影响到整个生态系统。传统意义上的河道整治方式需要革新，在传统治河的基础上，吸收融合生态学理论，建立和发展新的生态河道整治技术，将是我们今后的前进的目标。

参考文献

[1] 张道军，朱麦云，张昭，等．流域生态环境可持续发展论［M］．郑州：黄河水利出版社，2001，11：5－7.

[2] 杨京平，卢剑波．生态恢复工程技术［M］．北京：化学工业出版社，2002.

[3] 沈国舫．中国生态环境建设与水资源保护利用［J］．中国水土保持，2001（1）：4－7.

[4] 铃木兴道．多自然型河川治理法与自然环境共存［R］．中华人民共和国岷江成都段水环境综合整治总体规划调查技术转让研讨会，1997，5.

[5] 浦德明，何刚强．城市河道整治与生态城市建设［J］．江苏水利，2003（5）：33－36.

[6] 戴尔·米勒．美国的生物护岸工程．水利水电快报［J］．2000（12）：8－10.

[7] 保洛·迪·皮特罗．土壤生物工程与生态系统［J］．水利水电快报，2002，23（4）：32－33.

[8] 江红梅，王正中，张小朋．我国城市河流水环境综合规划治理探讨［J］．西北农林科技大学学报，2006，1.

[9] 贾乃谦．明代名臣刘天和的“植柳六法”［J］．北京林业大学学报（社会科学版），2002（3）76－79.

[10] 何均发．生态与文化的交融——四川成都府南河活水公园评价［J］．时代建筑，1999（3）58－60.

[11] 王绍斌，林晨．从凉水河干流综合整治工程看城市河道的生态设计［J］．北京水利，2005（1）：14－16.

[12] 陈雁，冯效毅，田炯．内秦淮河水环境整治方案探讨［J］．江苏环境科技，2000，13（3）：34－36.

[13] 赵洪林，张升光，刘树斌，等．济南黄河标准化堤防建设经验［J］．人民黄河，2009，31（12）：4－5.

[14] 张展羽，卢敏，朱成立．城镇河道的水生态环境建设和保护［J］．灌溉排水学报，2004，12（23）：18－20.

生态水利工程建设、管理与效益评价

沈小强

郑州黄河河务局巩义黄河河务局

生态水利是对水资源科学利用的一种途径和方式，以尊重和维护生态环境为主旨，开发水利、发展经济，为经济社会持续发展服务。生态水利是一个长期的、庞大的系统工程，需要现代科学技术，尤其是生物科学技术的支撑，要以雄厚的经济实力为基础才能实现。生态水利的终极目标是建成自动化生态水利。生态水利是抵御洪涝灾害、提供人畜饮水安全保障和确保农作物丰收的关键，因此被称为农业丰收的“保护神”。

一、生态水利工程建设

水利工程的生态建设的重要组成部分，与经济资源合理利用有着密切的联系，生态水利工程不是一个简单的项目，而是涉及多方面内容的重要工程。生态水利工程的建设不仅可以满足水利工程原本的防洪、供水、电力等作用，同时可以促进实现生态系统的可持续发展。生态水利工程是经济和社会可持续发展的必然趋势和要求，生态水利工程建设整体性原则还要求必须遵循自然生态规律，在水利工程建设过程中充分注意处理好生态环境保护的问题，为进一步实现农业现代化提供保证。在水利工程建设过程中，有必要综合考虑自然灾害承载能力和水利工程的设计原则，在满足水利工程要求的同时，符合生态学发展原理，进而保证水利工程的安全性和稳定性。生态水利工程建设需要遵循自然生态发展规律，通过相应的措施来改善和修复水生态环境，实现防止水资源污染、水资源的优化配置和可持续利用的目的。所以对水利工程实现生态监测，促进生态水利工程建设是现阶段水利工程发展的必然趋势，同时生态水利工程控制需要实现生态监测、生态安全监测和生态灾难预防，发展生态水利工程，可以改进和完善水利工程的设计方法，促进水利工程遵循自然生态规律，改善和修复水生态环境保护，优化配置水资源和水资源的可持续利用。

二、生态水利工程建设的原则

（一）安全、经济性原则

生态水利工程作为综合性、复杂性工程，治理河流时，要在符合水文学、工程学规律基础上，确保工程建设耐久、安全和稳定。建设生态水利工程要严格遵守设计规范标准，保证工程能抵抗侵蚀、冰冻、干旱、洪水等灾害。对生态水利工程进行设计时，要以河流断面为设计依据，并统筹兼顾河流泥沙冲刷能力和运输能力，探索河流变化中的规律特征，确保生态水利工程耐久和持续性。因无法事前把握生态演替过程，工程设计具备风险性，故而设计要遵守风险最小、利益最大设计原理，利用经济工具分析生态水利工程，以检测和评估生态系统为基础，结合河流生态体系自复能力，设计投入最少、产出最大的技术方法。

（二）河流环境多元化原则

河流中存在不同类型植物与动物，只有保障河流环境多元化才能确保生物维持多样化。生态环境多样化不仅包含河流形状，还包括土壤情况。河流的生态系统主要由气、水相结合，具备纵向渗透性和横向生物多样性，而水陆与水气间的密切关系组成了生态环境系统，因河流系统的异质性，使得水文脉冲、水质、水深、水温、流速和流量处在不断变化中。又因河床材料的异质性，使得生态环境具备多样性特点，进而河流周围生物群落在朝着多样化的方向不断发展。科学技术发展的突飞猛进，扩大了水利工程建设规模，大规模河流治理工程导致河流走向了渠道化、非连续化、单一化发展道路，生物群落种类在日益减少，河流生态系统在逐步退化。基于这种情况，生态水利工程要将维持生物多样化作为设计原则，并在设计中保护河流原有多样化的物种和生态环境，降低河流渠道化、非连续性特征，确保生物群落生存环境的良好。

（三）生态系统修复原则

河流在与周围乡村、城市、森林、田地构成生态系统的同时，自身也是河流生态体系。基于这种背景，河流是生物生存的重要场所，河流生态系统不仅包括生物系统和水文系统，还包含人造工程设施系统等。河流始发地到终点站所有地带地下水和地表水构成了水文系统，水文系统与生物系统一起构成河流自然生态系统。此外，人类活动和人类工程设施会对水域生态系统造成一定影响，一旦水域生态体系遭到危害，就需整合性探究各类影响因素，在充分利用河流自身修复能力、整个水域修复能力的基础上，清晰掌握生态系统中各要素的特点，根据要素间共同作用来归纳河流系统综合修复方案。

（四）生态系统自我恢复原则

生态系统自我恢复力主要表现在适应生态发展上，即为适应生态环境，在生态环境选择中存活物种，寻找能促进其生存的能源条件和生存环境。根据生态系统自我恢复力，自然界在选择适应生态发展物种的基础上，构建适宜的生态体系。对此，生态水利工程设计要有效控制河流，结合生态理念，以自然观念为导向，促进河流自我修复力的充分发挥，确保人与自然和谐共处，并根据建设地址实际状况，参照河流自然、美学价值来制定设计方案。具体设计中，要以大尺度景观作为基础，避免短时期、小尺度景观，大尺度对河流自我修复有着重要影响，而小尺度景观对河流自我修复不利。景观整体性要求着眼于生态系统结构与功能，掌握不同生态体系各要素间的作用关系，从而提出整体性、综合性修复河流生态系统设计方案。

（五）反馈调整原则

设计生态水利工程虽在结构上与河流生态系统相统一来确保生态系统可持续发展，但具体执行中却不可一味地按照既定目标来执行，要根据自身特性来不断发展。河流生态在修复中难免会遭受人类干扰，对此可采取监控技术，监控生态变量，促进生态走向良好发展方向。因生态、社会系统在时间和空间上都存在不确定，且生态系统不仅会受到自然系统的影响，还会受到人类系统的影响，生态水利工程设计发生转变成为了必然，因此要采取反馈调整方法，按照既定流程来设计。生态水利工程建设中监测要贯穿始终，成为工作开展的基础，并按照完整历史数据和监测资料来有效评价，追踪河流生态结构与功能，预测发展方向。评价中可采取参数比较方法，通过比较河流初期状况或其他条件类似生态水利工程，得出评价结果。

三、生态水利工程管理

（一）水利工程的现代化管理

水利工程现代化管理是适应经济社会现代化和水利现代化的客观需要，是建立现代的、科学的水利工程管理体系的过程。水利工程现代化管理是水利现代化的重要组成部分，没有水利工程现代化管理就没有水利现代化。水利工程现代化管理的内涵可概括为：适应水利现代化的要求，创建一流、先进、科学的水利工程管理体系，具有高标准的水利工程设施，拥有先进的调度监控手段，建立适应市场经济体制的良性运行管理模式，以及建设具备现代思想意识、现代技术水平的管理队伍。水利工程的现代化管理要达到以下几个目标：①必须改革和创新管理模式，接受社会和市场的考验。②实现标准化、精确化管理，以严格的规章制度统领管理工作。③要提升高技术设备在水利管理和监控中的比重，提升工作的技术含量。④要有绝对有效的措施保证水利工程安全运行，最大限度地发挥设计功能，延长使用寿命。

（二）水利工程现代化管理的内容

只有树立现代化的管理意识，才能实行合理的管理内容。水利部门监管人员要有以人为本的意识，明确水利工程造福于人的目的。要有公共安全意识，把保障人民的生命财产安全看做首要目标。还要有公平公正的意识，这就要求在水利建设项目中，无论是市场监管、招标投标、稽察检查、行政执法，都要坚持公平公正的原则，保证水利建筑市场规范有序。最后要有环境保护意识，明确人与自然和谐相处是构建和谐社会的重要内容。在树立现代化的管理意识后，就要采取切实的措施，根据“建管并重，重在管理”的方针，以健全的管理体制和运行机制为保证，实现水利工程管理的规范化、法治化、专业化、科学化和社会化管理。

（三）水利工程现代化管理的具体措施

第一，要建立职能清晰、权责明确的分管体系，专人专项，出现问题，必须有人承担责任。第二，加大水管单位内部改革力度，参考企业竞争管理理念，设立竞争机制，激励机制和处罚机制。第三，要建立健全各项管理规章制度，包括人事劳动制度、学习培训制度、岗位责任制度、请示报告制度、检查报告制度、事故处理报告制度等。第四，要依托信息化重点工程，加强水利工程管理信息化基础设施建设，包括信息采集与工程监控、通信与网络、数据库存储与服务等基础设施建设，全面提高水利工程管理工作的科技含量和管理水平。第五，要培养适应工程管理现代化要求的水利工程管理队伍，培养一批能够掌握信息系统开发技术、精通信息系统管理、熟悉水利工程专业知识的多层次、高素质的信息化建设人才。

（四）生态水利工程的建后管理

水利工程的建后管理一直被社会所忽视，引发了一系列问题。其实，水利工程的建后管理才是最大限度发挥其使用效能，延长其寿命的关键。可以从以下方面进行：

（1）严格遵守相关的规章制度，在工作中，不懈怠，不懒散。水利工程的维护涉及面广，工作内容较为繁杂，要处理各方面的事情，工作人员要明确自己的事业关系一方水土，关系国计民生，打起十二分的精神，热情饱满地投入到工作中去。严格遵守相关规章秩序，让秩序管理人而不是让人性的缺点来束缚人。

（2）加大对水利工程人员的投入，改善其工资待遇和工作环境，为其工作和生活创造便利条件，这样才能吸引到更多的人才，才能稳定人心开展相关工作。

（3）提高水利工程长期效益。采取各种方法发挥水利工程的最大效能，捉住“建设是基础，管理是关键，效益是目的”这个目标，在“建管并重、规范管理、优质服务”方面下功夫，彻底扭转重建轻管思想，全面提高水利工程效益。坚持走群管与专管相结合的路子，积极探索水利工程管理新机制，对重点工程设立专管机构实行专业化管理，对农村水利工程采取拍卖、承包、租赁等多种形式，建立健全县、乡、村三级管护体系，明确所有权、放活经营权，提高工程效益。

（4）对水利工程做好保护和整修工作。要以长远的眼光看待水利工程的长久效益，不能采取一些急功近利的短视行为。尤其是现在的地价昂贵，部分开发项目占用水利用地，或者变相改变其用途。这样有可能增加某些沟渠淤积速度和清淤难度，给防洪安全带来了很大的隐患。往往只有到水旱灾发生时，人们才意识到水利工程的重要作用和保护水利工程的意义。

四、生态水利工程效益评价

在对生态水利工程效益分析的过程中，社会效益、经济效益和生态效益是紧密联系，相辅相成的，社会效益带来经济效益的发展，经济效益决定社会效益以及生态效益，而生态效益决定其发展是否可持续。水利工程项目的开展需要大量的资金支持，这些资金主要用来进行工程建设及后续的工程运营使用，而效益则是投入之后的回报，是工程带来的各项收益的总和，包括社会效益、经济效益以及生态效益，工程效益可以直接体现项目的可行性。

（一）展现水利工程效益的指标

通常以开展工程后是否对社会、经济、生态等方面有所改善为衡量标准，一般有三种展现方法：

（1）效能指标。效能指标是指工程建成后兴利除弊的能力，表现在对于洪水的拦蓄量、抗洪量、对灌溉区的供水量等。

（2）实物指标。实物指标是指工程给社会带来的实际收益，表现在粮食作物的增产增收、农副渔产品的增量，以及水电量的增加。

（3）货币指标。货币指标是指用货币的方式体现收益，表现在抗洪减少的损失、增加粮食作物产量以及农副渔产品带来的货币收益、增加水电量减少的原投入等。因货币指标可以较为直观地展现出来并利于比较，所以货币指标通常用来衡量工程项目的可行性。

（二）水利工程建设的效益

经济效益是工程建成前后相比较所带来的财富增值或者损失的减值。从国民经济角度出发，经济效益是指通过各方面可以获取的最终收益，从工程施工角度出发，财务效益指的是通过工程后续带来的水电费用、渔业发展等创造的收益。经济评价主要侧重经济效益和财务效益两方面内容，而这两方面也是重点分析内容。社会效益是指在兴修水利工程后，在社会发展及安定团结、人民福利保障等方面起到的作用，表现在建设水利工程可以防洪抗灾，使人民生命财产免于洪水威胁，另外兴修水利项目可以提高当地就业率，随之而来建设的自来水加工厂能够改善人民的生活条件。生态效益是指兴修水利工程项目在改善人民生活居住环境方面所起的作用，表现在建设水库可以改善生态以及美化环境，建设污水处理厂能大幅改善水质，提高人民用水安全及生活质量。

（三）水利工程建设项目的效益特性

随机性：水利工程项目的实际效益具有很大的随机性，这和每年的水文情况息息相关。通常，防洪防灾的效益和洪涝灾害的规模、破坏性大小相关，灌溉区工程收益与气候降水密切相关。

综合性：尤其体现在规模较大的水利工程项目，一般随之开发的项目较多，比如自来水供应、污水处理、发电、航运、农副渔业、旅游等，这些项目会带来多方面的综合效益。

发展性：日益发展的经济和人民生活水平的提高都为水利工程的实际效益提供了无限的发展性。

复杂性：水利项目建设的效益需要进行全面的分析，其往往具有很复杂的特性。例如水库的修建可以给下游带来实实在在的便利和效益，但是上游则面临水库淹没造成财产损失的风险，所以水利水电项目建设需要多方面考量。

五、有效提高水利工程经济效益的措施

（一）借助水利工程全面发展相关产业

全面整合应用目前水利工程自身所具备的优势条件，大力发展相关产业，比如借

助于水利工程可以进一步发展渔业养殖，不仅会给水产养殖创建一个适合的生长环境，还有助于经济效益的进一步提升。同时可以积极开拓旅游业，在水利工程周边大面积种植绿色植物，提升经济效益，发挥出美化环境的效果。总之，全方位借助于水利工程自身的明显特点，全力促进其他产业的快速发展，进而提升社会经济效益。

（二）将自身的负面效应降到最低

就水利工程的特点而言，极易出现一系列的负面效应，在一定程度上也会给生态环境带来不同程度的危害性。因此，就需要运用科学、有效的手段对其进行规划与管控，并且结合工程所在地区的具体现状，坚持因地制宜的原则，稳妥处理水利工程建设后产生的问题，进而在最大程度上降低其自身存在的负面效应。

（三）优化配套设施并强化管理

第一，创建全面系统的水利工程配套设施，在进行水利工程建设期间，不仅要对工程主体建设给予高度重视，还要综合考虑主体工程所需的其他相关配套设施的要求，在最大程度上做到水利工程所有流程都配备所需设施；第二，建立系统的管理制度，加强对水利工程建设的管理，针对建设环节来执行管理工作，而且还要做好公开招标的工作，严防出现问题；第三，创建全面的监管机制，全方位监管水利工程质量，最终确保工程建设实现最初目标。

参考文献

[1] 杨祖雷，曹锐. 浅谈水利工程的经济效益 [J]. 科技致富向导，2011 (26)：414.
[2] 刘相良，郝艳广. 浅谈水利工程效益分析和经济评价 [J]. 价值工程，2016 (1)：69-70.
[3] 孙平. 浅析水利工程经济效益的评价 [J]. 财经界，2015 (8).
[4] 张志方. 水利工程生态环境效应研究分析 [J]. 科技创新与应用，2017 (23)：185-185.
[5] 宣丽飞. 探究水利工程的生态环境效应 [J]. 农业与技术，2016，36 (6)：74-74.

新时期生态水利工程建设的思考

苗顺醒

郑州黄河河务局荥阳黄河河务局

随着人们环保意识的增强和对工程建设重视程度的进一步提高，水利工程施工中不仅要保证工程质量，还要落实生态环保理念，落实生态水利工程建设理念，为工程建设创造良好条件。但目前一些施工单位不注重该项活动，影响水利工程建设效益提升，需要采取改进和完善措施。

一、生态水利工程的定义

生态水利工程学（Eco－hydraulic Engineering）作为水利工程学的一个新的分支，是研究水利工程在满足人类社会需求的同时，兼顾水域生态系统健康与可持续性需求的原理和技术方法的工程学。学科通过进一步的发展，融合了生态学的理论及方法，用来进一步完善水利工程的规划和设计。总的来说，生态水利工程学是一门交叉学科，也是一门应用的工程学科。

二、当 前 形 势 背 景

目前，我国正处于创新型、资源节约型、环境保护型社会主义经济建设的重要阶段，面对着许多新的问题与挑战。环境开发与经济建设的矛盾越来越明显，极端天气出现地越来越频繁，对社会经济造成的损失也越来越大。环境库兹涅茨曲线（Environmental Kuznets Curve）是关于经济增长与环境污染之间关系的一个理论，由美国经济学家 G. Grossman 和 A. Kureger 提出，试图说明一个国家的整体环境质量或污染水平会随着经济增长和经济实力的积累呈先恶化后改善的趋势，也即经济增长和环境污染之间呈现先污染后改善的倒 U 形曲线形状。习近平总书记早已提出中国不能走先污染后治理的老路，要给子孙后代留一片青山绿水。我国目前的水资源特点可以简要概括为以下几方面：

（1）水资源总量多，人均占有量少。我国多年平均年水资源总量为 28124 亿 m^3，其中多年平均河川径流量为27115亿m^3，多年平均地下水资源量为8288亿m^3，重复计算水量为7279亿m^3。由于中国人口众多，人均水资源占有量低。近几年来年人均占有水资源量约为2300m^3，仅为世界平均值的1/4。

（2）河川径流年际、年内变化大。我国降雨年内分配极不均匀，主要集中在汛期。长江以南地区河流汛期（4—7月）的径流量占年径流总量60%左右，华北地区的部分河流汛期（6—9月）可达80%以上。但由于我国的雨热同期优势，农作物可以尽量利用天然降水，为提高农业产量创造了有利条件。

（3）水资源地区分布与其他重要资源布局不相匹配。我国水资源的地区分布不均匀，南多北少，东多西少，相差悬殊，与人口、耕地、矿产和经济的分布不相匹配。

三、生态水利工程建设的原则

我国是一个水资源贫乏的国家之一，水资源总量多，人均占有量少，水资源利用率低且污染比较严重。因此，生态水利工程建设应参照下列原则：

（1）在保证工程安全的基础上，选择最经济环保的工程建设方案。

（2）遵循自然规律，设置和推广能保证水体自净能力的水生动物或植物。

（3）不切断整个水域的局部生态系统，保持附近动植物的多样性和生存需要。

（4）在满足业主设计要求的同时，尽量保持周围原来河流水流域的自然形态，自然景观丰富必然也能满足广大业主的需求。

（5）水利基础设施必须坚持以经济、社会和资源环境的全面、协调、可持续发展为目标。

四、新时期生态水利工程建设的作用

生态水利工程建设是指在遵循自然生态规律的前提下，以保护和改善生态环境为目的，采用新技术和新措施，加强环境保护和施工管理，对水利工程建设进行监控，进而保护周围环境，实现水利工程施工生态和安全的目的。水利工程建设中，落实该理念具有重要作用，主要表现在以下几点：

（1）有利于保护周围环境。落实生态理念，把握施工技术要点，能有效开展水利工程建设，把握每个要点，并制定有效的施工方案，加强施工管理和控制，进而有效引导现场施工，防止因施工现场规划不合理而导致环境污染问题发生，对保护周围环境产生重要影响。

（2）促进水利工程作用的有效发挥。加强生态环境保护，落实施工管理制度和各项措施，能预防质量问题的发生，促使水利工程施工任务顺利完成，进而促进其作用有效发挥。

（3）提高水利工程建设综合效益。施工过程中，如果没有落实生态水利工程建设理念，施工组织设计不合理，没有严格把握施工技术要点，不仅可能导致环境污染问题的发生，还会降低工程建设效益，对水利工程充分发挥作用带来不利影响。

五、新时期生态水利工程建设的不足

目前，我国的水利工程建设集中面临以下问题：

（1）我国是世界第一人口大国，进入21世纪以来，我国人口的增加、经济的增长、城镇化城市化的进一步发展，所带来的影响显而易见。水资源问题也越来越突出，特别是在西部偏远地区及经济发展十分落后的局部地区，人民生产和生活的基本用水都面临着巨大的挑战。极端天气灾害如沙尘暴、洪涝在黄土高原和其他地区时有发生，甚至有向其局部地区扩展的趋势。

（2）水土流失和水污染情况日益严重，水土保持和污水处理的工程建设迫在眉睫，特别是在城市现代化工业区与落后农业灌溉区，由于工业废水及废金属和剧毒农药的无节制排放，严重影响了附近动植物的生存，导致局部水体水质总体下滑，严重时影响到人民的生产及生活用水。近几年，各地湖泊和河流一夜之间变色或水生动物死亡的事件时有发生，给社会带来了不可估量的经济损失，水污染治理又会浪费巨大的国家财政经费，相当于走了先污染后治理的老路。

（3）农业水利建设不完善。我国目前正处于产业转型的发展期，但农业仍然占据着很大一部分比例。但我国目前的农业用水生产方式仍然不科学，存在着利用率低、水污染严重、灌溉条件差、分布不均匀的问题。灌溉系统基本处于年久失修的状态，严重影响了人民生产的积极性与国家食品安全。由此可见，目前的状况与建设社会主义新农村的要求还相差甚远。

由于一些施工人员综合技能偏低，没有严格遵循规范要求施工，制约水利工程建设效益提升，也忽视保护周围环境，水利工程建设存在的问题也表现在以下方面：

（1）废土弃渣没有得到有效利用。水利工程建设需要开挖土方和石方，并且会产生大量废渣，但一些施工单位没有对此进行有效利用，废土弃渣存在任意堆放现象，再加上雨水冲刷的影响，会造成环境污染问题。

（2）环境监测不到位。整个水利工程建设中，没有建立完善的环境监测系统，未能掌握现场施工的环境状况，对存在的环境污染也没有及时采取措施修复，不利于确保施工效益的提升。

（3）植被恢复不被重视。水利工程进行挖方作业后，需要恢复植被，保持水土，保护环境。但目前很多单位不注重该项活动，施工任务完成后没有及时采取措施恢复植被，不利于确保施工效益的提升。

六、新时期生态水利工程建设的策略

为弥补工程建设的不足，落实生态理念，提高水利工程建设效益，可以采取以下完善对策。

（1）促进生态水利工程建设。从国家的政策可以看出，目前我国的水利工程建设还很不完善，再结合中央进行节约型、环境保护型社会主义建设的发展要求，需要大力发展生态水利工程建设，提高资源的利用率。加大推广节水技术和提高节水意识，普及生态水利的含义，加大对生态水利工程建设项目的补贴和宣传，从以前的例子可以看出人民对此项政策的反响非常好，尤其是在农村地区取得了非常好的效果。由于生态水利建设的影响十分广泛，需要涉及资源、环境、经济、社会等领域。对于生态水利工程建设，可以在行政方面给予支持，如在资金、技术、税收方面都可以给予扶持。

（2）利用好废土弃渣。根据水利工程和施工现场基本情况，制定有效的保护方法，对废土弃渣进行有效利用。采用沉淀池对废水进行有效处理，还可以建立简易化粪池，接纳附近生活污水，经过消毒和沉淀后再进行处理。现场开挖和弃渣堆存中，应该考虑施工后的景观植被恢复问题，首先开挖耕地的表土耕作层，然后妥善保管，方便施工后的恢复和利用。

（3）加强环境监测。水利工程施工中，应该重视施工现场环境监测，加强施工区域保护工作。对正在建设或施工完成后的水利工程，严格遵循环境保护标准建立环境监测项目指标体系。同时明确监测单位和监测人员职责，合理配备环境监测设备，提高设备性能，获取相应的数据指标。还要建立环境影响评价数据库和环境影响评价报告制度，加强水利工程施工区域的环境监测和管理，为工程建设创造良好的施工环境。

（4）注重竣工后的植被恢复。水利工程施工任务完成后，为减少施工对周围环境的负面影响，提高综合效益，应该采取措施恢复土地原来的功能。主要措施包括：施工场地整治、覆土和绿化。绿化以森林为主，适当种植草地，并制定有效的施工计划，加强树木、草地施工现场管理，促进项目工程建设效益提升，同时有利于实现对周围环境的保护，提高水利工程建设综合效益。

（5）因地制宜，加强环境保护。适当确定水利工程项目开发和建设目标，要注重耕地、林地和生态资源保护，因地制宜。对淹没耕地少、生态环境问题少的区域可以

100%开发。通常在水利工程建设中，平均开发率为70% ~80%即可。这样既有利于满足现场施工需要，还能实现对周围环境的保护。进而有效落实生态水利工程建设的目标和要求，提高水利工程建设质量和效益。

（6）落实水利工程建设法律法规。严格遵循环境保护法律法规，在不宜建设水利工程的自然保护区、风景名胜区、森林公园、地质公园等区域，禁止进行水利工程建设。以生态建设和环境保护作为根本切入点，对可能影响周围环境的水利工程项目，按法律法规严格进行环境影响评估和审查，确保满足施工规范要求，实现对环境的有效保护。

（7）建立健全生态环境影响评价体系。在水利工程建设前要由专业的工程人员深入实地进行仔细勘察，记录施工区域的周边环境，准确、科学、全面地评估工程建设对当地生态环境产生的影响。工程师在项目设计环节要以保护生态环境为基本准则，不断完善设计方案，将水利工程对当地生态环境产生的消极影响尽量消除。在建立健全生态环境影响评价体系过程中，要将社会、环境、经济、居民等多方因素纳入评估体系，不断完善生态环境影响评价体系。

七、结　　语

综上所述，生态水利工程建设的作用是不言而喻的。作为施工人和施工单位，应该认识到其重要作用，把握每个要点，落实各项施工技术措施，进而顺利完成施工任务，推动生态水利工程建设的顺利进行和工程效益的提升。

参考文献

[1] 李蓉，郑垂勇．水利工程建设对生态环境的影响综述［J］．水利经济，2013（2）：12－15.
[2] 买买提江·阿布都艾尼．水利工程建设对生态环境的影响［J］．黑龙江水利科技，2013（12）：204－207.
[3] 张薇，霍树义．浅谈生态水利工程建设［J］．河北工程技术高等专科学校学报，2014（3）：27－29.
[4] 范银生．论生态水利工程建设［J］．湖南水利水电，2014（2）：92－94.

浅议河湖生态补偿与损害赔偿

李贵岭

郑州黄河河务局巩义黄河河务局

一、河湖生态评价标准及现状

河湖生态主要以河段纵向连通性和湿地湖泊生态评价为主。水系连通性是指河道干支流、湖泊及其他湿地等水系的连通情况，反映水流的连续性和水系的连通状况。水系连通可以影响到河湖水资源的开发利用，水系连通性是影响河流健康的主要因子，影响到区域资源分配和维持湿地生态系统的完整性，具体表现在：第一，水系连通性可保障河流基本功能发挥。如果水系不连通，水资源开发也无法深入进行，若湿地消失，河流的蓄泄能力就没有保障。第二，水系连通性可增加水流自净能力和纳污能力。水流的自净能力和纳污能力直接决定因素为河流的流量和流速，水系连通性越好，水流的自净能力和纳污能力都会越强，水功能区水质状况越好，否则不利于水中污染物的扩散和降解。第三，水系连通性保证河流生态系统及与陆地生态系统的物质和能量交换。河流生态系统与周围系统之间时刻进行着物质交换，以河岸为媒介的河流生态系统和陆生生态系统之间的交换主要通过水系来完成，没有水系连通，水体很多物质和能量不能输入，水生生物多样性就会受到很大影响。相关研究显示，受气候干旱、水利工程、农田灌溉等因素的影响，我国有一半以上的河流纵向连通性不高，主要分布在松花江、海河、淮河流域，黄河、西北诸河和长江、珠江的部分河段，水河道阻隔将导致生境形态发生巨大变化，如海河等部分流域时有“有水无流”的现象发生，破坏了河流生态系统的食物链和能量链的正常流动。

自20世纪90年代开始，国家以“三河三湖”、三峡库区、南水北调沿线等流域为重点，开展流域水污染防治工作，加大了对江河湖泊的治理力度。目前我国流域水污染恶化的趋势基本得到遏制，《2013年中国环境状况公报》（2014年6月5日）显示，全国地表水总体为轻度污染，2013年与2012年相比水质无明显变化，长江、黄河、珠江、辽河、松花江、海河、淮河、浙闽片河流、西北诸河和西南诸河等十大流域国控断面中，Ⅰ～Ⅲ类水质断面比例为71.7%，劣Ⅴ类水质断面比例为9.0%。虽然水恶化趋势基本得到控制，但是仍有近10%的水质断面是劣Ⅴ类水质，水质状况需要进一步改善，水环境形势依然不容乐观。2013 年公报数据显示，十大流域水质分为四类：中度污染；轻度污染；水质良好和水质为优。其一，中度污染的是海河流域，其水质最差，有 39.1% 的水质断面为劣Ⅴ类水质；其二，轻度污染的是淮河流域和黄河流域及松辽流域；其三，水质为良的是长江流域和浙闽片河流；最后，珠江流域和西北诸河及西南诸河水质为优，其中西南诸河Ⅱ～Ⅲ类水质断面比例为 100.0%。

二、河湖生态补偿产生历程及重要内涵

2012 年《国务院关于实行最严格水资源管理制度的意见》（国发〔2012〕3 号）指出："加强重要江河源头区和湿地的保护，生态保护区，水源涵养区，建立健全水生态补偿机制，推进生态脆弱河流和地区水生态修复。"2012 年党的十八大报告明确指出，大力推进生态文明建设，建立体现生态价值和代际补偿的生态补偿制度；2014 年 4 月修订的新《环境保护法》中第三十一条明确规定："国家建立健全生态保护补偿制度。"党的十八届四中全会《中共中央关于全面推进依法治国若干重大问题的决定》也明确指出，用严格的法律制度保护生态环境，为生态补偿制度建设提供了法律依据，同时国家加大了对生态保护地区的财政转移支付力度，为生态补偿制度提供了财政支持，并且明确规定了生态补偿制度。河湖生态补偿制度是对资源开发和利用者以及环境污染者征收生态补偿费的一种生态补偿资金投入的保障机制，并对生态环境保护的投资者提供筹集资金和利益的保障。在河湖生态补偿制度中，法律制度的价值要对满足人们对水资源可持续利用的需求有相应的取舍。河湖生态补偿法律制度的作用是维护流域水资源利用、水环境保护过程中的公平正义，提高水资源的高效利用，提高河湖生态系统服务功能，促进流域经济社会全面协调可持续发展。

三、河湖生态补偿与损害赔偿的主要方式

河湖生态补偿的方式是进行生态补偿的具体形式，其形式灵活多变，按照不同的分类方式有不同的归纳方法。按照补偿的内容，可将生态补偿的方式区分为：资金补偿、实物补偿、政策补偿和智力补偿四大类型。按照补偿主体的数目多少，可分为单个主体补偿和多个主体补偿两种形式，其中后者是前者的组合形式。按照运作主体的不同，可分为以政府为主体的生态补偿运作方式（简称政府补偿）及以市场为主体的生态补偿运作方（简称市场补偿）。

（一）政府补偿的方式

政府补偿方式主要有财政转移支付、生态补偿基金、政策补偿、异地开发等方式，通过对生态保护贡献者的生态补偿，实现利益平衡。

财政转移支付作为一项重要制度，用于政府进行生态补偿。它通过公共财政支出进行利益的关系平衡，给下级（同级）政府主体或微观经济主体支配，其中上下级之间的公共财政支出称为纵向转移支付，而同级政府间的公共财政转移称为横向转移支付。纵向转移支付是财政转移支付的主要方式，多为专项性补助转移支付，实行“专款专用”，款项必须用于指定的项目，如通过中央财政转移支付完成的“三北及长江流域防护林体系建设工程”和“退耕还林（草）工程”等。横向转移支付是同级政府财政间的转移支付，是在协议或协商的基础上进行的转移支付，例如陕西省耀县每年从水资源税收中的10%进行横向转移支付，以补偿上游水源区的林业部门。

生态补偿基金不同于财政转移支付这种直接的资金补偿方式，是指个人、非政府机构、政府出于生态保护的目的进行资金捐赠和管理。国际环境保护非政府机构的捐款、扶贫资金、国家财政转移支付资金等是河湖生态补偿基金的主要来源，如浙江德清县政府为了鼓励当地居民开展河流水源地水土保持，涵养等生态建设活动，从土地转让费、水资源费等资金中提出部分比例设立生态补偿基金，用于生态保护的资金鼓励和奖励，平衡资源利用关系和利益关系。

政策补偿，最典型的例子是浙江省金华江流域的“工业飞地”，补偿上游地区因实施保护而错失工业项目的损失，突破了上游发展的地理空间瓶颈，有效缓解了本流域由于水资源利用产生的困境和矛盾，也充分验证了政策补偿是河湖生态补偿的主要方式。在我国的实践中，政策补偿主要体现在中央对省级、省对市的权力和机会补偿，大体包括：一是总结浙江省金华江流域的“工业飞地”经验，提出“异地开发”的政策补偿模式，在企业搬迁与土地使用等方面给予实验区政策优惠，引导其该区域内布置上游地区限制开发的项目；二是针对环境保护及水源区生态建设特点制定财政政策。

（二）市场补偿的形式

2000 年 11 月，浙江省金华江流域上游东阳市和下游义乌市进行了水权交易，下游义乌市以 4 元/m^3的价格获得了上游横锦水库 5000 万 m^3水的永久使用权，并将费用补偿给上游东阳市，开创了我国的第一起水权交易。浙江金华江流域的生态补偿实践证明在产权明晰的情形下，买卖双方根据市场运作的方式自由交易，且生态补偿标准和补偿对象确定更为方便，生态补偿的市场交易更容易形成。如 2000 年甘肃黑河流域根据每户承包地面积及人畜数量分配水权，也就是实行了“水权证”，可以通过水市场出卖，由市场决定其价格。另外，市场交易的一对一交易方式，生态补偿主体较为明确，常见于流域上下游之间的生态环境服务交易，如 1998 年云南省丽江市将拉市海“变湖为海”，为了补偿因建坝造成的影响给上游地区支付了补偿金。

生态标记，典型的案例就是农夫山泉品牌的生态标记，农夫山泉公司在每瓶水中拿出一分钱捐献给水源地企业，补偿水源地人民保护水源而遭受的经济损失。生态标记是肯定、鼓励生态保护领域的各类产品的佼佼者，建立在消费者信赖的认证体系的基础上，对生态环境服务的间接支付方式。

市场补偿方式体现了生态资源的商品属性，通过市场机制使得生态环境成本得以较为合理的体现，并且能够通过生态提供者和生态受益者的直接参与，更好地激励生态保护者的保护行为，抑制生态破坏者的破坏行为，促进河湖生态环境的良性发展。但这种方式也存在补偿难度大、短期行为模式严重、法律法规不够健全等缺点。中国目前已有的河湖生态补偿以政府补偿模式为主，自发组织的市场交易模式、开放的贸易体系都尚不成熟，因此所占的生态补偿方式的比例太小，这就导致了流域中的地方政府对于建立区域间补偿的积极性尚显不足，而补偿主体之间通过国家进行间接交易的方式又使得上下游间约束性不足，同时也不能有效体现出整个流域的生态共享共建。

按照对流域经济的促进性和对生态保护的激励性，可将河湖生态补偿的补偿方式分为：输血型、造血型和生态造血型三种类型。输血型补偿是指补偿过程中采用实物补偿或资金补偿的方式，对生态保护过程中生态供给者的损失所进行的直接补偿。其特点在于不能增强受补偿地区后续经济发展能力优点是灵活，缺点是补偿资金常被转化为直接消费性支出。造血型补偿的优点是可以用“项目支持”的形式，将补偿资金转化为技术项目安排到水源区，帮助水源区群众建立替代产业，或进行转型生产。实践中政策补偿和智力补偿通常属造血型补偿。生态造血型补偿是指直接投资和扶持诸如生态旅游、绿色有机蔬菜水果、无公害养殖业等绿色生态经济产业，这些产业不仅对生态环境无污染或少污染，而且会直接有益于河湖生态保护。就长远而言，生态造血型补偿优于造血型补偿，而造血型补偿又优于输血型补偿方式。

另有学者按照生态补偿的目标，将其分为抑损型补偿和增益型补偿，其中抑损型补偿旨在让破坏生态和污染环境的主体承担相应的恢复和治理责任，以减少对生态和环境的破坏为目标；增益型补偿是指生态环境获益主体对受损主体的补偿，这种补偿方式以增强生态系统的服务功能和环境系统容量为目标。

四、河湖生态补偿标准确定

河湖生态补偿标准测算的角度主要分为以下四个方面：河湖生态保护者提供生态

服务的成本主要包括生态保护者的投入和因保护生态损失的机会成本、生态受益者的获利、生态破坏的恢复成本，以及生态系统服务的价值。

河湖生态补偿标准确定的方法主要分为法定补偿标准和协定标准，法定标准是法律明确规定的不容许单方或双方拔高或降低的补偿标准，而协定标准则是由双方协商确定的补偿标准。

河湖生态补偿标准确定的方法主要分为法定补偿标准和协定标准，法定标准是法律明确规定的不容许单方或双方拔高或降低的补偿标准，而协定标准则是由双方协商确定的补偿标准。

目前，确定河湖生态补偿标准的常用方法主要有：意愿价值评估法、机会成本法、收入损失法、费用分析法和综合比较法。

意愿价值评估法，又称为条件价值评估法，是通过建立虚拟市场，以直接调查或询问的方式，测度人们对生态服务改善的补偿意愿或对生态服务质量损失的接受赔偿意愿，从而揭示人们对于环境改善措施的最大补偿意愿，或者对环境质量损失的接受赔偿意愿。其基本原理是“市场经济中，某产品对于一个人的价值等于他愿意并且能够为之付出的代价，或者理解为愿意牺牲的一般购买力，因此价值的基本含义与支付意愿紧密相连，一件产品对于某人的价值就是他为得到这件产品愿意支付的费用”。

机会成本法也是确定生态补偿标准的常用方法。某种东西的机会成本是为了得到这种东西所放弃的东西，也可指建设项目需占用某种有限资源时会减少这种资源用于其他用途的边际收益。因此从这一概念出发，可计算对应稀缺资源的影子价格。机会成本的计算通常选择所放弃的最大收益值，具体操作中可以利用与相邻参照地区的收入进行比较，收入差即为机会成本。

收入损失法主要利用河湖水生态变化对健康的影响及其相关货币损失来测算河湖水生态服务的价值。河湖流域上游水源区在保护水资源时需要投入大量直接成本，对高耗水、高污染企业的限制又会使其发展权受到损失，这就导致了直接成本和间接成本的损失。通过对退耕还林的直接成本、封山育林的直接成本、新造林投入、水土流失治理的投入、水质监测站的投入、使得水质改善的污水处理场建设投入、退耕地损失的机会成本、限制工业发展损失的机会成本的累加获得应补偿的总额度。通过对受益区的支付水平、取水量以及排放污水量的情况的考虑可以得出生态补偿的具体分配系数。通过对补偿分配系数的引入，收入损失法可以综合考虑到保护者和受益者两方利益。但由于计算中涉及数据较多，加之搜集的困难，使得计算过程相对复杂，计算结果准确性不足。

费用分析法是根据河湖流域上游为了整个流域的生态维护建设承担的费用核算流

域下游生态受益主体应该补偿给流域上游的生态补偿数量。其具体计算方法是分别核算河湖流域上游森林植被增加的费用（包括封山育林和植树造林等）、城镇建设污水处理设施的费用、农业对非点源污染进行治理的费用、河道进行清理的费用，以及单位面积生态保护建设的投入费用等，然后对所有费用进行加总，确定最终补偿数额。该方法核算的具体过程简单易操作，但也存在部分支出费用难确定的问题，同时费用标准的动态变化也给计算过程增添了难度。

综合比较法是指先分别应用机会成本法、支付意愿法、供给成本法等多种方法计算生态补偿标准，然后再对结果进行综合比较分析的生态补偿数额确定方法。这种方法考虑更为全面，因此计算的结果较为客观准确，但是计算过程更为复杂。

五、不同流域、水源地对生态补偿与损害赔偿的探究

江西省提出探索建立河湖生态损害赔偿制度，拟对损害水生态的行为进行责任追究和损害赔偿。江西省提出，探索河湖生态损害赔偿制度是对河长制湖长制的进一步提升。通过建立赔偿制度，将进一步明确对违反法律法规涉水行为的责任追究和处罚，对造成生态环境损害的行为，以损害程度等因素依法确定赔偿额度；对造成严重后果的行为，依法追究刑事责任。继续推进“五河一湖”的治理和修复，科学确定河湖生态流量。针对南昌市辖区、萍乡市湘东区和安源区、九江市辖区、赣州市章贡区、宜春市丰城市等5个设区市共9个地下水超采区采取回灌补源、水源置换、限采、禁采等措施，有效改善水生态环境。2017年6月，河南省政府办公厅印发《河南省水环境质量生态补偿暂行办法》，全面实施生态月度补偿制度，生态补偿资金将按月度兑现，以经济手段推进环境污染防治工作。

综上所述，我国河湖生态补偿与生态赔偿制度实践具体针对河湖生态保护与修复生态补偿较少，主要集中在对水量和水质的控制方面，缺乏较为完善的制度设计。现阶段，我国流域水资源短缺，水污染严重，水生态系统破坏的形势较为严峻。开展河湖生态修复、物种多样性保护、水源涵养、地表水利用、拦沙保土、水域景观维护、地下水保护等多种水生态功能恢复成为必要，需要结合河湖水生态系统修复和保护过程中的相关利益方关系，开展生态服务功能以及相关损失补偿的系统研究，完善相关制度建设，实现重要水源地保护、水域景观维护、水生生物保护、河流生境形态维护、湿地保护、生态需水保障，以及水源保护，促进国家生态文明建设。

参考文献

[1] 石广明. 跨界流域生态补偿机制[M]. 北京：中国环境科学出版社，2014.

[2] 王金南. 流域生态补偿与污染赔偿机制研究 [M]. 北京：中国环境科学出版社，2014.
[3] 秦格. 生态环境损失预测及补偿机制 [M]. 北京：中国经济出版社，2011.
[4] 刘春腊，刘卫东，陆大道. 1987—2012年中国生态补偿研究进展及趋势 [J]. 地理科学进展，2013 (32).
[5] 孙宇. 生态保护与修复视域下我国流域生态补偿制度研究 [D]. 长春：吉林大学，2015.
[6] 钟建平. 江西探索建立河湖生态损害赔偿制度 [N]. 中国水利报，2018-4-001.

浅谈河湖生态保护与修复
——以黄河为例

杜梦玉

郑州黄河河务局巩义黄河河务局

引　言

随着水利工程资金的投入不断加大，尤其是十九大以来，国家在生态建设方面的投入力度，也促使在河湖的治理规划上更倾向于科学化、智能化。在防洪工程方面的建设，例如黄河大堤、三峡大坝等水利设施建设，显著提高了我国河流的防洪能力，但是传统的治理模式主要以“防洪兴利”为主，忽视了河流生态的整体性，从而使河湖丧失了生命活力，造成水生态污染，水生物种减少，河流生态系统的恶化等。目前，人们的治河观念也在发生变化，无论是建设人水流域和谐的环境，还是因河施策，因湖施策的提出，无不彰显着我国新时期的治河理念。结合我国对生态治河的探索和实践，本文着重分析了河湖生态保护的重要性，河流治理现状及河湖生态修复规划的措施，并以黄河为例，探索了黄河的保护与修复。

一、河湖生态保护的意义及重要性

（一）河湖生态保护的意义

水是生命之源、生态之基。我们生存发展离不开河湖的滋育。然而，随着我国城市建设速度的加快，及工农业的快速发展，河湖人为破坏的影响较为严重，垃圾的倾倒及污水的排放，使当前水质不断恶化，不仅水生物在不断地减少，而是河道淤堵的较为严重，严重影响了防洪功能的发挥，同时大规模的采砂活动，使河道堤岸失稳的情况严重。所以加强河湖生态保护具有非常重要的意义。

（二）河流生态保护的重要性

水资源是人类赖以生存和发展的基础，更是生态系统控制的重要因素，河湖不仅为人类提供了生产，生活不可或缺的用水，还应用于经济，科技及航运等方方面面，同时也是生态环境的重要组成部分，任何自然及人为的因素都有可能改变生态系统中的水流、水质等，进而影响到水生生物的生活与生存，导致河流生物群组发生改变，从而使生态系统遭到破坏。

二、河湖治理发展的现状，面临的问题及原则

（一）河湖治理发展的现状

经济的发展带动了社会事业的进步。环境保护已经成为社会各界的广泛共识。针对当前河湖资源开发工作中存在的问题，我国政府已经采取了许多针对性措施。但由于历史原因，大规模河流水系污染、水土流失、生态退化、洪涝灾害频发等问题还十分严重。在河道管理体制、机制方面，还存在管理混乱、权责不明等现象，同时，河道治理几乎都是政府独力而为，社会力量缺乏充分的使用。尽管各级政府对河道治理工作高度重视，投入了大量的人力、物力资源，并且也取得了较大的成效。但和缺乏有效约束的，规模庞大的社会生产相比，还明显不足。河流流域生态环境遭到严重破坏，生态平衡被打破，自我修复能力下降明显。严重时甚至会出现河流干涸，水系生态环境彻底灭绝的问题。河流生态治理是百年大计，关系到人民的幸福，社会的和谐和国家的富强，必须高度重视。

（二）河湖治理面临的问题

河湖往往是一个地区生产、生活的生命线，河湖两岸往往多有人口聚集区。随着生产规模的增加，尤其以城市的河流所面临的问题最为严重。污水排放量猛增，导致河湖水质污染严重，出现富营养化，在一定程度上加大了水体的治理难度；河流自净能力减弱，随着城市建设的发展使城市不透水面积增加，绿地面积减少降低了对地下水的补给能力以及对污染物的净化作用，致使破坏了河湖自然景观，河流中的生态系统也随之消失，也降低了对水体的污染净化作用。

（三）河流治理工作的原则

河流治理是一项十分复杂的系统工程，随着社会的发展，河道已经从作为最基本的生态环境，为周边生物种群提供生存条件这一职能扩展到对附近社会、经济、文化、工农业生产、防洪抗旱等多个社会活动领域都有着重大的影响。因此，在开展河湖治理时，必须充分考虑到各方面的影响因素，同时实现满足人民生产、生活需要和河道

生态环境治理两方面的需求。

要坚持河道防护和河道生态环境修复两手抓的方针，综合评价岸坡几何参数、行洪难易、护坡材质、经济成本等具体因素，在保障人们的正常使用需求的同时，最大程度减小工程实施给河流生态环境造成的负面影响，促进河流水域生物繁衍、种群扩大，构建完善、健康的河流生态体系。

三、河湖生态修复技术的主要内容

（一）建设形态多样的河湖体系

河湖形态的多样性，主要的方法就是恢复河湖的生态系统，一方面要恢复河流的科学性和生态性。在河床的构建过程中，要注重尽可能保持生态良好的环境，还要根据河流的蜿蜒性要保持多样化的生态形态。在横向上，要构建对合体具有保护作用的设施，有条件的地方尽可能地设置一些保护设施，例如河流的回水窝、马道等。另一方面要注重推广“季节性河流”。要根据不同季节的气候结构来增加生物的生活条件，要加强改善当前一些地方为了美观而改变的河道路面硬化的现象，尽可能还原生态，促使生态化的水草、柳树以及其他的植被能够成为生态修复技术的主要辅助手段之一。

（二）提高植物群落的多样性

植物群落的选择上，要注意以下几方面：要选择具有质地优良的品种，而且要选择成活率较高，对土块有较好的适应能力。但是还要考虑植物对土壤有较好的稳固能力。对于选择的植物还应根据不同季节的变化，来体现植物群落对河流的生态保护作用。植物的类型搭配，应根据不同植物的生长季节、特点，充分考虑植物对光照、水分、营养的不同需求，进行群落结构优化。

（三）营造生物群落的多样性

运用生物系统的自然化改造是生态修复技术的主要特征，河流的生态治理中确保多种生物的生长利于生活条件的适应。一方面要将植物延伸到水中，创造水中微生物的繁殖条件，但是又必须考虑水中生物对岸上植物的适应性，两者的适应性还是相当重要的。使之形成相互依赖的关系的条件，生物体系才能均衡。另一方面是要通过生态修复技术来改善生物的循环链的结构改善，根据生物结构的变化，要将一些抗冲击的植物种植到河流水道内，但是这些植物要在生物链的中端，其繁殖速度和被食用的速度基本持平，而且要具有一定的生长期。过了生长期才能产生作用。水中投放一定数量的鲫鱼、鲤鱼等鱼类；有条件的地段铺垫鹅卵石等过滤材料，养殖螺蛳、贝类等水生动物，增加水体净化能力。

四、河流治理中的生态保护与修复

在建设的过程中，应对不同的河段利用不同的生态水利方法和材料。利用植物技术护滩固堤，在防洪堤外迎水面的滩地，按一定的规格种植水杉、水松等水生或半水生植物，在河道纵横面形成防护带，通过植物发达的根系（因为树干对波浪的冲刷会起到消减缓冲作用），来保护堤防的安全。同时，选择合适的树种经营种植，不仅可以取得可观的经济效益，还可以维护良好的水生态环境，营造人文景观等。在有条件的河段，应尽量利用木桩、竹笼、卵石等天然材料来修建河堤，防止河道渠化，使河道底泥恢复，从而构建生态河道。

五、以黄河为例——浅谈河流生态保护与修复

（一）黄河简介

黄河（Yellow River），全长约 5464km，流域面积约 79.5 万 km^2，是中国第二长河，世界第五大长河。它发源于青海省青藏高原的巴颜喀拉山脉北麓的卡日曲，呈“几”字形。流经青海、四川、甘肃、宁夏、内蒙古、山西、陕西、河南及山东 9 个省（自治区），最后流入渤海。由于河流中段流经中国黄土高原地区，因此夹带了大量的泥沙，所以它也被称为世界上含沙量最高的河流。但是在中国历史上，黄河及沿岸流域给人类文明带来了巨大的影响，是中华民族最主要的发源地之一，中国人称其为“母亲河”。

黄河流域界于北纬 32°~42°，东经 96°~119°之间，南北相差 10 个纬度，东西跨越 23 个经度，集水面积 75.2 万多平方公里。黄河全长 5460 多公里，河源至河口落差 4830m。流域内石山区占 29%，黄土和丘陵区占 46%，风沙区占 11%，平原区占 14%。黄河源于青藏高原巴颜喀拉山，干流贯穿 9 个省（自治区），分别为青海、四川、甘肃、宁夏、内蒙古、陕西、山西、河南、山东，注入渤海。年径流量 574 亿 m^3。但水量不及珠江大，沿途汇集有 35 条主要支流，较大的支流在上游，有湟水、洮河，在中游有清水河、汾河、渭河、沁河，下游有伊河、洛河。两岸缺乏湖泊且河床较高，流入黄河的河流很少，因此黄河下游流域面积很小。

（二）黄河治理的面临的问题

（1）水资源短缺日趋严重，水质污染更加严重，供需矛盾更为突出。进入21世纪，黄河地表水已无水可用。另外，随着人口的增长，社会进步，经济发展，生活水平提高，用水需求将会继续增长，供需矛盾更突出。

（2）黄河下游防洪减淤出现了一系列新情况、新问题，洪灾的经济损失日益加大，对黄河下游防洪的要求越来越高，黄河下游河道的泥沙淤积如不能控制，现行河道的行洪能力和寿命始终是中国的忧患。

（3）黄土高原水土流失状况未根本好转，干旱风沙、暴雨洪水、水土流失灾害仍严重制约经济发展和人民生活改善，特别是黄河中游多粗沙区治理进展缓慢，水土流失严重，不少支流入黄泥沙未见减少。

（三）黄河生态保护与修复

（1）在黄河中游修建碛口、龙门两座高坝大库，争取获得400亿~500亿m^3的库容，用以蓄水拦沙、进行多年调节径流，与小浪底水库配合，实施泥沙多年调节，提高下游河道输沙效率，节省黄河下游200亿m^3输沙用水量中的绝大部分，使之变为可用水源，把充分开发黄河水资源与防止黄河下游河道淤积统一由中游高坝大库群联合运用拦沙、调水、调沙解决。

（2）修建桃花峪水库进一步控制下游洪水，黄河下游由“宽河固堤”向“窄河固堤”转变，废除北金堤、东平湖新湖区等滞洪区，并使下游滩地免受洪水淹没灾害。

（3）加强黄土高原水土保持综合治理，蓄水保土，提高抗御干旱风沙及暴雨洪水等自然灾害的能力，改善生产、生活条件，促进经济发展，促进当地群众脱贫致富，改善生态环境。同时，加强粗沙来源区治理，减少入黄泥沙。

（4）通过水土保持及中游干流水库群拦沙及水沙多年调节，充分利用经过改造后窄深规顺的黄河下游河道主槽极高的输沙能力，输送高含沙洪水入海，有可能维持黄河下游河道百年基本不淤，确保黄河下游现河道长期安全使用。

六、结　　语

爱护环境，保护环境是人类实现可持续发展过程中必须坚持的理念。我国正处于经济体制改革的攻坚阶段，在经济高速发展的同时，也面临着许多问题。环保问题就是其中一个重要组成。科学开展河湖治理工程，改善河湖流域生态环境，是维护良好的经济社会秩序，保障我国改革开放事业健康发展的重要举措。

参考文献

[1] 杨俊鹏，王铁良，范吴明，苏子龙．河流生态修复研究进展［J］．水土保持研究，2012（6）：41.
[2] 陈兴茹．国内外河流生态修复相关研究进展［J］．水生态学杂志，2011（5）：20.
[3] 董哲仁．河流生态修复的尺度格局和模型［J］．水利学报，2006（12）：77.
[4] 唐兰姣．河道治理要取得综合效益必须调整治河思路［J］．甘肃水利水电技术，2009（8）.
[5] 张颂军．浅谈城市河流治理与健康对城市生态环境的影响［J］．水科学与工程技术，2007（3）.

河湖生态保护与修复

许海燕

垦利黄河河务局

水资源是基础性的自然资源、战略性的经济资源，是生态和环境的控制性要素。河湖水系是洪水的通道、水资源的载体、生态廊道的重要组成部分，在流域、区域生态安全格局及经济发展布局中发挥主骨架的作用。当前，生态文明建设对我国河湖空间保护及河湖生态系统健康提出了更高要求，但经济社会的快速发展及人类不合理的开发活动，使得我国大部分河湖生态系统出现了河道断流、生境阻隔及生物多样性下降等诸多问题，保护与修复的形势异常严峻。

我国生态较良好的河流主要分布于长江区、珠江区及北方大江大河源头；南方部分河流由于高强度的水电开发导致河流生境阻隔及鱼类资源衰减问题严重，松辽、海河、黄河和西北诸河等北方河流主要由于缺水和水污染加剧导致河流生境萎缩和生态系统恶化；淮河和太湖流域突出的水生态问题主要是由于水污染导致生态系统失衡和功能丧失；松辽平原、黄河中下游、淮河湖泊及西北内陆河河谷等湿地因生态水量不足及人类活动干扰影响而退化严重。我国水生态状况总体呈恶化趋势，并对我国水资源可持续利用和经济社会可持续发展造成严重影响，迫切需要在全国范围内明确河湖生态保护修复的原则与思路，针对不同流域区域生态系统特点，系统开展河湖生态保护与修复。

一、河湖生态当前存在问题

（一）洪涝灾害出现频繁、严重

水土流失严重致使依赖河流生存的生态系统遭受严重破坏，生态环境加剧恶化，生态自然修复功能日益衰弱。水土流失严重的地区基岩裸露，植被稀疏，沟壑纵横，地表植被破坏后不能拦截暴雨倾泻，洪水泛滥之后形成灾害。

（二）河床抬高，河道萎缩，水利水电工程效益降低

由于植被覆盖较差，表层土壤裸露，在水力的不断侵蚀下，地表径流携带大量泥

沙，沿程淤积于水库与河流河道之中，使河道萎缩，河床抬高，水利水电工程效益降低。

（三）水资源缩减，水环境质量下降

水土流失地区在失去植被后，会丧失调剂天上水、控制地表水、涵养地下水的功能，水资源会明显减少。河道会形成大雨大涨、小雨小涨、停雨干涸的状况。与此同时，水土流失会使水质下降。水体中分布着以泥沙形式存在的土壤，导致水体中泥沙含量明显增加、水体变得污浊，土壤中含有大量无机盐类和化肥农药的土壤使水体的面源污染加大，水体自我净化功能下降。

（四）生态环保意识薄弱

在我国，生态环境保护意识普遍薄弱。在社会发展过程中，过度开发自然环境，过度放牧、过度浪费、乱砍滥伐树木等现象十分严重。这些过度开发自然资源的行为已经给我们的环境造成了严重的后果，尤其是水土流失现象严重。随着水土流失的日益加重，出现了生态系统的退化、河水污染、河道淤积等负面影响。

（五）无节制过度开发

随着经济社会的不断发展，我国经济突飞猛进，各地方片面地追求经济的发展，大兴土木，修建各种现代化的建筑和基础设施，工程项目的修建严重破坏了原有地貌，损坏了植被和土地，地表植被的破坏使得水土流失现象加重，土壤中的营养元素不断被冲刷，土壤的理化性质也不断被破坏。

（六）技术水平较低

生态修复是一项长久工程，我国关于生态修复的技术水平和研究还处于初级阶段，就现有研究而言，仅注重了关于恢复植被群落模式的实验，过多地关注与小气候相关的变化研究，忽视了对土壤、植被、动物等因素的研究，缺乏对生态功能和结构的综合性研究和评价。

二、河湖保护与修复的总体思路

坚持尊重自然、顺应自然、保护自然的原则，树立山水林田湖系统治理的理念，统筹考虑河湖水体等水域空间、水源涵养区陆域空间，以及行洪、蓄滞洪区等水陆两栖空间不同类型的水生态空间的交错关系及特点，加强陆域水源涵养区、调蓄洪水区、

水土保持区及水域重要鱼类栖息地等的生态保护，开展水陆交错带河湖岸带区的植被建设、湿地生态修复及水景观构建。重点针对生态敏感区、生态脆弱区、重要生境和生态功能受损的河湖，开展生态系统保护与修复；主要通过对江河湖库保护区、保留区等源头区实施以水源涵养为主的水量保护，对开发利用程度较大的受损河流实施以自然形态及功能恢复为主的生态修复，对珍稀、特有鱼类栖息地实施以生境保护与营造为主的生态建设，有序实现河湖休养生息、让河流恢复生命、流域重现生机。

三、关于河湖生态保护与修复措施的几点建议

（一）建立健全法律法规体系

严格执行《中华人民共和国水污染防治法》《中华人民共和国水资源法》《水行政许可实施办法》等法规。建议继续出台有关水生态保护的规章制度，引导规划和约束各类开发、利用、保护水资源和水生态的行为；建议各相关执法部门加强对水环境的监管力度，充分利用职权，认真履行职责。结合国家主体功能分区、生态区划，明晰水生态功能定位和空间分区，划定河流、湖泊及河湖滨带的管理和保护范围，切实维护水生态空间，划定水生态环境敏感区和脆弱区等区域水生态红线；严格限制建设项目占用自然岸线，城市规划应保留一定比例的水域面积；控制用水总量，逐步退还挤占的河道内生态环境用水和超采的地下水。确定江河主要控制断面、区域地下水系统的生态水量标准，以及湖泊、地下水的合理水位。

（二）强化流域统筹协调管理，实施综合治理

坚持水量、水质和水生态统一规划，统筹考虑地表水与地下水、水生态保护与修复、点源与非点源污染治理等方面的关系，科学制定流域水生态保护与修复规划方案。在全流域层次上，立足于山水林田湖是一个生命共同体的出发点，统筹流域水资源开发利用与节约保护、防洪减灾、水污染防治和生态治理等要求，科学配置流域、河流廊道及具体河段不同空间尺度下水生态保护与修复工程和管理措施。推进以流域为单元的综合管理，完善水资源保护与水污染防治协调机制，全面落实全国重要江河湖泊水功能区划，建立流域防污控污治污机制。建立和完善流域水生态补偿机制，协调生态环境保护及其经济利益之间的分配关系。创新河湖管理模式，推行水体治理及管护河长制。

水生态系统保护与修复，涉及与水生态系统有关的多个部门，如水务局、环境保护局、企业、团体和社区等，因此需要加强各个部门之间的通力合作，做到勤沟通、

多联系、多协调。建议制定详细的水生态保护和修复规划，注重水利工程与环境的协调。各种政策手段的综合运用，对水生态修复和保护采用防治结合、综合治理、修复和保护同时进行的方法。号召全民参与，提高公民的水环境保护意识，建设节约型社会，充分利用社会监督提高执法部门的执法力度。

（三）构建生态友好型水工程体系，发挥水工程生态保护与修复

完善水工程规划设计标准规范体系，协调好水工程建设与生态保护的关系，强化水利工程规划设计、建设实施、运行调度等各环节的水生态保护。倡导仿自然、低影响的水工程建设理念，河道工程布局应维护河流天然形态，保持河流蜿蜒性，维护湿地、河湾、急流、浅滩等多样性栖息生态环境。实施水库、闸坝生态调动运行，满足河流生态需水。实施农村河塘沟渠整治，采取清淤疏浚、生态沟渠整治、河渠连通等措施建设生态河塘，打造河畅水清、岸绿景美的环境。

（四）构建生态水网体系，实施河湖水系连通

河湖水系连通是优化水资源配置战略格局、提高水利保障能力、促进水生态文明建设的有效举措。坚持恢复自然连通与人工连通相结合，以自然河湖水系、大中型调蓄工程和连通工程程为依托，以构建流域生态水网体系为重点，在有条件的地区加快推进河湖水系连通工程建设，增强河湖连通性，提升河湖水环境容量，恢复河湖生态系统及功能。在东部地区，加快骨干工程建设，维系河网水系畅通，率先构建现代化水网体系。在中部地区，积极实施清淤疏浚，新建必要的人工通道，增强河湖连通性。在西部地区，科学论证、充分比选、合理兴建必要的水源工程和水系连通工程。在东北地区，开源节流并举，有条件的地方加快连通工程建设，恢复扩大湖泊湿地水源涵养空间。

（五）实施重点区域水生态修复

以重要生态保护区、水源涵养区、江河源头区、重要湿地以及水生态脆弱和恶化区域为重点，实施水生态修复工程，开展退耕还湿、退养还滩，逐步扩大水源涵养林、河湖水域、湿地等绿色生态空间。结合“一带一路”、京津冀协同发展及长江经济带等国家重大发展战略，重点实施京津冀“六河五湖”生态修复治理，长江经济带沿江生态环境保护工程，继续推进太湖、滇池、巢湖等重点湖泊和长江中下游、珠江三角洲等地区河湖内面源及水环境综合治理，继续实施塔里木河、黑河、石羊河等的生态综合治理。综合运用调水引流、截污治污、河湖清淤、生物控制等措施，修复湖泊湿地生态环境。对鱼类“三场”、洄游通道等重要生境保护实行统一规划和管理，划定为水

生态重点保护和保留河段，采取禁止或限制开发措施，开展重要水域增殖放流活动，保护水生生物多样性。加强地下水超采区治理和修复，实施地下开采量与地下水水位双控制。华北地区依托引江引黄等工程，结合调整种植结构以及退减灌溉面积等休养生息措施，逐步削减地下水开采量。

（六）以水生态文明城市建设为引导，构建人水和谐的水生态保护格局

推进水生态文明城市建设试点，构建河畅、水清、岸绿、景美的人水和谐的宜居生活空间，并以此为引导，探索水生态文明建设经验，辐射带动流域、区域水生态的改善和提升。加快推进海绵型城市建设，综合运用“渗、滞、蓄、净、用、排”等工程和非工程措施，因地制宜安排雨水滞渗、收集利用等削峰调蓄设施，增加下凹式绿地、植草沟、人工湿地、可渗透路面、砂石地面、自然地面，以及透水性停车场、广场等城市透水空间，保障足够的洪涝水蓄滞空间。

（七）促进科技创新，强化监管能力开展与生态用水、配置与调度、生态修复技术、生态补偿，水生态评估与监测、管理机制与保障措施研究等关键技术科技攻关

建立健全水生态保护标准和技术规范体系，加强水生态保护与修复新技术、新材料、新工艺的开发和推广应用，加快我国水生态监测与管理信息系统建设，开展河湖水生态状况持续、系统监测，进行水生态安全评估。建立水生态预警及决策系统，加强监督管理能力建设，建立多形式、多层次的监督机制和监督机构，加大对违规、无序开发活动和破坏水生态行为的监督管理。

（八）水土保持与河湖生态修复相结合，可持续利用水土资源

国民经济和社会发展对生态环境的改善提出了更高的要求，水土保持与河湖生态修复相结合既是改善生态环境的重要措施，也是促进国民经济和社会可持续发展的必要保证。水土流失使地表植被减少，涵养水源功能减退，导致农业生产恶化、草场退化、沙化严重，农田保土、保水、保肥能力降低，影响到粮食安全、生态安全，制约未来农牧业的总体发展；水土流失现象加速生态环境恶化，也危及到水环境的安全。建设清洁型小流域生态系统，按照“治理水土流失、保护水源、改善环境、防治灾害、促进发展”的总体发展思路，构建“生态修复、综合治理、河道及湖库周边整治”三大功能区。以水源保护和污染防治为主，坚持山、水、林、田、路、村、固体废弃物和污水排放统一规划布局，把水源保护、污水处理、污染控制、生活垃圾处理、生态环境改善、河道管理等有机结合起来，建设人文景观区、生态观光体验区、生态保护

区等，使人居环境变舒适、生产生活条件得到全面彻底的改善、交通设施便利，促进旅游业的大力发展，提升综合竞争力。水土保持可以通过因地制宜、科学布设等各项配套措施，最大限度地控制水土流失，保护水土资源。水土保持措施（如水平梯田、拦沙坝、沉沙池、排灌沟渠等）可以改变地表径流的运动形态从而将水源贮存，塑造微地形，有效控制土壤侵蚀，防止水土流失，减少河流水库泥沙淤积。

（九）加强技术研究

在水土保持生态修复工程中，依据不同的自然条件进行的修复保护技术和措施有所不同，所以应坚持做到生态修复措施的因地制宜。各地应根据自身实际情况，采用不同的技术，如现有生态系统修复技术、沿河生态修复技术、经济林过度开发生态修复技术、开发建设生态退化修复技术等，同时相关研究人员应做到深入实际调查，充分了解当地实际情况后，进行技术研究和建议。

在社会发展的过程中，因人类过度开发自然资源，导致地貌不断被破坏，植被减少，水土流失现象日益加重，这严重影响了社会的协调发展和人们的日常生活，所以针对水土流失现象的加重，我们应不断加强关于生态修复知识的宣传、执法过程中的监督，以及生态修复技术的研究等，使得我们生活的生态环湖荡生态系统的可持续管理对策、法律体制与宣传教育机制更加成熟完善。完善的政策和法律体系是有效保护湖荡生态系统和实现湖荡资源可持续开发利用的关键问题。

（1）深入调查研究与全面监测。要加强湖荡生态保护区的水文监测管理、物种多样性监测管理和水环境监测管理，采取因地制宜与分层管理策略。对湖荡生态系统，其特征和功能随时间的变化而变化，在不同的发展阶段采用不同的措施，同时因其是等级系统，不同层次上的系统具有不同的特征和功能，其管理目标也不尽相同，这就要求我们对湖荡生态系统的功能和特征进行实时监测和评估，且随生态系统状况的变化不断调整管理目标与管理对策。

（2）建立环境资源数据库，实现水环境信息共享建议建立水环境网上数据库，将水系、水量、污染物浓度和定期监测数据进行公布，实现水环境信息共享，便于各有关部门的查阅和对水环境的监督管理，便于对突发水环境事件做出及时处理，防止水环境变化，维护现有的水生态环境。

（3）社区参与式管理模式。为建立湖荡保护区经济利益与物种多样性保护的结合机制，让保护变为社区群众在经济活动中的主动持久行为，就要得到群众的理解和支持，采纳建议，吸取经验，引入参与式管理机制。

（4）科学处理人与人、人与自然的关系。采取二者并重的原则，生态系统的保护与管理涉及多部门多学科，利益主体较多，应统一决策、统一领导，避免多头管理，建立综合管理机制，协调各部门之间的利益关系。

总之，河湖生态修复与保护是一项长期而又艰巨的任务，需要公众的参与，也需要实践和经验的积累，更需要政府的大力支持。随着时间的推移和科技的不断进步，对河湖生态的保护会越来越好，人民的生活质量也会越来越高。

参考文献

[1] 李晓光，苗鸿，郑华，等．机会成本法在确定生态补偿标准中的应用——以南海中部山区为例［J］．生态学报，2009.

[2] 李怀恩，谢元博，史淑娟，等．基于防护成本法的水源区生态补偿量研究——以南水北调中段工程水源区为例［J］．西北大学学报（自然科学版），2009.

[3] 钱树芹．浅谈珠江流域水生态现状及保护与修复措施［J］．中国水利学会，2013.

生态水利在小浪底工程的实践运用

郭群力

黄河水利水电开发总公司

水利工程建设实现了发电、灌溉、供水、航运等巨大的社会经济效益，在调节水流量丰枯、抵御洪涝灾害、改善干旱与半干旱地区生态状况以及调节生态用水等方面发挥着积极的作用，但工程建设中的开山毁林、拦河筑坝、蓄混排清，也给局部带来一些不利的环境影响，特别是重大水利工程建设在一定程度上改变陆域水循环过程、河湖水文情势及水生态环境。比如工程蓄水可能产生滑坡塌岸，诱发水库地震，并可能对自然景观和文物、水生生物栖息繁衍环境、生物多样性等产生影响；部分水库建设淹没损失较大，占地移民问题复杂，可能会引发一些社会问题；农业节水工程建成运行后，减少了沿程和田间的渗漏，可能对输水渠沿途的植物生长和地下水的补给带来不利影响，特别是干旱半干旱地区灌区地下水补给量的减少，会给灌区植物生长带来不利影响；灌区退水的减少，可能对灌区盐分平衡带来一定的影响；灌区扩建和取水可能导致河流和地下水循环状况的改变，产生土壤潜育化和次生盐碱化，并对河道生态环境造成一定的不利影响。

随着社会各界对水利水电工程生态影响的逐渐关注和重视，国内外一些专家学者从经济和环保的角度，提出了许多水利工程建设的新思路和新方法。在国际水利建设行业中，一些专家提出了“绿色水电”和“绿色大坝”的概念和理论，强调水利工程的建设和应用应与生态环境保护紧密结合，努力实现生态保护与经济发展的双赢局面。经过几十年的建设和科学的反思，中国水利建设的理念和相关领域已经取得了突破性的进展。在水处理理念、工程建设、管理调度等方面进行了有益的探索和尝试，积极开展了标准工程建设审批流程、水管体制改革、水生态环境保护工作等。中国科学院院士、水问题研究中心主任刘昌明提出了水转化是水资源评价的基础，建议在水资源供需平衡的研究中，把生态水利和环境水利结合一起。董哲仁等的一批学者，以人与自然和谐共处作为指导思想，提出了生态水工学。部分城市提出了在传统水利基础上，加快大都市水利、节水型城市建设，建立城市供水保证体系，防治生态环境污染体系，水务一体化管理体系，实现工程水利、资源水利、环境水利的有机结合，即实现生态水利。特别是党的十八大把生态文明建设纳入了中国特色社会主义事业“五位一体”

的总体布局，推动中国绿色发展道路越走越宽，开创生态文明新局面。

本文以小浪底工程为例，全面介绍浪底工程设计阶段、施工阶段及运行管理阶段的生态观念及为打造生态水利工程所做出的努力。

一、小浪底工程概况

黄河因含沙量高而闻名于世，不仅水少沙多，而且水沙在时间上分布不均。黄河下游有地上悬河之称，其特点是河道上宽下窄，比降上陡下缓，排洪能力上大下小，同时凌汛也威胁着黄河两岸人民的安全。我国近代治河的先驱者总结我国的治河经验，引进西方科技，提出了“全面开发，综合利用”的水利规划思想。新中国成立以后，开始了人民治黄的历程。历经50多年，治黄取得了举世瞩目的成就。在黄河流域整体规划的基础上，小浪底工程的开发论证经历了近半个世纪漫长的历程。1986年5月，国家计划委员会明确小浪底水利枢纽的开发目标为“以防洪（包括防凌）、减淤为主，兼顾供水、灌溉和发电，蓄清排浑，除害兴利，综合利用”。要求达到的目标是：提高下游防洪标准；基本消除下游凌汛威胁，在一定时段内遏制黄河下游河床淤积的趋势；调节径流提高下游灌溉供水保证率；水电站在系统中担任调峰。

小浪底水利枢纽位于黄河中游最后一个峡谷的出口，上距三门峡水库大坝130km，向下俯视黄淮海平原，控制黄河流域总面积的91.2%，控制黄河流域天然径流总量的87%，控制黄河花园口以上天然径流量的92.3%，以及控制黄河总输沙量的近100%，是黄河下游治理的控制性骨干工程。设计水库最高运用水位275m，回水直到三门峡坝下，水库总库容126.5亿m^3。水库按千年一遇洪水设计，万年一遇洪水校核，规划水库防洪库容40.5亿m^3，调水调沙库容10.5亿m^3，防洪库容和调水调沙库容共51亿m^3为长期有效库容，汛期用以削减洪峰和调节水沙，非汛期用以调节径流和控制凌汛期的下泄流量。其余75.5亿m^3为淤沙库容，拦截上游的来沙（主要是粗颗粒泥沙），减少黄河下游河床的淤积。主体工程于1994年9月开工，1997年10月28日实现大河截流，1999年下闸蓄水，2000年1月9日首台机组并网发电，2001年年底枢纽主体工程按计划进度全部完工。

小浪底水利枢纽的兴建揭开黄河开发治理的新篇章，成为治黄的里程碑工程。工程的建成投用在国民经济、生态环境改善发挥了重要的作用。

二、严格的环境影响评价

小浪底水利枢纽作为世界银行贷款项目，其环境评价要求严格，除需满足国内评估的要求外，还要满足世界银行评估的要求。为满足严格环境评价要求，黄委设计院组织生物、地理、土壤、水文、环境工程、气象、社会经济和公共卫生等方面的专业人员成立环评组。

环评组将工程建设影响的环境问题归纳为自然物理环境、自然生物环境、经济发展资源、公共卫生、文化资源、文物古迹等几方面。依据环境影响矩阵图，鉴别出可能出现的重大环境问题，再由相关方面的专家制作详细的矩阵确定其原因——影响关系，从其影响程度和意义两方面对每一个重大环境问题都加以评价。在环境影响评价过程中，利用坝址上游130km已运行约30年的三门峡水库环境影响评价经验作为评价小浪底工程潜在环境影响程度和意义的重要素材，最后根据需要，提出切实可行的环境保护措施，详细描述拟采用的每项措施，估算所需投资，制定实施日期。环评阶段还完成了全环境管理规划，不仅明确了各项减免措施的范围、细节预算及其实施日期，还要求成立小浪底工程环境管理办公室，负责监测各项重要环保措施的实施，并根据监测要求，提出补偿措施。

整个环境影响评工作分两个阶段耗时八年时间完成。第一阶段的工作，从1984—1986年，在国内各科研院所和大专院校的88位专家的协助下，黄委会设计院开展了单项环境因子影响研究和综合评价工作，编制了《小浪底水利枢纽工程环境影响评价报告书》第一稿（EIA#1），撰写了22个附属专题报告，通过国家环保局的批准。第二阶段工作，从1989年开始，依照世界银行提出的环评工作大纲，中国政府和世行聘用的国际咨询公司（CYJV）协助黄委编制可行性可研究，根据世行专家和CYJV环境咨询专家的意见，在EIA#1的基础上，增加了大量的研究内容，先后完成5个不同工作深度的环评报告，并于1992年10月得到世界银行认可。

严格的环境评价工作为保护小浪底工程周边生态环境，减少工程建设对周边环境扰动提供了强有力的保障措施。

三、落实环境保障措施

小浪底工程总工期11年，主要采用大型机械化施工方式，高峰时总施工人数7600人，平均施工人数6000人，大规模的施工、大量机械人员对周围生态及生活环境造成巨大的扰动。根据国家有关法律、法规及条例的规定，结合小浪底项目国际工程的特点，小浪底建管局健全环境管理体系、引入了环境监理机制，在环境管理、生产废水、生活污水、生活饮用水、粉尘、噪声、固体废弃物和公共健康等方面，投入了大量的人力、物力和财力，为小浪底施工区和移民安置提供了良好的环境状况，缓解或避免了工程建设对环境的不利影响。

（1）环境管理方面：工程建设前进行环境本地调查，基本摸清和掌握环境现状和污染状况，编制调查报告；对环境变化动态进行了解，定期开展环境监测；组织编制工程环境保护规划，纳入到整个工程建设体系之中；组织环境移民咨询专家定期到施工区和移民安置区进行实地调研，提出解决环境问题的意见和建议；开展关键环境问题的研究。

环境监理方面：在建设中首次较为正规地引进环境监理，主要对施工区和施工影响区内的供水、生活污水处理、大气粉尘控制、噪声控制、固体废弃物处理和卫生防疫与安全防护八个方面进行监理。通过进行日常的经历巡视检查、查询访问、召开环境例会、与工程环资处（EMO/Dam）XECC 安全部及各标段承包商进行交流协商、对承包商的环境保护和环境月报进行评议及必要的仪器监测等措施，实现施工活动中环境保护工作的动态管理。

（2）生产废水方面：各承包商均采用沉淀池对生产废水进行一、二级沉淀处理，并及时进行清挖池内淤泥，对含油废水用隔油池和油水分离器进行处理，并每月进行水质监测。

（3）生活污水：二标是采用 B. T. S 生物处理系统处理生活污水，在中外营地、蓼坞工作场地各设置一个处理能力分别为 600 人/d、1800 人/d 的处理系统，整个处理系统对有机物分别得比较彻底，系统正常运转时对 BOD_5等的去除率可达 90% 以上；其余营地均采用化粪池进行生活污水处理，并在施工高峰期增设一台曝气设备。

（4）噪声控制方面：选用噪声低的施工机械，或在施工机械上装消声装置。对现场人员发放耳塞、耳罩，在生活区植树造林，周围设置围墙，加强对环境的监督。

（5）大气质量控制方面：严格按照环保设计要求采取除湿降尘作业，每天坚持清扫和洒水，施工区两旁栽植行道树，在三标厂房每月进行两次粉尘及有害气体检测，二标洞群每天进行一次粉尘及有害气体检测。

（6）固体废弃物处置方面：对有用的进行回收利用，设置了弃渣场和堆渣场，生产生活垃圾定期集中送往小南庄渣场掩埋，建立完善的卫生清洁制度。

（7）水土保持方面：按照规划设计进行系统化、规模化的水土保持措施，新建大量拦渣墙，进行大面积浆砌石、网格护坡，硬化管理区道路及部分地表，对陡坡山包进行削级开挖，对所有绿化地带进行整治、覆土及种草、种树绿化。

（8）移民安置区环保方面：对移民新村的村庄周围和主支街道进行绿化，每个移民新村植树 1 万 ~7 万株，移民新村采用深井-水塔-用户的方式进行集中供水。

至竣工验收，小浪底工程施工扰动地面治理面积达 1085.2hm^2，占扰动面积的 86.2%，建设区的水土流失治理程度达 85%，工程最终弃渣量 2445 万 m^3，工程拦渣防护措施拦渣率达 96.5%，有效控制了弃渣的流失，项目区原林草覆盖率为 10%，整治后达30.1%，植被恢复系数达85%以上。

截至工程竣工，小浪底工程在环境监理和管理、移民安置环境保护、文物保护、水土保持等方面的实际投资达20946万元，占工程总投资的0.62%。据统计，2002年及以前大部分水电站的环境保护措施投资占工程总投资比例较少，基本在0.2%以下，小浪底远远大于这一水平。

四、生态效益逐渐显著

三门峡以下段的高含沙水质，给下游水资源的开发利用带来极大的不便，造成水资源供需紧张。小浪底工程作为黄河干流在三门峡以下唯一能够取得较大库容的控制性工程，在黄河中下游治理具有重要意义，其生态环境影响备受社会的广泛关注。小浪底管理中心作为小浪底工程运行管理单位，围绕“管好民生工程”为总体目标，坚决贯彻绿色发展理念，以标准化、整体化开展各项生态保护工作，生态效益逐渐显著。

通过水库的调配，极大地改善了三门峡以下水资源的供需状况，生态效益显著。汛前增加春灌供水，秋播期间，利用提前储备的水量增大下游供水，确保黄河下游的生产生活供水。调水调沙运用，使得黄河下游河床边界变化很大，进一步减缓主河道河槽淤积萎缩，进而加大平滩流量，让黄河告别断流和洪灾，实现黄河下游河道连续19年不断流，生态环境大幅改善，对保护黄河健康生命，推动黄河中下游生态修复和改善，促进经济社会发展发挥了重要作用。2014年3—5月，超计划增加春灌下泄水量12亿m^3；汛期黄河中下游地区遭受严重旱情，在来水严重偏枯、蓄水偏少的情况下，紧急向下游补水5.2亿m^3，全力支援抗旱，极大缓解了黄河下游的严重旱情。2018年6—7月，黄河上中游地区多次出现大范围降雨，黄河上游与中游洪水不断接踵而下，形成了持续近1个月的较长洪水过程，主要来水站（区）来水较常年偏多5成，较近十年均值偏多8成，小浪底提前降低库水位，实施腾库迎洪，进行泄洪排沙，小浪底水库入库水量约48.4亿m^3，出库水量约60.2亿m^3，确保了小浪底水库及下游的防洪安全。

注重生态保护建设，逐步完成对库区周围、坝后保护区、砂石料厂的生态恢复，昔日的荒脊山谷已被乔木、花卉、草坪、组成的立体群落所代替，一幅幅人与自然和谐相处的美丽画卷在小浪底悄然铺开。小浪底工程也先后获得了“国家环境保护百佳工程”“国家级水利风景区”“国家4A级旅游景区”“‘母亲河奖’绿色贡献奖”等诸多荣誉。

开展小浪底工程环境影响后评价工作。通过建库后对水库生态环境、下游水文过程及河道演变、下游水生生态与陆生生态等方面影响的分析，提出了大坝下游生态适应性管理意见。进一步检验了小浪底工程环境影响评价中采取的预防、减缓措施的有效性，全面认识小浪底工程的生态累积效应和生态效益，促进环境保护与工程运行的长远协调，实现黄河流域的可持续发展，满足小浪底工程未来发展的需求。

五、新时代生态水利建设的新挑战

党的十九大将“坚持人与自然和谐共生”作为新时代坚持和发展中国特色社会主义的十四条基本方略之一，把建设生态文明作为中华民族永续发展的千年大计，提出了建设美丽中国的目标。全国水利厅局长会议强调，人水和谐是人与自然和谐共生的重要标志，水生态文明是建设美丽中国的重要内容。

面对新时代新要求，小浪底管理中心干部职工认真学习领会习近平新时代中国特色社会主义思想和党的十九大精神，深入贯彻落实习近平总书记兴水治水重要讲话精神，再学习、再认识“节水优先、空间均衡、系统治理、两手发力”的新时代治水思路。明确管好民生工程的首要职责使命不变，确立了绿色发展方向，提出了“建设智慧小浪底、发展绿色小浪底、打造美丽小浪底”的发展目标。

强化和发挥小浪底水利风景区的生态保护功能，打造水清岸绿的美丽风景区。现有的小浪底国家4A级风景区、西霞院风景区、翠绿湖区域（原小浪底工程建设期间大坝标沙石料场采料场区域）有着得天独厚的生态环境优势。比如小浪底景区拥有独特的黄河文化、工程文化、水利文化以及良好的生态环境，包含小浪底大坝（右坝肩）、爱国主义教育基地展示厅等十余处景点。西霞院南、北岸湿地公园，生态采摘园等自然生态景观。翠绿湖整个区域内植被丰富、天然的湿地景观、宽阔水面、清澈湖水。小浪底管理中心拟以创建国家5A级小浪底风景区、国家3A级西霞院风景区、翠绿湖风景区创建工作为主要内容，全面提升小浪底水利枢纽生态环境，强化水资源和水生态环境保护，推进水利工程的科学管理，挖掘展示水利科技和文化内涵，打造水清岸绿的美丽风景区，确保水工程安全运行和综合效益的发挥，带动区域经济社会与资源环境协调发展，促进水生态文明建设。

推进地质灾害处理。密切关注库周地质灾害对库区安全运行和库周群众生命财产安全的影响，加强动态监控，及时通报水库防洪、蓄水等运用情况。积极向水利部有关司局汇报，主动与地方移民部门沟通，站位全局，统筹各方利益，提出根据地质灾害成因分类立项处理的建议方案，积极推进库区地质灾害处理。对小浪底水库阳门坡滑坡体进行自动化监测改造，实现监测数据自动化采集，并利用GPRS/4G技术与移动通信技术对监测数据进行自动化实时远程传输，可以快速准确地提供滑坡体变形监测数据，为枢纽的安全稳定运行提供有力保障。

打造河畅库美的美丽新库区。加大水政监察力度，及时发现制止违法弃渣、侵占库区、污染水质、非法捕捞等违法行为。开展水法规宣传，积极推动库区水资源保护及管理立法。主动加入省市县河长制办公室，推动建立水库管理联合执法机制，及时协调处理库区巡查发现的问题，打击各种违规违法水事行为。探索建立渔业绿色散养捕捞机制，帮助库周群众拓宽就业渠道，巩固来之不易的清理成果，防止网箱养鱼出现反弹，守护好黄河中下游的“一库清水”。2017 年，小浪底管理中心开展水上巡查 102 次、陆上巡查 42 次，及时制止 35 起违法弃渣、侵占库区、污染水质、非法捕捞等违法行为，共清理网箱 16820 个、拦河网 4 处，彻底完成网箱清理任务，有效地改善了“母亲河”的生态环境。

参考文献

[1] 刘宁. 对建设人与自然和谐水工程的认识 [J]. 中国水利，2007 (4): 13-17.

[2] 刘昌明. 中国 21 世纪水供需分析：生态水利研究 [J]. 中国水利，1999 (10): 18-20.

[3] 董哲仁. 生态水工学——人与自然和谐的工程学 [J]. 水利水电技术，2003 (1): 14-16, 25.

[4] 孙宗凤. 生态水利的理论与实践 [J]. 水利水电技术，2003 (4): 53-55.

[5] 崔磊，单婕，姜昊. 近 20 年水电工程环保与水保投资变化分析 [J]. 水力发电，2014, 40 (12): 4-6.

小流域水生态治理方案的 Hopfield 神经网络模型构建

苏东喜

黄河勘测规划设计有限公司

我国由农业社会向工业化、城镇化发展，以人口居住转移和产业结构改变为代表的社会环境和自然环境变化是必然趋势，如何协调人与自然的新型关系，营造工业环境中的水生态文明，涉及范围大，影响深远，是目前十分普遍和复杂的问题。小流域生态建设系统既有开放性，又有独立性，利用量化的动态数学方法研究其规划方案，对当前生产有现实指导价值。人工神经网络仿生智能技术利用非线性函数和计算机智能训练，在水利工程上多有应用，多目标计算效果好，但在小流域水生态目标规划方面，其相关研究成果较少。

一、人工神经网络及应用简介

人工神经网络（Artificial neural networks）是一种模仿动物神经网络行为特征、工作方法，进行分布式并行信息处理的算法数学模型，具有自学习功能、联想存储功能和高速寻找优化解的能力。已广泛应用于科研和工程中，是当前被世界各国大力推进、重点发展的人工智能最重要的技术，是研究复杂系统，解决复杂系统的认识、优化、控制等问题的先进手段，其基础在于对复杂系统进行正确、准确的建模，并理清神经网络在复杂系统建模中应用的可行性、适用性及发展趋势。

这种网络模型依照系统的复杂程度，通过权值、阈值调整内部大量节点之间的相互连接关系，从而达到处理信息的目的，并具有自学习和自适应的能力。目前，世界各国在生产、社会服务、军事等领域的复杂系统中开发应用的神经网络模型有 70 多种，代表性的神经网络模型有：BP、RBF、Hopfield、SOM、ART、CAMA、量子神经网络七种。神经网络数学模型技术在水利工程中的污水处理过程优化控制、城市水环境承载能力预测、水质综合评价等方面应用较多，但在水生态治理方案优化方面的应用较少。

Hopfield 神经网络由美国加州工学院物理学家 J. J. Hopfield 在 1982 年首次提出，该网络具有全局反馈的网络结构，神经元之间相互连接。与其他神经网络不同的是，Hopfield 神经网络模型中引入了能量函数的概念。Hopfield 神经网络有离散型和连续型两种形式，其中连续型适用于函数值的优化计算。

自 1985 年 Hopfield 等将 Hopfield 神经网络应用于旅行商业问题的优化以来，神经网络优化方法已越来越多地应用在约束优化问题中。基于 Hopfield 神经网络所具有的较强的解决优化问题的能力，Walsh 等将增广型的神经网络应用到基于数学模型的组合优化和经济调度问题中；Dieu 等基于拉格朗日乘数法构建神经网络模型，同样成功地解决了组合优化问题。基于 Hopfield 神经网络的优化研究表明其在优化方法领域具有广阔的应用前景。

Hopfield 神经网络模型可以完成制约优化和联想记忆等功能，多在控制系统的设计中求解约束优化问题。与其他神经网络模型相比，Hopfied 网络最适合小流域水生态系统多目标优化求解建模，为动态设计、小流域全局生产过程控制提供了技术支撑。

二、围绕小流域水生态目标规划思路

小流域生态文明建设是客观的自然属性和主观的社会特性的结合，且有一定的时间和区域特色。目前，我国普遍明确的小流域水生态目标通常有六个方面：水功能、水环境、水生态、水景观、水文化、水经济。小流域治理，功能优先，经济压轴。近些年，随着全国治污行动的统一开展，水环境治理被摆在了更加突出的位置，且各地均有时间和质量目标达标要求。

城镇河道治理，一般突出体现在水功能、水环境、水景观和水文化方面。非城区河道治理，更多体现在水功能、水环境、水生态等方面。水环境是一个突出的目标。

小流域生态治理目标有客观自然属性、主观社会特性和评价多指标特性。对于众多的目标，为了便于利用 Hopfield 网络的单层反馈非线性函数优化求解，结合小流域生产要素，将目标分为可量化的经济指标和定性指标，再以其他生态目标和有限的资源量作为约束条件，建立数学模型。针对不同的规划目的，通过计算机繁杂的演算，输出合适的规划方案。

三、目标规划函数及约束关系

（一）多元价值函数构建

1. 主要自变量分析

主要从小流域有代表性的土地（A）、人（M）、水（W）三大资源要素分析。

土地按规划用途分为粮食作物种植面积、经济作物种植面积、养殖水域面积、植被绿化面积、湿地面积等，不同的功能分区有不同的年产出价值，该价值和复种指数、产出数量、市场价格及约束值有关，相互影响。

人主要指规划区劳动力人口数量，包括依赖土地种植、养殖的劳动力人数和其他务工人数，其价值依附土地的归土地产出，从土地规划中解放出来的，按社会劳动务工，其价值以当地社会务工人均年收入统计。人力资源的介入分析，为减小土地耕作、轮耕及提高生态用地提供了必要条件，也符合当前工业化收入的实际，是保障规划目标中区域生活水平不降低的必要手段。

区域水资源供灌溉、生态、水环境利用，区间量有一个合理配置问题，不直接计算产出价值，若从外部调水，则按成本费用计入。

区间土地总面积是一定的，一个阶段人口数量是一定的，水资源量也是一定的，水环境对农业排放 N、P 及农药的要求也是受限的。三者之间相互依存，相互制约。一定时期内，对土地的规划用途有明确的限制条件，如区间基本农田、绿化比例等。当前，对区间水生态环境的水质达标目标，则间接约束土地的利用方式和方向。总之，经济和生态是小流域水生态治理的根本目标，区域生产要素（自变量）围绕目标变化、协调，会有变化的各种组合方案。区域规划自变量代表要素之间关系如图 1。

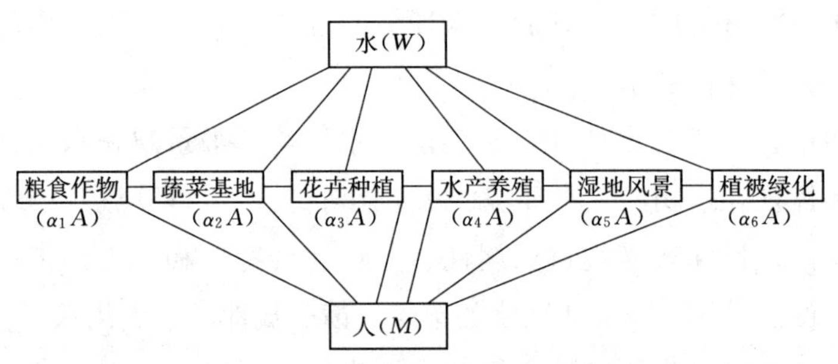

图 1　自变量代表要素相互关系图

2. 自变量价值描述

以小流域规划资源分配的年经济价值为目标函数，则各种资源的分配产出即是独立的自变量，以此构建非线性目标函数，分析自变量价值及约束条件。依昆明市入滇池洛龙河上游瑶冲河盆地水生态系统治理方案为例，说明自变量价值构成。该区域属阳宗海风景管理区，山间盆地，土地利用有农业、湿地养殖、农经、工业园区等，水资源为自产地表水，概括为以下一些子项内容。各资源分配利用价值要素见表 1、表 2。

表 1　土地分配产出及相互关系要素

基本元素总量	分布规划		价格及定性指标	结果隐函数	求　和	阈　值
可利用土地 A	粮食作物	$\alpha_1 A$	P_1	$\alpha_1 AP_1$	$f(x) = \sum_{n=0}^{1}(a_i AP_i + G_i)$	$\alpha_i = 0 \sim 1$，$\sum\alpha_i = 1$，$\alpha_6 > 0.1$
	蔬菜	$\alpha_2 A$	P_2	$\alpha_2 AP_2$		
	花卉	$\alpha_3 A$	P_3	$\alpha_3 AP_3$		
	养殖	$\alpha_4 A$	P_4	$\alpha_4 AP_4$		
	湿地旅游	$\alpha_5 A$	P_5	$\alpha_5 AP_5$		
	绿化	$\alpha_6 A$	合格、优	G_i		

表 2　人力资源价值及水资源量利用

基本元素总量	分布规划		价格及定性指标	结果隐函数	求　和	阈　值	输　出
劳动力 M	农业劳力	$\alpha_1 A\beta_1$	入农业产值		$f(x) = \sum_{n=0}^{1}(M\beta_i P_i)$	$\beta_i = 0 \sim 1$，$\sum\beta_i = 1$，$\alpha_6 > 0.1$	反馈参数
	务工	β_2	P_2	$M\beta_2 P_2$			
	个体	β_3	P_3	$M\beta_3 P_3$			
水资源	粮食作物	$\alpha_1 A$	W_1	$\alpha_1 Aw_1$	总量约束外调为负		
	蔬菜	$\alpha_2 A$	W_2	$\alpha_2 Aw_2$			
	花卉	$\alpha_3 A$	W_3	$\alpha_3 Aw_3$			
	养殖	$\alpha_4 A$	W_4	$\alpha_1 Aw_4$			
	湿地旅游	$\alpha_5 A$	W_5	$\alpha_5 Aw_5$			
	绿化	$\alpha_6 A$	W_6	$\alpha_6 Aw_6$			

3. 目标函数及约束关系

多元函数的极值约束问题，一般可表达为

$$\max f(x); s.t.\ h_i(x) = 0, g_i(x) \leqslant 0 \tag{1}$$

式中：$f(x)$ 为优化目标函数；$h_i(x) = 0 (i \in E)$ 和 $g_i(x) \leqslant 0 (i \in I)$ 为约束条件；E 为等式约束指标集；I 为不等式约束指标集。

小流域水生态治理规划方案的目标是在满足生态、基本农田、绿化指标等要求的前提下，区域资源规划分布产值最大化。

以小流域区间资源产出价值量为因变量，以主要资源的分配组合为自变量，在资源总量一定的情况下，自变量主要体现为不同的规划比例系数。根据以上分析，小流域治理方案的产出价值变化多元非线性约束函数为

$$\max f(x) = f_E(x_1) + f_M(x_2) \tag{2}$$

$$f_A(x_1) = \sum_{i=1}^{6}(\alpha_i AP_I + G_i) \tag{3}$$

$$f_M(x_2) = \sum_{i=1}^{3}(M\beta_i P_i) \tag{4}$$

式中：f_A为规划各部分土地面积的年产值；f_M为区间人力资源的年产值，有附加对象的按零计算；α_i 为小流域内土地的不同功能分配比例系数；β_i 为劳动力分配系数。

相应约束条件有总量，有一定时期各分项的规划目标值等：

$s.t.\ g_1(x) = g(\alpha_i) < 1,\ \sum_{i=1}^{6}\alpha_i = 1$；

$g_2(x) = g(\beta_i) < 1,\ \sum_{i=1}^{3}\beta_i = 1$；

$g_3(x) = g(TN) < N_0$，N_0——区域限制总氮量；

$g_4(x) = g(TP) < 1$，P_0——区域限制总磷量；

$g_5(x) = g(\alpha_1) \geqslant A_0/A$，$A_0$——流域划定基本农田面积；

$g_6(x) = g(\alpha_6) \geqslant \varphi$，$\varphi$——流域限定绿化面积。

（二）约束性函数的拉格朗日乘数法优化解析

对于函数中的自变量有附加条件的极值问题求解，通常利用拉格朗日乘子法。拉格朗日乘数法通过把约束合并到一个修正目标函数中来处理约束。对目标函数式（2）及其约束条件构建拉格朗日乘数法目标函数为

$$f_L(x,\lambda) = f(x) + \sum_{j=1}^{9}\lambda_j \max[0, g_j(x)] \tag{5}$$

式中：λ_j为拉格朗日乘子，$j=1$，2，…，6；采用最大函数 max 对约束条件修正。为了便于与实际结合，引入定义的 S 函数对式（7）补充，修正函数更直接表示为

$$f_L(x,\lambda) = f(x) + \sum_{j=1}^{6} S_j\lambda_j g_j(x) \tag{6}$$

式中

$$S_j = \begin{cases} 0, g_j(x) \leqslant 0 \\ 1, g_j(x) > 0 \end{cases} \tag{7}$$

通过式（6）和式（7），建立约束条件下的目标函数方程组，将规划中的多目标求解问题转化为具备拉格朗日乘数法求解优化值的方式。

对多变量函数求导，即得可利用神经网络计算的隐含层微分方程组，如下式所示：

$$\frac{\partial x_i}{\partial t} = \frac{\partial f(x)}{\partial x_i} + \sum_{j=1}^{6} S_j\lambda_j \frac{\partial g_j(x)}{\partial x_i} \tag{8}$$

$$\frac{\partial \lambda_i}{\partial t} = \sum_{j=1}^{6} S_j g_j(x) \tag{9}$$

四、目标规划函数的 Hopfield 神经网络模型

连续型 Hopfield 神经网络的变化过程是一个随时间变化的动态系统，它的每一个输入是随时间变化的状态变量，与其他神经元之间的连接权有直接关系，同时也与外界

输入和其他神经元来的信号有关系，Hopfield 网络连接模型可与电子线路直接对应，各神经元采用并行的工作方式。其学习方法，即人工智能算法，能够更加准确地拟合非线性关系，提高预测精度。

针对小流域中的基本资源分配规划问题，以资源的不同分配系数为网络输入，以社会经济价值和特定约束评判定性指标为输出，建立基于 Hopfield 神经网络的小流域水生态治理方案计算模型。

（一）基于拉格朗日函数的神经网络模型结构

Hopfield 神经网络模型结构由输入层、模式层、求和层和输出层构成（图 2）。基本算法步骤为：①初始化资源权值数量；②将 n 个样本模式输入网络中，确定样本变量的权值及相互关系；③初始化未知输入模式函数及演变；④迭代直至收敛；⑤稳态输出。

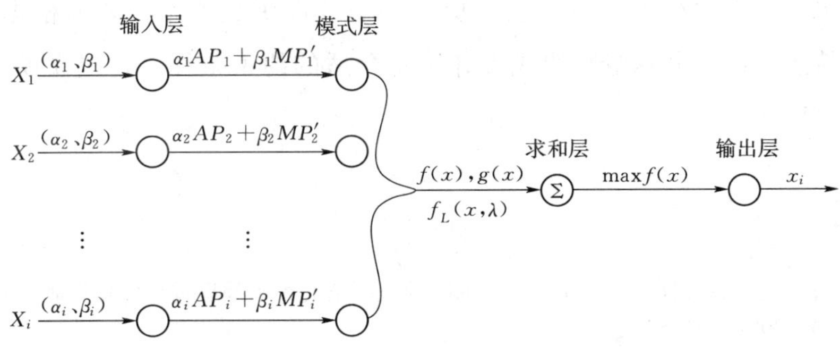

图 2 基于拉格朗日乘数法的 Hopfield 神经网络结构

（1）输入层。输入层神经元接收信号输入，将其传递到下一层，其中输入信号即输入层输入单元数由输入数据模式的特征分类数决定，即方案中总资源量分配的次数和对应系数值（α_i，β_i），通过输入层变量传递给模式层。

（2）模式层。模式层神经元数目等于输入样本的数目 n，各神经元对应不同的函数关系式，体现其量化的经济价值。

（3）求和层。对所有模式层神经元的输出进行算术求和，构建资源分配的总体初始经济价值函数表达式，即 $f_A(x_1)$ 和 $f_M(x_2)$，包括不同规划目标对分配系数的约束关系，以及总的约束关系，如水生态对 TN（总氮）、TP（总磷）承受力对耕种面积的约束、绿化指标的要求等。对初始函数按约束条件下的拉格朗日乘数法变换，寻求优化解。

（4）输出层。输出最大经济价值，以及与其对应的资源规划分配组合方案。

（二）模型应用的基本数据分析方法

寻找小流域水生态建设时期的规划方案优化解，因目标的多样性和定性、定量并存，按混合设计方法分类，属探索性规划设计，目的在于通过数据连接以概括研究发现。约翰·W. 克雷斯维尔、薇姬·L. 查克在《混合方法研究：设计与实践》中对该方法提出的数据分析事项，具有很好的借鉴价值：①收集定性数据；②运用最适合研究定性问题的方法对定性问题进行质性分析；③基于定性结果设计定量部分；④开展对新工具（或新的干预处理）的初步试验；⑤收集定量数据；⑥运用最适合研究定量问题的方法对定量数据进行定量研究；⑦阐释连接结果是如何回答定性、定量以及混合方法问题的。

五、结　语

对小流域规划方案进行数学模型的量化分析，借助于计算机复杂的计算和优化预控功能，有助于对小流域治理进行科学的规划，也可以对已有的方案进行结果预判。小流域的情况是复杂多变的，可能会有更多的非线性函数关系，如何根据不同时段、不同地域的特点，概括出典型性的代表并制定合适的约束条件，是建立模型并发挥更好作用的关键所在。

参考文献

[1] 韩广，乔俊飞，韩红桂，等. 基于Hopfield神经网络的污水处理过程优化控制［J］. 控制与决策，2014，29（11）：85.

[2] 胡荣祥，徐海波，任小松，等. BP神经网络在城市水环境承载力预测中的应用［J］. 人民黄河，2012，34（8）：79.

[3] 崔永华，左其亭. 基于Hopfield网络的水质综合评价及其matlab实现［J］. 水资源保护，2007，23（3）：14.

[4] Hopfield J，Tank D. Neural computation of decisions in optimization problems［J］. Biological Cybernetics，1985，52：141－152.

[5] Walsh M，Malley M. Augmented Hopfield network for unit commitment and economic dispatch［J］. IEEE Trans on power systems，1997，12（4）：1765－1764.

[6] Dieu V，Ongsakul W. Enhanced augmented Lagrangian Hopfield network for unit commitment［J］. IEEE Proc of Generation，Tranmission and Distribution，2006，153（6）：624－632.

[7] 黄河勘测规划设计有限公司. 昆明市洛龙河流域水生态系统建设方案［R］. 郑州：黄河勘测规划设计有限公司，2018.

[8] 约翰·W. 克雷斯维尔，薇姬·L. 查克，著. 混合方法研究：设计与实践［M］. 游宇，陈福平，等，译. 重庆：重庆大学出版社，2017.

京津冀跨区域调水生态补偿标准与方式研究

王晓贞　李　鹏　邓方方

河北省水利水电第二勘测设计研究院

跨区域调水，是一种经济效益和生态效益的转移，往往需要调出地区在生态环境或经济上作出一定牺牲，或投入一定资金用于水资源的保护或再生。在计划经济时代，上一级政府为了国家或区域整体利益，利用行政权力进行水资源平调，若调出地区缺水严重，其水量调出损失更大，这就需要调出调入地区之间进行生态合作与补偿。如今已进入市场经济时代，讲究法制、公平、水权，对于历史遗留并继续发生的水资源无偿占用问题，应利用法制和市场经济手段予以解决。针对跨区域调水生态补偿，国外多采用流域综合管理、水权交易、经济补偿等形式。国内多通过政府主导的项目合作、财政转移支付、资金支持等补偿形式。

一、跨区域调水的水资源性质分类

以调出水源的性质为依据，可以分为天然水资源的调出和工程水（成品）的调出。天然水资源调出是指由调入地区出资或国家出资兴建调水工程，不直接影响调出地区既有的生产生活用水，调出地区只是在生态环境或未来用水上受到影响，短期内没有直接经济损失，如南水北调工程等；工程水的调出是指调出地区已经投入了大量的人力、物力、财力修建了水源工程，或通过改变种植方式节约水量，即调出地区已经使天然水资源变成了工程水，已有既定的用途或正在使用，这部分水量的调出不仅给调出地区造成生态环境上的影响，更重要的是造成了调出地区直接的经济损失或代价，加重了调出地区生态恶化和经济贫困。如果后者没有做出补偿则属于水资源平调，应该给予调出地区更大的关注。笔者以京津冀跨区域调水为例，对跨区域调水生态补偿标准和补偿方式进行探讨。

二、京津冀跨区域水资源调出调入实例

（一）计划经济年代京津平调河北省水量

20 世纪 50 年代末，在中央的支持下，河北省与北京市共同兴建了官厅水库、密云

水库，河北省出了大部分民工，水库蓄水量按河北省和北京市各9.0亿m^3分配。20世纪80年代初开始，为解决北京市的缺水问题，按中央要求，河北省分水指标全部无偿转让给了北京市。永定河和潮白河的断流，致使廊坊市成为全省唯一没有地表水源的地区。

20世纪80年代初，为解决天津市的缺水问题，兴建了引滦入津工程，从河北省大黑汀水库和潘家口水库引水。两座水库无偿转让给天津市年供水指标10亿m^3。同时，为引水管理方便，2座水库收归水利部海河水利委员会（以下简称“海委”）管辖。另外，1973年，河北省于桥水库划归天津市，划走河北省水量指标0.60亿m^3，天津市共占用河北省水量指标10.60亿m^3。

通过上述两项工程，河北省每年向北京、天津两市无偿贡献水量指标19.6亿m^3。北京市累计实际占用河北省水量约189亿m^3，天津市累计占用河北省水量约275亿m^3，由此也加重了河北省水资源短缺和经济贫困。20世纪70年代末以来，河北省已累计超采地下水约1600亿m^3，生态环境恶化严重，与京津占用河北省水量有直接关系。

（二）河北省南水北调中线引水情况

南水北调中线工程河北省分配水量，以总干渠分水口计为30.4亿m^3，水价为0.97元/m^3。由于配套成本高，河北省政府批复水厂入口统一水价为2.76元/m^3，到用户平均成本为7.41元/m^3，高于北京市、天津市。尽管受水区水资源十分短缺，省政府也下大力气鼓励用水，但因用户水价承受能力低，河北省2015—2016年度实际引水量只有3.56亿m^3，仅占分配指标的11.7%，2016—2017年度引水7.30亿m^3，占24.0%。

三、水资源跨区域平调生态补偿标准

（一）密云水库上游“稻改旱”工程

“稻改旱”工程，是北京市密云水库上游河北省的水稻田改成种植玉米的旱地，以减少农业用水增加下游北京市水量、改善水质。密云水库上游由潮河和白河两大水系组成。流域内部分地区素有种植水稻的习惯，同时有旱作作物，均一年一熟。1999年以来，密云水库水量持续减少，2006年年初，北京市与河北省议定在赤城县实施“稻改旱”试点，鼓励上游河北省农户放弃水稻，改种玉米等节水作物，当年实施面积1160hm^2，北京增加入境水量900万m^3，平均7758.62m^3/hm^2；2007年，“稻改旱”工程扩大到密云水库上游全流域，其中赤城县7个乡实施面积2133.33hm^2，为北京增加淡水量 603 万 m^3，平均 2826.57m^3/hm^2。

1. “稻改旱”工程实际补偿标准

2006 年，北京市财政局给予赤城县“稻改旱”农户补偿标准为 5250 元/hm^2，2007 年补偿标准增至 6750 元/hm^2，2008 年增至 8250 元/hm^2（对北京市内补助标准为 12450 元/hm^2），该补偿标准一直持续至今。按“稻改旱”补助标准 8250 元/hm^2 计算，2006 年、2007 年北京市入境水量单方水补偿标准分别为 1.06 元和 2.93 元。

2. 有关学者研究成果

北京大学王晓玥、李双成等学者采用成本法、费用分析法、意愿调查法、选择试验法、生态系统服务价值法等对密云水库上游“稻改旱”工程经济补偿标准进行了研究。研究提出，生态补偿下限应为“稻改旱”后上游农民减少的直接种植收入，由此可以认为，对参与“稻改旱”工程农户的年补偿总额下限为其种植收入的年损失，即最低补偿标准为 3965.40 元/hm^2（折合 1.40 元/m^3），补偿上限应为下游居民获得的生态系统服务价值增量。在“稻改旱”工程中，淡水供给和水质净化这两种服务的提升是上游地区传输到下游地区的主要生态流，因此，年补偿总额上限为区域淡水供给服务和水质净化服务价值增量之和，即最高补偿标准为 10287.75 元/hm^2（折合 3.64 元/m^3）；在生态补偿实践中，补偿标准通常在最低标准和最高标准之间，“稻改旱”工程上游居民受偿意愿期望值为 9760.50 元/hm^2（折合 3.45 元/m^3），处在该研究得出的补偿上下限范围内，可作为工程实施的参考标准。

（二）北京应急供水工程

为了保障 2008 年奥运会供水安全，北京市向水利部报送了《北京市人民政府关于商请协调河北省向我市调水以确保 2008 年北京奥运会和首都供水安全的函》（京政函〔2007〕105 号）。2007 年 10 月，水利部会同国家发改委、国务院南水北调办，组织北京市水务局、河北省水利厅及有关单位和特邀专家，召开北京 2008 年奥运供水形势分析会，就 2008 年河北省向北京应急调水的供水规模以及补偿范围和原则形成一致意见，并印发了会议纪要（办调水〔2007〕246 号）。根据水利部安排，海河水利委员会编制了《北京 2008 年奥运会应急调水实施方案》，并组织河北省和北京市签署了供水协议。协议明确由河北省岗南、黄壁庄和王快 3 座水库放水，年出库水量 3.0 亿 m^3，北京市（冀京界）收水 2.25 亿 m^3。调水总费用 74355.8 万元，其中供水水费（含水库供水成本费和灌区供水成本费）13941.7 万元、损失补偿费 57013 万元、调水管理费 3401.1 万元。折合综合调水水价水库出口 2.48 元/m^3，入南水北调干渠口门 2.86 元/m^3，北京市（冀京界）收水 3.30 元/m^3。2008 年以后，又进行了多次应急调水，直到 2014 年南水北调中线工程通水为止，水价一直维持未变。

（三）北京、天津市自来水厂入口地表水价标准

北京市、天津市水资源费标准地表水为1.60元/m^3，地下水为4.00元/m^3。计入原水价，地表水到自来水厂入口水价平均约2.50元/m^3（含水资源费）。值得注意的是，京津两市是在用河北省的水征收水资源费。

（四）北京、天津市南水北调水价

根据国家发展改革委《关于南水北调中线一期主体工程运行初期供水价格政策的通知》，总干渠分水口水价北京市为2.33元/m^3、天津市为2.16元/m^3。

上述实例中，北京市、天津市实际支付地表水价为2.16~3.30元/m^3，生态补偿实际标准为1.06~2.92元/m^3，而生态补偿研究成果为1.40~3.64元/m^3。北京市、天津市实际水价或补偿标准及研究成果见表1。

表1 北京市、天津市水资源补偿标准或水价

项目	水价或补偿标准/(元/m^3)	依据	计算方法	备注
密云水库上游“稻改旱”工程	1.06~2.92	北京市与河北省《关于加强经济与社会发展合作备忘录》	实地调查	实际执行
	1.40	王晓玥、李双成、高阳《基于生态系统服务的稻改旱工程多层次补偿标准》	种植收入直接损失	研究成果
	3.64		淡水供给服务和水质净化服务价值增量	
	3.45		居民受偿意愿期望值	
北京市应急供水工程	3.30	河北省和北京市《北京2008年奥运会应急调水实施方案》	供水水费、损失补偿费、调水管理费	实际执行
北京市、天津市地表水供自来水厂平均水价	2.50	国家发展改革委等《关于水资源费征收标准有关问题的通知》	水资源费1.60元/m^3加原水价0.90元/m^3	实际执行
北京南水北调水价	2.33	国家发展改革委《关于南水北调中线一期主体工程运行初期供水价格政策的通知》		实际执行
天津南水北调水价	2.16			实际执行

（五）水资源跨区域平调生态补偿标准

以上京津冀跨区域调水实例中，实付水价或补偿标准顺利执行表明，调入方北京市认为水价或生态补偿标准是合理的，而调出方河北省也认为补偿标准是可以接受的，说明上述水价或生态补偿标准是合理可行的。鉴于北京市、天津市占用河北省用水指标与密云水库上游“稻改旱”水源性质类似、占用方式相近，且补偿标准相对较低，

为便于接受，建议采用“稻改旱”工程实际平均补偿标准为2.00元/m^3。

四、生 态 补 偿 方 式

（一）水量回归

30多年来，为了向京津两市供水，河北省做出了巨大牺牲，在一定程度上滞后了经济发展和恶化了生态环境。南水北调工程已经通水，北京、天津两市水资源紧缺状况大大缓解，再加上京津市区大量高耗水企业外迁或结构调整、技术改造，工业用水量明显下降，具备了水量回归河北省的条件，两市占用的河北省水量应还供河北省，此后可作为京津应急备用水源。这也是京津冀协同发展的需要。

（二）京津直接经济补偿

目前，我国已进入市场经济时代，国家提倡法制、水权、生态文明。基于京津冀协同发展国家战略，考虑京津两市经济发达的实际，笔者建议，在水量回归以前，国务院或国家发展改革委协调北京、天津两市，由中央财政和京津两市财政共同出资，暂先按“稻改旱”补偿标准（平均2.00元/m^3）和占用水量指标进行经济补偿。

在水量回归和经济补偿达成协议以前，最低限度京津两市应该将利用河北省水量征收的水资源费划拨给河北省。

（三）外调水水量补偿

2014年，国家发展改革委核定了南水北调中线总干渠水价标准和收费制度。该制度规定工程运行初期河北省干线水价为0.97元/m^3，其中基本水价0.47元/m^3、计量水价0.50元/m^3。基于此，河北省每年应向南水北调中线干线工程建设管理局交纳基本水费14.29亿元。另外，河北省配套工程投资约600亿元，加上各地实际引水量远小于分配水量，河北省市县财政和用水户均无力承担基本水费。

经测算，若中央财政偿还南水北调中线干线工程407亿元的银行贷款，加上工程运行初期缓提折旧费，则工程平均水价可降至0.27元/m^3。若以国家专项建设基金替代银行贷款，加上延期还贷，则工程平均水价可降低至0.51元/m^3。笔者认为，国家应免除河北省19.6亿m^3水费，至少应免除基本水费，其余10.8亿m^3的水量按规定收费，或者河北省执行基本运行水价0.27元/m^3；由此导致的管理单位财务亏损部分，由中央财政和京津两市财政以归还南水北调中线干线工程贷款或直接补贴的形式进行补贴。虽然这样达不到上述生态补偿合理标准，但在这种境况下也算给河北人民有了一定的水量补偿。

五、结　　语

数十年来，河北省向京津两市供水约405亿m^3，在一定程度上牺牲了当地经济社会的发展。为了京津冀的协同发展，为了国家粮食安全和生态安全，亟需国家和京津两市对河北省给予生态补偿，补偿方式可分为经济补偿和水量补偿。其中，经济补偿为中央财政和京津两市财政按照今后每年占用河北省水量指标，参考“稻改旱”补偿标准进行补偿，类似于水权交易，这样既解决了生态补偿问题，河北省可用补偿款购买长江水和黄河水，又可保证南水北调中线工程充分供水；水量补偿为免除河北省南水北调中线干线工程19.6亿m^3水费，工程亏损部分可由京津两市财政并争取中央财政共同补贴。

参考文献

［1］ 王晓玥，李双成，高阳．基于生态系统服务的稻改旱工程多层次补偿标准［J］．环境科学研究，2016，29（11）：1709－1717.

［2］ 刘乔木．加强区域水资源合作实施密云水库流域“稻改旱”工程［C］．北京水资源可持续利用国际研讨会论文集，2007（11）．

［3］ 王凤春，郑华，王效科，等．北京与密云水库上游地区水生态合作机制研究［J］．生态经济，2017（8）．

［4］ 郭文献，付意成，张龙飞．流域生态补偿社会资本模拟［J］．中国人口、资源与环境，2014（7）．

［5］ 潘娜，葛颜祥，侯慧平．不同流域生态补偿模式的交易费用比较［J］．水利经济，2014（3）．

［6］ 胡振通，柳荻，靳乐山．草原生态补偿生态级小绩效、收入影响和政策满意度［J］．中国人口资源与环境，2016（1）．

［7］ 曹睿，刘亚修，严向军．关于生态补偿机制的若干思考［J］．环境科学与管理，2011（6）．

基于综合水质标识指数法的呼兰河季节性变化特征分析

解加成　李铁男　刘　岩
黑龙江省水利科学研究院

十八大以来，国家为了推动生态文明建设，出台了最严格水资源管理、河湖长制等一系列重大举措。黑龙江省地处我国东北部，属于高寒地区，冰封期长达6个月，其境内河流水质呈现较为明显的季节变化特征。如何准确评估河流水质季节性变化规律对于全面实施河长制、实现最严格水资源管理要求具有重大意义。

相比传统的单因子评价法、综合污染指数评价法，综合合水质标识指数评价法既能能综合反映河流水质的整体状况，更能合理评价河流综合水质类别。本文结合综合水质标识指数法对黑龙江省的呼兰河水质季节性时空变化进行评估，并对其污染源进行分析，探讨其水质变化的成因。

一、区域概况与分析方法

（一）区域概况

呼兰河是黑龙江支流松花江的支流，位于黑龙江省中部。呼兰河发源于小兴安岭西南侧，干流流经铁力市、庆安县、北林区、兰西县、呼兰区等县市，于呼兰区张家庄附近从左岸注入松花江。呼兰河全长438.48km，总流域面积3.72万km^2。呼兰河流域属于温带大陆性气候，气候特征为冬季漫长、干燥、严寒，夏季短促、湿热，春季风大、干旱，冰封期长达5个月。水质主要污染指标为氨氮、总磷、BOD_5、COD、高锰酸盐指数。污染的主要来源为沿线城镇点源污染排放以及畜禽养殖、农业种植等农业面源污染。

（二）数据来源

本次采用的数据为呼兰河水功能区2017年1—12月环境监测数据。自源头至呼兰河入河口，共有12个水功能区监测断面，依次编号为1号，2号，3号，……，12号。

冰封期为 11 月至次年 4 月，汛期为为 7—9 月，其他月份为非汛期。

（三）综合指数评价方法

目前，我国河流综合水质评价方法主要包括单因子评价法、污染综合指数法、内梅罗污染指数法等方法，但这些水质综合评价方法共同的缺陷在于不能对水质超标个数及水质达标率进行有效评价。综合水质标识指数方法的优点在于可对水体进行定性定量评价的同时，对水质进行合理的综合评价。综合水质标识指数由整数位、小数点后三位或四位有效数字构成，其表达式为

$$I_{wq} = X_1.\ X_2X_3X_4 \tag{1}$$

式中：X_1为河流总体的综合水质类别；X_2为综合水质在 X_1类水质变化区间所处位置；X_3为参与综合水质评价指标中，劣于水环境功能区目标的单项指标个数；X_4为综合水质类别与水体功能区类别的比较结果，视综合水质的污染程度，X_4为一位或两位有效数字。如果综合水质类别好于或达到功能区类别，则 $X_4=0$；如果 $X_4=1$ 或 $X_4=2$，表明综合水质劣于功能区 1 或 2 个类别，以此类推。综合水质标识指数方法主要计算 X_1、X_2，这两个参数的计算方程为

$$X_1X_2 = \frac{1}{m}\sum_{i=1}^{m} P'_i \tag{2}$$

式中：m 为参加综合水质评价的水质单项指标的数目；P'_1，P'_2，…，P'_m分别为第 1，2，…，m 个水质因子的单因子指数，为对应单因子水质标识指数中的整数位和小数位后第 1 位（单因子水质标识指数中的 X_1X_2）。通过综合水质标识指数 I_{wq}的整数位和小数点后第一位 X_1X_2，可以判定综合水质级别以及综合水质随时间和空间变化评价，判定关系见表 1。

表 1 基于综合水质标识指数的综合水质级别判定

判断标准	综合水质级别
$0 < X_1X_2 \leq 1.0$	Ⅰ类
$1.0 < X_1X_2 \leq 2.0$	Ⅱ类
$2.0 < X_1X_2 \leq 3.0$	Ⅲ类
$3.0 < X_1X_2 \leq 4.0$	Ⅳ类
$4.0 < X_1X_2 \leq 5.0$	Ⅴ类
$5.0 < X_1X_2 \leq 6.0$	劣Ⅴ类不黑臭
$X_1X_2 > 6.0$	劣Ⅴ类黑臭

单因子水质指数 P 由一位整数、小数点后二位或三位有效数字组成，其结构为

$$P_i = X_1X_2 \tag{3}$$

式中：X_1为第 i 项水质指标的水质类别；X_2为监测数据在 X_1类水质标准下限值与 X_1类

水质标准上限值变化区间中所处的位置，按四舍五入的原则计算确定。

二、不同季节水质评价结果

（一）监测断面不同季节水质评估结果

结合 GB 3838—2002《地表水环境质量标准》，采样综合水质标识指数方法对各断面氨氮、BOD_5、总磷、化学需氧量、高锰酸盐指数的季节特征进行评估，见表 2。

表 2 呼兰河季节性水质综合评价结果

监测断面	时期	单因子水质标识指数						评价类别	达标状况
		化学需氧量	高锰酸盐指数	BOD_5	氨氮	总磷	I_{wq}		
1 号	冰封期	1.5	1.9	1.4	2.6	2.1	1.90	Ⅱ类	达标
	汛期	1.9	3.8	1.6	3.4	2.2	2.62	Ⅲ类	未达标
	非汛期	1.7	3.5	1.2	3.3	2.4	2.42	Ⅲ类	未达标
2 号	冰封期	1.3	2.3	1.4	3.1	2.6	2.10	Ⅲ类	达标
	汛期	1.5	3.0	1.5	2.4	2.6	2.20	Ⅲ类	达标
	非汛期	1.3	2.4	1.5	2.2	3.1	2.10	Ⅲ类	达标
3 号	冰封期	1.3	2.5	1.4	2.9	2.7	2.20	Ⅲ类	达标
	汛期	1.8	2.9	1.5	2.9	2.6	2.30	Ⅲ类	达标
	非汛期	1.3	2.7	1.7	3.1	2.9	2.30	Ⅲ类	达标
4 号	冰封期	1.3	2.3	1.5	3.0	2.7	2.20	Ⅲ类	达标
	汛期	1.3	3.0	1.5	2.3	2.6	2.10	Ⅲ类	达标
	非汛期	1.3	2.9	1.6	2.8	2.9	2.30	Ⅲ类	达标
5 号	冰封期	1.3	2.5	1.6	3.1	2.7	2.20	Ⅲ类	达标
	汛期	1.7	3.5	1.6	2.8	2.7	2.50	Ⅲ类	达标
	非汛期	1.3	2.6	1.5	2.4	2.8	2.10	Ⅲ类	达标
6 号	冰封期	1.3	2.5	1.5	3.1	2.6	2.20	Ⅲ类	达标
	汛期	1.8	3.5	1.5	2.5	2.7	2.40	Ⅲ类	达标
	非汛期	1.6	3.3	1.5	2.6	2.9	2.40	Ⅲ类	达标
7 号	冰封期	1.3	2.5	1.7	3.2	2.7	2.30	Ⅲ类	达标
	汛期	1.6	3.1	1.6	2.4	2.8	2.30	Ⅲ类	达标
	非汛期	1.3	2.4	1.4	2.5	2.9	2.10	Ⅲ类	达标
8 号	冰封期	1.3	2.7	1.7	3.3	2.6	2.30	Ⅲ类	达标
	汛期	1.7	3.3	1.7	2.1	2.9	2.30	Ⅲ类	达标
	非汛期	1.9	4.5	4.2	3.7	3.6	3.60	Ⅳ类	达标
9 号	冰封期	1.3	2.8	1.7	3.8	2.9	2.50	Ⅲ类	达标
	汛期	3.2	3.5	1.8	2.8	2.8	2.80	Ⅲ类	达标
	非汛期	1.3	2.9	1.6	3.5	2.9	2.40	Ⅲ类	达标

续表

监测断面	时期	单因子水质标识指数						评价类别	达标状况
		化学需氧量	高锰酸盐指数	BOD_5	氨氮	总磷	I_{wq}		
10 号	冰封期	1.7	2.7	1.5	4.8	3.7	2.90	Ⅲ类	达标
	汛期	3.2	3.5	1.6	3.1	3.9	3.10	Ⅳ类	达标
	非汛期	3.7	3.6	1.7	3.7	3.7	3.30	Ⅳ类	达标
11 号	冰封期	3.3	2.8	1.7	6.1	4.6	3.70	Ⅳ类	达标
	汛期	4.1	3.5	1.3	3.3	4.2	3.30	Ⅳ类	达标
	非汛期	3.6	3.9	4.7	5.0	4.5	4.30	Ⅴ类	达标
12 号	冰封期	3.2	3.1	1.4	4.7	3.2	3.10	Ⅳ类	达标
	汛期	1.8	3.2	1.4	2.7	3.7	2.60	Ⅲ类	达标
	非汛期	3.3	3.2	1.6	3.2	3.1	2.90	Ⅲ类	达标
呼兰河	全年	1.9	3.0	1.7	3.2	3.0	2.60		

由表 2 可知，2017 年呼兰河综合水质标识指数为 2.60，为Ⅲ类水质。其中氨氮污染最严重，其次为高锰酸钾指数、总磷。BOD_5与化学需氧量污染较轻，其水质标识指数分别为 3.2、3.0、3.0、1.9、1.7。1 号断面至 7 号断面均为Ⅲ类水质，8 号断面至 12 号断面为Ⅳ ~ Ⅴ类水质，1 号未达标主要原因在于其位于呼兰河源头区，植被覆盖度高，在夏季大量植被腐殖质随水流汇入呼兰河，导致水体中氨氮、高锰酸盐指数超标。大部分监测断面达到水功能区所确定的水质目标，达标率为 91%，说明呼兰河近些年生态保护与治理效果逐步显现。从单个监测断面看，在氨氮、总磷、BOD_5、COD、高锰酸盐指数等指标中，氨氮、高锰酸盐指数、总磷成为污染断面水质级别的主要因素。从不同评价时期看，冰封期、汛期、非汛期水质标识指数差别不大，但在 11 号断面冰封期出现氨氮劣Ⅴ类情况，这与呼兰河夏季水质良好、冬季水质变差的现状相一致。

（二）各监测断面综合水质标识指数空间变化度

为分析各监测断面综合水质标识指数沿程的空间变化度，以 1 号断面作为基准，对各监测断面不同时期的污染指数进行沿程变幅的分析，分析结果见表 3。

表 3　各监测断面综合水质标识指数沿程空间变化度

监测断面	I_{wq}/%		
	冰封期	汛期	非汛期
1 号	0	0	0
2 号	12.63	-15.38	-12.50
3 号	13.68	-10.00	-2.50
4 号	13.68	-17.69	-4.17
5 号	17.89	-5.38	-11.67
6 号	15.79	-7.69	-0.83

续表

监测断面	I_{wq}/%		
	冰封期	汛期	非汛期
7 号	20.00	-11.54	-12.50
8 号	22.11	-10.00	49.17
9 号	31.58	8.46	1.67
10 号	51.58	17.69	36.67
11 号	94.74	26.15	80.83
12 号	64.21	-1.54	20.00

从表 3 可知，冰封期断面沿程污染指数的变幅为 94.74%，汛期沿程变幅为 43.84%，非汛期各监测断面沿程变幅为 93.3%，可以看出在冰封期，呼兰河水体的污染指数变幅最大，非汛期次之。一方面冰封期河道生态水量对污染物稀释作用较小，另一方面冰封期气温在 -28 ~ 10℃，水生生物大量死亡，水体自净能力减弱，通肯河等支流水质变成劣Ⅴ类水体，与肇兰新河一起成为造成呼兰河污染的主要支流，加之呼兰入河口处滨北铁路造成壅水，水流减缓，加剧了水污染的发生。而在汛期，由于水量大、气温高，呼兰河水体变幅较其他两个时期要小。从各个时期的监测断面沿程污染指数变幅可以看出，冰封期由于水体自净能力弱，呈现污染程度逐步递增趋势，汛期、非汛期在 1 号至 2 号断面水体暂时减小后，呈逐步递增趋势。

三、污染源分析

(一) 流域内工业污染强度大，排放标准限值高

流域内产业结构以石油化工、粮食深加工和屠宰加工等高污染行业为主，企业排放标准远高于地表水Ⅴ类限值要求，加之流域内个别企业不稳定达标排放问题时有发生，进一步加剧了水体污染。同时，粮食发酵企业废水中含大量的有机酸，夏季高温易出现酸腐现象，造成水体发黑发臭。

(二) 农村环境问题突出

(1) 农业生产耗水量大、面源污染严重。呼兰河沿线，尤其是中下游地区属于松嫩平原，是我国著名的商品粮生产基地，农业是沿线各县市支柱产业之一。一方面，为提高粮食产量，保证粮食安全，增加农民收益，大面积实行旱田改水田工程。流域内水田面积为 $392.06 \times 10^3 hm^2$，占全部耕地面积 80.2%，并且推广节水灌溉，以扩大水田面积。另一方面，农业大规模发展，需要大量从江河湖泊中抽取地表水，沿线各

县市地表水资源中约90%以上用于农业灌溉。一是侵占了呼兰河为保证正常生态功能所必需的生态流量。二是由于灌溉水资源利用率低，2016年黑龙江省灌溉水利用系数仅为0.5952，每年产生农业面源污水量量达到11.79亿m^3。三是为提高产量，化肥农药的大量使用后氮磷污染物随着降雨、灌溉等产生地表径流进入各支流，年产生总氮1773t，总磷79t，氨氮682t，最终进入呼兰河及各支流。

（2）呼兰河沿线各县市承担国家南猪北养发展战略，畜牧业发展迅速，畜禽养殖废弃物资源化利用设施配套率低，设施配套率为26.03%，比全省2018年任务目标要求低44%，环评审批率仅为10.7%。废物资源化利用率虚高，在第三次环保督查过程中，肇东、望奎案例突出。绥化市呼兰河主干线流域内有畜禽规模养殖场73家，畜禽存栏29.9万头（只），出栏103万头（只），粪污产生量12.36万t，资源化利用率为65.21%。绥化市养殖畜禽粪污产量大，资源化利用水平不高，大型规模养殖场部分存在无环保设施、有设施不配套、有设施由于运行成本高也未运行的状况。规模以下散户监管几乎是空白，由于散养比重大，粪污多，人畜混居，散养密集区无收贮设施，粪尿横流，问题相当严重。无论从资源化利用还是农村人居环境整治来看，治理任务相当繁重。

（三）环保基础设施建设滞后，生活污染未得到有效控制

呼兰河流域内共有15个县市，干流主要流经铁力、庆安、北林、望奎、兰西、松北、呼兰等七县市约36个乡镇。大部分沿线乡镇（人口约150万人）未铺设生活污水收集管网与处理设施。呼兰河干流沿线各县市主要城镇的污水出水处理厂（铁力3座、绥化市9座、呼兰区3座）虽已建成并运行，但根据第三环保督查结果，大部分污水处理设施已达到较高的运行负荷。哈尔滨市利林环保有限公司实际处理能力为设计能力的105%。呼兰老城区污水处理厂日处理污水量约为1.8万~2万t，而老城区产生的生活污水量为每日2.2万~2.3万t，每日多余的约0.3万t生活污水直排进入呼兰河。从现有水厂运行情况来看，部分水厂技术能力不足、资金不到位、运行不规律等问题客观存在，仍有个别企业不能稳定达标排放。从运行总体情况来看，处理规模大的水厂运行情况明显好于中小型水厂，水厂夏季运行明显好于冬季运行，绝大部分水厂以一级B类标准作为出水指标，部分水厂正面临提标和改扩建任务。

（四）呼兰河流域生态系统遭到破坏

历史上的呼兰河两岸生态优美，生物资源丰富，具有“棒打狍子瓢舀鱼，野鸡飞到饭锅里”的美誉。过去粗放式经济发展模式，在极大促进经济发展的同时，也对呼兰河两岸生态系统造成不可逆的破坏。沿河湿地被围垦成农田，呼兰河铁力段现有湿

地 249.8hm^2，非法围垦耕地 102hm^2，占现有湿地面积的 40.8%。呼兰河沿线生态系统受到破坏，其水源涵养、调节径流、净化污染物方面的功能减弱。

四、结　论

本文结合综合水质标识指数方法对呼兰河干流水体污染季节性变化特征进行评价，分析主要取得以下结论：呼兰河 12 个监测断面中有 11 个断面达到水功能区所确定的水质目标，达标率为 91%，说明呼兰河近些年生态保护与治理效果逐步显现。呼兰河水体污染主要污染源为氨氮、其次为高锰酸钾指数、总磷。BOD_5与化学需氧量污染较轻。呼兰河水体沿程污染指数逐步加重，并且冰封期 > 非汛期 > 汛期。因此，建议加强呼兰河水污染治理力度，提高污染物处理效率，减少点源、面源污染物排放，有效控制河流沿程污染指数。

参考文献

[1] 张洁. 综合水质标识指数法在水库季节性污染时空分布评估中的应用 [J]. 水利技术监督, 2018 (2): 189-192.

[2] 徐祖信. 我国河流综合水质标识指数评价方法研究 [J]. 同济大学学报 (自然科学版), 2005 (4): 482-488.

[3] 徐祖信. 我国河流单因子水质标识指数评价方法研究 [J]. 同济大学学报 (自然科学版), 2005 (3): 321-325.

[4] 司振江, 孙雪梅, 吕纯波, 等. 黑龙江省 2016 年农田灌溉水有效利用系数测算分析与评价 [J]. 黑龙江水利, 2017 (7): 1-6.

关于连云港生态水利的若干思考

田　晗　孙佑祥　张勇军　高德应　谭　璟　潘　琼

连云港市市区水工程管理处

一、基 本 概 况

连云港水系基本属于淮河流域沂沭泗水系，沂沭地区的主要排洪河道新沂河、新沭河等均从市内入海，故有“洪水走廊”之称。根据连云港城市发展、布局特点和水系的实际情况，《连云港市城市防洪规划（2008—2030）》对城市内部排涝采取分片治理的措施，将市区分为8个排涝分片：大浦河排水片、排淡河排水片、临港产业区及连云新城区排水片、烧香河排水片、徐圩新区排水片、沿海港区片、锦屏山以南片和蔷薇河以西片。对各个排水分片进行分片治理，根据片区排水情况采取拓浚河道、增加调蓄水面、疏通排水通道、增设控制建筑物和抽排泵站等工程措施，提高排涝能力。

连云港市处在北半球的中纬度，属暖温带南缘湿润性季风气候，兼有暖温带和北亚热带气候特征。四季分明，气候温和，光照充足，雨量适中。夏热多雨、冬寒干燥，春旱多风、秋旱少雨。多年平均气温14℃，极端最低气温-21℃，最高气温为40℃（1959年8月20日），年均日照时数2450.2小时。年平均风速3.1m/s，最大风速为29.3m/s。连云港市多年平均降雨量900.9mm，雨量年内、年际分布不均，夏季多、冬季少，70%以上集中于6—9月，最大年降雨量为2000年的1281.2mm，市区最大日降雨量为1985年9月1日连云区的591.1mm。全市最大日降雨量为2000年8月30日灌南长茂站的812mm。全市多年平均蒸发量为855.1mm，历年总蒸发量的年际变化不大。

随着城市的发展和经济生活水平的提升，水资源供求矛盾变得愈加突出。无论从水资源的现状，还是从市域科学发展来看，都必须坚持以绿色发展为前提，加强水利工程建设，保护水质量安全，发展绿色生态水利。近年来，按照连云港市委、市政府提出的经济发展思路，坚持生态治水理念，突出生态建设涵养水源，强化工程建设存蓄水源，实施严格管理制度保护水源，建设饮水安全工程保障民生，形成了连云港现代生态水利体系，有力地促进了全市水资源的可持续开发利用和经济社会的可持续发展。

二、生态水利的内涵剖析

（一）水利建设目前存在的问题

从新中国水利工程建设的沿革可以看出，2000 年以前的传统水利工程存在一些缺陷，大多数水利工程的开发任务、功能设计、建设规模等更加注重当前社会经济发展对水资源需求的满足与水灾害的抵御，水利工程建设以改造和控制河流，满足防洪、发电和水资源利用等需求为目的；对于水环境、水生态基本功能，特别是涉及水生态生命功能的保护与影响明显考虑不足，忽视了河流水系生态环境保护要求对水利工程建设的制约。传统意义上的水利工程在规划设计理念上缺乏合理把握开发利用的“度”，造成部分江河湖泊的水环境、水生态功能持续性恶化，产生破坏性影响。主要体现在三个方面：一是在水资源开发利用上，不同程度地忽视了河湖生态系统本身对水资源量与水文过程的基本需求，部分河流季节性断流情况时有发生；二是在水质保护方面，未对水体、岸上污染进行有效的管控和统筹治理，造成河湖水环境污染问题突出；三是在水生态空间利用管控上，河道裁弯取直、渠化、连通性阻断，水域岸线侵占等问题较为普遍。上述问题反映了一些传统水利工程在规划设计建设过程中，忽视河湖生态系统健康与可持续性利用的需求，导致河流自然生态系统功能退化，给生态环境条件带来损害。

（二）生态水利工程的内涵剖析

必须充分认识到河湖不仅是可供人类开发利用的资源，更是水生态系统的生命载体。作为当前我国生态文明建设的重要组成部分，水利工程建设迫切需要将生态环境保护和修复作为重要的前提条件加以考虑。水利工程规划设计和建设运行，不仅要关注河湖的资源功能，也要关注河湖的生态功能；充分权衡资源开发利用与生态环境保护二者之间的关系，科学确定水资源开发利用与生态环境保护之间的平衡点。遵循新时代生态文明价值观，把握我国水利面临的主要矛盾的变化，更新水利工程规划设计和建设理念，充分认识到河流水系的治理与水资源利用不但要符合工程设计原理，也应符合水循环和水生态空间的自然规律、生态规律。水利工程建设除了要满足经济社会的需求外，还要满足生态系统中的生物多样性对水量、水质、水生态要素的需求。

从准确把握生态水利工程既是经济高效的水利基础设施，也是河湖生态功能维护的重要手段，更是生态文化传承和弘扬的物理载体的内涵要义出发，定义生态水利工程——树立山水林田湖草是一个生命共同体的理念，坚持节约优先、保护优先、自然恢复为主的工作方针，在保护河流水系生态系统结构和功能稳定的前提下，持续为经济社会提供生态维护、防洪、供水、发电、航运等服务功能，并传承、弘扬生态文化的水利工程。生态水利工程的建设要树立新的生态文明建设理念，充分研究河流水系自然水循环要素的内在规律，从尊重自然的角度出发，规范和约束人类对自然水系的强大扰动，以节约资源、绿色发展模式统筹满足经济社会发展对资源利用的需要；重大水利工程更要考虑传承中国历史文化、弘扬水文化的功能需求。工程建设要特别强调严格遵循河流生态系统的基本规律，维护河湖生态系统的平衡稳定，防止破坏生态环境，并赋予其特殊的文化内涵。

（三）生态水利的功能特性

任何水利工程都要依存于水生态空间的河流湖泊及其承载的水资源，生态水利工程依然如此。水生态空间是为各类生物包括人类提供水文水生态过程的空间，也是直接为人类提供水生态服务或生态产品，以及保障水生态服务或生态产品正常供给的重要生态空间。水生态空间既有自然生态属性，也具有为人类服务的经济社会属性，生态水利工程不仅应具备这两种属性，一些具有重要意义的生态水利工程，还需要赋予其为人类精神层面服务的文化传承属性。

水利工程规划设计重点研究的要素是改变河流、湖泊等组成的水量、水位、水文过程、水力条件等的水文、水力学系统，针对适应地理、地质构造等物理系统，建设水工建筑物。例如，水库是人类为拦蓄洪水和调节径流，通过建造拦河坝而形成的人工湖泊，可起到防洪、蓄水灌溉、供水、发电、航运、旅游、养殖等多种功能作用。

生态水利工程规划设计除为经济社会提供各项服务的功能外，还要关注河流生态系统结构稳定和功能的持续发挥。规划设计研究的重点要从工程所在的河道及其两岸的物理边界扩大到河流生态系统的流域尺度边界。此外，对于重大水利工程，还需要研究历史文化的传承功能，体现人们对于水是珍贵资源的基本认知、利用水与节约水的基本观念，治理水灾害和顺应自然水规律的基本考量，保护水环境与水生态的自觉行动等，把水利工程作为彰显人水和谐的文化载体，就像2500年前的都江堰水利枢纽为水利工作者指明的“因势利导、因时制宜”的水文化境界，经久不衰。

三、生态水利工程建设的总体思路

（一）指导思想

全面贯彻落实党的十九大精神，以习近平新时代中国特色社会主义思想和生态文明思想为指导，践行绿水青山就是金山银山的生态经济发展理念，坚持节约资源和保护环境的基本国策，坚持“节约优先、空间均衡、系统治理、两手发力”的治水思路，处理好经济发展与生态保护的关系；强化水资源、水环境、水生态红线约束意识，统筹水资源、水生态、水环境、水灾害系统治理；努力扩大水环境和水生态空间容量，尊重自然规律、因势利导布局生态水利工程，着力构建水生态经济产业，将绿色发展、循环发展、低碳发展作为生态水利工程建设的根本途径；加快落实水环境、水生态保护和重大生态环境修复工程建设，进一步增强水生态产品供给保障能力；持续发挥水利工程的生态功能、综合经济功能和文化传承功能，为满足人民日益增长的优美生态环境需要、优良的生产生活物质基础和文化精神需求提供水利支撑与保障。

（二）基本要求

1. 顺应自然规律，保证人与自然和谐共生

生态环境无可替代，用之不觉，失之难存。水利工程建设必须尊重自然规律、顺应自然、保护自然；充分研究和科学把握水利工程建设与自然环境的关系，在为人类经济社会提供生态产品服务的同时，也要维护水生态系统结构稳定和功能持续发挥，以保证河流湖泊等自然环境与人类社会的和谐共生。

2. 大力约束资源环境，修复河湖水生态

要将水资源利用上限、环境质量底线、生态保护红线作为水利工程建设的硬约束加以管控。坚持节水优先，合理利用有限的水资源，制定生态水资源配置方案，增强对水资源、水环境和水生态空间的有效保护与修复，以保证水资源可持续利用，水环境水生态功能得到自我良性循环。

3. 改造优化空间管控，快速推进绿色水生态

严格落实国家主体功能区制度，制定以空间管控和生态功能保护约束引导的重大水利工程开发布局的调控措施，从规划层面严格把控重大水利工程布局的环境符合性，对于不符合生态空间功能保护要求的水利工程予以调整优化；对于不同建设时期、不同类型的已建水利水电工程，尽快明确生态保护的主导功能需求，加快增设或改造实现生态功能的相关设施，按照绿色、生态、环保要求完成绿色水利基础设施的布局和改造。

4. 健全监测监控调度，抓紧环保管理责任

健全对江河流域水利水电工程的监测监控，制定水利水电工程生态调度方案；强化绿色生态经济的理念，要求各级水利工程管理者在监管、调度水利工程时，不但不能以牺牲环境为代价，而且要以有利于环境保护和生态健康的理念来管理水利工程，将水利工程对生态环境保护的责任作为工程管理的重要考核内容。

5. 加强科技支撑能力，丰富生态水文化内涵

加强科技支撑，对涉及生态环境保护、水利基础设施绿色发展的基础性问题、重大技术问题等开展深入细致的研究，按照“经济要环保、环保要经济”的绿色经济理念，合理确定生态水利工程技术标准。丰富生态文化内涵，将环保意识、生态意识、生命意识等绿色理念融入生态水利工程的文化传承中，弘扬绿色文化，让绿色价值观深入人心，成为人类保护生态的自觉文明行为。

四、生态水利工程建设的工作重点

（一）强化水生态空间管控对生态水利工程的约束力

目前，连云港水利规划约束性不强，导致出现入河排污口布局不合理、生态用水和生态空间被挤占、河道采砂管制不严等问题，迫切要求水利规划要贯彻国家生态文明建设的新理念、新思想、新战略，更新水利规划相关内容，强化水生态空间管控对生态水利工程的引领和约束作用。

近年来，以主体功能区规划为基础的空间规划是科学谋划经济社会发展新蓝图和社会主义生态文明建设的关键环节和重要支撑。水利规划应全面统筹水生态空间管控、水生态廊道体系建设、水利基础设施网络体系建设和水利综合管理等的系统谋划，积极发挥水利在空间规划的核心构成与基础支撑作用，在水生态空间管控上做到先行引领、强化生态环境保护约束。水利规划包含对水资源利用总量、水环境质量、水生态空间保护与利用等多方面的顶层谋划，与涉水的农业、城镇、交通航运、林业等各部门密切相关。

（二）明确生态保护目标，合理布局生态水利工程

连云港市全面贯彻落实中央和省委省政府关于加强环境保护的重大决策部署，坚持把环境保护工作抓在手上、扛在肩上，推动生态环境质量持续改善。在充分肯定成绩的同时，必须清醒看到生态环境依然是连云港高质量发展的突出短板，实现生态环境质量根本性好转还需付出长期艰苦的努力，必须抢抓用好生态文明建设的“关键期、攻坚期、窗口期”，以壮士断腕的决心、背水一战的勇气、踏石留印的拼劲，推动生态文明建设取得更大突破。当前和今后一个时期，要深入贯彻落实习近平生态文明思想，牢固树立“绿水青山就是金山银山”的理念，以“生态环境高质量”为导向，系统推进生态建设修复，争创国家生态文明建设示范区，全面提高生态环境质量，加快重塑生态环境优势，更好地满足广大群众对美好生活的期待，为“高质发展、后发先至”，

建设“强富美高”新港城奠定坚实基础。

按照新时代生态文明建设、全面推行河长制湖长制、构建河湖水系生态廊道等要求，确定重要江河湖泊流域生态结构的基本要素以及不同河段的生态功能；根据生态功能定位提出生态环境保护的总体目标和阶段目标。结合江河湖泊的水资源禀赋条件、开发利用格局和生态水系廊道建设要求，坚持生态优先、整体施策，流域上下游、干支流统筹协调，点、线、面全方位把握，研究提出不同江河湖泊、不同河段环境保护措施的总体布局，为确定生态水利工程建设的主导功能提供依据，同时引导生态水利工程建设的合理布局。

（三）制定生态水利工程生态功能建设标准体系

按照生态文明建设的理念和要求，全面更新水利工程规划设计建设标准体系，加快推广环境友好的新技术、新工艺、新材料、新设备、新管理运用，提升水利工程规划设计质量和效益；转变以往偏重经济效益最大化的思想，把生态环境保护作为前提条件，把环境影响最小化作为工程设计的重要目标；加强重大生态影响研究，切实减缓工程建设对河湖水文情势、水环境质量、水系连通性、重要生境及生态功能的影响；减少资源消耗与生态损耗，强化水利工程建设方案的节水、节地、节能、节材等要求，在水利工程规划设计建设中，强制要求水利工程承担生态功能维护的基本义务。

要全力打好“蓝天、碧水、净土”三大保卫战，坚持综合施策、铁腕治理，进一步降低工业污染、加强扬尘整治，抓好断面达标、黑臭水体治理、饮用水源地整治、入海河流及近岸海域污染治理，尽快摸清土壤污染底数、全面防范风险、有效管控危废，让老百姓真正有环境改善的获得感和幸福感。要持续增加优质生态供给，严格管控生态空间，因地制宜发展生态水利，真正让良好生态成为港城最普惠的民生福祉。

（四）推进已建水利工程生态改造和生态修复

科学深入评估已建水利工程与生态环境保护需求之间的差距，突出问题导向，在修复受损生态系统的基础上，按照“确有需要、因地制宜、量力而行、分步实施”的原则，科学有序地推进已建水利工程生态化改造；研究制定水利工程生态功能修复、提升改造的分类标准，依据标准将已建工程按无需改造、生态化改造、拆除等类别进行划分。对生态功能影响较大且无法实施改造的工程，科学论证选择替代方案。按照河流生态水量保障、敏感生境保护修复、河流纵向连通性恢复、面源污染治理与防控、岸线生态改造等具体功能要求进行必要的改造，有针对性地修复生态受损河湖水系的生态功能。

（五）提升河道水利工程科学调度与监控管理水平

充分利用互联网、云计算、大数据、物联网等技术手段，强化并融合对江河、湖泊生态状况与水利水电工程的系统化监测与监控，完善河湖生态流量信息监测体系，加快搭建水利工程基础信息平台，研发升级以流域为单元的水利调度管理应用软件系统，提高水库、闸站等精细化生态调度管理水平。通过智慧、智能的管理手段，将水利工程的生态功能作用落到实处。

五、结　　语

综上所述，生态水利工程的建设是一项极为繁杂的工程，需要有跟自然和谐统一的建设理念，并不是一朝一夕就能做到的。因此，水利工程的建设需要充分考虑连云港本地的具体环境，拥有立足整体、放眼长远、综合体量的可持续发展思维，同时有必要系统研究与生态有关的水文化的内涵，以水利工程传承文化，将水文化融入人类生态文明价值观中，这样才能把水利工程建设成真正的生态工程，达到群众满意的民生工程，让人民群众真正有幸福感和获得感。

参考文献

［1］ 杨晴，等. 水生态空间功能与管控分类［J］. 中国水利，2017（12）.
［2］ 杨晴，等. 水生态保护红线功能叠加和边界确定技术要点分析［J］. 中国水利，2018（11）.
［3］ 杨晴，等. 关于生态水利工程的若干思考［J］. 中国水利，2018（17）.

连云港市赣榆区水生态、水景观和水文化建设的规划与实践

王 斌[1] 王晓斌[2]

1 连云港市赣榆区水利局 2 连云港市赣榆区防汛机动抢险队

赣榆区位于江苏省东北部，处于黄海之滨。东临黄海，西与山东临沭县毗邻，南与连云港市区相望，北与山东省日照市接壤。赣榆区国土总面积 1427.27km^2，水域面积 108.12km^2，是典型的海滨城市。水是赣榆区经济社会发展、人居环境提升、生态系统构建的重要载体。城区因水而兴、因水而美。2018 年，全区总人口 116 万人，地区生产总值 589 亿元。

赣榆区地处鲁东南低山丘陵与苏北黄淮平原交接地带，地形由西北向东南倾斜，由低山、丘陵区逐渐由平缓岗地、倾斜平原过渡为海积平原。境内风光秀丽，丘陵此起彼伏，河、湖星罗棋布，海岸多姿多彩，历史文化底蕴丰厚。赣榆区西南部分属沭河水系，其他地区属滨海诸小河水系。境内除流域性河流新沭河外，还有绣针河、龙王河、青口河、兴庄河、朱稽河、沭北运河等区域性河流。另外，境内有大（2）型水库 2 座，中型水库 1 座，小型在册水库 70 座、不在册水库 25 座，塘坝 400 多座。

党的十八大报告明确提出构建社会主义和谐社会、加快生态文明建设，实现中华民族永续发展。为贯彻落实党的十八大精神，2013 年 1 月，水利部印发了《水利部关于加快推进水生态文明建设工作的意见》。为了积极响应党中央的号召和水利部的意见精神，赣榆区积极规划和实践水生态、水景观和水文化建设，为推进和全面建设具有中国特色的水生态文明道路积累经验，供相关建设参考。

一、水 生 态 修 复

水生态系统修复是通过一系列工程与非工程措施改善被破坏的水生态环境，使河流、水库水体生态功能得以恢复。

（一）河道、水库生态修复

河道、水库生态修复主要包括河道特征、植物护坡、水生植物耐污净污等修复，

恢复河道自然生态功能。

1. 河道、水库特征生态修复

河道特征的生态修复包括河道纵坡比、横断面、边坡和水动力条件的恢复；水库特征的生态修复包括边坡和水动力条件的恢复。纵坡比修复的主要措施是疏浚和清淤，恢复到原来天然的或设计标准；横断面和边坡自然形态恢复使用多孔性生态型材料替代浆砌块石，有利于植物生长、水生动物栖息和微生物附着；河流水动力条件改善主要依靠水工程调节，使河道流速经常控制在不冲不淤状态，有利于水体交换、水生植物生长和水环境质量的改善。水库的水动力条件改善主要依靠水库调度，尽可能接近自然河流脉冲式的水文周期。

根据《赣榆区河道疏浚规划》，已对区境内村级河道、镇级河道和市、区级河道实施疏浚和清淤，恢复河道原有功能。“十三五”期末对区内尚未整治的河道进行疏浚和清淤，增强河道输、引水和调蓄能力，修复河道水生态系统。

2. 植物护坡

植物护坡为河岸草皮护坡、藤类植物灌木乔木林带，构成绿化屏障，保持水土稳固、涵养水源。结合河道疏浚整治，在河道两岸采用植物护坡。规划至 2015 年完成小塔山水库、2020 年完成八条路水库及 19 座在册小水库、2030 年完成不在册小水库植物护坡，全区河道植物护坡将占大沟级以上河道总长度的 20%、60% 和 80% 以上。在青口河、通榆河、朱稽河、沙汪河等重要河段两岸建设绿色生态廊道。

3. 水生植物耐污净污

水生植物介于水-泥、水-气、水-陆之间，对水生态系统能量的循环与传递起着调节作用，能降解水体中污染物含量、改善水质。芦苇、茭白等植物是河岸绿色景观带；睡莲、凤眼莲、菱角等浮水植物是河面景观群落；苦草、金鱼藻、眼子菜等沉水植物是河床的绿色铺盖。2015 年已完成 2 座大中型水库种植；镇级河道和地表饮用水水源地保护区内种植水生植物达 20%；2020 年在 50% 在册小水库、30% 镇级河道和 50% 市区级河道种植水生植物；2030 年在全部完成在册小水库、70% 镇级河道和 50% 市区级河道种植水生植物。

（二）湿地修复

湿地主要是指低于地面的低洼处，有储蓄径流、改善小气候、除毒净污的生态功能，也是水生动植物生长栖息的场所。然而由于人类活动影响，导致区域湖荡湿地面积日趋减少且淤积严重，水污染的影响使水体富营养化加剧，加之外来污染物的侵入，致使湿地水域水草大量繁殖，严重影响水生生物的正常繁衍，水生态平衡受到不同程度的破坏，湖荡湿地功能退化。

规划修复石梁河水库赣榆区、小塔山水库、八条路水库一级保护区、二级保护区及准保护区内湿地。开展湿地生态功能与生物多样性保护，加强湿地自然保护区建设与管理，营造水草丰美、碧波荡漾的生态景观，建成集旅游、休闲娱乐于一体的自然生态湿地公园。

（三）其他水域生态修复

除河道、水库及沿海湿地外还存在一些小型水体，如公园、水塘等。目前这些水体周边垃圾成堆、水面泡沫漂浮、藻类滋生，严重影响市容景观品位。为使这类水体的生态功能得以修复，一方面公园和景观水域采用曝气设施、人工水车等增加水中溶解氧浓度净化水质，对一些主要地段进行人工打捞或药物除藻和清淤等工程措施；另一方面通过宣传发动，增强居民的环境保护意识。

对于其他镇村一些小型水体的生态修复，可以结合生态农业建设，在水体周边种植荷藕、荸荠、茭白等，以改善水体环境，修复这些水体的水生态系统，如已建成的弘宇生态园和永林垂钓山庄等。

（四）生态河床的构建

河床是水生态系统的重要载体，是各种水生物生存繁衍的主要栖息地。由于采取“裁弯取直”“渠系化”“硬质化”等破坏河相的人工措施，致使自然河床基本消失、水生态系统退化。常用的修复措施如下：

1. 设置浅滩和深沟

自然河流中深沟和浅滩是交互存在的，对水生物，尤其是鱼类提供了良好的生长环境。浅滩上水生昆虫种类繁多，还有各种藻类，是鱼类觅食、产卵的最佳场所；深沟是水生生物栖息地，也是洪水期避难的主要场地。浅滩和深沟的存在，会形成不通的流速带，有利于微生物数量的增加，提高水体的自净能力。为此，在河道疏浚中，不仅要注重其输、引水，还要在根据河相设置浅滩和深沟。

2. 设置人工落差河床

在非主要引水河道适宜地段设置，落差以不超过1.2m为宜。一方面可增加水体复氧能力，增加水体溶解氧含量；另一方面也添加了水景观效果。形成变化河相后不仅有利于保持生物的多样性，还能调节河道流速、抬高水位以减少河床的袒露等。

（五）生态型护岸建设

生态型护岸在水陆之间架起了一道桥梁，对两者间的物流、能流、生物流起着廊道过滤和天然屏障的功能，在治理水土污染、控制水土流失、加固堤岸、增加动植物种类、提高生态系统生产力、调节小气候和美化环境等方面有较大的作用。生态型护岸的主要形态有以下几种：

1. 植物性护岸

根据植物根基护岸性能、土壤类别和景观要求选择不同类型的植物护岸。常见的植被型护岸有柳树护岸，因其耐水性强，亦可截枝繁殖的优点，采用树干、柳排、捆梢、做篱笆，形成混合式及面笼复合式；水生植物符合性护岸如芦苇、香蒲、灯心草等通过其根、茎、叶对水流的消能作用和对岸坡的保护作用形成沿河两岸水面线保护带，促进泥沙沉淀、防止水流冲刷，同时水生植物还能直接吸收水体中有机物和氮、磷等营养物质，既满足自然生长又能消解水污染，还能为其他水生物提供栖息场所，有利于水体得到进一步净化。

2. 木材护岸

木材采用各种树木和废弃木材，与石材搭配制成各种形式以增强岸坡稳固性，同时由于木材粗糙的表面能吸附大量的微生物生长，起到净化水质的作用。木材护岸形式主要有生态坝桩和木材栏栅。

3. 石材护岸

石头、卵石可以无规则的堆积，也可以有规则的堆砌或放置于石笼中再堆砌，根据河道水位的需要铺设。有空隙的石材护岸不仅能抵抗冲刷，其粗糙的表面是微生物附着场地，石隙又是水生物生存滋养的空间。

4. 生态型护岸材料

随着人们生态意识的提高，传统水泥混凝土护岸将被天然的生态材料所取代。生态型护岸材料主要有植被型生态混凝土、生态植草砖、水泥生态种植基等。这些护岸材料为植物生长提供了有利条件，既能达到稳定和安全要求，又能满足生态和景观需要。

二、水景观建设

水景观建设在美化城镇、提高品位的同时，还能净化周围空气，营造健康的生活环境，使公众有着良好的视觉、心理感受和舒适度，同时还能吸引外地游客，增加城市的知名度。充分利用纵横交织的河网水系、水库及湿地资源，通过建水景小品、滨河风光带和水上乐园等，给人以“水中有城、城中有水、水明城净”的感觉。

2011 年，赣榆区塔山湖水利风景区建设被批准为第 10 批国家水利风景区。继续实施以青口河为轴线的水文化长廊-水生态休闲区及与红色旅游相结合的具有区域特色的水利风景区的建设；完善塔山水利风景建设，开拓采菱、垂钓等特色农业观光旅游；打造湿地之都、水绿赣榆品牌，逐步形成综合旅游态势。

（一）规划原则

（1）遵循城镇总体规划原则：总体规划为水景观规划确定了总体目标、版块格局、廊道范围和基础方案。

（2）环境优化原则：坚持与周边环境相协调、强调景观格局对区域生态环境的影响与控制。

（3）注重传统与现代相结合的原则：将传统园林内容和文化融入到现代景观设计中，使人们感受到历史的痕迹与气息。

（4）亲水原则：充分考虑与水体相结合、与居民休闲娱乐结合、建筑滨水公园、水上游乐场、亲水平台和广场。

（5）技术更新原则：吸收国内外城市典型经验，选用新颖建筑装饰材料，具有质态、透明和光影特征。

（二）规划体系

（1）自然原生型：分布在水源地、城郊河段、风景旅游区。

（2）生态防护型：分布于人工开发河、湖地段。

（3）环境观赏型：分布于公路、航道两侧，建设用地有限地段、人群不太集中的滨水地带。

（4）生活游憩型：城镇繁华地段的滨水区、历史街道的临水界、与水交融的亭台楼阁等。

（5）标志节点型：指与水景观相匹配的各类建筑物，形成的标志性景点等。

（三）规划方案

水景观规划是以人为本、以提高城镇空间生活价值为目标、以社会经济可持续发展和水生态系统良性循环为宗旨的创意过程。依据规划原则和体系分类、结合城镇总体规划、水环境综合治理等规划，分析现状空间分布格局和对环境影响等问题，注重水景观建设的层次性、动态性和主题性，在勘测调查、收集相关资料的基础上提出规划方案。

1. 河流、水库及海洋水景观规划

河流、水库及海洋景观主要结合水域功能、改善生态环境质量，将自然、半自然或人工版块连接起来，有利于水生物迁移，河相、水库岸坡的稳定。其布局规划以生态绿化、经济园林、培育自然风景为主体。重点建设小塔山水库水利风景区，青口河、通榆河两轴，海州湾国家级海洋公园。

因地制宜种植植物，以稀疏高大乔木为骨架，临水花灌木为衬托，充分展示树形千姿百态、花型各异、色彩丰富、季节变化、绚丽多彩的景观。海洋公园建设主要以投放渔礁、展示海岸地貌及海岛侵蚀地貌为主。

2. 城镇水景观规划

以青口河为轴线，打造山、湖、河、海俱全的水文化风光带，并配合沿河绿化带设计景点，成为备受人们欢迎的城镇公共开放空间。

3. 湿地景观规划

湿地是水陆之间特有的部分，具有自然风光、旅游、休闲娱乐等功能。一是以抗日山为龙头，串联红领巾水库，打造集革命教育、人文故址、生态观光于一体的水利风景区；二是以夹谷山旅游开发项目为依托，规划夹谷山风景区，充分发挥夹谷山得天独厚的自然条件和深厚的历史文化底蕴，打造山区生态旅游胜地；三是以国家级海洋公园建设为契机，建设临洪河湿地。

三、水文化建设

（一）水文化建设思路

水文化是一种反映水与社会、政治、经济、文化等关系的行业文化。随着社会经济发展和人们文化生活水平的提高，水利工程不仅要满足兴利除害的要求，还要建设清洁、亲切的水环境，要把每项水利工程当做文化精品来建设；要大力挖掘和精心维护已有的水利工程水文化内涵，并与周边河道水域景观相协调。同时根据赣榆城镇体系规划，挖掘区域地方文化资源，结合地方水域特点，将丰富的地域文化与水文化融入设施建设之中。

（二）水文化建设方案

现代水文化的基本原则是满足人们对水文化的基本要求，反应现代人与水的关系，体现现代文明与科技进步。建设现代水文化就是在保证历史水文化的同时，将现代技术、文化、观念引入水利建设中来，创造现代水文化。具体实施建设方案为：

（1）保护工程：水文化古迹、遗迹等是水文化资源的重要载体和建设基础，水文化非物质遗产也是历史文化传承下来的，都必须加以保护和研究，如与水相关的艺术作品、久远的水利工程等。

（2）修建工程：如位于赣榆区西部的抗日山，孔子及其高足子贡曾印履的夹谷山，无不与水有着千丝万缕的联系，蕴含着丰富的水文化。

（3）兴建工程：更加重视水文化遗存的保护和开发，引进现代城市规划建设理念，如打造秦始皇两度登临的秦山岛，设置北宋科学家沈括看“天地日月之游动出没”的观海处，规划建造“水乡文化陈列馆”等。

四、结　　论

赣榆区通过对境内水生态、水景观和水文化的规划和实践，已完成工程已取得良好的效果。下一步将通过积累的经验和已发现的不足，扬长避短，更加坚定地推进水生态、水景观和水文化的建设，为提升赣榆区水生态文明品质而努力。

如何发挥石梁河水库最大综合效益

郭　涛

连云港市石梁河水库管理处

一、基　本　情　况

石梁河水库于1958年开工兴建至1962年建成，位于新沭河中游，苏鲁两省的赣榆、东海、临沭县三县交界处。

（一）水库规模类型

水库最大水域面积达90.9km^2，集水面积15365km^2，总库容5.31亿m^3，调洪库容3.23亿m^3，兴利库容2.34亿m^3，是一座具有综合功能的大（2）型水库，也是江苏省最大的一座水库。

（二）水库功能定位

水库既是沂沭泗流域东调南下的枢纽工程，也是连云港市极其重要的防洪保安工程，主要承泄上游和沂河、沭河部分洪水，同时保证下游90万亩的农田灌溉用水需求，具有防洪、灌溉、供水、发电、水产养殖、旅游等诸多功能。

（三）水库管理机构

水库建成后，于1961年成立石梁河水库管理处，目前管理机构为副处级全额拨款事业单位，隶属于连云港市水利局，人员编制为57名，内设办公室等5个科室和渔政管理站等7个直属单位，于2008年荣获江苏省一级水管单位、2013年获“国家级水利风景区”的光荣称号。

二、发　展　成　效

在连云港市水利建设史上，石梁河水库是一座里程碑。水库的建成投运不仅战胜了历年的洪涝灾害，还让它成了造福人民的“财富库、生命库”，取得了一定的发展成效。

（一）临危受命，多次战胜洪魔肆虐

水库建成至今的50多年内，发生过36次大小洪涝自然灾害，每到危险时刻，水库都能全力以赴，科学抗灾，确保防洪安澜。特别是在2012年7月，水库上游及周边地区降特大暴雨，最大降水量高达440.6mm，为50年以来有气象记录的最大降雨量。面对灾情，水库勇排洪水3.2亿m^3，夺取了工作的全面胜利。建库以来，累计排除洪涝水达480亿m^3。

（二）关键时刻，全力保障抗旱需求

水库年均向下游东海、赣榆输送灌溉用水约3亿m^3，保证了90多万亩农田的灌溉需求。如2010年9月以后，连云港市连续无有效降雨天数达61天，处于特大干旱状态，为1950年以来最为严重的秋季旱情。面对旱情，相关部门积极协调上游调水近亿方，科学蓄水保水，合理分配水源，保障了下游工农业生产生活的用水需求。建库以来，累计灌溉水约150亿m^3。

（三）伺机发电，生态供水增盈创效

水库在发挥防汛抗旱主要功能的同时，还充分利用向下游输水之机，利用弃排洪水进行生态发电。自2003年以来，石梁河水库水电站平均年发电量约500万kW·h，经济效益比较显著，既保证了下游东海县40万亩农田的灌溉需求，同时每年又为水库创收达180余万元。

（四）逐年投入，不断汇聚旅游要素

近年来，水库管理处不断加大生态环境的建设力度，着力打造以水文化为底蕴，以水利工程设施为依托的特色管理单位，整个库区浩瀚碧水，平静如镜，烟波浩渺，移步皆景，成群的鱼近在咫尺，成片的工程气势磅礴、巍峨壮观，使得现代水利工程艺术与景区自然美景相得益彰，吸引每年来库旅游人数达到数万人。

但是，由于水库长期受到上游鲁中南地区的制约，难以保证水库水质，网箱养殖一直处于无序状态，且受管理体制的制约，采砂管理难度也较大，导致水库综合效益一直未能充分发挥出来。

三、存在问题

深入分析目前石梁河水库发展的状况，可以清晰地看出其主要面临着治水模式、

地方矛盾、水库管控、综合整治和自身建设等多重困境。

（一）在治水模式上，观念陈旧阻滞思路创新

长期以来，由于计划经济体制而遗留下来的水库管理模式是机械的工程管理模式。这种管理模式把水库单纯地看作纯公益性的设施，主要强调水库安全作用的发挥，考核的指标仅仅是对水库大坝安全、运行安全进行分析。虽然也对水资源进行了开发利用，对旅游资源进行了统一规划、综合利用，但是没有把水库当作经济运行的实体来管理。如存在防洪效益最大化的问题，防洪效益仅发挥出了社会效益，没有形成经济利益反哺给水管单位，并未使水管单位成为防洪效益的收益而增加动力。

（二）在地方矛盾上，各方利益主体难以协调

水库周边环境复杂，经济落后，人多地少，当地农民固守着靠山吃山、靠水吃水的思想，水库自然成为其发展经济的重要资源。地方政府以社会稳定为中心，提出为了经济上台阶，可以八仙过海，各显其能的发展方针，促使周边群众和乡村不断侵占蚕食库区的滩地和水面，擅自在库区进行大量圈圩、随意取土和过量养殖等活动。对此出现的乱抢占、滥开发、破坏性行为，水利管理部门已投入大量的人力、财力进行协调、法律宣传、执法清障等工作，但收效不理想。

（三）水库管控上，多头管理致使开发无序

水库管理处是水库的直接管理部门，但同时有多个管理部门有权管理水库。如土地局负责用地管理、渔业局负责渔业行业管理、地方海事管理机构负责对库区作业的采砂船舶进行管理，公安部门负责水上治安管理，旅游局有权管理库区的旅游资源，环保局管理库区的环保问题等，各方都有权对水库的日常经营进行管理。但是由于水库由水利部门管理，而水库主管机构又无法协调或指令其他部门共同行使职责，出现了“七龙”涉水但都不管水的现状，致使库区的开发利用一直未能充分发挥。

（四）在自身建设上，人员较少导致管理缺位

水库仅有在编在岗职工 53 人，却担负着主坝 1 座（5.2km）、副坝 2 座（7.35km）、泄洪闸 2 座（均为大型水闸）、灌溉输水涵闸 4 座、发电站 1 座、下游漫水闸 1 座及 300 亩办公区的管理任务。职工不仅要承担日常的保洁、值班等常规任务，还要承担机械设备的维修、维护、保养等工作，任务十发繁重，且队伍的整体素质还不够高，平时主要是对专业知识的学习，忽视人的文化、观念和习惯等的培养，出现了工作无创新、无突破，停留在一般化水平的现象。

四、对 策 思 路

虽然水库建成后发挥了防洪保安的主功能，但是水土资源开发的综合效益没有凸显出来，用发展的眼光来看，今后水资源会越来越紧缺，如何用好全省最大“水缸”的水，对连云港市的经济社会的可持续发展意义至关重要，因此对水库今后的发展提出如下建议。

（一）整合资源，推进四权分离和制衡

在确保发挥水库防汛防旱主功能的同时，推动水库所有权、管理权、经营权、监督权的四权分离和制衡。

一是创新机制，改变现有管理模式。成立石梁河水库管理委员会负责水库的日常管理，市政府授权其对所在水域行使行政主管部门的职权，作为连云港市人民政府的派出机构，建立一级财政，并将东海县管辖的石梁河镇、赣榆区管辖的欢墩镇、沙河镇 3 个乡镇 23 个行政村划归管委会管辖。管理委员会既是管理机构，又是权力机构，负责对水库经营进行统一的控制和管理。主要负责水库的防洪调度、水库资源管理、重要水工程建设、重大经营活动投资决策等。这样才能建立起权威管理协调机制，平衡各方利益，解决现有部门多头管理、相互扯皮的问题；理顺水库管理部门与沿库区乡镇村政府和农民的利益关系；协调石梁河水库与山东地方政府的关系；保证水库资源得到合理配置，发挥水库的最大经济效益。管理委员会应当突出水库资源管理，重点强化水库资源统一管理、保护和开发利用方面的职能，同时履行防洪、水量统一调度、保证水库资源供需平衡、保护水环境、参与立法、组织规划、水政执法、河道管理、水土保持、资本运营和开展多种经营等多项职能。

二是实施综合执法。建议成立水库综合执法局，将水利、公安、环保、渔业、海事、林业、交通、国土资源等职能交由综合执法部门统一行使。实施综合执法，既可以精简机构，又符合水库管理的特点，避免多头执法难题。

三是推进资产重组。在完善健全水库管理委员会的同时，组建水库开发公司。通过资产重组、盘活国有资产，优化资本结构，建立起以水库为依托的国有开发企业，负责水库发电、灌溉、养殖、种植、采砂、旅游等职能的行使，并按照“产权清晰、权责明确、政企分开、管理科学”的现代企业制度运行操作。水库开发公司直接对管委会负责，自主经营、自负盈亏。

四是健全监督机制。成立监事会，成员包括水利、公安、旅游、环境等政府部门、环保组织、旅游者、当地居民、社会公众和媒体，将常规监督和动态监督相结合，并

对破坏资源与环境的行为实行经济赔偿或制裁，完善监督机制。

通过上述措施，水库的所有权仍归国家所有；管理部门只负责水库行政管理工作，不涉及经营活动；水库的经营权由开发公司专门行使，公司根据情况实行股份制、股份合作制、承包等经营形式，提高经营水平，加强市场运作。只有这样，所有权、管理权、经营权与监督权的责权利才能明晰，相互分离，相互监督，相互制衡。

（二）理清思路，夯实发展基础和支撑

如果四权分离和制衡能够实现，就要从全局上加以审视和谋划，为下一步工作找准方向。

一是制定发展规划。库区开发既应保障水利工程的职能履行，又应统筹考虑库区群众的经济利益，还应发挥其良好生态环境等优势。要尽快完成库区开发规划编制，探明库区资源总量，提高发展起点和层次，严格规范开发秩序，促进库区总体发展尽快转入有序的开发轨道。同时，着力强化规划的系统性、层次性，严肃规划执行纪律。

二是打造人才高地。工作基调确定了，关键是抓落实，要按照“精干、高效”和“公益性与经营性分离”的原则，以原有石梁河水库管理处工作班底为基础，重设机构，进一步研究制定政策措施，吸引、鼓励优秀人才到水库工作，逐步优化整个队伍结构和整体素质，逐步建立起一支技能型、管理型、服务型的水库管理队伍。

三是营造良好氛围。要根据发展需要，对内通过加强作风建设和党的建设，引导大家从过去的一般经验中走出来，从不合时宜的旧观念中走出来，从束缚发展的条条框框中走出来，积极搭建适宜的投资发展环境、工作环境、生活环境和文化环境。对外要通过舆论引导，大力对水库进行宣传，做到内强素质、外树形象。

四是改善外部条件。要想富、先修路，水库虽地处全市西北部，但只需新沭河南堤道路硬化贯通，至花果山仅30分钟车程。可见，基础设施配套至关重要。建议进一步加大投入，全面改善道路、交通、公共服务等基础条件，为库区开发奠定坚实的外围基础。

（三）多元驱动，推进库区保护和开发

从水库的水、砂、土、旅游等种种资源入手，多头发力，带动地方发展。

一是壮大果林经济。根据地形地貌，水库高程为24.5～25.0m地面，宜种植亲水耐淹树种，如榆、杨树等本地树种；高程为25.0～27.0m，宜种植苹果、梨等果林树种；高程为27.0～28.0m可种植各种观赏花卉树种，上述三地段累计可种植4.5万亩经济林。这样既能增加群众收入，又能起到防止水土流失和改善生态环境的作用。

二是做优采砂市场。坚持可持续发展的原则，结合每年上游来砂量和库区砂可采

量，通过对现有80余家砂场进行整合，保留不小于15000m^2的砂场30个。同时，根据库区安全需要，按照每艘30t的规模审批发放采砂许可证，总数控制在200艘以内，将采砂规模控制在每年2000万t以内，确保库区采砂经济快速、健康发展。

三是打造养殖品牌。按照HACP的原则，通过现金补偿、规模控制、区域划定等措施对现有的10万只养殖规模进行缩减，确保常年养殖区网箱投放量限制在3.5万只以内。同时，为保证水域水质，放养品种宜为鲢鱼、鳙鱼等滤食性鱼类，大力发展淡水鱼资源，打造海陵湖有机鱼品牌。

四是建设二级水电站发电。对现有水库水电站下游约600m退水闸处，建设二级水电站，装机容量为6台机组1800kW·h，现有水库水电站尾水利伺机发电，形成1500万kW·h的年发电规模，努力发挥最大化的发电综合效益。

五是挖掘旅游资源。针对原旅游资源单一问题，大力突出水库开发这一重点和特色，推出诸如水体保健、水上游乐、水上运动、潜水旅游、特色水产餐饮和鲜果采摘等旅游项目，与东海温泉旅游呼应联动，将其打造成为连云港市旅游新的亮点，提高开发水平和效益。参考现有的旅游人数，预估到时来库人数能达到20万人左右。

六是尝试水权交易。为解决下游灌溉节水问题，建议尝试利用市场机制，通过水权交易的方式进行水资源配置，向下游按实际供水量0.1元/m^3收取灌溉饮用水水费（送水规模在3亿m^3左右）。一方面可以增加水库的收入，用于设备的维修、养护；另一方面可以增强下游节水意识，减少水资源的浪费。

七是建设向连云港市区供水的第二饮用水源工程，发挥备用水源作用。石梁河水库库区于2003年被确定为连云港市的备用饮用水源区，2008年被确定为市饮用水源区，但一直未启用。水库水量充足，加之近年来省、市有关部门加大库区防污、治污的管理力度，水库水质一年比一年好转，目前水库水质长期保持在Ⅲ类水以上，库区部分区域可达到Ⅱ类水标准。随着港城经济、社会的快速发展，水资源已经成为重要的基础性资源，缺水矛盾将日益突出，石梁河水库作为连云港市饮用第二水源具有重大的战略意义。

多年来，石梁河水库有效地支撑了连云港市的发展大局，并形成了目前较为完善的水利工程体系，为连云港市的发展提供了一道坚强的防洪屏障。今天，站在历史的新起点上，水库的发展空间和方式有了更深拓展，相信通过努力，石梁河水库必有一番更大的作为，发挥最大的综合效益。

再析灌云县西部岗岭治理对策

仇　勇[1]　付美红[2]

1 江苏省连云港市灌云县水利局　2 连云港市灌云县恒泰水务有限公司

2011 年，是中央政策对水利给予大力支持的一年。中央 1 号文件提出，要把水利作为国家基础实施建设的重要领域，把农田水利作为农村基础设施建设的重点任务，把严格水资源管理作为转变经济发展方式的重要举措，标志着党和国家将水利工作摆上了重要议事日程。江苏省委省政府、连云港市委市政府相继出台了《关于加快水利改革发展推进水利现代建设的实施意见》。为全面了解灌云县西部岗岭地区水利灌溉工作情况，灌云县组成调研组，多次深入到龙苴、南岗走村入户，对西部岗岭地区的灌溉用水现状和存在问题进行了调研。

一、基　本　情　况

灌云县东临黄海，西与沭阳、东海两县接壤，南以新沂河中泓与灌南相邻，北与新浦、海州地区相邻。全县总面积 1539km^2，其中耕地面积 128 万亩。

灌云县大约在 1194—1855 年成陆，由于海水倒灌和浸渍，土壤含盐量较高，中部地区垦殖较早，通过自然淋滤和人工改良，已基本脱盐，土壤微碱；东部沿海地区垦殖时间较晚，含盐量较高，有较强的石灰反映；西部岗岭地区由基岩风化堆积而成棕壤，缓坡地由于受到黄泛影响，表面覆盖着黄泛冲积物，土壤为中性，在中西部交界处有少部分湖湘沉积母质发育而成的砂姜黑土。

灌云县地势自西向东为一平缓坡地，中东部为黄泛冲积平原，面积约 1314km^2，占全县土地面积的 85.39%，地面高程自西向东为 3.0～1.6m，东部局部洼地的高程为 1.6～1.8m；西部有一条狭长的岭地，分布在南岗、龙苴两乡镇内，面积约 218km^2，占全县土地面积 14.18%，地面高程为 3.0～25.0m；境内还零星分布着低山，面积约 6.58km^2，占全县面积 0.43%，海拔高度 226.6m 至几十米不等。

灌云县岗岭地区涉及龙苴、南岗 2 个乡镇，共有岭地面积 9 万亩，人口近 13 万人，岭地海拔平均约为 15m，最高为 16.5m，而县平原地区约为 3m。据调查，2 个乡镇共有电灌站、提水站 125 座，塘坝 31 个，水库 28 个，灌溉面积约 8.2 万亩。其中正常运行的电站 37 座，带病运行的 46 座，修复后可以运行的 33 座，报废无法修复的 9 座。灌云县西部岗岭地区受地形地质条件的制约，随地势海拔的增加，灌溉资源紧、灌溉难度人，同时北方季节性缺水频发，灌溉在很大程度上“等天下雨，靠天吃饭”，完全寄希望于气候，一旦气候异常往往导致收成严重减产，如 2010 年冬和 2011 年春的大旱就使该地区遭受严重的经济损失，群众反映强烈。

调查发现：岗岭地区 2 个乡镇是灌云县的重点贫困带，涉及 36 个村 9 万亩土地，多年来旱涝不保收和地质条件差是致贫的重要原因。岗岭地区地质条件属兜浆土壤，地表土层土壤中含砂石成分较高，属典型的薄土，易涝易旱，以旱为主，地表土层在 1m 左右。20 世纪 50—60 年代建设的水系、泵站、渠系、水塘、水库老化，破损严重，现行利用率很低。多年来由于种种原因造成对西部岗岭地区的重视不够、认识不到位、投入少、硬件不过硬、软件管理维护不足、机制不够健全。岭地地下陶土、石料等资源非常丰富，有很好的综合开发利用价值，如同手拿金饭碗没饭吃。近年来，虽经扶贫等多项措施的努力，但还没有从根本上彻底扭转岭地治理措施，抓住 2011 年中央一号文件的机遇，认真调研分析，广泛征求基层干部群众的意见和建议，找准问题的根源和解决问题的切入点，有针对性地制定科学治理方案，建立长效机制，有计划、有组织地分批分期实施，以达到彻底综合治岭的目标，既解决岭地抗旱问题，又能综合开发岭地下丰富的石料等资源，最终实现该地区尽快脱贫，使经济进入快速发展的轨道。

二、存 在 问 题

（一）对岗岭地区发展重视不够、认识不足、投入不到位

水利设施建设对缺水的岗岭地区显得尤为重要。多年来，由于多种原因使各级政府对岭地的发展缺少足够的重视，缺乏整体上、根本上的系统规划与治理解决方案，也没有深刻认识到土地贫瘠、灌溉用水困难给岗岭地区的社会、经济发展、群众生活带来的诸多不便，是致使该地区一直成为灌云县经济贫困带的一个重要方面。

（二）农村水利基础设施、配套设施条件较差

一是原有设施基础不牢。按有关规定，电灌站水泵、电机、电线等设施的使用年限为 15 ~20 年。据调查统计，电灌站、小水库、小塘堰大多建于 20 世纪 50—60 年代，西部岗岭地区也不例外，使用年限已“超役”，亟待更新改造。加之受历史条件的制约，不少项目上马仓促，勘测、规划、设计技术缺乏，资金不足，配套不全，施工条

件简陋，工程质量较差，许多电站已不能运行，少部分破损严重且已无法修复。同时，多年来机电设备磨损、老化严重，能源消耗高，运行费用高，排灌机泵长期带病运行，效率低下，出水量一般只能达到设计能力的三分之二，用电量又比现行设备高，群众难以承受。二是新增设施建设不够。灌溉区水利工程续建改造与节水改造范围过小，资金投入不足，平时只靠水利部门一点微薄的业务经费投入和项目投入为主，其他方面投入较少。三是水利配套不完善。电灌站配套农渠存在淤塞、进出水渠不畅等现象，输水率低，渗漏损失大；涵闸等建筑物老化，排涝设施较少；小型水库防洪标准普遍偏低，乡镇的塘坝缺少管理规划，特别是近几年新开的小石塘，存在严重的安全隐患。

（三）基层干部、群众作用的发挥存在一定的局限性

一是缺乏可持续的引水灌溉意识。农民在使用灌溉设施过程中重建轻管，缺乏维护意识，往往只用不修，农民只有当前用水意识，缺乏长远治水排水观念，依赖性强，自身主动性、积极性差。二是缺乏明确的灌溉主体意识。农民消极面对自然资源的匮乏，将改变自然现状寄望于外界因素，对于农村水利灌溉的老化破损，农民埋怨多于关心，漠视多于监督，农村水利兴修采取“一事一议”的方法很难获得共鸣，群众兴修积极性普遍不高。三是缺乏足够的劳动力投入。灌云县西部岗岭地区农村青壮劳力外出打工者居多，留守人员多为妇女、老人、儿童，劳动力素质低，组织协调能力弱，难以承担水利灌溉的人力需求。因此，农村水利设施的建设、维修、养护，劳动力投入严重不足，每年的农村基础设施建设工作安排虽然较为到位，但难以落实，水利设施工作进展缓慢。

（四）灌溉效率低

一方面，灌云县节水灌溉工作起步较晚，未形成规模，大部分灌溉渠系未进行硬化。灌云县喷灌、滴灌、微灌等节水灌溉项目几乎为零，没有起到示范作用。另一方面农民组织化程度较低，各自为政，节水和大局意识淡漠，缺少统一的功能，用水浪费。

（五）水利灌溉管理体制不健全

一是“一事一议”取代“两工”之后，国家对农田水利建设的投入进一步减少，由于缺乏政策和资金支持，乡镇水利站目前属于自收自支性质，无大的经济实力自主管理水利工程，也没有能力组织农田水利建设，同时由于农民自身能力有限，致使农田水利建设陷入困局。二是由于有些地方出现拖欠、截留、挪用灌溉水电费情况，导

致必要的灌溉工程管理经费无从筹措，灌溉工程长期负债运行，管理人员待遇难以保障。

（六）岗岭地区地下石料、矿土未得到很好的综合开发利用

西部岗岭地区岭地表层土在1m左右，地下的石矿、红土、陶土等资源很丰富，目前均未得到很好的开采利用。由于之前对开发利用石塘、石坝、矿土资源缺少统一规划和规范管理，大部分处于无序开采的境况，后被责令停止。

三、治　理　对　策

（一）引起重视，提高认识，制定科学治岭规划

灌云县县委、县政府及相关部门应高度重视岗岭地区的工作，深入该地区认真调查研究，广泛征求基层干部群众的意见和建议，结合中央一号文件精神和县农村工作会议精神，正确处理好治标与治本的关系，突出从治本入手，因地制宜，制定科学计划。在水资源缺乏的西部岗岭地区，首先要解决的是蓄水和提水的问题，应集中改造塘坝、水库等蓄水工程，拦截地面产生的降雨汇流。对于岗岭地区现有的电灌站、水库、塘坝，按规划先易后难分批进行修复、改造和完善，解决水源问题，连接电灌站与水库，充分发挥现有电灌站的整体效益，提高综合利用率，也可以降低成本，减少农民的灌溉负担。在今后电灌站、水库、塘坝的建设过程中，应充分考虑地形，做到科学规划、合理布局。要打破村村建站的传统模式，根据需水量和可供水量、气象预报等情况，统筹安排电站、水库、塘坝等蓄水设施的建设。应积极引导和鼓励农民群众积极配合政府整体规划建设“跨镇、跨村”的大中型功能配套完善的多极电灌站，逐步淘汰设备老化、运行费高的小型电灌站。同时，在建设过程中要注重对地下石料的开采，特别是抓住灌云县临港产业区开发、道路桥梁建设对石料需求量大的机会，使开采的石料发挥最大的经济效益，再将利益反哺塘坝建设和管理，从而实现一举多得。

（二）创新投入机制，多渠道加大投入

鉴于电灌站具有公益性的特点，必须建立“国家投入为主，社会投入和农民自筹为辅”的长效多渠道投入机制。一方面，要加大政府投入力度。县乡财政应逐年安排一定数量的电灌站新建和改造资金，对涉农项目，如水利、扶贫、农机、农业综合开发、新农村建设、土地整理等项目都应加大对岗岭地区建设的资金投入。提高“小泵

站、小塘坝、小水渠”等的建设水平，尤其要重视西部岗岭地区作为用水困难地区的水利基础设施建设，提高抗旱经费、农水经费等灌溉补贴标准。另一方面，要广泛吸纳社会资金。在符合有关法律法规和农田水利基础设施建设的前提下，提高抗旱经费、农水经费等灌溉补贴标准。要广泛吸纳社会资金。在符合有关法律法规和农田水利规划的前提下，鼓励单位和个人购买或投资电灌站，实行市场化经营，积极吸引社会资本投入小型农田水利工程养护、修复和开发利用。此外，要提高村集体与农户参与水平，如鼓励农民自己投资或股份合作新建水利。

（三）创新技术，高效“用水”

首先，要利用和推广节水技术。利用推广渠道衬砌、管道输水、喷灌、滴灌与渗管等农业节水灌溉技术，提高输水效率。积极推行畦种畦灌、覆膜灌溉等田间节水灌溉技术。其次，发展节水农业。要适时对农作物结构进行合理调整，大力发展与节水灌溉技术相适应的高效经济作物，不断提高投入产出比和单位用水的产出效益。要因地制宜地发展抗旱优良作物品种，减少灌溉水的需求量。要充分利用岭地地下水水位高、保水性好、容易提高地温的优势，发展适宜的设施栽培，可作重点发展。

（四）完善制度，统筹“管水”

一是深化经营管理体制改革。根据电灌站的类型，采取不同的管理方式。对控灌面积大、抽水时间长的电灌站，可以由政府集体直管，也可以对外公开招标承包或拍卖经营权，调动经营者管理和投资电灌站的积极性，努力实现电灌站的可持续发展。对控灌面积小、抽水时间短的站，采取落实专人的管理办法，明确职责，保证及时抽水，保证设备不丢失。二是研究制定维护费、折旧费收取、管理、使用的长效机制。最好由乡镇建立维修改造专项基金，按站建账，统一管理，专户储存，调剂使用。三是加强电灌站管护。各乡镇、村应建立电灌站的管护制度，落实管护责任，明确管护人员，防止电灌设施、设备因管护不到位而有所遗失、偷盗、损坏。四是解决多级提水电费负担问题。群众只负担多级提水电费中的一级，其他由政府负担。

（五）综合治岭，规范管理，协调发展

在治水的同时，县委、县政府要组织专门机构，成立岭地综合开发领导小组，并制定和出台相关政策文件，有组织、有计划地开展工作。要协调乡镇、国土、规划、水利、交通、公安、建设、电力等部门，合力支持项目的开发实施。结合土地开发复垦整理、土地增减挂钩项目调解部分土地指标，翻砂改土，由县有关部门牵头，以村组为单位，对开发塘坝所产生的石块、砂土、泥石，可作为建筑材料，用于铺路、沿

海开发垫地等建设中，开发中不怕发生矛盾，应相信基层干部和群众，从大局出发为民众着想，公开公正办事，把农民利益放在第一位。对于开发中带来的经济收入，一是用于补偿农户土地等费用；二是用丁修水塘水库费用；三是用于维护水库、建抽水泵站、电力电费等；四是可增加乡镇财政、村集体和农民的收入，带动地方相关产业的发展。

（六）统筹种植业布局调整

通过种植业布局的调整，在地势高、供水成本高的地区减少高耗水作物的种植，发展经济果林，可有效缓解岗岭地区用水供需矛盾。根据地面高程进行分类调整，高程5m以下为荡地，以种植粮食作物为主，在建设灌溉工程的同时更应注重农田排涝工程建设及其设施配套；高程5～12m，在缓坡、提水便利的区域可种植粮食作物，应在陡坡段禁止顺坡种植作物，逐步调整为以种植生态经济林（茶、果）、旱作物（玉米）为主，并采用喷滴灌等节水灌溉模式；高程12～15m以上的坡耕地应逐步调整为防护林（水土保持林、水源涵养林等）或用材林；高程17m以上的禁止开垦种植农作物，应建设防护林或用材林。

建设生态水利，推进绿色发展

李　维

江苏省连云港市临洪水利工程管理处

生态水利是一个长期的系统工程，需有现代科学技术，尤其是生物科学，以及雄厚的经济实力基础才能实现。生态水利的进一步发展，将成为自动化生态水利。

未来的生态水利具备如下特征：流域的中上游由“绿色水库”“绿树水库”、水库和湖泊组成的调蓄系统，可有效地调节水资源；流域内实施生态农业，农作物一般只使用无害农药，不施用有害农药、化肥和激素；洪涝区种植的春夏作物可耐半个月的水淹而照样有良好的收成；干旱区的作物即使一个月不下雨也不怕干旱。城镇实现生态化，工业和生活废水90%以上循环利用，达到微量排污。水资源得到有效保护，能比较合理地分配资源；沿海地区通过海水淡化而获取廉价的水资源，部分地区应用生物工程措施种植盐生植物，直接利用海水灌溉。水位能资源在不破坏生态环境的基础上得到充分利用，如潮汐电站、海浪电站为沿海提供充足的环保能源。水资源管理实行自动化测报，流域水利管理中心可显示各时空的资源量和质，并按生态经济规律自动调控水资源，真正实现绿色、健康、有机发展。

一、生态水利、绿色发展的目的

生态水利是按照生态学原理，遵循生态平衡的法则和要求，从生态的角度出发进行水利工程建设，建立满足良性循环和可持续利用的水利体系，从而达到可持续发展以及人与自然的和谐相处。从宏观上讲，生态水利就是研究：水利与生态系统的关系；水资源的开发与利用对生态环境的影响、水利工程建设与生态系统演变的关系；水资源开发、利用、保护和配置中，在提高水资源的有效利用水平、节约用水的条件下，保证生态系统的自我恢复和良性发展的途径和措施。因此，生态水利、绿色发展是把人和水体作为整个生态系统的要素来考虑，照顾到人和自然对水利的共同需求，通过建立有利于促进生态水利工程规划、设计、施工和维护的运作机制，达到水生态系统改善优化、人与自然和谐、水资源可持续利用、社会可持续发展的目的。要实现人与自然的和谐共处，必须尊重生态法则，将生态用水列入水资源开发、利用和配置方案中，抢救和保护湿地生态系统，逐步恢复湿地生物多样性。水资源的开发利用不仅要考虑量和质的问题，而且应该是在不超过生态系统自我调节和自我修复能力基础上的合理开发利用。

二、生态水利、绿色发展的推进措施

（一）转变观念、理清思路、改变水利建设方向、理清治水思路，转变治水观念，树立现代水利新观念

第一，要放弃“根治水患”的“雄心壮志”，树立科学防治的观念。水患是不能根治的，因为防治体系能防百年一遇的灾害时，遇到百年一遇以上的灾害仍不能解决问题。治水要根据地球大气候的变化、人类生活和经济发展的情况，因势利导，按自然规律办事。

第二，要抛弃“头痛医头，脚痛医脚”的防治方法，树立高标准、分步实施的战略思想。要达到生态水利这个长远目标，可以分步实施，逐步推进。

第三，要转变“小水利”的观念，树立“大水利”的观念。

第四，要转变水资源短缺的传统观念，树立新的生态水资源观。

第五，要转变重目标效益和行政区域利益的传统观念，树立以市场为导向，以全流域综合利益为目标，重长期生态经济效益的观念。

第六，要转变水利管理是行政管理的观念，树立水利管理法制化、市场化的新观念。

（二）建立现代水利管理机制实施

生态水利需要新的管理机制。首先，做好法制建设。搞好水利管理，就必须完善水利法规体系。其次，在法制基础上建立适应社会主义市场机制的水利管理机制，包括水资源统一管理和市场分配机制，水利项目专家评估、社区群众参与机制，水利工程建设的项目法人制、建设招投标制、施工监理制、合同管理制，农村小型水利工程自建、自管、自利机制，水利项目管理良性运行机制，水环境和水土流失监控机制等。再次，完善水利管理体制，健全水利管理机构。

（三）实施流域综合规划

流域规划是治水的基础，其首要任务是根据人口和资源确定经济结构，并处理好上下游、左右岸、经济与生态、城市与农村、发展与保护、近期效益与长远效益的关系。一是流域内不能建设大型污染企业，对小污染企业更应严加控制；二是缺水地区原则上不建用水大户，控制需大量灌溉的农作物面积；三是发展第三产业要从保护生

态的角度加强管理；四是根据生态学原理循环利用资源，不生产或少生产废料；五是农业生产结构要与国际接轨，提高总体经济素质，使产品结构多样化、高品质化；六是按流域特性设重点保护区和缓冲区。流域规划必须合理确定水源林的面积比重及森林结构，同时制定水土保持目标，逐步治理流失区，控制工矿、交通、建筑等经济活动中所产生的新的水土流失。

（四）合理配置水资源

1. 合理开发利用水资源

健全取用水总量控制指标体系。严格实行计划用水管理和用水总量控制，到2020年用水总量控制在29.43亿m^3以内。严格规划和建设项目水资源论证，推进重大产业布局和各类开发区规划水资源论证，严格建设项目水资源论证和取水许可管理，从严核定许可水量，对取用水总量已达到或超过控制指标的地区暂停审批新增取水。强化行政边界、用水户计量监测，防止不合理取水。保障重要河湖生态水位，通过工程优化调度及洪水资源化利用，保障生产生活用水和河湖生态最低水位、市干线航道最低通航水位，满足河道生态用水水量需求。

2. 严格水功能区管控

加强水功能区管理，水资源管理、水污染防治、节能减排等工作应严格执行水功能区管理目标。根据经济社会发展和水资源水环境承载能力，进一步优化河湖水功能区划分，明确河湖功能定位，定期开展河湖健康评估。全面实施限排总量控制，水功能区管理实行限制排污总量制度。根据水功能区纳污总量，提出分阶段入河湖污染物排放控制计划，形成以水功能区纳污能力为控制目标的倒逼机制，严格入河排污口审批，对纳污量已超过限排总量的水功能区不新增工业项目入河排污口，制定排污单位各类污染物减排计划，确保排入水功能区的污染物量小于限制排污总量。严格入河排污口管理，开展排污口普查、日常监测、巡查监督，建立入河排污口水质定期监测通报制度，加大违规违法排污行为的查处和整治力度。推进水功能区达标整治，收集管网系统，优化城镇污水处理厂布局，加快城镇污水处理设施建设，提升城镇污水处理能力，实施工业废水、生活污水分质处理，推进城市建成区污水基本实现全收集、全处理。按照“减量化、稳定化、无害化和资源化”要求，加快建设区域性城镇污水处理厂永久性污泥处理设施，加强已建区污水处理设施的运营管理，提高运营管理水平。深化区县生活污水治理建设，按照“政府主导、企业运营、因村制宜、逐步推进”的总体思路，以区级行政区域为单元，强化区县城内村庄生活污水治理规模化建设、专业化管护、一体化推进，提高区县生活污水处理设施覆盖率，提高排放标准，有条件的污水处理厂利用湿地等方式进行生态处理，进一步削减氮、磷等污染物。

3. 加强水上交通污染治理

依法强制报废超过使用年限的船舶，所有船舶于2020年底前按照新环保标准完成改造。提高内河危险化学品运输船舶安全和防污染技术标准。健全港口码头污水、垃圾存储接收和处置体系，合理布局设置污染物收集点，提高含油污水、化学品洗舱水等接收处置能力及污染事故应急能力。推进内河危险化学品运输船舶的船型标准化，强化危化品运输船舶的身份识别和动态管控，对港区存储实施动态全过程监控。建立船舶污染物接收、转运、处置监管联单制度及多部门联合监管制度。

4. 加强水生态修复

坚持山水林田湖草系统治理，通过沟通水系、涵养水源、退圩还湖、保护湿地等措施，修复河湖（库）生态，维护河湖（库）健康生命。实施水系连通，按照引得进、流得动、排得出的要求，完善多源互补、蓄泄兼筹的河库连通体系，实现跨区域互联互通。完善引流活水工程，形成梯级控制，促进水体有序流动，完成清水进城工程建设，打造城市良好的水生态环境。疏浚整治区域之间和区域内部骨干河道，充分发挥沿海涵闸外排功能，通过上游调水引流、沿海开闸外排，促进水体的有序流动，改善区域水环境质量，实现“河网沟通、水体流动、科学引排”的水安全、水资源、水环境的综合治理。

（五）完善防汛体系建设，加强水工程管护

1. 加强河湖水域岸线资源管控

依法划定河湖管理范围，加强河湖水域岸线资源管理。公布重要水域名录，实行水域占用补偿、等效替代，保持河湖空间与功能完好。编制重点河湖岸线保护规划，落实河湖生态空间用途管制，科学划定岸线生态保护区和开发利用区等功能区，实行岸线用途管制和集约节约利用，开展岸线开发利用监控。整治河湖岸线乱占滥用、多占少用、占而不用的不合规行为，开展河湖确权划界。

2. 建立河湖监测评价体系

健全监测体系，建设布局合理、功能全面、技术先进的河湖综合监测体系，利用卫星遥感、无人机、水下机器人等一体化技术，系统开展河湖水文、水质、水生态和河湖空间的监测，实时掌握河湖状况。进行河湖健康评价，完善河湖健康评价指标体系，全面开展水功能区、集中式饮用水水源地、重要河湖健康等评价。建立河湖水资源承载能力健康预警和管控机制，监测重点区域水资源承载能力动态，定期开展全市和特定水域资源承载能力监测预警评价。针对不同区域及超载类型，因地制宜制定差异化、可操作的管控制度。建立河湖健康状况常态化发布机制，对非法侵占、水生态破坏、水质恶化等异常情况进行预警，及时处置突发性水污染事件。

3. 建设智慧河湖管理系统

建设河湖信息共享平台，按照省河湖信息共享平台标准，建设市级河湖信息共享平台，整合完善河道、湖库等水利工程视频监控系统，合理优化全市水雨情信息采集站点，提升市、县防汛防旱指挥系统现代化水平。全面整合录入河道、湖库相关基础及运行信息，实现与省河湖信息共享平台对接。建设完善河湖管理应用系统，完善防汛防旱、水资源管理、水污染防治、交通运输管理、河湖湿地、渔业渔政、水土保持等应用系统，提高河湖管理保护综合决策支持水平。提高河湖智能化调度水平，充分利用大数据、云计算、物联网等先进技术，推进以区域为单元的水量、水质综合调度，充分发挥河湖与水利工程体系的综合功能。

防汛体系建设要坚持防治并重软硬件同建、工程和非工程措施并举的原则，区分轻重缓急，逐步实施。按流域特性设置保护屏障，在流域中上游丘陵山区建第一道防护屏障——水源林和水土保持林。水源林的林地在枯水期可补充大量的河川径流，缓解水污染，保护水域和湿地的生态环境。生态防护林建设要与保护生物多样性和景观多样性以及生态旅游和经济建设结合起来。在中上游地区布设第二道防线——调蓄水库。目前，水库群落体系大部分已建成，应继续完善。关键是要完善配套设施，除险加固，治理库区水土流失，美化环境，健全管理体制，确保水库持续运行。在生态环境恶劣、水土流失严重的地区不宜兴建水库，以免工程报废带来更大的危害。

（六）发展抗旱农业

许多地区水资源缺乏，单靠传统的灌溉方法投入太大，经济效益太低。可采取以下既经济又有效的措施加以解决：

（1）采取节水灌溉措施。目前的农业灌溉多为串灌、漫灌，浪费较大。如果改为喷灌、滴灌、微灌，就能节约大量用水。

（2）采取生物抗旱措施。干旱地区在发展节水灌溉的同时，应发展抗旱农业。甘肃省发展“梯田＋水窖＋地膜＋结构调整”的旱作模式，在未增加灌溉的情况下取得了良好的增产效果。随着生物技术的进步，将来可用基因技术把沙漠植物的耐旱基因植入农作物，开辟新的抗旱途径而无须跨流域引水。

（3）完善农业取水许可管理，完成灌区取水许可证发放工作，推进用水计量设施建设。建立农业用水总量控制和定额管理，农业用水实现有效管控。推进水权水市场建设，开展取水许可确权登记，逐步明确水资源的所有权和使用权，开展水权交易试点，推进水权制度建设。强化河湖资源、河湖岸线资源、水域资源等自然资源总量管理和全面节约，河湖水域、岸线资源实行有偿使用，开展河湖水域、岸线资源资产产权登记试点和交易平台建设。

连云港市市区河流生态保护与修复探讨

谭　璟　潘志富　田　晗　张勇军　许志明　姜　文

连云港市市区水工程管理处

河流是地球进行营养循环、碳循环、泥沙循环的重要载体，是地表水循环的主要路径。由于气候变化和人类对水资源不合理的开发利用，往往引起区域水资源短缺、洪涝灾害、水环境污染、生态系统退化、生物多样性受损等问题，给经济社会发展造成了巨大的压力。

水污染是指由于有害化学物质排放，导致水的价值及使用价值降低或丧失。根据2016年国家环保部发布的《中国环境状况公报》显示，全国1940个国控断面中Ⅰ～Ⅲ类水质断面比例为67.8%，Ⅳ～Ⅴ类水质断面比例为23.7%，劣Ⅴ类水质断面比例为8.6%，不能与人类直接接触，仅可用于部分工农业用水。河流主要污染指标为化学需氧量、总磷和五日需氧量。我国水污染主要由农业废水、工业废水以及生活污水等引起，由于水中排放了大量的有机物及重金属离子，营养盐上升，水体出现富营养化，微生物在处理有机物时使水体内溶解氧降低，导致鱼虾等生物锐减，水体的生态功能以及社会功能遭到严重破坏，对河流周边居民身体健康及生产生活等造成重大威胁。

河流生态系统并非一个孤立的系统，环境因子与水生物相互作用，引起河流生态环境的改变，当河道中水量减少至生态基流以下，就难以维持生物群落的正常运转，而当水体被排放大量工业废水与生活污水时，有毒污染物与有机物也会对生态环境造成影响。传统水利工程概念中的河道整治项目，建设人员往往只考虑如何防止水流对河道的侵蚀，较少考虑生态问题，但河流裁弯取直，拦河坝以及浆砌石衬砌使得河流中天然湿地面积大量减少，水生生物栖息地遭到破坏，进而引起河流生态系统的退化。水利系统往往分割了生物栖息地，不利于河流上下游间的物质、能量、物种交换，影响生物迁徙与物种迁移，降低了生物多样性。河流生态功能受到外部环境影响而发生变化是一个多因素主导的缓慢过程，当生态功能遭到破坏时，恢复到近自然状态往往较为困难。

一、连云港水环境的现状及问题

连云港市位于淮河流域沂沭泗水系的最下游，处在江苏省供水网络的末梢，著名的洪水走廊。市区共有 8 条骨干河道，分别是：龙尾河、玉带河、东盐河、西盐河、大浦河、大浦副河、烧香河、排淡河。随着市区经济社会的快速发展，市民生活水平的提高，对市区水环境的要求越来越高。实现城市防洪度汛安全，打造水体“面清岸绿景美人和谐”的景象，一直是市水利局的工作重点，也是服务港城高质发展，提高人民生活幸福感的一项重要工作。近年来，连云港市水利部门虽然下大力气改善市区水环境，但效果仍然不够理想。目前，连云港市河流所面临的主要有问题：

（1）市内河道岸边绿化层次不高。由于经费限制、后期管护不到位，以及沿河居民的破坏，河岸绿化效果不佳，特别是西盐河东岸和东盐河东岸，与对岸市建设部门绿化相比，存在明显差距。

（2）工业企业排污监管不到位。现有排污工业企业的监管不到位，没有全部实现对重点排污企业的在线监测，部分企业缺乏意识，仍超标排污。污染物排放监测系统还不完善，监测点的质量和数量、监测的自动化和信息化水平还很低，未达到真实反应排污企业排污情况的要求。

（3）城市市民素质有待提高。大浦河、龙尾河两岸 50m 范围内分布着近 3000 户居民，且多数为旧式住宅，既无物业也无垃圾集中点，加之沿河垃圾收集装置布局不合理，很多居民为了方便，直接将垃圾扔入河道及两侧。

（4）河流生态系统破坏。近些年，随着不达标污水排放，岸边居民向河内乱丢生活垃圾，破坏了河流内的原有生态系统，致使生物多样性发生变化，河内的植物吸收氨氮、磷等营养物质能力下降，微生物分解作用能力弱化，河流水质变差，部分水体开始发黑发臭。

二、河流生态修复的目标

从连云港市环境保护局发布的 2017 年 9 月至 2018 年 8 月的市区地表水环境质量报告显示：排淡河、西盐大浦河、鲁兰河、玉带河、新沭河、龙王河等入海地表河流长时间不能满足河流考核的水质标准，主要表现在氨氮、化学需氧量、总磷、高锰酸盐指数、氟化物等污染因子超标。此外，连云港市水资源缺水问题凸显，一方面表现在降水量年内分配不均，其中超过 70% 的降水量分布在 6—9 月，其余月份水资源紧张，可利用量有限；另一方面表现在连云港市是洪水走廊，汛期丰富的洪水资源因无调蓄工程，大量洪水直接排入大海，浪费严重。如新城闸年排水 70 余次，直排入海的洪水近 3 亿 m^3，约占全市年用水量的 15%。

目前，世界上被广泛认同的河流生态修复的目的包括：以改善水质，增加河流现有生态系统中物种的多样性；以打造旅游、景观为目的的娱乐功能等。目前，连云港市水利局开展各项治理工作，以改善水质、消除黑臭水体，恢复原有河流生态系统的水环境治理为目标。

三、河流生态修复的原则与修复措施

河流生态治理应当坚持尊重自然、顺应自然、保护自然的原则，树立全局系统治理的理念，统筹考虑河流水域空间、水源保护区、行洪、蓄滞洪区等水陆两栖空间等不同类型水生态空间的交错关系及特点，加强水源保护区、行洪、蓄滞洪区及水域重要鱼类栖息地等的生态保护，开展水陆交错带河湖岸带的植被建设、湿地生态修复及亲水景观构建。通过科学的方法确定市内河流生态敏感区、生态脆弱区，并开展受损河流的生态系统保护与修复工作；通过对江河湖库等水源保护区以水源涵养为主的水量保护，对开发利用程度较大的受损河流实施以恢复自然生态功能为主的修复，对珍稀、特有鱼类栖息地实施以生境保护与营造为主的生态建设，有序实现河湖休养生息，让河流恢复生命，流域重现生机。

针对连云港市的水资源特点、水环境恶化、河流水体水质超标问题进行措施布局，主要的措施类型可以从以下六个方面入手：

（1）水源涵养。主要针对河流受到人为干扰较大因素造成水源涵养功能下降、生物多样性下降等问题的修复方案。

（2）河岸带生态保护与修复。以城市河段及河岸坍塌河段整治为主，包括生态护岸工程、浆砌石护坡生态修复工程、城市江段滨河绿色景观建设工程及植被缓冲带建设工程等。

（3）湿地建设。利用天然湿地资源或者打造生态湿地公园，改善河流水质。

（4）重要生境保护与修复。主要针对鱼类栖息繁殖重要河段开展保护与修复。

（5）河流清淤疏通工程。通过河道清淤、疏通等措施恢复河流的水力联系，维护河流水生态系统。

（6）水生态综合治理。针对同时面临着水资源短缺、水质污染、生境破坏等多种问题的河流，实施单一措施难以实现改善河流生态环境的目标，需要采取多种措施综合治理和修复。

四、连云港河流生态治理的措施与建议

（一）市区水环境治理现状

针对连云港市河流水环境现状及所存在的问题，应加大对水源区的保护力度，加

强河流水域、岸线管理，严格落实水资源开发利用控制红线，严格落实用水效率控制红线，严格落实水功能区限制纳污红线。目前，连云港市为恢复河流原有生态，已采用的措施主要有以下几点。

1. 河道保洁措施

目前，市区现有的东盐河、西盐河、玉带河、龙尾河、大浦河5条河道每日进行河面保洁措施。6条保洁船负责河面打捞清洁作业工作，并由河道管理部门负责抽查、督查。

2. 调整调水方案

为保障市区内供水、防洪、排涝，当前河道主要调水路线有5条，其中从电厂闸→玉带河→玉带河闸→东盐河→猴嘴闸→排淡河→大板跳闸，从电厂闸→玉带河→西盐河→新浦闸→大浦河→大浦闸排水通道三洋港排水闸为两条主要调水线路，调水方式采用白天通航，夜间调上游河水进入市区河道冲污，通过“十闸八河”联动保证市区8条主要河道每隔2~3日更换一次水体，维护市区河道水环境。

3. 河道清淤和河岸整治工程

近年来，对市区内主要的河道进行了清淤工程，完成清淤土方超过139.29万m^3，清淤河段超32.63km，总投资约9074万元。其中，西盐河2.6km、龙尾河5.2km实施清淤工程，完成清淤土方13.8万m^3；东盐河海宁桥段、淮工桥段、宋跳立交桥段清淤土方47.8万m^3，清淤河段5.65km；大浦河新浦闸下至铁路桥段清淤工程，清淤河段长2.22km，清淤土方3.09万m^3；大浦河铁路桥至大浦闸段清淤工程，清淤河段长5.05km，清淤土方26万m^3；对玉带河电厂闸至魏跳桥段7.2km进行整治，完成清淤土方20.6万m^3，护岸工程3.76km；实施大浦副河治理工程，拓浚河段4.8km，共疏浚土方28万m^3。

4. 湿地公园建设工程

市临洪河口省级湿地公园（临洪河省级水利风景区）正式进入实施阶段，项目投资4.67亿元。

（二）水环境治理的建议

按照连云港市委市政府的“高质发展后发先至”评价指标体系中生态环境高质量三年行动计划部署要求，市区水环境治理是标，建立长效管理体制才是本，才能实现水环境持续改善。在城市内河的治理制度上，必须把治水与“管水”结合起来，同步推进。在保持现有水环境治理的基础上，还可以采取工程与非工程措施共同治理，改善水环境。

1. 工程措施

（1）水工建筑物移建与扩建。

移建新浦闸。新浦闸的主要作用是保证上游河道通航水位，位于大浦河新浦公园附近。将现有新浦闸下移 1.8km 至大浦河沈圩桥前建新闸，并结合市政道路桥梁设计标准改建沈圩桥，新闸排涝流量能够扩大 1.5 倍，既减轻主城区的防洪压力，又能保证上游河道通航水位，形成市区整个河段的水景观。

扩建玉带河闸。目前，玉带河闸属于市区水环境调水冲污中的“卡脖子”节点工程。玉带河闸于 2011 年 3 月鉴定为四类闸，建议该闸拆除重建，既能消除市区水环境调度中的障碍，又能保证上游河道通航水位。

扩建大板跳闸。大板跳闸位于连云区板桥镇，是排淡河排水入海的控制性建筑物，原闸建于 1971 年，为三类闸。建议该闸重建，排涝流量提高至 $500m^3/s$，可有效缓解市区 $143km^2$ 范围遭遇特大暴雨时的排涝速度，同时有利于改善河道水质。

（2）拓宽河道。大浦河新浦闸至沈圩桥段河道、玉带河玉带河闸至魏跳桥段河道，属于典型的“肠梗阻”河段，建议对该河段进行拓浚。烧香河云善河至出海口段因疏港通道建设已进行拓浚，而上游云善河至盐河口段多年未进行疏浚，建议对该段河道进行拓浚。

2. 非工程措施

一是强化组织领导。充分赋予、明确和发挥有关部门的工作职责，细化关于水体治理责任分工，将市区水环境工作纳入年度目标进行考核。

二是加强监督考核。设立每条河道的水体治理档案，设置公示牌、监督电话等信息，落实到社区等基层组织和有关单位，主动接受社会监督。水利、建设、城市管理、环境等单位内部设置监管机构，随时关注市区水体各主要部位及社会反映问题情况，并及时有效处理。

三是增加资金投入。市区水环境治理任务繁重，需要有一定的投资，必须予以资金保障。以往的经费主要来自上级部门的拨付，来源单一且不充足，需要加大投入。

四是重视污染源头治理。完善市政管网系统建设，对于落后、不合格的管网线路及时升级、更换。逐步解决城中村、老旧城区和城乡结合部的污水截流、收集、处理。加强源头管控，重点清除沿河临时饭店、养殖、厕所、垃圾、违建、码头、船舶等污染源，封堵工业不达标污水的排放，同时加强日常管理与检查，确保不再出现新增污染源。

五是建立长效管护机制。以推行河长制为契机，扩大河长制覆盖范围，将水环境管理纳入河长制重点工作内容。

六是引入水质监测站及超标自动报警系统。8 条市区主要河道沿河道长度设 2 ~ 5 个水质监测站及水质超标自动报警系统，实时监测水质状况。

七是引入多种有益生物净化水体。目前，市区部分河段引入生态浮岛工程兼具水质净化功效。建议根据不同河段的不同特点，分别引入适宜类型的生物种类，用生态修复实现水质净化。

八是定期进行河底清淤。工程清淤是改善水环境的主要手段之一，市区部分河道的清淤效果较好，建议定期对市区所有河道实施清淤。

九是加大管理人员岗位专业培训。高质发展离不开高质人才。岗位规范、专业知识和专业能力的要求即被视为岗位培训的重要目标，也是实现高质管理的重要基础，科学的管理技术被高质人才所掌握，才能实现巨大的现实价值。

十是建立广泛的岗位激励机制。目前岗位激励较单一，建议建立多方位、多渠道的岗位激励机制。如定期开展广泛的单位间的技能竞赛，与先进单位交流、学习，促创新、促发展。同时，可以开展一些比赛培训及演练，全面调动每位职工的积极性及创造力。

河流的生态治理是一个循序渐进的过程。在这个过程当中，需要综合考虑各方面的因素，充分借鉴国外生态治河的理念和经验，结合水力学、生态学、工程学等方面的知识，从河流生态环境的系统性和河流利用与管理的协调性出发，在保障生态环境的前提下治河、用河，实现河流的可持续发展。

参考文献

[1] 张春玲，付意成，臧文斌，等．浅析中国水资源短缺与贫困关系［J］．中国农村水利水电，2013（1）：1－4.

[2] 黄荣辉，周连童．我国重大气候灾害特征、形成机理和预测研究［J］．自然灾害学报，2002，11（1）：1－9.

[3] 陈文科．我国重点流域地区的水污染趋向与治水治污路径［J］．江汉论坛，2010（2）：5－14.

[4] 包维楷，陈庆恒．生态系统退化的过程及其特点［J］．生态学杂志，1999（2）：36－42.

[5] 章家恩，徐琪．恢复生态学研究的一些基本问题探讨［J］．应用生态学报，1999，10（1）：109－113.

[6] 李丽娟，郑红星．海滦河流域河流系统生态环境需水量计算［J］．地理学报，2003，55（1）：6－8.

[7] 董哲仁．水利工程对生态系统的胁迫［J］．水利水电技术，2003，34（7）：1－5.

[8] 孙佑祥，潘志富，赵伟．对连云港市水资源现状及问题的思考［J］．水电站设计，2013，29（3）：102－104.

[9] 王胜永，张洋洋，尹慧杨，等．河流生态修复相关研究进展综述［J］．现代园艺，2016（6）：148－149.

[10] 黄锦辉，赵蓉，史晓新，等．河湖水系生态保护与修复对策［J］．水利规划与设计，2018（4）：1－4，107.

南六塘河治理工程：争做环境与生态保护的急先锋

蒋　山

江苏省灌南县水利局

一、工　程　概　述

南六塘河是沂南地区盐河以西、淮沭河以东、北六塘河以南的主要排涝河道，具有防洪、排涝、灌溉引水等综合功能。河道上游从涟水县麻垛起，穿高沟镇后在沈三圩处入灌南境内，至下游穿盐河汇入武障河，全长33.23km，流域面积1015.2km^2。自1973年至今一直未对该河道进行疏浚。现状河道与原设计断面相比，淤积严重，过水断面不足，东西张河汇入口以下至公兴河汇入口河段河道排涝能力约250m^3/s，以上至杰勋河汇入口河段排涝能力约160m^3/s，与规划规模对比，都在规划排涝能力的60%以下，可见现状河道排水能力严重不足。另外，沿线水工建筑物建设标准很低，远达不到十年一遇的排涝标准，且经过长年运行使用，普遍存在闸身、站身、闸门损坏，机电启闭设备老化、破损严重，混凝土碳化等问题，已不能发挥作用，严重影响排涝功能的正常发挥，对当地农村经济的发展形成了很大的制约。根据省水利厅、省发展改革委、省财政厅《关于加强灾后水利薄弱环节建设项目审批管理的通知》（苏水计〔2017〕45号），结合连云港市水利需求，南六塘河治理工程（灌南县境内）纳入水利薄弱环节建设，直接编制初步设计。因此，为保证整体河道发挥效益，当地水行政主管部门迫切希望对南六塘河进行疏浚治理，并于2018年2月12日将初步设计报告报送省水利厅。

2018年3月4日，南六塘河治理工程（灌南县境内）由省水利厅以“苏水建〔2018〕22号”批准实施。工程建设等级和标准为：河道排涝标准为10年一遇，堤防防洪标准为20年一遇；沿线水闸及城区段泵站排涝标准为10年一遇，农区段泵站排涝标准为5年一遇。堤防工程级别为4级，沿线闸站主要建筑物级别为4级，临时建筑物为5级。工程建设内容为：河道疏浚11.93km，加固沿线堤防4.255km，河坡防护5.09km，桥梁防护4座；改建、扩建闸站5座，拆建涵闸4座。工程批复总投资15250万元，工期18个月，工程分两个年度实施。

二、工程设计原则

（一）在满足设计要求的基础上选择最经济环保的工程建设方案

在规划设计阶段，南六塘河河道护岸设计方案主要涉及直立板桩方案和生态石笼挡墙两种方案的比选，如图1、图2所示。

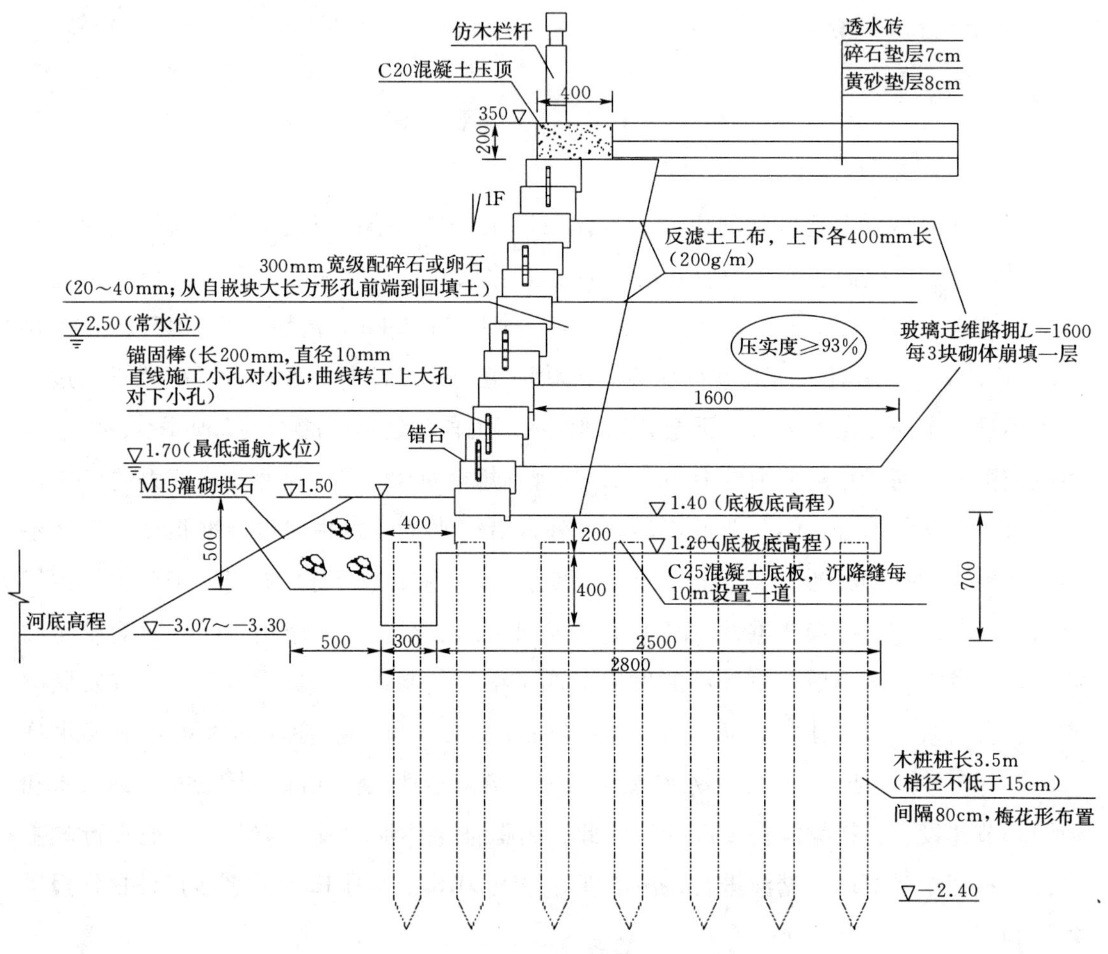

图1　方案一：直立板桩方案典型设计断面

经测算：

方案一河道土方量约为5.32万m^3，造价约为40.71万元，挡墙及其他附属造价约为1893.17万元，赔偿费用约为345万元，方案一总投资约为2308.18万元，投资稍高，施工难度较大、工序多、工期最短，拆迁难度小，拆迁补偿费用低，对城市生态景观适应性强。

方案二河道土方开挖及回填量约为5.80万m^3，造价约为43.05万元，挡墙及其他

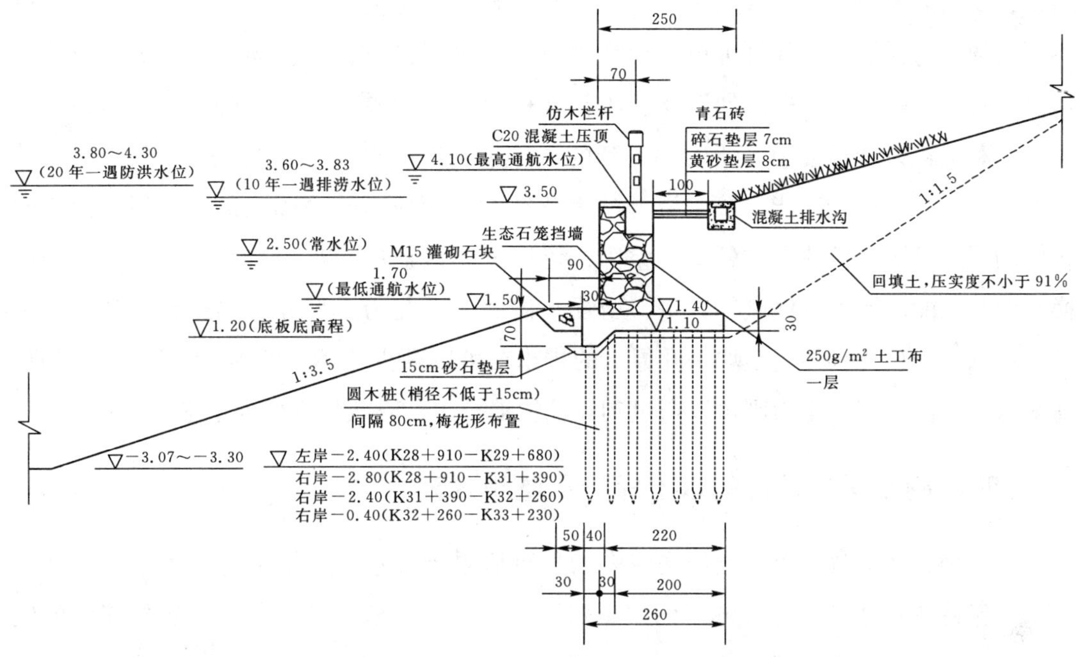

图 2　方案二：生态石笼挡墙方案典型设计断面

附属造价约为 1485.42 万元，围堰施工（结合河道开挖）及拆除约 1.8 万 m^3，造价约 29.30 万元，赔偿费用约为 345 万元，方案二总投资约为 2235.28 万元，施工难度小，工程费用较低，征地拆迁费用与方案一基本相同，对城市河道生态景观要求适应性强。

经综合比选，本次设计推荐方案二。

（二）为动植物提供生存与繁殖的空间

生态系统是一个有机联系的整体，在生态水利工程建设过程中需要注重生态系统的整体性，保证河流、水道、岸边的动植物与生态水利工程形成一个统一的有机体。生态水利工程的建设人员要保证对自然的敬畏心，严格按照自然规律、地形地貌进行合理的统筹规划和资源配置，完善生态系统。本工程采用的是石笼护岸，由于石笼的空隙较大，如果只单纯地使用石笼，很容易形成植物无法生长的干燥贫瘠环境。因此，为使植物能早日生长，要给石笼覆土或填塞缝隙，而不能被动地等待洪水带来的泥沙淤积。微生物及各种生物在漫长岁月的加工下，会形成松软且富含营养成分的表土，实现多年生草本植物自然循环的目标。

（三）积极提高水资源自身净化能力

目前，我国仍然存在水资源紧缺的现象，水资源作为当前人类最宝贵的资源，却不断面临着被污染的困境，建设生态水利工程重在涵养水源。为了解决水资源污染的问题，我们需要采用生态水利工程来提高水的自身净化能力，水资源的净水作用可以将有机物变为无机物，并且可以分解水中的细菌等污染物，无机物可以为水中的藻类提供养料，这就形成了资源的循环利用，这种净水能力离不开氧气的参与。所以，在生态水利工程设计过程中，要增加遇到的流速带，保证水中含有充足的氧气，只有保证水中的氧气含量，才能保障水资源的净化能力。用块石笼叠砌成的挡土墙，由于网箱内的填充料为松散体存在较多的空隙，可以充分保证河岸与河流水体之间的水分交换和调节功能，增加土体氧气含量，增强水体的自净能力。另外，空隙也有利于滞洪补枯、调节水位。砌体后土壤中孔原水的排出，可以减少墙体后的地下水压力，同时，地表水一旦渗入墙后土中则可以通过砌体较快地排出，有效地降低地下水位。

（四）制定科学可行的水土保持及监测方案

近年来，各级政府对水土流失带来的严重后果十分重视，特别是《中华人民共和国水土保持法》颁布后，江苏省的水土保持工作走向了法制化、制度化、规范化的轨道，群众的水土保持意识不断提高。

本工程虽然已采用生态石笼挡墙、灌砌块石护坡等工程措施防止水土流失，但工程措施主要针对涉水部分的堤防、河岸等作为主要防护部位，位于常水位以上主体工程以外的裸露部位长期受雨水冲刷，水土流失十分严重，必须采取其他有效植物覆盖措施等，与主体工程形成有机整体，进行综合全面治理，才能彻底治理工程中存在的问题，实现有效的水土保持治理效果和目的。为此，在施工阶段对南六塘河两岸堤防、河滩地裸露地表采取撒播狗牙根草籽、抚育管理措施；对弃土区裸露地表，采取撒播狗牙根草籽、抚育管理、临时排水沟等措施；在水工建筑物防治区内采取撒播狗牙根草籽、抚育管理、种植乔灌木、编织袋防护、临时排水沟等措施；在导流河防治区采取撒播狗牙根草籽、抚育管理、种植乔灌木、编织袋防护、临时排水沟等措施，狗牙根草籽应按 $16g/m^2$ 的播种量撒播，并保持存活率，可以有效防止水土流失。

水土保持监测是开发建设项目水土保持的基础性工作。本工程在护岸、建筑物工程、弃土区、施工临时道路等防治区采用沉砂池法对水土流失状况进行监测。工程施工期，监测时段从工程开工至工程竣工，共 8 个月。运行期，水土流失监测时段为工程运行初期 1 年。水土流失量监测选择具有代表性的地段进行监测，汛期前后各 1 次，汛期（5—10 月）每月监测 1 次，在降雨量不低于 50mm/d 后加测 1 次，林草生长情况及植被覆盖率每年 5 月、10 月调查监测各 1 次，建成的水土保持工程实际运行情况，汛期前后各调查 1 次，雨季每月 1 次。

水土保持监测由具有水土保持监测资质的单位进行，监测单位按本设计中的监测要求编制监测计划并实施监测工作，监测成果定期向水行政主管部门报告。水土保持设施竣工验收时，提交监测专项报告。

三、主要建设过程

南六塘河治理工程（灌南县境内）作为全县乃至省级重点生态水利工程，从规划设计阶段就备受瞩目。笔者作为建设处的一员，亲历整个规划设计过程，全程参与了这一生态水利工程的建设活动。

初步设计阶段，设计单位组织骨干人员参与勘测、设计，并数次邀请专家讨论研究，寻求找到最优的设计方案。其中，编制初步设计报告时，规划论证方案经过多次讨论、修改，通过比选各种规划方案，并结合工程所在地实际情况最终确定最优设计方案和工程建设规模。

为了保证工程质量和安全，加快施工进度，确保按时完成，当地政府特设立南六塘河治理工程指挥部，由县领导担任指挥部主要负责人，政府相关部门领导具体负责责任范围内的工作。工程征地拆迁工作主要由所在乡镇负责，建设处和监理监督配合，县政府负责统筹协调。在征迁过程中，为了避免与群众发生严重冲突，减少不必要的麻烦，统计人员严格遵守相关法律法规，克制情绪，耐心讲解，遇到有分歧的问题，能够冷静对待，协商一致，解决问题。对于不能友好协商解决的难题，县政府分管县长多次组织各职能部门召开工程征迁矛盾协调会，有效地化解矛盾，特别是沿线非法码头的拆除，主要领导曾多次亲临现场，主持拆除工作，维护了社会稳定，为工程的顺利开工提供了强有力的保障。

本工程分两个年度实施，第一期工程于2018年4月10日开工，施工导流采用分段围堰法，土方开挖采用干法施工。由于正值当地农忙季节，农户急需泡田栽插，同时急需改善城区水环境，所以2018年6月12日河道进行通水验收。施工期为2个月，共抽排河道水量300万m^3，疏浚河道6.039km，开挖土方130万m^3，加固堤防330m，防护桥梁2座，砌筑第一层生态石笼挡墙5.09km。

根据本工程工期紧张、任务重的特点，为便于施工管理及土方协调，施工单位将整个一期工程分为五个施工段，各施工段相对独立，配备相应的人员和机械设备，并定期统计土方和挡墙完成量，做好对比分析并在现场公布，增强竞争，提高各班组的效率和积极性。当发现工程进度滞后时，建设处专门组织施工、监理等召开工地例会，寻找滞后原因，采取补救措施，要求各参建单位提高精神，落实责任，根据实际情况优化施工总体进度，及时调整施工方案，加快工程进度。

机械投入的保证就是工期的保证，是保证工期目标实现的前提条件，增加施工机械可以有效地缩短施工作业周期，可使下一道工序提前进入施工，确保优质高效地完成任务。所以，施工单位将投入机械的实际量按计划量的120%来考虑，共累计投入150台各类施工机械。为了确保工程施工不受材料供应的影响，施工单位制定科学可行的材料供应计划，特别是对于重要的材料、设备，必须统一采购，确保材料质量符合设计和规范要求。由于本工程所需的钢丝网、块石和木桩等原材料需要从外地购买调运，材料部门需与供应商保持24小时的联系，确切了解现场材料的库存情况、进场材料的计划落实情况等。另外，为了保证材料能及时到场，施工单位安排专人制定材料需求量计划，并做好提前报送。自行采购的材料要充分调用一切运力确保材料的畅通无阻，保证施工现场有足够的施工用料。

在河道测量放样过程中，技术人员发现施工图纸和现场实际情况不符，及时报告建设单位，请求设计单位更改。设计单位出具变更方案后，征得监理单位的同意，技术人员按照变更图纸进行重新放样。在这期间，施工单位曾多次废弃已放样的基准点和基准线，重新确定最佳河道开挖线。为了保持河道的平整性、直线性和美观性，对于不得不进行微调的工段，项目部抽调专业的技术人员进行严密控制，形成可行性的报告。

在河道土方开挖过程中，原先采用推土机、挖掘机和自卸卡车配合的施工方案，由推土机将河底土方推运至坡底，再由挖掘机将土运上自卸卡车，最后运至弃土区。但是，由于工期太紧，施工单位不得不临时调整施工方案，在河底和弃土区之间临时修建一条施工便道，并铺设钢板，自卸卡车直接进入河底，挖掘机装运土方运出场外，大大提高了作业效率，加快施工进度。

四、工 程 效 益

（一）社会效益

防洪、除涝工程是地方重大基础设施工程，是为民造福的社会工程。本次工程实施后，南六塘河上游段沿线排涝标准得到了提高和巩固，满足排水范围内的除涝需求，减少或免除地区积水以及由此带来的经济损失和不良影响，缓解每年汛期防汛的人力、物力、财力消耗和紧张形势，改善和提高了农业生产基础条件，促进了农村基础设施建设，带动了农村面貌的改变和农村环境的治理，为农业产业结构调整、农民脱贫致富和农村经济的发展创造了基础条件，更重要的是为促进区域经济的共同发展和稳定农村奠定了基础。工程完工后，可以有效地降低地下水位，保持水土，并充分发挥水利工程服务农业的作用，促进地区的安定团结，促进经济与各项事业的发展，社会效益显著。

（二）经济效益

工程效益主要体现在工程建成后，减免涝灾害损失和减少防汛费用等经济效益。设计工况下比现状工况下减少的涝灾损失即为工程在不同重现期的除涝效益。南六塘河治理工程（灌南县境内）主要涉及灌南的李集乡、新安镇两个乡镇，这两个乡镇的工程受益范围内在历史上均有灾损的记录资料。工程建成后，可保护农村人口 9.44 万人，耕地面积 18.59 万亩。

南六塘河现属于七级航道，工程完工后将更加方便商船的往来，促进沿线码头的发展，发挥航道整体经济和社会效益，在推动地方水运经济快速发展方面发挥积极作用。

另外，为了加强人与水的互动，工程在桩号 29 +058、30 +677、31 +207、32 +032、33 +093 处各增建 1 座滨水平台，方便旅游船只停泊观赏，并且与当地政府规划中的五龙口大型生态旅游景区相协调，提升了城市形象，为灌南打造了一条观光旅游水上通道，促进地方旅游业的发展。

（三）环境效益

在项目实施过程中，坚持水利工程与农田林网建设相结合，与供水、供电、道路建设相结合，着力现代水利建设，有效地改善了生态环境，促进了圩区农民群众精神面貌的改变和健康水平的提高。同时，可以有效地降低地下水位，保持水土，防止土壤次生盐碱化，为实现农村现代化和高效农业创造条件。

南六塘河疏浚完成后，改变了河道的岸边环境，改善了灌南西城区的生活环境，提升了城市的整体形象，为该县成功创建国家卫生城市添砖加瓦。

五、问 题 及 建 议

虽然南六塘河治理工程（灌南县境内）的建设取得了阶段性成效，但在工程推进中仍存在一些问题。一是群众投工投劳难。灌南县经济基础薄弱，外出务工人员较多，农村劳动力明显不足，造成工程投工投劳难度大，影响进度和质量。二是配套资金到位难。县财政资金紧张，难以及时到位，加之水利工程多为公益性工程，经济效益不明显，致使部分配套设施不能保质保量完成。三是群众环保意识和安全意识不足。环保设施完成后，部分群众仍在水土保持防护区内进行耕种等活动，致使狗牙根草籽不能有效存活。另外，个别单位及个人在施工期间未经允许，擅自挖掘堤防土方，破坏了原堤防的完整性，影响行洪安全。

笔者建议国家加大科技研究经费的投入，提高机械化作业能力，减少劳动力需求。建议项目批准部门加大国家项目扶持额度，减少地方配套资金，建立流域管理补偿机制，增加河道管护经费投入。运行管理单位应推广运用先进的河道管理体系，加强电子监控，提高流域管理水平。另外，还应加大环保的宣传力度，在现场做好公示牌，明确违法行为应受到的惩罚和举报方式，以实现全民守法、全民监督的目标。

六、结　　语

随着绿色可持续发展口号的提出，以及社会大众不断增强自身的生态安全意识，要求水利相关部门在规划治理河道的过程中，不仅要满足水利工程本身的设计要求，还要考虑到环境和生态的可持续性，不损害自然的生态系统。南六塘河治理工程（灌南县境内）完工后将极大提高区域防洪、排涝、灌溉和航运能力，改善地区周围环境。同时，结合堤岸绿色廊道建设，将在城区段打造一片5km长的生态休闲空间，拉近人与自然的距离。

浅谈河湖生态水土保持与修复监测

孙杨彬

江苏省灌云县水利工程总队

一、水土流失现状及防治情况

（一）水土流失现状

江苏省地处江淮下游，总面积10.26万km^2，虽然以平原（包括圩洼地区）为主，但地貌形态比较多样，可划分为平原、岗地、丘陵、低山四大地貌类型。根据地貌形态，全省水土流失主要表现为丘陵山区（低山、丘陵、岗地）水土流失和平原区（沙土区）水土流失。大部分地区以水力侵蚀为主，主要表现为面蚀、沟蚀。

连云港市灌云县位于苏北地区，根据《全国水土保持规划国家级水土流失重点预防区和重点治理区复核划分成果》，灌云县不属于国家级水土流失防治区。根据《江苏省省级水土流失重点预防区和重点治理区划分》（苏水农〔2014〕48号），项目区所在区域不属于省级水土流失重点预防区和重点治理区，属于水土流失易发区。

根据江苏省2000年水土流失遥感普查成果及区域水土保持规划和土壤侵蚀资料，结合项目区地形地貌、土地类型、降雨情况、土壤母质、植被覆盖等基本情况，通过向当地水利部门和群众了解情况，加之现场踏勘、调查，综合分析确定该区域的平均土壤侵蚀模数为200t/(km^2·a)，属微度侵蚀。

（二）水土流失防治情况

灌云县所在区域属于淮北平原，地势平坦，河网众多，水系发达。地方政府和水行政主管部门通过采取生物措施和工程措施相结合、建设与管理相结合的方式，对地方水土流失逐年治理，取得了显著成效。具体措施有：

（1）沟渠治理：针对密布的人工水网、渠系，为防止堤、坡面水土流失，除重要地段采取工程护坡外，均采取植物措施（主要为草皮）防止坡面因降雨而产生水土流失，并布置坡面排水系统。

（2）圩区治理：建设防渗工程、输水管道，增强圩区防洪能力，在江河湖堤和农田布置防护林，一方面减少水土流失，另一方面调节农田小气候。

（3）水土保持生态修复：应用生物有机肥料和多品种植物对土壤进行改良，提高生态利用效率。

（4）加强管理体制：建立专职的水土保持机构，指定相关的水土保持法规，为水土保持工作提供组织和法律保证，对水土保持工作进行监督和检查，防止水土流失。

二、主体工程水土保持评价

灌云县河湖主体设计及工程选线（选址）尽量不涉及崩塌滑坡危险区和泥石流易发区；总体布局应考虑减少占地、扰动面积和弃土的方案；施工时序尽可能安排在非汛期施工，减少水土流失发生的几率，施工道路尽可能利用原有乡村道路，减少扰动面积；弃土处理采取挖填平衡的科学调配方式，利用“先拦后弃”的方式可减少弃土场的水土流失量；主体工程中具有水土保持功能的植物措施和护坡等工程措施，对工程施工后期和运行期防止雨水溅蚀、水流冲刷都起到了有效的保护作用，所以这些措施具有较好的水土保持作用。

由于工程建设中不可避免地会产生弃土、临时堆放弃土和新裸露表土、破坏原生植被、扰动原地貌等对水土保持不利的因素；主体工程施工应多采用机械开挖和运输土方，需要修建临时施工道路，同时机械运输土方会造成少量的散落，增加对道路周边地表的扰动。施工过程中的裸露地表如堤防边坡、弃土区顶面及边坡区，清表土或回填用土临时堆放期，在遇暴雨发生时，松散堆放的土体可能会产生严重水土流失，对周边的耕地产生水冲沙压危害。因此，以上这些均是由工程建设产生的水土流失影响。

工程中存在的水土保持方面的问题主要有以下几方面：

（1）管网工程。管网工程中，施工结束考虑了地表的平整压实，但缺少施工过程中的临时防护，施工结束后裸露地表缺少防护措施。

（2）弃土区。弃土区施工结束后复垦，但坡面需要防护措施。

（3）建筑物工程区。建筑物上下游引河迎水坡面采取硬化处理，但翼墙墙后、管理区内仍有裸露地表须采取防护措施。

（4）施工生产生活区。施工结束后，湖区考虑景观措施，但缺少施工过程中临时防护措施。

三、水土流失防治责任范围及防治分区

（一）水土流失防治责任范围

水土流失防治责任范围分为项目建设区和直接影响区。

1. 项目建设区

项目建设区主要包括项目建设涉及的永久征地、临时占地、租赁土地等建设征占地面积。工程项目建设区主要包括湖区、建筑物工程区、管网工程区、弃土区、施工生产生活区等。

2. 直接影响区

直接影响区包括各类工程建设征地及项目建设涉及范围以外，因工程建设活动造成水土流失危害的区域。确定工程直接影响区为湖区、建筑物工程区、弃土区坡脚四周工程占地和施工场地占地边界外1m范围，管网工程两侧各2m范围。

（二）防治责任范围与征占地的关系说明

水土保持防治责任范围主要是项目建设区和直接影响区，项目建设区主要包括项目建设涉及的永久征地、临时占地等建设征占地面积，以及不需征用的国有土地（如取水口占用的堤防）。工程项目建设区主要包括湖区、弃土区、施工生产生活区、建筑物工程区、管网工程区；直接影响区包括各类工程建设征地及业主管辖范围以外，因工程建设活动造成水土流失危害的区域。因此，防治责任范围应包含工程征占地面积，而且大于征占地的面积。

（三）水土流失防治分区

根据项目所处的地理位置、地貌类型、地面组成物质、土壤植被、土地利用现状、水土流失现状、工程布局、建设特点、建设时序、工程类别、造成水土流失特点等的不同，依据外业调查勘测、资料收集与数据分析，将项目区按工程类别、施工区域和防治措施进行分区。

四、水土流失预测

（一）扰动原地貌、破坏土地和植被面积预测

工程建设施工阶段破坏原地貌、土地及植被面积，主要是由湖区开挖、场地平整、管道开挖、弃土、道路占压土地及闸站的基坑开挖和回填、施工临时用地等造成的。

（二）水土流失危害预测

由于河湖工程建设时间长，开挖土方量大，挖损、堆垫面积广，导致现状植被遭到破坏，并形成大范围的裸露地表，使大部分地区的水土保持功能降低或丧失。同时，

工程建设的再塑作用改变了地貌地形，破坏了原有的水土保持功能，为水土流失的发生、发展创造了条件。在水力和重力复合作用下，使项目区内水土流失强度有较大幅度增加，若不采取有效的防治措施，严重的水土流失对主体工程建设和安全运行将产生危害，同时影响项目区域内生态系统的良性循环，对自然景观、河道水质、土地资源等生态环境产生一定的不利影响。

五、水土流失防治总体方案

（一）防治目标

根据《全国水土保持规划国家级水土流失重点预防区和重点治理区复核划分成果》，项目区所在地灌云县不属于国家级水土流失防治区。根据《江苏省省级水土流失重点预防区和重点治理区划分》（苏水农〔2014〕48 号），灌云县所在区域不属于省级水土流失重点预防区和重点治理区，属于水土流失易发区，同时是灌云县水源保护区，因此水土流失防治等级为一级防治标准。

（二）水土流失防治措施总体布局

针对灌云河湖工程施工总体布置方案和施工特点，以及项目建设区和直接影响区新增水土流失预测结果和防治目标，结合各影响区域的地形、地质、地貌类型、土壤条件以及工程涉及地区的水土保持生态建设规划，在对主体工程中具有水土保持功能措施全面评价的基础上，确定工程水土保持措施的总体布局。

针对工程建设点、线结合的特点，新增水土流失防治措施，以主体工程建设区的弃土区、湖区等为重点防治区域，临时措施与永久措施相结合、工程措施与植物措施相结合，以形成完整的防护体系。

在措施实施进度安排上，实行水土保持“三同时”制度。根据不同部位的施工特点，建立分区防治措施体系。

在湖区、建筑物工程区、弃土区、施工生产生活区等“点”状位置，以工程措施为先导，将土地整治措施和植物措施相结合，通过建立综合的防治体系，使湖区、建筑物工程区、施工生产生活区等的水土流失得到有效控制。

在管网工程区等“线”状位置，结合主体工程的施工特点进行分段防护，根据各个工程段的不同情况布设临时和植物防护措施。

在整个工程施工区的“面”上，工程措施、土地整治和植物措施相互配合，按照系统工程原则，合理利用土地资源，处理好局部与整体、单项与综合、眼前与长远的关系，提高水土流失的防治效果，减少工程投资，改善生态环境。

（三）水土流失防治体系

根据江苏省已实施的大型水利工程，并结合工程的具体情况，以防治新增水土流失和改善工程区生态环境为主要目的。根据项目主体工程开发建设的特点，以水土流失预测为科学依据，合理配置各防治区的水土保持措施。根据各区具体情况，分别采取适当的防护措施，综合治理，提高水土保持效果，结合主体工程已有的具有水土保持功能的工程项目，同时利用植物措施工程，增加植被覆盖率，减缓地表径流，做到项目开发与防治相结合，点线面相结合，形成完整的水土流失防护体系。

（四）水土保持分区防治措施设计

灌云河湖工程主要由河湖区、建筑物工程区、弃土区、施工生产生活区四个防治分区组成。针对每个分区水土流失的特点，提出相应的水土流失防治措施。

1. 河湖区

（1）工程措施。在植物隔离带坡底建设截水沟，拦截有污染的地表径流，并经过引流、交汇，最终再集中处理后排放，确保湖区周边的陆源污染物不进入河湖区；对堤防、绿化隔离带地表进行表土剥离，作为后期绿化覆土。

（2）植物措施。河湖区防治区施工内容为湖区开挖，堤防填筑。结合当地规划，河湖区四周将建设生态景观，防治措施与生态景观设计统一考虑。

2. 建筑物工程区

河湖区范围内的工程措施、植物措施、建筑物工程临时防护措施与河湖区生态景观设计统一考虑。

（1）工程措施。对堤防覆堤后的裸露堤防表面和围墙内裸露地表进行土地整治。

（2）植物措施。对堤防覆堤后的裸露堤防表面和围墙内裸露地表铺植草皮防护，管理范围内种植乔木、灌木、攀缘植物、铺草皮河种植花草。

（3）建筑物工程临时防护措施。对各建筑物临时堆土采用编织布临时遮盖，四周开挖临时排水沟，排水沟为梯形断面。

3. 弃土区

弃土为临时占地，施工结束后进行复垦。

（1）工程措施。土方开挖前对弃土区表土进行剥离，以利于复垦。弃土区四周开挖排水沟，引入附近排灌沟渠，施工结束后对弃土区坡面进行土地整治。

（2）植物措施。对弃土区坡面撒播草籽防护。

4. 施工生产生活区

施工生产生活区均布置在永久占地范围内，植物措施与生态景观设计统一考虑。对施工生产生活区四周及材料堆场四周开挖临时排水沟，排水沟为梯形断面，底宽30cm，深30cm，边坡1∶1。

（五）植物养护和管理

种植完工后，及时提供管理和养护种植植物的计划，将种植植物养护到工程缺陷责任期满，对于更换枯树或草的再种植，应从再种植时起至少养护一年的生长期，随时进行检查并及时补植。栽植的乔木、花灌木成活率应达到设计要求，宿根性植物大于等于设计标准。

管理及养护计划应包括：经常除草，必要时施加除草剂；按园艺方法进行修剪、栽培；需要时经常浇水；每年施肥二次，施肥量不低于常规用量；经常施加农药及防治病虫害；经常防治人为的破坏和牲畜的践踏、啃咬；在适宜的季节补植枯死、损坏或丢失的树木花草；经常清扫及清除垃圾、保护表土。

六、水土流失监测

（一）监测内容

监测内容包括四类：

（1）水土流失影响因子监测。包括降水、风、地貌、地面组成物质、植被类型与覆盖度、人为扰动活动等。

（2）水土流失状况监测。包括水土流失类型、面积、强度和流失量等。

（3）水土流失危害监测。包括河道泥沙淤积、洪涝灾害、植被及生态环境变化，对项目区及周边地区经济、社会发展的影响。

（4）水土保持措施及效益监测。包括对实施的水土保持设施和质量、各类防治工程效果、控制水土流失、改善生态环境的作用等。

（二）监测方法

应通过设立典型观测断面、观测点、观测基准等，对在生产建设和运行初期的水土流失及其防治效果进行监测。

项目建设区水土流失因子监测应包括地形、地貌和水系的变化情况：建设项目占用地面积、扰动地表面积；项目挖方、填方数量及面积、弃土、弃石、弃渣量及堆放面积；项目区林草覆盖度。

水土流失状况监测应包括水土流失面积变化情况；水土流失量变化情况；水土流失程度变化情况；对下游和周边地区造成的危害及其趋势。

水土流失防治效果监测应包括防治措施的数量和质量；林草措施成活率、保存率、生长情况及覆盖度；防护工程的稳定性、完好程度和运行情况；各项防治措施的拦渣保土效果。

（三）监测点位布设

根据水土流失预测结果，工程施工期水土保持重点监测区域为主体工程区、施工区和弃土区。故在可能造成严重水土流失的施工区域，选择与布设水土保持监测点，进行定点、定位观测。

（四）监测时段与频次

监测时段分为施工期和运行初期。施工期 2 年，运行初期 1 年为自然恢复期。

（1）调查监测频次：根据不同的施工时序、监测内容分别确定。在施工初期，结合设计资料进行 1 次底值调查监测；在施工期的中间及结束后，各进行 1 次全面的调查监测；在水土保持措施开始实施后，春、秋季各监测 1 次。

（2）定点监测频次：水蚀监测，每次降雨雨强达到 24 小时不小于 50mm 后加测 1 次。

城市河道生态修复与治理的探讨

——以杭州市某河道治理为例

刘　宁

浙江省水利水电勘测设计院

自古以来，中国城市的发展离不开水，多数城市都是傍水而建，水对城市中居民的生活、生产的正常进行起到了极为重要的作用。农业时期，河流为城市中的人们提供了水源、带来了肥沃的土壤；工业时期，河流又成为工业发展的动力源和运输通道，虽然这一时期人类的活动已经对河流造成了一定的污染；直到信息时代的今天，河道的生态、休闲与景观功能也越来越受到人们的重视，人类与河流的关系从近水到远水再到亲水。然而，随着城市化进程的加快，城市河道的良好发展与完整性都受到了极大的威胁。城市人口的日益增加、工业发展的不断增速加大了城市污水的排出量，城市河道的自我净化能力无法复核如此高速的运转，并且河道生态系统的结构与功能也因此而日益退化。城市居民面临着严峻的水安全问题和栖息地退化威胁，同时城市河道为城市居民带来的相关利益也受到了影响。

本文以杭州市拱墅区某河道的生态治理方案为例，探讨城市河道的生态修复与治理的措施，以期为相关类似的区域水体环境修复项目提供参考，同时为城市河道的生态修复与治理提供一定的理论和实践参考。

一、城市河道面临的主要问题

城市河道是城市景观生态系统的重要组成部分，具有提供水源、运输、防洪排涝、调节气候、降低环境污染的作用，对城市的生态环境建设和优化有着重要的意义。然而，我国当今城市河道的现状却不容乐观，诸多问题使其应具有的功能难以发挥。

首先，河道水环境恶劣。经济发展迅速、产业结构不合理导致水污染、水处理不达标及对河道的开发利用程度过高，致使河道内的水资源数量较少，这些原因使城市河道的纳污能力超过了河道的自净能力，河道水质变差。

其次，河道生态系统损坏严重。河道的三面衬砌阻断了河道与生态系统其他成员之间的联系。因此，健康河道以物理、化学、生物等形式参与生态系统运动的功能丧失，致使河道所在区域的局部生态系统瘫痪。

再次，河道景观缺乏。多数城市河道出于防洪安全的需要，两岸的堤防都修建得笔直高大，且水面单调划一，水流速度慢，水环境恶劣等造成了河道景观的严重不足。城市河道受人为干扰较多，且城市由于具有人口密集、基础设施繁多、水电气网络交织的特点，从而增加了城市河道生态修复工作的难度。

因此，如何改善城市河道现状成为一个迫在眉睫的问题。随着科学技术的长足进步，在城市河道的治理过程中，需要采用先进的生态恢复设计方法与措施，在理论背景的支撑下通过各种生态治理工程修复与改善城市河道水环境。城市河道现状面临的根本问题就是生态环境问题，只有从生态的角度修复和重建生态系统，才能为水环境、水生态、水景观等其他功能奠定基础。

二、河　道　概　况

（一）水质概况

杭州市拱墅区某河道为断头河，全长 1948m，水域面积 2.6 万 m^2。水深 1.2～1.8m，透明度 50～70cm，有明暗排污口不少于 4 个。环保部门 2016 年 12 月监测结果显示（表 1），该河道水溶解氧含量为 5.80mg/L，氨氮含量为 4.58mg/L，高锰酸盐指数为 1.95mg/L，总磷含量为 0.220mg/L，综合判定为Ⅴ类。

表 1　河道水质监测表（2016 年 12 月环保部门监测数据）　　单位：mg/L

溶解氧	氨　氮	高锰酸盐指数	总　磷	水　质
5.80	4.58	1.95	0.22	Ⅴ类

（二）该河道面临的主要问题及修复的必要性

该河段主要存在外源性污染影响及自身脆弱的水生态系统结构两个问题。该河道段位于居民区中心位置，人口密集，可见有多个雨水口和排污口，且河道边的生态公园段蜿蜒盘旋，驳岸绵长地表径流污染大，两者为主要外源污染。目前，河道仅在河道北面以及河道段做有几十米曝气管，并配有浮岛，河道水生态系统结构不合理，导致其自净能力较弱，水体浑浊。

此外，地表径流污染的输入、来自底泥污染物的释放、水生动物代谢产物和水生生物残体等内源污染，势必导致河水体富营养化，水体变绿甚至发黑发臭，严重影响周边的自然环境和居民的生活环境，使得河道的主要基本生态服务功能完全丧失。点面控制以及河道清淤工作是改善河道水质，促进生态系统健康，提升河道景观的深层目的，也是建设水生态治理的基础。

三、本河道修复工程设计

（一）设计原则

1. 生态性、功能性原则

针对本河道水体的环境条件，将水生态修复技术与水下景观设计相结合，人工调控与生态系统自组织相结合，完善生态链，使水体的水生生物种群结构合理稳定，各种群生物量和生物密度达到营养平衡水平，营造生物多样性和景观多样性，保持水生态系统长期稳定性。注重水系景观与周围环境的相互协调，水处理措施与给排水、绿化景观及机电密切结合，充分发挥水系的生态功能。

2. 整体性、景观性原则

根据本河道的水质特点，结合当地气候与水文状况，综合项目水系和沿岸环境系统各组成要素之间的关系，发挥水域生态工程集成技术体系特性。运用景观生态学原理和现代水域景观设计理念，综合运用节奏与韵律、空间与尺度等美学原则和设计方法，结合地形、水面、绿化、空间层次的丰富变化，将水生植物布局和水体水系周围环境相融合。考虑风向、水流、遮荫、季相、色彩及视线等因素，通过人工植栽方式，创造现代植栽艺术。在水系和道路交叉处，营造特色景观。

3. 生态安全原则

工程所用生物，引入退化水体后，随着生态系统的恢复，应能大大增加提供的生态系统服务，不会危害本土的经济物种安全。

4. 先进性及经济最优原则

工程选用水生态处理技术不但要求具有先进性，而且必须考虑优先使用投入成本和运行费用总和相对较低的技术方案。

（二）设计目标

河道生态治理工程是一个综合性的系统工程，目的是改善片区水系总体水质、提升片区整体水环境水生态修复能力，其主要设计目标有：

（1）水体感官效果：杜绝蓝绿藻暴发、感官不佳等现象；水体清澈透亮，无异味；水体透明度不低于1m或清澈见底（赛氏盘检测）。

（2）水体生态景观效果：除暴雨期外，水体全年清澈透亮，生态系统稳定；沉水植物覆盖率不低于60%（立姿目测），水生植物保持四季常绿，显著提升水体景观；构建结构完整、功能完善的水生态系统，水体实现自净，并且具备一定抗污染能力。

（3）水质效果：水质主要富营养指标达到国家《地表水环境质量标准》（GB 3838—2002）四类水质标准。

（三）河道清水型生态系统构建技术及可行性分析

河道清水型生态系统构建技术主要以恢复生态学为基础，稳态转换理论为指导，生物操纵为方向，在长期大量的工程实践中，研发总结出的能够解决水体污染问题的集成技术。

景观河道往往面临着控制外源污染与恢复河道自身水生态系统两方面的难题，在控制外源污染方面，本河道并没有采取任何措施，封闭水体中长期雨水混杂小区生活污水直接流入河道，加上大气70%氮沉降使河道营养盐含量不断积累，导致水体容易出现富营养化现象，然而河道水体的富营养化是水质保持的主要问题。治理河道水体富营养化的传统方法有疏浚底泥、引水稀释等物理措施，以及投放药剂进行杀藻、除臭等化学措施。这些方法均存在投资大、维护成本高、不利于水体生态系统的健康发展等负面影响，不适宜景观河道水体。河道清水型生态构建技术以生态学理论为指导，以改善水生生物生存环境，优化水生生物群落，提高河道水生态系统自净能力为主要手段，达到维持水生态系统稳定健康发展的目的，是治理富营养化景观水体及水质保持的有效途径，同时具有总投资成本低，水质保持长效等特点。

河道清水型生态系统是水体健康状态下的生态系统，其特征为浮游植物生物量小、种类较丰富、不出现水华，高等水生植物种类丰富、空间占有合理，浮游动物个体较大，鱼类结构合理，大型底栖动物较丰富，水体自净能力较强。本河道面临的生态环境问题完全可以通过构建河道清水型生态系统进行解决，如水生态系统的重新构建可以解决该河道目前生态系统脆弱的问题，沉水植物群落的构建可以解决目前悬浮物质较多、水体浑浊的问题，此外，大型底栖动物群落构建和沉水植物构建可以有效解决水体氮、磷污染问题等。因此，通过这一技术实施并建立长效运行管理机制，可以使独城河保持水体清澈、水质清新，水生态系统稳固长效运行。

（四）河道清水型生态系统构建技术工艺路线及实施方案

控制外源污染输入→削减内源污染负荷→构建河道清水型生态系统架构、让物质能量在水体中流动传递→操控物种群落演替、保持系统的多样性复杂性→建立监测管理机制→辅助工程健康长效自我运行。

根据本河道的水质情况及污染程度，提出河道的总体治理规划路线，见图1。

根据项目要求，本河道需对全段进行清淤，并针对排污口、雨水和临时突发性排污进行有效处理，最后采用河道清水型生态系统构建技术以及水体透明度提升措施，恢复河道自然水生态系统结构，以提高水体自净能力，最终达到改善河道水质的目的，其中生态治理具体施工实施方案见图2。

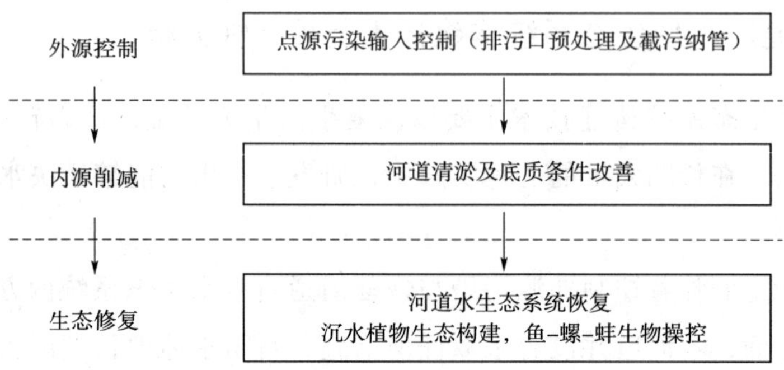

图1 本河道水质提升工程总体治理规划路线

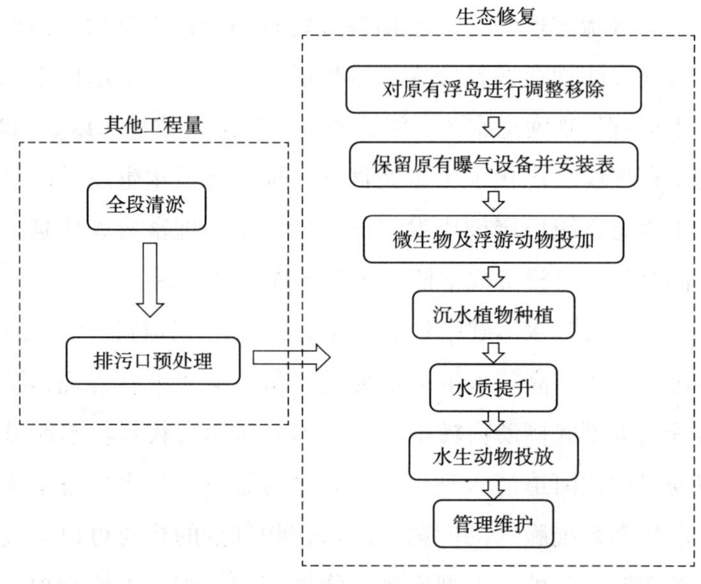

图2 独城河总体方案路线图

四、本河道修复工程实施

在本河道区域环境与生态特征的基础上，以生态系统结构与功能关系为依据，建立本河道清水型生态系统架构。实施的工程包括：沉水植物群落构建工程、浮叶植物群落构建工程、大型底栖动物群落构建工程、鱼类群落构建工程、水体透明度提升工程。

（一）沉水植物群落构建工程

沉水植物作为主要的初级生产者，固化与转化太阳能并向其他水生生物提供能量，使得整个系统得以运转，因此沉水植物丰富的水体水质较为清新。水生植被在水体污染治理中扮演着重要作用，其对水质的影响是通过多种途径与机制实现的，主要有对污染物的直接吸收、固定沉积物、控制沉积物再悬浮、控制藻类、为浮游动物提供栖息繁衍场所，提高浮游动物的牧食率等，是整个生态系统构建中的关键环节。

（二）浮叶植物群落构建工程

浮叶植物是水体水生植被的重要组成部分，由于根系植于水底，叶漂浮于水面，因此浮叶植物兼有沉水植物和漂浮植物的特性。植物对改善水环境的作用包括浮叶植物叶子浮于水面，其光合作用对水体的透明度要求较低，常作为富营养化水体水生植物构建的先锋种；浮叶植物根系可以固定沉积物，同时减弱风浪对水体的扰动，降低沉积物再悬浮速率；浮叶植物通过空间占有优势可以控制浮游植物生长，提高水体透明度，为沉水植物构建创造生长条件；浮叶植物也为其他水生生物提供生境，提高水体生态系统的生物多样性。因此，浮叶植物群落的构建可以增加水生态系统的自净能力和稳定性。

（三）鱼类群落构建工程

鱼类也是水生态系统转化的一个诱导因素，利用下行效应放养食鱼性鱼类，实现对草食型鱼类的捕食，抑制其对高等水生植物的牧食，同时减少小型鱼类以减轻浮游动物的捕食压力，增加对浮游植物的牧食，最终达到水质保护的目的。

（四）大型底栖动物群落构建工程

大型底栖动物在水生态系统物质循环与流动中具有特殊的地位和作用，可滤食或摄食底栖藻类，可以有效调节底-泥界面营养盐释放，大型底栖动物群落构建工程是必需的。

（五）水体透明度提升工程

水体透明度提升工程是指在河水生态系统构建初期，若水体透明度、总氮浓度、叶绿素浓度等指标不达标时采取的一系列生物措施，从而对悬浮物进行沉降，削减水体中氮磷等营养盐含量。

（六）养护管理

在完成以上工程后，经过生态系统优化调整，河道水质将有明显改善。同时为保证河道水质能够持续稳定提升，当地管理部门可建立河道水体水质管理小组，施工单位负责对小组人员水体维护技能的培训。在进入维护期后施工单位针对河道制定回访方案，协助当地管理部门维护小组进行水体水质管理。

五、结　　论

绿水青山就是金山银山，可持续发展要求我们必须重视环境问题。作为城市环境中重要的一环，城市水环境的健康与安全决定了人类的长远发展。在城市河道的治理过程中，必须要以构建和谐稳定的生态环境为总原则，只有重建与完善城市河道的自我净化与修复体系，才能够从根源上解决问题。城市河道的生态修复与治理必须结合多学科、多系统，将水系统、土壤环境与生物系统紧密联系，多种工程手段齐头并进，确保城市河道生态系统的可持续发展。

参考文献

[1] 林茂森，王殿武，刘玉珍，等，论城市河流健康与城市发展的关系［J］. 沈阳农业大学学报（社会科学版），2015，17（3）：331－336.

[2] 李雅. 绿色基础设施视角下城市河道生态修复理论与实践——以西雅图为例［J］. 国际城市规划，2018，33（3）：41－47.

[3] PAUL M J，MEYER J L. Streams in the urban landscape［J］. Annual Review of Ecology，Evolution，and Systematics，2003，32（1）：207－231.

[4] 邹明哲，张华新. 基于生态修复的永定河北京段干涸河道植物景观营造方案研究［J］. 现代园艺，2017（3）：80－82.

[5] 黄鹏飞，饶浩羽. 生态恢复设计在城市河道治理景观规划设计中的应用［J］. 中外建筑，2018（6）：117，119.

[6] 柳骅，夏宜平. 水生植物造景［J］. 规划与设计，2006（3）：69－72.

[7] 邓志平，俞青青，朱炜，等. 生态恢复在城市湿地公园植物景观营造中的应用——以西溪国家湿地公园为例［J］. 西北林学院学报，2009，24（6）：162－165，176.

[8] 李云冉. 城市河道生态治理及环境修复浅析［J］. 南方农业，2018，12（2）：125－126.

[9] 徐明立. 河道水生态修复与研究［J］. 河南水利与南水北调，2017（5）：16－17.

水利工程调度在水生态文明建设中的实践与思考

陈富川

安徽省临淮岗洪水控制工程管理局

一、水生态文明建设概述

2012年，党中央作出“大力推进生态文明建设”的战略决策，首次把生态文明建设提升至与经济、政治、文化、社会四大建设并列的高度，列为建设中国特色社会主义“五位一体”总布局之一，努力建设美丽中国，实现中华民族永续发展。党的十九大和2018年全国两会进一步对生态文明建设的实现途径作出了更加具体的部署。

水生态文明是生态文明的重要组成部分，水是生态与环境的控制性要素。水是生命之源、生产之要、生态之基，水生态文明是生态文明建设的资源基础、重要载体和显著标志。水生态文明建设是指人类以科学发展观为主导，以实现水资源永续利用、支撑经济社会和谐发展、推动生态系统良性循环和满足人们精神文化需求为目标而采取的一切文明活动，是随社会文明进程不断变化的长期动态过程。水生态文明建设是缓解人水矛盾、解决我国复杂水问题的重要战略举措，是保障经济社会和谐发展的必然选择。

二、水利工程与水生态文明建设

新中国成立以来国家加大投资，兴建了大量的水利工程，有效地减低了洪涝干旱灾害的发生频率，减少了灾害损失。与此同时，大量水利工程的修建和调控也严重干扰了流域内自然的水文循环特征，破坏了水系的连通性，影响了水力过程，改变了流域污染负荷的时空分布，对河流生态系统产生了严重的影响。同时，我国水资源相对不足，水环境容量有限，水生态退化严重，水生态系统脆弱，水生态功能单一，水制度保障乏力，水文化传播不广，这些问题在一定程度上持续存在着。

水生态保护、水生态文明建设问题，引发了社会各界的广泛关注。如何正确处理水利工程与水生态文明建设的关系，实现水利工程的科学管理和水资源的合理配置，缓解严重的生态问题，营造人与自然的和谐相处，是当前迫切需要解决的问题。

三、水利工程调度在水生态文明建设中的实践

完善的水利工程体系是水生态文明建设的“硬件”，科学的运行管理是抵御自然灾害、合理配置水资源的“软件”，两者紧密结合，才能实现对洪水、水资源和生态的有效调控，让众多水利工程在发挥防洪减灾、水资源保障的同时，承担生态调节新功能，最大限度地释放水生态文明红利。加强水利工程的科学管理和水资源的合理配置，缓解严重的生态问题，是促进人水和谐、推动生态文明建设的重要实践，也是实施最严格水资源管理制度的重要举措和推进现代水利发展的重要抓手。本文以淮河流域为例，探讨水利工程的调度在水生态文明建设中的实践。

（一）科学谋划洪水出路

淮河流域的防洪调度工作具有多工程、多目标、多阶段、多河段、多焦点等特点。首先要加强气象、水文预报工作，跟踪实时雨水情、工情变化，做好水库群、行蓄洪区、闸坝工程联合调度，加强对现有防洪工程的防洪潜力研究，积极开展工情险情评估。综合考虑水库拦蓄错峰、分洪滞洪、堤闸泵站联合调度等多种手段，尽可能留足洪水应有的出路，绝不能因为防洪工程措施的不断完善而错误地认为防汛形势得到了改善，必须辩证地看待防洪标准与防洪风险的关系，时刻不忘为大洪水、特大洪水留出空间和出路，这正是人水和谐的重要内容。

2017 年 10 月，淮河流域发生了历史罕见的秋汛，沿淮各水管部门密切关注流域雨情、水情、工情和天气变化，强化应急值守和会商研判，全力做好淮河超警洪水的应对工作，精准调度各水利工程，充分发挥骨干工程的“拦、分、蓄、滞、排”作用，减少灾害损失，实现从“控制洪水”到“洪水管理”的转变。

（二）蓄水保水留足抗旱水源

加强水利工程联合调度，做好蓄水保水工作，增加供水量，提高综合供水保证率，保证河道最小生态基流，同时为干旱期枯水季节调蓄河道径流、增加河道下泄提供了工程条件和调配功能。

2002 年，南四湖地区遭遇百年一遇的特大旱情，国家防总下达了南四湖应急生态补水决定。南四湖应急生态补水后，湖内蓄水量增加了 1. 10 亿 m^3，水面总面积达正常蓄水位相应水面面积的 26%，可以最低程度地维持湖区鱼类、水生植物、浮游生物和鸟类等生态链最低用水需求，对保全湖区物种、恢复湖区生态系统具有极其重要的作用。

2011年春季，安徽省沿淮淮北地区发生始于上年秋冬的特大连旱，水利管理部门科学预判，在2010年汛后就将蚌埠闸闸上蓄水位逐渐抬高，为上游河道增加蓄水约1.5亿m^3；临淮岗工程蓄水近2.45亿m^3，为抗旱提供了宝贵的水源，保证了沿淮工农业及城镇居民生活用水，社会效益和经济效益显著，得到了国家防总的肯定。

（三）联合调度做好污水防治工作

淮河流域现有水闸5400余座，这些闸坝的存在破坏了水系的连通性，河流流量下降，导致淮河纳污、降解能力大幅度下降。水利工程实行水污染联防，能够在突发水污染事件的防范和处置中发挥重要作用。淮河流域水管部门近几年做了一些成功的尝试，沙颍河、涡河和淮河干流上的部分水闸不再仅从防汛、供水角度进行调度，而是兼顾防污目的实施联合调度。

2013年1月中旬，河南惠济河东孙营闸开闸排水，大量氨氮严重超标污染水体从河南省下泄，导致东孙营闸水位快速上升，超过正常控制水位。安徽涡河亳州境内水质由此污染加重，淮河干流蚌埠市区及怀远县城饮用水安全受到威胁。安徽联合调度沿线各水闸，采取分阶段小流量下泄，逐步稀释降解氨氮浓度的办法，以确保5月上中旬污水前锋流经蚌埠、怀远县取水口断面前，氨氮浓度不高于安全值。淮河干流临淮岗和茨淮新河实施提水和蓄水工作，以保证污水进入淮河干流后如水质还不达标，仍有一定的水体稀释能力。

（四）因地制宜进行洪水资源化

沿淮淮北地区水资源紧缺，为适应社会经济可持续发展的需求，要通过工程措施和非工程措施，适当提高淮干蚌埠闸上水位，临淮岗工程适当蓄水；提高沿淮湖泊蓄水位，增加湖泊有效蓄水；淮北大中沟建闸蓄水；在地下漏斗区开展洪水回灌等。在保证防洪安全的情况下，更多地拦蓄洪水，将可能形成灾害的洪水转化为可利用的、兴利造福的水资源。

1. 通过联合调控，增加淮河蓄水

实施临淮岗工程程综合利用，抬高蚌埠闸上蓄水是关系到淮河水资源可持续发展的全局性、战略性问题。依托临淮岗完备的工程设施、强大的拦蓄能力和有利的来水条件，临淮岗综合利用坝上增加蓄水2亿~3亿m^3，蚌埠闸上正常蓄水位由17.5m抬高至18m或18.5m，增加的蓄水库容分别为0.5亿m^3、1亿m^3。

2. 适当提高沿淮湖泊蓄水量

沿淮湖泊众多，大部分湖泊都可以增加蓄水，要开展退田还湖、退耕还林、移民建镇等工作，沿湖周边要做一些增加蓄水的影响处理工程，建造入淮控制闸，在汛期

基本不增加受涝机遇的原则下，适当提高湖泊正常蓄水位，增加湖泊滞蓄洪量，实现河湖连通，提高和改善湖泊的水量和水质。

（五）改善通航条件

淮河部分河段四季水位不均衡，航道通航条件差，严重制约了内河航运的发展。经过近几十年的治理，淮河已形成较为有效的防洪减灾工程体系，关键性节制闸的建立较好地保持了淮河上下游常年正常水位。水利工程联合调度后，淮河河道水位抬升，航运水深增加，船舶周转半径扩大，上、下游通航条件改善，货运量大幅度增加，使淮河内河航运的优势更加凸显。

（六）保护和改善生态环境

安徽省沿淮淮北地区均不同程度地采用地下水，局部地区超采严重，已引发了较为严重的地质生态环境灾害。其中阜阳市区由于超采中深层、深层地下水，市区已形成了 $1200km^2$ 的超采水位降落漏斗和 $360km^2$ 的地面沉降漏斗。水利工程联合调度蓄水保水后，形成一定区域的永久水域，常年蓄水，利用洪水强制回灌地下，可以缓解附近淮河以北地区地下水位急剧下降的局面，逐步改善乃至消除地下水漏斗区，对构建淮河中游生态屏障有积极的生态环境作用。洪水资源化还可增加湿地面积 6 万 ~8 万 hm^2，使安徽省湿地面积扩大 2 ~3 个百分点，极大地改善了淮河生态系统，为淮河流域社会经济可持续发展提供良好的自然环境条件。

（七）开发水电绿色能源

水能资源是丰富的、可再生的清洁能源，在我国能源发展战略中，水能开发和水电建设一直是我国能源建设的一个重要组成部分。据有关统计，水电年发电量占我国年发电量的 15%，开发水电有利于改善能源结构，减排温室气体，保护生态环境，保障能源安全和促进经济社会可持续发展。河流的水能资源开发是一项复杂的系统工程，要与流域综合规划相协调，需要协调好干支流、上下游、左右岸的关系，要通过水利工程的科学调度，尽量做到“一水多用”，创造巨大的社会效益和良好的经济效益，最大限度地降低因水能开发产生的负面影响。

四、结　　语

水生态文明建设依赖于健康的流域，没有安全的水生态系统，水生态文明就会失去载体。水利工程调度是水生态文明建设的关键环节。目前，我国水利工程在生态调度方面还处于探索阶段，今后需加大科技投入与研究，不断完善现有调度模式，以更好地发挥生态调度在改善水体环境及水生态系统方面的功能，从而降低水利工程建设对生态环境的破坏。要结合新时期“生态水利”建设要求，把水生态文明建设与传统水利工作放在同等重要地位，将其融入水利工作的每一环节和阶段，运用新方法，采取新举措，对水利工程进行科学管理，维护河湖健康生命，维系良好生态环境。

参考文献

[1] 徐邦斌，杨朝晖. 淮河水生态文明建设初探［J］. 治淮，2013（4）：46.
[2] 陈秋爽. 水利工程对生态环境的破坏及解决措施研究［J］. 水利建设与管理，2012（6）：62.

安徽省蒙城县河湖管护体制机制创新试点建设实践与思考

王旭光

安徽省蒙城县水务局

一、河湖水域基本概况

蒙城县位于淮北平原中南部，隶属于安徽省亳州市，东临怀远，西接涡阳、利辛，南靠凤台，北依濉溪。蒙城县国土面积 2091km^2，耕地面积 184.1 万亩，人口 142 万人，其中农业人口 121.84 万人。蒙城地理位置优越，县城距阜阳市 85km，距亳州市 105km，距淮北市 100km，距宿州市 66km，距蚌埠市 85km，距淮南市 105km，境内交通便利，公路四通八达，有 S305、S307、S203 三条道路经过蒙城城区。蒙城县境内有北淝河、涡河、芡河、茨淮新河四大水系均属淮河流域。北淝河、涡河、芡河、茨淮新河、阜蒙新河等五条河流，总长 177.9km。北淝河、涡河、芡河、茨淮新河等四条河流流向为由西北向东南流向，阜蒙新河是涡河的一条支流，自西向东流向。茨淮新河为人工河道，其余为天然河道。其中水运有涡河和茨淮新河，分别为五级和四级航道。

近年来，蒙城县紧紧围绕“水乡蒙城，诗画漆园”建设，系统推进“五水共治”，以全国中小河流治理项目为契机，全面推进河道综合整治，全力恢复并提升河道的综合功能，水利事业取得了阶段性成效。坚持建管并重，积极推进河湖管护体制机制工作创新，探索河道养护、保洁、管理工作，在安徽省率先提出实行河长制。目前，蒙城县域内市级河道 4 条，县级河（湖）3 条，县级以下河道 341 条，已全面建立县、乡、村三级河长制（湖长制）工作体系，设立各级河长总数合计 686 人，其中县级河长 9 位（包括总河长、副总河长）、乡镇级河长 222 位、村级河长 455 位。所设河长公示牌上均明确了河长职责、管护目标、监督电话等主要内容，接受社会监督。

目前，蒙城县已经顺利完成河湖管护体制机制创新试点工作的主要目标任务，安徽省水利厅已按照《河湖管护体制机制创新试点验收管理办法》和相关要求，通过对蒙城县试点工作验收。

二、主要措施落实情况

2015 年，水利部确定蒙城县为被列为全国第一批河湖管护体制机制创新试点县以来，县委、县政府高度重视，认真按照水利部、省水利厅工作要求，精心安排，认真部署，以河长制为抓手，实施五水共治工程，全力推进河湖水生态治理保护，全力打造“水清、流畅、岸绿、景美”的生态河湖。

（一）调研摸底，编制方案

2015 年，蒙城县被确定为全国第一批河湖管护体制机制创新试点县后，编制完成了《蒙城县河湖管护体制机制创新试点县实施方案》。2015 年 7 月，水利部组织专家对《蒙城县河湖管护体制机制创新试点县实施方案》进行了审查，出具《关于印发安徽省蒙城县等 2 个河湖管护体制机制创新试点县实施方案审查意见的函》，同年 11 月县政府批复同意了蒙城县河湖管护体制机制创新试点县实施方案。

（二）明确目标，高点规划

坚持顶层设计，以全国河湖管护体制创新试点为契机，切实落实河湖治理保护责任，全面改善水生态环境。到 2017 年底，基本建成了河湖管护制度健全、主体明确、责任落实、经费到位、监管有力、手段先进的试点县，基本建立了符合蒙城县水情的河湖管护长效体制机制，初步形成河湖管护制度化、专业化、社会化和常态化体系，试点目标基本完成。

（三）明确范围，细化任务

试点范围为蒙城县五条主要河道，即涡河、北淝河、芡河、茨淮新河和阜蒙新河，共涉及全县 17 个乡镇，河道总长度 177.9km。试点期为 2015—2017 年，现状基准年为 2014 年。根据蒙城县河道管理现状，到 2017 年完成北淝河、芡河和阜蒙新河等三条河道的划界工作，落实管护主体，采取社会化管理模式确定管理单位。对涡河、北淝河、芡河、茨淮新河和阜蒙新河等五条河道建立日常巡查管护制度，落实河道管理规划约束机制，河道利用生态补偿机制，实行水域岸线空间用途管制，构建完善的河道管理与保护长效机制，维护河道健康，推进水生态文明建设。

三、主要任务完成情况

由于全县上下高度重视，主动作为，将河湖管护体制机制创新作为策应生态文明、建设大美蒙城的重要抓手，创造性地制订了河湖管护工作思路，通过三年的努力，完成了试点期创建任务。基本实现了“河畅、水清、岸绿、景美”这一目标。

（一）创新河湖管护模式

成立了河湖管护体制机制创新试点工作领导小组，由分管县长任组长，县有关部门为成员单位，统一组织、协调和督促河湖管护体制机制创新试点工作，领导小组办公室设在县水务局，负责日常工作。试点工作以探索建立河长制为抓手，初步建立了党政领导负责、水利部门牵头、各有关部门联动的河湖管护新机制体制，并通过政府购买河湖、水工程日常管护，采取了专管与群管相结合等措施，改变了过去河湖管护由水利部门“单打独斗”的现象，护效果明显。

（二）落实了河湖管护

明确了蒙城县河湖管护内容与要求，基本达到管护主体、人员、责任、经费和制度“五落实”，基本形成了内容全覆盖、组织制度健全、管护技术保障、管护经费落实的管护体系。

（三）河湖巡查监管得到进一步加强

建立了河湖巡查监管制度，明确了巡查的内容、方式、要求，做到巡查人员到位、责任到位、信息记录到位，及时处理河湖管护中出现的问题，基本实现河湖巡查监管的常态化。

（四）坚强化规划约束，实行“一河（湖）一策”

先后编制了河道采砂规划、河道岸线利用管理规划等，强化对河湖管理的规划约束；结合全面推行河长制，对县境内涡河、芡河、茨淮新河、北淝河等主要河湖编制了“一河（湖）一策”实施方案，并健全了河湖管护、岸线保护、采砂管理的制度。

（五）开展了河湖管理范围划界工作

完成了实施方案确定的涡河、茨淮新河、北淝河、芡河、阜蒙新河管理范围划界工作，并对涡河、茨淮新河管理范围进行了确权。

（六）对非法侵占河湖行为开展综合整治

取缔河湖违法码头堆场74处，清除拦河渔具、网箱1095处，并划定临时堆砂区，规范砂石堆场对岸线的临时占用，违法违规侵占河湖行为得到了有效遏制。

（七）涉河建设项目管理进一步加强

健全涉河建设项目审批、公示制度，加强涉河建设项目审批前、建设中、建成后全过全过程监管，做到源头严防、过程严管、违规严处。

（八）初步建立了河湖管护联合执法工作机制

设立了县河湖管护联合执法办公室，由县水务局牵头，县公安局、交通局、海事局、蒙城河道局和有关乡镇参加，开展联合执法，试点期间共计查处涉水违规行为、违法案件 15 起。

（九）加强监督考核，层层落实责任

建立了河湖管护工作监督考核制度，明确了考核主体、考核内容、考核标准、考核方式及奖惩措施，并坚持考核结果的运用。建成了县乡村三级河湖管护责任体系和监督联动系统，建立管护工作约束机制，层层签订责任书。实行河湖管护工作及成效公开公示制度，接受社会监督。

（十）河湖生态环境明显改善

主要河流及大沟基本实现河湖沿线绿化，对河坡滩地实施退耕还绿还湿；完成沿河洼地治理工程 14 处，将沿茨河洼地改造成适合水生作物种植和水产养殖的高效水域；实施沿河及堤顶道路硬化 64.8km。

四、主要措施保障

（一）政策支持

蒙城县委、县政府切实加强对河湖管护工作的领导，坚持一把手亲自抓、负总责，分管领导具体抓、抓落实，并层层落实责任。全县河湖全面实施“河长制”，各级河长逐级负责，牵头推进河湖管理的重点、难点工作，强化督促检查，确保完成管护试点工作目标和任务。

（二）经费落实

蒙城县将河湖管护经费纳入水利工程管理经费的范畴。合理核算管护经费，县财政部门每年安排财政专项资金用于河湖管护体制机制创新试点工作，试点期间共投入

管护治理专项资金6202.2万元。加强部门联动，推进水生态治理保护工程建设，试点期间共整合投入河湖水生态治理等资金20.84亿元。

（三）制度保障

试点期间，蒙城县依据水法等水法律法规，结合县情，先后制定出台了《蒙城县全面推行河长制县级河长会议制度》等制度8项，基本形成了河湖管护的长效制度体系，确保河湖管护工作有法可依、有章可循。

（四）能力建设

蒙城县由县水利工程管理单位负责主要河湖管护日常工作。以政府购买服务的方式，通过招标确定了15家小型水利工程管护公司，对乡镇范围内的河湖、水工程进行维护保洁，提高了河湖管护的专业化、市场化水平；创造条件采用现代化的管理手段，加强河湖监管；通过加强管护人员教育培训，提高人员素质，强化责任意识和服务能力。

（五）科技创新

试点过程中，蒙城县结合河长制建设，创新河湖管护，建立“蒙城河长”微信公众号，引导公众监督河湖管护，累计推送有关文章百余篇，得到广大人民群众的积极响应。

五、工作主要成效

（一）社会效益

通过试点与河湖水系综合治理，河湖管护工作得到进一步加强，不仅改善了城乡水生态环境，也改善了城乡居民生活居住环境和卫生习惯，群众的参与意识和保护意识明显增强，幸福感和满意度明显提升，逐步形成了全社会关心河湖、保护河湖、珍惜水生态环境的良好氛围。

（二）经济效益

通过试点，河湖管护得到了加强，河湖水生态得到逐步恢复，水环境得到改善，不仅提高了河湖输水蓄水和抗灾减灾能力、方便了群众生产，也为蒙城县第三产业的发展、产业结构优化升级和精准扶贫拓展了空间，提升了蒙城县城市化水平和土地资源的高效利用，促进了县域的经济发展。

（三）生态效益

通过试点，进一步改善了河湖的清洁卫生，保障了城乡居民生活用水安全，增强了水土保持和水分涵养能力，改善了河湖水质，提高了河湖水环境质量，逐步恢复了自然生物生长和繁衍的生态系统，促进了河湖健康。

六、河湖管护机制体制建议

建立河湖管护机制体制长效管理，必须以实施河长制为抓手，遵照“党政领导、水务主导、部门联动、分级负责、属地管理、全民参与”的总基调，聚焦“四个点”（人民群众关心关注的热点问题、社会各界反映强烈的焦点问题、当前工作中亟待解决的重点问题以及制约长远发展的难点问题）区域、水域，理出各项任务的时间表和路线图，真正实现“河长制”河长治。

（一）抓住关键点，加快推进“三大创新”

机制创新是试点工作的关键所在，要以改革的思路和创新的办法抓好试点工作。一是推进管护体制创新。要迅速把管护体制建立起来，建立市场管护模式与“河长制”相结合的河湖管护体制机制。实行网格化管理，实现县、乡、村三级联合管护，构建横向到边、纵向到底的管护网格，形成分段管理、分段治理、分段考核、分段问责的工作格局，实现河长工作制度化、常态化、规范化。二是推进执法机制创新。在县政府牵头下成立综合执法协调办公室，负责全县涉水综合执法调度工作。各相关执法部门和乡镇要服从综合执法协调办的调度安排，按照“严管、勤查、联动、重打”的要求，及时将违法行为遏制在萌芽状态，共同保护水生态。三是推进监管方式创新。要在全面建立河长制的基础上，强化落实巡河制度，巡查员定期、不定期开展巡查和交叉巡查，并做好巡查记录；同时，建立“微信群”及微信公众号，一方面报送发现问题及处置措施，另一方面可相互监督是否巡查到位。要定期开展水样检测，明确责任，做到工作“四化三可”（实化、量化、细化、具体化，可比较、可检验、可考核），确保对水环境、水生态情况了如指掌，及时处置到位。

（二）找准结合点，正确处理“三大关系”

试点工作是一项系统工程，涉及面广、时间长，各项工作需要统筹兼顾，标本兼治。一是正确处理河湖管护与水生态文明建设的关系。河湖管护创新是水生态文明建设的重要内容。要抓好城镇污水处理设施建设，推进雨污分流，治理黑臭水体，全面封堵违法排污口，不断提高污水处理效果；要结合农村“三大革命”，实施好城乡垃圾一体化处理提升工程，重点抓好河湖漂浮垃圾的清理，固体废弃物清除，努力实现垃圾处理无死角、全覆盖；要高度重视农业面源污染防治，推广生态种植养殖，扶持有机农业发展，推进病虫害绿色控防和使用有机肥，河道禁养区退出养殖承包，限养区按照规模要求规范养殖，逐步减少污染源；要持续严厉打击非法采砂，保护河床安全。通过这些措施，进一步从源头上保护好河湖健康，为生态文明创建提供强有力的支撑。二是正确处理长效管护与专项整治的关系。抓好河湖管护体制创新，一方面，我们要着眼长远，在完善长效机制上下功夫，逐步建立起定期巡查、水环境影响评价等长效管理机制，从制度上保障水生态、水环境安全；另一方面，要坚持问题导向，针对某个时期水生态、水环境方面的突出问题，集中力量，开展专项整治，迅速改善水生态环境。三是正确处理管理与养护的关系。管养分离是市场化改革的必然趋势。河湖管理工作由专业部门承担，养护工作要通过社会化、市场化运作由养护公司承担，实现管养分离。从蒙城县管护实践来看，管护效果显著提高。

七、结　　语

河湖管护是一个复杂的系统性工作，涉及水资源保护、水环境治理、水污染防治、水域岸线利用，以及水工程管理和水行政执法等多方面内容。因此，各级政府要持续加强组织领导、注重资金保障，加大教育宣传，因地制宜，不断创新，维护河湖健康生命，以“绿水青山就是金山银山”的理念，努力打造“河畅、水清、岸绿、景美”。

疏勒河流域生态灌区建设实践与展望

刘　鑫[1]　刘建军[2]

1 江西省南昌市水务局　2 疏勒河流域水资源管理局

疏勒河流域在灌区发展中始终坚持“节水优先、空间均衡、系统治理、两手发力”的新时代治水思路，切实加强水环境管理，全力保障水生态环境安全。完成总投资12.3亿元的《敦煌水资源合理利用与生态保护综合规划》，归束河道82.9km，改造骨干渠道388.7km，建筑物1116座，完成田间节水改造面积100.2万亩。开展水权试点，确定灌区农业用水确权面积117.4万亩。节水工程建设与最严格水资源管理并举，灌区用水总量从8.32亿m^3减至5.02亿m^3。自2013年以来，持续向双塔灌区下游输送生态用水23.4亿m^3，流域生态环境质量总体改善，生态系统实现良性循环，成功上榜首届寻找10条“最美家乡河”榜单。甘肃省疏勒河管理局加强流域生态环境保护，努力绘就绿色疏勒河的“生态画卷”，取得了显著成效，获得了宝贵的可复制、可推广的经验和模式，其做法值得借鉴和推广。

一、河流及灌区概况

（一）径流特征

疏勒河发源于祁连山脉西段托勒南山与疏勒南山之间，流经青海省天峻、甘肃省肃北、玉门、瓜州、敦煌等县市，干流全长670km，流域面积4.13万km^2，多年平均径流量为10.31亿m^3。径流特征一是年际变化大，枯水年（1956—1957年）年径流量为5.36亿m^3，丰水年（1972—1973年）年径流量15.07亿m^3；二是年内分配不均，汛期7月、8月、9月三个月的来水量占年来水量的53.5%，冬季12月、1月、2月三个月灌溉期的来水量占年来水量的10%，秋冬灌期10月、11月的来水量占年来水量的10%，春灌期3月、4月的来水量占年来水量的8.5%，灌溉临界期5月、6月的来水量占年来水量的18%；三是地表水和地下水多次循环交替转换。山区地下水在出山之前几乎全部转为地表水，流出山口后，在昌马洪积扇顶部以河（渠）水的形式大量入渗，渗量达50%以上，占盆地地下水补给量的80%左右，并由南向北径流。在细土平原区，地下水的补给来源则主要为灌溉渠系及田间灌溉入渗，其补给量约占盆地地下水总补给量的11%。地下水在由南向北径流的同时，在水层内部还存在由浅向深部的径流，又由深部向浅部上移，顶托补给表层潜水，同时以泉水的形式大量溢出地表形成泉集河，实现了“地表水-地下水-地表水”的循环交替转化过程。

（二）灌区用水

流域内昌马灌区、双塔灌区、花海灌区总灌溉面积142万亩，农林灌溉和生态用水、工业和居民生活用水完全依赖于有限的疏勒河水源。以2016年为例，农业灌溉用水量8.325亿m^3/a，工业用水量约0.8亿m^3/a，工农业用水占水资源总量10.31m^3/a的89%（不包括人饮和城市用水），留给天然生态的毛水量1.11亿m^3/a，占水资源总量的11%，远低于中国工程院在《西北地区水资源配置量、生态环境建设和可持续发展战略研究项目综合报告》中提出内陆干旱区“一定要保证生态环境的耗水不低于水资源总量的50%”的水资源配置要求，疏勒河流域仅工农业用水量已超过了水资源的承载能力，是典型的资源性缺水地区。

二、生态水利主要措施

（一）加强水污染防治

以保护水环境、防治水污染为中心，坚持入河（渠、库）排污“零排放”、水污染事故“零容忍”原则，全面开展水环境综合整治，消除隐患，遏制苗头，坚决彻底地消灭水环境问题，杜绝水环境破坏和水污染事故发生，疏勒河各河段水质达到了《甘肃省水功能区划》规定目标，保障了生态用水水质。

（二）实施生态调水工程

针对灌区周边湿地萎缩和敦煌月牙泉水位下降问题，报请国务院批准实施《敦煌水资源合理利用与生态保护综合规划（2011—2020年）》，每年坚持向敦煌排放生态水7800万m^3。

（三）开展水环境监测

甘肃省水文水资源局、甘肃省地质环境监测院、甘肃省疏勒河流域水资源管理局分别在疏勒河流域开展地下水监测工作，共布设地下水监测井70眼，持续开展流域内地下水长观工作，5日一次观测水位和水温，及时统计分析埋深变化，为地下水开采与保护提供了技术依据。酒泉市环境保护局、酒泉市水环境监测中心定期定点监测疏勒河干流及各大水库地表水水质。建立干流生态水下泄监控系统，保障河道不断流，最小下泄流量不小于生态基流。

（四）坚持最严格水资源管理

疏勒河流域成功实施了国家级水权试点，以推进水利综合改革为重点，在疏勒河灌区确定农业用水确权面积 117.4 万亩，确定灌区用水控制指标 5.02 亿 m^3，颁发水权证 204 本，全流域按照水权量精准配水到户，实现了灌区群众自律节水，树立“在水资源利用上过紧日子”的思想，建成 698 个斗口计量点，安装 87 孔测控一体化闸门，121 万亩农田实现水情实时在线检测，占灌区总面积的 90% 以上，灌溉水计量精度达到了“毫米级”。以创建“百亩实测、千亩示范、万亩推广”节水示范区为重点，全面落实渠道衬砌、激光平地、大地改小等常规节水措施，建成大田常规节水面积 107 万亩，积极推广滴灌、管灌、温室大棚等高新节水技术，新建高效节水面积 17 万亩，亩均节水 260m^3。通过一系列高效节水、科技兴水举措的落地见效，疏勒河灌区水资源利用效率和效益不断提升。把有限的水资源节约出来，在确保灌区老百姓生产生活用水需求的同时，最大限度保障中下游生态用水，改善流域生态环境。为西北干旱区水资源合理利用提供了可复制、可借鉴的样板。

三、生态水利建设展望

疏勒河流域生态水利建设虽然取得了一定的成效，但也面临很多困惑。主要问题是疏勒河项目开发的灌区植被绿化率低，灌区林网不完善；对于灌区内林网的灌水，采用输水过程中的自然渗漏补给，没有专门的灌水设施；疏勒河流域风沙大，沙地、活动沙丘广泛分布，沙尘暴天气频发，沙化污染严重；灌区内部大部分农田任意使用化肥，造成农业面源污染，严重污染灌溉水源，影响流域整体生态环境；灌区外部的生态供水区域，生态需求量较大，需要灌区通过节水、合理调度满足生态水量要求。渠系工程防渗的加强，不利于地表水与地下水的转换，给水资源的重复利用形成了不利条件，导致地下水补给量锐减，造成区域地下水的下降，泉水溢出量减少，直接影响下游水生态安全。

今后要继续做好三方面的工作：“一是树立人与水命运共同体理念。尊重水、保护水、珍惜水的理念要深入人心，并且将其表现在行动上，维护和保障水的健康。二是治水要政府、市场双手发力。政府做好宏观调控，做好顶层设计、科学规划，并且出台系列的法规和制度加以规范，用制度管理水资源；市场发挥‘看不见的手’的作用，充分协调各方面的利益，发挥水资源利用效率，高效配置。三是教育好政府官员。治水先治官，绘就美好的江河湖泽海‘生态画卷’，先让政府官员有个‘生态的脑袋’，对政府官员的思想进行‘绿化’，并在实践中得到应用。‘天人合一’的理念源远流长，政府官员要认真学习习近平生态文明思想，要认真实践，让其生根开花结果。”

（一）防治水污染

灌区用水程度保障后，废污水排放量随之增加，为避免灌区内水质急剧恶化，针对灌区水环境现状问题及发展需求，进一步完善废污水收集处理设施，加大水污染防范治理力度，大力推进水生态环境保护与修复，建立水环境监测预警机制，加强对水环境的监督与管理，不断改善水环境质量。到2025年，全灌区水环境质量得到显著改善，污染严重水体大幅度减少，河库水功能区水质全面达标，河流水生态环境基本得到修复。到2030年，全灌区水环境质量整体改善，实现河清水美、人水和谐的目标，重要河流水功能区水质稳定达标，水生态环境全面修复。

1. 加大水污染预防与治理力度

以疏勒河干流为重点，深入开展流域主要河道及县乡河道的综合整治，结合县、乡（镇）的污水处理设施配套，提高尾水排放标准，加强配套管网的改造与建设，提高污水收集处理效率。完善县、乡（镇）、村生活垃圾处理设施，逐步实现生活垃圾集中收集全覆盖。结合“美丽乡村”“生态家园”“清洁小流域”建设，加强农村面源污染防治，以集中处理和分散处理相结合的方式，健全垃圾收运系统。加大灌区农业面源污染治理力度，强化灌溉退水管理，通过设置植物缓冲沟、生态截留沟和人工湿地等方式，改善灌溉退水水质，削减农业面源污染。

2. 加强水环境监测预警机制

在现有监测能力和常规监测项目的基础上，进一步规范水功能区、入河排污口、饮用水水源地的常规监测，加强监测能力建设，完善监测站网建设、实验室建设（改造）、仪器设备建设、自动监测站建设和人员队伍建设。

（二）防治土壤污染

以改善土壤环境质量为核心，按照国家统一部署，根据省、市要求落实好全国第二次土壤普查工作，积极争取国家农业部耕地修复的政策支持，加大有机肥生产企业的政策扶持力度，鼓励农民及各农业经营主体增施有机肥，以保障农产品质量和人居环境安全为出发点，以农用地、产业园区为重点区域，坚持预防为主、保护优先、风险管控，实施分类别、分用途、分阶段治理，促进土壤资源永续利用。到2025年，过去土壤环境污染的趋势得到改善，土壤环境质量总体保持稳定，农用地和建设用地土壤环境安全得到基本保障，土壤环境风险得到基本管控。到 2030 年，土壤环境质量稳中向好，农用地和建设用地土壤环境安全得到有效保障，土壤环境风险得到全面管控。土壤污染防治属于国土部门管辖，规划统一要求，各部门对应防治，综合治理。

1. 开展土壤环境质量调查

在现有相关调查的基础上，以农用地和重点行业用地为重点，组织开展土壤环境质量基础信息调查，查明农用地土壤污染的面积、分布及对农产品质量的影响，掌握重点行业企业用地中的污染地块分布及环境风险情况，全面摸清土壤环境本底状况。调查信息通过系统汇总、集成，逐步建立土壤环境质量数据库。与“智慧灌区”管理平台对接嵌套，为全灌区土地环境监管、国土空间管控基础信息提供关键支撑。

2. 加大土壤环境保护力度

加强制定农用地土壤环境保护方案，推行秸秆还田、少耕免耕、测土施肥、水肥一体化、废旧农膜回收处理等措施。制订和完善肥料中重金属等有毒、有害物质地方限量标准，积极推广测土配方施肥技术，制定有机肥使用补贴政策，鼓励增施有机肥，在蔬菜产业重点区域，优先开展引导和鼓励使用生物农药和高效、低毒、低残留农药试点工作；加强农膜和废弃农药包装容器回收，建立“财政投入为引导、企业为主体、农户广泛参与”的废弃农膜回收运营机制，以乡镇为单元，建立农用残膜回收站点，覆膜面积 5 万亩以上的乡镇建设 2 个残膜回收站点，5 万亩以下的建设 1 个残膜回收站点，依据回收站点残膜回收的数量进行资金补贴。筹备建设废旧农膜回收加工厂，对废旧塑料地膜进行加工处理，使其成为铝塑板、穿线板管等建材原料。制定农用地膜补贴政策，开展“交旧领新”或“以旧换新”，引导和鼓励农民积极清理残膜。加强土壤污染的工业来源控制，提高农畜产品加工、服装加工和商贸物流等行业的环境准入门槛，防止新建项目对土壤环境造成污染。

3. 加强土壤环境监管力度

根据现阶段土壤环境保护工作任务及未来形势需求，在各县环保部门应设置土壤环境专（兼）职管理机构，出台奖惩政策，逐步建立土壤环境保护管理体系，保障土壤污染保护的顺利实施。强化对农村土地流转受让方的监管，受让方要履行土壤保护责任，避免因过度施肥、滥用农药、农膜等掠夺式农业生产方式造成土壤环境质量下降。进一步健全土壤环境监测网络，建立农产品产区优先控制污染物清单、土壤安全监测体系、食品安全评价体系，形成农产品绿色供应产业链。

（三）保护水源地

1. 将祁连山的生态环境保护作为系统工程建设

祁连山雪线上升，冰川消融，水土流失，草场退化；地下水位下降，风沙侵蚀严重，泉源干涸，绿洲退缩。这些都是疏勒河流域生态恶化的主要特征。保护生态就是要上保水源，中保绿洲，北封荒漠，所以应把祁连山和疏勒河流域的生态保护和修复作为一个系统工程，统一立法、统一规划、统一补偿、综合治理。祁连山涉及甘肃和青海两省，建议国务院尽快实施祁连山国家公园项目，实施流域源头治理工程，全面保护疏勒河水源地。

2. 积极推进河西走廊生态环境的综合治理

一是加快对流域的源头的修复治理，要建立自然保护区，在海拔2500m以上要封山育林，禁限开发，休牧禁牧，关闭一批不利于水源头保护的煤矿等企业，退耕还林一批农牧场等。二是全面实施大型灌区和末级渠系的节水改造工程。把全部改造工程列入国家规划，分期分批全面实施。三是建立生态保护修复区，对荒漠区统一规划，对戈壁草原进行全面封育，对沙漠区域进行全面治理，以县为单位，采取工程、农艺、管理措施（禁牧），结合实际综合治理。四是采取多种措施节约用水，全部用于生态建设，用于恢复湖泊、湿地、沼泽等。五是建设流域水情变化自动化监测网络系统。目前，地质、水文、水利等部门都建有一些监测系统，但各级重视不够，观测数据资料准确、精细和完整性差，信息的自动采集、储存、传输设备落后，生态灾害的预警预报体系尚未建立。建议政府主导，建立预警预报系统，为生态屏障的建立奠定基础。

（四）实施外域调水

疏勒河流域内年平均降水量不足70mm，蒸发量达到2800mm以上，水资源总量短缺，是我国极度干旱地区之一，同样面临土地荒漠化这一影响人类生存和发展的全球重大生态问题。增加水源是解决荒漠化问题的基本手段。随着人口增加、气候变迁、水土资源过度开发等问题，流域的农业生产、工业发展、生态恢复等水资源需求矛盾越来越突出。要彻底解决疏勒河流域生态问题就必须争取西线调水“红旗河”支线“春风河”尽快实施，使其惠及疏勒河流域昌马、双塔灌区，极大改善区域生态环境供水不足的局面。

参考文献

[1] 姜文来. 共同绘就江河湖泽海“生态画卷”[N]. 黄河报，2018-08-11.

关于枣庄市水土保持生态建设工作的实践与探索

颜井波

山东省枣庄市南四湖湖东堤管理局

水土保持生态建设是以改善生态环境、提高人民生活质量，实现可持续发展为目标，以水土保持科技为先导，把生态环境建设和经济发展结合起来，促进生态环境与区域经济、社会发展相协调的一项惠民工程。习近平总书记在十九大报告中明确提出“开展国土绿化行动，推进荒漠化、石漠化、水土流失综合治理”，以及“统筹山水林田湖草系统治理，实行最严格的生态环境保护制度”等战略部署，为我们在新时期开展水土保持生态建设提出了更高、更明确的要求。抓好新时期水土保持工作是各级水利和渔业部门义不容辞的职责和任务，笔者结合近年来枣庄市水土保持生态建设的实践，就如何推进水土保持工作谈几点粗浅的认识。

一、山东省枣庄市水土流失概况及生态建设成效

（一）山东省枣庄市水土流失概况

枣庄市位于山东省最南部，总面积4564km^2，属鲁中山低山丘陵区，是山东省水土流失较严重地区之一，现有水土流失面积951.63km^2，占总面积的20.85%，其中：轻度侵蚀408.07km^2、中度侵蚀290.67km^2、强烈侵蚀165.99km^2、极强烈侵蚀56.19km^2、剧烈侵蚀30.72km^2，且近90%被纳入国家级和省级水土流失重点治理区。

在长期的资源开发和城镇建设中，水土流失加剧、土地生产力下降、河库渠道淤积、洪涝灾害频发、生产条件恶化、生态环境失调等已严重阻碍了当地经济社会的发展。山东省枣庄市水土流失呈现出以下几个主要特征：从面积变化来看，呈先期加剧后期递减走势，起初是由1985年的2609.5km^{2}加剧到2000年的2853km^2，之后减少为2010年的1754.3km^2、2015年的1216.6km^2，到2018年年底还有951.63km^2；从侵蚀类型来看，都是以水力侵蚀为主，其中：轻度侵蚀占42.9%、中度侵蚀占30.6%、强烈占17.4%、极强烈占5.9%、剧烈占3.2%；从区域分布来看，山亭区水土流失较为

集中，水土流失面积占全区面积的52.68%、占全市现有水土流失面积的56.41%，并与贫困人口分布有很强的吻合性；从治理现状来看，难度小、好实施、见效快的水土流失区域早前已得到基本治理，现有水土流失多是“硬骨头”，治理难度更大、要求更高；从形成原因来看，人为水土流失占主导。

（二）生态建设成效

多年来，在实施小流域生态建设过程中，山东省枣庄市坚持绿色发展理念，以工程项目为抓手，因地制宜，陆续开展了全国坡耕地试点工程、省级生态文明建设重点工程、生态清洁型流域建设工程和沂蒙山国家水土保持重点建设工程等生态建设实践，累计完成各级专项投资2.78亿元，先后开展小流域治理1153条（次），治理水土流失面积1657.87km^2、落实生态修复面积40.57km^2、利用四荒资源182km^2、帮扶带动贫困户724户1842人；系统治理后的小流域，逐步达到了“景观优美、自然和谐、产业发展、助推脱贫、卫生清洁、人居舒适”的预期效果。山东省枣庄市水土流失面积由1985年的2609.5km^{2}降至2017年年底的951.63km^2。通过长期的水土保持生态建设实践，总结形成了以下三点体会和收获：

一是必须坚持加强领导，健全制度。强有力的领导是开展水土保持生态环境建设的重要保障。多年来，无论是水土保持重点项目还是小流域综合治理工程，均首先成立了由山东省枣庄市市政府主要领导挂帅、职责明确的领导小组，全部落实了项目法人制、招标投标制、工程监理制、合同管理制、资金报账制和工程移交制，明确各个环节的目标责任、层层传导压力，为顺利完成建设任务提供了有效保障。

二是必须坚持保护优先，注重监管。坚持把预防保护放在突出位置，以预防保护促治理开发，以治理开发促预防保护，配合出台了《枣庄市山体保护条例》，划定了生态保护红线，综合运用行政、法律等手段，加强对现有水土保持措施和治理成果的综合保护。注重加强对生产建设项目的水土保持监管，督促落实水土流失防治义务，大力遏制因开发建设扰动造成新的人为水土流失。

三是必须坚持因地制宜，典型示范。水土保持生态建设工程在项目立项规划时，就充分结合项目区地域和产业特点，深入打造区域特色流域治理模式，深度融合当地的新农村建设、脱贫攻坚、生态旅游等要求。在山东省枣庄市峄城区榴园镇，结合万亩石榴园景区，集中连片实施坡耕地水土流失区高标准治理，将原来的荒山漫野打造成一道风景线；在山亭区水泉镇，结合樱桃产业需求，大力推进产业结构调整、广泛栽植樱桃经济林，打造成独具特色的无粮镇。通过经精心打造的生态样板工程，极大调动了周边群众开展流域治理的积极性，起到了很好的示范带动作用。

二、开展水土保持生态建设的主要制约因素

回顾多年来水土保持生态建设实践，山东省枣庄市积累了一定的经验、取得了一定的成效，同时存在着一些制约因素，主要有四个方面：

一是水土保持法制观念薄弱、认识不到位。多年来，水土保持宣传和科普教育工作虽然取得了很大成绩，但全社会的水土保持意识还需要进一步增强，特别是各级地方政府在水土保持法制宣传方面还存在短板。一些区域在发展经济过程中，对水土资源保护重视不足，生产建设过程中急功近利、破坏生态的情况时有发生；一些部门存在“水土保持是水利部门自己的事”的错误认识，参与积极性不高，加上缺少市级相关制度保障，没有形成全社会共建的良好氛围。

二是规划设计前瞻性和针对性不足。一方面，流域治理规划设计受传统观念束缚严重，缺乏前瞻性和针对性，科学性不足，新技术、新材料和新理念未得到及时、有效地应用。另一方面，市、县级水土保持规划至今尚未编制完成，造成流域治理没有宏观控制指标、监督管理存在盲区、项目库仍不完善，亟须科学编制并出台具有前瞻性、针对性强的规划统筹引领新时期的水土保持工作。

三是资金投入不能满足生态建设需求。抓好水土保持生态建设，资金是关键。首先，从实施情况看，目前的单位水土流失面积资金投入强度偏低、地方配套资金虚化成为制约生态建设的主要瓶颈。其次，涉农资金统筹整合新政策给资金争取带来前所未有的阻力，加之有的地方政府对水土保持生态建设工程存在“不必太紧迫、可以放一放、再往后推一推”甚至取消的错误思想，在一定程度上制约了流域生态建设的进程。再次，由于手续复杂、过程繁琐，招标、审计等项目管理支出占了相当比例，剩余资金远不能满足建设需求。

四是监督管理能力建设存在明显短板。人员、设备和制度是做好水土保持工作的基础保障。目前，山东省枣庄市现有市县级水土保持从业人员 12 人（其中：市级 2 人、五区一县级市共 10 人），且有近 30% 不是水利相关专业，技术人员数量和专业素养亟须增加和提高；监管和科研设备缺乏、技术手段落后，新材料、新技术、新科技得不到及时推广和应用；市级层面的监管制度有待进一步健全和完善，流域治理奖惩机制尚未建立；这些短板和薄弱环节都制约了水土保持生态建设的顺利开展，不能满足新时期生态文明建设的需要。

三、提升全市水土保持生态建设的主要途径

生态兴则文明兴，生态衰则文明衰。建设生态文明是关系人民福祉、关乎民族未

来的大计，是实现中华民族伟大复兴的中国梦的重要组成部分。水土保持是生态文明建设的重要内容，也是践行“绿水青山就是金山银山”绿色发展理念的重要举措，因此，我们必须从生态文明建设的角度，充分认识抓好水土保持工作的重要性，全面提升水土保持生态建设成效，真正形成社会重视、群众参与、共同实施、绿色发展的广泛共识。

（一）创新形式、广泛宣传，切实提高对水土保持生态建设工作重要性的认识

一方面，持续做好水土保持宣传工作。深入开展水土保持宣传进党校、下厂区、入校园活动，采取举办座谈会、专题讲座等多种方式，有计划、有重点、分层次宣传水土保持国策，重点宣传水土保持新规定、新内容，增强全社会的水土保持意识和法制观念。另一方面，抓好典型培育，发挥典型示范引领带动作用。认真总结近几年来抓水土保持工作的经验做法，注重培育一批“叫得响、推得开、具有引导示范作用的”先进典型。要借鉴先进地市的成功经验，重点在水土保持科技示范园区建设、特色流域打造和生产建设项目生态建设等方面下功夫，力争3～5年内培育2～3个国家级水土保持科技示范园。通过广泛宣传和典型带动，切实把水土保持工作引向深入，形成全社会关注支持水土保持生态建设的浓厚氛围。

（二）科学规划、深入实施，确保水土保持工作的针对性和实效性

实践证明，只有科学的规划方案引领，水土保持工作才能见成效、有特色。因此，抓好新时期水土保持工作必须坚持规划先行、科学谋划、引领发展、注重实效的原则。一是深入调研、打牢基础。要深入基层、深入群众，摸清在小流域治理、生态文明建设中，群众的所思所盼，了解生态文明建设存在的问题及困难，增强针对性、优化措施布局，为科学规划打下坚实基础。二是深度结合、科学规划。规划中，要严守“生态修复、生态治理、生态保护”的水土保持三道防线，认真做好与水系整治、生态修复、人居改善和脱贫攻坚相结合的文章，要充分体现绿色发展的理念，把生态文明建设贯穿始终。要与乡村振兴相结合，按照乡村“产业振兴、人才振兴、文化振兴、生态振兴、组织振兴”五个振兴的要求，突出抓好林果业等产业发展和生态建设，努力打造一批美丽乡村。要与增加群众收入相结合，通过水土保持生态建设，改善环境、增加就业，真正让群众富起来。三是规划引领、注重长效。要依法划定并公告水土流失重点预防保护区和重点治理区，引领开展生态清洁型、产业发展型、生态旅游型等精品小流域建设；要研究制定配套水土保持法规、完善水土保持投入稳定增长机制和水土保持重点建设工程项目运行机制，引领建立基层水土保持服务体系，推动建立水土保持生态建设体系，保障规划实施。

（三）多措并举、突出重点，全面提升水土保持生态建设质量和水平

一是加大资金筹措力度。近年来，山东省枣庄市已陆续争取上级生态建设资金6000余万元，今后，国家对生态文明建设支持力度将不断加大，因此，必须把握有利时机，进一步加大资金争取力度，拓宽融资渠道，减少地方配套。一方面，统筹争取和运用各级各部门财政涉农整合资金；另一方面，积极引导企业、大户等社会资本投入水土流失治理，撬动资金、努力破解资金“瓶颈”。同时，要建立完善“政府主导、部门联合、社会参与”的多元化投入机制，探索推行以奖代补机制，实行水土保持补偿费返补机制，有效解决水土流失治理资金投入不足的矛盾。二是突出综合治理模式。小流域综合治理是改善生态环境、发展特色产业、实现精准扶贫的有效途径之一，开展水土保持生态建设要坚持以小流域综合治理为依托，因地制宜地实施坡耕地改造、蓄排工程建设、经济林抚育、水保林栽植和封山育林相结合的治理模式；通过乔灌草结合构建生物缓冲带、通过政策制度和乡规民约结合构建激励约束机制、通过工程措施和生物措施结合构建水土流失综合防治体系，综合治理山水田林湖草，助力资源型城市转型、助推自然生态宜居宜业新枣庄建设。三是推进信息化建设。要紧密围绕水土保持核心业务，按照《山东省水土保持信息化工作2017—2018年实施计划》总体部署，加强领导、统一组织、保障经费、强力推进。一方面，从2018年起全面应用监督管理、综合治理和监测评价三套信息管理系统，实现生态建设工程“图斑精细化”管理、在建生产建设项目“天地一体化”动态监管和水土流失在线监测评价。另一方面，加强水土保持信息化人才队伍建设，进一步充实信息化工作人员，不断提高信息化人员的技术水平与能力，为水土保持发展提供人才支撑。

（四）强化监管、明确职责，为水土保持生态建设提供保障

抓好水土保持工作离不开各级政府的重视支持和水利部门的监督管理。因此，必须在强化领导、加大督导、注重实效上下功夫。一是要明确监管职责。在生态建设过程中，市、县水土保持监管部门要肩负起“组织指导水土流失综合防治工作、组织编制和监督实施水土保持和水生态建设规划、组织实施重点水土保持建设项目、指导水生态建设、指导‘四荒’治理开发以及开展生产建设项目水土保持方面的事中事后监管”等各项职责，要逐步形成市县镇村四级水土保持监督预防体系，着力构建“政府主导、专人督查、部门落实、群众参与”的监管工作机制，把水土保持工作纳入政府考核体系并引入群众监督，明确目标责任，层层传导压力。二是要强化督导检查。加大对流域治理项目现场督导检查力度，强化过程干预和担当意识，建立台账、分类制定督导检查方案，明确督查内容、增加督导频次、及时整改落实；要采取实地勘察、

座谈交流、查阅档案、走访调查等方式，积极运用遥感、无人机、大数据和3S技术等现代化手段，强化督导成效、严肃执纪问责，努力实现生态建设督导检查多角度、全方位和常态化。三是要坚持依法行政。一方面，要熟练运用《中华人民共和国水土保持法》和《山东省水土保持条例》赋予的神圣权力，依法加强水土流失预防、保护生态建设成果。敢于否决可能破坏生态的拟建工程项目、全面禁止水土流失严重地区的生产建设活动、严肃查处违法违规案件。另一方面，要进一步加强执法队伍建设，充实执法人员、配齐执法装备，定期开展执法培训，提升依法行政能力，努力打造一支政治素质好、业务能力强、服务水平高的水土保持依法行政人才队伍，全面服务于水土保持生态建设工作。

山亭区国家水土保持重点工程生态建设成效及经验

李　跃

枣庄市山亭区水资源管理委员会办公室

山亭区沂蒙山革命老区国家水土保持重点建设工程——翼云山项目区位于该区东北部，属淮河流域沂沭泗水系，山亭区地势东高西低，呈自然倾斜状，属温带季风型大陆性气候，年平均气温13.5℃，年平均降水量875mm。项目区内水土流失面积109.88km^2，多年平均侵蚀模数1689t/（km^2·a）。项目区内土壤类型为棕壤、褐土等，植被主要有以松、柏、刺槐为建群种的乔木林和以酸枣为主的灌木林，经济林面积占比较大，主要有花椒、樱桃、山楂、核桃等。

一、山亭区水土保持生态建设成效显著

山亭区沂蒙山革命老区国家水土保持重点建设工程翼云山项目区总面积185.93km^2，涉及7个镇街，总投资5101.83万元，于2013年开始实施，到2017年结束，历时5年，累计治理小流域13条，完成水土流失治理面积102.38km^2，其中新建和整修梯田3691hm^2，营造水土保持林571.11hm^2，栽植、补植经济林3996.28hm^2，封禁治理2766.15hm^2，新建谷坊等拦蓄工程48座，新建蓄水池29座，修建生产道路7.25km，新建风力提水2套，开挖大口井2眼。经过五年的综合开发治理，翼云山项目区建设取得了显著成效，初步形成植物措施与工程措施相互配套、有机结合的综合防治体系。项目区严重的水土流失得到了有效控制，区域小气候得到改善，生态环境明显好转，抗御自然灾害能力显著增强。区域土地利用结构趋于合理，产业结构得到调整，促进了生态系统的可持续发展，形成了人与自然和谐发展的良好局面。

（一）农业生产条件有了改善，农业发展后劲不断增强

在翼云山项目区建设中，由于坚持综合治理与综合开发相结合的原则，狠抓梯田的建设与整修工作，共完成新建和整修梯田3691hm^2，使稳产高产农田数量有较大幅度的增加，蓄水保土能力增强，为科学种田和水利配套创造了条件，梯田增产效益显著

提高，促进了农业生产的稳定增长。根据项目区内各镇街统计，自国家水土保持重点工程实施并发挥效益以来，项目区亩均年增收粮食20kg，亩均增加40元；经果林亩均年增收50元。随着治理措施效益的充分发挥，经济效益将更加明显，当地群众生活水平将进一步提高。

（二）土地利用结构趋于合理，经济生态效益初步显现

为了使自然优势变为经济优势，翼云山项目区在建设、整修稳产高产梯田的同时，加大农业产业结构的调整，根据项目区土壤和水文地质条件，选取适宜的经济林果进行培育栽植，大力发展经济林果和水保林建设，使土地利用结构逐渐趋于合理，促进了产业结构的调整，丰富了农副产品，推动了经济林果商品生产基地建设，为项目区经济发展创造了条件，为发展农村经济和小流域经济产生示范带动效应，土地利用率和产业效益显著提高，并进一步提高群众开展水土流失治理的积极性和主动性，有力地辐射、影响、带动了周边地区的生态、经济发展。

（三）综合防治体系初步形成，水土流失得到有效控制

翼云山项目区建设五年来，项目区内的小流域面貌大变，山坡层层设防，沟道节节拦蓄，各项水土保持治理措施的实施，不仅增加了地表植被，保持了水土，而且减少了河道淤积，保护了基本农田，产生了显著的生态、社会效益，综合防治体系初步形成。一是项目区自然面貌改善明显，林草覆盖率大大提高，与治理前相比，林草覆盖率由38.5%上升到46.5%，增加了8个百分点。荒山、荒坡全部绿化，项目区生态环境开始向良性循环转变，加之预防监督措施得力，从而有效防止了水土流失现象的发生。二是水土流失明显减少，侵蚀模数由每年每平方公里1689t减少到每年每平方公里710t。三是蓄水保土能力明显增强，随着植被的恢复，梯田、坡面造林和沟道工程等措施的不断完善，较好地发挥了蓄水保土功能，年拦蓄径流量609.6万m^3，年拦蓄泥沙量8万余吨，减沙效率为58%。

二、山亭区水土保持生态建设经验

（一）健全机构，加强协调，保证项目建设健康发展

为了扎实组织开展翼云山项目区的建设工作，山亭区委、区政府从加强项目的科学管理和服务工作做起，建立了一整套科学合理、行之有效的管理服务体系。一是加强组织领导。山亭区成立了翼云山项目区建设领导小组，区政府副区长任组长，区水

利渔业局和项目区7个镇街主要负责人为成员，专门负责翼云山项目区的协调与实施。二是建立管理机制。翼云山项目区启动实施后，区水利和渔业局组建区水利服务公司作为项目法人，全权负责该工程建设管理工作。山亭区水务服务公司分别制定了13个小流域的施工管理办法、工程质量管理办法、工程质量验收标准等一系列规章制度，保障了项目管理的高效规范，为项目的顺利实施打下了基础。

（二）广泛宣传，全面发动，提高全民参与工程建设的意识

为了增强全民参与翼云山项目区建设的热情，提高对项目区建设重要意义的认识，山亭区始终把宣传工作贯穿在项目建设的全过程，通过召开动员会、现场会、观摩会及区、镇街、村居三级干部会，进行宣传动员，统一思想，提高认识，使广大干部群众认识到水土保持工程措施建设是一项恩泽后代，惠及子孙的工程，并充分利用报刊、电视、网络、微信等媒体，广泛宣传项目区建设对控制水土流失，改善城区、城郊生态环境的重要性。在农村集镇及项目区交通便利处书写固定宣传标语200余条，散发宣传资料1万余份，树立大型标志碑10余座，小型标志碑40余座，通过多层次，全方位的广泛宣传，激发和调动广大干部群众参与项目区建设的积极性。在项目建设中，山亭区水利和渔业局通过组织有关水保管理和技术人员走出去参观学习和举办农民技术培训班，开阔了眼界，增长了知识，提高了项目管理人员和技术人员的业务能力，提高了农民技术人员的科学文化素质。

（三）科学规划，合理布局，精心设计打造特色示范

在翼云山项目区规划上，坚持“因地制宜，因害设防，科学治理，突出特色，效益兼顾”的原则。在目标上，翼云山项目区水土保持治理工程规划坚持以小流域综合治理为重点，以改善农村水土流失地区生产生活条件和生态环境为着力点，做到水土流失治理与水源和水环境保护、农业集约化生产、人居环境改善相结合，使小流域达到景观优美、自然和谐、人居舒适，并促进地方经济快速发展的目标。在思路上，翼云山项目区讲求实效，工程、植物、保土耕作三大措施科学融合，乔灌草有机结合，山水田林路统一规划，发挥综合治理效益的思路，对整个项目分五大措施进行科学规划，精心设计，对重点地段，重点工程，由设计人员进行典型设计，再由项目审查小组组织专家评审，确保规划做到前瞻性、科学性、实用性有机统一。翼云山项目区在建设过程中，项目法人坚持高起点、高标准、高效益、优质化、规模化，以创特色、出精品为目标，对审查确定的工程，要求做到“三个不变”。一是建设地点不变，即实施计划和单项设计中确定的重点治理区、重点地段、重点流域不变，自觉维护计划的严肃性。二是主要建设内容不变，项目区各重点工程都是经过反复踏勘，论证后确定

的治理措施、树种苗木，一经规划设计不得变更。三是工程建设规模不变，质量标准不变。

（四）注重质量，突出效益，全面提升工程建设质量

翼云山项目区各参建单位坚持“百年大计、质量第一”的方针，形成了政府监督，项目法人负总责，设计、施工单位保证，监理单位控制的质量管理体系。监理单位组成了以总监理工程师负总责的项目监理部，实行总监负责制，严格落实事前、事中、事后控制的全过程质量控制体系。设计单位由分管副院长直接主管项目，派出技术水平高、经验丰富、熟悉工程情况的工程师担任项目负责人，全程负责项目实施和技术质量保障，现场解决工程实施中的相关问题。施工单位实行施工质量责任制，落实“三检制”，检查控制施工全过程，实行质量逐级交接，层层把关，把影响质量的隐患消灭在萌芽状态，形成自上而下的施工质量保证体系。

（五）完善机制，强化管理，探索工程建设新机制

翼云山项目区建设严格“四制”管理。山亭区水利和渔业局组建山亭区水务服务公司作为项目法人，全权负责该项目区工程建设管理工作。山亭区水务服务公司委托山东水务招标有限责任公司分别对翼云山项目区年度实施工程进行了公开招标，确定施工标段中标人和监理标段中标人。山亭区水务服务公司依据《合同法》的规定及相关工程建设的要求，分别与各中标企业签订了工程合同，约定了双方的权利与义务。翼云山项目区各参建单位严格执行水利部《水利工程建设项目档案管理规定》（水办〔2005〕480号），将档案管理工作纳入水利工程建设与管理工作中，形成了以项目法人负总责，各参建单位分别负责的管理体系。健全了管理制度，设立了档案室，配备了必要的档案装具和设备，落实了专职档案管理人员；建立了工程档案数据库，提高档案管理水平，更好地为工程建设与管理服务。翼云山项目区建设期间，山亭区水利和渔业局严格执行《山东省小型农田水利设施和水土保持补助专项资金管理办法》，并严格执行国有建设单位会计制度。项目资金实行国库集中支付制，工程价款支付与结算由施工单位提出申请，经监理工程师审核，项目法人按程序审查、签字后由山亭区财政局直接支付给施工单位，项目资金实现了专款专用。

三、结　　语

近年来，国家对革命老区水土保持生态建设的支持力度不断加大，各级政府逐渐将水土保持生态建设任务纳入政府考核的内容，不断加强工程建设和预防监督工作，

更加注重科学的规划、平台的搭建资源的整合，将水土保持生态建设与地方经济、服务民生、脱贫攻坚相结合。基于此，在今后的工作中，一是引进竞争激励机制和群众参与机制。充分发挥国家水土保持补助资金“药引子”作用，奖优罚劣，对项目建设实行动态管理。同时探索群众参与工程建设管理的新途径，推行群众投工承诺制和工程建设公示制，调动群众参与工程建设的积极性。二是进一步加强全方位、立体式的宣传报道，营造全社会关爱、珍惜、保护水土的良好风尚，提高居民对水土的保护意识，并组织开展多种形式的交流培训，重点是党政部门工作人员、技术人员，使他们真正理解水土保持的内在要求和目标任务，提高综合素质，打造一支能力过硬、素质过高的专业队伍。三是全面推进管理养护市场化。工程竣工后，及时搞好产权确认，促进土地流转，制定管护制度，落实市场化养护力量，充分利用市场化队伍专业素质高、设备配置好的优势，为水土保持开展工作提供支撑力量，确保水土保持项目效益长久发挥。四是重点开展水源地上游生态清洁小流域建设，以优化措施配置、控制面源污染为目标，重点投入、集中治理，通过生活方式、生产方式的调整，扩大生态公益林面积，发挥生态水库的作用，促进水源涵养区的生态修复。五是以乡村振兴和城乡融合发展为目标，发展壮大产业。制定水土保持项目区产业规划，打造水土保持田园经济综合体，实现清洁流域清洁生产，以水定产聚集发展。壮大各类现代特色农业发展实体，发展旅游休闲观光业。

参考文献

[1] 唐恩勇，靳艳，苗传代．安顺市水土保持生态建设成效与经验［J］．中国水土保持，2018（4）：65－66.

[2] 刘震．总结经验强化管理扎实推进国家水土保持重点工程建设［J］．中国水利，2013（3）：17－18.

[3] 陈新军，刘涛，邓海瑜，等．临沂市国家水土保持重点工程建设成效及经验［J］．中国水土保持，2016（8）：32－34.

浅谈生态清淤工程施工

宋　策　郭　蕾

山东安澜工程建设有限公司

一、生态清淤与传统清淤的不同

生态清淤，又称环保清淤，是为改善水质和水生态环境而进行的清淤，目的是减少二次污染，不同于为改善航行和排涝行洪条件而进行的疏浚。

从施工方法来看，传统清淤是将河道水排干后由挖掘机（或其他挖掘机械）将淤泥挖除，通过自卸车运输等方式运至指定地点，淤泥一般只进行晾晒处理；生态清淤是利用专用的生态清淤船将淤泥水下绞吸，通过全封闭管道输送至干化站进行沙泥分离、浓缩、脱水固化等处理，最终实现淤泥无害化、减量化。

二、生态清淤施工方法

生态清淤施工是复杂的系统工程，在要求和目的上明显区别于传统的河道疏浚施工。对一项具体的生态清淤工程，应综合考虑工程的地理环境、水体特征、污染物的种类、含量等因素进行针对性的设计，依工程特性的不同，所采用的生态清淤技术也不同。

济南市小清河，作为济南的母亲河，由于长期被周边工业区及居民区排放的工业污水、生活污水污染，导致底部淤泥堆积，严重影响周边环境，雨季无法排水，危害两岸居民的健康。为有效地改善河道水域生态环境，在恢复其生态功能的同时提升行洪能力，亟须对河道进行综合治理，济南市小清河生态清淤工程是河道水质整治的措施之一。

根据小清河生态清淤工程环保要求高、战线长、污染淤泥运送距离长、位于市区等特点，选择水下清淤结合管道输送至干化站、干化站对淤泥进行无害化及干化处理技术较为适宜。

三、生态清淤设备的选型及施工工艺

（一）设备选择的原则

合理选择清淤设备应遵循“目的决定、工况选型、效益兼顾”的原则，在清淤的目的明确后，在设备选型时要综合考虑生态环境、河道宽度、水深、土质、排泥（弃土）场、设备调遣条件、河道通航等要求。

（二）清淤设备的种类及比较

1. 清淤设备的种类

目前各类清淤工程施工中，采用的清淤设备可分为三类：

（1）传统疏浚设备。常规清淤设备包括抓斗、绞吸式、斗轮式、耙吸式等。该类清淤设备因未配备防扩散装置，施工搅动的悬浮泥沙量大且影响范围广，造成施工后回淤量较大。在施工过程中为达到设计标准，往往采取超挖的办法。该方法既破坏了原状土，又无法彻底清除污染物，同时扩散的污泥对水体造成了二次污染。一般生态清淤不能采用该类型疏浚设备。

（2）环保绞吸式挖泥船。环保绞吸式挖泥船是在传统清淤设备的基础上进行改造和升级的挖泥船，其与普通绞吸式挖泥船的主要区别是配置了环保绞刀头。该类型挖泥船大多配备了GPS平面定位系统、视频及超声波测量系统，可有效对开挖过程进行监控，提高疏挖精度，减少漏挖及超挖。

（3）专用生态清淤设备。各国研制的适用于生态清淤的专用设备，如美国达纳森公司的全液压驱动挖泥船、日本研制的专用于污染底泥疏挖的螺旋式挖泥装置和密闭旋转斗轮挖泥船、意大利研制的气动泵挖泥船。由于价格不菲，需根据目前和未来类似项目工程量大小充分考虑施工成本。

2. 清淤设备的选定

经综合考虑，环保绞吸式挖泥船可以满足小清河生态清淤工程五标段工程施工需要和环保要求，且较为经济。最终，小清河生态清淤工程五标段采用60m^3/h环保绞吸式挖泥船作为清淤机械。

（三）环保绞吸式挖泥船清淤工艺流程

1. 施工工艺流程

（1）施工设备定位。将施工图电子文档输入环保清淤监测软件，根据GPS卫星信号的指示，将挖泥船在清淤施工区内定位。挖泥船定位后，调节船前桥架绞车钢缆，使环保绞刀头呈垂直扇形匀速下放入水，待桥架绞车显示仪表及绞刀压力表（静压力）均有敏感幅变，结合测量数据，通过深度监控仪对绞刀下放深度进行精确复位，并调整环保绞刀头开挖倾角及防护罩水平密封，使其紧贴泥面。

（2）生态清淤。绞刀定位完成后，启动绞车液压马达，环保绞刀头低速旋转，切削挖掘淤泥，根据施工实际情况调节环保绞刀头的挡泥导板及水平调节器，使密封罩处于合理位置，将绞刀对周围水体的扰动范围限定在较小范围内。

绞刀切削挖掘的淤泥通过挖泥船上离心泵的作用，抽吸并提升、加压，泥浆通过排泥管线（浮管、潜管、岸管）全封闭输送，吹填入堆泥场。如排距超过单船核定排距，则需加设接力泵船。

2. 环保绞吸式挖泥船清淤的主要控制技术

（1）GPS 平面定位控制。该系统主要利用精度符合要求的 GPS 全球定位仪配合专用软件组成生态清淤质量监测系统，在显示器上动态演示船舶位置，记录绞刀开挖轨迹。

根据开挖区形状特点，在平面开挖图设计开挖条幅并记录拐点坐标，将坐标文件导入生态清淤质量监测系统。利用 GPS 全球定位仪，在显示屏上演示出绞刀在施工区平面上的位置，开挖过程中根据设计条幅，指导设备展开清淤施工，使绞刀在设计条幅内进行开挖，并对开挖轨迹进行记录，以实时观察有无漏挖。

该系统平面控制利用 GPS 定位，通过模拟动画，可直观地观察清淤设备的挖掘轨迹，所有的平面控制数据均集合至电脑储存记录，可实现质量追溯。

（2）开挖深度控制。为彻底清除污染流泥及底泥，又不扰动河底原状土，开挖深度控制尤其重要。传统的人工测杆控制直观、准确，但需在开挖过程中连续测量，工作强度大，且其准确性受一定的风浪影响。利用测深仪控制，可不间断显示挖深情况，但因受水体状况及水下杂物的影响，测量成果不准确。测深仪结合人工测杆控制，有效整合了二者的优点，正常开挖采用测深仪控制，人工测杆检查复核，确保开挖深度满足设计要求。

（3）挖泥船作业方式控制。为减小污染扩散，清淤时要求绞刀低台速、低转速运转作业，并保持匀速、慢速横移。

四、淤泥（污泥）干化处理

（一）干化站的选址、平面布置

淤泥（污泥）干化处理需要在干化站进行。干化站根据污泥日处理强度、选用的机械设备型号及数量、污泥处理流程等按工程需求设计。

干化站一般包括生活区、办公区、生产区三部分。生产区包括进泥管道、格栅、污泥池、清水池、污泥浓缩系统、干化压滤系统、干化堆放区、材料堆放区等。根据环保要求，一般在进出通道设置洗车台，对污泥运输车辆进行冲洗，避免二次污染。

干化站占地面积大，对于业主未提供干化站场地的项目，尤其是位于城市市区的项目，应充分考虑干化站的占地成本。

小清河生态清淤工程五标淤泥水下方约45万m^3，工期150天，计划日处理能力4500m^3，干化站建设占地约5000m^2。其中脱水场包括垃圾分拣格栅池、污泥收集池、调节沉淀池、污泥浓缩罐、压滤脱水机车间、清水池、泥饼存放车间，配套操作房及厂区临电等三大部分，占地面积约2560m^2。

（二）淤泥脱水处理流程

淤泥脱水处理流程：淤泥输送到污泥收集池后，经过机械格栅，把大块的垃圾，石头筛分、去除，泥浆流入中转调节池，部分细沙沉淀，悬浮的淤泥在大量污泥的补充下，用潜水泵打入浓缩罐。

浓缩罐通过底部阀门控制，把调节好的泥浆自流或泵入脱水机管道，泥浆经过管道混合器时，用药剂泵把絮凝剂（PAM）泵入管道混合器自动混合，然后进入脱水机脱水。

脱水机压榨出来的泥饼，经输送带输送到泥饼堆放区、晾晒区；而压榨出来的水，因为含有部分絮凝剂，排入中转污泥池1号池，从而加快污水的沉淀变清水的速度，上清液经上部分过水口逐步流入清水池，经过清水池排放。

淤泥脱水处理流程见图1。

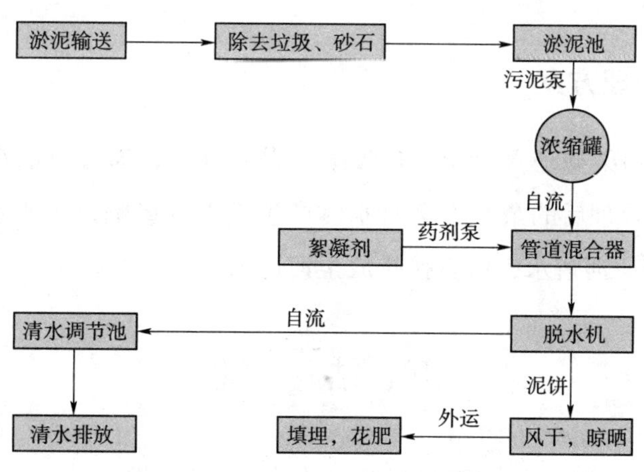

图1　淤泥脱水处理流程图

（三）小清河生态清淤采用的脱水技术

选用分体式河道污泥浓缩压滤脱水机，采用重力脱水和压榨脱水技术及自然干化法（太阳能利用）技术相结合的方案。

重力脱水装置（浓缩罐）的主要作用是脱去物料中的自由水、间隙水。经过沉淀浓缩的污泥与一定浓缩的絮凝剂（PAM）在管道混合器、螺旋混凝机中充分混合反应后，污泥中的微小固体颗粒聚凝面体积较大的絮状团块，同时分离出自由水，絮凝后的污泥被输送到浓缩重力脱水的滤带上，在重力的作用下自由水被分离，形成不流动状态的污泥，然后夹持在上下两条网带之间，经过楔形预压区、低压区和高压区由小到大的挤压力、剪切力作用，进一步挤压污泥，以达到最大程度的泥、水分离，最后形成滤饼排出。

（四）干化淤泥的堆放、处理

（1）经脱水后的泥饼在棚内可自然干化至含水量50%。在晴天时，泥饼由铲车晾晒翻晒，进行二次干化。

（2）堆放场地要求：中间高，放坡为1%；周围抽沟排水，防止积水。

（3）为防止下雨，堆放好的泥土采用彩条布搭接盖好，防止风吹开彩条布，并用砖头压好。

（五）干化淤泥处理

在底泥疏浚前对河道底泥成分进行详细勘测分析，根据分析结果对底泥进行分段开挖、分别处理，满足农用土标准的可作为绿化用土，结合城市建设进行消化，重污染底泥运往垃圾填埋场进行填埋。

（六）余水处理方案

由于底泥主要污染物是N和P，多吸附在颗粒物上，通过自然沉淀去除（淀时间不少于48小时），处理后的余水不会对水体产生较大的影响，脱水机产生的余水清澈透明，SS值远小于原河道水，可直接排放至河道内。

五、结　　论

生态清淤在要求和目的上明显区别于传统河道疏挖，为避免二次污染，一般采用环保挖泥船水下开挖，并需对挖出淤泥进行无害化、减量化处理。生态清淤施工应根据设计要求和工程特性，选用生态环保、经济适用的施工设备和施工工艺。

生态清淤的干化站建设占地面积大、投资大，需要合理选址并尽量优化平面布置，加强成本核算以严格控制预算。

参考文献

[1] 周银明，王卫星．竺山湖生态清淤试验工程［J］．浙江水利水电专科学校学报，2009（1）．
[2] 孙永，陈国朋，赵胜发．城市生态湖环保清淤工程的施工方案简述［J］．治淮，2007（10）．
[3] 张冬娜．浅谈水库清淤工程管理［J］．才智，2010（23）．
[4] 张利河，李敬义，支建党．绞吸式挖泥船在黄河下游挖河疏浚中的应用［J］．水利水电科技进展，2004（5）．

金堤河末端水生态文明建设建议

张淑红

山东安澜工程建设有限公司

一、水生态文明建设概念

生态文明建设的新理念，是人类能够自觉地把一切经济社会活动，都纳入“人与自然和谐相处”的体系中，是一种包容了人口优生优育、资源节约、环境保护的可持续发展，是一种包容了经济、社会与自然协调的和谐发展，是一种包容了优化生态、安居乐业、生活幸福的全面发展，是一种包容了新型工业文明转型的绿色经济发展。为了贯彻落实党的十八大精神，水利部提出把生态文明理念融入水资源开发、利用、治理、配置、节约、保护的各方面和水利规划、建设、管理的各环节，加快推进水生态文明建设。生态文明是贯穿于经济建设、政治建设、文化建设、社会建设全过程和各方面的系统工程，反映了一个社会的文明进步状态。其生态文明建设评价指标体系分生态经济、生态环境、生态文化和生态制度四个方面。

二、金堤河末端水生态环境及存在的问题

（一）金堤河概况

金堤河是黄河下游左岸的一条支流，流域跨豫鲁两省，涉及河南新乡、鹤壁、安阳、濮阳和山东聊城5市12县，流域面积5047km^2，金堤河流域呈狭长三角形，上宽下窄，东西长200多公里，最大宽度60km，历史上为黄河故道，由于黄河多次决口改道，形成了西南高，东北低的地势，河源到河口高差30m，比降平缓。

金堤河所在流域气候温和，土质肥沃，属温暖带季风型气候，年平均气温13.7℃，年温差29.5℃，无霜期210天。金堤河所在流域气候温和，土质肥沃，属温暖带季风型气候，年平均气温13.7℃，年温差29.5℃，无霜期210天，多年平均降雨606.4mm，年际变化较大，年内分配极不均匀。

（二）曾存在的主要问题

1. 金堤河末端水涝灾害时有发生

金堤河干流洪水主要靠张庄闸排泄入黄，随着黄河河床不断淤高，张庄闸出流受黄河水顶托，出流条件日益困难，对防洪工程形成威胁，一旦遭遇暴雨洪水，下游来水量加大，洪水囤积在北金堤刘海以下的河道内，无法排除，在北金区末端（大堤桩号 114 +000 以下）形成“死水”，蓄水量达 1.2 亿 m^3，近几年金堤河来水流速大，水势猛，持续时间长，冲刷力强，涝水不能自流入黄，特别是 2003—2005 年、2007 年、2010 年金堤河洪水滞留最长达 3 ~7 个月，堤根水深达 5 ~6m，北金堤防洪工程多次出现渗水、脱坡、坍塌险情，尤其是刘垓以下背河堤脚出现两处渗水（孟堤口、曹堤口），长 700 多米，严重威胁堤防安全；而且使阳谷县十五里元、张秋、阿城镇 2.25 万亩耕地无法耕作，严重影响当地群众生产生活。

2. 金堤河末端亦时有干旱缺水

金堤河实测径流：干流五爷庙站多年平均径流量为 1.108 亿 m^3，濮阳站为 1.64 亿 m^3，范县站为 2.22 亿 m^3，支流孔村站为 0.405 亿 m^3。实测径流年际变化较大，濮阳站年最大径流量为 7.044 亿 m^3，年最小为 0.1313 亿 m^3，两者相差 53.8 倍。径流年内分配不均匀，汛期（7—10 月）濮阳站占全年比重为 68.3%，范县站 75%。从各月流量看，濮阳站 1956—1987 年除 8 月、9 月两个月外，其余 10 个月径流偏小，在个别年份如 1957 年、1959 年、1965 年、1979 年、1981 年有 3 个月出现全月流量为零的情况，范县站有个别年份如 1979 年有 3 个月曾出现过全月流量为零的情况。

3. 行政区域的划分对金堤河末端水生态系统的影响

金堤河流域，1964 年经国务院批准，调整了行政区划，以北金堤为界，将现在的范县和台前县由山东划归河南省管辖。因区划调整中规定“地随人走”的原则，靠近北金堤附近居住的村民划归山东省管辖，而这些村民的土地（9000hm^2）又多在北金堤以南，分布在金堤河两岸，使金堤河两岸形成两省土地穿插交错的局面，给金堤河治理带来困难。金堤河南小堤保护范围内主要为河南省耕地，但在高堤口至张庄闸约 80km 的堤段中，约有 60km 是在山东省的实际耕作区内。同时，区划调整时划归河南省的范县县城仍位于北金堤河以北的山东省莘县境内，虽经过多次调整划分，但仍是你中有我、我中有你的县、乡、村相互混杂的复杂局面。这种格局造成了管理权的分散，同时也容易造成相互推诿、扯皮的现象，给金堤河的防洪排涝及水资源管理利用带来无法克服的困难。部分流域部分工程分属不同省份管辖，管理成本高，防守负担重，管理时效差，影响工程效益的发挥。

4. 金堤河末端洪涝水水污染，造成水生态系统退化

20 世纪 80 年代末以来，由于金堤河两岸经济不断发展，一些超标排放污水的企业陆续兴建，致使大量超标污水直接排入金堤河，河流水质污染严重。2010 年左右，金堤河水质检测结果其水质为劣Ⅴ类，影响了金堤河洪水向黄河的排放、蓄水使用和周边环境。由于近年来，金堤河上游小造纸，小化工厂打压，金堤河来水污染明显好转，水质监测防御工作加强，在金堤河末端设置 5 个水质监测断面，其监测数据表明，金堤河水质时好时坏，参数 pH 值随着河流所处的时间段有所不同，丰水期水质 pH 值呈上升趋势，其余时间段较为固定。金堤河的上游污水给下游两岸的工农业生产造成巨大的经济损失，农田无法耕作，草木不宜生长，鸟类不宜生息，造成生态系统退化，严重影响生态文明建设。

三、金堤河末端可利用的水资源分析

金堤河是季节性河流，金堤河水是北金堤末端第二大过境水资源。阳谷陶城铺灌区可以采取有效措施，充分利用金堤河洪涝水，从尊重自然、顺应自然、保护自然的生态文明理念出发，保持生态平衡，把金堤河水变害为利，有效发挥金堤河洪涝水资源优势，安全有效实现人水和谐。

（一）金堤河上中游来水是有效的可利用水资源，正常年份能够满足阳谷县灌溉用水

根据多年实测径流：干流五爷庙站多年平均径流量为 1.108 亿 m^3，濮阳站为 1.64 亿 m^3，范县站为 2.22 亿 m^3。根据以上分析金堤河来水量范县多年平均径流量 2.22 亿 m^3，是金堤河下游有效优势可利用水资源，可利用蓄水 1 亿 m^3。多年平均引黄水量 0.9 亿 m^3，能够满足金堤河末端阳谷县的灌溉用水。

（二）张庄闸泄洪量即可满足金堤河末端河槽可蓄水量

据统计分析，张庄闸近 10 年平均排水达 1.1 亿 m^3。金堤河下游从北金堤桩号 104+000 以下河道长 20km，平均宽 550m，可积水面积达 11km^2，平均水深 5.5m，利用金堤河下游河槽蓄水 1.1 亿 m^3。也就是说仅利用金堤河下游河槽蓄水可以满足蓄水量，不需要占用耕地。

（三）金堤河末端洪水资源化不会影响涝水排除

金堤河下游所蓄水量全部为上中游排除的涝水，由于金堤下游地势低洼，再加上

金堤河干流治理后，加快了洪水汇流速度，使滞洪区末端高水位持续时间延长；按排涝3年一遇标准，张庄闸处水位为43.22m，104+400以下偎堤水深将达4m左右；按20年一遇防洪标准，张庄闸处水位为45.6m，偎堤水深6.5m。是一个自然积水之洼地。因此不会影响到沿金堤河内涝水的排除。

（四）金堤河末端洪水资源化不影响黄河、金堤河防洪安全

金堤河流域形状为上宽下窄的狭长形，地形平缓，河道较宽，低洼地较多，对洪水有较大的滞蓄作用，所以金堤河的洪水过程线肥胖。一次洪水历时一般在8天以上，两次连续降雨所形成的双峰型洪水过程历时可以达到13天左右。比如1963年8月洪水，张庄闸站的洪峰流量为735m^3/s，洪水总量6.5亿m^3，历时22天。

经分析，当花园口站发生千年一遇洪水时，金堤河相应12日洪量只有1.04亿m^3，仅略大于张庄站三年一遇设计3天暴雨洪量1.01亿m^3；当花园口站发生百年一遇洪水时，金堤河相应12日洪量只有0.85亿m^3，小于张庄站三年一遇设计3天暴雨洪量。如黄河上中游发生特大洪水，一方面视大河水情利用张庄闸适时向大河排水入黄；另一方面开启张秋等闸向京杭大运河、徒骇河排水；另外，北金堤滞洪区调洪演算时计入金堤河来水7亿m^3，现仅蓄水1亿m^3，远小于调洪演算的水量。北金堤末端建有张庄闸电排站，因此金堤河末端蓄水不会影响防洪安全。

四、金堤河末端水生态文明建设建议

（一）提高水资源的利用能力，提供金堤河末端水生态文明建设的基础

金堤河防洪工程建设是推进金堤河水生态文明建设的基础。金堤河干流河道治理工程于2015年通过国家发展和改革委员会批复后已全部施工完毕共通过验收。工程完工后：消除渗水段险点11处，长5.13km；坍塌段堤防加固长15.895km，常水位以上采用生态护坡形式；穿堤建筑物改建包括东池闸除险加固、八里庙和仲子庙闸拆除重建、东池及道口两座旧闸拆除复堤工程、险工改建8处51道坝岸、堤顶道路硬化59.25km。这些项目的实施有效减轻中下游洪涝灾害，提高工程抗御洪水的能力，提高水资源利用能力，社会、环境效益显著。届时，金堤河下游防洪工程将实现全面达标，金堤河下游两岸大堤将出现一个崭新的局面，不仅工程抗洪能力大大提高，堤防两侧植被茂密，形成标准的生态景观线，人居环境会发生显著改变，为沿堤地区济社会发展提供坚强有力的防洪安全屏障。

（二）加强水源地保护和水资源利用，作为金堤河末端水生态文明建设的重点

面对日趋严峻的黄河水资源形势以及阳谷县乃至整个聊城经济社会发展对水资源的迫切需求，充分利用金堤河洪涝水，有效发挥金堤河洪涝水资源优势，安全有效实现人水和谐，保持生态平衡，对促进节水型社会建设具有重要的意义。

金堤河干流河道治理工程竣工后，防洪工程抗洪强度增加，蓄水能力增加，可在保障安全的前提下，一是保护和续存金堤河末端的洪涝水；二是引用金堤河洪涝水；三是充分利用金堤河引水涵闸干渠工程调引金堤河洪水。这样提高了金堤河水资源利用率，有效解决整个聊城市水资源短缺和时空分布不均问题，保护了水源湿地，改善了当地干燥的环境和气候变化。当然，做到这些需要全社会的努力和支持，严格水资源管理制度，完善水资源保护法规，强化取水许可，申请用水计划，监督检查，实施取水许可总量控制指标，厉行节约用水，坚决制止水资源浪费。

（三）加大水污染防治力度，提供长效的可供可利用水资源

第一要进一步完善水资源保护法律法规，制定金堤河取水许可、入河排污许可等制度，使金堤河水资源保护工作做到有法可依。第二要金堤河流域管理部门相互配合，制定流域水资源和水污染防治规划。第三要实行行政首长负责制，明确责任、目标、管理范围和权限，严格控制污染物入河排放指标；第四要实施排污实时督查和检测，对超标准排放污染物的严厉查处。第五要加强水法宣传和教育，增强人民群众的水资源忧患意识，让全民真正了解水、认识水、珍惜水，激发大家共同参与对水资源的管理，爱护金堤河，保护金堤河。

（四）金堤河末端水生态文明建设要与经济建设、社会发展密切联系，提供可持续发展的重要保障

十八大报告提出要把生态文明建设融入经济建设、政治建设、文化建设、社会建设各方面和全过程，组成“五位一体”。创造金堤河末端良好和安全的生态与环境，为物质文明、政治文明、精神文明、社会文明奠定基础和前提，水生态系统是水资源形成、转化的主要载体，必须加强金堤河水生态系统的统筹规划和开发，促进金堤河水生态文明建设，为金堤河末端经济快速、健康、可持续发展奠定基础。绿化、美化、优化金堤河防洪工程和管理段庭院建设的总体布局，打造金堤河文化的建筑精品，形成一条生态景观线，成为当地群众休闲、旅游、观光、养生的好去处，促进人水和谐发展，提供可持续发展的重要保障。

五、结　　论

金堤河末端洪水资源化，对保障河南、山东两省工农业水生态建设起着重要作用。在管理中，应以“尊重自然、顺应自然、保护自然”的生态文明理念为指导，从确保防洪安全，保障水质不污染，加强水资源统筹管理，合理开发利用等四个方面出发，坚持人水和谐、保持生态平衡，促进节水型社会建设。

参考文献

[1] 李亚平. 落实五大发展理念　推进最严格水资源管理 [N]. 新华日报，2016-3-22.
[2] 山东黄河河务局. 山东省志·黄河志 [M]. 济南：山东人民出版社，2012.

构建水生态文明建设策略及评价指标体系研究

段　蓉　杨春伟　陈慧萍　张亚新

河海大学

水是生态之基，生产之要，生命之源。水生态文明秉承以科学的发展观为指导思想，遵循人、水、社会、自然和谐发展的客观规律。习近平总书记的“节水优先、空间均衡、系统治理、两手发力”治水思路，是有效推进经济新常态时期社会发展与水环境承载力相协调，建设可持续的水资源保障、完善的绿色水环境体系和先进的水文化所取得的物质、精神、制度方面成果的总和。党的十九大报告把“推动形成人与自然和谐发展现代化建设新格局”纳入新时代坚持和发展中国特色社会主义的基本策略，突出水利在生态文明建设中的地位和作用。然而，现有水生态文明建设的理论与方法研究滞后于形势发展步伐，人类文明社会发展迫切需要建立和完善生态文明自身的理论框架和技术体系。

一、国内外研究现状

（一）有关生态文明的研究进展

生态文明建设具有综合性、阶段性、持续性和延伸性等重要特征。Cobb（王韬洋，2007）强调生态文明是一个复杂反馈网络系统，在其实现路径上，既要在宏观上关注整体，又要在微观层面采用多种途径。中国工程院院士李文华接受孙钰（2007）访谈时，明确表示生态文明包括人与自然和谐的文化价值观、生态系统可持续前提下的生产观、满足自身需要又不损害自然的消费观三个方面的建设内容。俞可平（2005）的观点与大部分学者观点一致，认为要把生态文明建设的目标与小康社会、和谐社会、节约型社会建设以及联合国千年发展目标互相协调、整体推进。就我国的生态文明建设而言，必须立足于中国特殊的自然生态环境、人口素质状况、经济文化发展水平和社会政治条件，确立符合实际的生态文明标准，这表明了生态文明建设的阶段性和历史延续性。

（二）有关水生态文明建设理论研究与实际进展

作为生态文明的重要组成部分和基础保障，水生态文明逐渐成为生态文明研究与建设的新领域。这是因为水资源决定社会发展的承载力，水环境决定自然环境的主容量，水文化是人类文明之魂（王如松，2009）；另外，目前全球六大严重生态危机（依次为沙漠化、水土流失、干旱、洪涝、物种灭绝、温室效应）的根源都与水密切相关（国家林业局局长周生贤，2016）。王文珂（2012）对水生态文明建设与实践做了较为详细地思考，提出的对策与建议对水生态文明建设具有较大的指导意义。具体实践上，我国东部沿海地处黄河下游的山东省和西南地区的贵州等省市率先开展了水生态文明环境建设，山东省率先颁布了水生态文明建设评价的地方标准。但是，该标准过多地强调了水利工程、景观等硬件设施的完善与否，未能充分体现水生态文明与地方的经济文明、政治文明、文化文明和社会文明的协调发展关系。

综上分析，国内外对生态文明的理论与方法研究较为深入，其方法论和技术可被借鉴于水生态文明研究。目前，水生态文明社会环境建设处在试点摸索过程，有关水生态文明的理论与方法研究仍处于起步阶段。

二、水生态文明建设原则

（一）水生态文明内涵

水生态文明是一种有序的、可持续的水生态发展机制，最终实现经济增长、社会发展与水生态结构的良性循环与发展，是反映人类活动与自然关系的进步程度、人与社会进步的重要标志。

（二）水生态文明特征

水生态文明包括水生态意识文明、水生态行为文明与水生态制度文明三个方面。水生态意识文明是一种如何对待水环境承载问题的进步观念，讲究人与自然的和谐平等，而不是征服自然的野蛮生态观；水生态行为文明是一种在先进文化观与科学意识的指导下，在实践活动中推进水生态文明发展的活动；水生态制度文明是在推行和谐生态观的前提下进行水管理、水监督的实践保证。

（三）水生态文明社会（建设）特征

水生态文明的建立是未来社会发展的高级模式，具有高效性、持续性、整体性特点。高效性是指通过水生态文明的建立使得水资源利用高效化，也就是传统意义上的节约水资源和防治水污染。持续性是指通过合理配置资源，公平地对待人与水环境的关系，公平地对待当代与后代在发展和环境方面的需求。整体性是指水生态文明建设将经济增长、社会发展与水生态环境合为整体，兼顾三者的整体效益。

三、水生态文明建设指标体系

水生态文明建设是一项复杂的系统工程，涉及水体物理、化学、生物、生态、景观、经济、文化及人们的价值取向、意识形态判断等多方面因素。水生态文明建设评价指标体系应紧密围绕水利部明确提出的五大建设目标：一是最严格水资源管理制度有效落实，“三条红线”和“四项制度”全面建立；二是节水型社会基本建成，用水总量得到有效控制，用水效率和效益显著提高；三是科学合理的水资源配置格局基本形成，防洪保安能力、供水保障能力、水资源承载能力显著增强；四是水资源保护与河湖健康保障体系基本建成，水功能区水质明显改善，居民供水水源地水质全面达标，生态脆弱河流和地区水生态得到有效修复；五是水资源管理与保护体制基本理顺，水生态文明理念深入人心。

（一）水生态文明评价指标体系设计原则

1. 整体性与层次性原则

评价指标体系的建立是对评价区域水生态文明建设情况的总体性描述，所有指标的设置应围绕评价目标，形成系统全面的有机整体，全面客观地评价研究目标。同时，涉及水生态文明城市的评价指标是一个复杂系统，又要求其具有一定的层次，通过划分目标层、准则层、指标层将指标层层细化，从不同角度反映研究区域水生态文明的发展现状。

2. 科学性与可操作性原则

评价指标体系的设置要求每个指标都要合理、科学、精确。在构建过程中，应充分认识研究目标对象，才能真实客观地反映水生态文明城市建设的内在机制，测算统计方法科学规范，保证评价结果的真实性与客观性。要求指标数据与现行统计方法衔接，在满足监测和评价目的的前提下，应尽可能采用相对成熟和公认的指标，同时指标不应太多，以保证评价结果的高效性。

3. 目标性与可对比性原则

整个评价指标体系的构建必须以研究区域为基础，准确反映区域特色，选取具有代表性的原则，才能做出更高效的政策决定，这是设计评价指标体系的基本出发点。同时，所选指标应具有对比性，可以用于不同地貌之间的横向比较和同一区域不同时点的纵向比较，分析出横向、纵向变化趋势，提高指标体系价值作用。

4. 动态性与可拓展性原则

社会环境作为一个发展的系统，其状态是不断变化的过程。在不同的社会发展阶段，水生态发展的情况有不同的侧重点，选择指标既要从现实出发，力求使每个指标都能反映水生态文明发展的特点和未来取向，并且整个评价指标体系应具有一定的拓展性，随着水环境、水资源的发展，一些指标将引入或剔除，而这个过程并不影响整个体系框架。

5. 定性与定量相结合原则

在整个体系指标选择过程中，尽量多地选取量化指标，对指标系统中不易定量表示的指标，但又对整个体系比较重要的，应采取定性描述、定量反馈的方法，将定性与定量相结合，尽量清晰客观地反映指标情况。

（二）水生态文明测评体系构成要素

根据水生态文明建设的相关理论，以及水利部提出的水生态文明建设目标，初步将水生态文明划分为六大要素，即：①系统完善的水安全体系；②配置合理的水资源体系；③人水和谐的水环境体系；④健康优美的水生态体系；⑤具有区域特色的水景观与水文化体系；⑥科学高效的水管理体系。这六大要素既是独立的体系，又是不可分割的整体，共同构成了自然社会水生态文明系统。

1. 水安全体系

水安全的实质是水资源供给能否满足合理的水资源需求，一般涉及社会安全、经济安全和生态安全等。总体特征是指河流生态系统本身具备系统稳定、良性循环的能力，且不会对其他系统构成危害。水安全的主体是人，即水资源既要满足人的日常需要，又要保证社会的可持续发展以及经济用水、生态用水。

2. 水资源体系

水资源体系可分为水资源情况与用水效率。水资源量是衡量水资源的基本指标，也是水生态、社会、经济各系统存在的前提，水资源量满足水生态、社会、经济的需求，是水生态文明的基本条件。水资源使用效率包括需水量保证率、人均可供水量、供水保证率等。

3. 水环境体系

水环境体系是指通过完善区域水系规划建设，保护自然的水系生态环境，控制污染，提高水质，改善水资源生态环境，以利于当地防洪排涝和生活、生产供水，促进社会开放空间和绿地系统的发展；改造区域内现有河道，改善规划区内河流水质，并通过减污、控源、截留、输导、修复的过程以达到改善、保护水环境的目的，以实现人水和谐与社会经济可持续发展，以达到联合国的人居环境要求为目标。

4. 水生态体系

水生态系统是指从生态系统自身出发，稳定且可持续发展的生态系统，在经济社会效益与生态环境效益之间寻求一个相对平衡并能长期稳定的状态。水生态体系主要包含水域环境、动植物资源及水土保持情况。良性的水生态系统是反映水生态环境状况，保证水生态系统服务功能的前提。

5. 水景观与水文化体系

水景观建设是通过地区河流水域沿岸带及水域范围内的景观建设，改善相邻生态系统来实现对区域河流生态系统的保护。融合地区现状、发展规划及定位，同时要注意协调水景观与地方土地利用及其他景观布置的关系。

水文化与地方人文水系息息相关。这些文化包括关于河流的传说、文人墨客对于水的赞美、滨水景区的历史记忆、具有鲜明地方特色的文化活动等。水系作为地方民俗悠久历史的载体，是历史遗留给社会的宝贵财富。在水系规划中，应挖掘并彰显地方水系的文化底蕴，让人们在亲水近水的过程中，也亲近了地方的历史文脉。

6. 水管理体系

水管理体系是指运用法律、行政、经济、技术等手段对水资源的分配、开发、利用、调度和保护进行管理的各种活动，以求可持续地满足经济社会发展和改善环境对水的需求。

（三）水生态文明建设评价指标体系

根据上述对水生态文明建设评价指标设计原则和构成要素的分析，采用自上而下、逐层分解的方法，将整个的因素作为评价指标，以避免重要指标的遗漏或重复。第一层（A 指标）即宏观地将水生态文明建设系统划分为六个系统，以建设水生态文明发展程度为总目标，分别评价六个子系统发展程度；之后将六个系统划分为 12 项二级指标，即第二层（B 指标）；第三层（C 指标）共包含 35 项三级指标，共同构成水生态文明建设指标体系的总体框架，共划分为三个层次，每一层分别反映其主要特征。

表 1　水生态文明建设评价指标体系

一级指标	二级指标	三级指标	评 价 标 准
A1 水安全 体系	B1 地区安全	C1 地区防洪工程达标率	防洪能力对应于规划防洪标准的实现程度，反映该地区防洪保障达标情况
		C2 区域治涝工程达标率	城市除涝能力对应于规划除涝标准的实现程度，反映城市除涝保障的达标情况

续表

一级指标	二级指标	三级指标	评 价 标 准
A1 水安全体系	B1 地区安全	C3 防潮工程达标率	滨海城市防潮过程达到设计标准的合格情况
	B2 水源安全	C4 水灾损失率	受灾区域各类财产或农作物的损失值与灾前值或正常值之比
		C5 集中式饮用水源地安全保障达标率	达标水源地个数/水源地总数，评价对象是为 10000 人以上人口集中供水的水源地
A2 水资源体系	B3 水资源情况	C6 万元 GDP 用水量	反映经济建设用水效率效益水平，为逆向指标
		C7 生活节水器具普及率	第三产业和居民生活用水使用节水器具数与总用水器具之比
	B4 水使用效率	C8 再生水回用率	污水处理厂再生水回用量与处理量的比值，反映污水回用情况
		C9 供水管网漏损率	供水管网漏水量与供水总量之比
		C10 用水总量控制红线达标率	用水总量控制红线达标数占总用水单位数之比
A3 水环境体系	B5 控污率	C11 水功能区限制纳污控制率	污染物（COD、氨氮）实际入河量小于限制纳污量的水功能区个数比例
		C12 水功能区水质达标率	水功能区水质达标数与水功能区水质目标应达标数的比值，反映水环境质量状况
		C13 污水集中收集处理率	集中处理污水量占废污水产生量的比值
	B6 修复率	C14 城市集中饮用水水源地水质达标率	集中饮用水水源地水质达标数占总数之比
		C15 河道（湖泊）综合治理率	有效治理水域站总面积之比
		C16 入河污染物总量达标率	入河污染物达标量占总入河量之比
A4 水生态体系	B7 自然生态情况	C17 湿地面积占比率	湿地面积占城市区域面积之比
		C18 水面率	试点范围内水面面积占试点范围总面积的比值
		C19 水土流失治理率	已治理的水土流失区域面积与应治理的水土流失区域面积的比值
	B8 治理情况	C20 河道（湖泊）有效整治率	经疏浚后引排畅通，基本达到原设计标准
		C21 人均绿地面积	平均每万人占有绿地面积数
		C22 城市河湖岸坡树木、草地覆盖率	河湖岸坡控制区域内林木草地覆盖面积占总面积之比
		C23 水生生物多样性	水生生物种类和数量
		C24 生物栖息地状况	生物栖息地面积、保护、干扰等状况

续表

一级指标	二级指标	三级指标	评 价 标 准
A5 水景观、文化体系	B9 国家级水景及历史水环境保护	C25 国家级涉水保护区、景区数	国家级水利风景区、4A级以上以水体直接命名或为主要游览内容的旅游景区、列入或申遗《世界遗产名录》主要保护对象为水体或存在于水体的国家级自然保护区等国家级涉水保护区和景区个数
	B10 水文化水民俗	C26 水文化宣传教育载体数	水利博物馆、节水教育基地、国家水土保持科技示范园区，以水利或水体作为主要内容的文化节、知名文学影视作品或非物质文化遗产等
		C27 公众对水生态文明的认知和参与度	对水生态文明的内涵初步了解、参加过或愿意参加节水护水公共活动人数比例，抽样调查法
		C28 水文化资源普查、研究、数据库建设状态	与水文化有关的文字、影像等资料收集情况、相关的研究机构与研究人员、经费投入等
		C29 年均参观水景观人数	年均参观水景观人数，通过抽样调查获得
A6 水管理体系	B11 政策法规、规章	C30 涉水事务统一管理覆盖率	评价区域内实行涉水事务统一管理的县级行政区个数占县级行政区总数比例。对于地市级评价区，如果地市级尚未实行涉水事务统一管理，则对评价结果降一个等级
		C31 水资源监控管理能力指数	由3项子指标分别是：取用水计量率、地市级以上（含）水功能区水质监测评价率、水资源管理信息系统覆盖率
		C32 水生态文明建设相关工作占党政实绩考核比例	包含水安全保障、水资源管理、水污染治理、水环境改善等与水生态文明建设直接相关的工作
	B12 政策扶持与投入	C33 水生态修复技术专利数	申报和认定水生态技术专利件数
		C34 投入水生态文明建设研发经费占GDP比例	政府年均投入水生态建设经费情况
		C35 直接从事水生态文明建设的研发人员	每万人中直接从事水生态文明建设的研究人员情况

四、结　　语

水生态文明建设评价体系是一项复杂的系统工程，是由诸多相互联系、相互制约的各要素构成；且评价体系各指标也是一个动态修正过程，需要经过复杂信息的反馈，不断依据动态调整趋势、完善各指标要素；在进行评价指标应用时，应基于指标而又不局限于指标，在不同区域合理选择各指标，建立符合区域生态文明建设的指标体系，不断实践、不断完善，为推动全社会生态文明建设提供科技支撑。

参考文献

[1] Paul R, Ehrlich. Cultural evolution and the human predicament [J]. Trends in Ecology & Evolution, 2007, 22 (4).

[2] 孙钰. 生态文明建设与可持续发展——访中国工程院院院士李文华 [J]. 环境保护, 2007, 12 (21): 32-34.

[3] 俞可平. 科学发展观与生态文明 [J]. 马克思主义现实, 2005 (4): 4-5.

[4] 王如松, 胡聃. 弘扬生态文明深化学科建设 [J]. 生态学报, 2000, 29 (3): 1055-1067.

[5] 王文珂. 水生态文明城市建设实践思考 [J]. 中国水利, 2012 (23): 33-36.

[6] 邓坚. 推进广西水生态文明建设的思考 [J]. 中国农村水利水电, 2017 (5): 142-144.

[7] 吕宁. 基于城市休闲指数的休闲城市评价指标体系研究 [J]. 首都经济贸易大学学报, 2011, 13 (6): 77-85.

[8] 黄茁. 水生态文明建设的指标体系探讨 [J]. 中国水, 2013 (6): 17-19.

[9] 王红丽. 浅谈滨河水系水环境保护规划 [J]. 城市建设理论研究, 2012, 4 (11): 78-79.

[10] 许继军. 水生态文明建设的几个问题探讨 [J]. 中国水利, 2013 (6): 15-16.

水利生态效益分析

徐文奕　袁汝华
河海大学

水利投资对促进我国社会、经济的发展起着重要的作用。水利投资效益一般可分为经济效益、生态效益和社会效益。以往对水利投资效益的测算，主要集中在经济效益，如防洪、灌溉、发电效益等方面。但是，随着我国对水利生态的重视，水利投资的生态效益日趋突出。

在实践中，水利投资的生态效益主要可以分为三个方面：一是防治水污染，改善水体质量，增加生物多样性，加强水生态系统的稳定；二是防沙固沙，保持上游水土，减少下游泥沙淤积，改善区域生态环境；三是改善饮用水环境，特别是加强农村饮水安全。

本文以定量评价为主，分别计算全国、江苏省和陕西省的水利投资生态效益，在量化生态效益的同时，通过对比以江苏为代表的江南地区和以陕西为代表的西北地区水利生态效益，从而评价不同地区在水利生态治理上的发展水平和侧重点，提出改善建议。

水利生态效益的定量计算，具有重要意义。生态效益的定量计算研究紧密结合中央对生态效益提出的可量化、可操作的要求和党的十八大以来对水利生态环境建设的要求。近年来，我国越来越重视生态环境的建设，水利生态是生态圈的重要组成部分。加强水生态治理与保护是“十三五”水利改革发展重点任务，“十三五”规划要求“加快改善生态环境，加强生态保护修复”；2018 年中央一号文件《关于实施乡村振兴战略的意见》提到“关于水利行业强监管，在生态方面提出可量化、可操作的指标和清单”。对水利生态效益的量化计算，能够总结我国现阶段水利生态的发展成果和不足，更好地开展水生态治理工作。

水利生态效益的量化研究是对水利效益研究的补充，目前对水利效益的研究主要着眼于经济效益，包括防洪、灌溉、发电、供水效益，主要是水利工程对农业、工业生产总值的提高，而忽略了对生态环境改善的作用。水利生态投资项目的效益主要采用模糊综合评价法，该方法较为主观，且分析结果不够具体，缺乏具体的量化。本文希望探索出宏观、量化的计算方法，完善水利效益的计算和评价方法。

一、生态环境效益的计算

（一）水土保持生态效益

水土保持效益是通过增加植被覆盖率、修筑各类工程设施等方法，防治水土流失，合理利用水土资源，减少风、沙等灾害和河流泥沙淤积，改善生态环境的效益。水土保持效益的计算采用市场价值法。市场价值法是根据实施措施前后生态环境变化引起的总产值或利润变化进行效益评价，即实施水土保持措施前后，通过增加的单位面积粮食产量而提高的粮食总产量的市场价值，为水土保持生态效益。具体计算公式如下：

$$V_1 = P\lambda S(Q_1 - Q_0) \tag{1}$$

式中：V_1为水土保持生态效益，元；Q_1为实施水土保持措施后单位面积产量，t/hm^2；Q_0为实施水土保持措施前单位面积产量，t/hm^2；S 为计算期水土保持措施的保存利用面积，hm^2；P 为产品的单价，元/t；λ 为水土保持单项增产值分摊系数,%。

式中，S 采用水土流失治理面积，取自历年的《全国水利统计年鉴》，Q_0、Q_1采用亩均粮食产量，P 为粮食单价，均取自历年《中国统计年鉴》，λ 根据不同的计算区域分别取值。

经计算，1990—2015 年，全国、陕西省和江苏省水土保持生态效益见表 1。

表 1 全国、陕西省和江苏省 1990—2015 年水土保持生态效益 单位：亿元

年份	水土保持生态效益			改善水质的环境效益			农村饮水安全效益		
	全国	陕西省	江苏省	全国	陕西省	江苏省	全国	陕西省	江苏省
1990	692.82	84.22	8.95	69.05	2.11	6.34	13.47	0.61	0.58
1991	730.32	87.91	7.84	81.38	2.34	7.26	14.34	0.66	0.46
1992	766.90	92.07	9.32	108.58	2.45	10.69	16.21	0.74	0.51
1993	801.15	96.28	9.50	156.74	3.26	15.97	19.89	0.91	0.64
1994	838.12	99.21	9.60	224.79	3.95	23.03	25.43	1.18	0.81
1995	874.42	100.46	9.71	300.29	5.21	29.61	31.99	1.50	1.03
1996	906.67	103.22	9.73	369.12	6.26	34.44	40.93	1.95	1.52
1997	944.87	104.70	9.69	429.31	6.64	39.21	48.24	2.44	2.07
1998	981.23	110.35	9.72	460.82	7.21	42.63	56.16	2.83	2.63
1999	1017.93	111.22	9.77	504.22	7.13	47.43	60.41	3.02	3.13
2000	1058.91	111.22	9.71	583.77	7.49	55.80	63.38	3.07	3.59
2001	1066.47	111.78	10.23	629.55	7.65	61.93	69.29	3.35	3.86
2002	1117.10	114.94	10.49	538.92	6.77	58.56	80.58	3.80	4.29
2003	1291.11	116.81	10.69	566.37	6.66	55.94	90.45	4.35	4.67

续表

年份	水土保持生态效益			改善水质的环境效益			农村饮水安全效益		
	全国	陕西省	江苏省	全国	陕西省	江苏省	全国	陕西省	江苏省
2004	1203.35	117.56	10.99	499.90	5.96	50.31	106.02	5.18	5.36
2005	1238.01	118.41	11.29	545.72	6.10	51.22	119.25	5.86	5.89
2006	1275.11	119.06	11.80	571.88	6.01	47.90	242.02	5.42	18.92
2007	1306.24	119.58	12.59	675.33	7.35	52.36	295.41	7.09	22.30
2008	1328.69	123.04	13.17	758.47	9.95	56.78	374.20	9.25	27.78
2009	1367.37	125.38	13.57	885.73	11.53	72.83	412.81	11.55	32.72
2010	1396.87	129.16	13.76	1025.84	14.83	102.53	527.08	15.23	41.59
2011	1434.33	132.97	14.52	1395.72	19.53	147.73	676.73	15.42	52.71
2012	1346.55	147.31	9.38	1504.86	24.66	195.04	826.81	20.06	58.73
2013	1398.07	155.28	10.02	1893.52	30.52	247.59	1094.98	29.84	66.89
2014	1459.77	160.27	11.77	2241.63	35.99	296.96	1309.41	35.93	77.60
2015	1517.20	165.24	12.33	2684.26	41.87	367.83	1545.97	47.43	79.42

（二）改善水质的环境效益

水环境改善效益主要是通过提高水质，节约水处理费用，降低供水成本，对工农业的生产都有较大益处，也有利于渔业、旅游业的发展，故水质改善的效益很难用简单的公式计算。引入水污染与经济损失函数图（图1）。

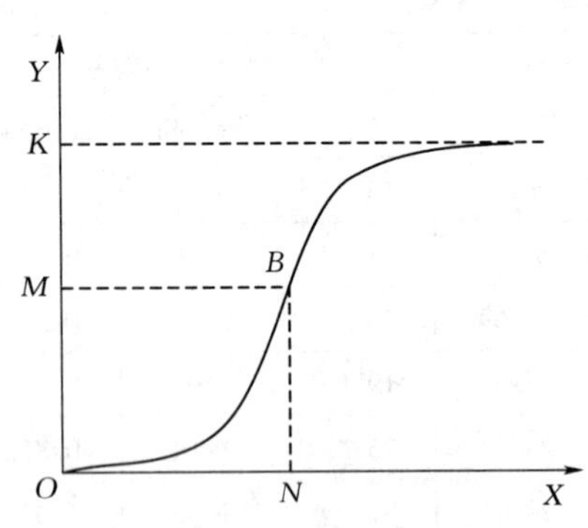

图1 水污染经济损失函数示意图

图中，X 坐标代表水环境质量，可以用水中污染物含量来表示，也可以采用水质类别；Y 坐标为不同水环境下对社会经济造成的损失；K 为最大经济损失，即经济活动受水污染影响可能产生的最大经济损失；B 为拐点，对应的分别是水环境质量 N 和经济损失率 M。α 为曲线形态的参数，即社会经济受水环境影响的敏感程度。同一水污染水平下，α 越大，社会经济损失率越大，α 越小，社会经济损失率越小。α、M、N、K 均与区域特征有关，不同地区，取值不同。根据示意图，可采用双曲线函数作为水污染经济损失函数，其表达式为

$$Y = K\frac{e^{\alpha(X-N)} - 1}{e^{\alpha(X-N)} + 1} + M \tag{2}$$

式中：Y、M、K 为不同水质状况下的水环境污染经济损失率；α 为水系敏感系数；M、N 为水质类别，与图1对应。

M、N采用水资源公报中的数据，其他参数根据各地区不同特性分别取值，计算结果见表1。

（三）饮水安全效益

饮水安全效益是指居民居民能够及时、方便地获得足量、洁净、负担得起的生活饮用水而带来的效益，采用人力资本法计量。人力成本法认为人即劳动力，是一种生产要素，需要不断从环境中汲取维持生命的物质和能量，生态环境质量对人类健康造成很大影响，可以通过生态环境的改善对人劳动能力提高而带来的经济收益评价生态效益，即计算由于提供安全饮水节约的劳动力，具体计算公式如下：

$$V_3 = LW\lambda \tag{3}$$

式中：V_3为农村饮水安全效益，元；L为年节约劳动力，工日；W为日均收入，元；λ为修正系数，%。

根据水利部抽样调查结果，每年因安全饮水户均节约的劳动力为30，结合第六次人口普查结果，户均3.22人，故

$$\begin{aligned} L &= \text{该年累计解决饮水安全人数/户均人数} \times \text{户均节约劳动力} \\ &= \text{该年累计解决饮水安全人数} \times 9.32 \end{aligned} \tag{4}$$

饮水安全人数、人均纯收入分别从《中国水利统计年鉴》和《中国统计年鉴》中取得，结合实际情况，修正系数取0.75，计算结果见表1。

（四）水利生态效益总体评价与分析

根据表1计算出的数据分析得出图2和图3。

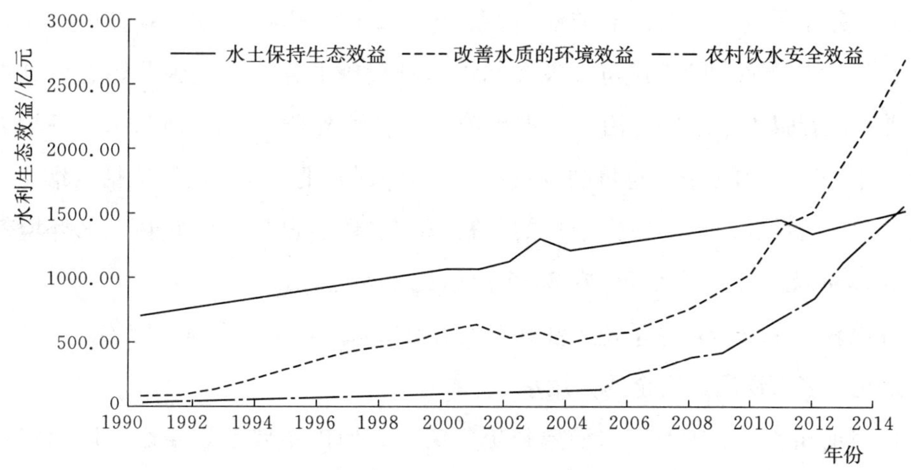

图2 全国水利生态效益曲线

1. 时间角度

（1）全国范围内，生态效益的绝对值均呈现持续上涨趋势，且现阶段改善水质的环境效益尤为突出。

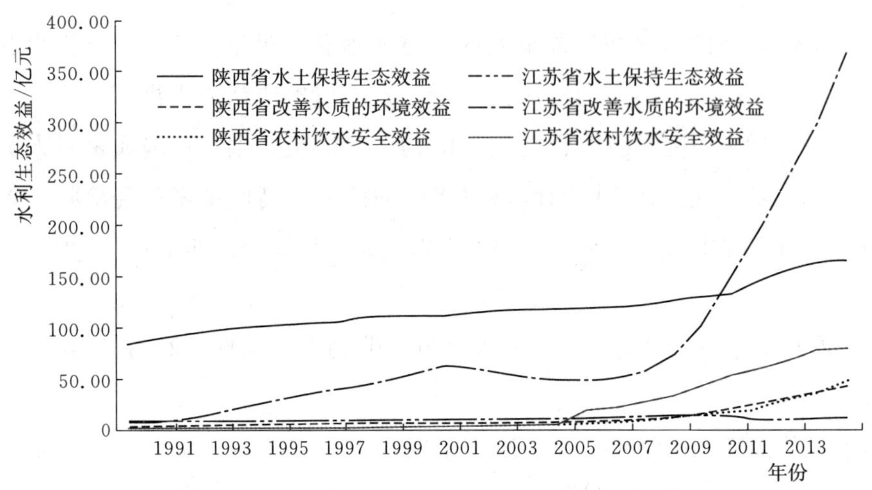

图3 陕西省、江苏省水利生态效益曲线

（2）水土保持效益增长相对平缓，主要源于我国在水土保持方面的持续投入。

（3）改善水质效益于1990—2000年缓步增加，2000—2006年间出现波动，甚至略有下滑，在2006年以后以较大幅度增长，这反映了我国对水环境从忽略到重视的过程。20世纪90年代，国家的水利投入主要投资于防洪、灌溉等直接效益突出的领域，大量修建水利枢纽工程，水环境的提升主要是这些工程的附带效益。“九五”“十五”期间，由于我国过于追求经济发展，不惜牺牲环境，“先温饱，后环保”的思想十分普遍，水污染愈加严重，加上效益的滞后性，导致2001—2005年水环境效益不增反降。从“十五”后期开始，随着经济发展和基本水利设施的完善，我国开始意识到保护环境的重要性，着眼于生态环境治理，水环境自然在治理范围内。2006年，各地方政府签署《“十一五”水污染物总量削减目标责任书》，并把责任书的完成情况纳入了领导干部政绩考核的重要内容。在党中央的重视下，水环境也是有所好转，水环境效益更是以每年10%以上的速度增长，在2015年达到2684亿元。

（4）农村饮水安全效益呈现上涨态势，并在2005年后上涨幅度增加。到2015年，我国以让九亿多人饮用到安全的饮用水。

（5）目前而言，我国改善水质效益更为突出，原因主要是近年来，国家将水治理重心转移到水环境治理上，提出“金山银山不如绿水青山”，遗憾的是，本文由于数据的缺失，未能收集到2015年出台“水十条”后的相关数据，故无法评价近两年的生态效益。

2. 空间角度

对比陕西省、江苏省的数据，水利生态效益增长的总体趋势与全国相同。

（1）水土流失效益上，因陕西省地处水土流失较为严重的黄土高原，且水利工作中自始至终将水土保持放在首要地位，故水土保持效益始终较为突出，并在2005年后以较大幅度增长；而江苏省的水土保持效益一直较低，主要由于江苏省的本身几乎没有水土流失问题。

（2）在改善水质的生态效益上，陕西省与江苏省在2003年前基本一致，陕西省在2003年开始大幅上涨，但是江苏省改善水质生态效益在2003—2008年出现下降，2008年后，重新上升，并超过陕西省。这映射出江苏省治理水环境漫长、曲折的经历。江苏省地处江南地区，水污染一直是水环境治理的主要问题。以太湖为例，太湖由于水污染造成的水体富营养化，衍生了严重的蓝藻问题，虽然“九五”期间，国家环保部门就启动了“三湖三河”的治理，但是1991年开始的一期太湖治理工程成效甚微，水污染治理速度远远赶不上经济发展速度，到2005年，太湖的污染面积已超过80%。2007年，太湖暴发大规模蓝藻，导致工厂停产和引发饮用水危机，敲响了水环境问题的警钟，让江苏省政府更加重视水污染治理，展开了第二轮太湖治理，投入近千亿元。2017年，太湖水质从2007年的Ⅴ类改善为Ⅳ类，太湖水环境治理初见成效。江苏省改善水质的生态效益，与水污染治理之路基本契合，水环境治理的投资有较高的回报。

（3）在饮水安全效益上，江苏省和陕西省在2003年前基本重合，2003年后，江苏省的饮水安全效益上涨较快，主要是解决饮水安全人口数上涨，当然这不排除由于江苏省本身人口基数较陕西省更大而带来更大的效益。

（4）综上所述，以江苏省为代表的江南地区，水利生态效益主要集中在改善水质方面；以陕西省为代表的西北地区，水利生态效益主要集中在水土保持上；同时，两地都将饮水安全放在比较重要的位置，饮水安全效益也持续上升。但是，在水利生态总效益绝对值上江苏省明显超过陕西省，但是考虑到江苏省的人口和经济发展都超过陕西省，人均效益陕西省为612.65元，江苏省为574.55万元，陕西省超过了江苏省。

三、意见与建议

2015年，我国水利建设投资额达到1685亿元。2018年，水利建投资规模达到一万亿，水利投资持续上涨的同时，对水利生态建设的投资也日趋加大。2015年，出台的“水十条”也体现了党和政府对水利生态环境的重视和水利生态建设的决心。但我国目前水利生态文明建设仍处于发展阶段，亟须改进的问题仍然很多，笔者提出以下建议：

（1）继续增大水利生态环境建设的投资。目前，我国水利投资中，生态建设投资占总投资比例不到两成，水利生态效益大部分是传统水利工程的附属效益，相比于3万亿元的水利效益，不足6千亿元的生态效益显得过于单薄。西方早已出现的综合生态修复工程在我国仍较为少见，传统水利工程对河流横向的破坏，跨流域调水带来的生态环境改变都值得我们注意，因此应加大对水利生态系统健康和可持续发展为目标的水利生态工程的投入，解决突出的水利生态问题。

（2）因地制宜地发展生态水利，重点解决突出问题。由于我国幅员辽阔，地区差异较大，各地区的生态问题也不尽相同。如黄河流域水土流失问题严重，长江、珠江流域经济发达，浅层地下水污染严重。应当根据不同地区的实际情况，制定不同的水生态保护方案，同时加强统筹规划，以区域为整体综合治理，不能头痛医头脚痛医脚。

（3）大力推进饮水安全建设。我国近年来虽然水质持续上升，但偶尔仍会发生水源地污染事件，比如泉港碳九泄漏事件，严重威胁居民的饮水安全。如果说90年代我国处于饮水工程尚不发达的时期，饮水安全主要是防治饮用水氟含量超标，那么，保障饮水安全面临更多的挑战。2016年，全国公开的1333处饮用水水源地中，98处出现过水质超标的情况，占比7.2%，有16处出现全年12个月持续超标，某些水源地还出现重金属污染物。我们要及时认识到我国水体受污染形式更为多样，污染物众多，且城市大多只拥有单一的水源地，所以要保护水源地安全免受化工污染，在水源危机时，及时保障居民的饮水安全。

我国生态水利工程的持续投资，水利生态效益的稳定大幅增长，都反映出现阶段水利生态建设取得的卓越成就。未来，我国必将加大对生态环境建设的投入，在经济发展的同时，改善生态环境，提高居民生活质量。

参考文献

[1] 夏磊．滇池流域水污染损失评价研究［D］．昆明：云南师范大学，2016.

[2] 胡佳慧．水利工程的生态效益初探［J］．科技创新与应用，2015（18）：214.

[3] 顾金霞，袁汝华．江苏省水利科技进步贡献率定量分析［J］．水利经济，2014，32（5）：26－29，72.

[4] 袁汝华，李正辉．江苏省水利生态环境效益分析［J］．水利经济，2014，32（1）：17－19，73.

[5] 张强．浅析水利工程的生态效益［J］．电子制作，2013（8）：248.

[6] 杨桐鹤，禹雪中，骆辉煌．基于水污染损失模型的引水调控工程环境效益评估［J］．水利水电技术，2010，41（9）：20－23，27.

[7] 郑灿强．生态水利建设项目的效益计算方法分析与探讨［C］//“生态济宁”优秀论文选编．济南：山东省科学技术协会，2007：4.

[8] 申宏星．广东省水利工程水环境效益量化模型及应用研究［D］．南京：河海大学，2005.

[9] 李锦秀，徐嵩龄．流域水污染经济损失计量模型［J］．水利学报，2003（10）：68－74.

[10] 程红光，杨志峰．城市水污染损失的经济计量模型［J］．环境科学学报，2001（3）：318－322.

"江河枯竭"引发的深思

——以老通扬运河的枯竭与整治为例

曹瑞冬

温州大学人文学院

一、"江河枯竭"综述

(一)"江河枯竭"定义

"江河枯竭"指代的是水资源危机。我国是一个有水国家，但在十四亿人口面前却是杯水车薪。我国在水资源短缺和污染上问题日益突出，逐渐成为阻碍生态建设的重要因素。

江河令世界轮廓分明。然而，一些令人不安的事情正在发生。通过一则则新闻报道，才发现手中的地图已经和现实不相符了。内陆的海和湖泊正在消失。以往地理课中江河如何从山脉中发源、汇流成河、奔腾入海的情景，如今已经变成了虚幻。许多江河在流经的途中不是力量增大，而是变得奄奄一息、趋于干涸了。江河的枯竭主要体现在水资源短缺和污染上，而其分布则有很强的区域性，我国东西部发展差距大，南北发展不均匀。

世界人民正在面临人类生死存亡的水资源危机。人口越来越多，水资源越来越少，而发展越来越快，水资源的保护成为了我们在生存与灭亡之间的抉择。也因此，"江河枯竭"的定义不是让人们认知地球的水源危机，而是探索我们面临这样危机的种种原因，当大河枯竭时会发生什么，以及该往何处去，我们怎样才能恢复江河的健康生态，如何才能从水文意义上来保护人类的未来。

过去几十年，人类在江河面前的不适当举措毁灭了江河，也毁灭了自己，我们再次面临自然和生态的严峻考验，但更多时候，人类依旧在走以牺牲自然来换取发展的老路，而可持续发展则是漫长而又艰辛的道路。可是当江河枯竭时，所有人都会死掉的。

(二)"江河枯竭"的表现

"江河枯竭"一方面体现在水资源的短缺上，另一方面体现在水资源的污染上，而共同的影响是人类生存环境的恶化和生产发展遭到制约。我国西北地区存在严重的水资源短缺问题，而中东部地区在无法有效实现经济结构转型下，也造成了严重的水资源污染。

水是人类赖以生存的根本，随着水污染的进一步加剧，由此带来的负面效应也逐渐显现，如经济发展受到制约、城市化进程减缓、人居环境恶化、饮用水质下降等。苏中地区是典型的江淮地区，虽然不具备江南烟雨小镇的文化，但是其大河文化十分突出。但是，由于其不合理的发展，破坏了水资源的水质状况，曾经使这些地区的人民一度依赖长江水灌溉。

我国很多江河是先走上了污染的道路，再踏上了枯竭的命运，淮河就是典型的例子。地区的水文文化彻底走上了覆灭。在第一种情况下，人民生活困苦，生产发展遭受严重制约，而我国经济欠发达地区的不合理的经济结构与生产模式正逐步由第二种状况向第一种状况过渡。也因此，我国充分认识到可持续发展的重要性。科学发展观的基本要求是全面协调可持续发展，南水北调的存在是为了缓解北方水源短缺，统筹南北经济发展，其更核心的任务是及时促进欠发达地区的经济结构转型和生产模式调整，使其逐渐走上生态良好、生产发展、生活富裕的发展道路。

科学发展观是极大解放人民思想的理论，它将环境保护和资源利用上升到突出位置，引领了很多人从精神荒芜地带深刻认知可持续发展的意义。

（三）“江河枯竭”的原因

水资源危机是全球现象，成为人类的生存隐忧。造成水资源危机的原因是多方面的，有水资源自身条件的限制，也有对水资源的节约、保护的忽视等人为因素。而人为因素主要包括了水资源利用方式粗放、用水浪费严重、经济发展与水资源合理开发利用和有效保护的协调不够、人水矛盾尖锐、水资源可持续利用的体制和机制不完善等。虽然自然原因是客观原因，但是我们在水资源保护和利用上的过失确实是诱发危机的最直接原因。

造成“江河枯竭”的关键原因是未协调平衡好经济发展与水资源利用的关系。我国对于资源的认知水平发展较慢，大多数人对于节约用水和保护水资源的意识不是很强烈。工业污水、生活废水，甚至是未经处理的垃圾随意地排放至江河，致使水源受到污染。

黄土高坡的水资源危机是长期自然历史条件的产物，而江苏苏中地区的水资源危机却是由长期不合理发展造成的。在水资源问题中，我国未能及时建立明确的制度来保障水资源的利用和保护。我国缺水地区需要“调水”来生存，我国经济欠发达地区需要及时转型经济结构，走新型工业化特色道路，然而更需要建立明确的制度体系和法律规范来约束企业和人民对水资源的利用和破坏。

（四）“江河枯竭”影响

江河令世界轮廓分明、色彩斑斓。不同地区、不同区域的水资源危机的影响效果是不同的，但是最终会反映在人类与社会的生存与发展上。

在生存无法保障的情况下，如何才能谈及发展呢？我国水资源的开发利用受到科技发展水平的制约，在水资源可利用量有限的情况下，未来的经济发展将受制于水资源条件，而且在未来的缺水状况下，供水能力将很难与经济同步增长，更重要的是我国的水资源污染现状已直接影响到国民的饮用水安全和身心健康，并人为地加剧了水资源的短缺。我国很多地区缺少水，人民生存遭遇重大危机，也有很多地方水污染事件，引发严重的质量事故。水资源短缺成为阻碍中国实现经济协调发展的最直接动因，也成为中国在生态、文化、政治制度建设方面的阻碍。

“江河枯竭”在经济发展上的另外一个重要体现是城市化进程。江浙地区由于其水资源丰富，再加上便捷的交通方式，构成全国经济最发达的地区——长江三角洲。相比之下，江苏苏中和苏北地区由于淮河的枯竭，城市走向了衰落，尤其体现在扬州古今繁荣的强烈对比。而“江河枯竭”所带来的影响不只在于经济发展上，更直接地体现在文化和生态上。水源枯竭使很多地方失去了本身特有的水文文化，也使得周遭的生态环境面临着水土流失的问题。

不同地区水资源危机所带来的影响是不同的，因此，我国各地区应根据自身的水资源状况选择适合水资源利用和保护的有效途径，降低污染，节约用水，协调好水资源与经济发展的关系。

二、老通扬运河的枯竭综述

（一）老通扬运河的水资源枯竭状况概述

通扬运河，贯通江苏省南通、泰州、扬州三市的人工河道，古称邗沟，为南通、泰州、扬州三市及其沿岸各市、县的主要航道，延伸于江苏省长江北侧，始建于西汉文景年间，由吴王刘濞主持开凿，用以运盐，亦称运盐河、盐河。经历代改建和延伸而达南通，清宣统元年改称通扬运河。

老通扬运河是几乎贯通在整个苏中地区的重要流域，沟通了苏中和苏南的经济联系，活跃着整个江苏的经济，辐射了整个长江三角洲。千百年来，这条航道保障了苏中地区的稳定发展，也保证了江苏的高速发展。南通、泰州、扬州依赖此运河形成特色的水文文化，也沉淀出独有的人文价值。扬州凭借通扬运河和自身发展条件的优势，在经济重心南移的古代曾一度成为经济最繁荣处。老通扬运河于江苏而言，无疑是见证着江苏繁荣发展的重要物质文化遗产。

老通扬运河历来以航运为主，水上运输相当繁忙，年均通过量达1000万吨左右。沿线工厂众多，码头不少。沿河大小船舶2600艘，总功率32000多马力，非机动车的船舶总吨位近9万吨，故通扬运河经过三十多年的建设与发展，水运事业已经有一定的规模与基础，不仅沟通了江淮下游，而且对苏州、扬州、盐城三个地区的工农业发展和文化繁荣起着非常重要的作用。

老通扬运河航道的主要功能是运输。在我国交通运输方式不断便捷的情况下，运河的运输功能呈现退化趋势，所引发的是老通扬运河的水资源枯竭问题，造成了航道的日益萎缩，带来了整个苏中地区流域的衰落。从老通扬运河的历史性普查、新挖水道的固定断面测量以及实地考察等资料等分析可知，通扬运河航道的演变过程主要是船行波掀沙淘蚀和流系联合作用的结果。在动力地貌上，表现为梯形斜边水面处波蚀穴的兴衰、波蚀崖后退和波蚀一堆积平台均衡剖面的形成。但是，水资源枯竭的状况在新中国成立以来问题更为突出。很显然，这种情况可能是由于社会主义探索时期不符合生产规律的填湖造田，也可能是改革开放初期对水资源利用和保护缺乏管理，更可能是经济过快发展对水资源利用的需求所引起的。同时，广大人民群众在节水上缺乏认知。总而言之，来自自然、历史、经济、文化、社会、制度等各方面的诱因，导致了老通扬运河的水资源枯竭。

这样的现象在当今尤为突出。虽然，其自身内部条件会造成运河的衰落，但真正的原因是苏中人民对于通扬运河的保护未付诸行动。但我们也可以看出，运河在千百年来，一直到如今，始终是以运输功能为主，或许，正是因为这种功能，在其走向退化衰落时，很多人无法适应才对其开始了疯狂掠夺与肆意的破坏。

（二）老通扬运河的水资源污染状况概述

老通扬运河的水资源污染是比水资源枯竭更加严重的问题，它流经扬州、泰州与南通，其环境污染已成为了流经城市的重大难题。通扬运河作为很多城市城区的一条母亲河，曾给百姓的生活带来极大的便利。如今，随着时间的推移、水质环境的恶化，这条河“脏乱差破旧陋”现象突出，很多地段淤积堵塞严重，最窄处甚至只有10m，水深只有1m左右，严重影响了城市形象和周边群众的生产生活，同时在春夏之际经常出现水体富营养化的状况。

这些恶劣的环境状况也折射出水体污染的严重性，在2000年以前，由于河道生态水量不足，河流稀释净化能力很低，再加上废水处理指标低，甚至没有生活污水处理厂，而且农业面源造成的氨氮污染成为了通扬运河水环境的主要污染因素之一，同时水价不合理，未能够对人民形成市场激励机制，也不具备富有激励作用的污染控制政策。这些问题逐渐成为老通扬运河的环境污染的诱因。

在时间的推移中，尤其是在2000年以后，沿岸人民和政府充分认识到水资源污染控制的重要性，加强了河道疏浚，引江通河，河道生态水量充足，河道稀释净化能力提高，水质明显好转。同时，各有关部门统一认识，积极投入。政府和人民认识到老通扬运河环境综合整治意义重大，难度重大，责任重大。依法拆迁，执行政策，补偿标准、操作过程、个案处理、规划建设坚持按政策办事，做到公开、公平、公正。宣传深入，疏导耐心，方法得当；加强领导，包干负责，一把手亲自抓，小班子专门抓，责任制包干抓，顾全大局配合抓。政府的强大公信力和执行力在老通扬运河的水资源污染上得到充分体现。有了制度和具体的措施，有了相应的环境治理方案，人民也积极地参与到环境污染治理的事业上，在这样的状况下，其污染得到了有效控制，老通扬运河再度彰显出光芒。

但是，其污染状况严重，在很长一段时间，老通扬运河都不会回归到曾经的辉煌时期。但是，这些行动显示了我们对于水资源利用和保护的坚定决心。其水资源污染整治大致上是对城区河段进行控制，其并未影响到通扬运河整体的运输功能，但是，为了更好地实现老通扬运河在城区内的生产和生活功能，对其进行污染整治。既满足了人民的利益，也体现出对可持续发展的尊重与践行。

运河的生产和生活功能是新时期发展的需要，但是，其最主要的运输功能逐渐丧失地位时，我们需要首先确保其能够满足人民的最基本生活需要和生产条件，这是一种辅助功能的成功转型。

三、老通扬运河的整治综述

（一）老通扬运河的复兴历程——以海安县的运河开发为例

江苏省是经济大省，面对老运河存在的严重水资源危机，率先走在了国家的前列。在未实现老通扬运河的维护和整治之前，通扬运河海安段由于长期缺乏维护治理，河床淤积，岸坡坍塌，严重影响了河道功能的发挥。2010年，通扬运河海安段治理工程被列入全国重点地区中小河流治理试点项目。

在严峻的考验面前，海安县人民和政府通过建设单位的精心组织，规范管理，严格质量，扎实推进，通扬运河海安段恢复治理工程取得了显著成效，恢复了河道原来的设计标准，改善了河道沿线的水环境，有效地遏制了河岸坍塌、水土流失等病害问题，加快了水利现代化建设的进程，促进了地方社会经济的全面发展。它在工程建设上的成功经验主要体现在及早规划、科学安排、强化领导、健全组织、规范管理、强化督查上，政府在此期间投入了足够的重视，用足够的资金来保障项目的有效实施，重视强化管理和人民群众的支持。

通扬运河海安段的成功整治主要体现在沿岸周边公用基础设施的建设、水质质量的提升、城区其他水体的水质提高、水资源趋于丰富、污染性较大产业迁出城区、城镇居民的生活用水质量得到显著改善等方面。同时，作为老通扬运河海安段的整治状况也在核心地段做出了公示。但是，最近几年，仍然面临着水资源枯竭的重大难题，运输功能也并未有效发挥，环境污染此消彼长，水体过于营养化，城区其他水体的污染直接排放到通扬运河中。

针对上述问题，伴随着海安县城区拆迁改造的进行，通扬运河海安段的整治进入了一个新的阶段。应某房地产开发商的要求，为了使房地产升值，房地产开发商和政府开始对老通扬运河进行新一轮的治理。首先，他们将城区河水抽干，不断拓宽河道，在河道中开始兴建相关旅游设施。他们准备将其打造成为通扬运河风景区，并且与周围商圈联系，既能够满足人民游湖、垂钓、观赏风景的需要，又能使这块房地产具备更大的上升空间和竞争力。老通扬运河与城区发展紧密联系，更能够带动整个地区的发展。

房地产开发商的老通扬运河旅游风景区的建设在一定程度上能够保证水资源不会枯竭和出现污染状况，更从旅游的角度提升海安人对家乡母亲河的保护意识和节约意识，而对于房地产开发商和政府，无疑使巨大的商机。海安的房地产市场处于滞销状态，而在整个城区能够充分利用到的自然优势是老通扬运河，它能够促进房地产市场的发展，也能带动海安整体经济的进步。像这种在经济激励下促使开发水资源作为旅游资源的行为，难以否认是借鉴了苏南地区的旅游业发展经验。但是，对于缺乏旅游资源的海安来讲，是一场重要的自救创新道路。

海安人成功运用创新思维使老通扬运河重新焕发了活力，以经济带动生态、社会等建设，成功实现了城区通扬运河的功能转型。老通扬运河在城区的功能中不再是以提供居民生活和企业生产的功能为主，而是向人民在精神与物质上的需要发展方向转型。不同地区对于水资源功能的转型必须综合考虑各方面的实际，海安由于在前期成功地对城区的老通扬运河的枯竭和环境污染实现了控制和整治，才为旅游资源的开发提供了基础。这条运河功能转型的道路或许在经济相对发达的地区行得通，在我国经济欠缺发展的地区，其首要任务是对水资源的枯竭和污染问题进行有效的整治，走新型工业化道路，进一步在民众中宣传节约用水和保护水资源的重要性。

真正意义上的运河功能转型是各地区充分结合自身的特色，动员全体人民，运用制度的力量在保护水资源的基础上协调经济发展与水资源的最有效利用。很多时候，我们因为其功能的衰退而否定了所有的价值，但其实运河衰落是其某些功能作为旧事物而无法适应时代的进程造成的，伴随着时代的发展，一些不曾拥有的功能和仍具有价值的功能会逐渐凸显出来。

（二）老通扬运河的功能转型与城市复兴关系分析——以扬州的衰落与复兴为例

衰落与复兴是必然规律。历史是这一规律的见证者，扬州经历繁荣，也面临着衰落，也更有可能重新踏上繁荣发展的道路。老通扬运河不外如是。

唐后期江淮地区的城市发展出现了令人瞩目的变化，城市的数量和规模都有了很大的增长。扬州、苏州和杭州是当时最发达的大城市。同时，在城市的发展进程中，也存在很多不利的因素，其中对城市影响最大的主要是战乱、瘟疫和饥荒。它们造成城市人口死亡，经济凋敝，商业停顿，市场关闭。城市在重重的打击之下，有些可能一蹶不振，有些则可能迅速恢复并且继续向前发展。扬州走向了衰退，杭州继续向前繁荣。因为一道长江，将中国划分为江南和江北两个世界，扬州就这样归属于江淮地区、苏中地区。

扬州衰落的最重要原因是漕路的中断。漕路的断绝，使得扬州失去了转运江淮财富的重要地位，作为物资集散地的作用也受到了致命打击，失去了这些优势条件的扬州，如果要继续作为一个重要的商业性城市，只能依靠自身的生产能力。在这一点上，扬州不具备像苏杭湖越等城市那样好的工业基础，可以说，随着运河的修建，扬州得到发展；扬州进入黄金的发展时期，随着唐末漕路的中断，扬州开始衰落。正是因为如老通扬运河功能的逐渐丧失甚至衰退，才使得扬州开始踏上由繁荣走向衰退的道路。也正因为如此，在老通扬运河面临危机时，新中国开辟了一条几乎平行的新通扬运河，其目的是为了江淮地区重新踏上复兴的道路，并成为热点话题。

扬州在新时期改革开放以来的发展开始着重于江淮经济的发展，依赖于其在苏中地区重要的地理环境优势，重新发掘自身的文化资源、旅游资源、社会资源等各方面的资源。但是，扬州的城市复兴并非要回到以往的“扬一益二”的局面，而是在“城市重建”的框架内，在经济发展的基础上，实现社会与自然的和谐，实现对扬州历史文化的传承与发扬，实现城市品位的历史跨越。其所要达到的民生目标是宜居宜业。在城市地位上的目标则是成为长江三角洲充满生机活力、有鲜明特色的区域中心城市，经济发达、文脉悠久、人民富裕、社会和谐。

为了实现上述目标，扬州复兴的道路是依托文化的传承，重视对老运河文化的发掘与发扬，重视水文文化的建设。它和海安的建设一样，都是先治理水资源枯竭和污染问题，后期关注于老通扬运河能否作为扬州城市的文化符号。老通扬运河对扬州的功能转型不同于海安，其更关注内在的文化价值，将水文文化与城市底蕴结合起来，关注的层面更加广泛，也更能号召人们参与到老通扬运河水资源的保护和有效利用上。

经济、文化乃至政治制度都是实现水资源合理利用的有效方式，政治制度是保证水资源污染控制和解决水源枯竭问题的有效手段，而真正能参与到保护运动的人群应当是广大人民，他们必须成为主力军。经济和文化都是促进运河等江河功能转型的催化剂，依据人民群众自我的需要来转型，更是在坚强的人性和意识中自发凝聚的重大力量。

四、“江河枯竭”引发的反思与展望

“江河枯竭”的根本原因是在于人类在时代转型与发展过程中，水资源的利用和保护无法协调发展的步伐而丧失了发展的机遇，并成为21世纪最大的难题。

“江河枯竭”所引发的危机也不局限在自然生态方面，而是包含了政治、经济、文化、社会等各方面的危机。没有了水，或者没有好好地利用水，会造成水资源枯竭或者污染的恶劣影响。我们对于水资源枯竭和污染等环境问题的共同认知是加强对问题的整治与控制的关键，坚持保护环境和节约资源的基本国策，强调人类适应自然生态环境并与其和谐相处的过程。从上述案例中可以发现，老通扬运河的整治中起到关键作用的是其江河功能的转型。运河的功能不再局限于运输，而是能够成为旅游资源或者文化软实力的重要载体，功能转型的核心意义是要求江河等自然生态与人类、社会的发展实现相互协调共生。

江河理想中的功能转型是在保证水资源污染有效控制和水源不存在枯竭状况下，综合考虑本地区各方面利益和因素，走出本地区具有特色的水资源利用发展道路。我们所提倡的制度建设具有一定的积极作用，而水资源危机处理的核心问题应当是如何将广大人民的核心利益与水资源的利用和保护相一致。这就迫切需要水资源的利用和保护与时代发展进程相吻合，与世界相接轨。

我们曾经在错误的时间里、错误的地点上，选择了不合理、不理性、不良好的发展模式，将我们人类陷入生死存亡的重大危机里，可是，“危机”是转危为机，濒临绝境的水资源并不是彻底结束了，而是呼吁我们人类能够把握住可持续发展的契机。把握住了，人类就能向前进步，相反，就会继续倒退，走向灭亡。我们在重生与终结的分岔口陷入了矛盾的抉择里，我们人类已经不知不觉中失去了太多的机会了，这一次，我们不能再让机遇从身边溜走，而功能转型是转型的发展模式，是人心，是社会。

参考文献

[1] 皮尔斯. 当江河枯竭的时候［M］. 张新明，译. 北京：知识产权出版社，2009.

[2] 郭沛源．应对21世纪全球水危机——评《当江河枯竭的时候》[J]．世界环境，2010（3）．
[3] 陆杰斌．中国水资源危机成因的经济分析及其解决办法［J］．中国农学通报，2005（5）．
[4] 梁艳．我国水资源污染的现状、原因及对策［J］．科技资讯，2012（24）．
[5] 景志鸿．通扬运河航道的发育及其演变模式［J］．泥沙研究，1985（1）．
[6] 万继伟．新通扬运河水质污染评价及防治对策研究．［D］．苏州：苏州大学，2008.
[7] 张长银．江苏省通扬运河海安段治理工程建设管理实践［J］．人民长江，2012（18）．
[8] 陈磊．唐后期江淮城市的发展及衰落［J］．史林，2010（6）．
[9] 朱季康．新市民的聚融与历史文化名城类城市的现代复兴——以扬州市为例［J］．现代城市研究，2009（9）．

淮河流域生态补偿机制演算研究

袁少华

安徽水利水电职业技术学院

引　言

生态环境保护与经济利益获取之间扭曲的关系，不但影响了生态系统的健康发展，也波及区域之间以及相关生态保护与建设利益者之间的和谐。自从地球上出现人类，生态环境问题便作为人类社会最为密切的一种伴生现象长期存在。近年来，随着我国经济社会的飞速发展和对水资源的过度开发利用，大多数流域的生态环境状况不容乐观。生态补偿作为一种新型的环境管理制度，在协调生态环境保护中各种利益关系、维护社会公平等方面效果显著。

有关生态补偿机制的研究国外早于国内，国外的研究早期主要集中在自然生态补偿和生态补偿的时空配置等方面；近年来关注的重点则是人文一经济生态补偿、涉及生态补偿的制度与公平性、生态补偿的市场机制等。在国内涵盖了生态补偿的概念与内涵、政策与机制、方式与途径、标准与法律制度、空间选择等。本文基于生态补偿成本、机会成本法、水资源价值法模型分别演算了淮河流域的生态补偿标准，并对机会成本法、水资源价值法模型演算出的结果进行分析，为流域生态补偿机制建设提供借鉴。

一、淮河流域生态现状

（一）淮河流域概况

淮河流域面积约 27 万 km^2，地跨湖北、河南、安徽、江苏、山东五省 40 个市。2016 年淮河流域地表水资源量为705.09 亿 m^3，较常年594.92 亿 m^3偏多18.5%；地下水资源量为380.70 亿 m^3，较常年338.07 亿 m^3偏多12.6%；水资源总量为955.62 亿 m^3，较常年794.40 偏多20.3%。

2016 年，淮河流域各类供水工程总供水量 553.77 亿 m^3，比上年增加 2.5%。其中，地表水源供水 8. 01 亿 m^3，占总供水量的 74. 6%；地下水源供水 132. 41 亿 m^3，占 23. 9%；其他水源供水 8. 01 亿 m^3，占 1. 5%。总用水量为 553. 77 亿 m^3，比上年增加 2. 5%。其中，农田灌溉用水占 63. 4%，林牧鱼蓄用水占 7. 2%，工业用水占 14. 1%，城镇公共用水占 2. 6%，居民生活用水占 10. 4%，生态环境用水占 2. 3%。

2016 年，淮河流域万元工业增加值取用水量 43. 6m^3，比上年增加 15. 1m^3。（摘自《2016 年淮河片水资源公报》）

（二）主要河流水质概况

2016 年，淮河流域 168 个城镇 1232 个入河排污口，入河废污水排放总量为 57. 78 亿吨，主要污染物质 COD 和氨氮入河排放总量分别为 38. 43 万吨和 3. 67 万吨。全年期评价河长 20555. 40km，其中，Ⅰ类水河长 66. 00km，占 0. 3%；Ⅱ类水河长 2506. 30km，占 12. 2%；Ⅲ类水河长 7825. 70km，占 38. 1%；Ⅳ类水河长 4799. 90km，占 23. 4%；Ⅴ类水河长 1750. 00km，占 8. 5%；劣Ⅴ类水河长 3607. 60km，占 17. 5%。

汛期评价河长 20538. 00km。其中，Ⅱ类水河长 2117. 60km，占 10. 2%；Ⅲ类水河长 6032. 60km，占 29. 4%；Ⅳ类水河长 7236. 90km，占 35. 2%；Ⅴ类水河长 1993. 70km，占 9. 7%；劣Ⅴ类水河长 3157. 20km，占 15. 4%。

非汛期评价河长 20546. 70km。其中，Ⅰ类水河长 66. 00km，占 0. 3%；Ⅱ类水河长 2579. 90km，占 12. 6%；Ⅲ类水河长 7730. 90km，占 37. 6%；Ⅳ类水河长 4648. 80km，占 22. 6%；Ⅴ类水河长 1876. 70km，占 9. 2%；劣Ⅴ类水河长 3644. 40km，占 17. 7%。

（三）重点水库水质概况

根据河南、安徽、江苏、山东四省 2016 年监测资料，对 69 座大中型水库进行全年期、汛期和非汛期水质评价，结果如下：

全年期水质：全年有 2 座水库干涸，实际评价水库 67 座。其中，水质为Ⅱ类的水库 18 座，占 26. 9%；Ⅲ类水 44 座，占 65. 6%；Ⅳ类水 2 座，占 3. 0%；劣Ⅴ类水 3 座，占 4. 5%。

汛期水库：汛期有 3 座水库干涸，实际评价水库 66 座。其中，水质为Ⅱ类的水库 15 座，占 22. 8%；Ⅲ类水 41 座，占 63. 1%；Ⅳ类水 5 座，占 7. 6%；Ⅴ类水 2 座，占 3. 0%；劣Ⅴ类水 3 座，占 4. 5%。

非汛期水库：非汛期有 3 座水库干涸，实际评价水库 66 座。其中，水质为Ⅱ类的水库 18 座，占 27. 3%；Ⅲ类水 42 座，占 63. 7%；Ⅳ类水 3 座，占 4. 5%；劣Ⅴ类水 3 座，占 4. 5%。

对4—9月水库营养化状况进行评价（由于水库干涸，实际评价水库66座），2016年淮河区评价的66座水库中，其中，中营养水库23座，轻度富营养水库42座，中度富营养水库1座。

（四）重点湖泊水质概况

2016年，淮河流域评价的重点湖泊共25个，其中安徽省13个，江苏省7个，山东省5个，各省湖泊水质情况如下：

1. 安徽省

安徽省评价的湖泊为八里湖、焦岗湖、城西湖、城东湖、瓦埠湖、高塘湖、天河湖、四方湖、沱湖、天井湖、龙子湖、女山湖和七里湖共13个湖泊，评价湖泊面积1025.40km^2，其中全年期水质为Ⅲ类的湖泊面积150.00km^2，占14.6%；Ⅳ类的湖泊面积722.50km^2，占70.5%；Ⅴ类的湖泊面积145.90km^2，占14.2%；劣Ⅴ类的湖泊面积7.00km^2，占0.7%。主要超标项目为总磷和化学需氧量。

2. 江苏省

江苏省评价的湖泊为洪泽湖、白马湖、高邮湖、邵伯湖、大纵湖、宝应湖和骆马湖共7个湖泊，评价湖泊面积3749.30km^2，其中全年期水质为Ⅲ类的湖泊面积562.80km^2，占15.0%；Ⅳ类的湖泊面积2826.50km^2，占75.4%；Ⅴ类的湖泊面积360.00km^2，占9.6%。主要超标项目为总磷。

3. 山东省

山东省评价的湖泊为南四湖上级湖、南四湖下级湖、大明湖、白云湖、麻大湖共5个湖泊，评价湖泊面积1286.97km^2，其中全年期水质为Ⅲ类的湖泊面积1282.50km^2，占99.7%；Ⅳ类的湖泊面积4.47km^2，占0.3%。

对2016年4—9月湖泊营养化状况进行评价，除骆马湖为中营养外，其余湖泊均介于轻度富营养及中度富营养之间。（摘自《2016年淮河片水资源公报》）

二、生态补偿标准模型

（一）生态成本的补偿标准

水源地的生态成本：优化水源地生态环境而投入的资金，包含建设费用、管理费用等。同时，对生态成本的补偿还要思索水源地所属区域的经济能力和财政实力，即水源地所属区域的经济能力和财政实力越弱，对水源地生态成本补偿的程度就越高；

反之，生态成本补偿的程度则越低。由此态成本补偿标准为

$$V_1 = \alpha(C_J + C_G)i \tag{1}$$

式中：V_1 为水源地的生态补偿标准；α 为生态成本的补偿系数，$0 \leqslant \alpha \leqslant 1$；$C_J$ 为生态建设费用；C_G 为生态管理费用。

α 与水源地所属区域的经济能力和财政实力成反比例关系，经济能力和财政实力越弱，α 就越高，反之，α 则低。从我国各区域经济能力和财政实力上存在的差异性来看，补偿系数的取值范围为，东部地区为 0～0.3，中部地区为 0.3～0.6，西部地区为 0.6～1.0；生态补偿成本中的（$C_J + C_G$）是根据生态项目和管理机构规模而事先评定估算的成本。

（二）机会成本标准

机会成本法是指做出某一决策时而另一决策所摒弃的利益，常用来权衡决策的后果；资源是有限度的，且具有多种用处，选择了其中一种方案就意味着要摒弃使用其他方案的机会，也就丧失了获得相对应效益的机会，把放弃的其他方案中的最大经济收益，称为该资源选择方案的机会成本。

水资源保护区昔年为保护流域而损失的机会成本为

$$V_2 = (PG_C - PG_S)N_S \tag{2}$$

式中：V_2 为补偿金额，万元/a；PG_C 为参照地区的人均 GDP，元/人；PG_S 为保护区人均 GDP，元/人；N_S 为保护区的总人口，万人。

或者

$$V_2 = (PG'_C - PG'_S)N'_S \tag{3}$$

式中：V_2 为补偿金额，万元/a；PG'_C为参照地区农民人均纯收入，元/人；PG'_S为保护区农民人均纯收入，元/人；N'_S为保护区农业人口，万人。

（三）水资源价格法

水资源费作为我国水资源政策的一个非常重要的组成部分，属于政府行为下的行政性收费，所以水资源费属于不受市场调节的水价部分，可以行之有效地调控区域水资源的供需关系，保障区域水资源的供需平衡以及生态环境保护。

基于水资源市场价格的流域补偿支付的估算公式为

$$P = QP_rC \tag{4}$$

式中：P 为补偿支付的数额；Q 为水量；P_r 为水资源费的市场价格；C 为判断函数。

当上游来水水质高于Ⅲ类水时 $C = 1$，低于则 $C = 0$。

三、模 型 演 算

(一) 生态补偿成本

本文以河南省南阳市病险水库除险加固、中小河流治理、水土保持等水利建设项目为例，演算水源地生态成本。

生态补偿成本为

$$\begin{aligned} V_1 &= \alpha(C_J + C_G)i \\ &= \alpha Ci \\ &= 0.3 \times 7.83 \times 10\% \\ &= 0.235(\text{亿元}) \end{aligned} \tag{5}$$

其中，C 为投资项目资金：7.83 亿元，即 $C_J + C_G = 7.83$ 亿元；因河南是中国重要的经济大省，2016 年国内生产总值稳居中国第五位、中西部首位，则 α 取 0.3；淮河流域年水资源量为 705.09 亿 m^3，10% 来自南阳市，则 i 取 10%。

根据公式演算可得，安徽省和江苏省应向水源地河南省提供约 0.235 亿元生态补偿资金，以补偿南阳市为生源地的生态建设和管理所带来的成本。

(二) 机会成本法

河南省南阳市、信阳市位于安徽省淮南市、蚌埠市上游，则南阳市、信阳市的经济发展成本补偿城市选定为淮南市、蚌埠市。河南部分地区的财政收入占 GDP 的比重为 5.08%，安徽部分地区的财政收入占 GDP 比重为 9.85% 所需的经济指标由图 1 可知。

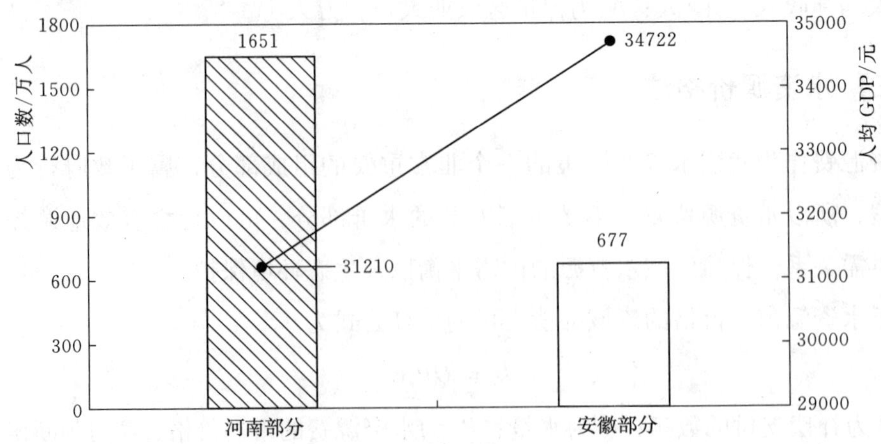

图 1 安徽部分、河南部分人口数和人均 GDP 对比图

由图 1 可得

$$PG_C = 34722, PG_S = 31209, \beta_C = 9.85\%, \beta_S = 5.08\%, N_S = 1651$$

以此可得出经济发展成本补偿的标准为

$$\begin{aligned} V_2 &= (PG_C - PG_S)\,|\beta_C - \beta_S|\,N_S \\ &= (34722 - 34209)\,|9.85\% - 5.08\%| \times 1651 \\ &= 276375.6(\text{万元}) \end{aligned}$$

演算结果显示，作为下游的安徽省淮南市、蚌埠市每年应补偿河南省南阳市、信阳市 276375. 6 万元。

（三）水资源价值法

查询资料得知，2016 年安徽省蚌埠市、淮南市全年用水量约为 15. 60 亿 m^3、16. 28 亿 m^3。除部分河段低于Ⅲ类水标准，绝大多数河段达到Ⅲ类水标准，故综合认为优于Ⅲ类水，$C=1$。

根据《安徽省物价局、安徽省财政厅、安徽省水利厅关于调整水资源费征收标准的通知》中，安徽省水资源费征收标准，淮河流域及合肥市、滁州市水资源费征收标准为 0. 12 元/m^3。

水资源价值为

$$\begin{aligned} P &= QP_rC \\ &= (15.60 + 16.28) \times 0.12 \times 1 \\ &= 38256(\text{万元}) \end{aligned}$$

则安徽省蚌埠市、淮南市补偿支付的金额为 38256 万元。

（四）机会成本法与水资源价值法比较

基于机会成本法和水资源价值法估算出的安徽省蚌埠市、淮南市地区生态补偿标准见表 1。

表 1　两种方法估算出的两市生态补偿标准

项　　目	机会成本法	水资源市场价值法
生态补偿标准/万元	276375. 6	38256
人均补偿标准/元	408. 42	56. 53
人均受偿标准/元	167. 40	23. 17

由表 1 可看出，机会成本法与水资源价值法两种计算模型估算出的生态补偿标准、人均补偿标准和人均受偿标准差距都很大，机会成本法估算补偿标准是水资源价格法的 7. 22 倍。分析这两种方法估算出的生态补偿标准可知，机会成本法量化程度低、考

虑因素不足、随意性较大、计算结果偏大；水资源价值法缺乏综合研究、涵盖信息欠缺、方法有较改进和完善。

五、总 结 与 展 望

（一）总结

本文通过生态补偿成本、机会成本法、水资源价值法模型演算和机会成本法、水资源价值法两种方法演算结果比较分析得出如下结论：

（1）通过生态补偿成本法模型演算得到安徽省和江苏省应向水源地河南省提供约0.235亿元生态补偿资金，以补偿南阳市为生源地的生态建设和管理所带来的成本；通过机会成本法模型演算可得作为下游的安徽省淮南市、蚌埠市每年应补偿河南省南阳市、信阳市276375.6万元；通过水资源价值法模型演算得到安徽省蚌埠市、淮南市补偿支付的金额为38256万元。

（2）通过机会成本法、水资源价值法估算出的生态补偿标准、人均补偿标准和人均受偿标准差距都很大，机会成本法估算补偿标准是水资源价格法的7.22倍。分析这两种方法估算出的生态补偿标准可知，机会成本法量化程度低、考虑因素不足、随意性较大、计算结果偏大；水资源价值法缺乏综合研究、涵盖信息欠缺、方法有较改进和完善。

（二）展望

本文尚存在需要继续完善的地方：资料收集不足，导致计算数据、结果和实际情况存在偏差；地理环境及生态补偿问题自身的复杂性等客观因素决定了生态补偿方法的局限性，后续应改进计算方法，提高演算准确度。但上述问题并不影响本文在方法上和结论上的参考意义。

参考文献

[1] 李文华，刘某承．关于中国生态补偿机制建设的几点思考［J］．资源科学，2010（5）：791－796.

[2] 付意成，阮本清，许凤冉．流域治理修复型水生态补偿研究［M］．北京：中国水利水电出版社，2013.

[3] Sharon S Y，Anurag A A. The ecology and evolution of plant tolerance to herbivory［J］．Trends in Ecology & Evolution，1999（14）：179－185.

[4] Johst K，Drechsler M，Watzold F. An ecological－economic modeling procedure to design compensation payments for the eficient spatio－temporal allocation of species protection measures［J］．Ecologi-

cal Economics, 2002 (41): 37 - 49.

[5] Corbera E, Soberanis C G, Brown K. Institutional dimensions of payments for ecosystem services: An analysis of Mexico's carbon forestry programme [J]. Ecological Economics, 2009 (68): 743 - 761.

[6] Kosoy N, Corbera E. Payments for ecosystem services as commodity fetishism [J]. Ecological Economics, 2010 (69): 1228 - 1036.

[7] 刘兴元，龙瑞军．藏北高寒草地生态补偿机制与方案［J］．生态学报，2013（33）：3404 - 3414.

[8] 宋晓谕，徐中民，祁元，等．青海湖流域生态补偿空间选择与补偿标准研究［J］．冰川冻土，2013，35（2）：496 - 503.

[9] 张韬．西江流域水源地生态补偿标准测算研究［J］．贵州社会科学，2011（9）：76 - 79.

[10] 江中文．南水北调中线工程汉江流域水源保护区生态补偿标准与机制研究［D］．西安：西安建筑科技大学，2008.

[11] 谷小军，胡淑恒，季凌雪，等．基于机会成本法和水资源价格法的流域生态补偿标准定量测算——以皖西大别山六安地区为例［J］．低碳世界，2015（6）：13 - 14.

加强生态水利工程建设

刘　双

安徽水利水电职业技术学院

传统水利工程以改造和控制河流，满足防洪、发电和水资源利用为目的，对于水环境、水生态基本功能，特别是涉及水生态生命功能的保护与影响明显考虑不足，因此在规划设计过程中，没有合理把握好开发利用的强度，导致生态环境问题日益突出。为了解决这个问题，遵从可持续发展的要求，生态水利工程应运而生。较之传统的水利工程，生态水利工程更加注重对生态环境的保护，将生态理念与水利工程建设紧密结合，进一步改善生态环境，实现人与自然和谐共生，推动水利工程的可持续发展。

一、生态水利工程建设的基本要求

谋划生态水利工程建设，必须处理好水资源与生态系统中其他要素的关系。解决生态问题最重要的就是协调好人、工程、环境这三者之间的关系，争取不损害任何一方的利益，使三者始终处于动态平衡中，在尊重自然、顺应自然的同时，让水资源更好地为人类服务。在建设生态水利工程时，我们要牢固树立发展与保护相统一的理念，将绿色发展、循环发展、低碳发展作为生态水利工程建设的根本途径，确保水利工程的三大功能（生态功能、综合经济功能和文化传承功能）在工程运行中持久地发挥作用。

（一）尊重生态自然规律

在进行生态水利工程建设时，要充分了解当地的自然环境、地理特征，收集并分析当地的地质、水资源、水文及气象等相关资料，做好规划设计的前期准备，注重功能与自然的有机结合。规划设计应在一定的程度上保留原有的自然元素，避免渠道化破坏流水走向，影响河流分布。一旦河流形态空间环境因水利工程的建设而变得比较单一时，生物群落的多样性必然会下降。由于生物物种的减少，生态系统的自我调节、自我净化能力也会随之下降，水质就会受到污染，水体就会遭受破坏；同时在水利工程建设过程中，需要重视相邻水域之间的衔接，保持水域生态的整体性，以利于水源的流动，进一步促进生物的活跃性，充分发挥生态系统的分解与自净能力。

（二）明确开发任务和保护目标

生态水利工程的开发任务要充分考虑保护并修复工程所在河流的生态功能。首先，要明确生态保护优先的原则，以生态保护红线作为约束条件，处理好经济发展与生态保护的关系；其次，要回应生态修复的要求，按照因地制宜、因地施策，以问题为导向，有针对性地推进已建水利工程的生态化改造，科学论证，选择最佳方案，修复生态受损水系的生态功能。

围绕生态文明建设的总体要求，深入贯彻党的十九大精神，明确水利工程建设的系列目标。在工程总体布局方面，要优化水生态空间格局，推进“多规合一”策略的实施；在水资源利用方面，坚持节水优先，合理利用有限的水资源，制定生态水资源配置方案；在水环境质量方面，尽可能减少污染物入河排放总量，达到改善水环境，提高重要江河湖泊水功能区水质达标率，提升饮用水安全保障率的目的；在水生态保护方面，严格实行生态保护红线制度，使水生态系统功能得到修复，使生物多样性锐减现状得到控制；在工程功能发挥方面，在充分发挥水利工程防洪、供水、发电、航运等基本功能的前提下，进一步发挥其生态保护功能；在文化持久、有效传承方面，不断丰富水利工程的文化内涵，弘扬人水和谐的生态理念及智者乐水、上善如水等与水有关的文化，将水文化进一步融入人类生态文明价值观中，不断传承下去。

（三）完善并遵从生态水利设计规范及标准

为完善生态水利建设系统，促进生态水利建设系统的发展，应高度重视当前水利工程的建设规范及标准，严格规范设计标准的制定程序、推进设计规范标准的执行，落实设计规范标准的实施。若缺乏规范、完整的生态水利工程建设标准，仅靠传统经验来进行建设，将导致生态水利工程建设的盲目性，生态理念也难以得到贯彻落实。为了适应现代水利事业的发展需求，我国政府及相关部门应做好技术方面规范的引导，并对工程设计过程中的资料及数据进行整理、汇总，做出明确的标准，在设计完成后及工程运行中，及时进行反馈、调整等工作，进一步检查并确认生态水利工程的建设工作是否达到规范及标准的要求，为水利工程建设提供可靠的技术支持。因水利工程建设的特定性与区域性，在制定规范标准时，要结合工程实际，根据我国生态水利建设的需求，制定符合本国国情标准的规范，并能够将这些规范标准合理地运用到生态水利工程的建设中，用于保障生态水利工程的建设质量，促进生态水利工程事业的发展。

（四）兼顾安全性与经济性

安全性和经济性是生态水利工程规划设计中的基本原则。安全性体现了以人为本，它不仅关乎工程的安全，还涉及工作人员的生命安全，必须加以重视。在进行规划设计时，需结合工程学与水文学的要求，在保证正常运行的情况下，可以抵挡自然灾害的袭击、水流的冲刷、外力的侵蚀；经济性反映了工程的收益，水利工程在防洪、供水、灌溉等多个方面发挥着作用，要想实现经济效益的最大化，应选择最佳的设计方案，并充分利用河流生态系统的自我修复能力。生态水利工程是一个综合性的过程，应把握好安全性与经济性之间的关系，做到两者兼顾，才能更好地为人类提供多种服务。

二、加强生态水利工程建设的保障措施

若要生态水利工程建设能够达到理想的效果，便要从设计抓起，以期保证水利工程设计成果的可操作性，并满足使用和质量方面的要求。在水利工程设计过程中，合理运用生态理念，保证水利工程在满足基本功能的前提下，做好环境破坏的有效把握，制定相应的保护措施，加强生态水利工程的建设，从而推动水利工程的可持续发展。

（一）加强对工程设计人员的培训

建设水利工程是一项专业性较强的工作，对设计人员各方面的要求比较高，针对当前水利工程设计人员职业素质与专业技术水平较低的现象，应加强对工程设计人员的培训工作，提高设计人员的综合能力，从职业素质和专业技能两方面入手，二者兼顾，充分发挥设计人员的主观能动性。首先，设计人员必须意识到自身工作的重要性，增强职业认同感，在工作中能够端正工作态度，对设计中的每个环节都恪尽职守；其次，设计人员必须更新设计理念与设计原则，定期关注国家有关水利工程设计方面的变动性要求，并以习近平新时代中国特色社会主义思想和生态文明思想为指导，秉承“生态理念”与“资源可持续理念”；坚持“低碳环保”的思维方式，不仅要将维护生态环境作为水利工程的建设条件，还要将生态环境修复作为工程建设的主要任务，以此来保持水资源生态系统和人类生态系统的整体性与协调性；最后，为保证我国生态水利工程的稳定发展，必须加快人才队伍的建设，培养设计人员的专业知识与相关技能，使其能够更好地为水利工程建设提供完善的设计理念与设计方案。生态水利工程设计不同于传统水利工程设计，它具有更强的专业性。从事水利工程设计的人员，不但要具备扎实的传统水利工程设计基础知识，还要掌握相关生态学方面的知识体系，因此，水利工程施工企业应定期组织相关设计人员参加专业的学术交流会、研讨会、座谈会，相互学习，总结经验教训，深刻理会生态水利工程设计过程及设计要点，及时掌握国家相关政策要求，从而提高设计人员的综合能力。

（二）强化生态水利工程的科学化管理

为了充分发挥水利工程的生态功能及效益，必须根据时代要求，不断更新并创新工程建设体制及运行管理机制，逐步发挥制度化在生态水利工程建设中的作用。首先，构建支撑生态水利工程建设的科技创新体系，完善科研单位、高校、企业等各类创新主体协同攻关机制，开展以生态水利建设为重点的科技联合攻关。其次，健全河湖水生态保护和修复制度，坚持节水优先，合理利用有限的水资源，以保证水资源的可持续利用，水环境水生态功能实现良性循环；建立生态水利工程评价体系和认定机制，优化生态水利工程经济效益的评估准则，科学有效地评价对生态系统能起到服务功能的研究成果。其中，以恢复及保护生态为目的的项目，还应评价其对环境方面所产生的影响。再次，建立并完善与河湖水系保护相关的生态补偿政策，加大生态水利建设的财政支持力度，整合使用现有各类与山水林田湖草保护修复相关的资金，合力推进生态水利工程实施。最后，建立生态水利工程运行管理的长效机制，健全岗位责任制度，落实责任主体，同时，相关部门还应积极引导群众参与到生态水利工程的管理工作中，水利工程的运行效果关乎农民自身的经济利益，引导农民重视水利工程管理和维护工作的重要性与必要性，使其自觉参与到水利工程的管理、维护及监督工作中，确保生态水利工程又好又快地建设与发展。

（三）协调生态水利与传统水利之间的矛盾

在我国古代，黄河经常泛滥，洪水排泄不畅，因而留下了“大禹治水”的佳话。自从大禹治水以后，水患逐渐平息，百姓不再流离失所，进而逐步关注水利在农业方面的运用。随着社会经济的不断发展，水利工程更加注重满足当前社会经济发展对水资源的需求，不断追求在供水、发电、航运、灌溉等方面的基本功能的发挥，而忽视了水利工程建设对生态环境造成的不良影响。生态保护与经济利益的矛盾虽是无法避免的，但又是对立统一的，不能以牺牲环境为代价来追求短暂的经济利益，必须在发展经济的同时，做好生态环境的保护工作。生态水利工程在传统水利工程的基础上，以全新的生态理念对其进行优化与改进，将工程的基本功能与生态功能有机融合，并更加注重为生态系统中的动植物提供生存与发展的空间，从而进一步保证了生态环境与生态水利工程的协调发展。

（四）加强反馈机制

生态水利工程的建设不是一蹴而就的，它需要一个过程。同样，生态系统的变化与稳定也需要一个过程，就长期的时间尺度而言，自然生态系统往往需要数百万年的时间才能完成一次进化，因此，进化的过程比较复杂，物种不断丰富，系统逐渐稳定，对外界干扰的抵抗力逐渐增强；就短期的时间尺度而言，一种生态系统演变为另一种生态系统也需要数年的时间，因此河流修复无法在短期内完成。为了形成可持续发展的生态系统，应参照成熟、稳定的河流生态系统结构，进行生态水利工程的设计。从生态水利工程建设初期，这个系统的演变过程就已经开始了，在此期间，虽然按照完整的规划设计进行建设，但可能会伴随着外界环境的变化，以及其他不可控因素的影响，出现演替过程的不可预见性，从而减弱生态水利工程的生态恢复功能。这种不可预见性和不可确定性，就要求工程设计人员在进行规划设计时，应将反馈机制融合到生态水利工程的设计中，采取“设计—执行—监测—评估—调整”这种往复循环的方式，时刻监测各生态变量达到规划设计最优值的程度，经过评估判断，选取可靠的分析结果，追寻破坏环境的潜在因素，并做出正确决策，及时解决问题，更好地保护环境。

三、结　　语

随着社会经济的高速发展，人们逐渐关注到传统水利工程建设对生态环境产生的负面影响，比如影响河流的分布、水流的连续性及生物群落的生存空间，因此设计人员在传统水利工程的基础上，多角度理解并运用生态理念，在生态水利工程的规划设计中，尊重自然、顺应自然，规范设计标准，兼顾安全性与经济性，以全新的生态理念对其进行优化与改进，将工程的基本功能与生态功能有机融合，促进工程建设与生态建设齐头并进；通过科学的管理体制与机制，以及对各生态变量的监测，及时发现问题、解决问题，保证了工程质量与效益，不仅可以提高社会对水资源需求的满意度，还可以促进水利工程的生态化与可持续发展。

参考文献

[1] 李娅．基于生态理念的水利工程建设探讨［J］．科学技术创新，2018（25）：123－124.
[2] 王月杰．现代生态水利设计的几点研究［J］．工程建设与设计，2018（1）：89－90，94.
[3] 孙路明．生态水利工程与水资源保护探讨［J］．建材与装饰，2018（22）：284.
[4] 杨晴，张建永，邱冰，等．关于生态水利工程的若干思考［J］．中国水利，2018（17）：1－5.
[5] 姜荟锦，赵琳，张秀梅，等．生态水利工程设计问题分析［J］．建筑技术开发，2018，45（1）：25－26.
[6] 张乾睿．水利设计中的生态理念应用［J］．四川水泥，2017（12）：86.
[7] 梁星辉．研究水利工程设计中的生态理念运用［J］．建材与装饰，2018（25）：285－286.
[8] 于英学．分析生态水利工程设计在水利建设中的运用［J］．科学技术创新，2018（20）：95－96.
[9] 姚时敏．关于生态水利工程设计问题分析［J］．绿色环保建材，2018（8）：42，44.